中国标准化年鉴

STANDARDIZATION YEARBOOK OF CHINA

2017

SAC

国家标准化管理委员会　组织编纂

中国标准出版社

北　京

图书在版编目(CIP)数据

中国标准化年鉴.2017/国家标准化管理委员会组织编纂.—北京:中国标准出版社,2017.12
ISBN 978-7-5066-8856-7

Ⅰ.①中… Ⅱ.①国… Ⅲ.①标准化—中国—2017—年鉴 Ⅳ.①G307.72-54

中国版本图书馆 CIP 数据核字(2017)第 300075 号

中国标准出版社出版发行
北京市朝阳区和平里西街甲 2 号(100029)
北京市西城区三里河北街 16 号(100045)
网址:www.spc.net.cn
总编室:(010)68533533 发行中心:(010)51780238
读者服务部:(010)68523946
中国标准出版社秦皇岛印刷厂印刷
各地新华书店经销
*
开本 880×1230 1/16 印张 27.75 字数 900 千字
2017 年 12 月第一版 2017 年 12 月第一次印刷
*
定价 300.00 元

《中国标准化年鉴》编辑委员会

《中国标准化年鉴》办公室

《中国标准化年鉴》编辑部

编辑说明

2016年，党中央、国务院对标准化工作倍加关心、倍加重视。习近平总书记专门向第39届国际标准化组织(ISO)大会致贺信，指出：标准是人类文明进步的成果，标准已成为世界"通用语言"，中国将积极实施标准化战略。习近平总书记还多次对标准化工作作出重要指示，强调：谁制定标准，谁就拥有话语权；谁掌握标准，谁就占据制高点。李克强总理亲自出席第39届国际标准化组织(ISO)大会并致辞，要求：强化标准引领，提升产品和服务质量，促进中国经济迈向中高端。国务院常务会议先后审议通过装备制造业、消费品两个标准和质量提升规划。国务院办公厅印发了强制性标准整合精简方案，以及统一绿色产品标准、认证、标识体系的意见。中央经济工作会议明确提出要开展质量提升行动，提升质量标准。标准化改革发展不断取得新进展、实现新突破，标准化工作全面推进、成果丰硕。

自2016年开始，国家标准化管理委员会(以下简称：国家标准委)开始编纂出版《中国标准化年鉴》(以下简称：《年鉴》)，今年是第二卷。

一、《年鉴》编辑委员会主任委员由国家标准委主任、党组书记担任，副主任委员由国家标准委其他党组成员担任，委员由国家标准委各部门主要负责人担任，主编、副主编分别由国家标准委办公室负责人担任。

二、《年鉴》主要篇目包括：图片、大事记、特载、文献、专文、国家标准化管理委员会工作、行业主管部门标准化工作、地方标准化工作、全国专业标准化技术委员会工作、索引，主要记述2016年全国标准化事业的发展和成就。

三、《年鉴》收录的图片、大事记、特载、文献、专文，除署名者外，均由国家标准委办公室提供。国家标准化管理委员会工作由国家标准委各部门、京区标准化单位提供，行业主管部门标准化工作由国务院有关行政主管部门提供，地方标准化工作由各地质量技术监督局(市场监督管理部门)提供，全国专业标准化技术委员会工作由全国各专业标准化技术委员会提供。

四、行业主管部门标准化工作编排以国务院机构序列为序，地方标准化工作编排以全国行政区划序列为序，全国专业标准化技术委员会工作编排以全国各专业标准化技术委员会编号为序。

五、《年鉴》中提及的国务院机构，均依据《国务院办公厅秘书局关于印发国务院机构简称的通知》采用简称。

六、在《年鉴》组稿、编辑、出版过程中，各供稿单位给予了大力支持、积极配合和有力指导，一些国内享有盛誉的企业和单位对《年鉴》给予了较大的帮助。在此，一并表示衷心的感谢！诚请广大读者对《年鉴》编写、出版中的疏漏、错误之处给予批评、指正。

《中国标准化年鉴》办公室
《中国标准化年鉴》编辑部
2017 年 12 月

12月29日，国务院标准化协调推进部际联席会议第三次全体会议在北京召开，国务委员王勇出席会议并讲话

9月12E，质检总局局长支树平在第39届国际标准化组织（ISO）大会开幕式上宣读国家主席习近平致第39届国际标准化组织（ISO）大会的贺信

10月14日，质检总局局长支树平出席2016年世界标准日中国宣传周主题活动并讲话

8月26日，质检总局党组成员、国家标准委主任田世宏出席国务院政策例行吹风会，介绍解读《消费品标准和质量提升规划（2016—2020年）》有关情况并答记者问

11月8日，质检总局党组成员、国家标准委主任田世宏出席人民日报社举办的2016年中国品牌论坛并做主旨发言

5月10日，国家标准委副主任于欣丽出席国家家用电器技术标准创新基地（青岛）启动大会

11月17日，国家标准委副主任殷明汉赴浙江省安吉县调研生态文明标准化工作

4月27—28日，国家标准委副主任郭辉出席2016年中英标准化合作委员会会议并签署决议

2月26日，国家标准委副主任崔钢调研北京市农业及农村标准化工作

12月12日，国家标准委纪检组长贾科主持召开国家标准委2016年党建工作述职评议考核会

7月11—13日，国家标准委总工程师谷保中率中国代表团参加在日本松江市召开的第十五届东北亚标准合作会议

9月12日，国际标准化组织（ISO）主席张晓刚在第39届国际标准化组织（ISO）大会开幕式上致辞

1月18—20日，国务院法制办在福建开展《中华人民共和国标准化法》修订调研

1月22日，全国标准化工作会议在北京召开

2月23日，国家标准委在北京召开强制性标准整合精简培训会

3月10日，国家标准委在北京召开2016年第一批推荐性国家标准立项评估暨国家标准全过程信息化管理启动会

3月23日，中国共产党国家标准委机关党员大会在北京召开

7月14日，质检总局、国家标准委在北京召开中国标准化专家委员会全体会议

7月14日，国家标准委在北京组织召开2016年中国标准创新贡献奖评审委员会会议

8月10日，国家标准委和江西省人民政府签署《关于加强生态文明标准化战略合作备忘录》

9月10日，国家标准委与欧洲标准化委员会、电工标准化委员会签署合作协议

9月11日，第39届国际标准化组织（ISO）大会纪念邮票在人民大会堂发布

9月12日，第39届国际标准化组织（ISO）大会开幕式在北京举行

9月12日，国家标准委在北京举办“一带一路”沿线国家标准化合作协议签署仪式

9月14日，国家标准委和国际标准化组织（ISO）共同签署并正式发布第39届国际标准化组织（ISO）大会《北京宣言》

10月11日，国家标准委和中央军委装备发展部在北京共同组织召开军民标准通用化工程动员部署会议

10月14日，2016年世界标准日中国宣传周主题活动在北京举行

10月18日，国家标准委召开学习贯彻习近平总书记致第39届国际标准化组织（ISO）大会贺信精神座谈会

10月30日，国家标准委和成都市人民政府签署《关于全面实施标准化战略　助推成都建设国家中心城市合作协议》

12月20日，国家标准委和中粮集团签署《国家标准委　中粮集团有限公司关于推动中粮全产业链标准化建设合作备忘录》

目 录

大事记 1

特 载 19

文 献 37

大事记

1月

5日 Δ 质检总局、国家标准委联合人民银行在北京召开新闻发布会，发布《银行营业网点服务基本要求》《银行营业网点服务评价准则》《银行业产品说明书描述规范》《银行业客户服务中心基本要求》《银行业客户服务中心服务评价指标规范》《商业银行客户服务中心服务外包管理规范》《商业银行个人理财服务规范》《商业银行个人理财客户风险承受能力测评规范》和《金融租赁服务流程规范》等9项国家标准，自6月1日起实施。质检总局党组成员、国家标准委主任田世宏，人民银行副行长范一飞出席会议并讲话。

6日 Δ 国务院副总理、国务院食品安全委员会副主任汪洋在北京主持召开食品安全标准工作专题会议。汪洋强调，完善食品安全标准是保障食品安全的基础性制度建设。要认真贯彻落实党中央、国务院决策部署，加快制定最严谨的标准，推动食品安全治理体系和治理能力现代化，确保人民群众吃得安全、吃得放心。

Δ 质检总局、国家标准委等部门和单位在北京举办"电梯企业维保标准自我声明和服务质量公开承诺活动"，质检总局副局长陈钢，质检总局党组成员、国家标准委主任田世宏出席会议并讲话。10家电梯企业在会上向社会公开维保工作的周期、项目、内容等事中过程，并就乘客最关心的困梯救援时间、故障停机率、大修周期等指标作出承诺。

8日 Δ 第39届国际标准化组织（ISO）大会筹备委员会办公室工作会议在北京召开，质检总局党组成员、国家标准委主任田世宏出席会议并讲话。国家标准委副主任郭辉传达国务委员王勇关于办好第39届ISO大会重要讲话精神，筹备委员会秘书处汇报大会筹备工作情况和下一步重点工作。会议对筹备委员会工作组任务分工、会议服务采购、大会纪念邮票设计方案以及大会宣传工作等事项进行研讨。

14日 Δ 全国信息安全标准化技术委员会换届大会暨第二届委员会第一次全体会议在北京召开，质检总局局长支树平出席会议并讲话。中央网信办副主任王秀军主持会议。质检总局党组成员、国家标准委主任田世宏宣布全国信息安全标准化技术委员会第二届委员会换届及委员组成方案，王秀军担任主任委员，秘书处设在中国电子技术标准化研究院。

Δ 环境保护部、工业和信息化部联合发布《关于实施第五阶段机动车排放标准的公告》。

15日 Δ 国际标准化组织（ISO）发布由中国主导编制的首个地理信息国际标准ISO/TS 19163-1《地理信息 影像与格网数据的内容模型及编码规则 第1部分：内容模型》。

18日 Δ 国家标准委与内蒙古自治区人民政府在北京签署《内蒙古自治区人民政府国家标准化管理委员会关于全面加强标准化战略合作备忘录》。质检总局党组成员、国家标准委主任田世宏，内蒙古自治区人民政府副主席常军政出席签字仪式并签字。

Δ 第一届食品安全国家标准审评委员会第十二次主任会议在北京召开。会议学习贯彻国务院食品安全标准工作专题会议精神，审议食品安全国家标准整合工作和委员会2015年度工作报告、审议通过314项食品安全国家标准草案。卫生计生委副主任、审评委员会常务副主任委员金小桃，农业部副部长、审评委员会副主任委员陈晓华，国务院食品安全办副主任、食品药品监管总局副局长王明珠出席会议并讲话。

Δ 由中国纺织品商业协会提出的《PM2.5防护口罩》团体标准在北京正式发布，自3月1日起实施。

19日 Δ 国际标准化绩效评价工作会议在北京召开，国家标准委副主任郭辉出席并讲话。会议介绍开展绩效评价工作的国际国内背景，通报开展该项工作的目标和原则，就中国标准化研究院启动绩效评价试点工作方案作出部署。

20 日 Δ 国家标准委发布公告，批准发布新修订的《轻型商用车辆燃料消耗量限值》强制性国家标准，规定轻型商用车辆燃料消耗量新的评价参数，加严燃料消耗量限值。该标准自 2018 年 1 月 1 日起实施。

Δ 商务部和国家标准委联合召开农产品冷链流通标准化工作协调小组会议，研究部署进一步加强农产品冷链流通标准体系建设和相关标准贯彻落实工作。会议审议通过《农产品冷链流通标准清理整合意见》，讨论完善农产品冷链流通标准体系框架、开展有关国家标准立项等工作。

22 日 Δ 全国标准化工作会议在北京召开。会议总结"十二五"时期及 2015 年标准化工作，研究"十三五"时期标准化发展，部署 2016 年工作任务。质检总局局长、党组书记支树平出席会议并讲话，国际标准化组织（ISO）主席张晓刚致辞，交通运输部副部长王昌顺、浙江省副省长朱从玖等部门领导分别讲话，质检总局党组成员、国家标准委主任田世宏做题为《深化标准化改革 发挥"标准化＋"效应 为全面建成小康社会夯实技术基础》的工作报告。国务院有关部委、行业协会、集团公司相关负责人，国家认监委、质检总局各司局及有关直属挂靠单位、在京部分行业标准化研究机构的主要负责人，各省、自治区、直辖市及新疆生产建设兵团质监局负责标准化工作的同志参加会议。

23 日 Δ 国家标准委在北京召开 2016 年地方标准化工作座谈会，质检总局党组成员、国家标准委主任田世宏出席会议并讲话，国家标准委其他党组成员参加会议。

27 日 Δ 2016 年全国卫生计生系统综合监督和食品安全标准与监测评估工作会议在北京召开，卫生计生委副主任金小桃出席会议并讲话。会议总结 2015 年卫生计生系统综合监督与食品安全标准与监测评估工作，分析面临的新形势，研究部署 2016 年重点工作任务。

Δ 是日至 28 日，国际标准化组织（ISO）第 99 次理事会及其财务常委会会议在瑞士日内瓦召开，中国国家质检总局党组成员、中国国家标准化管理委员会主任田世宏作为 ISO 常任理事国中国代表参加会议。田世宏就秘书长应具备的国际视野、资质能力、管理经验、产业背景和选聘程序提出建设性意见，重点就中国承办 2016 年 ISO 大会的筹备工作和时间调整建议做专题介绍。理事会成员对中国的筹备工作及方案设计表示赞赏，一致通过决议，批准 2016 年 ISO 大会于 9 月 9 日至 14 日在北京召开。

28 日 Δ 质检总局、中央综治办、国家标准委在北京召开《社会治安综合治理基础数据规范》国家标准发布会，标准自 3 月 1 日起实施。这是中国社会治安综合治理工作的第一项国家标准，将为社会治安综合治理工作和综治信息化建设提供重要支撑和保障。质检总局党组书记、局长支树平，中央综治委副主任、中央政法委副秘书长、中央综治办主任陈训秋出席会议，国家标准委副主任崔钢主持会议。

Δ 质检总局、国家标准委、工业和信息化部联合召开新闻发布会，发布《中国造船质量标准》和《中国修船质量标准》。质检总局党组成员、国家标准委主任田世宏，工业和信息化部副部长辛国斌出席并讲话。

29 日 Δ 农业标准化工作联席会议在北京召开，国家标准委副主任崔钢出席会议并讲话。会议介绍"十二五"及 2015 年各部门农业标准化工作情况，并围绕贯彻落实党的十八届五中全会、2015 年中央经济工作会议、中央农村工作会议、2016 年中央一号文件以及全国标准化工作会议的精神，提出"十三五"工作思路及 2016 年农业标准化工作的要点。

30 日 Δ 国务院办公厅发布《强制性标准整合精简工作方案》，对强制性标准整合精简工作进行部署。

Δ 交通运输部印发《交通运输部标准化"十三五"发展规划》。

2月

2 日　Δ　保监会印发《深化保险标准化工作改革方案》。

19 日　Δ　科技部发布国家重点研发计划“国家质量基础的共性技术研究与应用”重点专项 2016 年度项目申报指南，启动项目申报工作，其中包括国家标准、国际标准研制以及中国标准“走出去”适用性技术研究等重要领域标准项目 19 个。

23 日　Δ　质检总局、国家标准委召开强制性标准整合精简培训会，质检总局党组成员、国家标准委主任田世宏出席会议并讲话，国家标准委副主任于欣丽主持会议并做总结。会议部署强制性标准整合精简工作，并就整合精简评估方法及信息化平台操作等进行专题培训。

24 日　Δ　质检总局、国家标准委批准发布 279 项国家标准。

25 日　Δ　是日至 26 日，全国食品药品科技标准工作会议在广西南宁召开，食品药品监管总局副局长孙咸泽出席会议并讲话。会议总结 2015 年工作，就开展 2016 年科技标准工作作出具体安排。会议安排广西、广东、北京、山东、黑龙江、福建等省（区、市）食品药品监管局做经验交流。

29 日　Δ　质检总局、国家标准委印发《关于培育和发展团体标准的指导意见》。

3月

7 日　Δ　国家标准委在北京组织召开“强制性标准整合精简专家咨询组”成立暨第一次工作会议，国家标准委副主任于欣丽主持会议。会议宣读专家咨询组批复文件，明确成立专家咨询组的作用和意义，对强制性国家标准整合精简预评估结论的专家评审工作作出部署。

10 日　Δ　2016 年第一批推荐性国家标准立项评估暨国家标准全过程信息化管理启动会在北京召开，质检总局党组成员、国家标准委主任田世宏出席并讲话，国家标准委副主任于欣丽主持会议，国家标准委总工程师谷保中出席。106 个标准化技术委员会，400 余个推荐性国家标准项目参加评估。

17 日　Δ　是日至 18 日，国际标准化组织（ISO）第 100 次理事会会议在瑞士日内瓦召开，中国国家质检总局党组成员、中国国家标准化管理委员会主任田世宏作为 ISO 常任理事国中国代表参加会议。田世宏向理事会汇报中国承办 2016 年 ISO 大会的筹备工作进展。会议期间，田世宏与法国国家标准化机构（AFNOR）主席签署《中法标准互认指南》，并在 ISO 总部会见瑞士物品编码协会首席执行官，探讨中瑞在食品安全与追溯、电子商务和物品编码领域的合作。田世宏还与 ISO 执行秘书长就中国筹备 ISO 大会的具体方案举行专门会谈，与英国、韩国、德国、美国、俄罗斯、南非等理事会成员就 ISO 发展的战略政策、开展双边标准化务实合作等事宜进行交流。

Δ　四川省人民政府办公厅印发《四川省强制性地方标准整合精简工作实施细则》。

18 日　Δ　国家标准委在北京召开团体标准试点工作座谈会，国家标准委副主任殷明汉出席会议并讲话。会议解读《关于培育和发展团体标准的指导意见》和国家标准《团体标准化　第 1 部分：良好行为指南》，演示全国团体标准信息平台，交流团体标准试点经验。

22 日　Δ　是日至 26 日，质检总局副局长梅克保陪同国务院法制办副主任甘藏春在云南调研《标准化法》修订工作。调研组以召开座谈会、实地走访企业、考察标准化示范区等方式，征求各方对《标准化法（修正案草案）》的意见建议。国家标准委副主任于欣丽参加调研活动。

23 日 Δ 全国安全生产法规标准工作会议在北京召开，安全监管总局副局长李兆前出席会议并讲话。会议总结一段时期以来全国安全生产法规标准工作取得的成效，分析新形势下安全生产法规标准工作面临的机遇和挑战，部署 2016 年法规标准重点工作。

25 日 Δ 国家标准委组织召开企业标准管理制度改革视频会议，国家标准委副主任崔钢出席会议并讲话。会议传达国务委员王勇、质检总局局长支树平和质检总局党组成员、国家标准委主任田世宏对企业标准管理制度改革的要求、企业标准管理制度改革领导小组第二次会议精神，通报 2015 年以来企业标准管理制度改革情况。质检总局质量司、监督司、执法司以及中国标准化研究院、全国组织机构代码管理中心、中国航空综合技术研究所等有关负责人介绍加快推进企业标准"排行榜"等重点工作措施，山东省质监局、福建省质监局、深圳市市场监管局标准化处负责人做交流发言。

28 日 Δ 云南省人民政府办公厅印发《云南省加强节能标准化工作实施方案》。

4月

6 日 Δ 国务院总理李克强主持召开国务院常务会议，决定实施《装备制造业标准化和质量提升规划》，引领中国制造升级。会议认为，坚持标准引领，建设制造强国，是结构性改革尤其是供给侧结构性改革的重要内容，有利于改善供给、扩大需求，促进产品产业迈向中高端。

Δ 全国电子商务质量管理标准化技术委员会成立大会在浙江杭州召开，质检总局党组成员、国家标准委主任田世宏，国际标准化组织（ISO）主席张晓刚，浙江省副省长朱从玖出席会议并讲话。中国品牌建设促进会理事长刘平均担任标委会主任委员，阿里巴巴集团董事局主席马云担任标委会副主任委员。

7 日 Δ 国家标准委在北京召开推荐性标准优化和复审研究试点工作验收会暨工作方案研讨会，国家标准委副主任于欣丽出席会议并讲话。会议验收推荐性标准优化复审试点项目，研究讨论推荐性标准优化复审工作方案。

Δ 国家标准委专题召开会议对重要产品追溯标准化工作进行研讨，国家标准委副主任崔钢主持会议。会议肯定开展重要产品追溯标准化工作的重要性和紧迫性，对重要产品追溯标准化工作方案进行讨论，就下一步开展重要产品追溯标准化的工作目标、原则、重点任务、组织机构建设和进度安排等形成基本共识。

8 日 Δ 质检总局党组成员、国家标准委主任田世宏出席国务院政策例行吹风会，介绍解读《装备制造业标准化和质量提升规划》有关情况，并答记者问。

13 日 Δ 中国法学会在北京举办《标准化法（修订草案征求意见稿）》专家研讨会，中国法学会党组成员、副会长张苏军主持会议。国务院法制办工交司副司长郭启文、质检总局法规司司长许新建、国家标准委副主任于欣丽出席会议，并分别介绍《标准化法》的修改背景、主要内容和标准化改革的相关内容。

18 日 Δ 国务院法制办在北京召开《标准化法》修订工作企业座谈会，听取企业代表对《标准化法（修订草案征求意见稿）》的意见。国务院法制办工交司司长张建华、副司长郭启文，国家标准委副主任于欣丽参加会议。

19 日 Δ 国务院法制办在北京召开《标准化法》修订专家论证会，听取标准化专家和法学专家对《标准化法（修订草案征求意见稿）》的意见。国务院法制办工交司司长张建华、副司长郭启文，质检总局法规司司长许新建参加会议。

20 日 Δ 是日至 21 日,国家标准委组织召开国家标准制修订工作管理信息系统联合工作组会议,国家标准委总工程师谷保中出席会议并讲话。会议研究推进国家标准制修订工作实现全过程信息化管理要求的具体措施。

21 日 Δ 全国增材制造标准化技术委员会(SAC/TC562)成立大会在北京召开,质检总局党组成员、国家标准委主任田世宏出席会议并讲话。中国工程院院士卢秉恒担任标委会主任委员。

25 日 Δ 质检总局、国家标准委批准发布 203 项国家标准。

26 日 Δ 国际标准化组织(ISO)竹藤技术委员会成立大会在北京召开,林业局局长张建龙,质检总局党组成员、国家标准委主任田世宏,国际标准化组织(ISO)主席张晓刚,全国政协人口资源环境委员会副主任、国际竹藤组织董事会联合主席江泽慧出席成立大会并致辞。中国国际竹藤中心承担 ISO 竹藤技术委员会秘书处工作。

27 日 Δ 是日至 28 日,2016 年中英标准化合作委员会会议在四川成都召开,中国国家标准化管理委员会副主任郭辉、英国国家标准化机构标准总裁斯科特·斯蒂德曼分别代表中英双方做主旨讲话,国际标准化组织(ISO)主席张晓刚、英国驻华大使馆公使乔麦克、成都市人民政府副市长田蓉以及来自外交部、商务部和财政部的代表出席会议并致辞。斯科特·斯蒂德曼做题为《标准服务支持企业、工业和政府》的专题讲座。会后,双方代表团团长共同签署《2016 年中英标准化合作委员会会议决议》并共同见证《中英智慧城市标准化合作备忘录》的签署。

28 日 Δ 国家标准委组织召开推荐性标准集中复审工作启动暨培训会,国家标准委副主任于欣丽出席会议并讲话。会议就推荐性标准复审工作方案、评估方法、信息化支撑进行培训,林业局、重庆市质监局、中国纺织工业联合会等单位就前期开展的推荐性标准体系优化和复审研究试点工作进行经验交流。

5月

3 日 Δ 国家标准委办公室发出《关于做好第 39 届国际标准化组织大会宣传工作的通知》,要求以"突出中国主题、体现中国特色、产生中国效应、留下中国印象"为目标,动员全社会进一步增强标准化意识,深入推进标准化工作改革,积极参与国际标准化工作,努力营造各方重视标准化工作、关注第 39 届 ISO 大会的浓厚氛围。

9 日 Δ 是日至 13 日,第 39 届太平洋地区标准大会(PASC)及第 54 届 PASC 执委会(PASC/EC)会议在印度尼西亚举行,中国国家标准化管理委员会纪检组长、党组成员贾科率团参加会议。中国代表团就中小微企业参与标准化工作、中国推进的 ISO/IEC 重点技术领域提案工作进展和第 39 届 ISO 大会筹备情况等做主旨演讲。会议期间,中国代表团与澳大利亚、新加坡、韩国和 ISO 亚太区域办公室进行会谈,就进一步加强标准化合作、增进重点领域相互支持、有效支撑 ISO 亚太区域办公室工作等内容交换意见。

10 日 Δ 国家家用电器技术标准创新基地(青岛)启动大会在山东青岛举行,国家标准委副主任于欣丽出席会议并讲话。会议为青岛家电创新基地颁发国家技术标准信息资源服务平台使用数字证书,为青岛家电创新基地专家委员、共建单位颁发聘书和证书。海尔集团代表汇报创新基地筹建工作情况,介绍标准推动产业化、市场化案例。专家委员会和共建单位做代表发言。

16 日 Δ 是日至 20 日,国家标准委与国际标准化组织(ISO)合作在浙江杭州举办 ISO 秘书周培训班。培训班讲授标准制定程序和原则、标准编写格式要求、工作网站使用等 ISO 技术工作必备技能，以及国际标准化发展新理念、新规则。

20 日 Δ 安全监管总局办公厅印发《安全生产推荐性标准集中复审工作方案》。

23 日 Δ 是日至 24 日，由中国国家标准化管理委员会和德国联邦经济与能源部主办的中德智能制造/工业 4.0 标准化工作组第二次工作组会议在德国莱比锡召开。会议达成 9 项共识，会后中德双方共同签署 2016 年中德智能制造/工业 4.0 标准化工作组会议纪要。中国国家标准化管理委员会副主任殷明汉和德国联邦经济与能源部数字创新司副司长恩格尔哈德共同出席纪要签署仪式。

24 日 Δ 由中国国家标准化管理委员会和德国标准化协会联合主办的中德电动汽车标准工作组第四次会议在德国莱比锡召开，中国国家标准化管理委员会副主任殷明汉，德国联邦经济部创新与信息技术司罗默，德国标准化协会董事会成员马奎特出席会议并致辞。会议总结和回顾工作组前期工作情况，对电动汽车及动力电池安全、电动汽车和插电式混合动力电动汽车电池标准化战略、互操作性测试技术和标准、充电设施数据共享和安全、电动汽车与供电系统之间的通讯技术、无线充电、大功率交直流充电等工作情况进行交流讨论。中德双方就今后的合作达成共识。

25 日 Δ 成都市政府举办成都质量发展与供给侧改革论坛，质检总局党组成员、国家标准委主任田世宏出席论坛并致辞，成都市委副书记、市长唐良智致辞，成都市副市长田蓉主持论坛。田世宏、唐良智等与会嘉宾共同为首届成都市政府质量奖获奖企业颁奖。

Δ 2016 年第二批推荐性国家标准立项评估会在北京召开。会议通报第一批立项评估的总体情况；强调要在总结经验的基础上，做好第二批立项评估工作。434 项推荐性国家标准项目进入专家评估程序。

Δ 是日至 26 日，2016 年中德标准化合作委员会会议在德国莱比锡召开，中方代表团主席中国国家标准化管理委员会副主任殷明汉和德方代表团主席德国联邦经济与能源部创新与信息技术司主管司长赫尔吉・恩格尔哈德共同主持会议。双方回顾生物技术、民用航空、铸造机械、医疗设备、能效等上次会议议题的进展情况，听取智能制造/工业 4.0 标准化工作组和电动汽车标准化工作组报告，就中国标准化改革、德国标准化 2030 研究、外科器械、智能家居和 S 形试件等议题进行交流与探讨，并就在上述领域进一步加强合作达成共识。双方还就中德城市间标准化合作研讨会、2016 年法兰克福 IEC 大会、2016 年北京 ISO 大会和 2017 年柏林 ISO 大会交换信息和意见。会议结束后，殷明汉和赫尔吉・恩格尔哈德共同签署委员会会议决议，并共同见证智能制造/工业 4.0 标准化工作组和电动汽车标准化工作组会议决议的签署。

26 日 Δ 国家标准委总工程师谷保中出席在贵阳举行的 2016 年国际大数据产业博览会“大数据标准化论坛”并做主题演讲。

31 日 Δ 国际电工委员会（IEC）发展战略高层圆桌会在北京举行，中国国家质检总局党组成员、中国国家标准化管理委员会主任田世宏出席会议并讲话，IEC 当选主席詹姆士・香农、IEC 秘书长弗朗斯・弗雷斯维克参加会议，中国国家电网公司副总经理杨庆主持会议。会议主题为装备制造业标准化与质量提升。会议介绍 IEC 的业务范围、运作模式及理念。来自中国发电、输配电、轨道交通、智能电网、智慧城市、智能家居、特高压、新能源发电、电动汽车、机器人、无人机等领域的公司代表做主题或专题发言。与会代表围绕装备制造国际标准的需求和发展趋势，优化和完善制造业标准体系，提升标准的技术水平和国际化水平，支撑构建产业新体系，推动中国从制造大国向制造强国转变展开讨论与交流。

Δ 2016 年第一期全国农业综合标准化培训班在北京举行，国家标准委副主任崔钢出席并讲话。全国 15 个省、自治区、直辖市及新疆生产建设兵团质量技术监督（市场监督管理）部门，林业局、中华全国供销合作总社的农业标准化示范项目管理人员以及国家第八批农业标准化示范项目承担单位代表 118 人参加培训。

6月

1 日　Δ　“第 39 届国际标准化组织(ISO)大会倒计时 100 天”新闻发布会在北京召开。质检总局党组成员、国家标准委主任田世宏与国际标准化组织(ISO)主席张晓刚共同开通第 39 届 ISO 大会官方网站;质检总局办公厅巡视员、副主任罗方平宣布第 39 届 ISO 大会公开研讨会主题为“标准促进世界互联互通”;国家标准委副主任郭辉介绍大会总体方案和筹备工作进展,并与北京市质监局局长赵长山共同就中国标准化工作及大会有关筹备情况回答记者提问。国家标准委纪检组长、党组成员贾科主持会议。

Δ　国际电工委员会(IEC)发展战略高层圆桌会议在北京举行,中国国家标准化管理委员会副主任、IEC 中国国家委员会秘书长郭辉出席会议并讲话,IEC 当选主席詹姆士·香农,中国国家认证认可监督管理委员会总工程师、IEC 理事局成员许增德参加会议并致辞,IEC 秘书长弗朗斯·弗雷斯维克介绍 IEC 发展规划,会议由中国国家电网公司董事长、IEC 副主席舒印彪主持。会议以 IEC 未来发展规划为主题,围绕 IEC 拟制定新的发展规划听取中国意见。与会代表结合中国产业发展需求,围绕 IEC 管理架构的发展、为 IEC 成员提供的服务支撑、IEC 关注的核心领域以及提高 IEC 的国际领先地位等议题展开讨论。

2 日　Δ　质检总局党组成员、国家标准委主任田世宏出席“亚太经合组织(APEC)城镇化高层论坛 2016”开幕式,并在 APEC 部长级圆桌会议上做主旨发言,强调以标准化促进城镇化包容性增长。

12 日　Δ　国家标准委下达 2016 年国家标准立项制度改革后的首批计划项目 330 项,涉及装备制造、消费品工业、生态保护、公共安全等领域,着力提升标准供给质量,更好支撑服务供给侧结构性改革。

14 日　Δ　质检总局、国家标准委批准发布 175 项国家标准。

15 日　Δ　是日至 17 日,国家标准委在山东烟台举办国际标准化综合知识培训班。培训班采取理论与实践经验相结合的授课方式,内容包括中国标准化改革工作与标准体系建设规划情况、参与国际标准化活动管理办法与程序、国际标准编写要求、ISO IT 工具使用方法以及国际秘书处工作经验介绍、组织行业和相关技术领域参与国际标准化活动的经验介绍和编写国际标准实践经验介绍等。来自全国各地科研机构、行业协会、高等院校及龙头企业等单位 100 余人参加培训。

24 日　Δ　发展中国家标准化官员研修班总结会召开,国家标准委副主任郭辉出席并向学员颁发结业证书并与学员进行交流。来自摩尔多瓦、尼日利亚等 10 个国家的标准化官员和相关专家参加研修班活动。

Δ　国家标准委在北京组织召开化工领域强制性标准整合精简试点工作总结会,国家标准委副主任崔钢出席会议并讲话。会上,整合精简试点工作组汇报试点工作情况,试点工作专家评审组介绍评审工作情况并宣读专家评审意见,试点工作推进组及各有关部委的领导和专家审议整合精简试点工作报告、研究报告和“四个一批”的标准项目清单。与会代表肯定整合精简试点工作所取得的成果和经验,提出进一步修改完善的建议,并就有关重点问题进行协调。

27 日　Δ　国家标准委和商务部联合印发《关于加强展览业标准化工作的指导意见》。

Δ　国家标准委举办第四期青年学习论坛暨党组中心组学习(扩大)活动,质检总局党组成员、国家标准委党组书记、主任田世宏做题为“以习近平总书记标准化重要论述为引领，奋力开创标准化事业新局面”的“七一”专题党课。国家标准委其他党组成员出席讲座，国家标准委纪检组长、党组成员贾科主持讲座。

6月29日—7月8日 Δ 中国国家质检总局党组成员、国家标准化管理委员会主任田世宏赴瑞士参加国际标准化组织（ISO）第55次理事会财务常委会会议，并访问英国、斯洛文尼亚国家标准化机构，以及英国国家石墨烯研究院、卢布尔雅那大学。ISO理事会会议前，田世宏与ISO执行秘书长就第39届ISO大会上发布北京宣言、资助不发达国家代表参加ISO大会等事宜举行专门会谈。访问英国、斯洛文尼亚期间，与英国国家标准化机构（BSI）签署《2016—2018落实中英标准化合作谅解备忘录三年行动计划》，与斯洛文尼亚标准化机构（SIST）签署《中国国家标准化管理委员会与斯洛文尼亚国家标准化机构合作协议》，并见证签署《中英智慧城市标准化合作框架》。

7月

11日 Δ 是日至13日，第十五届东北亚标准合作会议在日本松江召开，中国国家标准化管理委员会总工程师谷保中率中国代表团参会。三国国家标准化管理机构和标准化协会共同签署《第十五届东北亚标准合作会议决议》，将继续在标准化领域开展务实合作。2016年中日韩标准合作常委会、中日标准合作会谈、中韩标准分委会以及中日韩标准合作研究小组会议同期举行。

12日 Δ 国家标准委举行党组中心组学习（扩大）会，专题学习习近平总书记在庆祝中国共产党成立95周年大会上的重要讲话。质检总局党组成员、国家标准委党组书记、主任田世宏主持学习，国家标准委其他党组成员参加学习并发言。国家标准委“两优一先”组织和个人代表、老干部党员代表参加会议，并结合工作实际畅谈学习心得体会。

Δ 质检总局、国家标准委批准发布国家标准《公共安全视频监控联网系统信息传输、交换、控制技术要求》。

14日 Δ 2016年中国标准创新贡献奖评审委员会会议在北京召开。评审委员会主任委员、中国工程院院士邬贺铨，评审委员会副主任委员、中国工程院院士尹伟伦，评审委员会副主任委员、国务院参事张纲，评审委员会副主任委员、国家标准委副主任于欣丽等对候选项目奖、组织奖和个人奖进行评审。会议听取评审委员会办公室评选工作总体情况汇报，以及项目奖各专业评审组、组织奖和个人奖评审组前期工作情况汇报，投票产生2016年中国标准创新贡献奖各奖项评审委员会推荐获奖名单。国家标准委纪检组长贾科代表中国标准创新贡献奖监督委员会做发言，确认评审过程和结果符合要求。

Δ 质检总局、国家标准委在北京召开中国标准化专家委员会全体会议，质检总局局长支树平出席会议并讲话，质检总局副局长陈钢出席会议，国家标准委主任田世宏主持会议。会上，支树平为专家委员会顾问和主任委员、副主任委员颁发聘书。专家委员会主任委员、中国工程院院士邬贺铨做工作报告，国家标准委有关负责人介绍标准化改革进展、国际标准化组织（ISO）大会筹备情况。与会专家就深化标准化改革、实施标准化战略、推进国家质量技术基础建设等发表意见和建议。

Δ 云南省人民政府出台《关于贯彻落实国务院深化标准化工作改革方案的实施意见》。

15日 Δ 全国社会信用标准化技术委员会成立大会在北京召开，发展改革委副主任连维良，质检总局副局长陈钢出席会议并讲话。国家标准委副主任崔钢主持会议，并代表国家标准委宣读信用标委会成立的批复文件，连维良担任标委会主任委员。

18 日　Δ　培育发展标准化服务业指导意见研讨会在北京召开，国家标准委副主任崔钢主持会议。会议介绍标准化服务业的内涵外延、重要意义、工作安排，以及《关于培育发展标准化服务业的指导意见》（草案稿）具体内容。

Δ　浙江省正式对外发布《浙江省“标准化 +”行动计划》。

19 日　Δ　“审计数据采集”国际标准项目部际工作协调小组成立大会在北京召开，审计署审计长刘家义、国家标准委副主任郭辉出席会议并讲话，审计署副审计长袁野主持会议。“审计数据采集”国际标准部际工作协调小组由审计署牵头，成员单位包括外交部、工业和信息化部、财政部、商务部、证监会、国家标准委、中国航天科技集团公司。

26 日　Δ　第 39 届国际标准化组织（ISO）大会筹备委员会第二次工作会议在北京召开，筹备委员会主任、质检总局局长支树平主持会议并讲话。质检总局副局长梅克保、孙大伟，质检总局党组成员、国家标准委主任田世宏，北京市副市长隋振江出席会议。会议听取大会筹委会办公室关于第 39 届 ISO 大会筹备整体工作进展情况的汇报和有关专题汇报。

Δ　质检总局、国家标准委批准发布 4 项国家标准。

29 日　Δ　质检总局党组成员、国家标准委主任田世宏出席四川省成都市人民政府举行的国家技术标准创新基地（成都）建设启动仪式并讲话。国家标准委副主任崔钢宣读国家标准委关于同意筹建国家技术标准创新基地（成都）的复函，成都市副市长田蓉出席会议并讲话。成都市质监局汇报创新基地建设思路，专家代表发言。

30 日　Δ　国家标准委在江苏常州举办拉美国家标准化官员研修班总结会，国家标准委副主任郭辉出席并向学员颁发结业证书并与各国学员进行交流，来自墨西哥、乌拉圭等 11 个国家的标准化官员和相关专家参加研修班活动。

8月

1 日　Δ　质检总局、国家标准委、工业和信息化部联合印发《装备制造业标准化和质量提升规划》。

8 日　Δ　国务院印发《“十三五”国家科技创新规划》，明确提出要持续推进技术标准战略。

9 日　Δ　住房城乡建设部印发《关于深化工程建设标准化工作改革的意见》。

10 日　Δ　国家标准委和江西省政府在江西南昌签署《加强生态文明标准化战略合作备忘录》。江西省委副书记、代省长刘奇会见质检总局党组成员、国家标准委主任田世宏，江西省副省长谢茹参加会见并与田世宏签署合作备忘录。

12 日　Δ　经中央网络安全和信息化领导小组同意，中央网信办、质检总局、国家标准委联合印发《关于加强国家网络安全标准化工作的若干意见》，对加强网络安全标准化工作作出部署。

22 日　Δ　国家智能制造标准化协调推进组、总体组和专家咨询组成立大会暨第一次全体会议在北京召开，工业和信息化部副部长辛国斌、国家标准委副主任殷明汉出席大会并讲话。

24 日　Δ　国务院总理李克强主持召开国务院常务会议，部署促进消费品标准和质量提升，增加“中国制造”有效供给满足消费升级需求。

26 日　Δ　质检总局党组成员、国家标准委主任田世宏出席国务院政策例行吹风会，介绍解读《消费品标准和质量提升规划》有关情况并答记者问。

29 日 Δ 质检总局、国家标准委联合公布新修订的《中国标准创新贡献奖管理办法》,于 9 月 1 日起实施。

Δ 质检总局、国家标准委批准发布 319 项国家标准。

30 日 Δ 在中共中央政治局常委、国务院副总理张高丽与沙特王储继承人兼第二副首相、国防大臣穆罕默德见证下,中国国家质检总局党组成员、中国国家标准化管理委员会主任田世宏与沙特商业投资部次大臣哈格巴尼次、沙特标准计量质量局局长萨比在人民大会堂分别签署《中华人民共和国国家质量监督检验检疫总局与阿拉伯王国商业投资部合作计划执行时间表》和《中华人民共和国国家标准化管理委员会(SAC)与沙特阿拉伯王国国家标准化机构(SASO)技术合作协议》。

9月

6 日 Δ 国务院办公厅印发《消费品标准和质量提升规划(2016—2020 年)》,部署以先进标准引领消费品质量提升,倒逼消费品装备制造业转型升级。

7 日 Δ 工业和信息化部、国家标准委联合印发《绿色制造标准体系建设指南》。

10 日 Δ 中国国家质检总局党组成员、中国国家标准化管理委员会主任田世宏在国家会议中心与欧洲标准化委员会(CEN)主席弗雷德里奇・施迈科维尔、欧洲标准化委员会/欧洲电工标准化委员会(CEN/CENELEC)秘书长伊莲娜・圣地亚哥・希德一行进行会谈,双方就《装备制造业标准化和质量提升规划》、2016 年中欧会等有关议题交流,共同探讨行动计划并签署合作协议。中国国家标准化管理委员会总工程师谷保中出席会谈。

11 日 Δ 第 39 届国际标准化组织(ISO)大会纪念邮票在人民大会堂发布。质检总局副局长梅克保,质检总局党组成员、国家标准委主任田世宏,ISO 主席张晓刚,北京市副市长隋振江,邮政局副局长赵晓光,中国邮政集团公司副总经理李丕征,以及 ISO 副主席、秘书长为纪念邮票的首发揭幕。

12 日 Δ 第 39 届国际标准化组织(ISO)大会开幕式在北京举行。中国国家主席习近平发来贺信,向大会表示热烈祝贺,向出席会议的国际机构负责人、各国代表和各界人士致以诚挚欢迎。大会由国际标准化组织主办,国家质量监督检验检疫总局、国家标准化管理委员会、北京市人民政府承办,会期自 9 月 9 日至 14 日。来自国际标准化组织的 163 个国家(地区)成员,欧洲、泛美、亚太等 10 余个区域标准化组织,以及联合国贸易和发展会议(UNCTAD)、联合国工业发展组织(UNIDO)、国际铁路联盟(UIC)等 14 个国际组织的近 700 名代表参加会议。

Δ 国家标准委在北京举办"一带一路"沿线国家标准化合作协议签署仪式。中国国家质检总局党组成员、中国国家标准化管理委员会主任田世宏与阿尔巴尼亚、波黑、柬埔寨、黑山、俄罗斯、塞尔维亚、斯洛伐克、马其顿及土耳其等 9 个"一带一路"沿线国家标准化机构负责人签署标准化合作协议,中国国家标准化管理委员会副主任殷明汉出席签署仪式。

Δ 质检总局、国家标准委在北京举行中国标准化专家委员会外籍顾问聘书颁发仪式。质检总局局长支树平出席仪式,并为外籍顾问加拿大国家标准化机构首席执行官约翰・戈登・沃尔特、法国国家标准化机构总裁奥利沃・皮亚特、德国国家标准化机构原主席托尔森・巴赫、英国国家标准化机构标准总裁斯科特・斯蒂德曼、美国国家标准化机构主席兼首席执行官乔・巴提亚颁发聘书。仪式由质检总局党组成员、国家标准委主任田世宏主持。中国标准化专家委员会顾问、中国品牌建设促进会理事长刘平均,中国标准化专家委员会副主任委员、国务院参事张纲,以及中国标准化专家委员会副主任委员兼秘书长、国家标准委副主任于欣丽出席仪式。

13 日　Δ　地方质检机构标准化工作研讨会在中国标准化研究院昌平实验基地召开。质检总局局长支树平,质检总局副局长梅克保、陈钢、吴清海、张沁荣和质检总局党组成员兼人事司司长李元平一同考察中国标准化研究院昌平实验基地。研讨会由质检总局总工程师韩毅主持,梅克保出席并讲话。与会人员实地参观中国标准化研究院二基地,听取近年来中国标准化研究院的发展情况和近期标准化工作的整体发展情况,地方质检两局代表做发言。

14 日　Δ　中共中央政治局常委、国务院总理李克强在北京出席第 39 届国际标准化组织大会并发表致辞,强调强化标准引领,提升产品和服务质量,促进中国经济迈向中高端。国务委员王勇出席活动。国际标准化组织、联合国工业发展组织等国际组织负责人以及部分区域、国家(地区)标准化机构代表 600 余人出席。

Δ　第 39 届国际标准化组织(ISO)大会在北京人民大会堂金色大厅举行。ISO 主席张晓刚致辞。大会第一阶段围绕“标准促进世界互联互通”的议题,质检总局局长支树平,工业和信息化部副部长怀进鹏,浙江省副省长朱从玖,山东省委常委、青岛市委书记李群分别发表演讲。质检总局党组成员、国家标准委主任田世宏主持第一阶段大会开幕式。

Δ　中国国家质检总局党组成员、国家标准化管理委员会主任田世宏和国际标准化组织(ISO)主席张晓刚共同签署并正式发布第 39 届国际标准化组织(ISO)大会《北京宣言》。

18 日　Δ　海洋局和国家标准委联合印发《全国海洋标准化“十三五”发展规划》。

20 日　Δ　科技部、质检总局、国家标准委联合印发《关于在国家科技计划专项实施中加强技术标准研制工作的指导意见》。

27 日　Δ　国际标准化组织船舶与海洋技术委员会(ISO/TC8)第 35 次全体会议召开,中国国家标准化管理委员会副主任郭辉出席并致辞。来自中国、德国、英国、美国、日本、韩国、芬兰、瑞士、瑞典、丹麦、意大利和加拿大等 12 个国家的 120 余名代表参加会议。国际标准化组织(ISO)主席张晓刚、国际海事组织(IMO)秘书长林基泽、世界海事大学(WMU)校长杜姆比亚・亨利等国际组织、机构领导人应邀出席会议。

30 日　Δ　质检总局、国家标准委批准发布《社会治安综合治理综治中心建设与管理规范》国家标准。

10月

9—16 日　Δ　中国国家标准化管理委员会副主任郭辉率团参加 2016 年中欧标准化工作组会议和第 80 届 IEC 大会。10 日,郭辉访问欧洲标准化委员会、欧洲电工标准化委员会和比利时国家标准化机构。11 日,郭辉出席在比利时布鲁塞尔举行的中欧工业产品安全和 WTO/TBT 磋商机制下的标准化工作组会议。13 日至 14 日,郭辉随同中国国家质检总局副局长孙大伟参加在德国法兰克福举行的第 80 届 IEC 大会。

11 日　Δ　中央军委装备发展部和国家标准委在北京共同组织召开军民标准通用化工程动员部署会议,质检总局党组成员、国家标准委主任田世宏,中央军委装备发展部副部长刘胜出席并讲话,国家标准委副主任于欣丽出席会议,中央军委装备发展部综合计划局局长周振杰主持会议。

12 日 《人民论坛》杂志社在北京召开“实施标准化战略 践行新发展理念”研讨会，质检总局党组成员、国家标准委主任田世宏，人民日报社副社长张建星，浙江省人民政府副省长朱从玖出席会议。

13 日 Δ 质检总局、国家标准委批准发布 315 项国家标准。

14 日 Δ 2016 年世界标准日中国宣传周主题活动在北京举行。质检总局局长支树平，质检总局副局长梅克保，中国工程院院士、中国标准化专家委员会副主任委员尹伟伦，商务部党组成员、部长助理王炳南，质检总局党组成员、国家标准委主任田世宏，质检总局党组成员兼人事司司长李元平，中央军委装备发展部综合计划局局长周振杰等出席活动。活动现场颁发 2016 年中国标准创新贡献奖，表扬在 ISO 大会筹备组织工作中作出突出贡献的集体和个人。国家标准委副主任于欣丽宣读国际电工委员会（IEC）、国际标准化组织（ISO）、国际电信联盟（ITU）联合发布的 2016 年世界标准日祝词。

17 日 Δ 是日至 18 日，国家智能制造标准化总体组承办的智能制造标准体系建设指南培训班在北京举办，国家标准委副主任殷明汉出席并致辞，来自各省区市质检部门、工业和信息化主管部门和相关部门的代表 100 余人参加培训。

18 日 Δ 国家标准委召开学习贯彻习近平总书记致第 39 届国际标准会组织（ISO）大会贺信精神座谈会，质检总局党组成员、国家标准委主任田世宏，国家标准委副主任殷明汉、郭辉、崔钢参加座谈。

24 日 Δ 是日至 11 月 4 日，2016 国际电工委员会/国际无线电干扰特别委员会（IEC/CISPR）年会在浙江杭州召开，中国国家标准化管理委员会副主任殷明汉出席会议并致辞。会议讨论 CISPR 的组织建设、CISPR 标准的发展方向，各相关组织对 CISPR 标准的需求以及各个 CISPR 标准的具体技术内容。

25 日 Δ 第三十届国际物品编码协会（GS1）医疗大会在北京召开，中国国家质检总局党组成员、中国国家标准化管理委员会主任田世宏出席会议并讲话。会议期间，田世宏会见 GS1 总裁兼首席执行官米赛尔·罗佩拉，就加强中国与 GS1 的交流合作交换意见，达成广泛共识。

Δ 中国标准化协会第八次全国会员代表大会暨八届一次理事会在山东济南召开。第七届理事会理事长纪正昆、国家标准委总工程师谷保中、中国科学技术协会学会学术部副巡视员王晓彬出席会议并讲话。会议审议通过大会主席团名单，通过第七届理事会工作报告、财务报告、中国标准化协会章程修订方案及中国标准化协会会费标准，选举产生第八届理事会、常务理事会、正副理事长和秘书长，大会向协会资深会员和顾问颁发证书和聘书，纪正昆连任中国标准化协会第八届理事会理事长。

27 日 Δ 社会管理和公共服务标准化工作联席会议在北京召开，国家标准委副主任崔钢出席会议并讲话。会议总结“十二五”的工作成绩，分析当前形势，提出“十三五”社会管理和公共服务标准化的工作任务。

30 日 Δ 国家标准委、成都市人民政府签署《关于全面实施标准化战略助推成都建设国家中心城市合作协议》。质检总局党组成员、国家标准委主任田世宏，成都市委书记唐良智，成都市委副书记、代市长罗强出席签字仪式；国家标准委副主任郭辉、崔钢，成都市委常委、秘书长王波，成都市副市长田蓉参加签字仪式。

11月

1日 Δ 是日至2日，中德城市间标准化合作工作会在四川成都举行，中国国家质检总局党组成员、中国国家标准化管理委员会主任田世宏，国际标准化组织（ISO）主席张晓刚，德国国家标准化机构主席克里斯托夫·温特哈特，成都市副市长田蓉等出席并致辞，会议由中国国家标准化管理委员会副主任郭辉主持。双方代表围绕智慧城市标准化合作、城市可持续发展标准化合作以及中德城市间标准化合作项目三个专题交流。会议期间，田世宏与克里斯托夫·温特哈特共同签署中德城市间标准化合作工作会议纪要，并就深化中德标准化合作进行会谈。

4日 Δ 是日至5日，首届中国—南亚标准化合作工作会议在四川成都召开，中国国家质检总局党组成员、中国国家标准化管理委员会主任田世宏，国际标准化组织（ISO）主席张晓刚，南亚区域标准组织（SARSO）秘书长赛义德·胡马雍·卡比尔，成都市委副书记、代市长罗强出席会议并致辞，中国国家标准化管理委员会副主任郭辉主持会议。会议以"中国—南亚标准化合作新机遇"为主题，本着"加强合作、互相借鉴、共促发展"的原则，马尔代夫、尼泊尔、巴基斯坦、斯里兰卡、印度和孟加拉国等国家标准化机构及相关部门代表做主题发言，中国和南亚国家专家围绕"一带一路"建设、南亚地区技术型贸易壁垒与构建标准体系、标准化—非关税壁垒及质量控制、社区综合减灾救灾标准化探索与实践等共同关注的领域交流。会议期间，田世宏与赛义德·胡马雍·卡比尔进行会谈，双方就签署标准化合作协议和推动中南务实合作达成共识。

8日 Δ 由人民日报社举办的2016年中国品牌论坛在北京开幕，全国人大副委员长严隽琪、人民日报社社长杨振武、中宣部副部长庹震等出席开幕式并致辞。质检总局党组成员、国家标准委主任田世宏出席开幕式并做主旨发言。

Δ 在质检总局、国家标准委、版权局联合指导下，国家标准版权保护工作组办公室在福建厦门举办标准推广与版权保护推进会。国家标准委副主任郭辉、质检总局执法司司长严冯敏、全国人大财经委法案室副主任钟真真、最高人民法院知识产权庭原庭长蒋志培等出席会议。会议总结一年来标准版权保护工作，探讨《标准化法》修订和标准推广过程中标准公开与版权保护的关系，交流标准公开与版权保护工作中的新情况，分享标准版权保护理论研究成果，并就进一步促进标准推广、保护标准版权进行交流研讨。

11日 Δ 2016第三届中国智慧城市（国际）创新大会在辽宁沈阳召开，质检总局党组成员、国家标准委主任田世宏出席大会并致辞。会议以"振兴、协同、共赢"为主题，旨在深入贯彻落实党中央、国务院部署要求，探索以智慧城市建设和大数据发展助推传统工业转型升级。

15日 Δ 质检总局第二届科学技术委员会标准与信息化专业技术委员会第一次工作会议在北京召开，专业委主任委员、国家标准委副主任于欣丽出席并主持会议。会议学习讨论质检总局局长支树平在质检总局第二届科技委换届大会上的重要讲话，审议《国家质检总局科学技术委员会标准与信息化专业技术委员会组织通则》和《国家质检总局科学技术委员会标准与信息化专业技术委员会2017年度工作计划》。质检总局科技司相关人员介绍《质检总局关于新时期加快科技成果转化的指导意见》（征求意见稿）的制定背景、基本原则和重要条款，与会人员讨论并提出修改意见和建议。

Δ 住房城乡建设部发布《住房城乡建设部办公厅关于培育和发展工程建设团体标准的意见》。

22日 Δ 国家标准委联合林业局、全国供销合作总社在四川省大邑县召开第八批国家农业综合标准化示范区总结现场会暨2016年第二期农业综合标准化培训班，国家标准委副主任崔钢出席会议并讲话。会上，林业局、陕西省质监局、大邑县等7家单位代表做典型交流发言，会议总结第八批示范项目建设经验。

Δ 中国保险行业协会发布中国保险业首个团体标准《农业保险服务通则》。

24 日 Δ 京津冀物流标准化联盟成立大会在北京举行，商务部及京津冀三地商务主管部门、行业协会，以及 110 余家联盟企业出席会议。

25 日 Δ “企业标准服务联盟成立暨首批企业标准排行榜”新闻发布会在北京召开，国家标准委副主任崔钢出席会议。会上，由中国标准化研究院、全国组织机构代码管理中心、中国标准化协会、中国航空综合技术研究所等单位共同发起的企业标准服务联盟宣布成立。

29 日 Δ 国务院标准化协调推进部际联席会议联络员会议在北京举行，质检总局党组成员、国家标准委主任田世宏出席会议并讲话。会议审议《贯彻实施〈深化标准化工作改革方案〉行动计划（2015—2016 年）》总结报告、《贯彻实施〈深化标准化工作改革方案〉行动计划（2017—2018 年）》、强制性标准整合精简评估结论和《推进国家标准公开工作实施方案》，听取各成员单位的意见和建议。

30 日 Δ 广东省人民政府出台《关于深化标准化改革推进广东先进标准体系建设的意见》。

12月

6 日 Δ 国家标准委在福建省长泰县召开农村综合改革标准化试点总结推进会暨培训班，国家标准委副主任于欣丽出席会议并讲话。会上，福建省长泰县、浙江省安吉县、四川省宜宾县等 6 个第一批试点地区代表做典型经验交流，总结第一批试点项目建设经验。与会代表们参观考察长泰县美丽乡村标准化试点建设村：陈巷镇古农村和岩溪镇珪后村。中国标准化研究院等有关方面的专家就标准化在农村综合改革中的应用、国家标准《美丽乡村建设指南》等内容进行解读。

13 日 Δ 是日至 14 日，国际标准化组织（ISO）第 102 次理事会会议在瑞士日内瓦召开，中国国家质检总局党组成员、中国国家标准化管理委员会主任田世宏作为 ISO 常任理事国中国代表参加会议。田世宏就秘书长的素质和能力要求、选聘程序等提出意见，并参加对两位候选人的面试。会议期间，田世宏与中国常驻联合国日内瓦办事处和瑞士其他国际组织代表团大使、ISO 执行秘书长、英国、美国、法国、俄罗斯等理事会成员举行工作会谈，就密切多双边合作机制、推动国际标准化战略实施等事宜进行磋商和交流。

Δ 质检总局、国家标准委批准发布 292 项国家标准和 23 项国家标准外文版。

20 日 Δ 国家标准委与中粮集团签署《国家标准委中粮集团有限公司关于推动中粮全产业链标准化建设合作备忘录》，质检总局局长支树平、中粮集团董事长赵双连出席签字仪式并讲话，国家标准委主任田世宏、中粮集团总裁于旭波代表双方签署合作备忘录。

22 日 Δ 国家标准委在北京召开团体标准试点工作推进会，国家标准委副主任殷明汉，中国科协党组成员、学会学术部部长宋军等出席会议并讲话。与会代表分享团体标准试点工作的创新点和案例，交流试点工作经验和成效，提出意见和建议。

Δ 质检总局、国家标准委批准发布《中国造船质量标准》和《中国修船质量标准》国家标准及国家标准外文版。

23 日 Δ 质检总局、国家标准委批准发布 9 项国家标准。

28 日 Δ 第六次全国服务业标准化联席会议在北京召开，国家标准委副主任崔钢出席会议并讲话。会议邀请国务院发展研究中心、中国科技产业化促进中心相关专家介绍服务业发展新形势，公安部、商务部、气象局、邮政局 4 个部门代表做经验介绍，与会人员围绕 2014 年以来服务业标准化工作情况及 2017 年工作进行交流。

29 日 Δ 国务院标准化协调推进部际联席会议第三次全体会议在北京召开，国务委员王勇出席会议并讲话。王勇强调要认真贯彻落实党的十八届六中全会和中央经济工作会议精神，深化标准化改革，实施标准化战略，开展“标准化 + ”行动，以标准助力创新发展、协调发展、绿色发展、开放发展、共享发展。

30 日 Δ 国家标准委召开党组会议，审议通过由国家标准委党建标准化工作组组织编制的《国家标准委机关全面从严治党标准体系》。质检总局党组成员、国家标准委党组书记、主任田世宏主持会议并讲话，国家标准委其他党组成员参加会议并提出意见和建议。

Δ 质检总局、国家标准委批准发布 163 项国家标准，废止 14 项国家标准。

特　　载

习近平致第39届国际标准化组织大会的贺信

值此第39届国际标准化组织大会召开之际，我谨代表中国政府和中国人民，并以我个人的名义，向会议的召开表示热烈的祝贺！向出席会议的国际机构负责人、各国代表和各界人士致以诚挚的欢迎！

标准是人类文明进步的成果。从中国古代的“车同轨、书同文”，到现代工业规模化生产，都是标准化的生动实践。伴随着经济全球化深入发展，标准化在便利经贸往来、支撑产业发展、促进科技进步、规范社会治理中的作用日益凸显。标准已成为世界“通用语言”。世界需要标准协同发展，标准促进世界互联互通。

中国将积极实施标准化战略，以标准助力创新发展、协调发展、绿色发展、开放发展、共享发展。我们愿同世界各国一道，深化标准合作，加强交流互鉴，共同完善国际标准体系。

标准助推创新发展，标准引领时代进步。国际标准是全球治理体系和经贸合作发展的重要技术基础。国际标准化组织作为最权威的综合性国际标准机构，制定的标准在全球得到广泛应用。希望与会嘉宾集思广益、凝聚共识，共同探索标准化在完善全球治理、促进可持续发展中的积极作用，为创造人类更加美好的未来作出贡献。

预祝会议取得圆满成功！

中华人民共和国主席　习近平

2016年9月9日

国务院办公厅关于印发强制性标准整合精简工作方案的通知

国办发〔2016〕3 号

各省、自治区、直辖市人民政府，国务院各部委、各直属机构：

《强制性标准整合精简工作方案》已经国务院同意，现印发给你们，请认真贯彻执行。

国务院办公厅

2016 年 1 月 30 日

强制性标准整合精简工作方案

强制性标准事关人身健康和生命财产安全、国家安全和生态环境安全，是经济社会运行的底线要求。强制性标准整合精简工作是标准化改革的重中之重，是建立新型强制性国家标准体系的首要任务。按照《国务院关于印发深化标准化工作改革方案的通知》（国发〔2015〕13 号）和《国务院办公厅关于印发贯彻实施〈深化标准化工作改革方案〉行动计划（2015—2016 年）的通知》（国办发〔2015〕67 号）的要求，制定本工作方案。

一、工作目标

按照强制性标准制定原则和范围，对现行强制性国家标准、行业标准和地方标准及制修订计划开展清理评估。2016 年底前，提出整合精简工作结论，不再适用的予以废止，不宜强制的转化为推荐性标准，确需强制的提出继续有效或整合修订的建议，同时研究提出各领域强制性国家标准体系框架。通过废止一批、转化一批、整合一批、修订一批，逐步解决现行强制性标准存在的交叉重复矛盾、超范围制定等主要问题，为构建结构合理、规模适度、内容科学的新型强制性国家标准体系奠定基础，实现“一个市场、一条底线、一个标准”。

二、工作范围

强制性标准整合精简工作的范围包括现行强制性国家标准、强制性行业标准、强制性地方标准，以及已经立项、正在制定过程中的强制性国家标准、强制性行业标准、强制性地方标准制修订计划项目。

三、工作原则

（一）统一管理，分工负责。在国务院标准化协调推进部际联席会议（以下简称联席会议）的统一部署下，按照统一的工作程序、技术方法和时间进度，组织开展强制性标准的整合精简工作。国务院有关部门依据相关法律法规，分工负责各自职责范围内的整合精简工作。充分发挥有关标准化技术委员会、行业协会和技术专家的作用。积极做好跨部门、跨领域标准的协调，形成工作合力。各省级人民政府负责本行政区域内的整合精简工作，充分发挥省级标准化协调推进机制的作用。

（二）平稳推进，兼顾应用。全面掌握强制性标准的应用实施情况，充分考虑标准与相关法律法规、产业政策、监管制度的衔接，有效保障相关标准间的协同配套。在新标准制定发布前，确保原标准正常实施和发挥作用，不造成监管真空，不降低安全底线。

（三）试点引领，点面结合。国务院有关部门和各省级人民政府在不影响总体进度的情况下，可选择典型领域先行开展强制性标准整合精简试点工作，充分发挥试点工作的引领作用，及时总结试点工作经验，改进整合精简的组织实施工作，点面结合，确保顺利有序开展。

四、职责分工

（一）联席会议及其办公室。强制性标准整合精简工作中需协调的重大问题和整合精简结论，报请联席会议审定。联席会议办公室按照联席会议要求，督促指导国务院有关部门和各省级人民政府开展工作，负责确定强制性标准整合精简的范围和责任部门，开发强制性标准整合精简工作平台，审核国务院有关部门和各省级人民政府提出的整合精简结论并提交联席会议审定。

（二）专家咨询组。设立专家咨询组，为整合精简工作提供技术指导，必要时为联席会议提供咨询意见。专家咨询组由国家标准委、国务院有关部门和各省级人民政府推荐的专家组成。

（三）国务院有关部门。国务院有关部门负责对本部门职责范围内的强制性国家标准、强制性行业标准进行整合精简，提出整合精简结论及本领域强制性国家标准体系框架。可根据需要成立强制性标准整合精简工作组（以下简称工作组）。可依据本方案制定整合精简工作实施细则，并报联席会议办公室备案。根据整合精简工作需要，可成立由专家组成的一个或多个专业组，对强制性国家标准、强制性行业标准逐项进行评估，提出废止、转化、整合、修订或继续有效的建议，提出本专业领域强制性国家标准体系框架建议。专业组由涉及的标准化技术委员会、行业协会和科研机构的专家组成。

（四）省级人民政府。省级人民政府负责对本行政区域内强制性地方标准进行整合精简，提出整合精简结论。可依据实际需要成立工作组，并充分发挥地方标准化协调推进机制的作用。可依据本方案制定整合精简工作实施细则，并报联席会议办公室备案。根据整合精简工作需要，可成立由专家组成的一个或多个专业组，对强制性地方标准逐项进行评估，提出废止、转化、整合、修订或继续有效的建议。

（五）协调机制。整合精简过程中，部门内跨领域标准协调问题，由本部门负责；跨部门的协调问题，由相关部门先行协调，协调不一致的，由联席会议办公室负责协调，必要时提交联席会议协调。地方标准的协调应充分发挥地方标准化协调推进机制的作用。

五、进度安排

（一）准备阶段（2016 年 1 月—2 月）。

1. 成立组织机构。国家标准委会同相关部门成立专家咨询组，国务院有关部门和各省级人民政府根据需要成立工作组和专业组。

2. 摸底调查。国家标准委、国务院有关部门和各省级人民政府分别对现行有效的强制性国家标准、强制性行业标准、强制性地方标准进行摸底，分别提供强制性标准目录和标准全文（对于强制性标准制修订计划项目，提供标准草案或标准大纲），提出负责整合精简的责任部门建议，报送联席会议办公室。除涉密内容外，上述信息统一上传至强制性标准整合精简工作平台。

3. 协调确定责任部门。国务院有关部门依据职责提出整合精简责任部门的调整建议，联席会议办公室协调确定需整合精简的强制性标准清单和责任部门。

4. 培训工作人员。国家标准委组织对国务院有关部门和各省级人民政府整合精简工作人员进行培训，以统一工作尺度和要求。

（二）评估阶段（2016 年 3 月—5 月）。

1. 开展评估。国务院有关部门和各省级人民政府首先要对强制性标准的现状、问题以及应用实施情况进行充分调查研究，包括强制性标准是否被法律法规、规章及政府文件引用，是否有明确的实施监督部门和执行措施，以及在相关行业领域的应用情况等；其次依据《强制性标准整合精简评估方法》（由国家标准委印发）对强制性标准开展技术评估；最后提出废止、转化、整合、修订或继续有效的结论。国务院有关部门同时研究提出本领域强制性国家标准体系框架。整合精简结论应在强制性标准整合精简工作平台填报。

2. 报送强制性国家标准制修订建议。其中，对于现有强制性地方标准中可在全国范围内统一的技术要求，省级人民政府可提出强制性国家标准的制修订建议，说明制修订强制性国家标准的必要性和强制内容，报送联席会议办公室，由联席会议办公室按职责分工转国务院有关部门处理。

3. 形成文字记录。国务院有关部门和各省级人民政府在组织开展强制性标准评估时，对评估过程、评估依据、评估结论、参加评估人员均应有文字记录，形成会议纪要或工作报告。

4. 协调处理意见。对于建议废止的标准，责任部门要与相关应用部门充分沟通，避免出现与现行法律法规、政策文件不衔接的情况。对于省级人民政府提出的强制性国家标准制修订建议，国务院有关部门应统筹考虑，及时反馈处理意见。

（三）结论处理阶段（2016 年 6 月—11 月）。

1. 联席会议办公室确认。联席会议办公室要对国务院有关部门和各省级人民政府报送的强制性标准整合精简结论和强制性国家标准体系框架进行汇总。其中，国务院有关部门对所负责的工程建设强制性标准提出的整合精简结论，由住房城乡建设部统一协调审核后，报送联席会议办公室。

2. 征求意见。联席会议办公室将整合精简结论送国务院有关部门和各省级人民政府征求意见。

3. 社会公示。征求意见结束后，联席会议办公室将拟废止、转化的强制性国家标准、行业标准清单向社会公示 60 天。拟废止、转化的强制性地方标准，由省级人民政府在本行政区域内向社会公示 60 天。涉及国家安全和秘密的强制性标准，可结合实际情况在适当范围内公示。

（四）审定发布阶段（2016 年 12 月）。

1. 联席会议审定。国务院有关部门和各省级人民政府协调处理各方意见后，形成强制性标准整合精简工作报告，由联席会议办公室审核后报联席会议审定。

2. 发布。联席会议审定后，对于需废止、转化的强制性标准，由原发布主体或负责整合精简工作的责任部门在规定期限内各自发布废止、转化公告，需转化的按照推荐性标准制修订程序进行转化；对于需整合、修订的强制性标准，由国家标准委对外发布结果，并据此安排新的强制性标准制修订计划。

六、保障措施

（一）人员保障。国家标准委、国务院有关部门和各省级人民政府应根据方案要求和实际需要，安排专人具体负责此项工作。充分依托标准化专业机构为整合精简工作提供技术支撑。

（二）平台保障。国家标准委在整合精简工作方案的基础上，组织开发统一的强制性标准整合精简工作平台，为国务院有关部门和各省级人民政府的数据报送、信息查询、汇总统计、交流反馈提供信息化支撑。

（三）经费投入。国务院有关部门和各省级人民政府要加大整合精简工作的经费投入，确保整合精简工作顺利开展。

（四）其他要求。在整合精简工作期间，除法律法规另有规定或《国务院关于印发深化标准化工作改革方案的通知》已明确按照或暂时按照现有模式管理的领域外，停止新的强制性行业标准和强制性地方标准立项。除符合标准体系、经济社会发展和国际贸易急需的项目外，原则上不再下达新的强制性国家标准制修订计划。已立项的强制性国家标准在符合标准体系和归口部门同意的情况下，可以继续批准发布。

国务院办公厅关于印发消费品标准和质量提升规划（2016—2020 年）的通知

国办发〔2016〕68 号

各省、自治区、直辖市人民政府，国务院各部委、各直属机构：

《消费品标准和质量提升规划（2016—2020 年）》已经国务院同意，现印发给你们，请认真贯彻执行。

国务院办公厅

2016 年 9 月 6 日

消费品标准和质量提升规划（2016—2020 年）

当前，我国已成为全球消费品生产、消费和贸易大国，消费对经济增长的基础作用明显增强。但是，消费品标准和质量还难以满足人民群众日益增长的消费需求，呈现较为明显的供需错配，消费品供给结构不合理，品牌竞争力不强，消费环境有待改善，国内消费信心不足，制约国内消费增长，甚至造成消费外流。为深化消费品供给侧结构性改革，提升消费品标准和质量水平，确保消费品质量安全，扩大有效需求，提高人民生活品质，夯实消费品工业发展根基，推动“中国制造”迈向中高端，有力推动“中国制造 2025”顺利实施，为经济社会发展增添新动力，制定本规划。

一、总体要求

（一）指导思想。

以党的十八大和十八届三中、四中、五中全会精神为指导，按照“四个全面”战略布局和党中央、国务院决策部署，牢固树立创新、协调、绿色、开放、共享的发展理念，紧紧围绕推进供给侧结构性改革，以先进标准引领消费品质量提升，倒逼装备制造业转型升级，扩大有效供给满足新需求，改善消费环境释放新动能，创新体制机制激发新活力，以科技创新支撑标准化和质量提升，突出标准引领，创新质量供给，着力增品种、提品质、创品牌，不断满足人民群众日益增长的消费需求。

（二）基本原则。

坚持市场导向。发挥市场机制作用，强化企业市场主体地位，激发企业标准和质量提升内生动力，瞄准当前消费品市场的薄弱环节，以质量提升满足传统消费升级需求，以技术、产品、产业模式创新满足并创造消费新需求，保障基本消费、增加优质消费、抓住高端消费，以消费升级引领产业升级。

坚持改革创新。加大推进简政放权、放管结合、优化服务改革力度，加快标准化和质量提升的科技创新、制度创新和机制创新，破除制度性障碍，最大限度取消市场准入限制，净化消费市场环境，发挥创新对标准化和质量提升的倍增效应。

坚持标准引领。提高标准供给能力和水平，推动主要消费品标准由跟随者向创新者、领跑者转变。保障质量安全，推动质量提升，带动产业转型升级。

坚持质量为本。深化质量为本理念，引导企业增强质量、品牌和营销意识，弘扬企业家精神和工匠精神，实施精细化质量管理，树立追求卓越的质量文化，推广先进标准应用体系和先进质量管理模式，打造中国优质品牌，推动消费品工业走以质取胜的发展道路。

坚持开放融合。鼓励行业协会、社会组织和消费者更好地参与标准化和质量工作。加强国际交流与合作，积极参与国际标准化和质量管理工作，加快消费品质量安全标准与国际标准接轨。

（三）总体目标。

——消费品标准体系基本完善，政府主导与市场自主制定的标准协调配套，标准供给基本满足日益增长的消费需求，标准制定和实施的整体水平显著提升，重点领域的主要消费品与国际标准一致性程度达到95%以上。

——消费品整体质量明显提升，质量安全突出问题得到有效治理，重点领域消费品质量达到或接近国际先进水平，出口产品质量溢价水平明显提升，消费品质量国家监督抽查合格率稳定在90%以上。

——企业质量发展内生动力持续增强，企业质量主体意识显著提高，质量管理体系不断完善，企业员工职业素质、技术装备水平大幅提升，品牌文化附加值、市场营销能力不断增强，消费品质量竞争力指数稳定在84以上。

——知名品牌培育成效明显，具有较强品牌培育能力的消费品生产企业大量涌现，具有国际影响力的消费品品牌数量明显增多，质量竞争型消费品出口占比居全球前列，知名消费品品牌价值大幅提升。

二、主要任务

（一）改革标准供给体系。加快建立政府主导制定标准与市场自主制定标准协同发展、协调配套的新型消费品标准体系，健全统一协调、运行高效的消费品标准化运行机制。

夯实消费品质量安全标准基础。紧扣消费品质量安全要素，加快制定一批强制性国家标准，整合精简现行强制性国家标准、行业标准和地方标准，消除跨行业、跨地区的技术差异，建立广覆盖、保安全的消费品安全强制性国家标准体系。完善与强制性国家标准协调配套的推荐性标准体系，推动消费品标准由生产型向消费型、服务型转变。强化政府政策措施与标准的有效衔接，形成协同推动标准实施的工作合力。

提高消费品标准市场供给能力。支持社会团体和企业快速响应创新和市场需求，大力发展高于国家标准和行业标准的团体标准和企业标准，增加标准有效供给。重点扶持一批具有行业影响力、运行规范、消费者认可的社会团体制定团体标准，推动技术水平高的团体标准转化为国家标准、国际标准。

加快国内外标准接轨。建立消费品标准比对与报告制度，加强对主要贸易国家和“一带一路”沿线重点国家标准分析研究，充分利用技术性贸易措施，促进我国标准水平持续提升，提高消费品国内国际标准一致性程度，推动实现内外销产品“同线同标同质”。加快中国标准“走出去”，积极主导和参与国际标准制修订，推动我国优势产业技术标准成为国际标准。

专栏1　消费品国内外标准接轨工程
针对重点消费类产品和大宗进出口产品，组织开展消费品质量标准与国际标准和出口标准的比对工作，开展国内外标准关键技术指标和试验方法比对验证，加快消费品国内外标准比对数据资源建设。加快转化重要国际标准，积极引进国际标准和国外先进标准，全面推进与主要贸易国家的标准互认工作，发布外文版的中国消费品标准。在重点领域建设一批消费品标准化示范区，推动我国消费品标准达到国际先进水平。 到2020年，完成1000项以上重点消费品标准比对工作，建立消费品标准比对数据共享系统，重点领域消费品与国际标准一致性程度达到95%以上。

推动标准与科技协同。加强消费品领域科技、专利、标准一体化研究，鼓励将拥有自主知识产权的关键技术纳入标准，推动技术创新、标准研制和产业化协调发展。开展科技成果转化技术标准试点，加大新技术、新工艺、新材料、新产品等创新成果的标准转化力度，加强新型消费品制造装

备研发和标准制定，以科技创新促进标准升级。选择重要消费品领域，加强技术标准创新基地和标准试验验证实验室建设。

（二）优化标准供给结构。增加高水平、高质量、有特色的标准供给，服务消费新热点、新模式发展，满足消费结构升级的需求。

发展个性定制标准。紧盯消费品市场细分的发展趋势，从提高产品功效、性能、适用性、可靠性和外观设计水平入手，结合消费品生产、制造的模块化与集成化特征，开展个性定制消费品标准体系建设，制定引领个性设计、规模定制、组合组装等消费品发展的通用标准，满足多样化、多层次、个性化消费需求。

制定绿色产品标准。建立绿色产品标准、认证、标识等体系，制定绿色产品评价通则，各有关行业主管部门共同参与、共同推动消费品领域开展绿色消费品认证、标识工作。建立绿色产品标准、标识与认证信息平台，公开发布相关政策法规、标准、规则程序、认证结果及采信信息。在重点行业制定碳排放管理等标准，引导绿色低碳消费。

健全智能消费品标准。开展智能家电、智能照明电器等标准体系建设，加快智能终端产品的安全性、可靠性、功能性等标准研制。开展家具、服装等传统消费品智能化升级的综合标准化工作。在可穿戴产品、智能家居、数字家庭等新兴消费品领域，引领标准制定。

完善售后服务标准。研制消费品安装调试、维修检测、二手交易、回收再利用等服务标准。加强检验检测、售后服务等标准化公共服务，探索消费品远程跟踪、即时技术支持服务，推进消费品售后服务标准化、专业化，向价值链高端延伸，扩大优质服务供给。

优化物流标准体系。完善消费品仓储配送、供应链管理、线上线下协同服务等标准体系，促进消费品流通模式创新。加大面向农村地区的消费品流通基础设施标准化改造力度，推动物流配送标准实施推广，大力支持快递物流发展。

（三）发挥企业质量主体作用。强化企业质量意识，严格落实企业质量主体责任，引导和鼓励企业把握市场需求，健全质量管理体系，加强全员、全过程、全方位的质量管理，提高质量创新能力，有效激发质量提升内生动力，推动消费品标准和质量提升。

倡导工匠精神。建立和完善技能人才荣誉制度，树立“大国工匠”标杆，营造尊重技术、推崇质量的良好社会氛围。引导企业把工匠精神和企业家精神纳入质量文化建设，使工匠精神成为企业决策者、经营者和全体员工共同的价值取向和行为准则。加强质量标准化职业素质教育，多方培养职业技术工人。广泛开展职业技能竞赛、岗位练兵和质量标兵等活动，鼓励企业员工学习新知识、钻研新技术、使用新方法，加快培育紧缺型、创新型的高素质质量人才队伍。

推广精益制造。鼓励和引导企业实施精细化质量管理，建立低碳、高效的消费品生产经营模式。积极推广和运用精益制造、全面质量管理、卓越绩效等先进质量管理技术和方法，广泛开展质量比对、质量攻关、质量改进等活动。支持企业提高质量在线监测、在线控制和产品全生命周期质量追溯能力。以消费市场向中高端发展引导带动装备制造业主动提高设备产品的性能、功能和工艺水平，促进“中国制造”全产业链升级。

推动企业标准自我声明。放开搞活企业标准，取消企业标准备案制度，引导企业自我声明公开执行的标准，公开产品质量承诺，提高消费品标准信息的透明度。鼓励第三方机构评估公开标准的水平，发布企业标准排行榜。建立企业标准领跑者制度，引导消费者更多选择标准领跑者产品，满足市场对高品质产品和高质量服务的消费需求。开展以随机检查、比对评估为主的企业标准公开事中事后监管，将标准实施情况纳入质量信用记录，促进企业主动实施高标准、追求高质量，推动形成优质优价、优胜劣汰的质量竞争机制。

专栏2　消费品企业标准自我声明公开和监督工程
落实企业质量主体责任，引导企业通过公开标准不断提升企业标准化水平，倒逼企业制定高于国家标准、行业标准、地方标准的企业标准。加快研究产品和服务标准水平评价指标体系和评价方法，以市场为导向，运用社会力量，建立并实施企业标准关键指标排行榜制度，培育一批消费品企业标准领跑者。利用大数据技术，完善企业标准信息公共服务平台，满足政府、企业和消费者对质量标准的信息服务需求。畅通消费者举报渠道，强化社会对企业标准自我公开及实施情况的监督。建立健全企业执行标准随机抽查制度，将企业自我声明公开标准、标准的实施及产品质量等情况纳入企业质量信用记录。 到2020年，基本实现主要消费品生产企业标准自我声明公开全覆盖，建立健全企业标准自我声明与质量提升的协同互动机制，形成一批技术水平领先、具有国际竞争力的消费品企业标准领跑者，带动产品和服务质量水平整体提升。

加快培育标准创新型企业。建立标准创新型企业培育机制，鼓励行业龙头企业加大标准研制投入，瞄准国际新技术和市场新需求，制定和实施先进标准，发挥标准创新对技术创新、管理创新和商业模式创新的支撑引领作用。加强指导，提升中小企业标准创新能力。

（四）夯实消费品工业质量基础。质量基础建设是抓质量的紧要之举，也是长远之策。要坚持改革创新，加强政策引导，夯实质量基础，为提升消费品质量提供有力支撑。

加强质量技术基础建设。建立完善消费品领域国家计量测试服务体系，加快建立新一代国际计量基准、消费品工业急需的社会公用计量标准和标准物质。完善消费品产业共性技术标准体系，重点研制一批消费品制造的核心基础零部件（元器件）、关键基础工艺、关键基础材料、产业技术基础和先进制造装备领域急需标准。改革和创新消费品领域认证认可体系，开展消费品安全、绿色认证。突破检验检测技术瓶颈，提高现场快速、智能识别检测监测能力。构建国家质量技术基础国际合作互认机制，开展国家质量技术基础跨境合作建设，增强“中国制造”质量信任。

提升质量技术创新能力。开展重点行业工艺优化行动，组织质量提升关键共性技术攻关，支持企业积极应用新技术、新工艺、新材料。鼓励有条件的企业建立技术中心、检测中心、产业化基地，培育集研发、设计、制造和系统集成于一体的创新型企业。推动企业加大质量技术创新投入，加快科技成果转化，促进创新成果的标准化和专利化。

加强质量公共服务。建设质量技术基础公共服务平台，培育标准化服务、品牌咨询、质量责任保险等新兴质量服务业态，为消费品生产企业和各类科技园、孵化器、创客空间等提供全生命周期质量技术支持。培育标准化事务所，为企业特别是中小企业提供标准信息、标准体系构建、标准编制及标准化技术解决方案等服务。创新“互联网＋质量服务”模式，推进质量技术资源、信息资源、人才资源、设备设施向社会开放共享。融合国内外标准、技术法规及合格评定信息，加强技术性贸易措施通报咨询。

专栏3　消费品质量技术基础“一站式”服务工程
运用“互联网＋”质量技术基础模式，整合政府部门、行业协会等质量技术基础资源，建立跨部门、跨区域、跨行业的质量技术基础服务信息平台，对企业开展“一站式”质量服务。建立多方协作、精准服务的国家质量技术基础服务新模式，为产业集聚区和区域经济发展提供全方位、全过程质量技术支撑。开展国家质量技术基础国际比对提升，突破我国计量、标准、检验检测、认证认可等质量基础协同集成关键技术，形成全链条的“标准—计量—认证认可—检验检测”整体技术解决方案，在重点消费品产业推动质量技术集成化示范应用。 到2020年，建成15个具有示范引领作用的国家质量技术基础“一站式”服务示范项目，促进国家质量技术基础供给能力明显提升。

（五）加强消费品品牌建设。引导企业增强品牌和营销意识，夯实品牌发展基础，完善质量奖励制度，实施消费品精品工程，推动中国产品向中国品牌转变，提高中国消费品知名度和美誉度，打造中国制造金字品牌。

加强品牌培育。开展消费品生产企业品牌培育和产业集群品牌试点，推动知名品牌创建。加强商标品牌保护，提高消费品商标公共服务水平。制定消费品品牌管理和评价国家标准，开展品牌价值提升应用示范，指导企业提升品牌价值。建立国际知名消费品品牌指标库，推动品牌评价国际标准制定实施。开展品牌标杆示范活动，提升企业品牌意识，推动企业实施品牌战略，走品牌发展之路。

提升品牌形象。指导企业加强品牌文化建设，强化品牌研究、品牌设计、品牌定位和品牌沟通，完善品牌经营管理体系。加强国内消费品高端品牌的广告策划和宣传推广，设立国家品牌日，在主要国家和重要新兴市场举办中国品牌展览推介和宣传活动，推动中国品牌走向世界。

强化品牌保护。建立健全品牌保护机制，坚持品牌建设与知识产权保护相结合，加大对消费品商标、专利等知识产权的保护力度。推动建立企业自我保护、行政保护和司法保护三位一体的品牌保护体系，发挥行业协会自律作用，加大打击假冒伪劣违法行为力度。

专栏4　消费品精品培育工程
鼓励企业加强从设计研发、生产制造到售后服务等产品全生命周期的质量管理，推广先进质量管理方法与模式。发挥终端产品生产制造企业的倒逼作用，强化对原材料、零部件、装配服务等重要环节的质量管控，促进全产业链质量管理水平整体提升。以产业聚集区、国家自主创新示范区、高新技术产业园区等为重点，开展知名品牌创建。针对市场需求旺盛、技术创新活跃的主要消费品领域，组织实施企业标准领跑者制度。支持企业加大品牌宣传投入，提升品牌策划营销能力。建立与国际接轨的品牌价值评价体系，引导消费品企业建立质量品牌创新中心，提高中国消费品品牌美誉度和忠诚度，打造中国精品。 到2020年，推动标准领跑者企业的产品和服务质量接近或达到国际先进水平，培育形成一批质量水平高、市场竞争力强、国际知名的消费品精品，打造一批品牌形象突出、质量管理一流的现代企业和产业集群。

（六）改善优化市场环境。建立和完善全国统一开放、公平竞争、优质优价、优胜劣汰的市场，打破地方保护主义，积极营造良好营商环境，进一步明确政府在质量管理中的职能定位，进一步创新政府监管体制机制，进一步激发市场活力和消费潜力。

创新质量监管制度。建立消费品生产经营负面清单管理制度，除强制性标准和法律法规明确规定外，取消消费品生产经营其他市场准入限制。建立统一规范的监督检查机制，实行“随机抽查企业、随机抽检产品、随机选择检测机构”制度，对产品质量国家监督抽查合格的同一企业的同一规格型号产品，6个月内任何地方、部门和机构不得重复抽查。推进消费品质量监督抽查结果信息共享，实现“一个标准、一次检验、结果互认、全国通行”。规范检验认证行为，建立检验认证机构对产品质量承担连带责任制度。规范涉企收费，取消一切不在政府公开清单内的收费项目。

加强质量信息公共服务。增加消费品质量信息供给，减少市场信息不对称。搭建统一的消费品质量信息公共服务平台，为消费者提供消费品质量监督检查、质量比对、消费警示等产品质量信息，为消费品生产经营企业提供质量信息大数据查询服务。鼓励第三方社会组织提供专业化、个性化和多样化的质量信息服务。

专栏5　消费品质量信息公共服务工程
围绕消费品生产经营企业和消费者质量信息需求，加快建设跨部门、跨行业的消费品质量信息公共服务平台，集成、发布和共享标准、计量、认证认可、检验检测等质量基础信息以及质量监督检查、质量比对等产品质量信息，提高大数据采集和查询服务能力，实现单一要素、单一周期信息服务向“一站式”信息综合服务转变，消除消费品质量信息孤岛和信息不对称现象，更好地满足消费信息需求。 到2020年，基本建成消费品质量信息公共服务平台，实现与企业信息公示平台、信用信息共享交换平台的对接。

加大知识产权保护力度。实行严格的知识产权保护制度，建立消费品知识产权快速维权机制，加大消费品国际展会、电子商务等领域知识产权执法力度，加强消费品市场知识产权管理和保

护工作。鼓励消费品生产经营企业规范知识产权管理，推动专利联盟建设。

强化消费维权保护。建立消费品质量安全惩罚性赔偿、质量担保、销售者先行赔付和产品质量安全责任保险等制度。在消费集中的重点场所建立消费争议快速处理绿色通道，促进消费纠纷就近投诉化解。鼓励乡镇（街道）设立消费维权窗口，促进城乡消费维权公共服务均等化。明确消费者诉讼简易处理程序，完善公益诉讼制度，扩大公益诉讼主体范围，支持社会中介组织和第三方机构为消费者提供维权援助，降低消费维权成本。

优化网购消费环境。完善电子商务领域标准体系，引导和帮助电子商务平台经营者提高质量管理水平。建立和完善风险监测、网上抽查、源头追溯、属地查处、信用管理的电子商务产品质量监管机制。建立健全政府部门间协同监管和失信行为联合惩戒机制，严厉打击电子商务活动中侵权假冒违法行为以及平台经营者包庇、纵容违法违规经营行为。加强跨境电子商务质量安全监管，建立和完善跨境消费售后维权保障机制。

（七）保障消费品质量安全。适应消费品质量安全新形势，不断创新监管模式，完善消费品质量安全治理体系，加快实现治理能力现代化。

强化质量安全风险管理。完善消费品质量安全风险监控体系，建立以预防为主、风险管理为核心的消费品质量安全监管机制。推广应用物品编码和射频识别等技术手段，建立主要消费品质量安全追溯体系，实现来源可查、去向可追、责任可究。推进缺陷消费品召回常态化，把涉及人身、财产安全的消费品纳入召回范围。开展消费品质量安全标准“筑篱”专项行动，完善消费品质量安全标准体系，提升消费品质量安全标准水平。统一国内和进出口消费品质量监管规制，建立监管协调机制，提高内外销消费品质量安全水平的一致性。

专栏6　消费品质量安全风险管理工程
以早发现、早研判、早预警、早处置为目标，推进建立以风险信息采集为基础、风险监测为手段、风险评估为支撑、风险处置为结果的消费品质量安全风险管理体系。围绕重点领域消费品和智能制造、新材料、新兴业态等领域的共性需求，开展消费品质量安全风险评估关键技术研发和成果应用示范，建立消费品质量安全风险评估试验体系，研制风险评估标准、程序和方法，完善消费品质量安全风险和产品伤害监测体系。建立消费品质量安全风险快速预警系统和快速联动处置机制，快速处置发生在消费者身边的质量安全风险。 到2020年，建立覆盖主要社区、乡镇和学校的消费品质量安全风险信息监测点，在医院建立100个以上产品伤害监测点，系统采集产品风险和伤害信息，推广应用消费品质量安全风险快速预警系统，发布消费预警和风险通报。

严厉打击制假售假行为。健全执法协作机制，推进综合行政执法。完善行政执法与刑事司法衔接机制，加大对生产经营假冒伪劣产品行为的刑事处罚力度。深入开展执法打假行动，严查彻办质量违法大案要案。实现质量违法案件信息全公开，加大对质量违法行为的震慑力度。

加快质量信用体系建设。实施企业质量信用信息统一归集、依法公示、联合惩戒、社会监督。完善企业质量信用档案数据库，建立消费品市场主体经营异常名录、产品质量失信“黑名单”等制度，对企业实施分类监管。支持、引导第三方信用服务机构对消费品生产企业开展质量信用评价。实现多部门、跨地区质量信用联合奖励和联合惩戒，营造“守信者处处受益，失信者寸步难行”的社会环境。

构建消费品质量共治格局。深入开展消费者质量安全教育，激发公众质量安全意识，提高公众消费维权能力。健全公众参与监督激励机制，完善有奖举报制度。建立商会、协会、中介组织和新闻媒体共同参与的社会监督机制，形成企业规范、行业自律、政府监管和社会监督的多元共治格局。

（八）提升进出口消费品质量。实施外贸优进优出战略，建立质量监管与贸易便利化相统一的进出口消费品质量安全监管体系，提升进出口消费品质量安全水平。

构建进出口商品风险预警体系。建成覆盖全国口岸的进出口商品质量安全监测网络，畅通覆盖消费者投诉和企业报告的进出口商品风险信息监测渠道，推动建立跨国境、跨部门、跨行业的进出口商品风险和伤害信息监测与交流平台。加快进出口商品质量安全大数据处理与评价中心建设，搭建统一的智能化预警平台，提高风险预警和快速反应处置能力。

强化技术性贸易措施。完善世界贸易组织技术性贸易壁垒和动植物检疫措施（WTO/TBT—SPS）通报咨询工作机制，加强对国外重要技术性贸易措施的跟踪、研究、评议，做好预警、咨询、技术帮扶，提升企业特别是中小企业应对国外技术性贸易措施能力，促进企业按照更高标准提升质量。加大多边、双边评议和交涉力度，减少贸易壁垒影响。

严把进口消费品质量关。建立以问题为导向，以风险管理、口岸管控、事中事后监管为主线的进口消费品监管体系，强化动态监管和缺陷消费品召回。创新监管机制，落实企业主体责任，促进跨境电子商务进口消费品规范发展。

促进出口消费品提质升级。推进出口产品质量安全示范区与示范企业创建，加快培育以技术、标准、品牌、质量、服务为核心的对外经济新优势。打击出口假冒伪劣商品，推动建设海外打假维权监测网。搭建国际交流与磋商对话平台，强化消费品质量安全国际合作。

提高贸易便利化水平。推进检验检疫一体化建设，加强数据共享，优化通关流程。复制推广自贸试验区改革经验，加大实施第三方采信工作，完善进口企业诚信管理，优化检验监管工作方式，提高监管的有效性和通关效率。

专栏7　进出口消费品质量提升工程
服务优进优出，提升进出口消费品质量安全水平。完善进出口消费品质量安全风险预警监管体系，建设覆盖全国范围的进出口消费品风险监测网络。完善进口消费品监管体系，推动缺陷进口消费品召回工作常态化，预防和减少不安全消费品进入国内市场，保护消费者权益。提升企业主体责任意识，促进跨境电商等新业态发展。发挥示范区引领作用，打击出口假冒伪劣商品，提升中国制造形象。 到2020年，创建国家级出口产品质量安全示范区60家、国家级示范企业400家，海外打假维权监测网在境外国家或地区的覆盖面达到30%；每年定期向社会公布重点进口消费品质量安全状况白皮书。

三、重点领域

围绕消费需求旺盛、与群众日常生活息息相关的一般消费品领域，充分发挥市场机制与企业主体作用，加快构建满足市场需求的新型消费品标准体系，加大消费品标准供给力度，加强行业管理、质量监督等政策措施与标准的衔接配套，形成以创新助推标准制定、以标准实施促进质量提升、以质量升级推动品牌建设的良性循环。

（一）家用电器。适应家用电器高端化、智能化发展趋势，加大团体标准和高水平企业标准的供给力度。开展家用电器产品分等分级和评价标准化工作，改善电子坐便器、空气净化器、家用清洁机器人等新兴家电产品的性能和消费体验，提高空调器、电冰箱、洗衣机等传统大家电的产品舒适性、智能化水平，优化电饭锅、剃须刀等传统厨用、个人护理用小家电产品的外观和功能设计。提升多品种、多品牌家电产品深度智能化水平，推动智能家居快速发展。针对新型城镇化进程中居民生活方式的转变和农村家电消费的普及，加快制修订强制性国家标准，全面提高家电产品安全、节能节水、使用年限、安装维修等要求。

（二）消费类电子产品。针对消费类电子产品网络化、创新化的发展特点，结合云计算、大数据、物联网等新一代信息技术，推动人工智能、智能硬件、智慧家庭、虚拟现实、物联网等创新技术产品化、专利化、标准化。加快高质量产品生产线及智能工厂建设，引导生产企业不断开发新技术、新产品、新应用。从安全性、稳定性、可靠性角度，进一步完善消费类电子产品技术标准体系。制定智能手机、可穿戴设备、新型视听产品等智能终端产品标准，强化信息安全、个人隐私保护要求，开展人体舒适性、易用性评估评价，规范众包众筹产品市场、线上线下销售市场。

（三）家居装饰装修产品。围绕居民提高生活水平、改善家居环境的消费需求，促进家居装饰装修健康化、集成化发展。针对家具、照明电器、厨卫五金、涂料、卫生陶瓷、壁纸、地毯等家居装饰装修产品，加快构建强制性国家标准体系，严格有毒有害物质、挥发性有机物限量要求，健全配套检测方法、检测设备、检测能力。开展家居装饰装修综合标准化工作，鼓励有条件的企业发挥技术、资金、品牌等优势，延伸服务链条，由单一产品生产制造向“产品＋产品”、“产品＋服务”转变，建设家居装饰装修标准综合体，支撑企业提供家居装饰装修整体解决方案，满足消费者需求。

（四）服装服饰产品。适应个性消费、时尚消费、品质消费、品牌消费的发展需求，巩固纺织服装鞋帽、皮革箱包等产业的传统优势地位，加快首饰、钟表、眼镜、发制品等产业的技术创新和产业升级，加大知识产权保护力度，提升创新创意设计能力。推进三维人体测量、数字化试衣、产品追溯、可穿戴服装等新技术产业推广，制定规范定制流程全过程服务和产品质量的通用标准，引导服装服饰产品生产企业注重发挥本土优势，壮大个性定制、规模定制和高端定制产业，以精准设计、精准生产、精准服务赢得消费市场。优化完善标准体系，研制关键技术标准，提高新型纤维、优质棉麻毛、高端羊绒丝绸皮革等材料质量要求，规范纺织产品防水、防风、保温、抗菌等功能性要求，制造高端精品。

（五）妇幼老年及残疾人用品。针对妇幼用品、老年人用品和残疾人用品市场快速发展，健全跨领域、跨行业的通用标准体系，强化消费品针对特殊人群的安全要求和功能设计，规范特殊人群使用产品的标识、宣传和评价。进一步加大婴幼儿、少年儿童生活用品和中小学生学习用品标准化力度，严格儿童玩具、婴儿纸尿裤、婴儿安抚用品、儿童家具、儿童服装鞋帽等儿童用品安全标准，严格儿童产品标识标注。促进儿童用品生产设计与国产动漫文化产品跨界融合，增强产品趣味性、娱乐性和吸引力，培育和壮大一批自主品牌企业。加快开展妇女用哺育用品、卫生用品、家用美容美发用品等标准化工作，提升自主品牌的质量水平。推动老年人用品标准和质量提升，扩大老年人文化娱乐、健身休闲用品市场。加快康复辅助器具产业发展，完善标准体系，重点推进老年人和伤病人护理照料、残疾人生活教育和就业辅助、残疾儿童抢救性康复等产品的标准化发展，加强质量管理。

（六）化妆品和日用化学品。适应消费者对产品功效的多样化需求，完善化妆品、口腔护理用品、洗涤用品、蜡制品、家用卫生杀虫用品标准体系，制定基础通用、重要产品和检测方法等标准，防止有毒有害物质超标。重点制定儿童等特殊群体使用化妆品、口腔护理用品等产品标准。加快特殊用途化妆品中限用组分和中草药牙膏中有效成分等检测方法标准研究。加强日用化学品相关标准样品（物质）研制。

（七）文教体育休闲用品。针对居民转变生活方式、丰富文娱生活的要求，推动文教体育休闲用品多样化发展，加快系统协调、重点突出、覆盖全面的文体用品标准体系和质量保障体系建设。严格有毒有害物质限量标准，大力提高学生用品的安全水平。引导生产企业加强质量管控，全面提高零部件（元器件）、制造工艺、基础材料整体质量水平，促进文具、制笔、乐器等制成品品质提升。加快全民健身器材、冬季运动器材、户外休闲运动（水上、登山、钓具和自行车等）器材、民族传统运动器材及防护装备等标准的制定，加强体育用品新材料、新技术的研发和应用。

（八）传统文化产品。弘扬中华传统文化，加强对中华老字号、地理标志产品等传统文化产品的品牌培育和保护，引导具有自主知识产权、传承民族传统文化和技艺的文化产品生产企业，加快质量提升、打造知名品牌、增加品牌文化附加值、提升质量竞争力，推动传统文化产品产业化、规模化发展。针对文房四宝、烟花爆竹、竹藤、丝绸、瓷器、漆器等产业发展需求，加快安全、环保等强制性标准制定，加大旅游景区销售产品的质量监管力度。开展文化创意、传统工艺、评价测试标准化工作，推动国际国内标准同步发展，加大传统文化产品宣传展示力度，促进传统文化产品出口，促进中外文明互学互鉴。

（九）食品及相关产品。完善食品安全标准体系，继续开展食品中农药残留、兽药残留、重金属等危害人体健康物质的限量及检测方法、婴幼儿食品、食品添加剂、食品营养强化剂和食品生产经营过程卫生要求等强制性安全标准制修订工作。重点制定传统食品产品质量标准,推动传统食品产业化进程。加大对方便食品、速冻食品、焙烤食品和现代生物发酵食品等新产品标准的研制力度,制定网络食品信息描述规范,满足新兴群体等对食品消费多样化的需求。提高食品容器、包装材料以及智能化食品包装生产线标准水平,不断完善食品相关产品质量标准体系。加大食品和食品相关产品质量监督抽查力度,强化食品相关产品风险与伤害监测,根据不同材质开展食品相关产品风险评估,并视评估情况调整许可目录和许可实施细则,逐步提升准入门槛,及时发布消费预警,调动行业协会、消费者等多方力量,共同参与食品安全监管,形成全社会共治格局,有效遏制食品安全事件,确保放心消费,促进健康中国建设。

四、保障措施

(一)加强法律法规建设。完善消费品质量安全法律法规,加快推进标准化法修订以及消费品安全法、质量促进法等立法工作,完善质量激励政策,强化质量多元共治,为消费品标准和质量提升提供法制保障。坚持依法行政,保持消费品质量监管的高压态势。组织开展消费品行政执法人员专题培训和实务培训,提高执法人员综合素质和执法水平。强化消费品执法层级监督,严格落实行政执法责任制。加强消费品质量提升法治宣传教育,普及消费品质量法律知识,引导消费者通过司法、人民调解等途径解决消费品侵权问题,提升依法维权、理性消费能力。

(二)加强财税政策扶持。统筹利用现有资金渠道,鼓励社会资本以市场化方式设立消费品标准和质量提升专项基金,重点支持消费品领域的标准化建设、质量基础能力提升、质量技术创新和应用推广,引导社会资源向质量品牌优势企业聚集,完善优标优质优价的市场机制,鼓励更多企业走优质发展之路。实施结构性减税,落实研发费用加计扣除政策和股权激励税收政策,全面推开营业税改增值税试点,打通增值税抵扣链条,增强企业经营活力。探索建立标准创新融资增信制度,完善对企业标准创新和参与制定国际标准的激励机制,推动企业积极参加国际标准化活动。对消费品标准和质量提升示范区、技术标准创新基地,比照高新技术产业园区,享受出口贸易便利等政策优惠。在政府采购、招投标活动中,纳入有关标准技术条件和质量安全要求。

(三)加强质量人才培养。深化教育教学制度改革,强化职业教育与技能培训,建立健全应用型人才和技术技能人才培养机制。实施全员质量素质提升工程,加大企业经营管理人员和一线职工培训力度。引导和鼓励大中型企业实施首席质量官制度,培养企业质量领军人才。完善质量专业技术人员职称评价办法。探索建立企业和高等学校、职业学校、标准化与质量科研机构联合培养人才的机制,推行校企联合培养的企业新型学徒制,建立学校和企业"双元"的技术人才培养机制,培养更多满足市场需求的职业技术工人。加大力度引进国外标准、计量、认证认可、检验检测等领域人才智力,加强国际质量人才交流。鼓励和支持行业协会、高等院校设立标准化和质量管理相关研究机构,培养高素质标准化和质量人才。推出体现技工价值的薪酬制度,健全收入分配激励机制和"五险一金"等社会保障制度,提高技能人才福利待遇,促进劳动者由普通工人向技能人才转变。

(四)加强宣传教育和舆论引导。建设具有中国特色的先进质量文化,大力弘扬精益求精的工匠精神。广泛推广先进质量管理理念和方法,深入开展群众性质量活动。加强标准化和质量知识宣传教育和政策解读,倡导优标优质优价和绿色安全健康的消费理念。加大质量信息公开力度,正确引导社会舆论,树立中国标准、中国质量的良好形象,提振市场消费信心。

(五)加强组织领导和部门协作。各地区、各有关部门要加强对本规划实施工作的组织领导,在消费品工业升级、科技创新、质量监管、市场监管、职业教育、财税金融等方面,加强沟通协调,密切协作配合。各级政府要建立健全质量激励和约束制度,将消费品标准和质量提升工作纳入政府质量工作考核范围,出台相关配套政策措施,确保各项政策措施落实到位。质检总局和国家标准委要会同有关部门加强对本规划实施情况的监督检查,重大事项及时向国务院报告。

国务院办公厅关于建立统一的绿色产品标准、认证、标识体系的意见

国办发〔2016〕86 号

各省、自治区、直辖市人民政府，国务院各部委、各直属机构：

健全绿色市场体系，增加绿色产品供给，是生态文明体制改革的重要组成部分。建立统一的绿色产品标准、认证、标识体系，是推动绿色低碳循环发展、培育绿色市场的必然要求，是加强供给侧结构性改革、提升绿色产品供给质量和效率的重要举措，是引导产业转型升级、提升中国制造竞争力的紧迫任务，是引领绿色消费、保障和改善民生的有效途径，是履行国际减排承诺、提升我国参与全球治理制度性话语权的现实需要。为贯彻落实《生态文明体制改革总体方案》，建立统一的绿色产品标准、认证、标识体系，经国务院同意，现提出以下意见。

一、总体要求

（一）指导思想。以党的十八大和十八届三中、四中、五中、六中全会精神为指导，按照"五位一体"总体布局、"四个全面"战略布局和党中央、国务院决策部署，牢固树立创新、协调、绿色、开放、共享的发展理念，以供给侧结构性改革为战略基点，充分发挥标准与认证的战略性、基础性、引领性作用，创新生态文明体制机制，增加绿色产品有效供给，引导绿色生产和绿色消费，全面提升绿色发展质量和效益，增强社会公众的获得感。

（二）基本原则。

坚持统筹兼顾，完善顶层设计。着眼生态文明建设总体目标，统筹考虑资源环境、产业基础、消费需求、国际贸易等因素，兼顾资源节约、环境友好、消费友好等特性，制定基于产品全生命周期的绿色产品标准、认证、标识体系建设一揽子解决方案。

坚持市场导向，激发内生动力。坚持市场化的改革方向，处理好政府与市场的关系，充分发挥标准化和认证认可对于规范市场秩序、提高市场效率的有效作用，通过统一和完善绿色产品标准、认证、标识体系，建立并传递信任，激发市场活力，促进供需有效对接和结构升级。

坚持继承创新，实现平稳过渡。立足现有基础，分步实施，有序推进，合理确定市场过渡期，通过政府引导和市场选择，逐步淘汰不适宜的制度，实现绿色产品标准、认证、标识整合目标。

坚持共建共享，推动社会共治。发挥各行业主管部门的职能作用，推动政、产、学、研、用各相关方广泛参与，分工协作，多元共治，建立健全行业采信、信息公开、社会监督等机制，完善相关法律法规和配套政策，推动绿色产品标准、认证、标识在全社会使用和采信，共享绿色发展成果。

坚持开放合作，加强国际接轨。立足国情实际，遵循国际规则，充分借鉴国外先进经验，深化国际合作交流，维护我国在绿色产品领域的发展权和话语权，促进我国绿色产品标准、认证、标识的国际接轨、互认，便利国际贸易和合作交往。

（三）主要目标。按照统一目录、统一标准、统一评价、统一标识的方针，将现有环保、节能、节水、循环、低碳、再生、有机等产品整合为绿色产品，到 2020 年，初步建立系统科学、开放融合、指标先进、权威统一的绿色产品标准、认证、标识体系，健全法律法规和配套政策，实现一类产品、一个标准、一个清单、一次认证、一个标识的体系整合目标。绿色产品评价范围逐步覆盖生态环境影响大、消费需求旺、产业关联性强、社会关注度高、国际贸易量大的产品领域及类别，绿色产品市场认可度和国际影响力不断扩大，绿色产品市场份额和质量效益大幅提升，绿色产品供给与需求失衡现状有效扭转，消费者的获得感显著增强。

二、重点任务

（四）统一绿色产品内涵和评价方法。基于全生命周期理念，在资源获取、生产、销售、使用、处置等产品生命周期各阶段中，绿色产品内涵应兼顾资源能源消耗少、污染物排放低、低毒少害、易回收处理和再利用、健康安全和质量品质高等特征。采用定量与定性评价相结合、产品与组织评价相结合的方法，统筹考虑资源、能源、环境、品质等属性，科学确定绿色产品评价的关键阶段和关键指标，建立评价方法与指标体系。

（五）构建统一的绿色产品标准、认证、标识体系。开展绿色产品标准体系顶层设计和系统规划，充分发挥各行业主管部门的职能作用，共同编制绿色产品标准体系框架和标准明细表，统一构建以绿色产品评价标准子体系为牵引、以绿色产品的产业支撑标准子体系为辅助的绿色产品标准体系。参考国际实践，建立符合中国国情的绿色产品认证与标识体系，统一制定认证实施规则和认证标识，并发布认证标识使用管理办法。

（六）实施统一的绿色产品评价标准清单和认证目录。质检总局会同有关部门统一发布绿色产品标识、标准清单和认证目录，依据标准清单中的标准组织开展绿色产品认证。组织相关方对有关国家标准、行业标准、团体标准等进行评估，适时纳入绿色产品评价标准清单。会同有关部门建立绿色产品认证目录的定期评估和动态调整机制，避免重复评价。

（七）创新绿色产品评价标准供给机制。优先选取与消费者吃、穿、住、用、行密切相关的生活资料、终端消费品、食品等产品，研究制定绿色产品评价标准。充分利用市场资源，鼓励学会、协会、商会等社会团体制定技术领先、市场成熟度高的绿色产品评价团体标准，增加绿色产品评价标准的市场供给。

（八）健全绿色产品认证有效性评估与监督机制。推进绿色产品信用体系建设，严格落实生产者对产品质量的主体责任、认证实施机构对检测认证结果的连带责任，对严重失信者建立联合惩戒机制，对违法违规行为的责任主体建立黑名单制度。运用大数据技术完善绿色产品监管方式，建立绿色产品评价标准和认证实施效果的指标量化评估机制，加强认证全过程信息采集和信息公开，使认证评价结果及产品公开接受市场检验和社会监督。

（九）加强技术机构能力和信息平台建设。建立健全绿色产品技术支撑体系，加强标准和合格评定能力建设，开展绿色产品认证检测机构能力评估和资质管理，培育一批绿色产品标准、认证、检测专业服务机构，提升技术能力、工作质量和服务水平。建立统一的绿色产品信息平台，公开发布绿色产品相关政策法规、标准清单、规则程序、产品目录、实施机构、认证结果及采信状况等信息。

（十）推动国际合作和互认。围绕服务对外开放和"一带一路"建设战略，推进绿色产品标准、认证认可、检验检测的国际交流与合作，开展国内外绿色产品标准比对分析，积极参与制定国际标准和合格评定规则，提高标准一致性，推动绿色产品认证与标识的国际互认。合理运用绿色产品技术贸易措施，积极应对国外绿色壁垒，推动我国绿色产品标准、认证、标识制度走出去，提升我国参与相关国际事务的制度性话语权。

三、保障措施

（十一）加强部门联动配合。建立绿色产品标准、认证与标识部际协调机制，成员单位包括质检、发展改革、工业和信息化、财政、环境保护、住房城乡建设、交通运输、水利、农业、商务等有关部门，统筹协调绿色产品标准、认证、标识相关政策措施，形成工作合力。

（十二）健全配套政策。落实对绿色产品研发生产、运输配送、消费采购等环节的财税金融支持政策，加强绿色产品重要标准研制，建立绿色产品标准推广和认证采信机制，支持绿色金融、绿色制造、绿色消费、绿色采购等政策实施。实行绿色产品领跑者计划。研究推行政府绿色采购制度，扩大政府采购规模。鼓励商品交易市场扩大绿色产品交易、集团采购商扩大绿色产品采购，推动绿色市场建设。推行生产者责任延伸制度，促进产品回收和循环利用。

（十三）营造绿色产品发展环境。加强市场诚信和行业自律机制建设，各职能部门协同加强事中事后监管，营造公平竞争的市场环境，进一步降低制度性交易成本，切实减轻绿色产品生产企业负担。各有关部门、地方各级政府应结合实际，加快转变职能和管理方式，改进服务和工作作风，优化市场环境，引导加强行业自律，扩大社会参与，促进绿色产品标准实施、认证结果使用与效果评价，推动绿色产品发展。

（十四）加强绿色产品宣传推广。通过新闻媒体和互联网等渠道，大力开展绿色产品公益宣传，加强绿色产品标准、认证、标识相关政策解读和宣传推广，推广绿色产品优秀案例，传播绿色发展理念，引导绿色生活方式，维护公众的绿色消费知情权、参与权、选择权和监督权。

国务院办公厅

2016 年 1 月 30 日

文　献

支树平
质检总局局长

在2016年全国标准化工作会议上的讲话

（2016年1月22日）

新春来临之际，非常高兴与各部门、各行业和各地区负责标准化工作的同志齐聚一堂，共商标准化事业的改革发展。上午，我们传达学习了王勇国务委员的重要讲话，特别是他对标准化工作的肯定和鼓励，让大家倍感振奋、深受鼓舞。一会儿，晓刚主席还要致辞，玉沛、昌顺副部长，从玖副省长还要讲话，世宏同志将代表国家标准委作工作报告。大家要认真学习领会，抓好贯彻落实。

过去五年，是我国质检事业包括标准化工作不断发展进步的五年。全国标准化战线紧紧围绕经济社会发展大局，认真贯彻落实党中央、国务院决策部署，落实“抓质量、保安全、促发展、强质检”工作方针，改革创新、锐意进取，取得了显著成效。特别是2015年，标准化工作改革全面启动，标准化事业发展进入了一个新的历史阶段。党和国家对标准化的关心和重视前所未有，国务院召开常务会议研究标准化工作，出台了《深化标准化工作改革方案》等5份文件，批准建立标准化协调推进部际联席会议制度，公开发布的269份文件中170份涉及标准化工作，比例达63%。“一带一路”建设工作领导小组办公室发布标准联通“一带一路”行动计划。标准化工作改革力度前所未有，精简整合强制性标准、优化推荐性标准、培育和发展团体标准、改革企业标准管理等试点全面推进，统一社会信用代码制度建设和“三证合一”改革稳步开展。制造业标准化提升计划、消费品安全“筑篱”行动等一批政策措施相继出台，有力支撑了国家重大战略实施和民生保障。各方面对标准化的关注支持前所未有，联席会议成员单位多达39个，24个省区市建立了标准化协调机制，6个省市成立了标准化管理委员会，浙江、深圳、青岛等地提出了标准强省、建设大标准体系、建设标准化国际创新城市等战略举措，国Ⅴ汽油、充电桩等标准成了关注热点。标准化已经前所未有地融入经济社会发展的各个领域，成为国家治理体系的重要组成和治理能力现代化的重要标志。

成绩来之不易，得益于党中央、国务院的正确领导，得益于各有关部门和单位的齐心协力。这里，我代表质检总局党组，向长期以来关心支持质检工作、标准化工作的有关部门和单位表示衷心感谢！向广大标准化工作者表示崇高敬意！

关于“十三五”和今年标准化工作，世宏同志还要作具体部署。这里，我主要讲三个问题。

一、深入认识新常态下标准化工作之紧要

“十三五”时期，我国经济发展的显著特征就是进入新常态。这是我国经济向形态更高级、分工更优化、结构更合理的阶段演进的必经过程。关于新常态，习近平总书记早在2014年就作了系统阐述，2015年又作了重点强调，最近在省部级主要领导干部学习贯彻十八届五中全会精神专题研讨班开班式上再次指出，要把适应新常态、把握新常态、引领新常态作为贯穿发展全局和全过程的大逻辑。这个大逻辑，也是质检工作包括标准化工作需要遵循的大逻辑。

新常态的突出特点之一是，发展方式从规模速度型转向质量效率型，要实现更高质量、更有效益、更加公平、更可持续的发展。提升质量，离不开标准等国家质量技术基础的支撑。1月11日，我们召开了全国质检工作会议，认真学习贯彻习近平总书记的系列重要讲话精神，特别是关于新常态的重要论述，强调要紧紧围绕“五位一体”总体布局和“四个全面”战略布局，面向五大发展，发挥质检作用。强调要坚持质量为本、安全第一、改革当先，着力提升质量供给水平，尤其要加强计量、标准、认证认可、检验检测等国家质量技术基础建设，打好“技术牌”，念好“服务经”。

树立和落实新发展理念，标准化面临更多更高的需求。创新、协调、绿色、开放、共享的发展理念，集中体现了“十三五”及今后一个时期我国发展的思路、发展的方向和发展的着力点。标准化的内涵和作用与五大发展理念高度契合。中央“十三五”规划建议中，五大发展都对标准化提出了具体要求。比如创新发展，需要我们更好发挥标准化在实施创新驱动发展战略、引领消费结构升级、支撑大众创业和万众创新等方面的“助推器”作用。比如协调发展，需要我们更好发挥标准化在推动区域协调发展、城乡协调发展、军民融合发展以及促进一二三产业跨界融合发展等方面的“润滑剂”作用。比如绿色发展，需要我们更好发挥标准化在淘汰落后产能、节能减排、环境保护、生态治理等方面“红绿灯”作用。比如开放发展，需要我们更好发挥标准化在联通“一带一路”，推动中国装备、技术和服务“走出去”等方面的“通行证”作用。比如共享发展，需要我们更好发挥标准化在促进义务教育、公共卫生和基本医疗、基本社会保障、公共就业服务等基本公共服务均等化方面的“均衡器”作用。实际上，五中全会关于完善政策制度体系、积极参与全球经济治理等决策部署，都有标准化工作的内容。可见，在当前及今后一个时期，标准化的基础性、战略性、引领性作用日益凸显。

推进供给侧结构性改革，标准化也大有用武之地。中央经济工作会议强调，推进供给侧结构性改革，是适应和引领经济发展新常态的重大创新。今年是全面建成小康社会决胜阶段的开局之年，也是推进结构性改革的攻坚之年。中央强调，战略上要坚持稳中求进、把握好节奏和力度，战术上要抓住关键点，主要是抓好去产能、去库存、去杠杆、降成本、补短板五大任务。这“三去一降一补”，标准化大有可为、大有作为。中央经济工作会议强调，要大力优化产业结构，推广农业标准化生产；要加快国内消费品质量安全标准与国外标准或出口标准并轨；要提高燃煤技术标准，持续下大力气治理大气雾霾；要扩大绿色环保标准覆盖面，加快推广新技术、新装备、新产品，等等。完成这些目标任务，有的标准是“树标杆”，起到引领作用，有的标准是“划底线”，起到兜底作用。

通过学习领会十八届五中全会和中央经济工作会议精神，特别是习近平总书记的重要讲话精神，我们深刻认识到，新常态下经济社会发展对标准化的需求是全面的，是具体的，更是紧迫的。我们一定要增强责任感，把党和国家赋予我们的历史使命完成好。

二、加快推进标准化结构性改革

新常态下，我国标准化工作面临的主要矛盾是，经济社会发展日益增长的标准需求与标准有效供给相对不足之间的矛盾。王勇国务委员指出，当前标准化工作的紧要任务就是要加快推进标准化的结构性改革。其核心就是要大力提高标准供给质量和水平，增加标准的有效供给，以标准化结构性改革支撑和服务供给侧结构性改革。我们要按照党中央、国务院的部署要求，深化简政放权、放管结合、优化服务改革，把国务院的改革方案和行动计划落到实处。

第一，要推动标准体系向二元结构转变。过去，我国标准体系基本属于政府主导的一元结构，政府与市场的角色错位，市场主体活力未能充分发挥。当前的改革方向是，由一元结构向政府市场共同发挥作用的二元结构过渡。首先要严格控制政府主导制定的标准。政府要紧紧抓住事关健康、安全、环保和国家意志的强制性标准，这是我国标准体系的基准，其重要性怎么强调都不为过。目前，全国共有国家、行业、地方强制性标准1万多项，散布在31个省区市、28个部门。今年，务必要落实好国务院工作方案，明确责任、细化分工，集聚各方力量加以整合精简。推荐性标准改革的任务也很重。2015年，全国新增推荐性国家标准1800多项，备案行业标准4300多项、地方标准近3900项，总量已经突破10万，且仍在不断增长。对于推荐性标准，关键是要界定好范围，厘清政府与市场边界。要对现有的推荐性标准进行集中进行复审、清理，大幅压缩数量，提高质量。

政府主导制定的标准压缩了，市场自主制定的标准就有了广阔空间。在培育发展团体标准方面，去年39家试点单位发布团体标准164项，机制上有了重大突破。下一步，要加大试点工作力度，在放开搞活的基础上，探索加强事中事后监管的措施，努力做到“放的有序、管的有力”。在企业标准管理改革方面，试点范围已经覆盖全国各地和13个行业，2万多家企业公开了6万多项企业标准，标准备案公开时间从原来的一二十天缩短到现在的十多分钟。但企业标准总量多达上百万，将来还有很长的路要走。今年要实现行业全覆盖，依法依规取消企业标准的备案。而且，要加强相关数据的分析和应用，为创业创新和政府监管提供服务。

第二，要推动标准水平向中高端迈进。一定程度上，标准的水平反映了产业的水平、发展的水平。提高供给质量水平，一个关键就是要提高标准质量水平，增强标准的适用性和有效性。一要以科技支撑标准提升。标准的水平主要体现在其科技含量上。目前，我国标准中自主创新技术的比例较低。我们要把工作着力点更多地放到科技成果转化上来，把更多的自主创新成果、核心关键技术转化为标准，提高"含金量"，抢占"制高点"。二要以需求引领标准提升。不断优化技术委员结构，逐步提高终端用户、消费者在技术委员会中的比例，扩大标准需求方在标准制定中的参与度。要广泛运用信息技术，畅通标准提案建议和实施信息反馈渠道，让标准既要"高大上"、又要"接地气"。三要以管理促进标准提升。进一步完善标准管理，健全标准审查评估机制和实施反馈机制。尤其要不断优化标准制修订程序，加强全过程监管，提高工作效率，增强标准的公正性、适用性、科学性。

第三，要推动标准化工作布局向国际拓展。放眼世界，标准国际化是发展大势，是普遍规律。许多发达国家都把标准化上升到国家战略，特别是主要发达国家已经完成了标准化发展重心由国内向国际的转移。比如，德国制定的标准90%以国际通用为目标，美国着重推行本国标准在全球应用。这些年来，我国国际标准化工作取得了明显成效，但与我国的国际政治经济地位相比，与我国参与全球经济治理的迫切需求相比，还有不少差距，还有很大空间。现阶段，必须着力推进国际国内标准化协调发展。要充分借鉴发达国家的经验，建立国际国内标准化工作的协同机制，将提升我国标准国际化水平作为标准化事业发展的主攻方向和重要内容。要将加快国家技术标准体系建设与推动中国标准"走出去"同步推进，促进国内外标准相互转化，推动我国更多自主优势技术标准走向国际。要在标准化战略、政策和规划中加大国际标准化工作的比重，加大国际标准化经费、人才培养等方面的投入力度，全面提升国际标准化工作能力和水平。

三、充分发挥"标准化＋"效应

"标准化＋"，是国家标准化体系建设发展规划提出的重要理念，就是把标准化作为国家治理体系和治理能力现代化的基础制度和重要方法，"化"进经济社会发展的各个领域、各个层级，主动靠上去、融进去，引领新发展，催生新效益，达到"1＋1＞2"的效果。这符合标准化工作涉及多领域、多行业的特点，也符合当前我国经济社会发展的实际需要。今天来参加会议的，是全国标准化工作的重要力量，一定要不断强化"标准化＋"意识，大力开展"标准化＋"行动，让"标准化＋"效应在各行各业充分彰显。

第一，要充分发挥"标准化＋"的催化效应，服务大众创业、万众创新。加快发展标准化服务业，建设一批国家技术标准创新基地，积极发展标准事务所等新业态，为"双创"和"四众"提供优质高效的标准化服务，让创业者少走弯路，为创新者铺路搭桥。要加快建立并推行"标准领跑者"制度，让更多的创业创新者追求高标准、争做"风向标"，以先进适用标准引领技术进步、产业升级。要加大行政审批、政务服务标准化工作力度，优化审批流程，提高行政效能，营造更为宽松的创业创新政务环境。特别要加强标准化知识普及和宣传教育，推进标准大众化、通俗化，在全社会树立"人人懂点标准化"的新时尚，让标准化成为大众创业、万众创新的新动力、新支点。

第二，要充分发挥"标准化＋"的引领效应，服务质量安全水平提升。最近，习近平总书记突出强调了供给侧结构性改革，要求提高供给体系质量和效益，而且点出了许多问题。比如，农业形势很好，但一些供给未能很好适应需求变化；我国一些有大量购买力支撑的消费需求在国内得不到有效供给。事实证明，我国不是需求不足，或是没有需求，而是需求变了，供给的产品却没有变，质量和服务跟不上，有效供给能力不足导致大量的"消费外溢"。全国质检工作会议提出，要坚持质量为本，狠抓供给质量提升，提升消费品质量，提升出口商品质量，提升服务质量，提升品牌竞争力，这就需要着力发挥标准的引领作用。尤其在产业转型、消费升级、内需旺盛的重点领域，要大力提升标准水平，深入开展国内外标准对标达标行动，加快国内消费品质量安全标准与国际标准或出口标准并轨，促进内外销产品“同线同标同质”。要深化消费品安全“筑篱”专项行动，加快推行企业产品和服务标准自我声明公开，鼓励企业制定高于国家标准的企业标准，强化企业执行标准的事中事后监管。通过标准引领，倒逼企业技术进步，开发适销对路产品，开展个性化定制、柔性化生产，增加高质量、高水平有效供给。

第三，要充分发挥“标准化＋”的门槛效应，服务“三去一降一补”。去产能、去库存、去杠杆、降成本、补短板，是供给侧结构改革的五大任务。标准化工作要紧扣供给侧改革，找准主战场，打好攻坚战，发挥好技术支撑作用。要组织实施化解产能过剩标准支撑工程，加快收紧节能节地节水、环境、技术、安全等标准，提高钢铁、电解铝、煤炭等过剩产能行业标准指标要求，清除过剩的产能、过多的库存和高能耗高污染，加快淘汰“僵尸企业”，促进相关产业减肥瘦身。要开展治污减霾、碧水蓝天标准化行动，推进实施百项能效标准工程，强化标准对生态环保的硬约束，提高绿色循环低碳发展水平。要加快急需标准的供给速度，严格市场准入标准，加强强制性标准实施监督。只有让标准“严起来”“动起来”，才能促动企业“活起来”。

第四，要充分发挥“标准化＋”的倍增效应，服务优进优出和互联互通。标准是国际通行的“技术语言”，是促进互联互通的桥梁纽带。我们要更加注重标准国际化工作，以中国标准“走出去”，带动中国产品、装备、服务“走出去”。要围绕“一带一路”建设，在高铁、特高压、智能电网等我国创新技术和对外贸易优势产业，推动与主要贸易国（地区）的标准互认，促进中国标准的海外推广应用。要鼓励、支持我国专家担任国际标准化技术机构领导职务，实质性参与国际标准化工作，扩大我国标准化国际影响力和贡献力。要充分发挥我国担任国际标准化组织常任理事国、技术管理机构常任成员等作用，全面谋划和参与国际标准化战略、政策和规则的制定，提高我国在全球治理中的制度性话语权。今年，第39届ISO大会将在我国举行，这是国际标准化的盛会。我们一定要当好东道主，高标准、高质量办好这次大会，突出中国主题，体现中国特色，产生中国效应，留下中国印象。

最后，我再强调一下标准化队伍的自身建设。标准化工作改革能否顺利推进，目标能否圆满实现，关键在人，关键在队伍。标准化这支队伍应该首先是政治强、业务精的队伍，是听党的话、有理想信念的队伍，是有专业思维、专业素养、专业方法的队伍。同时，也应该是一支团结战斗的队伍。广大标准化工作者，无论处在哪个单位、哪个部门、哪个行业、哪个领域，一定要强化标准“大家庭”的意识，树立全国“一盘棋”的观念，相互支持，密切配合，凝聚起改革发展的强大正能量，把我们共同的标准化事业不断做大做强。国家标准委和各级标准化行政主管部门，要更加主动地担当责任、牵头抓总，把标准化协调机制建设好，把技术委员会管理好，把各方面的积极性调动好，把自身的能力水平提升好，更好地为广大标准化工作者服务，为全国标准化工作大局服务。

标准化改革发展已进入攻坚阶段。我们要认真贯彻党中央、国务院的决策部署，振奋精神、团结协作，克服困难、扎实工作，奋力实现“十三五”标准化工作良好开局，为全面建成小康社会，实现中华民族伟大复兴的中国梦作出新的更大贡献！

支树平
质检总局局长

共建标准　共享发展

——在第39届国际标准化组织大会上的发言

（2016年9月14日）

这个9月，值得铭记，令人难忘。国际标准化组织（ISO）成员和有关国际组织代表相聚北京，共襄盛举，意义重大。中国国家主席习近平发来热情洋溢的贺信，阐释了标准化对人类文明发展的独特作用，表明了中国政府对标准化的高度重视。国务院总理李克强将在今天下午出席大会，并发表重要讲话。这些都将成为中国标准化发展进程中彪炳史册的大事件。

今天的会议是本届ISO大会的压轴戏。ISO大会开幕以来，各国同事围绕国际标准化，发表真知灼见，达成诸多共识，给我们许多重要启示。标准是国际通行的"技术语言"，是促进互联互通的桥梁纽带。中国作为最大的发展中国家，作为ISO的重要成员，我们有责任在标准联通世界中发挥积极作用。

多年以来，中国政府一直重视标准化工作，实施标准化战略。中国国家质检总局作为国务院标准化行政主管部门，紧紧围绕国家发展战略规划，紧紧围绕经济社会发展需求，积极推动各行各业重标准、讲标准、用标准。

我们不断完善标准化工作机制。建立了由国务委员担任召集人、39个部门参加的标准化协调推进部际联席会议制度，进一步完善了统一管理、分工负责的标准化工作机制。与有关部门、地方政府及广大企业一道，大力开展"标准化+"行动，建立了覆盖一、二、三产业和社会事业各领域的标准体系，国家标准、行业标准和地方标准总数超过12万项，企业标准超过百万项，标准化对经济社会发展的技术支撑作用日益明显。

我们不断深化标准化工作改革。国务院出台了《深化标准化工作改革方案》和《国家标准化体系建设发展规划（2016—2020年）》，编制了《装备制造业标准化和质量提升规划》和《消费品标准和质量提升规划》。通过大力整合精简强制性标准，优化完善推荐性标准，培育发展团体标准，放开搞活企业标准，建立企业标准自我声明公开和监督制度，努力把政府单一供给的现行标准体系，转变为由政府和市场共同制定标准的新型标准体系，以标准提升引领"品质革命"。

我们不断提高标准化开放水平。中国参加了包括ISO、IEC、ITU在内的世界主要标准组织，是90%以上ISO技术委员会的积极成员，ISO国际标准化投票率连续多年保持98%以上。鼓励中国企业和科研机构参与国际标准化工作，积极吸收、消化、融合国际标准和国外先进标准，欢迎外资机构参与我国标准化工作。目前，已有350多个技术委员会吸收了大约1000家外资机构参与标准制定。与34个国家和地区签署了60个合作协议，积极推动双边、多边标准协作互认。

我们不断强化标准化基础能力。参照国际通行规则，建设了高水平、广覆盖的全国专业标准化技术委员会1200多个，技术专家近5万名。组建了国家标准化工作的最高智库——中国标准化专家委员会，各级标准化研究机构超过270个。大力发展标准化事务所等新业态，提供优质便捷的标准化服务。同时，加强标准同计量、认证认可、检验检测的紧密合作，共同打造坚实的国家质量技术基础（NQI）。

通过多年的不懈努力，中国各级政府、广大企业和社会公众的标准化意识显著增强，参与国内和国际标准化活动的积极性持续高涨，标准化工作的地位和作用不断提升，中国标准化事业迎来了前所未有的发展机遇。

当前，世界经济在深度调整中曲折复苏，正处于新旧增长动能转换的关键时期，标准化的作用更为凸显。它作为国际公认的国家质量技术基础，能够促使各国政策沟通、设施联通、贸易畅通、资金融通和民心相通，继而推进世界互联互通。中国将坚持创新、协调、绿色、开放、共享的发展理念，大力实施质量强国战略、标准化战略，全面提高标准化工作水平，强化标准国际交流合作，与世界各国一道，共建标准、共享发展，让标准造福中国、联通世界，为经济复苏提供新动能。

第一，开展“标准化 + ”行动，深化标准应用。主动顺应国际标准化发展趋势，将标准逐步融入到产业发展、科技进步、社会治理、气候变化、公共安全和反恐、反欺诈等经济社会发展各个领域，发挥标准的催化效应、引领效应、门槛效应和倍增效应，不断提升标准化工作成效。

第二，提高标准一致性水平，提升供给质量。推动中国标准与国际标准、国外先进标准接轨，促进内外销产品“同线同标同质”，实现国内外消费市场“双满意”。我们相信，更高水平的中国标准必将带来更高质量的中国制造，带来更加便利的口岸通关，也必将为全球消费者供给更高层次的产品和服务。

第三，推动标准联通“一带一路”，增进交流合作。“一带一路”致力于建立和加强沿线各国互联互通伙伴关系。欢迎各国参与《标准联通“一带一路”行动计划》，加强农业、基础设施、新兴产业、信息通信等重点领域的标准化交流和互认，推动国际产能与装备制造合作，促进各国共同繁荣。

第四，支持发展中国家标准化工作，共享发展成果。大力支持 ISO 实施 2016—2020 年战略规划，特别是为发展中国家提供更有针对性的人员培训和技术支持，提升实质性参与国际标准化的能力。我们将主动与发展中国家交流和分享经验、技术和资源，让更多的国家共享国际标准化的发展成果。

ISO 是一个国际大家庭。我们愿意在这个大家庭中，认真践行《北京宣言》，不断扩大标准“朋友圈”，加快标准共建共享，促进世界互联互通，为增进全人类的共同福祉作出新贡献。

田世宏
质检总局党组成员、国家标准委主任

深化标准化改革 发挥标准化+效应 为全面建成小康社会夯实技术基础

——在2016年全国标准化工作会议上的报告

（2016年1月22日）

今天我们召开全国标准化工作会议，主要任务是深入贯彻党的十八大和十八届三中、四中、五中全会和中央经济工作会议精神，认真落实国务院标准化协调推进部际联席会议及全国质检工作会议要求，总结“十二五”和2015年标准化工作，研究部署下一步工作任务。刚才，树平局长作了重要讲话，晓刚主席、玉沛副部长、昌顺副部长、从玖副省长出席会议并致辞，体现了对标准化工作的关心和重视。我们要认真学习领会，抓好贯彻落实。

下面，我代表国家标准委作工作报告。

一、“十二五”及2015年标准化工作回顾总结

“十二五”时期，全国标准化战线按照党中央、国务院决策部署，大力推进改革创新，着力提升能力水平，积极服务经济社会发展，标准化事业开启了新征程、迈上了新台阶。

——标准体系进一步完善。制定发布国家标准9310项，行业标准20197项，地方标准16545项，标准总数达到11.6万项。国家标准样品总数达到1878项。企业标准超过百万项。现代农业、服务业及社会管理与公共服务标准占比明显提升，战略性新兴产业、制造业、能源资源环境等重点领域标准体系不断健全。强制性标准与推荐性标准、国家标准与行业及地方标准的协调性进一步提高。标准实施效益日益增强，各级各类标准化试点示范超过2万个。标准结构进一步完善，应用范围不断扩大，覆盖一二三产业和社会事业各个领域的标准体系基本建立。

——标准化工作机制进一步健全。标准化协调机制不断完善，国务院批准建立标准化协调推进部际联席会议制度，农业、服务业、社会管理与公共服务等领域部际协调机制作用日益凸显，首都标准化委员会、沿海十二省市标准化合作论坛等地方标准化协调机制逐步建立。标准化与科技创新结合更加紧密，制定实施“十二五”技术标准科技发展专项规划，批准筹建中关村、华南等一批国家技术标准创新基地。以中国标准创新贡献奖为引领的标准化激励机制日臻完善，一批标准创新贡献者得到表彰奖励，一大批技术水平高、实施效益好的重要标准脱颖而出。军民标准融合工作机制初步建立，组建北斗卫星导航等军民共用标准化技术组织，完成军民标准通用化工程建设方案。

——国际标准化工作进一步加强。继成为国际标准化组织（ISO）常任理事国后，我国又成为国际电工委员会（IEC）常任理事国和ISO技术管理局常任成员，我国专家当选ISO主席、IEC副主席和国际电信联盟（ITU）秘书长。新承担ISO、IEC技术机构主席、副主席25个，秘书处28个，新立项国际标准较“十一五”末增长62%。提出海洋技术、稀土、品牌评价等一批国际标准化工作新领域，以我国优势、特色技术为基础制定国际标准99项，数量较“十一五”期间实现翻番。双多边标准化合作持续加强，与美、英、德、法、欧盟等国家和地区签署合作协议29份。中英联合发布首批62组互认标准。83项中国标准与土库曼斯坦实现互认，为我国企业在土承建工程节省投资15%。

——标准化基础能力进一步提升。标准化科研能力不断增强，组织实施了“十二五”技术标准科技支撑计划和公益性行业科研专项，研制了一大批关键共性、基础通用技术标准。标准化法治建设不断推进，发布实施国家标准涉及专利管理规定、气象标准化管理规定、陕西省标准化条例以及深圳特区标准建设若干问题决定等法规制度。围绕产业升级、科技创新和社会管理重点领域，建成全国专业标准化技术委员会53个、分技术委员会91个，技术专家接近5万名，注册国际标准化专家达到2000人。标准化信息服务能力不断提高，国家技术标准资源服务平台上线运行，向社会公开服务。

——标准化服务经济社会发展成效进一步凸显。高标准农田建设、农村综合改革和新型城镇化标准化顺利推进，农业标准化示范区覆盖全国2000多个市县，强了农业，富了农民，美了农村。实施战略性新兴产业标准化发展规划，开展重点领域标准综合体研制，推进海洋钻井平台、大飞机等综合标准化试点，有力支撑了产业转型升级。实施百项能效标准推进工程，批准发布173项节能国家标准，强制性能耗限额标准门槛和底线作用充分显现，火电机组、平板玻璃等主要用能产品平均能耗大幅下降，有力助推国家节能减排目标实现。开展消费品安全标准“筑篱”专项行动，切实保护消费者利益，完成了3816项标准技术指标比对分析，加快提高中外标准一致性程度。扎实推进商贸物流、家政服务、健康养老、旅游休闲等标准化工作，保障改善民生。制定实施社会管理和公共服务标准化“十二五”行动纲要，促进了社会管理创新和基本公共服务均等化。

回望五年，全国标准化工作者奋力进取，主动作为，标准化在经济社会发展中的基础性、战略性作用不断增强。特别是刚刚过去的2015年，是我国标准化发展历程中具有里程碑意义的一年，也是标准化工作踏上改革发展新征程的一年。这一年里，我们按照党中央、国务院决策部署，在质检总局党组领导下，坚持改革创新、协同推进、科学管理、服务发展，团结奋进，开拓创新，奋力开创了标准化工作新局面。

一是标准化改革创新实现新突破。中央深改办将标准化改革列入2015年工作重点，国务院第82次常务会议专门研究标准化改革措施。国务院印发深化标准化工作改革方案及第一阶段行动计划，明确了标准化改革发展的总体思路、目标任务和措施安排。民政部、气象局、粮食局等部门和重庆、安徽、福建等地区相继出台了贯彻实施意见。在推进强制性标准改革上，国家标准委会同工业和信息化部、农业部在化工领域开展了655项强制性标准清理整合试点，国土资源部、环境保护部等部门和浙江省、重庆市等地方组织进行了现有强制性标准的清理评估。在完善推荐性标准体系上，商务部、卫生计生委、中国民航局等组织开展了标准清理复审，中国纺织工业联合会等10个单位启动了推荐性标准体系优化工作。在培育发展团体标准上，中国电子学会、中华中医药学会等39个单位开展了试点，研制了码垛机器人等一批团体标准，研究提出了培育和发展团体标准的指导意见。在改革企业标准管理制度上，以7个省区市试点为基础，进一步扩大为全国各省区市、13个行业开展企业标准自我声明公开试点，2万余家企业公开了6万多项标准，信息平台总访问量接近900万次。同时，大力推进统一社会信用代码制度和“三证合一”改革，配合发展改革委在福建自贸区开展统一社会信用代码制度试点工作，完成对中央编办、民政、工商等部门的预赋码段工作，制定出台统一社会信用代码规则国家标准，初步构建了以组织机构代码为主体标识码的统一社会信用代码体系。加快组织机构代码制度改革，将年度验证改为年度基本信息报告，在全国推广网上实时赋码和业务办理，不再单独发放组织机构代码证书，不再保留办证窗口，全面取消组织机构代码收费。

二是标准化协同推进呈现新态势。在国家层面，国务院领导同志先后两次召集标准化协调推进部际联席会议，中央网信办、外交部、发展改革委等39个部门参加，研究部署标准化改革、强制性标准整合精简、“标准化+”战略行动等重大措施，审议通过标准化体系建设发展规划、改革方案行动计划等重要文件，进一步强化了标准化改革发展的组织领导和统筹协同。在部门和地方层面，交通运输成立部标准化管理委员会，国家标准委与国防科工局签署部际战略合作协议，四川、江苏、青海等24个省区市建立了标准化协调推进机制，其中天津、河北、浙江等地组建了省级政府标准化委员会。泛珠三角、长三角区域标准化合作持续深入开展，京津冀三地标准化管理部门共同制定、分别发布电子不停车收费系统、老年护理等区域协同地方标准。陕西、宁夏等西北6省区成立新丝路标准化联盟，上海、成都等9个城市共同发起成立国内首个城市标准化创新联盟。国家与地方标准化协同工作得到加强，部省标准化合作更加密切，国家标准委相继与浙江省、内蒙古自治区、青岛市等地方政府签署标准化战略合作协议，协同推动标准化综合改革和城市管理标准化等试点工作。

三是标准化科学管理迈上新台阶。法治建设积极推进，配合全国人大财经委、国务院法制办开展标准化法专题立法调研，《标准化法修正案（草案）》正式报送国务院。同时，还制定发布了参加国际标准化活动管理办法，组织开展了标准化指导性技术文件、国家技术标准创新基地等相关管理规定的修订工作。标准版权保护工作取得新成效。水利部、食品药品监管总局等部门加快制定行业标准化管理办法，山东省人大审议修正了实施标准化法办法，浙江省、辽宁省等地方修订了企业产品标准备案管理办法。标准制定管理更加强化，2015年，共批准发布国家标准1931项，研制国家标准样品80项，备案行业标准4414项，备案地方标准4004项。中央编办批准成立了国家标准技术审评中心，研究提出标准审查评估总体工作方案。开展国家标准立项评估试点，增加标准立项频次。优化标准审批发布流程，国家标准审批周期缩短40%。强化技术委员会考核评价和奖惩退出机制，撤销和调整了11个不适应、不作为的技术委员会。加大标准制定开放力度，新增191名外资企业代表成为技术委员会委员。标准化宣传工作得到加强，围绕改革方案、发展规划等重大政策，做好向社会各界以及国际国外标准化机构的宣传解读。组织开展了世界标准日、农业标准化示范区20年等重大宣传活动，扩大标准化工作的社会影响力。加强美丽乡村、电动汽车、金融服务等重要标准的社会宣传，促进标准的有效实施。2015年，中央主要媒体和各类社会媒体涉及标准化的报道突破1.5万篇。

四是标准化服务发展取得新成效。紧贴“走出去”战略，推进“一带一路”建设工作领导小组办公室发布《标准联通“一带一路”行动计划（2015—2017）》。质检总局、国家标准委印发《加快中国标准走出去、助推国际产能和装备制造合作工作方案》。由我国提出的国际标准新提案数量明显增长，中美就相互开放标准制定达成积极共识，与“一带一路”沿线国家标准化合作进一步加强。推进铁路、电力等重点领域337项标准外文版翻译工作。国家标准委、国防科工局联合发布20项中国航天标准英文版。服务生态文明建设，国务院办公厅印发《关于加强节能标准化工作的意见》，推进钢铁、水泥等10个行业温室气体排放标准研制，发布第五阶段生物柴油、乙醇汽油国家标准。在湖州市创建首个国家生态文明标准化示范区。支撑产业转型升级，实施了化解产能过剩标准支撑工程，发布105项化解产能过剩标准，专项下达135项标准制修订计划。国家标准委、中央网信办、发展改革委联合发布智慧城市标准体系建设指导意见，工业和信息化部、国家标准委制定发布《国家智能制造标准体系建设指南》，推进中德智能制造/工业4.0合作，制定完成制造业标准化提升计划，大力推动“中国制造2025”实施。适应社会治理需要，国家标准委会同国务院审改办、中央编办成立行政审批、政务大厅标准化工作组，会同中央组织部推进干部人事档案数字化标准制定，会同中央综治办完成社会治安综合治理基础数据规范国家标准，会同人民银行制定实施了银行营业网点服务等9项国家标准。促进民生改善，会同发展改革委、住房城乡建设部出台了《新型城镇化标准体系建设指导意见》，在7个省10个地区开展新型城镇化国家标准化试点。批准发布婴幼儿纺织、中小学生校服等一批重要标准，大力实施基本养老保险服务、职工工伤等重要标准。积极开展内贸流通体制改革综合试点和商贸物流标准化试点，推动建立浙江安吉、福建永春等一批美丽乡村典型试点。

五是标准化党建工作再上新水平。扎实开展“三严三实”专题教育，突出问题导向，贯彻从严要求，查摆剖析了标准化工作中存在的29项不严不实问题，制定了严格的整改清单，在修身做人、用权律己、干事创业等方面得到明显改进。严格落实党风廉政建设主体责任和监督责任，组织京区标准化单位开展党风廉政建设自查自纠工作，梳理标准委机关廉政风险点272个，其中高风险点43个，提出了有针对性的防控措施。成立标准委党建工作领导小组，统一协调、全面加强标准委机关和京区标准化单位党建工作，有效推进落实中央和质检总局党组的有关部署。加强政治理论学习，组织开展14次委党组中心组学习，在基层党支部开展“每季一讲”等学习交流活动，探索设立了经常性学习教育平台“青年学习论坛”，推进学习型机关建设。

2015年标准化工作成效显著。这些成绩的取得，得益于党中央、国务院的关心重视，得益于质检总局党组的坚强领导，得益于各部门、各地方和社会各界的支持参与，得益于全体标准化工作者的辛勤劳动、无私奉献。

在肯定成绩的同时，我们也清醒的认识到，标准化工作还存在“不适应、跟不上”的问题。标准体系结构还不够合理，标准化管理机制还不够完善，标准化法治建设亟待加强，标准国际化水平有待提升，各项改革措施的推进力度还需进一步加大，标准化服务经济社会发展的作用有待进一步发挥。这些问题和不足，需要在今后的工作中高度重视、着力解决。

二、“十三五”标准化事业发展总体思路

“十三五”是全面建成小康社会的决胜阶段，是标准化大有可为的机遇期，也是标准化改革创新的攻坚期。党的十八届五中全会通过的《中共中央关于制定国民经济和社会发展第十三个五年规划的建议》，提出坚持创新、协调、绿色、开放、共享五大发展理念，每一个方面都对标准化工作提出了明确具体的要求。国务院办公厅刚刚印发的《国家标准化体系建设发展规划（2016—2020年）》，是我国第一个国家层面的标准化专项规划，对“十三五”标准化工作进行了顶层设计，作出了全面部署。我们要认真学习十八届五中全会精神，深刻领会习近平总书记关于经济新常态和新发展理念的重要论述，切实抓好国家标准化体系建设发展规划的贯彻实施，在更高起点上推进标准化事业改革发展。

一方面，要准确把握规划的总体要求和主要目标。

“十三五”标准化事业发展的总体要求是：高举中国特色社会主义伟大旗帜，以邓小平理论、“三个代表”重要思想、科学发展观为指导，深入贯彻习近平总书记系列重要讲话精神，紧紧围绕“五位一体”总体布局和“四个全面”战略布局，坚持抓质量、保安全、促发展、强基础，落实深化标准化工作改革要求，推动实施国家标准化战略，完善标准化体制机制，优化标准体系结构，强化标准实施与监督，夯实标准化基础，增强标准化服务能力，提升标准国际化水平，加快标准化在经济社会各领域的普及应用和深度融合，充分发挥“标准化+”效应，为我国经济社会创新发展、协调发展、绿色发展、开放发展、共享发展提供坚实的技术支撑。

“十三五”标准化事业发展的主要目标是：到2020年，基本建成支撑国家治理体系和治理能力现代化的具有中国特色的标准化体系。标准化战略全面实施，标准有效性、先进性和适用性显著增强。标准化体制机制更加健全，标准服务发展更加高效，基本形成市场规范有标可循、公共利益有标可保、创新驱动有标引领、转型升级有标支撑的新局面。“中国标准”国际影响力和贡献力大幅提升，我国迈入世界标准强国行列。具体来讲：

一是标准体系更加健全。政府主导制定的标准与市场自主制定的标准协同发展、协调配套，在技术发展快、市场创新活跃的领域，加快培育发展团体标准。国家标准平均制定周期缩短到2年以内。在农产品消费品安全、节能减排、智能制造和装备升级、新材料等重点领域制修订标准9000项，标准供给基本满足经济社会发展的需求。

二是标准化效益充分显现。农业标准化生产普及率提高到30%以上，主要高耗能行业和终端用能产品实现节能标准全覆盖，主要工业产品标准与国际水平接轨，服务业标准化试点示范项目新增500个以上，社会管理和公共服务标准化程度不断提高。标准化服务创新成效更加有力，科技成果标准转化率持续提高。

三是标准国际化水平大幅提升。到“十三五”末，我国参与和主导制定的国际标准数量，达到年度国际标准制修订数的50%，主要消费品领域与国际标准一致性程度达到95%以上。与“一带一路”沿线国家标准化合作更加密切，中外标准互认工作扎实推进，中国农业标准化示范区在“一带一路”沿线国家得到积极推广。

四是标准化基础不断夯实。标准化技术组织布局更加合理，管理更加规范。建设国家级标准验证检验检测点50个以上，发展壮大一批专业水平高、市场竞争力强的标准化科研机构，建设形成一批国家技术标准创新基地。标准化专业人才基本满足发展需要，标准化服务业不断发展壮大，建成互联互通的全国标准信息网络平台。

另一方面，要认真抓好规划的宣传解读和贯彻落实。

首先，要注重“大体系、全过程”建设，完成好6大任务。国家标准化体系建设发展规划的一个重要创新点，就是第一次把标准化作为一个体系提了出来，从标准的研制、实施、监督、服务、国际化等全生命周期进行了系统规划。一是要优化标准体系。结合标准化工作改革，推进标准体系结构性调整。完善标准制定程序，提高标准制修订效率。发挥市场主体作用，促进技术创新、标准研制和产业发展一体化。二是要推动标准实施。完善标准实施推进机制，建立健全标准化统计制度。应用标准开展宏观调控、产业推进、行业管理、市场准入和质量监管。建立促进技术进步和适应市场竞争需要的企业标准化工作机制。三是要强化标准监督。建立标准分类监督机制，完善标准实施监督和实施后评估制度，开展标准实施效果评价。加强标准化社会教育，强化标准实施的社会监督。四是要提升标准化服务能力。建立完善标准化服务体系，加快培育标准化服务机构，引导标准化服务新兴业态发展。五是要推进标准国际化。鼓励我国专业技术人员、科研机构、优势骨干企业积极参与国际标准化活动，培育、发展和推动我国优势、特色技术标准成为国际标准，加强中外标准互认与合作，提升我国对国际标准化活动的贡献度和影响力。六是要夯实标准化基础。加强标准化人才培养，满足不同层次、不同领域的标准化人才需求。规范专业标准化技术委员会管理，加强标准化科研机构建设，提高标准化信息服务能力和水平。

其次，要紧扣“全方位、广覆盖”布局，建设好5大领域。国家标准化体系建设发展规划的一个重大突破，是从过去主要面向经济领域进行规划布局，转向围绕经济、社会、文化、生态和政治“五位一体”总布局进行全面规划，形成了广覆盖、多层次的“全域标准化”架构。一要加强经济建设标准化，以统一市场规则、调整产业结构和促进科技成果转化为着力点，推进服务业与工业、农业在更高水平上有机融合，支撑经济转型升级。二要加强社会治理标准化，以改进社会治理方式、优化公共资源配置和提高民生保障水平为着力点，提高社会管理标准化、科学化水平，促进保障改善民生。三要加强生态文明标准化，以资源节约、节能减排、循环利用、环境治理和生态保护为着力点，提升绿色循环低碳发展水平，服务绿色发展。四要加强文化建设标准化，以优化公共文化服务、推动文化产业发展和规范文化市场秩序为着力点，推进基本公共文化服务标准化、均等化，促进文化繁荣。五要加强政府管理标准化，以推进各级政府事权规范化、提升公共服务质量和加快政府职能转变为着力点，构建政府管理标准化体系，提高行政效能。

其三，要着眼“守底线、保基本”要求，实施好10大工程。国家标准化体系建设发展规划紧贴国民经济社会发展重点，提出了十大重点工程，每一项工程都跨行业、跨部门，需要群策群力，共同推进。一要围绕保障质量安全，实施农产品安全标准化工程，提升农业生产现代化、规模化、标准化水平；实施消费品安全标准化工程，促进我国消费品安全和质量水平不断提高。二要围绕支撑产业发展，推进新一代信息技术标准化工程，保障网络安全和信息安全自主可控；推进智能制造和装备升级标准化工程，提升智能制造和装备制造技术水平和国际竞争力；推进现代物流标准化工程，满足物流业转型升级的需要。三要围绕保障改善民生，开展基本公共服务标准化工程，促进基本公共服务均等化；开展新型城镇化标准化工程，提升城乡规划、建设与管理的质量；开展节能减排标准化工程，有效降低污染水平。四要围绕提高开放水平，实施中国标准走出去工程，以标准走出去带动我国产品、服务、技术、装备走出去。五要围绕加强自身建设，大力实施标准化基础能力提升工程，增强标准化发展内生动力和可持续能力。

三、2016 年工作安排

2016 年是“十三五”开局之年，是深化标准化改革发展的关键之年，也是狠抓规划措施和改革任务的落实之年。今年全国标准化工作的总体要求是：全面贯彻党的十八大和十八届三中、四中、五中全会及中央经济工作会议精神，深入贯彻习近平总书记系列重要讲话精神，紧紧围绕“四个全面”战略布局，牢固树立创新、协调、绿色、开放、共享的新发展理念，坚持抓质量、保安全、促发展、强基础工作方针，按照改革创新、协同推进、科学管理、服务发展基本要求，推进标准体系结构性改革，实施“标准化+”战略行动，加快标准国际化进程，夯实标准化发展基础，全面加强自身建设，努力实现“十三五”标准化事业改革发展的良好开局。

今年，我们要以“四大一加强”为重点，着力抓好以下几个方面的工作。

（一）打好改革攻坚“大会战”，着力推进标准体系结构性改革。

一是加快整合精简强制性标准。制定实施强制性标准整合精简工作方案，有序推进化工领域强制性标准整合精简试点工作的落实，在试点基础上全力推进强制性标准改革，年底前完成现行强制性国家标准、行业标准和地方标准的清理评估。通过“废止一批、转化一批、整合一批、修订一批”，切实解决强制性标准中存在的交叉、重复、矛盾等突出问题。

二是优化完善推荐性标准。推进推荐性标准体系优化和复审试点，制定实施推荐性标准复审修订工作方案。深入研究、科学界定、清晰明确推荐性标准的制定范围，更加突出推荐性标准的公益属性，更好适应政府履职需要。通过标准符合性检测、监督抽查、自愿性认证等形式，健全推荐性标准实施监督机制。

三是培育发展团体标准。加快出台培育和发展团体标准的指导意见，加大对试点工作的指导力度。研究制定团体标准制定发布程序、评价准则等管理要求，规范、引导团体标准有序、健康发展。鼓励制定一批市场和创新急需的团体标准，加速培育一批具有影响力的团体标准制定机构，让市场主体在标准化活动中的作用得到充分发挥。

四是全面推进企业标准管理制度改革。在全国范围推开企业产品和服务标准自我声明公开制度，逐步取消政府对企业产品标准的备案管理。鼓励标准化专业机构对公开的标准开展比对和评价，并将评价结果作为企业质量信用的重要内容，推动将企业标准的政府单一监管向社会多方立体监管转变。探索建立企业标准“排行榜”制度，激励企业制定高于国家标准、行业标准和地方标准的企业标准。制定实施加强和改进企业标准化工作指导意见，修订企业标准化工作指南等国家标准，推动形成大型企业领跑标准化、中型企业提升标准化、小微企业推广标准化的发展格局。

五是强化标准化全生命周期的管理。加强国家标准技术审评中心建设，加快建立国家标准立项评估制度，改进完善标准审查报批工作。研究制定加强标准样品工作的意见，提高标准样品管理和研复制水平。继续推动统一社会信用代码制度建设和“三证合一”改革工作落实，积极推进相关国家标准的制定和实施。进一步推进组织机构代码、物品编码在电子商务、质量安全追溯和社会信用体系建设等领域应用拓展。

（二）建设服务发展“大标准”，着力实施“标准化+”战略行动。

一是实施“标准化+科技创新”。围绕实施创新驱动发展战略，制定“十三五”技术标准创新规划，以及国家科技计划专项实施中加强技术标准工作的指导意见。对应用导向明确的国家科技成果，开展技术标准转化试点，对重大科技专项涉及的标准项目给予优先立项和重点支持，促进科技成果转化应用。制定国家技术标准创新基地总体规划，在重点区域和领域推动创建一批国家技术标准创新基地。探索建立标准“领跑者”制度，开展中国标准创新贡献奖评选，不断完善奖励激励机制。

二是实施“标准化+现代农业”。围绕推进农业现代化和保障粮食安全，抓紧实施农产品安全标准化工程。加快构建高标准农田建设标准体系，研制农业基础设施、农产品安全、农产品流通、农村电子商务等领域标准。继续以农业标准化示范区建设为抓手，实施示范区提升工程，完善绩效考核制度，健全标准化生产制度，大力推行农业标准化生产。围绕农村综合改革，加强建制镇、美丽乡村、农村公共服务、农村产权交易和农业社会化服务等重要标准研制，开展第二批农村综合改革标准化试点。

三是实施“标准化 + 先进制造”。落实“中国制造 2025”，组织实施制造业标准化提升计划，启动工业基础、智能制造、绿色制造标准化提升工程，加强智能制造标准体系顶层规划，推进智能化生产线和数字化车间、工业安全、增材制造等重要标准研制工作。继续推进战略性新兴产业标准化工作，加强关键零部件及核电、航空航天、节能环保等重大装备技术标准研制，加大数控机床、电动汽车、机器人、信息安全标准制修订力度。加快生物技术标准体系构建和重要标准研制。开展国家高端装备制造业标准化试点。

四是实施“标准化 + 生态文明”。组织实施节能减排标准化工程，继续实施百项能效标准推进工程和化解产能过剩标准支撑工程。完善温室气体排放标准体系，研究制定环境质量、污染物排放、环境监测与检测服务等领域的标准，提高燃煤技术标准。围绕传统化工产业转型升级，加快绿色化工产业标准研制。加快推进第六阶段油品标准制修订工作。建设国家生态文明标准化示范区，积极探索京津冀再生资源回收利用标准化区域协作。研究构建节能减排成套标准工具包，推动系列标准在行业的整体实施。

五是实施“标准化 + 消费升级”。组织实施消费品安全标准化工程，加快消费品质量安全标准与国际标准或出口国标准并轨，促进内外销产品“同线同标同质”。深入开展消费品安全标准“筑篱”专项行动，开展纺织服装、塑料制品等第二批 16 个领域国内外标准对比工作。实施推动国内贸易流通体制改革发展标准化工作方案，重点抓好农产品冷链物流标准化工作。启动金融风险防控标准体系研究，推进标准融资增信、互联网金融标准化工作。加强化妆品检测、口腔护理用品安全等标准制修订。

六是实施“标准化 + 公共服务”。组织实施基本公共服务标准化工程和新型城镇化标准化工程，促进基本公共服务均等化。编制生活性服务业以及社会管理和公共服务标准化“十三五”发展规划，加快养老、康复、教育、文化、健康、体育、旅游等领域关键标准制修订。完善社区服务标准体系，积极推进公共安全标准化工作。加大政务服务、行政审批标准化工作力度，以标准化促进政府管理规范化。探索开展标准化服务业试点，鼓励标准化事务所的建立和运行。

（三）促进互联互通“大合作”，着力加快标准国际化进程。

一是全力办好第 39 届 ISO 大会。要紧扣我国对外开放战略，突出“标准促进世界互联互通”主题，借鉴各国举办大会的先进经验，精心策划方案，彰显中国特色。加强国内国际统筹协调，充分利用现有资源，高质量高标准做好会议服务保障，面向世界做好宣传，展示中国形象，留下中国印象。有效利用大会契机，围绕中国标准“走出去”重点任务，组织安排各层次的标准化双多边合作交流活动，取得会议成果，体现中国效应，创办一流大会。

二是组织实施标准联通“一带一路”行动计划。在铁路、公路、石油天然气、工程机械等重点领域，组织翻译一批标准外文版。面向东盟、中亚等沿线国家，开展一批大宗进出口商品标准比对分析。在航空航天、高端装备制造、新一代信息技术等领域，联合重点目标国家共同制定一批国际标准。推进实施加快中国标准走出去、助推国际产能和装备制造合作工作方案，推进与“一带一路”沿线国家和主要贸易国之间开展标准互认。加强我国农业标准在中亚国家的推广应用，进一步做好在东盟国家开展的农业标准化示范区建设。

三是推进实质性参与国际标准化活动。积极参与国际和区域标准化组织治理，支持 ISO 主席、IEC 副主席和 ITU 秘书长全面履职。充分发挥我国专家担任国际标准组织领导职务作用，参与制定国际和区域标准化战略规划和政策规则。推动开展国际标准化工作绩效评价。在制造业、新兴产业、传统优势产业领域重点发力，开拓国际标准化新工作领域，研制一批具有自主技术的国际标准。完善参与国际标准化活动的激励机制，推动中国企业更加广泛地参与国际标准化活动，进一步增强国际标准和贸易规则制定的话语权和影响力。

四是深化标准化国际和区域合作交流。加强与太平洋地区、亚太经合组织、海湾地区标准化机构的务实合作，巩固中德、中英、中法和东北亚标准合作论坛等标准化合作机制，深化与美国、俄罗斯、欧盟、泛美地区、非洲地区等在经贸、科技合作框架内的标准化合作，推动建立"金砖国家"标准化合作新机制。推动我国城市与国外城市间的标准化合作交流。加强区域标准化研究中心建设，发挥好区域标准化研究中心的技术服务作用。

（四）实现科学管理"大提升"，着力夯实标准化发展基础。

一是推进标准化法治建设。全力配合国务院法制办，做好标准化法修正案的协调和修改工作，力争6月底报国务院常务会议审议。加快强制性标准、团体标准及企业标准化管理等规章制度制修订，完成标准化技术委员会管理规定、国家标准外文版管理办法起草工作，出台中国标准创新贡献奖管理办法。加强标准涉及专利政策研究，健全标准版权管理制度。各部门、各地方要组织对现行标准化规章、规范性文件进行清理评估，并及时向社会公布清理结果。推进军民标准深度融合，探索建立军民通用标准管理工作规则。

二是加强标准化人才培养。注重标准化工作人才队伍建设，以标准化管理人员、专业技术人员和企业标准化工作者为重点，开展标准化专业知识和技能培训。注重国际标准化人才培训，培养造就一支懂技术、懂管理、懂规则、外语能力强、政策水平高的复合型国际标准化人才队伍。注重专业技术委员会委员的技能培训，做好考核评估试点工作。依托行业和地方标准化主管部门、标准化科研机构、高等院校、社会教育培训机构，全方位加强标准化人才教育培训。探索开展标准化在线网络培训。支持高等院校、科研机构开设标准化课程，开展标准化学历学位教育，完善标准化培训教材，加强标准化知识普及教育。

三是提升标准信息化水平。积极开展标准化信息化行动计划，促进标准化工作高效、规范运行。推动标准从立项到复审的信息化管理，加快国家标准制修订无纸化进程，推广技术委员会电子投票表决制度。持续开展国家技术标准资源服务平台的运行服务，规划建设统一的全国标准信息公共服务平台，推进跨部门、跨行业、跨区域标准化信息交换与资源共享。全力做好信息安全与等级保护工作。

四是做好标准化宣传工作。建立常态化的标准化工作宣传机制，加大宣传力度，丰富宣传内容，完善宣传形式，提高宣传效果。加强对标准化重大政策、重点工作和重要标准的宣传，让人民群众通俗易懂、喜闻乐见，扩大标准化社会影响力。加强标准化重要舆情研判和突发事件处置。广泛开展世界标准日、质量月等群众性宣传活动，深入企业、机关、学校、社区、乡村普及标准化知识，宣传标准化理念，努力形成人人关注标准、人人使用标准的良好氛围。

五是推进标准化服务业发展。制定标准化服务业发展指导意见，加快标准化服务业的培育和发展，引导建立标准化事务所等新兴业态。鼓励标准化专业机构为广大企业特别是中小微企业提供标准化信息咨询、试验验证、数据挖掘、知识培训等专业化服务，有针对性地为企业提供标准化技术解决方案。推动免费向社会公开公益类推荐性标准。继续推进与国际标准组织和国外标准机构的标准信息资源交换与合作，完善国际、国外标准销售和服务体系。

（五）全面加强自身建设，为标准化事业可持续发展提供保障。

一要加强理论学习。坚持把深化理论学习放在首位，保证党的路线方针政策得到不折不扣的贯彻落实。在政治理论方面，要深入学习中国特色社会主义理论体系，学习习近平总书记系列重要讲话精神，强化对党章和党规党纪的学习教育，确保与党中央保持高度一致。在政策知识方面，要深入学习国家"十三五"规划及"一带一路"建设、中国制造2025等国家战略，认真研究、准确把握新常态下，新发展理念和供给侧结构性改革的新任务、新要求。在标准化业务方面，要着力加强标准化理论和实践经验学习，坚持用科学理论指导实际工作，找准标准化与各行业、各地区工作的结合点。

二要加强党的建设。坚决贯彻“全面从严治党”要求，一方面，要进一步发挥好标准委党建工作领导小组作用，广泛团结带领京区标准化工作相关单位，共同抓好党风廉政建设，把党建工作与标准化业务工作同研究、同部署、同检查、同落实，以强化党建工作来推进标准化工作的改革发展。另一方面，要着力加强标准委机关党建工作，标准委党组要切实履行好党风廉政建设主体责任和监督责任，各位党组成员要切实履行好“一岗双责”。要加强基层党组织建设，充分发挥党支部的战斗堡垒作用。大力推进文明机关建设，要将“严的作风”和“实的精神”融入机关文化，通过举办爱国主义主题教育、青年学习论坛、支部学习园地等活动，模范践行“三严三实”，树立良好机关风尚，提升机关的凝聚力和战斗力。

三要加强作风建设。作风建设关系党的形象，关系标准化事业改革发展的成败，是一项长期的艰巨任务，要常抓不懈。标准化工作者都应当严格按照习近平总书记从严治党八个方面的要求，严格执行党的纪律，不断改进工作作风，把纪律和规矩挺在前面，自觉遵守党规党纪。标准委机关干部要努力践行“三严三实”，认真查找、坚决整改不严不实问题，要持之以恒抓作风，加大治理“推、散、慢、浮”的力度，在“抓常”“抓细”“抓长”上下功夫，将作风建设融入标准化改革发展工作中去。要大力加强督查督办，适时开展专项检查、随机抽查，强化绩效考核，确保改革措施、重点任务、发展规划都能落到实处。

标准化改革发展是我们共同的责任，任务繁重，使命光荣。我们要紧密地团结在以习近平同志为总书记的党中央周围，团结一致，奋发有为，以更加务实的作风、更加担当的精神、更加有力的措施，协同配合、锐意进取、改革创新、扎实工作，更加深入地推进标准化事业改革发展，更加有效地服务经济社会可持续发展，为全面建成小康社会作出新的更大贡献！

田世宏
质检总局党组成员、国家标准委主任

开创我国标准化事业新局面
——学习贯彻习近平同志关于标准化工作的重要论述
——在人民日报上的署名文章
（2016年9月6日）

党的十八大以来，习近平同志就标准化工作作出了一系列重要论述。这些重要论述是做好新时期标准化工作的根本遵循。我们要深入学习领会、认真抓好落实，奋力开创我国标准化事业新局面。

准确把握丰富内涵

事关经济社会发展全局的战略工程。习近平同志强调，加强标准化工作，实施标准化战略，是一项重要和紧迫的任务，对经济社会发展具有长远的意义。他还指出，标准决定质量，有什么样的标准就有什么样的质量，只有高标准才有高质量。谁制定标准，谁就拥有话语权；谁掌握标准，谁就占据制高点。

实施创新驱动发展战略的内在要求。习近平同志强调推动自主创新要与自主品牌、知识产权和标准化相结合，并把这三者称为自主创新的三大战略。他要求大力推进技术专利化、专利标准化、标准产业化，特别强调要推进标准国际化，推动中国标准“走出去”。他同时指出，人才、专利、标准等是世界各主要国家争夺的战略性创新资源。

实现产业发展规模化集约化现代化的重要途径。针对农业，习近平同志提出积极推广集约化、标准化、生态化的生产模式。针对工业，习近平同志要求通过强化环保、安全等标准的硬约束，坚定不移淘汰落后产能、化解产能过剩。针对物流服务业，习近平同志强调加快物流标准化、信息化建设，提高流通效率，推动物流业健康发展。

推动外贸健康发展的重要工具。习近平同志指出，西方国家强化贸易保护主义，除反倾销、反补贴等传统手段之外，在市场准入环节对技术性贸易壁垒、劳工标准、绿色壁垒等方面的要求越来越苛刻。我国要解决影响互联互通的制度、政策、标准问题，推动形成以技术、标准、质量、品牌、服务为核心的对外竞争新优势。

深刻领会重大创新

开辟了标准化工作的新境界。习近平同志关于标准化工作的一系列重要论述，符合时代发展的需要，符合标准化工作自身发展规律，不仅说明标准化工作是党和人民的事业，要加强党对标准化工作的领导；而且凸显了标准化工作的战略地位和作用，提高了全社会的标准化意识，开辟了标准化工作的新境界。

指明了创新驱动发展的新路径。习近平同志关于标准化工作的一系列重要论述，深刻阐述了标准与创新的内在联系，指明了创新驱动发展的新路径。标准是促进创新成果转化的桥梁和纽带，创新是提升标准水平的手段和动力。创新成果通过标准迅速扩散，能加快市场化和产业化步伐，所产生的乘法效应能形成强大的创新动力，引领新业态、新模式发展壮大。

提出了开放发展的新要求。习近平同志关于标准化工作的一系列重要论述，指明了标准在提高对外开放水平、参与国际竞争中的关键作用。标准是国际经济科技竞争的“制高点”，是企业、产业、装备走出去的“先手棋”。既要着力提高中国标准水平，增强中国标准硬实力；又要全面谋划和参与国际标准化战略、政策和规则的制定,提高我国在全球经济治理中的制度性话语权。

认真践行具体要求

实施标准化战略。不断强化标准化发展的战略意识、战略定位和战略布局,构建服务发展的“大标准”。积极实施国家标准化体系建设发展规划,广泛开展“标准化+”行动,推进标准化与科技创新、现代农业、先进制造、生态文明、消费升级、社会治理、公共服务深度融合,实现创新驱动有标准引领、转型升级有标准支撑、市场规范有标准可循、公共利益有标准可依。

深化标准化改革。加快建立由政府主导制定的标准与市场自主制定的标准共同构成的新型标准体系,打好改革攻坚“大会战”。整合精简强制性标准,做到“一个市场、一条底线、一个标准”。优化完善推荐性标准,突出公益属性,保障基本供给。培育发展团体标准,激发市场主体活力。改进企业标准备案管理,为企业松绑减负。加强标准化法治建设,加快标准化法修订步伐。

提升国际化水平。贯彻落实《标准联通“一带一路”行动计划》,促进互联互通“大合作”。推动与主要贸易国标准互认,为国际产能和装备制造合作提供有力支撑。主动参与国际标准化组织治理,研究建立国际合作新体系。搭建国际标准化创新平台、协作平台和示范平台,推动我国企业更加广泛、深入地参与国际标准化活动,构建开放共赢的国际合作新格局。

于欣丽
国家标准委副主任

在推荐性标准集中复审工作启动暨培训会上的讲话

（2016 年 4 月 28 日）

今天我们召开会议，主要是全面部署推荐性国家标准、行业标准、地方标准以及相关计划项目的集中复审工作。这是继今年 2 月份召开的强制性标准整合精简会、3 月份召开的推荐性国家标准立项评估会之后，国家标准委召开的又一个推动落实深化标准化工作改革的重要会议。

去年以来，党和国家对标准化工作改革和"十三五"标准化工作进行了顶层设计和全面部署。不久前，国务院常务会又审议通过了《装备制造业标准化和质量提升规划》。克强总理在会上强调，坚持标准引领，建设制造强国，是结构性改革尤其是供给侧结构性改革的重要内容，要用先进标准倒逼"中国制造"升级。可以说，标准化工作从来没有像今天这样得到党中央国务院的高度重视。我们按照中央的决策部署，正加快推进落实标准化各项改革工作任务。在强制性标准改革方面，2 个月前，国务院办公厅印发了《强制性标准整合精简工作方案》，对强制性标准整合精简工作进行了部署，目前这项工作整体进展顺利，有的部门和地方已初步形成了整合精简工作结论。在培育发展团体标准方面，经国务院标准化协调推进部际联席会议审议通过，质检总局、国家标准委印发了《关于培育和发展团体标准的指导意见》，指导团体标准规范有序发展，受到了社会各界的欢迎。在改革企业标准备案制度方面，企业标准自我声明的数量和规模稳步增长，目前已通过平台公开了 8 万多项企业标准，社会影响力日益扩大。在优化完善推荐性标准方面，我们从 3 月份开始，全面开展了推荐性国家标准立项评估，启动标准全过程信息化管理，着力提升标准立项质量和标准制修订速度。今天我们启动的标准复审工作，更是优化完善推荐性标准的又一重要举措。可以说，标准化各项改革工作任务按照国务院的部署要求，在大家的共同努力下，正在有序推进。借此机会，我代表国家标准委，对大家的理解、支持、配合以及辛勤付出表示衷心的感谢！

下面，就做好标准复审工作，我讲三点意见，供大家参考。

一、充分认识做好标准复审工作的重要意义

标准复审是标准化全过程管理的关键环节，也是一项技术性高、基础性强的工作。特别是在当前深化标准化工作改革的大背景下，又赋予了标准复审工作新的内涵，做好标准复审工作尤为重要。

首先，标准复审事关改革任务的有效落实。优化完善推荐性标准体系是改革标准体系的重要内容，开展标准复审是迈出体系优化、深化改革的关键一步。目前，国家标准、行业标准、地方标准总数达 10 多万项，其中 90% 是推荐性标准，仅推荐性国家标准就涉及 60 多个部门和行业。推荐性标准不仅数量大，其调节范围更宽、涉及面更广，在整个国家标准体系中占据着主导地位，发挥着十分重要的引领和规范作用。目前，这些标准到底处于什么样的状况，是否满足经济社会发展的需求，社会各界对此十分关心，国务院也很关注，为此国务院办公厅在下发的《贯彻实施〈深化标准化工作改革方案〉行动计划（2015—2016 年）》中专门作出部署，要求今年年底前完成全部推荐性标准的集中复审工作。希望通过集中复审，对现行的推荐性标准的范围、标准的层级、标准的协调性、标准的适用性等来一次系统、彻底地检验评判，并提出改进提高的意见，为加快优化推荐性标准体系，构建新型国家标准体系提供技术支撑。可以说，这项工作与我们正在推进的强制性标准整合精简、培育发展团体标准、提升标准国际化水平等其他 5 项改革任务密切相关，是一项系统工程，大家一定要从整体推进标准化改革的高度，来审视把握集中复审工作，把这项工作看得更重，抓得更紧，做得更有成效。

其次，标准复审事关标准化科学管理水平的不断提升。从质量管理的角度看，在质量管理中强调要实行“PDCA”，要求将计划、执行、检查、结果处理形成闭环管理。标准管理也同样如此，标准立项、制定、实施、复审、修订周而复始就是“PDCA”。立项和复审实质上扮演了质量管理过程中计划（Plan）和检查（Check）的角色，是标准全过程管理的两端。把好这两端，标准质量和水平就会得到不断改善提高，达到事半功倍的效果。从破解标准难题的角度看，标准缺失老化滞后，标准交叉重复矛盾，标准体系不够合理等问题仍然突出。处理好这些难题，除了要加强“新标准”的立项管理、强化过程监控、增强公开透明之外，对于“老标准”还要充分发挥标准复审“回头看”的作用。要通过复审发现问题，及时解决，确保我们发布实施的标准好用、管用。

第三，标准复审事关市场标准的培育发展。本次深化标准化工作改革的一大突出亮点就是把政府单一供给的现行标准体系，转变为政府主导制定的标准和市场自主制定的标准共同构成的新型标准体系。实现这一目标的关键就是要通过标准复审，进一步厘清政府与市场的边界，合理界定各层级、各领域标准范围，推动推荐性标准向政府职责范围内的公益类标准过渡，逐步缩减其数量和规模，为团体标准、企业标准留出更广阔的发展空间。因此，从全局讲，开展标准复审工作不仅与优化推荐性标准紧密相关，也是标准化改革的“先手棋”，必须予以高度重视。

二、准确理解和把握标准集中复审工作重点

这次集中复审的总目标和任务是，优化推荐性标准体系，推动向政府职责范围内的公益类标准过渡，缩减现有推荐性标准的数量和规模。抓好这项工作，我认为要着重从以下几个方面进行把握。

一要以问题和需求为导向，提高标准复审的科学性。一是把握好政府与市场边界。当前标准化工作中存在的这些问题，其根本原因是政府与市场的角色错位。对国家、行业、地方这部分政府标准进行复审，首要一点就是要评估这些标准是否属于政府职责范围内的基础公益标准，是否属于应由政府牵头制定的“保基本、守底线”标准。而对于一般性产品和服务标准，按照简政放权的总体要求，应逐步交由市场主体自主制定。二是把握好各级标准范围。落实改革要求，本次复审工作我们又进一步细化了推荐性国家标准的范围，主要包括：支撑法律、法规和强制性标准实施，或配套使用的标准；跨行业跨领域的术语、符号、分类和方法等通用基础标准，通用规范、规程和指南标准；采用国际标准、国际国内统筹推进、或支撑国内外互认工作的相关标准。这种划分还只是粗线条的，是否合理、是否便于操作，还要大家结合复审工作实际，多提意见，不断修改完善。推荐性行业标准和地方标准制定的范围，也需要各行业部门、各地方标准化主管部门在这次复审和以后工作中逐步探索，在实践中成形，在实践中完善。三是把握好标准质量水平。标准的质量水平主要体现在协调性和适用性方面。前两个方面重在“治标”，这个方面主要是“治本”，我们要通过复审达到标本兼治，切实解决现行标准中存在的交叉、矛盾、滞后老化以及适用性不强等突出问题，为推动推荐性标准向政府职责范围的公益类标准过渡奠定基础。

二要统筹施策，提高标准复审的有效性。开展国家、行业、地方三级标准同步集中复审，协调配合至关重要。首先，要强化“一盘棋”的整体观念。部门、地方在开展复审工作时，要和正在开展的强制性标准整合精简工作衔接好，要和落实国家标准化体系建设发展规划对接好，要和落实今年全国标准化工作会议的部署和正在开展的中心工作结合好，做到上下兼顾，左右兼顾。国家标准委也将搭好平台，做好服务，提供工作便利。其次，要强化信息化手段运用。此次标准复审工作要充分运用大数据、云计算等现代信息技术，对复审相关数据进行梳理、分析、挖掘，提高数据的完整性和准确性。同时也为进一步打通国家、行业和地方标准化信息通道，加快推进跨部门、跨行业、跨区域标准化信息交换，建立标准信息公开和共享平台提供数据支撑。第三，要强化标准实施反馈渠道建设。要面向政府、企业、社会以及广大消费者，建立便捷、畅通的标准实施情况反馈渠道，采取多种手段，广泛采集标准实施情况信息、了解各方需求，提升复审的针对性和有效性，同时也要注重发挥新闻媒体的监督作用，倒逼提升复审效能。

三要加强制度建设，提高标准复审的规范性。开展标准集中复审，是落实标准化工作改革采取的一项特殊举措。但标准复审是一项常态化工作，应该坚持不懈地将这项工作抓实抓好。目前，关于标准复审工作的制度性要求还不健全，还存在制度落实执行不到位的情况。一方面，我们正配合国务院法制办，全力做好标准化法的修订工作，在立法层面强化标准管理及复审工作；另一方面，我们要对现行的标准管理规章制度进行梳理，加快制定标准复审工作办法，不断提高与标准立项、过程管理、技术委员会考核等相关制度的配套性和协调性，做好相互支撑，形成管理闭环，将标准复审等工作纳入法治管理轨道规范运行。

三、认真做好此次标准集中复审工作

此次开展标准集中复审工作，时间紧、任务重、要求高、责任大，是一场硬仗。希望大家一定要认真学习领会标准化工作改革精神，按照工作方案部署和今天动员培训会的要求，抓好各项工作的落实。

一是要在组织领导上下功夫。推荐性标准集中复审工作在国务院标准化协调推进部际联席会议的统一部署下，由各地、各部门按照职责分工分头负责实施。各单位要把集中复审工作摆到重要位置，合理调配人员力量，注重发挥相关标准化专业技术委员会和标准化专家的作用，加强督查、强化考核，推动工作有序开展。国家标准委各部门要认真做好跨部门、跨领域标准的协调，推动形成工作合力。

二是要在狠抓落实上下功夫。各单位要根据实际工作情况，成立标准复审工作组，细化复审工作要求，明确工作任务、时间进度和工作措施，落实责任单位和责任人员，确保整体工作进度。参与集中复审的专家要强化责任意识，切实发挥好审核把关作用，认真对待每一项标准，每一项具体指标，实事求是地提出复审结论，确保复审结论经得住检验。同时要做好复审结论的转化运用，有计划开展标准废止、转化和修订工作。

三是要在公开透明上下功夫。各单位要充分调动社会各界参与标准集中复审工作，及时公布复审工作进展，公开征求各部门、行业协会、研究机构、生产企业和消费者对复审结论的意见建议，营造公开、透明的工作氛围，体现标准公开、公正、公平的本质要求。

殷明汉
国家标准委副主任

在团体标准试点工作推进会上的讲话

（2016 年 12 月 22 日）

团体标准试点工作已经开展了一年半的时间，目前已经进入收官阶段。今天我们在这里召开试点工作推进会，就是要进一步总结经验、解决问题，把试点工作继续推向深入，促进团体标准试点工作取得实际效果，推动团体标准的培育和发展。

今年以来，国家标准委联合中国科协大力推动各试点单位开展团体标准化工作，在制度设计和平台搭建等方面完成了四件大事：一是推动将试点工作纳入深化改革相关重要文件。中共中央办公厅、国务院办公厅印发《深化科技体制改革实施方案》，将中国科协所属学会团体标准研制工作列为深化科技体制改革重点任务。国务院办公厅印发《深化标准化工作改革方案》行动计划（2015—2016 年），将“开展团体标准试点”列为深化标准化改革第一阶段的重要工作。二是推动出台团体标准专门政策文件。今年 2 月，质检总局、国家标准委印发《关于培育和发展团体标准的指导意见》，为社会团体开展团体标准化工作提供了政策支撑。三是制定发布相关国家标准。今年 4 月，《团体标准化　第 1 部分　良好行为指南》（GB/T 20004. 1—2016）国家标准正式发布实施，为规范开展团体标准化活动提供了指引。四是搭建团体标准信息共享和交流平台。2016 年 4 月，全国团体标准信息平台正式上线运行，为社会团体发布团体标准信息和社会公众查询、评价标准提供服务。

目前，已经有 352 家社会团体在全国团体标准信息平台上注册，发布了 365 项团体标准信息。我还记得今年年初召开团体标准座谈会时，39 家单位试点阶段共制定发布 123 项团体标准，到现在这个数字已经变成了发布 318 项，数量翻了两番多。从这些数据的变化，就能够看出团体标准发展势头良好，团体标准化工作推进步伐在逐渐加快，团体标准快速反应市场需求、满足创新发展、制定灵活高效等优势逐渐显现。比如，国家半导体照明工程研发及产业联盟制定的 LED 照明应用接口要求方面的团体标准，实现了科技创新成果向团体标准的快速转化，相关产品国内市场占有率达 20%，该标准不仅被上海、浙江等地转化为地方标准，写入地方政府招标文件，还被转化为国际半导体照明联盟标准，该标准也被评为“2016 年中国标准创新贡献奖”二等奖。WAPI 产业联盟针对 NFC 技术研制的两项团体标准，已被成功转化为 ECMA（欧洲信息和通信系统标准化协会）标准和 ISO 国际标准，有力提升了我国在国际网络空间安全领域的话语权和规则制定权。中国铸造协会通过参与“金砖国家铸造业联合会”、“一带一路工商协会联盟”等，与金砖五国以及一带一路沿线国家搭建了铸造领域标准化国际合作平台，为开展国际产能合作营造了良好的技术环境。中国电子学会制定了《轮式机器人移动平台设计通则》等标准，填补了我国标准空白。还有好多学协会的团体标准化工作都开展的很好，这里我就不一一列举了。以上这些成绩的取得，离不开中国科协的有力指导，离不开中国标准化协会、中国标准化研究院的有力支撑，更离不开试点单位的辛勤工作，在这里我谨代表国家标准委对大家表示衷心地感谢！

同志们，我们在看到团体标准化工作取得成绩的同时，还应看到存在的问题和不足。比如，团体标准的质量和影响力需要进一步提升；社会公众监督和政府事中事后监督相结合的评价监督机制还未有效建立；团体标准的第三方评价机制和模式还有待进一步探索实践等。希望大家对这些问题高度重视，避免团体标准化工作出现“一放就乱、一管就死”的问题。

今年是“十三五”开局之年，也是国务院《深化标准化工作改革方案》第一阶段行动计划收尾之年。近一年来，党中央、国务院高度重视标准化工作，社会各界高度关注标准化工作。国务院常务会议审议通过三个标准化工作专项规划。习近平总书记为第 39 届 ISO 大会发贺信，李克强总理亲自出席 ISO 大会并作重要讲话，对我国全面实施标准化战略作出了总动员、总部署，也为培育发展团体标准提出了更新、更高的要求。

上周召开的中央经济工作会议指出，要坚持稳中求进工作总基调，牢固树立和贯彻落实新发展理念，坚持以推进供给侧结构性改革为主线，深化创新驱动。下一步，我们要贯彻落实好中央经济会议精神，继续围绕全面深化改革的总体部署，大力实施标准化战略，进一步加大培育发展团体标准工作力度。

一是探索开展团体标准扩大试点工作，进一步发展壮大团体标准工作。通过试点促进团体标准制定机构高质量、高水平开展团体标准化工作，制定适应发展、科学有效的团体标准，逐渐形成一批有影响力、工作能力强的团体标准制定机构，发挥典型示范作用。

二是加强团体标准的评价和监督机制建设，进一步完善团体标准的制度设计。未来，我们将配合修订后的《标准化法》实施，组织开展团体标准管理办法的制定工作，为加强政府事中事后监管提供重要法规依据，也为社会团体规范开展团体标准化工作提供基本遵循。组织制定《团体标准化 第 2 部分 良好行为评价》国家标准，为开展团体标准化良好行为评价提供技术标准支撑，规范团体标准的健康有序发展。

三是进一步加大对团体标准的鼓励扶持，努力营造良好政策环境。我们将努力推动构建行政管理、政府采购、认证认可、检验检测等工作中引用团体标准的机制，鼓励使用具有自主创新技术和竞争优势的团体标准。积极探索建立团体标准第三方评价机制和团体标准向国家标准的转化机制，增强社会团体参与团体标准化工作的积极性，充分激发市场活力。

四是要做好首批团体标准试点工作的总结评估，加大宣传力度。我们在 2015 年 6 月下达了首批团体标准试点工作任务，两年的试点时间马上就要结束了，希望大家在把各项试点工作继续做好的同时，能更多提炼、挖掘一些可复制、可推广的经验模式，我们将对试点培育的优秀团体和试点产生的典型效益案例加强宣传，讲好“团体标准好故事”，进一步提升团体标准的影响力。

同志们，今年在大家的共同努力下，团体标准化工作取得了很大的成绩，2017 年是实施“十三五”规划的重要一年，也是供给侧结构性改革的深化之年，让我们以团体标准试点工作为抓手，在全面实施标准化战略的政策指引下，共同推进团体标准的培育和发展，为完善制度设计、增加标准供给、提高供给质量，全面服务经济社会可持续发展做出应有的贡献。

郭　辉
国家标准委副主任

在“审计数据采集”国际标准部际工作协调小组成立暨第一次会议上的讲话

（2016 年 7 月 19 日）

这些年审计署、标准委通力合作，相互支持，推动了中国标准走出去。标准委田世宏主任对此次会议高度重视，本来要参加此次会议，由于昨天突然接到通知，要求到国务院向分管领导汇报《消费品标准和质量提升规划（2016—2020 年）》，这也是在国务院常务会中李克强总理提出的任务。这项工作正好是世宏主任分管，经再三努力，实在无法脱身。所以，委托我代表他参加此次会议。田主任表示，一定全力做好支持，配合审计署做好标准国际化工作。

各位领导，同志们，受世宏主任委托，我代表国家标准委，对审计署长期以来对标准化工作给予的大力支持表示衷心的感谢！对“审计数据采集”国际标准部际工作协调小组的成立表示热烈的祝贺。

审计工作是国家政治制度的重要组成部分，是国家治理的重要的监督控制系统，在推进国家治理体系和治理能力现代化中具有重要作用。国家审计也是维护国家安全的重要手段，世界各国都将审计作为规范和促进经济社会发展、加强政府廉政建设、提供国家对内对外决策评估信息的重要制度。当前，我国正在不断加快参与全球治理的步伐，加强国家审计工作，推进我国和国际审计领域对接，对于维护国家安全，提升我国在全球治理中的制度性话语权，具有十分重要的意义。

标准化是提升审计工作水平的重要手段，也是推进审计工作国际化的重要桥梁纽带。推进审计标准化，有利于规范审计行为，实现科学审计，提高审计效率。我国审计标准化工作发展至今已有 10 多年的历史，取得了显著的成绩，特别是 2008 年成立全国审计信息标准化技术委员会，制定并发布了《会计核算软件数据接口》等 4 项系列国家标准，在全世界处于领先地位。标准是世界的通用语言，推进审计标准化是当前国际审计界的共识，也是国际标准化工作的一个重点领域。开展审计数据采集国际标准化工作，是我国在世界审计国际标准化领域的重要探索，对提升我国在世界审计组织中的地位和影响力具有重要意义。同时，积极开展审计数据服务国际标准化工作，可促进审计工作的国际交流与合作，有利于促进世界各国审计事业的协同发展，也有利于满足我国参与联合国和境外审计工作的需求。家义审计长对审计国际标准化工作十分看重，指示要把《会计核算软件数据接口》标准推向国际，站得高，看得远，对提升我国审计标准国际化水平具有重要指导意义。

国务院对审计标准国际化工作高度重视，批准成立了由审计署牵头，标准委、外交部、工信部、财政部等部门组成的协调小组，共同推进审计数据采集国际标准及相关工作。在大家的不懈努力下，审计数据采集国际标准化工作取得了突破性进展。去年 3 月，ISO 批准成立“审计数据采集”项目委员会（ISO/PC 295），并由我国承担主席和秘书处。这是我国审计标准化工作的一项重大突破。去年 11 月，我国在北京召开 ISO/PC 295 首次会议，与美、法、西、日等国专家深入交流，获得认可。截至目前，我国已召开多次工作组会议和中美专家会议，积极推动国际标准进入工作组草案阶段。

国家标准委将进一步支持审计标准国际化工作。一是积极开展国际标准研究工作。我们已组建了专门的工作组，配合审计行业专家，围绕各国提出的技术意见，开展审计数据采集国际标准制定研究，形成有利于我国经济社会和审计事业发展的国际标准。二是积极开展国际交流协调工作。本着合作共赢的精神，针对美国等重点国家开展协调沟通，在国际标准制定过程中充分考虑和吸收各国关切，推动国际标准早日出台。三是积极开展人才培养工作。开展国际标准化知识培训，加快培养和建立审计行业的国际标准化专家队伍，帮助我国专家全面掌握ISO国际标准工作规则和程序，为实质性参与国际标准化活动做好支撑。

各位领导、同志们，部际工作协调小组的成立，标志着审计数据采集国际标准化工作进入了全新的阶段。让我们共同努力，树立中国审计标准，推动中国审计走向世界作出积极贡献！

崔 钢
国家标准委副主任

在企业标准管理制度改革视频会议上的讲话

（2016 年 3 月 25 日）

刚才，泽世同志通报了去年以来企业标准管理制度改革情况，总局质量司、监督司、执法司、标准院、301 所分别介绍了企业标准管理制度改革重点工作情况，山东省、福建省等地方作了发言，大家也都踊跃发言，作了认真准备、深入思考和积极探索，提出很好的意见建议，会后要认真梳理、研究解决。下面，我再强调三点。

一、这项改革期望高、任务重

中央对深化改革工作高度重视。今年 2 月 23 日，习近平总书记主持召开了中央全面深化改革领导小组第二十一次会议并发表重要讲话。他强调，各地区各部门要牢固树立全局意识、责任意识，把抓改革作为一项重大政治责任，坚定改革决心和信心，增强推进改革的思想自觉和行动自觉，既当改革促进派、又当改革实干家，以钉钉子精神抓好改革落实，扭住关键、精准发力，敢于啃硬骨头，盯着抓、反复抓，直到抓出成效。

国务院领导对企业标准管理制度改革高度重视。王勇国务委员在国务院标准化协调推进部际联席会议第一次、第二全体会议上都对企业标准管理制度改革提出明确要求。他强调：要在放开搞活上下功夫，更好促进企业引领标准制定，鼓励企业制定和执行高于国家标准、行业标准的企业标准，甚至把企业标准上升为国际标准。他指出，强制性标准是底线标准，企业标准是用来打市场的，要争世界第一，就用世界最高的标准。要鼓励开展公开标准的比对和评价，要发挥好标准化专业机构和技术委员会的作用，让他们去评价标准。标准委能不能公布国内同行、同产品的企业标准，搞一个标准排行榜，像歌曲排行榜一样，定期一个月或一个季度公布水平靠前的标准。这对企业高标准、高质量生产是一个鼓励，正面激励，也是市场化激励，让社会对企业进行监督，促进企业不断改进标准、提升质量。2016 年，要在全国全面推开企业标准自我声明公开。

质检总局对企业标准管理制度改革工作高度重视。支树平局长在今年全国质检工作会议上，对企业标准化工作提出了明确要求，全面推开企业标准自我声明公开，加快构建新型标准体系。全国质检工作会议后第二天，他就召开了领导小组第二次会议，提出企业标准自我声明公开要促进企业提升更高的标准和质量。引导企业把标准做得更高，鼓励企业制定高于国家标准、行业标准的企业标准，甚至向国际标准、国外先进标准看齐，提高企业声明标准的“含金量”。

全国标准化工作会议对企业标准管理制度改革作了部署。田世宏主任全国标准化工作会议报告中强调，全面推进企业标准管理制度改革。在全国范围推开企业产品和服务标准自我声明公开制度，逐步取消政府对企业产品标准的备案管理。鼓励标准化专业机构对企业公开的标准开展比对和评价，并将评价结果作为企业质量信用的重要内容，推动将企业标准的政府单一监管向多方立体监管转变。探索建立企业标准“排行榜”制度，激励企业制定高于国家标准、行业标准和地方标准的企业标准。

国务院和质检总局领导为企业标准管理制度改革定下了总基调，就是全面推进自我声明公开，在社会树立企业标准高于国家标准、行业标准、地方标准和团体标准的理念，要让参与改革的企业获得实效。今年，要在“全面”和“实效”上下功夫。

二、今年改革至关重要

按照《贯彻实施〈深化标准化工作改革方案〉行动计划（2015—2016 年）》《国家标准化体系建设发展规划（2016—2020 年）》等要求和全国质检工作会议的部署，企业标准管理制度改革领导小组办公室印发了今年改革任务分工，全面推进企业标准管理制度改革。

今年改革的主要目标是：企业标准管理相关法律法规修订取得实质性进展，推动改革的内外政策措施更加衔接配套；所有地区实现企业标准自我声明公开，企业标准信息公共服务平台对县级以上质监部门全面开放，基本建立事中事后监管机制；鼓励发展标准化服务业，加大对企业，特别是中小企业标准化工作服务力度；鼓励第三方机构对公开标准开展比对和评价，在 10 类重点产品探索开展标准关键指标“排行榜”制度；全面推进企业标准制度改革，助推质量强国、制造强国战略实施，为供给侧改革提供新动能。

重点抓好以下工作：

（一）进一步健全法律法规。一是标准委会同质量司共同研究起草企业标准管理制度改革的指导意见，争取以国务院名义印发。二是由法规司、标准委、中国标准化研究院共同加强企业标准管理制度改革与相关法律的协调，研究论证制定企业标准公开条例的可行性，推动《企业标准化管理办法》等部门规章的制修订工作。

（二）加大行业和国企公开力度。在去年 13 个行业试点的基础上，重点发动 10 类消费品所属行业开展公开，协调国资委在国企中全面开展企业标准自我声明公开。

（三）完善改革协同机制。一是质量司、食品局、检验司、监督司、执法司、特种设备局、认监委共同推动企业标准管理制度改革与政府质量工作考核、质量强市示范城市、实施品牌战略、质量奖评选、企业质量信用评价等活动相结合；加大与执法打假、监督抽查、缺陷召回、进出口查验、质量信用评价体系、认证认可等工作的协调力度。二是由代码中心、标准委、质量司、执法司、信息中心、物品编码中心、中标院加强全国平台与 12365、质量信用数据库等横向平台的互联互通。三是质量司、标准委、中国标准化研究院推动企业标准管理制度改革与政府招投标、企业融资、财政扶持等政策的结合，形成激励机制。

（四）加强和改进监管服务。一是由监督司、质量司、执法司、标准委、中标院、代码中心在 10 类消费品领域，探索开展企业标准“排行榜”制度。二是由标准委推动探索对企业在平台公开的产品标准开展监督检查三是由监督司、执法司依据企业公开执行的产品标准进行产品质量监管。四是由标准委、认监委、中标院研究建立第三方评价运行机制。

（五）加强信息应用推广。一是由代码中心、标准委、总局信息中心、标准委信息中心完善企业标准公开平台，定期整理平台运行情况报告；发布企业标准公开平台接口标准、数据项和数据格式规范，指导地方建立平台。二是由中标院、代码中心探索利用平台数据开展大数据应用研究。三是由标准委、代码中心、中标院、质量司、监督司、执法司共同研究开展企业标准信息数据的统计分析工作。四是由办公厅、质量司、法规司、中标院、代码中心、标准委、质检报刊社、标准化杂志社共同强化企业标准管理制度改革宣传。

三、希望地方和行业进一步加强改革创新突破

今年是“十三五”开局之年，也是深化标准化工作改革的关键之年。目前，企业标准管理制度改革各项任务在国家层面已经非常明确，需要地方和行业一起出思路、想办法，共同推动这项改革取得新进展、新成效。大家要按照田世宏主任在全国地方标准化工作会议上对地方强调的当好改革攻坚“大会战”的排头兵的要求，全面推开企业标准自我声明。

一是要在公开数量上一个大台阶。今年要实现全面公开，就是每个县都要有企业在平台上公开，10 类消费品要争取大多数企业公开，国企和一些对当地经济影响较大的企业也要公开，争取公开企业数量比去年增加一个数量级。同时抓好公开平台和服务平台建设。需要建立地方平台的省份，要按照标准委关于《企业标准信息公共服务平台建设与运维方案》《企业标准信息公共服

务平台数据交换接口标准》来建设。要引导更多的企业在平台上自我声明公开标准，形成更多的标准数据，并在方案设计、平台调试阶段与代码中心对接。

二是要在服务上创新突破。地方企业标准管理要从以监管为主向服务为主转变，体现政府职能转变。要通过支持标准服务业发展，提高对企业，特别是中小企业的服务力度，鼓励企业制定严于国家标准、行业标准、地方标准的企业标准，甚至向国际标准、国外先进标准看齐。各地要引导第三方规范地开展比对评价活动，标准委正在研究围绕10大类消费品，探索发布企业标准“排行榜”，各地要积极参与。同时，也可以做本地企业公开的标准“排行榜”，注重地方层面的标准“排行榜”与国家层面的标准“排行榜”相互响应，形成整体效应。争取在今年质量月或世界标准日发布标准排行榜。

三是要在事中事后监管上创新突破。企业标准放管结合，加强企业标准事中事后监管，各地要探索对公开的企业标准符合法律法规、强制性标准、产业政策等方面的监督检查。对发现的问题和违规行为进行分析梳理，提出分类解决方法。同时，要结合质量、监督、执法等工作，及时掌握公开效果。

四是要在推动企业标准化工作上创新突破。各级领导对企业标准化工作都很重视，各地要加强企业标准化工作的研究，出台相关政策举措，提升企业标准化工作的整体水平，形成大型企业引领标准化、中小企业提升标准化、微型企业推行标准化的发展格局。要调动主流媒体加大宣传力度，形成一种氛围，公开企业能够得到社会认可，能够得到相关部门的支持，特别是能够获利。今年质检总局要在政府采购、招投标、信用建设等方面大连市有关部门出台一些激励政策。各地也要发挥优势积极探索。

五是要在地方立法创新突破。抓紧地方标准化立法，把实践证明已经比较成熟的改革经验和行之有效的实践举措写进标准化法规。目前，逐步通过企业标准自我声明公开代替了备案，但一些地方、部门仍然要求企业提供相关备案手续，限制了改革的推进和作用的发挥，各地要跟踪、协调相关法规有关企业标准备案内容的修订。现在，国务院法制办正在征求《标准化法（修正案）》的意见，大家可以研究提出意见建议。

谷保中
国家标准委总工程师

在2016年贵阳国际大数据产业博览会大数据标准化论坛上的讲话

（2016年5月26日）

非常高兴参加大数据标准化论坛。首先，我谨代表国家标准委，向本次论坛的召开表示热烈的祝贺，向关心支持标准化工作的各有关部门、企事业单位和广大专家表示衷心的感谢！

这次来贵阳参加数博会，不仅是感受"多彩贵州，爽爽贵阳"，更是享受一场共商大数据产业发展的盛宴。大数据和标准化都有开放、兼容、共享的特点，大数据需要标准化，标准化可以更好地服务大数据发展，召开大数据标准化论坛非常必要。今天，大数据领域学术界、产业界和标准化界的各位同仁汇聚一堂，共同探讨大数据标准化工作，让我倍感振奋，也对大数据的美好前景充满了希望。借此机会，谈两点意见。

第一，标准化改革助力大数据产业发展

标准是世界的通用语言，标准联通世界，各行各业都离不开标准。国务院2015年3月印发《深化标准化工作改革方案》以来，国家标准委会同各有关部门，全面推进各项改革措施，主要聚焦于4个方面。一是对现有1.1万余项各级强制性标准进行精简整合。二是对现有10万项各级推荐性标准进行体系优化。三是培育和发展团体标准。四是将现行的企业标准审核备案制度改为自我声明公开制度。总体来讲，改革的总体目标就是要使强标更强、推标更优、团标更活、企标更高，进一步激发市场活力，调动企业和社会团体的积极性，建立政府和市场相互协调、补充配套的新型标准体系。

标准化改革之际，恰逢大数据产业爆发式增长的关键时期，标准化改革为大数据团体标准和企业标准开辟了广阔的空间。国家标准委对大数据标准化工作高度重视，早在2014年12月，标准委和工信部就组织成立了全国信标委大数据标准工作组，并先后批复立项10项大数据领域国家标准制定计划，目前已完成了标准草案；此外还有19项大数据国家标准项目正在申报过程中，即将正式下达。

第二，大数据标准化工作任重道远

党中央、国务院高度重视大数据产业发展，李克强总理亲自出席本届数博会并作主旨演讲，做出明确指示。各地、各部门都在认真贯彻落实国务院《促进大数据发展行动纲要》。大数据产业的健康发展，需要发挥标准化的基础性、战略性、引领性作用。对于下一步工作，提三点建议：

一是要做好顶层设计和体系规划。统筹规划大数据标准化工作布局，结合当前打破数据资源壁垒、数据资源管理与共享开放、数据要素流通等大数据发展的重点任务，加快重点领域的关键技术标准研制，做好顶层设计，逐步构建规范、科学、统一的大数据标准体系。

二是要营造良好的工作氛围。大数据内涵丰富、应用范围广，因此大数据标准化工作组要注重机制创新，充分利用高校、科研单位、企业等各方优势资源，吸收贵州大数据综合试验区等地方创新成果，营造广泛参与、公开透明的工作氛围环境，共同做好大数据标准化工作。

三是要持续推进大数据国际标准化工作。目前，在国际范围内，大数据标准化工作仍处于起步阶段。我们要充分利用我国资源和市场优势，密切关注国际标准和技术发展趋势，鼓励和组织国内大数据产业联盟和龙头企业积极参与国际标准化活动，力争取得国际标准突破，增强我国大数据国际标准的话语权。

各位嘉宾，大数据需要标准化，标准化改革助力大数据产业发展。我相信，大数据产业的发展如果插上标准化的翅膀，会飞得更高、飞得更远！再次感谢对大数据标准化工作的大力支持与积极参与。最后，预祝本次论坛圆满成功！

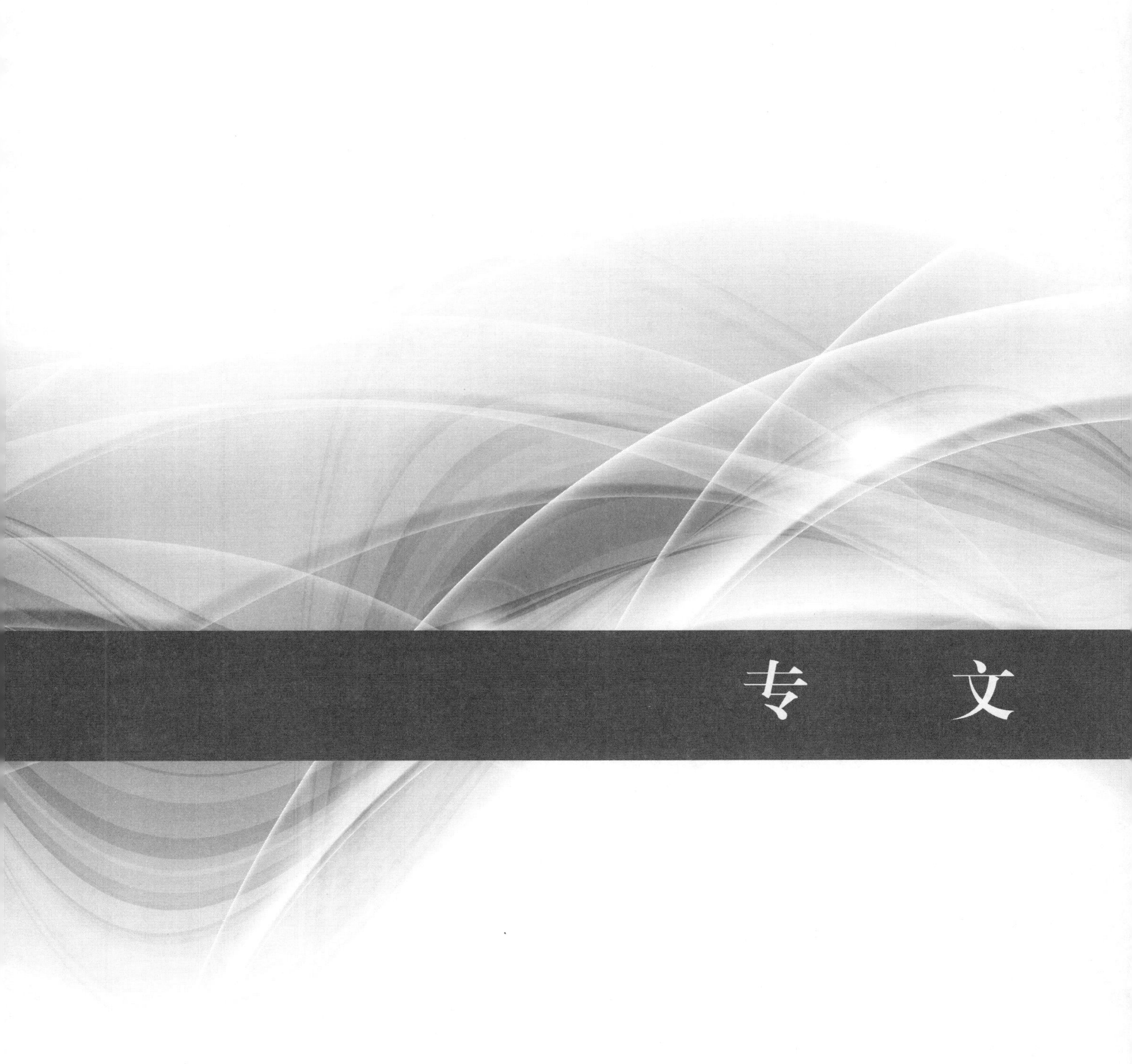

专 文

张晓刚
国际标准化组织（ISO）主席

在2016年全国标准化工作会议上的致辞

（2016年1月22日）

非常高兴应中国国家标准委的邀请，代表国际标准化组织（ISO）参加中国全国标准化工作会议。首先请允许我代表ISO，衷心地感谢中国长期以来对ISO工作的大力支持！对近年来中国在国际标准化工作中取得的卓越成绩表示由衷的赞赏！

正如大家所知，ISO是世界最大、最权威的综合性国际标准化组织，拥有165个成员。每个成员均具有广泛代表性，并负责统一协调、管理本国或地区标准化事务。在当今产业、技术和创新发展日新月异的时代，作为国际标准化组织，ISO将在这一进程中扮演重要角色。

在过去的一年，ISO发布了《ISO 2016—2020年战略规划》、在亚太地区设立了第一个地区办事处——新加坡办事处，优化了治理机构，完善了治理体系，与ISO成员和其他国际组织的关系更加紧密。截至2015年底，ISO成立了约300个技术委员会，制定了20500多项国际标准，目前还有4000多项国际标准正在制定当中。目前ISO标准的适用领域已突破传统的工业标准，拓展至社会责任、可持续发展、气候变化、公共安全和社会治理等领域，也将在新能源、新材料、智慧城市、节能环保、农村的可持续发展等方面对全球经济和社会发展产生重大影响。

2016年是ISO新五年战略规划实施的开局之年。ISO将继续秉持“更简单、更快捷、更完善”的理念，以《ISO 2016—2020年战略规划》确立的战略发展目标为引领，一是创新发展新模式，全面彰显ISO标准价值，推动ISO标准无处不在；二是优化工作新机制，不断完善ISO标准制定程序，向全球提供更高质量的ISO标准；三是打造开放新格局，广泛召集各利益相关方参与，全面建立ISO新型战略合作伙伴关系；四是构建共享新方式，注重ISO成员能力建设，支撑人和组织的和谐、均衡发展；五是关注科技发展新态势，以便捷、适用、高效为导向，在向ISO成员提供服务的过程中促进先进技术的应用；六是开创沟通新渠道，充分利用媒体、网络资源，显著提升ISO的品牌和声望，逐步把ISO打造成为具有全球领导地位的国际标准组织，为世界经济、环境和社会的可持续发展做出更大贡献。可以说，2016年及未来的五年，ISO国际标准化工作将为包括中国在内的所有ISO成员提供更加广阔的发展机遇和空间。

2015年，中国参与ISO国际标准化活动取得了瞩目的成绩。中国成功组建了饲料机械、审计数据采集、竹藤、稀土等几个技术委员会，成功承担了国际标准关联标识符国际标准注册中心。2015年，中国提出新TC/SC组建提案10个，国际标准提案75项。截至目前，中国承担了ISO 70个技术委员会的秘书处工作，积极参与了626个ISO技术机构的活动，占所有技术机构的89%。中国是ISO常任理事国和技术管理局常任成员，还是ISO合格评定委员会、消费者政策委员会、发展中国家事务委员会等政策委员会的积极成员。同时，中国充分发挥作为ISO常任理事国的作用，深度参与《ISO 2016—2020年战略规划》制定工作，积极提出多项重要的意见和建议并被ISO采纳。中国还积极参与ISO治理新模式、重大政策新发展和规则程序新变化的研究决策，对ISO的持续发展做出了重要贡献。在此，我要感谢中国国家质检总局和中国国家标准委所付出的热情和努力，以及中国专家对ISO国际标准化活动高度的参与，感谢中国国家标准委团队对提升ISO治理所做出的贡献。

今天，大家齐聚一堂，共商中国标准化未来发展大计。ISO对此十分关注。我了解到中国国家标准委正在积极推进标准化体系结构性改革，实施“标准化＋”战略行动，我认为这是很好的发展举措。我希望中国标准化工作在新的一年里取得新的进步。同时，希望中国继续在ISO事务中发挥更大的作用，以更加积极的姿态参与ISO的创新发展，分享中国的实践经验和改革成果。一是希望中国在ISO治理中发挥更大作用。希望中国能够更加关注、支持ISO标准在全球治理中的作用，积极参与ISO政策、规则的制定以及ISO新五年战略规划的实施，不断为完善ISO工作体制、工作理念、工作程序等治理机制做出贡献。二是希望中国在国际标准化事务中扮演更重要角色。希望中国通过实施“十三五”规划，在工业4.0、智慧城市、绿色发展等领域发挥带头、引领作用，不断优化国际标准化人才队伍和组织建设，大力鼓励中国企业承担国际标准组织技术机构秘书处、担任技术机构领导职务、实质参与国际标准制修订等工作，为中国经济社会发展，为国际标准化事业做出新的贡献。三是希望中国办好2016年第39届ISO大会。希望中国国家质检总局、中国国家标准委与ISO中央秘书处保持密切沟通合作，充分借鉴以往国家办会经验，用好中国特色资源，办好ISO大会。并希望通过ISO大会的国际舞台，积极展示中国标准化的成绩和风采，展现中国前沿技术创新成果，形成会议亮点；同时，借助ISO大会在中国召开的重要机遇，加大对标准化工作的宣传，引导更多中国企业和利益相关方参与国际标准化工作，进一步提升中国国际标准化水平。

祝愿中国国家质检总局、中国国家标准委带领中国各有关方面在未来国际标准化工作中不断取得佳绩，为ISO国际标准化工作作出更大的贡献。

王昌顺
交通运输部副部长

在 2016 年全国标准化工作会议上的讲话

（2016 年 1 月 22 日）

很高兴参加 2016 年全国标准化工作会议，今天的会议对于落实国务院深化标准化工作改革精神，促进标准化事业发展具有重要意义。在此，首先要向长期关心支持交通运输标准化工作的质检总局、国家标准委、国务院各有关部门表示衷心的感谢，特别要感谢支树平局长委派有关同志到我部指导工作，协调解决工作中的实际问题。下面按照会议安排，我就交通运输标准化工作谈几点体会和认识。

“十二五”以来，交通运输行业实现了快速发展，“五纵五横”的全国综合交通运输大通道基本贯通，网络初步形成，服务保障能力和安全水平大幅提升，实现了发展阶段由“总体缓解”向“基本适应”的重大跃升，为我国由“交通大国”迈向“交通强国”奠定了坚实基础。取得这些发展成绩离不开标准化工作的有力支撑。近年来，交通运输部党组高度重视标准化工作，不断深化体制机制改革，完善标准技术体系，推进标准国际化，强化基础保障能力建设。

一是积极贯彻落实国务院深化标准化工作改革精神。研究制定了交通运输行业强制性标准整合精简工作方案，组织开展了现行标准清理评估和复审，推动了智能交通产业联盟和中国公路学会团体标准的试点，智能交通产业联盟 2015 年已发布了 27 项团体标准。优化整合了专业标委会，制定了标委会秘书处考核评价办法，建设了管理信息平台。

二是健全综合交通运输标准化管理体制。交通运输部成立了标准化管理委员会，杨传堂部长亲自担任主任，国家铁路局、中国民用航空局、国家邮政局的有关领导参加，统筹协调标准化工作。成立了综合交通运输标准化技术委员会，构建了标准化管理新体制。

三是围绕国家战略和交通运输部中心工作，优化完善标准技术体系。制定了综合交通运输、运输服务、绿色交通等重点领域标准体系，完成了一大批重点急需标准制修订。制定京津冀一体化发展标准化任务落实方案，推动了京津冀区域性地方标准对接和互认。开展多式联运标准研究，推进了长江经济带等国家重大战略实施。积极落实新型城镇化建设、大气和水污染防治计划等重点工作，加快推动全国高速公路电子不停车收费联网、道路客运联网售票、城市公交一卡通、甩挂运输、船舶与港口防治污染等相关标准制修订和实施。

四是深化国际交流合作，支持我国优势特色领域标准“走出去”。依托“一带一路”战略，推动铁路产品、集装箱、智能运输、疏浚装备等我国优势特色领域国际标准研究制定。组织开展高速铁路、公路水运工程建设等技术标准规范翻译工作，《高速铁路设计规范》《公路工程抗震规范》《水运工程设计通则》等一批标准外文版已正式发布。积极鼓励我国企业在海外交通基础设施建设运营中使用中国标准，中交集团、招商局在埃塞俄比亚、乌干达、斯里兰卡等国家承接的工程项目都使用了中国标准。

五是强化基础保障，推进标准、计量和质量监督体系建设。构建了以标准为核心、计量为支撑、质量监督为手段的质量监管体系。成立了国家公路、水运工程检测设备计量站，加强了部门计量标准和计量技术规范的研究制定。开展了公路水运工程质量安全督查，有效提升了工程质量和安全水平。开展了电子不停车收费（ETC）设备、北斗导航车载终端等产品质量监督抽查，保障了全国高速公路 ETC 联网和道路运输车辆联网联控。

我们深刻认识到标准化工作在行业转型升级和法治政府部门建设中的重要作用。全面深化改革，推进交通运输行业治理体系和治理能力现代化，促进依法行政，需要充分运用标准手段，加强事中事后监管。推进综合交通运输体系建设，促进行业提质增效升级，需要发挥标准的协调衔接作用，促进各种运输方式融合发展，优化资源配置。深化国际交通运输合作，构建全方位开放格局，需要加快“引进来”和“走出去”，提升我国标准国际话语权和影响力。

2016 年是“十三五”开局之年。交通运输部将牢固树立和贯彻落实创新、协调、绿色、开放、共享的发展理念，按照国务院深化标准化工作改革的要求，聚焦交通运输现代化发展需要，统筹推进行业标准化工作。在创新发展方面，重点是深化标准化工作改革，强化制度创新和政策创新，进一步完善标准化工作机制，增强标准化发展动力；在协调发展方面，优化完善标准体系，协调衔接铁路、公路、水运、民航、邮政技术标准；在绿色发展方面，加快工程建设、运输装备和运输组织节能环保标准制修订，提升行业可持续发展水平；在开放发展方面，依托“一带一路”战略实施，加强与沿线国家标准对接和互认，提升基础设施互联互通和国际运输便利化水平；在共享发展方面，加快服务标准制修订，进一步增强交通运输基本公共服务能力，提升运输服务质量。

交通运输部将按照国务院标准化协调推进部际联席会议有关要求和今天会议部署，认真开展强制性标准整合精简等工作，也愿意承担标准化改革中先行先试的任务，与大家共同做好标准化改革发展的各项工作。

朱从玖
浙江省副省长

在2016年全国标准化工作会议上的讲话

（2016年1月22日）

非常高兴受邀参加全国标准化工作会议。这些年来，在质检总局和国家标准委的直接领导和大力支持、帮助下，浙江大力实施标准强省战略，取得初步成效，现就浙江省的主要做法向大会作汇报发言。

第一，提高认识，切实把标准作为推动转型升级的利器。浙江是经济大省，GDP连续多年位居全国第4位；浙江又是资源小省，人均资源量综合排名全国倒数第3。对此，浙江省委、省政府一直把工作重心紧紧盯在转型升级上，并始终把标准作为引领和推进转型升级的重要利器。早在2006年，时任浙江省委书记的习近平同志就指出，“加强标准化工作、实施标准化战略，是一项重要和紧迫的任务，对经济社会发展具有长远的意义。要加强领导，提高认识，积极推进，取得实效。”本届党委、政府把推进转型升级作为适应和引领新常态的重要战略，打出了一套转型升级“组合拳”，“五水共治”“三改一拆”“四换三名”、主体升级、“浙江制造”等，都把标准战略镶入其中。这套转型升级“组合拳”，既有提升环境质量的“倒逼拳”，更有创新驱动的“引领拳”，与标准引领、标准化战略高度契合、深度融合，高效有序、务实管用。省委书记夏宝龙要求，“以先进标准引领产业结构、生产方式和生活方式的转变，在更高起点上推进全国生态文明示范区和美丽中国先行区建设”；李强省长强调“标准供给就是制度供给”，要以制度供给、创新驱动推动动力转换，促进经济健康发展。正是基于在标准化战略方面超前谋划，超前部署，目前我省经济发展呈现出增速平稳换档、结构持续优化、动力加快转换的良好态势。2015年，在整体经济下行压力下，我省依然实现GDP增长8%，高于全国1.1个百分点，信息经济、高新技术产业和现代服务业等加快发展，引领作用逐步显现。

第二，强化统筹，着力形成标准化工作大格局。标准化工作牵涉面广、影响力大，为此我们成立由省领导挂帅、36个部门组成的标准强省工作领导小组，进一步加强对全省标准化工作的统筹协调。浙江省先后颁布实施标准化工作地方性法规和政府规章，制定全省标准化战略发展规划，出台加强标准化工作、加快建设标准强省等一系列政策措施，对实施标准化战略、健全标准化工作机制进行全面部署和周密安排。建立标准化指标统计制度，并率先将农业标准化生产程度、规模以上工业企业主导产品执行标准水平、主导制修订国家标准数量等3项指标，纳入地方党政领导干部实绩考核评价指标体系，形成全省“一盘棋”的工作大格局。

第三，注重创新，充分发挥标准功效。通过创新“互联网+标准”模式，突出市场主体作用，激发企业活力，全面建立企业产品标准自我声明公开制度。目前全省已有7000多家企业公开17000多项标准，涵盖2万多种产品，位列全国第一。这项制度的实施，大大提高了企业标准备案的时效性，进一步强化了企业主体责任，有效保障了消费者知情权，得到企业和社会的广泛好评。积极打造以先进标准为引领、以卓越绩效管理为导向、以严格的市场认证为手段、以质量提升品牌带动为目标的“浙江制造”区域品牌，推动本土制造实现高品质、高水平发展。目前，全省已制定“浙江制造”标准44项，获得“浙江制造”认证证书40张，其中国际互认证书3张。

第四，突出重点，率先打造“浙江标准”体系。围绕“五位一体”发展格局，突出重点领域，拉长板、补短板，着力打造“浙江标准”体系。目前我省为主制修订的国际标准、国家标准和行业标准累计分别达到27项、1416项和4528项，有39家企业的32个项目获得了“中国标准创新贡献奖”。一是联动推进社会管理和公共服务标准创新。省级24个部门联合发布《社会管理和公共服务标准化五年行动计划》，先后制定实施公共安全、交通、卫生等领域地方标准170余项，为推动社会管理精细化、公共服务均等化提供制度性支撑。二是引领基层社会治理标准创新。在提炼典型经验基础上，我省率先发布实施《美丽乡村建设规范》地方标准，并牵头制订相关国家标准，使美丽乡村建设从宏观概念转化为可操作的工作实践，推动乡村环境建设、土地流转、农业经营、村务管理标准化，极大地提高了基层社会治理水平。我省安吉县美丽乡村标准化建设案例，还被国际标准化组织（ISO）在全球推广。三是支持块状产业标准创新，带动中小企业质量提升，推进块状产业转型升级，累计在128个块状产业制定实施230项联盟标准，实施企业达5200多家，带动技改项目近3000项、技改资金投入近120亿元，产品抽查合格率提高到97%以上。四是借助网上市场优势，实施电子商务标准创新，率先出台《电子商务平台安全管理规范》等8项地方标准，对电子商务平台、产品分类编码、追溯及质量监管等关键环节进行规范，有效促进电商产业健康发展。

第五，强力推动，以先进标准淘汰落后产能。研究制定《采用国际先进标准实施技术改造导向目录》，精准引领产业发展，淘汰落后产能，2014年全省规上工业企业主导产品采用国际先进标准比率已达58%。发布实施节能降耗地方标准54项，进一步规范工业用能和社会用能总量，并以标准为依据实施差别电价政策，确保国家下达的“十二五”节能降耗目标顺利完成。发布实施治水、治气、治污等环保标准，以生态环境容量等倒逼企业减排，促进汰劣扶优。

浙江标准化工作取得的成效，是质检总局和国家标准委直接领导和大力支持的结果。2015年12月，国家标准委和浙江省政府签署合作备忘录，进一步重点支持浙江率先开展标准化综合改革试点，同时也对浙江实施标准化战略提出了更高要求。下一步，我省将按照习近平总书记对浙江提出的“干在实处永无止境，走在前列要谋新篇”和“更快一步，更进一步，继续发挥先行和示范作用”的新使命、新要求，紧紧抓住部省合作契机，大力推进标准化综合改革试点，进一步建立健全标准化工作体制机制，强化组织领导，完善政策措施，创新人才培养，努力用先进标准助推浙江高水平全面建成小康社会，努力为全国标准化改革发展提供更多新鲜可复制的经验。

国家标准化管理委员会工作

综　述

【概况】2016 年，国家标准委贯彻党的十八届三中、四中、五中、六中全会和中央经济工作会议精神，学习贯彻习近平总书记关于标准化工作的重要论述，落实国务院标准化协调推进部际联席会议第三次全体会议和全国质检工作会议要求，完成 1 万余项强制性标准整合精简评估，启动 10 万余项推荐性标准集中复审，企业标准制定和公开数量呈"井喷式"增长，团体标准快速发展，军民标准通用化工程正式实施，参与制定国际标准数量首次突破新增总数的 50%，第 39 届世界标准化组织（ISO）大会发布的《北京宣言》首次奉献"中国方案"，首家国家标准化综合改革试点省落户浙江，标准化技术服务新业态破茧而出，标准化改革创新发展全面推进，全国标准化工作成果丰硕。

【标准化工作统筹协调】国务院标准化协调推进部际联席会议全体会议和专题会议，涉及议题更广、研究问题更实，出台措施更为及时，针对性更强。交通运输部、民政部、审计署等部门和 31 个省（区、市）建立标准化协调推进机制，住房城乡建设部、林业局、气象局等部门和各地方出台标准化改革相关政策措施。金融、机械、物流等 22 个行业，以及北京、山西、吉林等 13 个省市先后发布本行业、本地区标准化"十三五"规划。内蒙古、江苏、深圳、成都等地加大标准化工作专项资金支持力度。

【强制性标准整合精简评估】在化工领域成功试点基础上，41 个部门和 31 个省（区、市）政府按照国务院统一部署和要求，完成 13290 项强制性标准和计划项目的整合精简评估工作。通过整合精简评估，形成"废止一批、转化一批、整合一批、修订一批"的清单。超过 50% 的强制性标准拟废止或转为推荐性标准，拟废止的强制性标准比例占 19%，拟转化为推荐性标准比例占 33%，拟整合的强制性标准比例占 11%，拟修订的强制性标准比例占 13%，24% 的强制性标准结论为继续有效。

【推荐性标准体系优化】在推荐性标准复审和体系优化试点工作成功经验基础上，部署全面开展推荐性标准集中复审工作，各国务院主管部门、地方政府、行业协会、集团公司和技术委员会积极配合，组织落实，完成 10 万余项推荐性国家、行业和地方标准集中复审工作，推动解决标准滞后老化、交叉重复等问题。严控"增量"标准，加强立项评估，从源头上确保标准质量，全年只有不足 50% 的新申报国家标准项目通过立项评估，确保"增量"标准严格限定在政府职责范围内，为团体标准、企业标准留出发展空间。

【团体标准化工作】制定实施《关于培育和发展团体标准的指导意见》，发布《团体标准化　第 1 部分：良好行为指南》国家标准。联合中国科协，组织中国标准化协会、中国电力企业联合会、中国建筑材料联合会、中国水利学会等单位在团体标准管理制度、标准制定、推广应用等方面开展试点。住房城乡建设部发布《关于培育和发展工程建设团体标准的意见》，上海、陕西等地相继出台团体标准管理办法。截至年底，378 家社会团体通过全国团体标准信息平台，公布 451 项团体标准信息。

【企业标准化工作】在上海、福建等 7 个省（市）和旅游服务、电梯维保等 14 个行业试点基础上，企业标准改革全面推开。企业只需 10 分钟，便可随时上网公开其制定和执行的标准。截至年底，6 万余家企业公开 24 万余项标准，覆盖 40 余万种产品。各地随机抽查 6000 余项公开的企业标准，加强对企业标准的事中事后监管。企业标准服务联盟成立，探索发布首批企业标准排行榜，山东、贵州等地率先开展企业标准领跑者制度建设。

【条代码改革】各级代码机构从 2016 年 1 月起不再发放和更换组织机构代码证书，2700 余个办证窗口全部关停，收费全部取消。先后向工商、民政、编办等 10 余家登记管理部门预赋码段，总计预赋码约 2.17 亿。修改《法人和其他组织统一社会信用代码编码规则》强制性国家标准，建设统一社会信用代码数据库，接受登记部门 2000 余万条回传数据，建立统一代码核查通报机制，继续为 50 余个中央和国务院有关部门做好代码信息服务。推动物品编码市场化改革，2016 年起逐渐降低中国商品条码系统成员维护费，全年为 14 万余家企业减负 3000 余万元。

【标准化 + 科技创新】科技部、质检总局、国家标准委发布《关于在国家科技计划专项实施中加强技术标准研制工作的指导意见》，将形成标准作为科技创新重要导向，将促进科技成果转化作为标准化重要内容。启动实施"国家质量基础的共性技术研究与应用"重点专项，标准领域 17 个项目获得 2016 年度立项。发布国家技术标准创新基地管理办法，筹建成都、中国光谷、长株潭等 3 个国家技术标准创新基地，探索以标准化引领和服务科技成果产业化、市场化。中国标准化专家委员会进一步调整充实。修订发布《中国标准创新贡献奖管理办法》，评选出 59 个项目奖，5 个组织奖和 8 名个人奖，激励标准化创新。

【标准化＋现代农业】完善现代农业标准体系建设，启动农产品安全标准化工程和农产品质量追溯标准化工作，开展农村电子商务等相关标准体系研究，批准发布《高标准农田建设评价规范》《耕地质量等级》等148项国家标准。全面完成第八批468项国家农业标准化示范区建设项目考核，示范辐射效应不断增强。国家标准委与中粮集团签署合作备忘录，推动国有企业全产业链标准化建设，改善农产品供给。广西、云南等地探索开展标准化助力精准扶贫。26个省的89个地区开展农村综合改革标准化试点，15个省的26个地区开展新型城镇化标准化试点。

【标准化＋先进制造】工业和信息化部、国家标准委联合发布《国家智能制造标准体系建设指南》《绿色制造标准体系建设指南》，共同组织11家单位开展国家高端装备制造业标准化试点。国防科工局、国家标准委印发《国防科技工业标准化"十三五"发展规划》。组织研制机器人标准白皮书和标准体系建设指南，编制民用无人驾驶航空器标准体系建设指南，立项急需国家标准40余项。推动增材制造、超大型液压挖掘机、轮胎式叉装机等方面国家标准研制。

【标准化＋生态文明】国家标准委、发展改革委等部门持续实施百项能效标准推进工程，推动打造一批能效"领跑者"企业，用"标准领跑"带动企业和产业领跑。海洋局、国家标准委联合印发《全国海洋标准化"十三五"发展规划》，明确"十三五"海洋生态环境保护标准化工作的主要任务。江西省政府与国家标准委签署加强生态文明建设标准化合作备忘录。浙江湖州开展生态文明标准先行示范区建设。开展美丽乡村标准化试点，涌现浙江安吉、福建永春、江苏扬中、贵州余庆等一批美丽乡村建设标准化典型。

【标准化＋消费升级】开展消费品质量安全标准"筑篱"专项行动，在12个领域，对770余项国际国外技术法规和相关标准中的3800余项关键技术指标进行比对分析。家用电器、照明电器、纺织品、服装、家具、玩具、鞋类产品、钟表、纸制品、洗涤用品等10个重要消费品领域，国际标准转化率超过80%。商务部、国家标准委联合印发《国内贸易流通标准化建设"十三五"规划(2016—2020年)》《国家重要产品追溯标准化工作方案》。完善物品编码标准体系，持续推进物流标准化试点，截至年底，累计下达3批33个试点项目。围绕社会关注热点问题，教育部、环境保护部、体育总局、中国石油和化学工业联合会等单位，启动塑胶跑道相关标准复审修订。发布实施口罩、空气净化器等重要国家标准。

【标准化＋公共服务】经中央领导批示同意，中央网信办、国家标准委联合印发《关于加强国家网络安全标准化工作的若干意见》，着力加强网络安全标准化工作，构建高效权威的网络安全标准体系和工作机制。国务院审改办(中央编办)等部门围绕深化"放管服"改革，以标准化促进政府职能转变，发布《行政许可标准化指引(2016版)》。河北、安徽、湖南等地率先在全省范围内推动行政审批标准化工作，福建省研制《政府工作部门行政许可规范》地方标准，细化行政许可具体措施。中央综治办(政法委)推进社会治安综合治理标准化工作，发布《社会治安综合治理基础数据规范》《社会治安综合治理　综治中心建设与管理规范》等2项国家标准，为平安中国建设提供保障。

【承办ISO大会】2016年9月，第39届ISO大会在北京成功召开，大会得到国际社会高度赞誉。中国国家主席习近平发来贺信、国务院总理李克强出席大会并致辞，在国际国内产生强烈而广泛的影响。大会发布《北京宣言》，共商应对经济、社会和环境等全球性挑战。160余个国家和地区，700余名代表嘉宾参加大会，首次邀请14个国际组织负责人与会，共议"标准促进世界互联互通"。大会期间，中方与来自45个国家、地区和国际组织举行22场双多边合作交流活动，签署11份合作协议，颁发中国标准化专家委员会外籍顾问聘书，共建标准合作之桥。

【中国标准"走出去"】实施《标准化联通"一带一路"行动计划(2015—2017)》，与沙特、白俄罗斯等国签署标准化合作协议16份，推动与21个"一带一路"沿线国家建立合作关系。组织下达外文版国家标准制定计划近500项，开展近千项中外标准比对分析，《表面活性剂　洗涤剂试验方法》和《超级电容电动城市客车供电系统》等中国标准相继被发达国家采用。在柬埔寨、老挝开展农业标准化种植技术适应性研究，指导哈萨克斯坦有关方面参照中国标准开展细毛羊、绒山羊标准化养殖。中国公司承建的肯尼亚蒙内铁路示范工程，首次全部按中国标准建设。四川省出台《推进"一带一路"建设标准化工作实施方案》，陕西、甘肃、青海、宁夏、新疆、内蒙古、新疆生产建设兵团等7个质监局共同成立"新丝路标准化战略联盟"。

【争取国际标准"话语权"】参与制定《ISO战略规划2017年行动计划》，主持制定IEC《物联网2020》和《全球能源互联网》发展路线图，首次将"加强标准化合作"写入"G20贸易部长声明"。全年，中国新担任ISO、IEC、ITU技术机构主席6个、副主席11名；新承担秘书处4个，中国承担ISO技术机构秘书处数量升至第5位；新提交ISO、IEC国际标准提案160项；新发布ISO、IEC国际标准41项。推动企业参与国际标准化活动，中国承担的ISO、IEC技术机构主席和秘书处等领导职务30%由企业承担，年内提出的国际标准提案，50%由企业提出。

【扩展标准化国际"朋友圈"】与英国、法国等28个国家和地区签署推动标准一致化协议,发布首批62项中英互认标准。首次召开中国-南亚标准化合作会议,推动创建"金砖国家"标准化合作新机制,深化中德智能制造/工业4.0、电动汽车领域务实合作。建设欧洲、北美、东北亚、东盟等区域标准化研究中心。加强国际城市间标准化合作交流,启动成都与波恩、青岛与海德堡等城市标准化合作项目。为东盟、非洲、中亚和拉美等50余个国家举办援外标准化培训班,培训140余名外国标准化专家和官员。

【标准化法治建设】国务院法制办高度重视《标准化法》修订工作,多次就立法开展调研、座谈和协调,草案通过部门复核,报国务院常务会排期审议。加大对互联网销售侵权盗版国际标准打击力度,标准版权保护收效明显。发布《推荐性国家标准立项评估办法(试行)》《全国专业标准化技术委员会考核评估办法(试行)》《国家标准外文版管理办法》,为标准化科学管理提供制度支持。保密局等部门加快制定相关领域标准化管理办法。重庆、天津推进地方标准管理办法制定,海南省人大发布《海南经济特区公共信息标志标准化管理规定》地方性法规。

【标准制修订管理】不断提高标准制修订效率,全年批准发布国家标准1763项,备案行业标准3849项,备案地方标准3728项。推荐性国家标准年度常规立项频次增加一倍,达到4个批次,立项周期缩短50%。推进制修订工作无纸化,推行技术委员会投票电子化,创新"编审合一"新模式。国家标准委、环境保护部、卫生计生委等对重点标准开展实施评估。筹建军民通用的全国载人航天标准化技术委员会。围绕标准化需求集中的社会信用、电子商务质量管理、增材制造等领域,成立相关专业标准化技术委员会。吸收高层次专家、外资企业代表参与技术委员会,128位两院院士、2500余名外资企业代表在技术委员会中担任委员或顾问。完成50个技术委员会考核评估,撤销11个需求不足、任务较少的技术委员会,暂停一批工作不积极的技术委员会。

【标准化服务业培育发展】推动标准化服务业纳入《高新技术企业认定管理办法》,使标准化服务成为国家重点支持的高新技术领域。推动实施培育发展标准化服务业相关政策措施,召开首届标准化服务业论坛,下达第一批33个标准化服务业试点,创新标准化服务机制,延伸标准化服务链条。中国标准化研究院牵头成立中国标准化创新战略联盟,中国标准科技集团筹建标准化创新基金,推出服务创新平台,促进标准化服务业加快发展。湖北、江西、广东等省培育标准化服务新兴业态,探索多元化的商业模式、发展路径。成都市为企业开展标准融资增信服务。

【标准化人才培养】与国家行政学院共同编制《标准化政策读本》,与清华大学等共同研究提出工程管理硕士标准化方向培养方案,首批学员于2016年9月正式入学。

【标准化宣传】新华社、中央电视台、《人民日报》、《光明日报》、《解放军报》等媒体及各部门、各地方,深入宣传、解读国家主席习近平贺信和国务院总理李克强致辞精神,广泛开展ISO大会、"世界标准日等重要活动宣传报道,摄制播映《走近科学——标准中国》纪录片。在ISO大会期间,以"走进中国,走近标准"为主题,成功举办中国标准化成果展览。

综合业务管理

【强制性标准清理评估】2016年1月30日,国务院办公厅印发《强制性标准整合精简工作方案》,对强制性标准整合精简工作的目标、范围、原则、职责分工和进度提出要求。2月5日,国家标准委印发配套的《强制性标准整合精简评估方法》,建立专家咨询组,会同各部门梳理11800项强制性标准和计划,完成目录和全文信息上传,明确整合精简责任部门。督促所有相关部门和各地方开展强制性标准整合精简评估工作,提交整合精简结论。按要求分批向各部门、各地方和社会公开征求意见,并将收集汇总的意见转交给有关部门和地方。汇总整理各部门和各地方报送的最终结论,形成工作报告,提交标准化部际联席会议审议。根据整合精简结论,其中22%的标准拟废止,37%的标准拟转化为推荐性标准,10%的标准拟进行整合,8%的标准拟进行修订,20%的标准继续有效,3%的行业标准和地方标准拟上升为国家标准。

【推荐性标准集中复审】2016年3月,组织召开推荐性标准体系优化和复审试点单位讨论会和项目验收会。4月19日,印发《推荐性标准集中复审工作方案》。组织国家标准委信息中心在现有国家标准制修订管理信息系统中,开发推荐性国家标准集中复审功能模块,支撑推荐性国家标准集中复审工作。组织各部门、各地方召开推荐性标准集中复审工作启动暨培训会,对集中复审工作进行部署和培训。

对机械、轻工、化工、纺织等行业协会的集中复审工作进行指导。组织来自国务院主管部门、行业协会、直属技术委员会和技术机构的代表单位召开推荐性标准集中复审工作中期座谈会，对推荐性标准集中复审工作进行督促和提出要求。经过推荐性标准集中复审，针对一些产品、技术和服务已不适应经济社会科技发展、没有实施效益或无人使用的标准提出废止、修订、转化的意见。在各部门、各地方的积极配合与推动下，完成38501项推荐性国家标准（包括计划，下同）、47580项推荐性行业标准和27622项推荐性地方标准，共计超过10万项推荐性标准项目的集中复审工作，对近四分之一的项目提出废止和修订的结论，有效解决标准滞后老化、交叉重复等问题，促进推荐性标准水平提升和体系优化。

【推荐性国家标准立项评估】建立推荐性国家标准立项评估工作制度，印发《推荐性国家标准立项评估办法》和《推荐性国家标准立项工作程序》，调整与优化现行推荐性国家标准立项工作程序，立项周期从8个月缩短到3至4个月，周期缩短50%，并明确项目协调程序和立项结果反馈程序。集中开展4个批次推荐性国家标准的专家评估工作，评估项目2300余项，其中近50%的项目由于不符合改革、不符合国家标准要求未予通过。

【国家标准立项及计划管理】2016年，立项国家标准制修订计划1376项，比上年减少36%，强化国家标准信息化全过程管理，建立到期提醒、过期警示、全程可控的信息化过程管理机制，强化过程监控，合理确定监控周期，实现各环节信息共享，提高标准管理的透明度和可控力。制定《国家标准审批无纸化工作方案》，修订《国家标准审批出版工作程序（试行）》，11月1日国家标准无纸化审批工作在国家标准委内试运行。在新型城镇化、化解产能过剩、信息技术、战略性新兴产业等重点领域，批准新城镇建设、电动汽车、高品质钢材、互联网电视、医疗器械、社会治安综合治理等多批重要专项项目快速立项。

【国家标准制修订】2016年，批准发布国家标准1763项，其中强制性标准23项、推荐性标准1712项、指导性技术文件28项。备案行业标准3849项。下达国家标准计划项目1376项，发布高标准农田建设评价规范、新型智慧城市评价指标、机织婴幼儿服装、车用汽油等一系列重要标准。国家标准、国家标准修改单、国家标准样品研复制的批准发布信息以及国家标准废止信息以国家标准公告形式在国家标准委网站（www. sac. gov. cn）和《中国标准化》杂志上刊登。截至年底，国家标准总数33853项，国家标准样品总数1348项。其中，强制性标准3615项，占10.68%；推荐性标准29874项，占88.25%；指导性技术文件364项，占1.07%。

各部门国家标准统计表

单位：个

部门	2016年度制修订标准数						截至2016年底累计标准数			
	合计	其中					合计	其中		
		制定	修订	强制性	推荐性	指导性		强制性	推荐性	指导性
合计	1763	1255	508	23	1712	28	33853	3615	29874	364
国家档案局	1	0	1	0	1	0	6	0	6	0
国家密码管理局	10	10	0	0	10	0	14	0	14	0
国家发展和改革委员会	4	4	0	0	4	0	91	1	90	0
科学技术部	6	6	0	0	6	0	24	0	23	1
国家国防科技工业局	0	0	0	0	0	0	30	15	15	0
公安部	10	7	3	2	8	0	374	189	183	2
民政部	4	3	1	0	4	0	164	11	153	0
人力资源和社会保障部	6	6	0	0	6	0	30	0	30	0
财政部	0	0	0	0	0	0	4	0	4	0
国家审计署	0	0	0	0	0	0	10	0	10	0
中国人民银行	1	0	1	0	1	0	78	0	78	0
商务部	10	10	0	0	10	0	156	11	145	0
农业部	41	37	4	0	41	0	872	82	790	0
水利部	13	11	2	0	13	0	123	2	121	0

续表

单位:个

部门	2016年度制修订标准数						截至2016年底累计标准数			
	合计	其中					合计	其中		
		制定	修订	强制性	推荐性	指导性		强制性	推荐性	指导性
住房和城乡建设部	8	7	1	0	8	0	215	20	195	0
国土资源部	6	5	1	0	6	0	159	1	158	0
工业和信息化部	48	32	16	6	41	1	1940	125	1811	4
国家铁路局	26	22	4	0	26	0	183	10	173	0
交通运输部	8	4	4	2	6	0	218	42	176	0
文化部	4	4	0	0	4	0	12	0	12	0
教育部	0	0	0	0	0	0	23	4	19	0
国家卫生和计划生育委员会	8	6	2	0	8	0	1055	529	524	2
中国气象局	7	7	0	0	7	0	66	4	62	0
中国民用航空局	0	0	0	0	0	0	40	4	36	0
国家海洋局	2	2	0	0	2	0	86	15	71	0
中国地震局	0	0	0	0	0	0	32	6	26	0
国家旅游局	3	2	1	0	3	0	32	0	32	0
国家新闻出版广电总局	9	9	0	0	9	0	216	11	205	0
国家质量监督检验检疫总局	14	12	2	0	13	1	538	12	494	32
国家林业局	29	24	5	0	29	0	451	22	429	0
中华全国供销合作总社	27	26	1	0	27	0	220	2	218	0
国家邮政局	0	0	0	0	0	0	16	0	16	0
国家粮食局	1	1	0	0	1	0	326	18	308	0
国家安全生产监督管理总局	3	2	1	2	1	0	203	113	90	0
国家体育总局	0	0	0	0	0	0	45	31	14	0
国家文物局	18	18	0	0	18	0	33	0	33	0
国家烟草专卖局	0	0	0	0	0	0	90	11	79	0
国家知识产权局	2	2	0	0	2	0	14	0	14	0
国家食品药品监督管理总局	5	0	5	3	2	0	222	93	127	2
国家测绘地理信息局	23	23	0	0	22	1	136	6	125	5
环境保护部	6	0	6	6	0	0	405	188	217	0

续表 单位：个

部门	2016年度制修订标准数						截至2016年底累计标准数			
	合计	其中					合计	其中		
		制定	修订	强制性	推荐性	指导性		强制性	推荐性	指导性
国家中医药管理局	3	3	0	0	3	0	40	0	40	0
国家标准化管理委员会	359	293	66	2	349	8	7515	661	6706	148
中国科学院	33	30	3	0	33	0	258	0	253	5
国家能源局	2	1	1	0	2	0	8	0	7	1
中国船舶重工集团公司	0	0	0	0	0	0	8	0	8	0
中国石油化工集团公司	16	13	3	0	16	0	125	1	124	0
中国石油天然气集团公司	4	3	1	0	3	1	79	2	76	1
中国核工业集团公司	0	0	0	0	0	0	304	29	275	0
中国兵器工业集团公司	5	5	0	0	5	0	38	1	37	0
中国航空工业集团公司	0	0	0	0	0	0	47	0	45	2
中国航天科技集团公司	0	0	0	0	0	0	42	0	42	0
中国航天科工集团公司	0	0	0	0	0	0	1	0	1	0
中国船舶工业集团公司	13	10	3	0	13	0	563	15	548	0
中国电力企业联合会	32	30	2	0	32	0	233	6	202	25
中国兵器装备集团公司	0	0	0	0	0	0	9	1	8	0
中国商业联合会	1	0	1	0	1	0	126	5	121	0
中国物流与采购联合会	0	0	0	0	0	0	2	0	2	0
中国煤炭工业协会	6	4	2	0	6	0	264	11	253	0
中国机械工业联合会	231	132	99	0	230	1	4670	255	4347	68
中国电器工业协会	116	54	62	0	101	15	1764	273	1442	49
中国钢铁工业协会	140	80	60	0	140	0	1209	35	1174	0
中国石油和化学工业联合会	233	168	65	0	233	0	2819	322	2496	1
中国轻工业联合会	69	41	28	0	69	0	2076	327	1737	12
中国纺织工业联合会	36	28	8	0	36	0	703	3	696	4
中国建筑材料联合会	57	35	22	0	57	0	721	62	659	0
中国有色金属工业协会	44	23	21	0	44	0	1277	28	1249	0

【军民融合标准化】会同中央军委装备发展部联合发布《军民标准通用化工程建设方案》和《军民标准通用化工程项目论证指南》。10月，召开工程启动部署会，明确工程的目标、内容和3年工作安排。

【强制性国家标准对外通报】2016年，向WTO/TBT及SPS通报强制性国家标准14项。

【行业标准备案】2016年，发布行业标准备案公告12期。备案行业标准3849项。其中，强制性行业标准84项，推荐性行业标准3759项，指导性技术文件6项。截至年底，68个行业备案行业标准57090项。其中，强制性行业标准5997项，推荐性行业标准50961项，指导性技术文件132项。

【地方标准备案】2016年，发布地方标准备案公告12期，备案地方标准3728项。其中，强制性地方标准80项，推荐性地方标准3648项。地方标准数量最多的3个省依次为河北386项，河南210项，安徽

209 项。截至年底,备案有效地方标准 33053 项。

【标准化技术委员会建设】2016 年,公示全国专业标准化技术委员会(以下简称:技术委员会)12 个(1 个TC、11 个 SC);批复筹建技术委员会7 个(3 个TC、3 个 SC、1 个 SWG);批复成立 4 个 TC、8 个 SC,撤销 7 个 TC、3 个 SC、1 个 SWG;办理技术委员会调整换届网上公示 82 件,涉及 93 个技术委员会调整换届;办结技术委员会调整换届公文 227 件,涉及 358 个技术委员会调整换届;办理新增委员证书 7531 本。截至年底,全国专业标准化技术委员会 1278 个(533 个 TC、735 个 SC 和 10 个 SWG)。

注重技术委员会信息库建设。通过日常业务办理如新建、调整、换届,以及年度工作督促技术委员会完善基本信息,信息库建设取得长足进步,累计注册委员 43848 人次。

完善技术委员会年报制度,将技术委员会年报工作系统嵌入技术委员会组织管理系统中进行数据统一管理,将技术委员会年报报送与技术委员会基本信息填报工作联结起来,使技术委员会基本信息得到较快完善,2016 年年报报送完成较好,报送率 99%。组织编写《2016 年度技术委员会年报数据分析报告》,梳理分析技术委员会工作状况,提出管理措施和建议。

加快修订《全国专业标准化技术委员会管理规定》。完成《全国专业标准化技术委员会管理办法》修订工作,面向部门、行业、地方及技术委员会广泛征求意见,形成审议稿。

加强技术委员会管理。继续推动考核评价工作,面向中国标准化研究院承担秘书处的 24 个技术委员会考核试点工作,印发《全国专业标准化技术委员会考核评估办法(试行)》。制定《2016 年度全国专业标准化技术委员会考核评估方案》;按照 2016 年技术委员会考核评估方案,组织 50 个技术委员会完成动员部署、自评材料准备、专家评审等工作,形成初步考核评估结论。

推动技术委员会日常管理规范化,新建环节引入专家评审机制,公开组建方案,提高技术委员会组建审批过程透明度,全年组织 3 次涉及 12 个技术委员会筹建的专家评审会。调整换届环节,结合技术委员会新系统、新平台应用,研究提出调整换届环节电子业务流程工作改进建议,推动委员电子聘书的应用,加大技术委员会委员信息公开力度。

2016 年批复成立的技术委员会名单

序号	技术委员会编号	技术委员会名称
1	SAC/TC470	全国社会信用标准化技术委员会
2	SAC/TC563	全国电子商务质量管理标准化技术委员会
3	SAC/TC270/SC1	全国粮油标准化技术委员会原粮及制品分技术委员会
4	SAC/TC270/SC2	全国粮油标准化技术委员会油料及油脂分技术委员会
5	SAC/TC270/SC3	全国粮油标准化技术委员会粮食储藏及流通分技术委员会
6	SAC/TC270/SC4	全国粮油标准化技术委员会粮油机械分技术委员会
7	SAC/TC562	全国增材制造标准化技术委员会
8	SAC/TC425/SC2	全国宇航技术及其应用标准化技术委员会宇航电子分技术委员会
9	SAC/TC288/SC8	全国安全生产标准化技术委员会冶金有色安全分技术委员会
10	SAC/TC288/SC9	全国安全生产标准化技术委员会工贸安全分技术委员会
11	SAC/TC460/SC4	全国石材标准化技术委员会合成石材分技术委员会
12	SAC/TC564	全国微电网与分布式电源并网标准化技术委员会

2016 年撤销的技术委员会名单

序号	技术委员会编号	技术委员会名称
1	SAC/TC32	全国农业分析标准化技术委员会
2	SAC/TC38/SC1	全国微束分析标准化技术委员会电子探针与扫描电镜分技术委员会
3	SAC/TC64/SC8	全国食品工业标准化技术委员会食品通用检测技术分技术委员会
4	SAC/TC111/SC1	全国商业机械标准化技术委员会粮油加工机械分技术委员会

续表

序号	技术委员会编号	技术委员会名称
5	SAC/TC276	全国农业转基因生物安全管理标准化技术委员会
6	SAC/TC308	全国婚庆婚介标准化技术委员会
7	SAC/TC363	全国森林公园标准化技术委员会
8	SAC/TC444	全国食品进出口检验及认证体系标准化技术委员会
9	SAC/TC445	全国进出口食品安全检测标准化技术委员会
10	SAC/TC457	全国电池材料标准化技术委员会
11	SAC/SWG10	全国金属复合导体标准化工作组

【标准化事业发展规划实施】对《国家标准化体系建设发展规划（2016—2020年）》的重点任务、重大工程进行逐项分解，明确分工。制定《争取有关方面支持国家标准化体系建设发展规划重大工程实施的工作方案》，初步完成十大重大工程项目建议书汇总。面向部门、地方部署开展《国家标准化体系建设发展规划（2016—2020年）》2016年度实施情况总结评估工作。

标准化科技

【推动将标准化工作纳入国家重大科技战略规划和政策】中共中央、国务院印发《国家创新驱动发展战略纲要》，明确提出实施标准战略以及实施标准战略的重点任务。国务院印发《“十三五”国家科技创新规划》，提出持续推进技术标准战略，对具体领域标准的研制、应用与国际化等提出任务要求。国务院办公厅印发《促进科技成果转移转化行动方案》，提出“开展科技成果转化为技术标准试点，推动更多应用类科技成果转化为技术标准”等重点任务。科技部、质检总局、国家标准委联合印发《关于在国家科技计划专项实施中加强技术标准研制工作的指导意见》，加大科技计划对标准研制的支持，加速科技成果向技术标准转化。

【标准化科研项目】组织国家重点研发计划“国家质量基础的共性技术研究与应用（NQI）”重点专项（NQI专项）2016、2017年标准领域项目指南编制和项目申报。其中，2016年度项目启动实施，包括国家标准、国际标准研制以及中国标准“走出去”适用性技术研究等17个项目。

【国家技术标准创新基地建设】发布《国家技术标准创新基地管理办法（试行）》，促进创新基地建设和管理的制度化、规范化。组织制定创新基地总体规划和申报指南，批准筹建成都、长株潭、中国光谷等创新基地，启动青岛家用电器、成都创新基地建设。截至年底，批复筹建8个创新基地。

【标准化专家委员会建设】对第二届中国标准化专家委员会委员进行调整和增补，吸纳经济、社会、文化等方面专家参与专家委员会，在专家委员会中增设顾问，聘请部分外籍专家作顾问，对《中国标准化专家委员会章程》做相应修改。召开第二届专家委员会全体会议，在ISO大会期间为外籍顾问颁发聘书。

【中国标准创新贡献奖评审管理】完成《中国标准创新贡献奖管理办法》修订。开展2016年中国标准创新贡献奖评选，在指导思想、评选范围、评选规则和程序等方面突出标准化改革导向。59个标准项目、5个单位（组织）、8位个人获奖，在“世界标准日”主题活动上举行颁奖仪式。

农业食品标准化

【概况】批准立项农业国家标准计划40项，批准发布《高标准农田建设评价规范》等农业国家标准

148项。在北京召开2016年农业标准化部际联席会议，水利、农业、林业、粮食等部门和相关直属标准化技术委员会，以及中国标准化研究院、中国质检出版社等参加会议。落实2016年中央一号文件要求，研究制定《关于开展建立适应农村电子商务发展的农产品质量分级、采后处理、包装配送等标准体系的工作方案》，组织编制体系建设指导意见。与林业局联合下发《关于公布2016年国家林业标准化示范企业的通知》。举办两期农业标准化培训班，培训地方农业标准化工作人员240名；选派专家帮助吉林、河南以及西藏开展农业标准化培训。组织召开第八批国家农业综合标准化示范项目总结现场会，系统总结各地、各部门示范区建设的典型经验，为各地、各部门开展第九批农业标准化示范项目建设提供借鉴。组织制定蜂产品领域第一个ISO国际标准ISO 12824:2016《蜂王浆规范》。

【农业标准化示范】实施农业标准化示范区提升工程，指导各地方开展50项第八批国家农业标准化示范项目提升工程建设工作，着重在农业科技创新驱动、农产品绿色流通、农业生态环境治理、农村一二三产业融合发展等方面提升。严格示范项目检查，完成对海南、福建等16个省份及新疆生产建设兵团的34个示范项目交叉抽查，规范项目建设，强化各省之间的交流和学习。指导各地方和有关部门做好第八批468项国家农业标准化示范项目目标考核和绩效考核工作。根据考核情况的反馈，第八批示范项目的建设受到各地、各部门的高度重视，注重与精准帮扶相结合，融入新理念和新技术，扩大优质农产品有效供给，促进农业转型升级和农民收入提升。加强农业标准化示范区信息平台维护和管理。制定第九批国家农业标准化示范项目申报指南，从"创新""协调""绿色""开放""共享"等5个方面明确重点支持的项目类型和领域，注重对第九批项目布局的规划，缩减项目数量，实施精品工程，筛选出第九批国家农业标准化示范项目。

【城乡统筹标准化】实施第一批农村综合改革标准化试点地区考核工作，浙江安吉等36个项目通过目标考核。启动50个第二批农村综合改革标准化试点，重点围绕美丽乡村建设、农村产权流转交易服务、农业社会化服务和建制镇标准化等重点领域。指导新型城镇化标准化试点工作，与发展改革委共同推进新型城镇化标准化试点扩围，在全国遴选16个项目作为试点扩围项目，探索和提炼新型城镇化可复制、可推广的标准化模式。举办农村综合改革和新型城镇化标准化培训班，培训地方城乡统筹领域标准化工作人员230人。持续支持城乡统筹领域标准化科研工作，围绕农村综合改革和新型城镇化领域标准化需求，开展农村公共服务、新型城镇化中小学校布局规划等8项重点领域标准前期研究。下达31项城乡统筹领域国家标准计划。

【化工领域强制性标准整合精简试点】组织开展化工领域强制性标准整合精简试点工作。探索和提炼强制性标准整合精简可复制、可推广模式，会同工业和信息化部、农业部，联合环境保护部、交通运输部、安全监管总局等国务院行业主管部门和31个省、自治区、直辖市标准化行政部门，以及相关行业协会、技术委员会开展化工领域强制性标准整合精简试点，完成665项三级强制性标准和72项制修订项目分析评价，提出"四个一批"标准和计划项目清单，化工领域强制性标准数量由665项精简到253项，压缩比例61.95%。

【追溯标准化】联合商务部印发《国家重要产品追溯标准化工作方案》。

【绿色化工标准化】在精细化学品、工程塑料、特种橡胶、新型制冷剂、活性染料、高性能化工催化剂、废气化学品处置等领域批准发布国家标准219项，下达63项计划。

【危险化学品标准化】组织开展1223项危险化学品相关国家、行业和地方标准梳理分析。

【食品标准化】批准发布《食用盐》《蓝莓酒》等9项国家标准，下达《结晶果糖、固体果葡糖》《不锈钢真空保温容器》等计划。加强与卫生计生委食品安全标准合作，完成553项食品安全国家标准编号工作，联合征集和下达一批标准立项计划。

【化妆品标准化】组织开展《化妆品检测方法标准体系研究》，批准发布《化妆品中多西拉敏等9种抗过敏药物的测定　液相色谱-串联质谱法》国家标准，下达10项制修订计划。

【食品国际标准化】组织8个团组20人次参加国际食品法典委员会食品标签、食品卫生、通用原则、兽药残留、特殊膳食等专业委员会会议。提出生物技术领域国际标准提案3项。

【标准样品标准化】下达国家标准样品计划234项，其中研制201项、复制33项。批准发布国家标准样品249项，其中研制91项、复制158项。完成第五届国家标准样品技术委员会及4个分技术委员会的换届工作。

【生物技术领域标准化】下达生物技术领域国家标准计划16项，批准发布国家标准5项。

工业标准化

【节能标准化】组织召开2016年节能标准化联合推进工作组会议，联合发展改革委等部门研究确定2016年节能标准化工作要点、国家节能标准化示范项目创建工作方案、百项能效标准推进工程方案。与发展改革委联合印发《节能标准体系建设方案》，组织下达一批节能国家标准专项计划，批准发布一批节能国家标准。

【绿色产品标准体系】报请国务院印发《国务院办公厅关于建立统一的绿色产品标准、认证、标识体系的意见》，明确绿色产品内涵和评价方法，提出一类产品、一个标准、一个清单、一次认证、一个标识的整合思路，统一构建以绿色产品评价标准子体系为牵引、以绿色产品的产业支撑标准子体系为辅助的绿色产品标准体系。

【生态文明标准化】指导湖州市创建国家生态文明标准化示范区，将生态文明标准化工作列入湖州市政府对县区政府综合考核，构建适宜湖州发展的经济、社会、环境三者相协调的标准体系。

【油品标准化】经国务院标准化协调推进部际联席会议专题会议审议通过，批准发布第六阶段车用汽、柴油国家标准。

【节水标准化】批准发布企业用水审计技术通则、节水型企业电解铝行业等节水国家标准。专题发布堆积型铝土矿生产取水定额等4项节水国家标准，扩大标准的社会认知度和影响力。

【海洋标准化】与海洋局联合印发《全国海洋标准化“十三五”发展规划》，提出“十三五”期间海洋领域标准化工作主要任务。

【船舶标准化】批准发布GB/T 34000—2016《中国造船质量标准》和GB/T 34001—2016《中国修船质量标准》等2项国家标准中英文版，联合工业和信息化部召开新闻发布会，对2项船舶质量标准进行解读。

【环境保护标准化】批准发布温室气体管理相关国家标准和高效能大气污染物控制装备评价技术要求等国家标准。联合环境保护部批准发布第六阶段机动车排放标准，以及船舶发动机、摩托车和轻型混合动力汽车污染物排放标准。

【化解产能过剩标准支撑工程】下达2016年化解产能过剩相关标准专项制修订计划。启动钢铁、煤炭、有色金属、水泥、玻璃等行业化解产能过剩相关标准体系及实施案例的研究。在钢铁、有色金属等领域批准发布一批高端产品国家标准，发挥标准约束和引导作用，助推结构性过剩产能化解。

【绿色制造标准化】联合工业和信息化部发布实施《绿色制造标准体系建设指南》，构建高效、清洁、低碳、循环的绿色制造体系。组织开展《机械产品绿色制造　供应链管理》《绿色制造　机械产品生命周期评价　细则》等国家标准研制，指导和规范机械产品绿色设计工作，从设计源头实现机械产品节能、节材、减少环境排放和循环利用的目的。批准发布《土方机械　零部件再制造　拆解技术规范》等6项再制造国家标准，推进土方机械向绿色制造发展。批准发布《废橡胶废塑料裂解油化成套生产装备》国家标准，提高废橡胶、废塑料再生利用水平，促进废橡胶废塑料无害化、减量化和资源化。

【装备制造业标准化和质量提升规划】质检总局、国家标准委、工业和信息化部联合印发《装备制造业标准化和质量提升规划》。规划对接《中国制造2025》，提出装备制造业三大标准化和质量提升工程、十大重点领域标准化突破，力争到2020年重点领域国际标准转化率提高到90%以上。

【高端装备标准化】联合工业和信息化部批准中关村科技园区丰台园管理委员会等11家单位开展国家高端装备制造业标准化试点，强化高端装备制造业标准实施，加快技术标准研制，加速创新成果应用和产业化，促进装备制造业由大变强。落实国家标准委与国防科工局签署的战略合作协议，联合印发《国防科技工业标准化“十三五”发展规划》。成立宇航电子分技术委员会，进一步完善宇航电子标准体系，提升宇航级电子产品国际竞争力。批准发布高档与普及型机床数控系统、机床检验通则系列国家标准。开展中国工程机械在“一带一路”沿线重点国家的标准需求研究，推动超大型液压挖掘机、轮胎式叉装机国家标准研制。组织开展风力发电机组装配和安装规范、风光互补发电系统相关国家标准研制，扩大风光互补系统的适用范围，提升电能输出质量和建设友好型电网。

【无人驾驶航空器系统标准化】成立民用无人驾驶航空器系统标准化工作协调推进组，联合公安部、科技部、工业和信息化部等部委编制《无人驾驶航空器标准体系建设指南》，推进民用无人驾驶航空器系统术语、分类和分级国家标准研制。

【增材制造标准化】成立全国增材制造标准化技术委员会，开展3D打印设计、工艺、检验测试、材料国家标准研制，推动3D打印产业有序发展。

【装备制造标准国际化】在中俄标准化、计量、认证及检验监管常设工作组标准专题组下成立油气领域标准化合作小组，推动双方在油气领域标准化合作交流。成功申请成立国际标准化组织铸造机械技术委员会并承担秘书处。召开国际标准化组织稀土标准化技术委员会首次会议。推动中英石墨烯标准交流，在国际标准化组织框架下开展石墨烯标准合作。

【工业基础标准化】批准发布《紧固件机械性能　自攻螺钉》等42项紧固件国家标准，提升紧固件产品质量一致性和稳定性。批准发布《回转动力泵　水力性能验收试验1级、2级和3级》国家标准。批准发布《工业阀门　铁制旋启式止回阀》国家标准。

【安全生产标准化】完成全国安全生产标准化技术委员会及其分技术委员会换届，下达12项安全生产国家标准，推动安全生产标准研制。加强道路交通安全标准化工作，批准发布《汽车、挂车及汽车列车外廓尺寸、轴荷及质量限值》国家标准；与工业和信息化部启动《四轮低速电动车》国家标准制定计划，与邮政局推进《快递专用电动三轮车》国家标准制定，与公安部推动《机动车安全运行技术条件》国家标准修订工作。

【新材料标准化】批准发布海水淡化装置用钢、变形永磁钢、纤维增强复合材料等一批新材料国家标准。成立石墨烯标准化工作推进组，指导石墨烯标准体系顶层设计，推动石墨烯术语以及石墨烯含量、导电性能、比表面积测定相关国家标准的研制。

【印发网络安全标准化工作若干意见】2016年8月12日，中央网信办、质检总局和国家标准委联合印发《关于加强网络安全标准化工作的若干意见》，提出建立统筹协调工作机制、强化标准体系建设、加强国际标准化工作、加强保障措施等意见。

【智能制造标准化】2016年5月16日，国家标准委联合工业和信息化部成立国家智能制造标准化总体组，负责拟定中国智能制造标准化规划、体系和政策措施，协调智能制造相关国家标准的技术内容和技术归口，开展智能制造国家标准试点示范、应用实施、宣贯培训等工作，组织参与智能制造国际标准化工作并开展国际标准化交流与合作。

国家标准委联合工业和信息化部共同组织有关专家编写出版《国家智能制造标准体系建设指南解读》和《智能制造标准案例集》，10月17—18日开展国家智能制造标准体系建设指南培训解读工作。

5月、11月，分别组团赴德国参加中德智能制造/工业4.0标准化工作组第二、三次会议，与德方在智能制造参考模型、应用案例、通讯技术和企业间交流等方面开展交流，达成9项共识。

【机器人标准化】在2016年3月的IEC会议上推动成立国际电工学会机器人应用技术咨询委员会（IEC ACART），推荐中科院沈阳自动化所于海滨当选IEC ACART首任主席。6月16—17日在沈阳承办IEC ACART第二次全体委员会议。组织总体组开展机器人标准梳理和顶层设计工作，研制机器人标准白皮书和标准体系建设指南，推动工业机器人、服务机器人和特种机器人等领域急需国家标准立项，12月28日，对27项拟立项机器人国家标准项目公开征求意见。

【统一社会信用代码制度建设和“三证合一”改革】2016年1月1日全面停止向各类机构发放代码证书和取消收费，2700余个办证窗口正式关闭，全国1万余名代码工作者转岗。向工商、民政、编办、司法、宗教、旅游局等12家登记管理部门预赋码段，总计预赋码数量约2.17亿。4月18日，批准发布强制性国家标准《法人和其他组织统一社会信用代码编码规则》第1号修改单。10月18日，发布《国家质量监督检验检疫总局关于修改和废止部分规章的决定》，废止《组织机构代码管理办法》。基本建成统一社会信用代码数据库，截至年底，接收登记部门回传统一社会信用代码数据2000余万条，为政府部门和社会全面提供信息服务。

【电子商务标准化】2016年3月24日，批复成立电子商务质量管理标准化技术委员会（SAC/TC563），秘书处由杭州国家电子商务产品质量监测处置中心承担。推动《电子商务平台产品信息展示要求》等6项推荐性国家标准及《电子商务商户实名制规范》强制性国家标准立项。推进电子商务基础信息类标准，主客体交易保障类标准，跨境电子商务等急需标准的研制工作。

【信用标准化】2016年2月26日，批复成立全国社会信用标准化技术委员会（SAC/TC470），秘书处由中国标准化研究院承担。完善社会信用标准体系建设，发布职业经理人信用评价指标等重要标准，开展信用基本术语、信用标准化总体架构、信用信息征集规范、第三方信用服务机构业务规范、电子商务信用、检验检测机构信用等重点标准立项预研工作。

【物品编码改革】进一步研究完善物品编码改革工作方案，探索提出适应新形势的物品编码工作机制和工作模式。加强商品条码在电子商务产品追溯和电子商务产品监管中的应用研究，完善物品编码标准体系，发布《电子商务产品质量信息规范通则》《电子商务参与方分类与编码》《预包装类电子商务交易产品质量信息发布通则》《服装商品条码标签应用规范》等标准，开展商品二维码、EBXML系列标准、生产资料基础分类与编码系列标准的编制工作。

【编制消费品标准和质量提升规划】2016年9月6日，国务院办公厅印发《消费品标准和质量提升规划（2016—2020年）》（以下简称：《规划》）。《规划》由质检总局、国家标准委会同相关40余部门共同编制。《规划》主要目标是：消费品标准体系基本完善，重点领域的主要消费品与国际标准一致性程度达95%以上；消费品整体质量明显提升，消费品质量国家监督抽查合格率稳定在90%以上；企业质量发展内生动力持续增强，消费品质量竞争力指数稳定在84以上。《规划》重点任务是改革标准供给体系、优化标准供给结构、激发企业质量提升内生动力、夯实消费品工业质量基础、加强消费品品牌建设、改善优化市场环境、保障消费品质量安全、提升进出口消费品质量等8大任务。重点领域包括食品、家用电器、消费类电子、装饰装修、服装服饰、化妆品和日用化学品、妇幼老年及残疾人用品、文教体育休闲用品等9个一般消费品领域。为推动《规划》实施，质检总局、国家标准委编制任务分工方案，专门向财政部申请专项经费。

【发布日常防护型口罩等重点消费品标准】批准发布《日常防护型口罩技术规范》《家用电动洗碗机　性能测试方法》《再加工纤维基本安全技术要求》《塑料家具通用技术条件》《普通照明用LED产品和相关设备　术语和定义》《纺织品　色牢度试验　试验通则》等55项重要消费品标准，下达《家用和类似用途电子坐便器》《鞋类　鞋号体系　鞋号对照表》《生态纺织品技术要求》《超细机织羊毛织物标识　Super S代码定义要求》等50项国家标准制修订计划项目。围绕消费品化学物质管控、重要原材料、基础零部件、产品可靠性和舒适性等方面，提出一次性卫生用品用底膜、生活用纸中回用纤维、家用童床和折叠小床、软体家具抗引燃特性的评定等一批标准立项建议。

【医疗器械标准化】批准发布针灸针、一次性使用无菌注射针、医用电子加速器性能和试验方法等3项强制性国家标准。下达眼科仪器角膜、医用电气设备、人体血液及血液成分袋式塑料容器等领域26项强制性国家标准计划项目。组织开展家用和类似用途电子医疗设备标准体系研究。在中法标准化合作委员会框架下，组织召开“电子医疗工作组第1次会议暨IEC 60601-1第3.1版转化实施培训会”。

服务业标准化

【编制重点规划】编制社会管理和公共服务、生活性服务业领域等2个重要规划。将标准化工作内容纳入《社会管理和公共服务标准化发展规划（2017—2020年）》，明确工作12个重点领域的12项重大工程；落实国务院《加快发展生活性服务业促进消费结构升级的指导意见》要求，编制《生活性服务业标准化发展“十三五”规划》，明确“十三五”期间发展目标和10项重点任务。

【行政审批标准化】联合中央编办（国务院审改办）组建全国行政审批标准化工作组（SAC/SWG14）；联合中国行政体制改革研究会组建全国政务大厅服务标准化工作组（SAC/SWG15）。2016年7月国务院审改办、国家标准委联合发布《关于推进行政许可标准化的通知》，同步印发《行政许可标准化指引（2016版）》。7月29日，共同在四川成都召开全国推进行政许可标准化工作现场会。10月27日，配合国务院审改办在中央编办召开国务院部门行政许可标准化培训会。年内发布GB/T 33358—2016《政府热线服务规范》等3项国家标准，适用于各级政府、政府部门设置的非紧急类政府热线服务和管理。发布政务服务国家标准13项，为规范政务大厅行为、提升群众服务满意度提供重要支撑。

【社会治安综合治理标准化】联合中央政法委（中央综治办）重点推进社会治安综合治理标准化。2016年1月28日，召开GB/T 31000—2015《社会治安综合治理基础数据规范》标准发布会，中央综治办主任陈训秋和质检总局局长支树平出席并高度肯定；中央综治办专门致函质检总局和国家标准委表示感谢；标准的发布开创综治管理标准化的新局面。9月30日，发布GB/T 33200—2016《社会治安综合治理　综治中心建设与管理规范》，规定省（自治区、直辖市）、市（地、州、盟）、县（市、区、旗）、乡镇（街道）、村（社区）五级综治中心的建设与管理要求，包括总体原则、功能定位、运行模式、人员组成、设施要求、综治信息系统建设、公共安全视频建设联网应用、制度要求、日常管理等内容。该标准适用于指导全国各地各级综治中心建设。

【城市可持续发展标准化】完成“标准国际化创新型城市示范创建活动方案”，提出21个参与城市建议，支持杭州、北京、青岛开展ISO 37101国际标准试点工作和城市可持续发展标准化工作；推进“全国城市可持续发展标准化技术委员会”组建工作；开展城市可持续发展标准化研究工作，提出中国城市可持续发展标准体系框架，计划研制国家标准22项。

【服务业标准制修订】发布包括旅游、休闲、教育、文化、家政、图书馆、人力资源等领域国家标准60项，参与发布《国务院办公厅关于进一步扩大旅游文化体育健康养老教育培训等领域消费的意见》《中华人民共和国公共文化服务保障法》等，推进学校合成材料跑道标准制修订工作。

【社会管理和公共服务标准化】 批准下达第三批107个社会管理和公共服务标准化试点项目，包括政务服务、基本社会服务等领域。发布养老、康复、文化、社保、气象、公共安全等领域国家标准60项，在《国务院关于进一步加强文物工作的指导意见》《国务院关于印发全民健身计划（2016—2020年）的通知》《国务院关于印发"十三五"加快残疾人小康进程规划纲要的通知》《国务院关于印发"十三五"旅游业发展规划的通知》《国务院办公厅关于加强旅游市场综合监管的通知》等发文中，标准化均作为单独章节被予以强调。

【服务业标准化试点示范】 批准下达31个期满国家级服务业标准化试点评估合格通知。下达2016—2017年13个国家级服务业标准化示范项目。加强对示范项目的指导和监督，制定发布《国家级服务业标准化示范项目管理办法（试行）》。

【标准化服务业】 培育发展标准化服务业，组织制定《关于培育发展标准化服务业的指导意见》，推动标准化服务业纳入新修订的《高新技术企业认定管理办法》和《战略性新兴产业重点产品和服务指导目录（2016版）》。探索开展标准化服务业试点工作，印发《国家标准委办公室关于征集第一批标准化服务业试点项目的通知》，下达第一批33家试点。培育标准化服务机构，支持中标集团成立标准化事务所，开展全国标准化服务业统计调查工作。

【流通标准化】 依托城市标准化创新联盟，推进内贸流通标准化支撑工作，与商务部先后联合印发《关于进一步推进国内贸易流通体制改革发展标准化工作的通知》《国内贸易流通标准化建设"十三五"规划》。继续推进商贸物流标准化专项行动，下达第二批重点推进单位，涉及126家企业、24家地方省级协会。与财政部、商务部联合启动第三批19家物流标准化试点城市建设。启动农产品冷链流通标准化示范工作。

【金融标准化】 与人民银行、银监会、证监会、保监会联合制定《金融业标准化体系建设发展规划（2016—2020年）》。推动金融业标准化改革，发布保险业首个团体标准《农业保险服务通则》。成立全国金融标准化技术委员会互联网金融标准工作组，规范互联网金融新兴行业发展。继续推进金融风险防范标准化工作。

【会展标准化】 推动将国家标准委增补为国务院促进展览业改革发展部联席会议成员单位。与商务部联合印发《关于加强展览业标准化工作的指导意见》。

地方标准化

【地方标准化改革】 统筹推进地方标准化改革。跟踪收集地方贯彻落实国务院《深化标准化工作改革方案》、贯彻落实ISO大会国家主席主席习近平贺信和国务院总理李克强讲话精神等情况。督促29个省、自治区、直辖市人民政府发布标准化改革文件。31个省（区、市）建立标准化工作政府协调机制。协调将标准化工作纳入政府质量工作考核范围，参与做好2016年地方政府质量考核工作。

【区域地方标准化】 推动京津冀区域标准化工作，按照首都为核心的世界级城市群、区域整体协同发展改革引领区、全国创新驱动经济增长新引擎、生态修复环境改善示范区的总体发展定位，围绕中央《京津冀协同发展规划纲要》确定的交通一体化、生态环境保护、产业协同发展等3个重点领域，开展区域协同标准化工作研究。

【地方标准化工作合作与协调】 贯彻实施国家标准委与地方政府开展标准化合作的管理制度。加强与地方政府的协调，促成与地方政府的标准化合作。牵头做好与江西省人民政府、成都市人民政府的合作协议起草和签订工作。与国务院有关工作部门和中央深改办加大协调力度，支持浙江省开展标准化改革综合试点工作。持续推进与内蒙古、浙江、青岛合作协议的落实，制定并组织实施年度工作计划，确保协议落实，合作取得实效。加强对地方标准化工作的协调服务。协调内蒙古自治区及包头市、黑龙江省及牡丹江市、湖北省及武汉市、浙江省及绍兴市、重庆市、江苏省如皋市、广东省汕头市、广州市等政府到国家标准委商谈有关工作，牵头协调国家标准委领导和委内各部门，督促有关标准化政策落实。

【地方标准管理】 督促有关地方省市标准化管理部门依法履行好地方标准备案手续。2016年，发布地方标准备案公告12期，备案地方标准3728项。其中，强制性地方标准80项，推荐性地方标准3648项。地方标准数量最多的3个省依次为河北386项，河南210项，安徽209项。截至年底，备案有效地方标准33053项。

【地方标准化统计与宣传】在编印2016版《地方标准化工作统计信息汇编》的基础上，构建地方标准化工作信息数据库。汇总、整理、分析2015年各地上报的2000余条统计信息，相关数据经国家标准委内各部门核准后，对各地基础信息库进行更新，向国家标准委内各部门、地方质监局进行反馈，满足各方工作需求。对涉及企业、地方的近100份文件组织征求意见并回复。及时处理地方上报的各类新闻稿件80余份，组织网上宣传50余份。

【地方标准化管理人员培训】2016年11月28—30日，2016年全国地方标准化工作培训班在天津举办。31个省、自治区、直辖市质监局（市场监督部门）的标准化管理人员参加培训。培训班讲解深化标准化工作改革推进情况、企业标准管理制度改革和标准服务业、宏观经济形势与“十三五”规划等内容。

企业标准化

【企业标准管理机制改革】加快完善企业标准信息公共服务平台建设。向全国31个省全部开放平台全地区注册和管理权限，满足地方标准化管理部门履行管理职能的需求。完善平台相关标准规范，与上海、深圳等标准平台实现信息共享。加强对成都、河北、辽宁等地方平台建设的指导。企业产品和服务标准自我声明公开和监督制度试点工作在全国范围内全面铺开，各地企业标准管理制度改革创新不断。截至2016年12月15日，企业标准信息公共服务平台有65612家企业上报235562项标准，涵盖382730种产品，总访问量4591万次。推进企业标准比对评价机制研究。按照国务委员王勇关于在企业标准自我声明公开制度之上，探索开展企业标准排行榜制度的指示要求，推进企业标准比对评价机制研究，初步提出1+1+N的推进路线和工作目标。做好企业标准管理制度改革的领导和组织工作。组织召开企业标准管理制度改革领导小组第二次会议和全国企业标准管理制度改革视频会议，研究企业标准管理制度改革面临的问题，督促各地加快推进企业产品和服务标准自我声明公开和监督制度试点。组织对公开标准开展监督检查。下发《国家标准委办公室关于做好企业产品标准监督检查工作的通知》。针对前期地方反映突出的问题，部署对企业产品标准开展监督检查。持续推进法制和政策环境建设，召开企业标准管理制度改革指导意见专题研讨会，专题研究《标准化法》（征求意见稿）中有关企业标准自我声明公开和监督制度，指导地方制定企业标准管理制度改革办法，加强企业标准管理制度改革的宣传和培训。

【企业标准化立法】按照国家标准委2016年度立法工作计划，组织山东、北京、辽宁等有关省市牵头修订《企业标准化管理办法》，提出修订的总体思路和工作定位，研究提出修订法规的基本结构，组织召开专题会议，在全国范围内征求意见和建议。协调质检总局法规司将拟立的《企业产品标准公开条例》主要内容纳入《标准化法实施条例》的修订范围，启动《企业产品标准管理规定》的修订工作。

【企业标准化体系国家标准修订】组织推进《企业标准体系》系列国家标准的修订工作，协调工作力量，落实责任单位。结合当前标准化改革主线，重构系列国家标准体系结构，形成“1+3+1”的全新结构，即一个工作标准、三个体系标准、一个评价标准，形成企业标准化闭环工作的有效指导。标准修订起草工作征求地方质监部门、行业管理部门、大专院校、科研机构、专业技术机构以及企事业单位的意见，得到充分肯定。

【标准化试点示范管理改革】探索推进标准化试点示范管理改革，以服务标准化试点示范为突破，探索试点“探新路”、示范“树标杆”的标准化试点示范基本定位，配合组织全新“示范项目”管理办法的制定和实施。以“标准化良好行为企业”试点工作为标本，理清试点工作中反映突出的问题，在市场经济规则下改革“标准化良好行为企业”创建工作。明晰政府、市场、企业和专业服务机构的定位和界限，提高企业主体意识和参与“标准化良好行为企业”创建的积极性、自觉性，培育完善市场化的标准化专业服务体系。以点带面推进标准化试点示范管理改革。

团体标准化

【培育和发展团体标准】印发《关于培育和发展团体标准的指导意见》，以“放、管、服”为主线，从“释放市场活力、创新管理方式、优化标准服务”等3个方面，提出培育和发展团体标准的主要措施，营造团体标准宽松发展空间，促进团体标准有序规范发展，保障团体标准持续健康发展。建立全国团体标准信息平台，378家社会团体在平台注册并公布451项团体标准基本信息。推动团体标准试点，电子、通信、汽车、保险等领域社会团体建章立制，形成一批可复制、可推广的经验，团体标准反应市场需求速度快、跨行业领域协调效率高等优势逐渐显现。

国际标准化

【第39届ISO大会】2016年9月9—14日，第39届国际标准化组织（ISO）大会在北京举行，来自163个国家（地区）、联合国贸易和发展会议（UNCTAD）、联合国工业发展组织（UNIDO）、国际铁路联盟（UIC）等14个相关国际组织，以及欧洲、泛美、亚太等10余个区域标准化组织近700名代表（600余名外宾）参加会议。

9月12日，大会开幕式在国家会议中心举行，中国国家主席习近平专门致信祝贺。习近平在贺信中明确提出，中国将积极实施标准化战略，以标准助力创新发展、协调发展、绿色发展、开放发展、共享发展。这些重要论述指明标准化事业发展的战略方向，明确标准化在经济社会发展中的战略定位，为推进实施质量强国战略、标准化战略提供根本遵循。9月14日，中国国务院总理李克强出席大会并发表致辞，国务院部际联席会议38个成员单位的主要负责同志参加大会。

大会确立ISO未来发展计划。大会制定并发布《ISO 2016—2020年发展战略规划》行动计划和实施评价指标，为ISO新五年战略规划的贯彻与实施提供行动指南。大会拓展ISO新型战略合作伙伴关系。首次实现ISO、IEC、ITU三大国际标准组织主要领导人共聚一堂，共商国际标准化大计；创新性地邀请到联合国贸易和发展会议（UNCTAD）、联合国工业发展组织（UNIDO）、世界银行（WB）等国际组织参会。

大会议定ISO重大管理事务，发挥ISO在完善全球治理中的作用。大会选举ISO下一任期主席、财务副主席和理事会成员，通报下一届秘书长的选拔情况，任命ISO发展中国家事务委员会（ISO/DEVCO）主席，大会颁布ISO劳伦斯奖和ISO/DIN发展中国家标准化青年学者优秀论文奖，有力保证ISO的健康、持续、有序发展。大会围绕“国际标准支持贸易与发展”“安全与可持续发展的交通”“国际标准促进贸易畅通、设施联通和企业发展”等主题开展研讨，多位领导和重要嘉宾做精彩发言。大会选取服务业、循环经济、智慧城市等领域，探索开展相关标准化工作。这些凸显ISO国际标准在全球治理中的协同、规范、引领作用。

大会扩大中国影响。9月14日，中国国家质检总局党组成员、国家标准化管理委员会主任田世宏和ISO主席张晓刚共同签署并正式发布第39届ISO大会《北京宣言》。这是ISO大会历史上的首个宣言——《北京宣言》，国际标准化的中国方案被世界认可。大会期间，中国与英、美、德、法等发达国家，以及世界银行、金砖国家、上合组织等国际组织开展务实合作，与来自45个国家和地区标准化机构、国际组织的129名代表举行22场双多边合作交流活动，签署11份合作协议。中国邀请13个不发达国家的国家标准化机构参会，彰显中国作为发展中大国的担当，树立开放、包容的负责任大国形象。

大会树立国际新形象。向全世界展示中国标准化工作的伟大成就，宣示中国政府加强标准化工作的坚定决心，在国际上引起强烈反响，为其他国家尤其是发展中国家提供切实可行为“中国方案”。ISO副主席约翰·沃尔特说：“这是他‘印象中最棒的一场’。”ISO执行秘书长凯文·麦肯利说：“中国给众多ISO成员树立了非常好的榜样。”作为国际标准化合作的受益者，中国以崭新的姿态和形象，为国际标准化发展贡献中国智慧，分享中国经验。

【中国标准国际化】在铸造机械、腐蚀控制、药品制剂设备、再制造、儿童车辆等领域研究提出10余项成立ISO、IEC新技术委员会提案。成功促成与法国、以色列联合承担ISO铁路、工业水回用等技术机构秘书处，新承担ISO/IEC技术机构秘书处5个。成功争取稀土、能源管理与资源节约、烟草等ISO/IEC技术机构主席、副主席7个。国际标准提案数量首次破百，截至年底，向ISO、IEC提出国际标准提案160项，数量超过2014年和2015年提案总和。中国主导制定国际标准333项，其中ISO标准217项，IEC标准116项。中国承担ISO/IEC技术机构的59个主席，81个秘书处，在ISO中承担技术机构数量上升至第5位。中国黄文秀等3名专家荣获"IEC 1906奖"。

2016年，中国连续第二年成为国际标准提案最多国家之一，在航空航天、海洋工程、节能环保、信息技术、智慧城市、生物技术、新型材料等领域新承担国际标准组织技术机构主席15个、秘书处10个，提出国际标准提案和新发布国际标准超过百项，助推中国产业转型升级，促进全球新旧动能转换，服务国家"一带一路"和"国际产能和装备合作"重大倡议和战略的实施。中国主导制定国际标准关联标识符(ISLI)国际标准，并首次承担国际标准注册中心，"中国造"国际标准有效推动全球信息内容产业向关联方向发展。中国在ISO提出并推动组建ISO竹藤技术委员会，获得国际竹藤组织和世界各国的高度认可，认为中国引领该领域国际标准化工作，极大地有利于促进全球科学开发利用竹藤资源，对于增进世界人民福祉，倡导绿色可持续发展，强化南南合作等具有重要意义。中国历经近20年努力，成功组建ISO稀土技术委员会，将推动以标准化手段合理规范稀土资源开发，化解产能过剩等，减少稀土开发导致的环境破坏，从而促进全球稀土产业健康发展。中国主持制定国际电工委员会(IEC)《物联网2020》和《全球能源互联网》国际标准发展路线图，对做好国际标准顶层设计，推动相关产业发展具有重要意义。

【第80届IEC大会】2016年10月10—14日，第80届国际电工委员会(IEC)大会在德国法兰克福举行。中国国家质检总局副局长、IEC中国国家委员会主席孙大伟，中国国家标准化管理委员会副主任郭辉、工业标准二部主任戴红、国际合作部副主任郭晨光参加大会。

大会期间，中国代表团参加IEC大会、国家委员会主席论坛、秘书论坛等IEC高级管理层会议。中国代表团在本届IEC理事大会上，正式提出2019年10月在中国上海承办第39届IEC大会的申请，大会通过中国的申请。中国代表团与IEC高级官员、IEC美国国家委员会、德国国家委员会等举行多场双边标准化会谈，就IEC大会承办事宜、检测和数字证书、服务经济标准化、IEC发展规划、智慧医疗、智慧家居、智能制造/工业4.0等领域的议题进行讨论，探讨开展务实合作。

第80届IEC大会有464个IEC技术委员会、分技术委员会和工作组会议与IEC大会同期举行，来自90个国家的3824位代表参加大会，中国代表团300余位代表(包括参加技术会议的代表)参加同期举行的技术会议。

【贯彻落实《标准联通"一带一路"行动计划(2015—2017年)》】2016年2月16日，国家标准委制定发布《贯彻实施〈标准联通"一带一路"行动计划(2015—2017)〉委内分工》。起草《标准联通"一带一路"行动计划(2015—2017)部门分工方案》，专题走访工业和信息化部等12个相关部门，形成部门分工方案。加强与"一带一路"沿线国家标准化机构的联络与沟通，与俄罗斯、塞尔维亚等沿线国家标准化机构签署合作协议。下达401项国家标准外文版项目计划，批准发布《家用和类似用途单相插头插座型式、基本参数和尺寸》等39项国家标准外文版。组织完成首批12个领域消费品国内外标准对比分析工作。在越南、柬埔寨、老挝等东盟国家建设农业标准化示范区，指导当地企业参照中国标准制定果蔬生产技术规程等8项企业标准，开展9期标准宣贯培训。

【WTO和自贸区工作】应对WTO对中国第六次贸易政策审议，研究并及时答复WTO秘书处对中国标准化工作提出的83个问题，澄清对中国标准化工作合规性的质疑，为中国通过WTO对中国第六次贸易政策审议提供技术支撑。组织国内有关单位研究可持续标准问题，提出与联合国可持续标准论坛合作搭建私营可持续标准中国国家平台的建议，应邀参加在德国举行的可持续标准论坛。

【双边合作协议】2016年，中国国家标准化管理委员会与法国国家标准化机构签署《中法标准互认指南》、与英国国家标准化机构签署《中国国家标准化管理委员会(SAC)与英国国家标准化机构(BSI)谅解备忘录2017—2019年度行动计划》、与斯洛文尼亚国家标准化机构签署《中国国家标准化管理委员会与斯洛文尼亚国家标准化机构合作协议》；与沙特阿拉伯王国标准计量质量局签署《中华人民共和国国家标准化管理委员会(SAC)与沙特阿拉伯王国标准计量质量局(SASO)技术合作协议》；与俄罗斯联邦技术法规与计量署签署《中华人民共和国国家标准化管理委员会与俄罗斯联邦技术法规与计量署合作协议》；与欧洲标准化机构签署《中华人民共和国国家标准化管理委员会与欧洲标准化委员会/欧洲电工标准化委员会合作协议》；与阿尔巴尼亚标准总局签署《中华人民共和国国家标准化管理委员会与阿尔巴尼亚标准总局合作协议》;与波黑国家标准化机构签署《中华人民共和国国家标准化管理委员会与波黑国家标准化机构合作协议》;与柬埔寨国家标准化机构签署《中华人民共和国国家标准化管理委员会与柬埔寨国家标准化机构合作协议》;与黑山国家标准化机构签署《中华人民共和国国家标准化管理委员会与黑山国家标准化机构合作协议》;与塞尔维亚国家标准化机构签署《中华人民共和国国家标准化管理委员会与塞尔维亚国家标准化机构合作协议》;与斯洛伐克国家标准化机构签署《中华人民共和国国家标准化管理委员会与斯洛伐克国家标准化机构合作协议》;与马其顿国家标准化机构签署《中华人民共和国国家标准化管理委员会与马其顿国家标准化机构合作协议》;与土耳其国家标准化机构签署《中华人民共和国国家标准化管理委员会与土耳其国家标准化机构合作协议》;与加拿大标准理事会签署《关于续签中华人民共和国标准化管理局与加拿大标准理事会合作协议》;与白俄罗斯共和国国家标准化委员会签署《中华人民共和国国家标准化管理委员会与白俄罗斯共和国国家标准化委员会合作协议》。截至年底,中国国家标准化管理委员会与43个国家和地区签署标准化合作协议71份,其中"一带一路"沿线国家21份,含有提升标准一致性水平条款的协议28份。

【标准合作机制会议】2016年,中国国家标准化管理委员会举办2016年中英标准化合作委员会会议;参加2016年泛美标准委员会大会,2016年中德标准化合作委员会会议,第十五届东北亚标准合作会议,中日韩标准化合作常委会会议,中日标准化合作会谈,中韩标准分委会会议,中俄总理定期会晤委员会经贸合作分委会中俄标准、计量、认证和检验监管常设工作组第十四次会议,中欧工业品安全与WTO/TBT磋商合作机制第十四次全会,2016年"中欧工业品WTO/TBT领域合作磋商机制"标准化工作组会议。

【2016年中英标准化合作委员会会议】2016年4月27—28日,2016年中英标准化合作委员会会议在四川成都召开,会议是中英标准化合作委员会首次会议。会议旨在落实中国国务院总理李克强与英国首相卡梅伦见证下中英双方签署的《中英标准互认协议》,以及中英双方签署的《在中英经贸联委会框架下设立中英标准化合作委员会的谅解备忘录》的要求,进一步推动中英两国经济贸易发展。中国国家标准化管理委员会副主任郭辉、英国国家标准化机构标准主任斯科特·斯蒂德曼分别代表中英双方做主旨讲话,国际标准化组织(ISO)主席张晓刚、英国驻华大使馆公使乔麦克、成都市人民政府副市长田蓉以及来自外交部、商务部和财政部的代表出席会议并致辞。英国国家标准化机构标准总裁斯科特·斯蒂德曼做题为《标准服务支持企业、工业和政府》的专题讲座。成都市人民政府市长唐良智礼节性会见英国代表团。来自两国国家标准化机构、质检总局、相关科研机构、企业和地方的140余名代表参加会议。会议聚焦中英双方共同关注的标准化问题,总结中英两国在标准化领域的友好合作情况,围绕智慧城市、民用核能、标准互认、农业、高铁、纳米材料、金融、城市可持续发展(城市联盟合作)、电子政务、代码等10个领域议题进行交流,就继续加强和深化中英标准化合作达成共识。双方就国际标准组织治理和标准销售交换意见。双方一致认为要不断完善和创新中英标准化合作机制,扩展合作内容。双方确认成立中英智慧城市和民用核能标准化工作组,在上述标准化领域开展务实合作;对互认标准达成共识,将进一步完善工作机制,共同推动第二批中英互认标准清单发布;进一步加强在高铁、纳米材料、农业、金融、城市可持续发展(城市联盟合作)、电子政务、代码等领域的标准化合作与交流,鼓励和支持在上述领域开展标准互认;将加强各工作组以及对口领域的交流与合作,提出工作计划、重点项目和实施措施,建立工作沟通、信息交流机制;进一步加强在国际标准化活动中的沟通和协调,共同推动国际标准的制修订工作。会后,双方代表团团长共同签署《2016年中英标准化合作委员会会议决议》并共同见证《中英智慧城市标准化合作备忘录》的签署。

【2016年泛美标准委员会大会】2016年4月17—22日,2016年泛美标准委员会(COPANT)大会在厄瓜多尔的瓜亚基尔召开,中国国家标准化管理委员会派中国代表团参加会议。中国代表团全面了解COPANT的体制、机制,就进一步加强双方在标准化领域的合作进行探讨,与COPANT董事会主席乔·巴蒂亚和秘书长科瑞·艾基诺就中国尽快完成COPANT观察员程序问题进行沟通。期间,与巴西、俄罗斯、南非、印度四国标准化机构就推动"金砖国家标准化工作组"成立事宜进行沟通;与古巴国家标准化局进行会谈,就双方在ISO大会期间签署标准化双边合作协议等进行协商,初步达成共识。与厄瓜多尔国家标准化机构、加拿大标准理事会、英国国家标准化机构、澳大利亚国家标准化机构等就开展合作交流进行沟通并达成共识。

【2016年中德标准化合作委员会会议】2016年5月25—26日,2016年中德标准化合作委员会会议在德国莱比锡召开。中方代表团主席中国国家标准化管理委员会副主任殷明汉和德方代表团主席德国联邦经济与能源部创新与信息技术司主管司长赫尔吉·恩格尔哈德共同主持会议。来自中国工业和信息化部、中国驻德国大使馆、德国联邦经济与能源部、德

国国家标准化机构以及两国相关行业协会、科研机构和企业的50余名代表参加会议。委员会会议召开前，在5月23—24日召开中德智能制造/工业4.0标准化工作组会议，双方围绕工业4.0参考架构模型和智能制造系统架构的互认、无线通信标准化领域技术合作等达成9项共识。在5月24日召开的中德电动汽车标准化工作组会议上，双方围绕电动汽车及动力电池安全、电动汽车和插电式混合动力电动汽车电池标准化战略等6个领域技术合作达成共识。

【第十五届东北亚标准合作会议】2016年7月11—13日，第十五届东北亚标准合作会议在日本松江召开。来自中国国家标准化管理委员会、日本工业标准委员会、韩国技术标准署，三国标准化协会以及相关政府机构、科研院所和企业界100余名代表参加会议。中国国家标准化管理委员会总工程师谷保中率中国代表团参加会议。中日韩标准合作常委会，中日、中韩、日韩双边会以及中日韩标准合作研究小组会议同期举行。会议期间，中日韩标准化主管机构和标准化协会共同签署《第十五届东北亚标准合作会议决议》，就稀土、纳米材料、钢铁领域、生物技术、2016国际标准奥林匹克、促进和利用ISO新加坡区域办公室、高层标准教育、稀有金属工业前端价值链联合工作计划以及加强在国际标准化领域的协调与合作等议题进行交流。中日韩专家就锂离子电池智能制造设备、标准化硕士研究生培养交流、LCOS芯片和光引擎技术区域标准合作、修订ISO 606《传动用短节距精密滚子链、套筒链、附件和链轮》等10项新合作项目进行介绍并就组建工作组进行讨论。

【中俄总理定期会晤委员会经贸合作分委会中俄标准、计量、认证和检验监管常设工作组第十四次会议】中俄总理定期会晤委员会经贸合作分委会中俄标准、计量、认证和检验监管常设工作组第十四次会议在俄罗斯索契召开。中国国家标准化管理委员会派员代表标准组参加会议，推动在石油天然气、铁路领域的标准化合作。

【2016年“中欧工业品WTO/TBT领域合作磋商机制”标准化工作组会议】2016年10月11日，中欧工业产品安全和WTO/TBT磋商机制下的标准化工作组会议在比利时布鲁塞尔召开。中国国家标准化管理委员会副主任郭辉作为标准化工作组中方组长出席会议，与欧方组长、欧盟委员会增长总司副总司长佩尔托马奇共同主持工作组会议。双方就双方标准化法规和政策最新情况、《中国标准化法》修订、各利益相关方参与标准化活动面临的共同挑战、中国团体标准、《消费品标准和质量提升规划（2016—2020年）》、中欧标准信息平台合作等议题进行交流。双方就优先确定重点领域开展务实合作，推动双方标准协调一致，更好推广中欧标准信息平台应用和加强国际标准化合作等达成广泛共识。郭辉在随后召开的中欧工业产品安全和WTO/TBT磋商机制第十四次全会上代表中欧标准化工作组做报告。

【来访接待】2016年，中国国家标准化管理委员会接待包括德国联邦经济与能源部、德国国家标准化机构、西门子公司、英国国家标准化机构、电气电子工程师学会、美国UL公司、美国材料与试验协会、美国国家标准化机构、国际自动机工程师学会、法国国家标准化机构、沙特阿拉伯王国标准计量质量局、肯尼亚标准局、加拿大标准化协会、俄罗斯联邦技术法规与计量署、巴西国家标准化机构、南非国家标准化机构、欧洲标准化委员会、欧洲电工标准化委员会、阿尔巴尼亚标准总局、波黑国家标准化机构、柬埔寨国家标准化机构、黑山国家标准化机构、塞尔维亚国家标准化机构、哈萨克斯坦国家标准化机构、吉尔吉斯斯坦国家标准化机构、乌兹别克斯坦国家标准化机构、塔吉克斯坦国家标准化机构、斯洛伐克国家标准化机构、马其顿国家标准化机构、土耳其国家标准化机构、安哥拉国家标准化机构、孟加拉国家标准化机构、布隆迪国家标准化机构、古巴国家标准化机构、马达加斯加国家标准化机构、缅甸国家标准化机构、尼泊尔国家标准化机构、尼日尔国家标准化机构、苏丹国家标准化机构、赞比亚国家标准化机构、白俄罗斯标准委、新加坡国家标准化机构、南亚区域标准组织（SARSO）等52次来访。

【重要来访】·田世宏会见德国经济与能源部司长

2016年3月14日，中国国家质检总局党组成员、国家标准化管理委员会主任田世宏会见来访的德国经济与能源部司长施诺（Stefan Schnorr）一行。中方介绍中国标准化改革、强制性标准整合精简、制造业标准化提升、标准联通“一带一路”等最新情况，德方通报开展“标准化2030”研究的最新情况。双方围绕开展中德电动汽车、智能制造/“工业4.0”标准化工作组相关工作，发挥中德标准化合作委员会机制作用，加强国际标准化领域合作以便利两国贸易等交流，就加强信息交流，开展标准互认达成共识。

·郭辉会见电气电子工程师学会标准协会首席执行官　2016年5月20日，中国国家标准化管理委员会副主任郭辉会见来访的电气电子工程师学会标准协会首席执行官康斯坦丁诺·卡拉卡琉斯一行，中方介绍中国标准化改革、推动实施标准化战略的工作近况，IEEE通报其专利政策改革的最新情况、中方与IEEE在教育领域开展的合作和中国企业参与IEEE的最新情况。双方围绕标准化教育、知识产权、专利领域、铁路标准化等议题进行交流，就加强信息交流、开展轨道交通电工电子国际标准化领域合作达成共识。

• 田世宏会见美国安全检测实验室公司首席运营官　2016年6月7日，中国国家质检总局党组成员、国家标准化管理委员会主任田世宏会见来访的美国安全检测实验室公司（UL）首席运营官克莱德·科夫曼一行，双方介绍各自标准化工作基本情况，就团体标准最佳实践、电动平衡车和锂电池安全标准合作等领域进行交流。

• 田世宏会见美国材料与试验协会总裁　2016年6月15日，中国国家质检总局党组成员、国家标准化管理委员会主任田世宏会见来访的美国材料与试验协会（ASTM）总裁唐建思一行，双方介绍各自标准化工作基本情况，就中国标准化改革、ASTM当选总裁和下一步合作等进行交流。中国国家标准化管理委员会副主任郭辉陪同参加会见。

• 郭辉会见美国商务部代表团　2016年9月28日，中国国家标准化管理委员会副主任郭辉会见来访的美国商务部副助理部长杜纬伦（Alan Turley）和美国贸易代表办公室助理贸易代表杜雄飞（Jeffrey Moon）一行，中美双方分别介绍工作近况，就中国标准化改革、标准化法修订等议题进行交流。

• 殷明汉会见国际自动机工程师学会全球主席　2016年12月5日，中国国家标准化管理委员会副主任殷明汉会见来访的国际自动机工程师学会（SAE）全球主席居内特·奥戈（Cuneyt L'Oge）一行，双方介绍各自标准化工作基本情况，就下一步合作进行探讨和交流。

• 郭辉会见美国国家标准化机构国际政策副总裁　2016年12月12日，中国国家标准化管理委员会副主任郭辉会见来访的美国国家标准化机构（ANSI）国际政策副总裁约瑟夫·特雷德勒（Mr. Joseph Tretler, Jr.）一行。双方介绍各自标准化工作最新情况，就中美标准化谅解备忘录、重点合作领域等有关议题进行探讨和务实交流，达成广泛共识。会后，ANSI国际政策副总裁约瑟夫·特雷德勒和ANSI项目经理马晓蕾做关于“美国标准化体系”和“美国标准制定程序”专题讲座。

【高访合作协议】2016年8月30日，在中共中央政治局常委、国务院副总理张高丽与沙特王储继承人兼第二副首相、国防大臣穆罕默德见证下，中国国家质检总局党组成员、国家标准化管理委员会主任田世宏与沙特标准计量质量局局长萨比在人民大会堂签署《中华人民共和国国家标准化管理委员会（SAC）与沙特阿拉伯王国国家标准化机构（SASO）技术合作协议》。

9月22日，中国国家标准化管理委员会与加拿大标准理事会在渥太华签署《中华人民共和国国家标准化管理委员会与加拿大标准理事会合作协议》。

9月29日，在中国国家主席习近平与来访的白俄罗斯总统卢卡申科见证下，中国国家质检总局副局长梅克保与白俄罗斯国家标准委员会主席那扎连科签署《中华人民共和国国家标准化管理委员会与白俄罗斯共和国国家标准化委员会合作协议》。

【ISO大会期间双多边活动】2016年8月29日—9月13日，中国国家标准化管理委员会与来自45个国家和地区标准化机构的129名代表举行22场双多边合作交流活动。期间，与沙特、俄罗斯、阿尔巴尼亚、波黑、柬埔寨、黑山、斯洛伐克、马其顿、塞尔维亚、土耳其、欧盟等国家和地区标准化机构签署11份标准化合作协议；与俄罗斯、巴西、南非等金砖国家标准化机构，与俄罗斯、哈萨克斯坦、吉尔吉斯斯坦、塔吉克斯坦等上合组织成员国标准化机构，与古巴、柬埔寨、塔吉克斯坦、马其顿、安哥拉、孟加拉、布隆迪、缅甸、尼泊尔、尼日尔、苏丹、马达加斯加、赞比亚等13个受资助不发达国家标准化机构进行多边座谈，就金砖国家标准化合作文件、上合组织成员国国家标准化机构合作重点领域以及开展标准化互联互通合作取得初步共识；与新加坡、沙特、肯尼亚、加拿大、美国、英国、德国、法国、欧盟、白俄罗斯等重点国家、地区标准化机构进行双边会谈，就重点领域合作交换意见。

【2016年区域标准化研究中心工作座谈会】2016年12月14日，国家标准委在北京组织召开区域标准化研究中心工作座谈会，国家标准委副主任郭辉出席会议并讲话。深圳、上海等区域标准化研究中心和相关标准化研究院的代表汇报2016年工作成果、2017年工作思路和发展规划，就标准国际化战略进行研讨和交流。郭辉肯定各区域标准化研究中心和相关标准化研究院取得的成绩，对下一步区域标准化研究中心的建设、管理以及重点工作提出要求。会议对区域标准化研究中心管理办法、国外标准化战略汇编等工作进行部署。

【中国-南亚标准化合作工作会议】2016年11月4—5日，首届中国-南亚标准化合作工作会议在四川成都召开。国际标准化组织（ISO）主席张晓刚，中国国家质检总局党组成员、国家标准化管理委员会主任田世宏，南亚区域标准组织（SARSO）秘书长赛义德·胡马雍·卡比尔（Syed Humayun Kabir）、成都市委副书记、代市长罗强等出席并致辞，中国国家标准化管理委员会副主任郭辉主持会议。来自中国和南亚国家相关部委、国家标准化机构、地方人民政府和标准化管理部门、驻华使馆、行业协会商会、科研院所、大专院校及企业的相关部门162名代表参加会议。

会议以“中国-南亚标准化合作新机遇”为主题，本着“加强合作、互相借鉴、共促发展”的原则，马尔代夫、尼泊尔、巴基斯坦、斯里兰卡、印度和孟加拉国等国家标准化机构及相关部门代表做主题发言，中国和南亚国家专家围绕“一带一路”建设、南亚地区技术型贸易壁垒与构建标准体系、标准化-非关税壁垒及质量控制、社区综合减灾救灾标准化探索与实践等共同关注的领域，开展交流。会议期间，田世宏与赛义德·胡马雍·卡比尔进行会谈，双方就签署标准化合作协议和推动中南务实合作达成共识。

【标准化内容写入《二十国集团贸易部长会议声明》】2016年7月，标准化内容首次写入贸易部长声明，载入G20峰会成果性文件。成员国一致同意“有能力的二十国集团成员将继续帮助发展中国家和中小企业采用并符合国际国内标准、技术法规和合格评定程序的能力”。

【参与ISO政策制定】2016年，中国国家质检总局党组成员、国家标准化管理委员会主任田世宏分别参加ISO理事会第99届、第100届、第101届和第102届会议以及第39届ISO大会。田世宏代表中国发言，对国际标准版权政策、商业模式、发展中国家事务等重大问题提出符合中国利益，反映和代表广大发展中国家的意愿和诉求的意见和建议；继续推动《ISO 2016—2020年战略规划》的实施；推动ISO在亚太地区设立新加坡办公室，提升亚太地区在ISO的影响；对秘书长应具备条件和选聘程序提出建设性意见；介绍2016年ISO大会筹备工作进展。

【张晓刚担任ISO主席】2016年，ISO主席张晓刚按照ISO主席的既定职责履职，推动ISO实施2016—2020年战略发展规划，主持包括第39届ISO大会、ISO理事会会议等多个ISO最高级别管理层会议，加强与ISO官员和成员代表交流、沟通与合作，推进ISO持续向前健康发展。

【国际标准化援外培训】为服务“一带一路”建设和中国装备、产能“走出去”，经向商务部、科技部申请，面向东盟、俄罗斯、中亚、捷克等亚欧国家以及拉美国家组织举办援外培训班8期，为67个国家267名官员开展培训，为深化与“一带一路”沿线国家标准化双多边合作，促进标准互联互通，发挥作用。

【国际标准化人才培训】推进国际标准化人才队伍建设，制定发布《国际标准化人才培训规划（2016—2020年）》，组织举办国际标准化综合知识培训、ISO秘书周培训、ISO/TC（SC）主席培训、IEC战略圆桌会、IEC综合知识培训近10期，培训人员近900人。

党团工作

【概况】2016年，在质检总局直属机关党委领导和国家标准委党组指导下，国家标准委党员干部以党的十八大和十八届五中、六中全会精神为指导，坚持全面从严治党，以开展“两学一做”学习教育为重点，以党建标准化为抓手，围绕“服务中心、建设队伍”两大核心任务，着力推进党的思想、组织、作风、反腐倡廉和制度建设，发挥机关党委的政治核心作用、党组织的战斗堡垒作用和党员的先锋模范作用，为实施标准化战略、深化标准化改革、推进“标准化+”行动提供政治保证。

【思想建设】印发《中国标准委党组关于在标准委全体党员中开展“学党章党规、学系列讲话，做合格党员”学习教育实施方案》，编制《“两学一做”学习教育实施规范》标准。以学习习近平总书记关于标准化重要论述、《国家标准化体系建设发展规划（2016—2020年）》、解读“十三五规划的基本思路和主要任务等为专题，举办8期青年学习论坛暨党组中心组学习（扩大）活动。分别在国家标准委网站、微信党建园地发送“两学一做”学习教育通讯70余条和160余条，营造浓厚学习教育氛围。组织各党支部根据既定目标和要求，开展主题党课及集中学习活动，开展主题党课及集中学习活动80余次，制作专题板报36期。2016年10月10日，国家标准委以“标准引领——做实做细做规范‘两学一做’学习教育”为题在全国质检直属系统“两学一做”学习教育交流推进会上做大会发言。组织参加质检总局直属机关党委举办的2016年党建和思想政治工作征文活动，6篇征文获奖。

【组织建设】2016年3月23日，国家标准委召开机关党员大会，选举产生新一届机关党委。11名同志当选机关党委委员。农业食品部、标准信息中心、退休干部等3个到期的党支部完成到期换届工作。农业食品部党支部获得中央国家机关先进基层党组织荣誉称号。在质检总局直属系统“两优一先”（优秀共产党员、优秀党务工作者、先进基层党组织）评选中，农业食品部党支部被评为先进基层党组织，综合部魏宏、工业二部马胜男被评为优秀共产党员，机关党委李晓东被评为先进党务工作者。4名同志被评为国家标准委优秀共产党员，3名同志被评为国家标准委优秀党务工作者，工业一部党支部、工业二部党支部被评为国家标准委先进基层党组织。

【作风建设】发布“合格党员从点滴做起”十条文明公约，内容为“爱党爱国，爱家厚德；严格自律，勇于担当；文明礼貌，首问负责；办公场所，整洁美观；厉行节约，崇俭戒奢；爱护公物，自觉维护；爱护环境，自觉环保；遵守交规，模范执行；维护工序，礼让他人；帮助别人，快乐自己。”成立国家标准委党员志愿服务队，队员35名。党员志愿服务队深入北京碧水源科技股份有限公司、北汽福田、乐视网等企业，开展志愿服务工作，指导标准化建设，受到帮扶企业好评。

【反腐倡廉建设】国家标准委党组首次与各党支部签订承担全面从严治党主体责任的责任书。在国家标准委党建工作领导小组成员单位范围内组织开展党风廉政建设年度自查自纠，聚焦党中央国务院领导批示落实、质检总局和国家标准委党组重大部署、全面从严治党和审计巡视问题整改。该项工作得到质检总局局长支树平的批示：“标准委党组认真落实‘两个责任’，主动开展党风廉政建设自查自纠，值得肯定。望结合‘两学一做’，进一步落实整改，提高水平，为加强党建工作，不断创造经验。”围绕“两学一做”学习教育，组织开展“人人动手选案例、以案促学求实效”活动，全委党员干部对照《中国共产党廉洁自律准则》和《中国共产党纪律处分条例》两部党内法规，搜集整理正反两方面典型案例126条。2016年9月27日，质检总局副局长梅克保对该项活动作出批示：“国家标准委机关党委开展‘人人动手选案例’活动，使党内法规学习更有成效，‘两学一做’更有特色，此项工作应予充分肯定。总局机关党委应认真总结推介，要注意用好正反两方面的典型，使‘两学一做’活动深入推进，扎实有效”。10月11日，梅克保在质检总局直属系统“两学一做”学习教育推进会上，再次对该项活动提出表扬。10月25日，国家标准委落实全面从严治党主体责任和监督责任工作经验在中央纪委驻工商总局纪检组座谈会上做交流发言。12月下旬，国家标准委“用好四种形态、加强风险防范”工作经验在全国质检直属系统部分单位工作会上做交流发言。

【制度建设】根据国家标准委的实际，研究制定《党风廉政建设工作约谈暂行办法》《运用“四种形态”会诊会商制度》《纪检线索处置管理暂行办法》，完善《党组议事规则》，修订《国家标准委党组贯彻落实<十八届中央政治局关于改进工作作风、密切联系群众的八项规定>及其实施细则的实施办法》，提出贯彻落实《中共质检总局党组、中纪委驻工商总局纪检组关于共同建立健全管党治党工作机制的办法》的具体措施，进一步扎紧织密管党治党的制度笼子，推动国家标准委全面从严治党走向严紧硬。

【党建标准化】2016年1月，经国家标准委党组会议研究，启动“以党建标准化提升党建科学化水平”研究项目，成立课题组，质检总局党组成员、国家标准委主任田世宏任组长、国家标准委纪检组长贾科任副组长，下设综合组、党建专家组、标准化专家组，李宣庆、徐彦军、杨泽世分任组长，中国标准化协会、中国航空综合技术研究所航协认证公司、中国标准化研究院服务所参与编制研究。8月，形成标准体系第一稿，至12月底，前后修改六稿。12月30日，国家标准委党组发文成立党建标准化工作组，将工作重点从标准编制转向试点应用，质检总局局长支树平、副局长梅克保等领导任顾问，田世宏任组长，于欣丽、贾科任副组长。12月16日，梅克保主持召开专家评审会，中央党史研究室原副主任谷安林，北京大学讲席教授、政府管理学院院长俞可平，中组部全国组工干部学院党委书记袁治平，《求是》杂志社副总编辑黄中平，《紫光阁》杂志社总编辑彭宏，中组部党建研究所副所长彭立兵，中央国家机关工委培训中心副主任马小兰及中央党校、国家行政学院等部门和单位的党建专家参与评审，认为国家标准委开展的党建标准化工作，是党的建设的重大创新，这套标准体系务实管用，具有很强的操作性和推广价值，一致予以通过。12月30日，国家标准委党组会议审议通过《国家标准化管理委员会机关全面从严治党标准体系》。该标准体系包括党组工作标准、机关党委工作标准、机关纪委工作标准、党支部工作标准、党员工作标准和机关党建考核标准6部分45个标准。既包含党员干部应知应会、必学必做的基本要求，又聚焦全面从严治党主题，突出六中全会落实全面从严治党这一重点，新增践行“四个意识”、加强和规范党内政治生活等标准。

【文化建设和工会工作】组织成立以安徽质监局为组长单位，山东省质监局、中国计量大学为副组长单位，中国标准化院和上海、安徽、山东、浙江、湖北、深圳等标准化研究机构为成员的课题组，开展标准化核心价值理念研究，并发动全委干部职工共同参与，初步确定“正方圆、齐万物、和天下”的标准化文化理念。组织委干部职工参加质检总局工会举办的直属机关第三届公文技能大赛，上报规划方案类、调研报告类、请示报告类、指导意见类、简报通报类、经验材料类、学习体会类等7类论文14篇。其中，1篇获一等奖，6篇获二等奖。参加“跟着共产党走——质检总局直属机关纪念中国共产党成立95周年暨红军长征胜利80周年文艺演出”，选送的配乐诗朗诵《太行山上》受到质检总局和在场观众一致好评。商国家认监委成立质检总局直属机关工会职工子女假期托管中心，解决委干部职工子女寒暑假无人看管的困难。牵头成立瑜伽协会，丰富委干部职工的业余生活。

标准信息化

【标准全文和制修订信息公开】按照深化标准化改革方案和国家标准委2016年工作任务要求，推进标准全文和制修订信息公开工作，编写《关于推进标准制修订过程信息和全文公开的工作方案》。按照《国务院标准化协调推进部际联席会第三次全体会议筹备方案》的要求，编制《推进国家标准公开工作实施方案》，根据国务院各相关部门的反馈意见对方案进行修改完善。

【强制性国家标准全文公开系统更新维护】及时跟踪国家标准公告，在强制性国家标准全文公开系统中更新题录和标准文本，每天对系统运行情况进行监控。全年，国家标准公告发布28次。用户访问量128.6万人次，月平均访问量约10.7万人次。

【信息化建设】2016年1月底，强制性标准整合精简工作平台正式上线运行，实现从标准目录及文本上传、查阅、评估结论填报及查询等数据信息管理，为强制性标准整合精简工作提供技术支撑。3月中旬，全过程生命周期管理系统投入使用，实现到期提醒、超期警示、全过程监控、委内工作考核等功能，为实现国家标准科学管理，缩短审批周期提供技术支撑。12月，技术委员会电子投票系统正式启用，实现委员在线审查项目及表决。

【标准信息国际合作】2016年，与瑞典、英国、蒙古、韩国等国家标准化机构沟通开展标准信息合作，与法国、德国签署标准销售合作协议。

标准审评

【国家标准立项评估】2016年首次全面实施立项评估工作，全年评估申报项目2437项，通过1152项，不通过1285项，评估通过率为47.3%。通过的项目中，89个为重大项目，占比7.7%；707个为基础通用项目，占比61.4 %，其余为一般项目，占比30.9%。

【技术委员会考核评估】为加强全国专业标准化技术委员会管理，促进技术委员会规范运行，提升技术委员会工作能力和管理水平，组织开展全国专业标准化技术委员会考核评估工作。考核评估工作围绕技术委员会承担标准制修订任务、日常管理和组织参与国际标准化工作等3方面内容进行。2016年纳入考核评估范围的技术委员会为50个，经评估，获一级的技术委员会7个，占总数的14%；获二级的技术委员会20个，占总数的40%；获三级的技术委员会13个，占总数的26%；三级以下的技术委员会10个，占总数的20%。

【国家标准实施效果评价】2016年，确定山东、江苏、浙江、内蒙古、青岛承担国家标准实施效果评价试点工作。组织对儿童家具、家电、肥料、橡胶轮胎、纺织品、新材料等实施3年以上的11项重要国家标准开展实施效果评价工作，对国家标准的实施情况和效果开展调查，结合监督抽查、执法检查、检验检测等结果对标准实施后的相关信息进行处理分析和研究，全面掌握标准实施情况，形成试点工作报告和标准实施效果评价报告。

【国家标准审核】2016年，接收报批标准3082项，完成审核2106项。推进国家标准制修订工作无纸化，推行技术委员会投票电子化，创新“编审合一”新模式。

标准化科研

【概况】2016年，中国标准化研究院在质检总局、国家标准委领导下，学习贯彻党的十八大，十八届三中、四中、五中、六中全会，中央经济工作会议和全国质检工作会议精神，坚定“抓管理、带队伍、促科研、拓市场、强基础”，推进各项事业。结合中国标准化研究院“十三五”规划实施，分析把握国家科技计划改革动向，申报立项 NQI 重点专项 8 项，总经费 9180 万元。年内，2017 年牵头的 11 项重点研发项目全部通过首轮形式审查。

【科研工作】2016 年，中国标准化研究院完成“十二五”项目收官。“十二五”期间，牵头承担国家科技支撑计划项目 8 个，承担和组织课题 43 个，纵向项目总经费 1.3 亿余元。基本形成“技术研发—标准研制—系统开发—应用示范—产业化发展—市场开拓”的发展路径。

科学合理设置院长基金项目，支持科技成果转化成效明显，获得横收益超过 500 万元，出现政府热线服务绩效评价研究、感官评价比对实验方法研究等成功案例。在财政部组织的对近三年中央财政科研经费绩效考评工作中，中国标准化研究院在项目组织管理、科研成果产出等多方面均得到专家高度认可，从 2016 年起中央基本科研业务经费额度由 980 万元提升到 1960 万元。

参与的城市循环经济发展共性技术开发与应用研究获得 2016 年度国家科技进步奖二等奖；获得省部级奖 8 项；发表科技论文 219 篇，其中 SCI 18 篇、EI 50 篇、ISTP 30 篇，出版科技著作 28 部，软件著作权 105 项，发明专利授权 13 项。设立并评出首届院科技进步奖，其中一等奖 2 项、二等奖 4 项、三等奖 4 项。

截至年底，牵头研制国际标准 23 项，在国际组织中承担关键职务 23 个（年内新增 1 个），承担 ISO/IEC 技术对口委员会秘书处累计 46 个（年内新增 1 个），申请中 2 个。在低碳环保、汽车召回、标准销售等领域签署国际合作协议 5 项；申报政府资助国际合作项目 3 项。作为第 39 届 ISO 大会协办单位之一，支持大会筹委会的顶层设计以及各工作组具体工作，2 个部门（单位）获得第 39 届 ISO 大会突出贡献集体奖、14 人获得大会突出贡献个人奖。

【政府支撑工作】2016 年，中国标准化研究院完成缺陷产品召回技术支撑工作，全年汽车召回突破 1100 万辆，受中心调查影响占 75%；消费品召回次数和数量同比增长 131% 和 823%，处置宜家抽屉柜、三星 Note7 手机等有重大影响的产品安全事件；汽车三包第三方争议处理试点研究取得实质性进展；缺陷信息监测全年收集投诉 2.6 万例，缺陷线索有效率超过 50%。开展许可证审查，全年审查 5776 家企业申请材料；贯彻落实国务院“放管服”改革精神，支撑质检总局开展生产许可证改革调研及相关理论研究工作；研制的许可证电子审批系统实现对全国申证企业的全流程在线“阳光审批”。探索全新业务领域努力围绕“许可证审查 + 产品质量监督抽查”业务开展大数据的理论研究与实践探索，有关工作初具成效。支撑国家标准委开展国家标准立项评估工作，完成 6 批次推荐性国家标准立项评估工作，接收备案地方标准 1749 项，接收备案行业标准 2376 项，承担企业标准自我声明第三方评价有关工作；开展两批 74 个技术委员会考核评估试点工作。

加大对政府部门的支持和服务力度，支撑《深化标准化工作改革方案》《消费品标准与质量提升规划（2016—2020 年）》两项专项规划正式颁布实施；开展《中华人民共和国标准化法》修订中核心问题的立法研究和意见处理论证；支撑中央政法委和中央综治办开展综治标准体系研究，牵头综治基础数据和综治中心建设 2 项标准研制工作；受中央编办、国家标准委和国务院审改办委托，发布实施《行政许可标准化指引》，全面推进行政许可标准化工作；支撑质检总局开展政府质量工作绩效考核工作，参与撰写《2014—2015 年度关于省级政府质量工作考核情况的报告》。加强消费品质量安全风险监测体系建设工作，完善“国内消费品质量安全风险快速预警系统”，参与起草《2016 重点服务质量监测报告》；支撑发展改革委、质检总局完成《能源效率标识管理办法》修订，为发展改革委等 4 部委研究制定《水效标识管理办法》提供支持，推进能效、水效“领跑者”制度的研究和实施；支撑质检总局食品安全监管和地理标志保护工作，为食品药品监管总局创新监管方式提供技术支持，开展《食品生产风险分级管理制度研究》，起草的《食品生产经营风险分级管理办法》由食品药品监管总局正式发布。支撑国家标准委实施强制性标准整合精简、推荐性标准集中复审工作，支撑国家标准委制定《关于培育和发展团体标准的指导意见》，建成全国团体标准信息平台并正式运行，截至年底，330 家社会团体在平台注册。

【市场服务】2016 年 6 月 20 日，中国标准化研究院与全联环境服务业商会在北京举行环保产业科技合作协议签约仪式，正式建立在环保产业相关国家标准和团体标准研制、试点推进、环保服务评价等领域长期共同发展的战略合作关系。双方将建立战略合作关系，以改善环境质量为聚焦点，以推动标准研制及试点示范工作为落脚点，以促进环保产业健康发展为着力点，为政府及企业提供标准化服务及智力支持，提升大气、水、土壤三大领域环境治理能力，引领中国产业绿色转型。

9 月 29 日，由中国标准化研究院和国家科技评估中心共同主办的“标准与科技评估高端研讨会”在北京召开。双方在研讨会上签订战略合作协议，将在协议框架下展开一系列标准与科技评估领域的合作，加强标准与科技评估深度融合、创新发展。

12 月 9 日，中国标准化研究院与广东佛山北滘镇人民政府的科技合作协议签约仪式在北滘镇的“2016 中国工业设计活动日”现场举行。双方将推动工效学标准化与工业设计相结合。12 月 18 日，中国标准化研究院与德国联邦交通研究所在北京签署《中国标准化研究院与德国联邦交通研究所谅解备忘录——道路交通事故深度研究领域》。双方将围绕车辆事故深度调查，通过多种形式开展事故数据收集与分析、事故信息共享、车辆安全研究、与全球车辆事故数据体系接轨等方面的合作。

【实验研究】2016 年，中国标准化研究院以获批 1 个重点实验室和 2 个工程技术研究中心为契机，落实中国标准化研究院"十三五"实验室专项规划，形成人类工效学优化"人—机—环"系统整体效能，逐步提供多种测试环境和测试手段，能效、水效工程技术中心开展产品环境工效学测试评价和绿色产品性能评价研究，提升用能用水产品质量和效能，促进科学、高效利用；消费品缺陷工程分析与安全评估工程技术研究中心开展燃气热水器、儿童滑板车、宜家抽屉柜倾倒、手机爆炸等缺陷工程分析测试，所取得的实验数据有效支撑消费预警发布工作。完善实验室环境，设备使用更加规范。完成 2015 年技改及修购项目仪器设备的绩效评价，开展实验室相关人员多次培训。探索开放共享，推进仪器设备在线共享服务系统。对院仪器设备调查摸底，完成系统在院服务器上的部署和访问，为仪器设备对外技术服务提供基础支撑。

【独立法人机构持续发展】2016 年，中国标准科技集团完善制度抓精细化管理，适应经济新常态的变化，顺应国企改革新形势，核心竞争领域稳定增长。截至年底，集团营业收入增长 29.93%，净利润增长 6.53%。成立中标集团标准化事务所，协助筹建全国标准化创新战略联盟，组建全国标准化专家库，推出全国标准化服务创新平台，筹建标准化创新基金。标新科技持续培育开发电商贸易业务，创新培育实验室认可咨询服务。中标能效支撑国家认监委"中国绿色产品"合格评定体系建设。中标防伪开发的"CC 商码"产品质量追溯管理服务平台项目荣获"2016 中国标签产业技术创新奖"。情报协会在突出情报专业的基础上，以情报信息、舆情分析为抓手，探索多样化发展。

标准出版

【概况】2016 年，中国质检出版社发稿国家标准 2858 项，行业标准 1497 项，地方标准 249 项。出版国家标准 2381 项，行业标准 2264 项，地方标准 258 项。开发团体标准 167 项，出版 76 项。出版《中国国家标准汇编》制定卷 20 种，《中国国家标准汇编》修订卷 19 种。整理归档标准档案 4011 件。

【标准审查】2016 年，中国质检出版社审查国家标准 1228 项，复核 1245 项，终核 1228 项。全面梳理、监管标准审核和编辑流程，严格执行标准报批稿三级审核制度和稿件三审责任制度，实现"审编合一"全流程人员协调管理，质量、周期全过程监控。建立健全全过程监控机制、流程优化机制、质量与风险管理机制、预警机制、急件及重大项目的快速通道机制、重要标准及重大问题的集中决策机制、部门间沟通机制、培训与交流机制等，确保国家标准审编工作顺利推进。完善涉及审查实施方案、机构人员管理、规范流程和职责要求、质量与风险管理、应急管理、技术规范等方面的制度文件 20 余项。举办标准业务讲堂系列培训 2 期。

【标准发行】2016 年，中国质检出版社新建标准资源远程投送系统站点 17 个，全国总计部署站点 160 个，实现各省（自治区、直辖市）省会城市以及大中型城市全覆盖。开展针对国际国外标准、非本社出版行业标准的代理销售和代购服务，为各地发行站点和经销商提供多种类、多形式的标准资源及服务。组织召开质检系统标准资源项目合作专题会议，为各地标准化研究院量身打造合作内容。召开标准图书资源供给侧改革座谈会，推动各地发行站点开展经营管理体制机制和质量标准图书资源供给侧改革。

【标准数字化】2016 年，中国质检出版社完成 6319 项标准电子文档制作工作。加工整理韩国、日本新增标准 860 项，修改题录 18235 项，国内外标准资源累计近 14 万项。对中国标准在线服务网、质检知识文库、ERP 管理系统等业务数据进行整合，对中国标准在线服务网、标准全文数据库、标准全文移动阅读系统进行升级，进一步完善相关功能。为食品安全国家标准和有色、医药、林业等行业标准以及西藏、江苏等地方标准制定单位提供标准文本数字出版服务。与 IHS 公司签署标准资源合作备忘录，拓展双方合作共赢领域。标准资源远程投送系统建设项目和标准按需出版环保印刷设备升级改造项目通过结项验收。

【标准版权保护】2016 年，中国质检出版社协调相关行政执法部门对长沙、重庆等地违规销售标准及盗版标准数据库的行为进行查处。与万方数据、IHS

公司等单位开展标准版权合作。组织召开标准出版机构自律维权发展联盟专题工作会，加强和改进秘书处工作。中国正版标准信息服务平台和“标发联”微信公众号上线运行。协助国家标准委开展与新加坡标准合作等相关工作。

【标准宣贯】2016年，中国质检出版社围绕质量管理体系系列标准以及能源、环境、食品安全、消费品安全等领域重点标准的宣贯，组织出版标准汇编、标准实施指南、标准宣贯教材、标准应用手册、标准普及读物等图书近200种。出版《中国标准导报》12期。举办标准宣贯及标准化相关培训班19期，培训学员1100余人。“标准化服务产业培育”入选国家标准委第一批标准化服务业试点项目。

【“书香质检·质量课堂”活动】2016年，中国质检出版社分别与天津出入境检验检疫局、陕西省质量技术监督局、黑龙江省质量技术监督局、江苏出入境检验检疫局联合举办4期质量课堂，向公众普及质量标准知识。活动邀请相关专家围绕标准与生活，向近千名社会公众讲解标准化基础知识以及与人们日常生活密切相关的标准知识。

【标准出版机构自律维权发展联盟工作专题会】2016年3月25日，标准出版机构自律维权发展联盟工作专题会在北京召开。会议对国务院发布的《深化标准化工作改革方案》和国务院法制办公布的《中华人民共和国标准化法(修订草案征求意见稿)》进行简要介绍，提出“标发联”改革方案、“标发联”工作规划和完善“标发联”秘书处工作的设想。参会代表介绍各单位在标准出版、发行以及标准数字化平台建设等方面的情况，提出完善标准版权保护机制的工作建议。

【标准图书资源供给侧改革座谈会】2016年7月5日，标准图书资源供给侧改革座谈会在哈尔滨举行。来自全国各地标准化研究院的负责人围绕标准图书资源供给侧改革交流经验，提出意见建议。

【“发扬长征精神　标准联通世界”赠书活动】2016年10月14日，由标准出版机构自律维权发展联盟和陕西出入境检验检疫局、陕西省质量技术监督局主办的“发扬长征精神　标准联通世界”赠书活动在陕西省图书馆举行。在捐赠仪式上，以中国质检出版社为理事长单位的“标发联”17家出版社以及陕西出入境检验检疫局、陕西省质量技术监督局联合向陕西省图书馆和延安市图书馆赠送价值40万元的图书。

【标准资源远程投送系统项目发展研讨会】2016年10月24—28日，应日本柯尼卡美能达公司邀请并经质检总局批准，中国质检出版社派员赴日本参加标准资源远程投送系统项目发展研讨会。出访期间，中国质检出版社团组参观柯尼卡美能达公司总部及分布在东京和大阪的产品展厅，详细了解柯尼卡美能达公司生产的从桌面机到大型生产型设备的全系列印刷设备，与柯尼卡美能达公司就标准资源远程投送系统印刷设备软件开发、售后服务、价格等具体事宜进行谈判。

【《中国标准导报》更名】2016年7月13日，经质检总局同意并报新闻出版广电总局批准，由中国质检出版社主办的《中国标准导报》更名为《中国质量与标准导报》。

标准化协会工作

【概况】2016年，中国标准化协会发挥协会宣传与服务标准化工作以及社会组织的桥梁和纽带作用，重点打造标准技术、培训教育、会员服务、产业经济四大功能板块。

是年，中国标准化协会作为协办单位参与在北京举办的第39届ISO大会的会务组织服务和翻译等工作，多名参与工作的协会工作人员会后受到表彰。协助组织PASC第55次执委会会议等活动，受到中外代表的一致好评。

【标准化学术交流活动】2016年4月，中国标准化协会与北京大学技术传播协会联合举办第5期“技术传播沙龙”，50余名代表参加，研讨理论方法，分享实践成果，促进技术传播工作的推广。5月，与中国翻译协会本地化服务委员会和北京大学软件与微电子学院共同举办第五届计算机辅助翻译与技术传播大赛决赛，邀请全国各高校和韩国、荷兰与德国高校的选手参赛。6月，举办首届中国技术传播论坛，90名代表参会，会上组织“技术传播论坛企业行活动”，参观考察知名企业，就企业技术传播工作现状与管理等问题与企业高层座谈交流，分享经验，洽谈合作。9月，举办第18届中国科协年会第4分会场“技术传播与本地化服务”国际研讨会，110余名代表参会。研讨会设立技术信息传播优秀团体/人物颁奖、主题演讲、企业作品展示及咨询交流等4个环节，搭建交流平台。10月，举办第十三届中国标准化论坛，论坛主题为“标准化助力供给侧结构性改革与创新”，聚焦“标准化新政策、新机制”“标准化助力新技术及产业发展”“标准化·信息化·数据化”等3个议题，450余人参会，国际标准化组织（ISO）主席张晓刚发来贺信。论坛首次颁发2016年度中国标准化助力奖和论坛征文优秀论文奖。论坛采用“1+2”形式举办，即：1个论坛，第13届中国标准化论坛；2个活动，包括“标准化服务山东”和“标准化走进校园”。继续采取“主论坛+分论坛”的方式实施，包括1个主论坛和“化工标准化分论坛”“团体标准分论坛”“中国传统工艺标准化论坛”“中国仓储标准化论坛”“羊绒产业标准化论坛”等5个分论坛。

【技术研究与实践应用】2016年，中国标准化协会参与和承担国家标准委推动的团体标准试点工作，在团体标准工作机制文件、运行模式、标准推广应用等各个环节开展试点探索。承担该试点工作参与单位间的工作群召集工作，推动各试点单位间的交流和协作，支撑国家标准委等相关部门对试点工作的协调和管理等工作。在《中华人民共和国标准化法（修正案）》征求意见的工作中，组织试点单位专题研讨草案内容并提出相关意见。承担或参与《重要农产品中不同类型标准样品研究》等质检公益性行业科研项目。完成《团体标准的结构与编写指南》等27项协会标准的立项，发布《技术传播术语对照表》等9项。截至年底，协会标准累计立项180项，制定发布150项。

【标准化技术委员会建设】中国标准化协会承担5个全国标准化专业技术委员会秘书处，全国标准样品技术委员会2016年组织上报79项标样研复制计划，组织召开312项标样评审会，审查报批218项标样；组织开展GB/T 15000系列标准的修订工作，以及ISO G31和ISO G80标准的翻译工作；启动并推进国家标准样品数字馆建设工作。

全国雷电防护标准化技术委员会完成等同转化IEC 62561《雷电防护系统部件》系列8项国家标准，组织开展2期雷电防护系列标准宣贯培训。

全国洁净室及相关受控环境标准化技术委员会牵头开展《洁净室能源管理》IEC标准制定，制定医院洁净环境方面4项国家标准，开展“洁净室及相关受控环境节能标准研究与制定”课题研究。

全国原产地域产品标准化工作组开展4项国家标准的修订工作，根据国家标准委的要求，组织开展147项推荐性国家标准的清理工作。

继续研制测试家用燃气热效率的标准器，广泛应用于生产、检验、评价工作。

【标准化培训与科普】2016年，中国标准化协会组织各类培训班28期，培训2800余人。开展会校联合高端人才培训项目，在中国计量大学举办2期“标准化技能高端人才”基础和应用培训班，由中国计量大学教授和国内标准化专家近10位老师授课，培训198人；组织技术传播国际研修班，联合德国技术传播协会、国内高校组织约40人一周培训课；深入大型企业集团培训，继续深入京能集团、奔驰公司等企业开展知识培训和专题讲座，根据会员群体、社会群体对标准化的需求，组织专家、设计课程，开展形式多样的培训。

深入校园开展标准化普及。10月，中国标准化协会分别在中国计量大学和山东大学设立“中国标准化协会学生会员工作站”，推进标准科普走进校园活动。利用《中国标准化》《China Standardization》《标准科学》《标准生活》《产品安全与召回》等5本杂志，以打造精品技术刊物为目标，按市场经济规律规范运作，提高杂志采编质量和可读性，发挥标准化宣传报道和知识科普的主流媒体作用。

【国际交流与合作】2016年，中国标准化协会随国家标准委参加第十五届东北亚标准合作会议，会上签署《第十五届东北亚标准合作会议决议》，中日韩三国将继续在标准化领域开展务实合作。参加2016年日本技术传播研讨会暨2016年技术传播国际圆桌会议，通过参会交流，学习日本等其他国家技术传播领域先进知识及组织推广形式，与全球技术传播领域专家交流。作为中国秘书处，组织参加第39届太平洋地区标准大会（PASC）及第54届PASC执委会（PASC/EC）以及在德国举办的私营可持续标准德国研讨会。

【方圆认证业务】2016年，中国标准化协会重组构建方圆标志认证检验检测集团工作取得进展，方圆集团和广电计量合资成立方广检测认证公司，正式取得相关资质并投入运营。

组织机构代码管理

【概况】2016年1月起，根据国务院2015年发布的《关于批转发展改革委等部门法人和其他组织统一社会信用代码制度建设总体方案的通知》，全国组织机构代码管理中心的职能发生改革和调整。其新的职能定位为：协助国家标准委和登记管理部门制定统一代码国家标准；管理统一代码资源；建设和运行维护统一代码数据库；为各政府部门提供信息服务；加强统一代码赋码后的校核工作，会同登记管理部门建立统一代码重错码核查和信息共享机制，定期通报赋码和信息回传情况。

是年，全国组织机构代码管理中心在质检总局、国家标准委领导下，围绕“改革促发展”主题，全力参与统一社会信用代码制度建设，完成各项工作任务。

【统一社会信用代码制度建设】2016 年，全国组织机构代码管理中心完成预赋码段工作。截至年底，向中央编办、工商总局、民政部、全国总工会、外交部、旅游局、司法部、宗教局、中国贸促会等 12 家登记管理部门预赋 5 年内足量码段，预赋码数量约2.17 亿。

年内，全国组织机构代码系统关停全国代码办证窗口，不再发放代码证书并取消收费。按照国务院文件和质检总局相关要求，代码中心分 2 批完成停发代码证书及取消收费工作。协商发展改革委有关司局召开 10 余个部门的协调会，在各部门达成共识的基础上，质检总局正式发文明确要求，从 2016 年 1 月 1 日起，不再向机关、事业单位、社会团体及其他依法成立的机构发放和更换组织机构代码证书，全国代码系统办证窗口正式关闭。

开展数据回传接收工作。全国代码系统与登记部门沟通协调，创造条件，落实统一代码数据回传工作。截至年底，接收各登记管理部门回传统一社会信用代码数据约 2097 万，其中含新增机构数据约 820 万。结合各省统一社会信用代码数据回传情况，完成全国 31 个省级代码机构统一社会信用代码数据上报接收系统的升级与切换工作，保证省级代码机构接收到省级工商等部门回传的统一社会信用代码数据能够及时、不重、不漏地归集到国家组织机构管理部门，实现从组织机构代码采集数据上报接收到统一社会信用代码回传数据上报接收的平稳过渡。

加强统一代码校核工作，建立核查通报机制。为落实国务院文件关于赋码后信息校核的相关要求，开展统一代码信息校核基础工作，印发《统一代码信息校核规范》，从重错码校核、回传信息质量审核和信息回传及时性和完整性方面设置校核规则，形成信息校核工作的基础和依据，对质疑信息开展人工校核工作，将校核结果进一步精准化，建成国家与省级联动的统一代码信息校核体系。

初步建成统一代码中央数据库。在做好数据回传和数据校核得基础上，以接收的统一社会信用代码回传数据为基础开始建设包含 2097 万数据的法人和其他组织统一社会信用代码基础数据库。

全面开展统一代码法规与标准工作。推进统一社会信用代码系列国家标准的制定工作，完善《统一社会信用代码编码规则》《赋码操作规范》《基础数据元》《数据交换接口》《数据管理规范》等 5 项国家标准草案。强制性国家标准 GB 32100—2015《法人和其他组织统一社会信用代码编码规则》于 2015 年 9 月正式发布后，于 2016 年 4 月发布其第 1 号修改单，《赋码操作规范》于 2016 年 7 月上报国家标准委；《基础数据元》《数据交换接口》和《数据管理规范》于 2016 年 9 月上报国家标准委。

做好代码应用服务工作，推进统一代码在多个政府部门的应用。7 月，促成最高人民法院与质检总局联合发文《关于加强统一社会信用代码信息共享的通知》，明确与最高人民法院执行局的沟通机制和交换流程，授权安全访问机制，保证代码共享平台在全国法院机关的正常使用。9 月，与商务部外国投资管理司联合签署《关于建立外商投资企业信息共享机制的合作备忘录》，实现双方外商投资企业的存量信息校核和定期交换机制。完成与统计局、民政部、最高人民法院、人力资源社会保障部、证监会、水利部、中国互联网协会、国土资源部、商务部、国际检验检疫标准与技术法规研究中心、中国标准化研究院等 11 个部委办局 24 个批次数据比对工作，全年比对数据量 2793 万条。

【代码管理体制改革】2016 年，全国组织机构代码管理中心开展代码中心内管理体制改革探索，启动职能内设机构调整工作，形成全国代码中心更名和职能调整方案草案，报质检总局人事司。

创新技术手段，服务质检总局和国家标准委的工作大局，为质检总局企业质量信用平台和国家标准委的企业标准备案公示平台提供技术支撑。在全国各级质检系统开展全国企业质量信用档案数据库工作，截至年底，全国企业质量信用档案数据库供采集信息记录 117 万条。企业产品标准信息公共服务平台和企业产品标准自我声明公开系统运行平稳。平台有 67934 家企业上报信息，涉及 246805 条标准，涵盖 400975 种产品，平台总访问量 50844669 次。截至年底，进行网络在线咨询、电话咨询、问题解答以及错误反馈处理等工作总量超过 1.5 万次。

物品编码管理

【核心业务标准化改革】2016 年，中国物品编码中心实施物品编码相关法规，强化合同管理，提高工作效率，完善考核激励机制，提升业务办理水平；开展基础服务，确保注册、续展、培训、咨询、质量保证等基础服务落实到位，提高用户满意度；顺应国家经济发展形势，推动商品条码在零售、服装、建材、医疗卫生、食品安全、物流供应链等传统领域的应用；加强商品条码在电子商务和移动商务领域的应用，促进核心业务发展。截至年底，系统成员保有量29万家，国内使用商品条码的商品总数达上亿种，覆盖国民经济诸多行业领域。

【数据资源标准化建设】2016年，中国物品编码中心推进商品数据采集，加大投入、建立动态监测机制、拓展应用领域，多措并举提升数据采集广度与深度，全年采集数据1447万条，数据总量6123万，市场覆盖率提升至70%；着力提升商品数据质量，加强缺失数据资源补录，建设源数据服务工作室，基本形成商品数据质量提升工作模式。全年完善缺失数据208万条，建成源数据服务工作室18家，积累高质量数据数万条。

【社会经济标准化服务】2016年，中国物品编码中心围绕质检总局和国家标准委整体工作部署，发挥自身优势，服务质检，服务中国产品质量提升。加快实施两个物联网应用示范工程，为6000余家食用油、化妆品、农资企业提供质量安全追溯服务，为北京、南京、杭州等6个城市开展特种设备安全监管提供物联网技术服务；为1000余家乳制品、白酒、家用电器和儿童玩具企业建立信用数据档案，以物品编码管理为溯源手段的质量信用评价体系基本建成；服务国家品牌建设，开发“品牌评价结果全国统一发布平台”，建设完善“中国国家品牌网”和“品牌国际网”；落实“互联网＋质检”行动计划，提交产品数据2772万条、企业数据11万条、追溯数据4794条；服务质检总局科研工作，在国家质量基础共性技术研究与应用专项申报工作中做出贡献。

服务相关政府部门。与食品药品监管总局合作共同推出“食安查”软件，日扫码量200万次；为地方工商、药监等政府部门产品监管提供基础数据支持，日查询量300万条；向广东、江苏等10余个省市食药部门提供数据服务，全年同步数据8000万条；帮助广东食药监追溯平台实现1.5亿条追溯数据查询。制定个性化、定制化编码解决方案，为最高人民检察院、发展改革委等政府机关、事业单位提供编码技术服务。支持成都市政府建设食品安全监测预警数据中心，实现食品安全风险评估预警和舆情热点趋势预测。支持银川市政府“智慧银川一卡通”项目建设，为地方政务工作提供技术支持。

服务行业企业。结合行业领域特点，围绕降低企业成本，提高供应链运行效率，扩大营销渠道，提升服务企业能力。继续发挥商品条码“身份证”作用，推动阿里巴巴与全球13个国家开展数据合作，实现80余万种商品信息互认，促进对外贸易和商品流通便利化，服务“中国制造”走向世界。履行“服务清单”承诺内容，为成员企业提供多渠道、多层次、全方位的教育培训、技术咨询和质量保证等基础服务，全年解决技术和业务办理问题12万人次，提供检验和校准服务8000余次，保障企业用户用好条码。与沃尔玛开展国内数据同步服务，促进零售行业数据标准化和转型发展。通过国家条码和射频识别质检中心为企业开展条码、RFID产品研发测试，帮助企业提高产品研发速度，降低研发成本。

服务社会民生。与京东、沃尔玛等电商平台建立战略合作，开展食品、生鲜、地方特色产品追溯。围绕消费者对产品质量追溯和信息查询需求，与淘宝、京东、百度等企业合作，打造“扫条码·放心购”“年货节”“商品百科词条”等应用。推进“条码微站”“条码追溯”“一扫通”等产品应用，条码追溯APP软件可查询的商品数据覆盖率75%。联合8家大型医院发出全球统一标识系统即全球物品编码协会（GS1）标准使用倡议，加快药品、医疗器械等产品的商品条码应用。协调麦当劳、可口可乐、强生、麦德龙、雀巢等知名企业，开展跨境产品追溯。联合浙江、山东等汽车制造大省有关部门，持续推进汽车维修行业及后市场统一编码应用。

【科研实力标准化】2016年，中国物品编码中心以促进物品编码核心业务发展为宗旨，以技术创新为抓手，形成一批科研成果。承担国家质量基础（NQI）、国家电子商务示范城市试点、军民标准通用工程等重大国家项目。落实国务院《深化标准化工作改革方案》，推动“标准走出去”战略，推动中国重要产品追溯标准化体系建设和产品质量诚信标准体系建设工作，加快电子商务质量信用标准体系建设，促进国内消费品质量安全水平提升。加大与ISO/IEC JTC1、AIM Global等国际标准化机构的沟通，推进汉信码、射频识别空中接口协议等ISO标准进程。按照国家标准委要求，贯彻落实国务院《强制性标准整合精简工作方案》，完成SAC/TC267、SAC/TC287和SC31归口强制性标准的精简整合、推荐性标准的清理整顿，优化物品编码技术标准体系。加强与国内行业和企业合作，推进物品编码、商品二维码、物联网、物流信息、产品追溯、电子商务、军民通用资源信息数据对接等技术标准的研究，制定统一协调、兼具通用性科学性的国家标准、行业标准和团体标准。

全年，在研和完成的发展改革委、科技部、工业和信息化部、质检总局、国家标准委及省市各类科研项目119项，自主知识产权创新成果14项，在研国家、地方标准项目127项，申报国际标准1项。

【编码标准国际化合作】2016年，中国物品编码中心在全球电子商务领域，继续深化与国际组织和跨国企业的合作交流，促成GS1与阿里巴巴集团共同发起全球数据同步联合倡议，引领商品数据全球应用；作为亚太地区领头羊，与香港、印度尼西亚、印度、澳大利亚等8个GS1成员组织就建设亚太地区商品数据中心确定初步系统方案，落实APEC“基于全球标准实现跨境产品追溯”倡议；在编码技术研究方面，参与GS1 GSMP中包括医疗、电子商务、食品安全等重点领域在内的32个标准工作组的标准研发。

参加物品编码国际化工作，接待GS1总部、德国、美国、法国、马来西亚、新加坡、泰国、印度尼西亚等国际组织及相关企业来访，分享中国物品编码工作经验；举办第30届GS1医疗大会、第42届国际SC31第一工作组会议，得到国际组织认可；成为全球食品安全倡议的顾问单位，提出食品安全追溯领域采用统一编码的建议。加入GS1管理委员会，实质性参与GS1全球战略和运营决策。

【机构改革】2016年，中国物品编码中心落实中央分类推进事业单位改革指导意见，推进改革工作，明确改革各项任务，提高风险防范意识。加强顶层设计，编制改革草案。委托中国人事科学研究院开展调研，编制完成《中国物品编码中心转制工作方案》草案。探索分支机构管理新模式。完善《分支机构管理办法》，助力相关分支机构对新的工作模式进行探索。截至年底，除传统院所模式外，有独立法人机构、民办非企业法人单位、公司等市场化运作模式，多样化发展态势更加明显。

【组织机构代码宣传工作】2016年，中国物品编码中心以重大活动为契机，全面开展宣传工作。发挥《条码与信息系统》、《中国自动识别技术》、《中国质量报》、中新网等媒体宣传作用，开展“3·15”“世界标准日”“物品编码走进超市”主题活动；发挥中国自动识别技术协会、中国条码技术与应用协会、中国ECR委员会和地方行业协会的桥梁作用，举办第十四届中国ECR大会、“标签连接中国·服务千县万企”公益活动，推动GS1标准体系由大型企业向中小微企业、农村电商等供应链上下游延伸；扩大编码中心和各地分支机构网站的宣传作用，提升编码中心等微信公众号的影响力，中国物品编码中心网站成为物品编码与自动识别技术领域的宣传阵地，全年用户点击率突破2.08亿。

行政主管部门标准化工作

工业和信息化部

【概况】2016年，工业和通信业标准化工作贯彻落实《国务院深化标准化工作改革方案》和《2016年部工作要点》的要求，一手抓强制性标准整合精简、推荐性标准集中复审、培育发展团体标准等各项标准化改革措施的落实；一手抓产业发展急需标准的制定和重点领域标准化工作的综合推进。工业通信业标准体系不断完善，标准的技术水平和国际化水平不断提升，为工业通信业的健康持续发展提供技术支撑和保障。

【工业和通信业标准制修订】2016年，工业和信息化部继续坚持“重点突破、整体提升”的工作思路，围绕产业生态链部署标准体系建设，按照标准体系加快重点和技术公益类标准制定。全年安排1969项行业标准制修订计划。其中，围绕制造强国、网络强国的战略部署和部相关重点工作需要，安排重点项目和基础公益类项目767项，涉及新材料、基础零部件、特种加工机床、环保机械、光伏、锂离子电池、移动互联网、网络与信息安全等重点领域。全年批准发布2275项行业标准，其中新制定标准1627项、占71.5%，修订标准648项，占28.5%，进一步完善和优化工业通信业标准体系，满足产业转型升级、结构调整和行业管理的需要。

【工业和通信业标准化改革】2016年，工业和信息化部有效落实各项标准化改革措施。完成3052项强制性标准和计划的整合精简。其中，保留强制性的1293项，占42.4%；转为推荐性的11460项，占47.8%；废止的299项，占9.8%。基本实现“通过废止一批、转化一批、整合一批、修订一批，逐步解决现行强制性标准存在的交叉重复矛盾、超范围制定等主要问题”的预期工作目标。

启动推荐性标准的集中复审工作，对4万项工业和通信业推荐性标准和计划进行梳理，印发工作方案，明确职责分工、工作要求和进度安排，形成复审结论。鼓励和支持团体标准的培育发展，加强团体标准与产业集群区域品牌建设等工作的结合，指导机械、化工、纺织、建材等行业围绕市场急需发布实施224项团体标准，其中填补政府标准空白的179项，占比79.9%，技术指标严于政府标准的45项，占比20.1%。

【工业通信业重点领域标准化】2016年，工业和信息化部根据《中国制造2025》部署和要求，与质检总局、国家标准委等有关部门，共同组织编制《装备制造业标准化和质量提升规划》《消费品标准和质量提升规划（2016—2020年）》，并经国务院同意后相继印发，重点推进工业基础、智能制造、绿色制造和消费品等标准化提升工程，推动消费品标准与国际接轨，发挥标准化工作对产业发展的引领和支撑作用。

·两化融合标准化工作。工业和信息化部基于两化融合管理体系标准架构，组织开展8项两化融合管理体系国家标准的编制工作，其中《信息化和工业化融合管理体系　基础术语》和《信息化和工业化融合管理体系　要求》等2项核心国家标准完成编制，报国家标准委审批发布。《信息化和工业化融合管理体系　实施指南》完成报批稿编制，进入报批程序。《信息化和工业化融合管理体系　审核指南》完成送审稿编制，正在千余家企业试用。在技术组织方面，完成全国两化融合管理体系标准化技术委员会筹建工作，相关方案报国家标准委审批。支持相关单位通过参加国际会议等多种形式，向国际标准化组织（ISO）提交两化融合国际标准提案，促进两化融合的理念被国际社会认知和接受。

·军民融合标准化工作。工业和信息化部继续以集成电路领域为试点，推进37项军用通用标准的制定。其中《半导体集成电路　串行NOR型快闪存储器接口规范》《半导体集成电路　模拟开关测试方法》等20项军民通用标准完成报批稿编制，报批至国家标准委审批发布。其他17项军民通用标准完成征求意见稿编制。

·智能制造领域标准化工作。工业和信息化部会同国家标准委，成立国家智能制造标准化协调推进组、总体组和专家咨询组，共同举办国家智能制造标准体系建设指南培训班。重点围绕智能制造标准体系，组织开展《数字化车间　通用技术要求》等7项智能制造国家标准的制定。在德国召开中德智能制造/工业4.0标准化工作组第三次会议，在智能制造标准体系架构、安全、无线通信和预防性维护等方面达成8项共识。

·绿色制造标准化工作。工业和信息化部联合国家标准委印发《绿色制造标准体系建设指南》，提出建立由“综合基础”“绿色产品”“绿色工厂”“绿色企业”“绿色园区”“绿色供应链”和“绿色评价与服务”等7部分构成的绿色制造标准体系，指导各行业成套成体系开绿色制造领域标准的制修订工作。强化能耗限额标准贯标，开展钢铁、合成氨、平板玻璃、焦炭等行业能耗限额标准贯标专项监察，促进工业提质增效，实现绿色转型升级。

·重点领域标准体系建设。编制印发《锂离子电池综合标准化技术体系》，提出建立由"基础通用""材料与部件""设计与制程""制造与检验设备"和"电池产品"等5个部分组成锂离子电池综合标准化技术体系。联合国家标准委共同编制印发《智慧家庭综合标准化体系建设指南》，从基础、终端、安全和服务等4个方面描绘智慧家庭生态体系架构和标准体系框架，明确健康管理、居家养老、信息服务、互动教育、智能家居、能源管理、社区服务等8个标准制定的重点领域和方向。

【工业和通信业国际标准化】2016年，工业和信息化部推动国际标准转化，启动《建筑装饰用弹性地板挥发性有机化合物（VOC）释放试验方法》等一批国际标准的转化工作，推动国内基础标准、方法标准、安全标准与国际水平接轨。全年支持《智慧城市开放数据框架》等176项由中国提出的国际标准化组织（ISO）、国际电工委员会（IEC）、国际电信联盟（ITU）国际标准项目，其中《基于云计算的大数据功能需求及能力》等50项正式成为国际标准。

【海峡两岸信息产业和标准化合作】2016年，在国台办、工业和信息化部的指导下，由电子工业标准化技术协会、通信标准化协会和华聚产业共同标准推动基金会共同举办的第13届海峡两岸信息产业和技术标准论坛在黑龙江哈尔滨召开。海峡两岸专家、科研机构、企业等500余人参加会议。会议围两岸共同关注的技术领域开展技术交流与标准化合作，公布《集成式双端LED灯　安全要求》《整机柜服务器整体技术要求》等7项共通标准和云计算产业案例汇编2.0版，签署《海峡两岸推动智能制造共通标准制定合作备忘录》《海峡两岸推动5G合作备忘录》。截至年底，累计公布两岸共通标准45项，涉及半导体照明、平板显示、太阳能光伏、TD-LTE等多个领域。

【工业和通信业标准宣贯】2016年，工业和信息化部与质检总局、国家标准委联合主办"走进中国，走进标准"为主题的第39届ISO大会展览，全面展示中国两化融合和智能制造标准化工作成绩，突显中国从制造大国转型为制造强国的愿景与实践，得到各方的认可。在"世界标准日"期间，举办工业和通信业标准化发展成就展，系统展示标准化工作取得成绩。支持相关行业协会、标准化技术组织和标准化专业机构开展锂离子电池安全等重点标准的宣传与培训，提升企业执行标准的主动性和内生动力。在两化融合方面，全年遴选确定4000余家企业开展两化融合管理体系贯标试点工作，600余家企业完成评定。在民生标准方面，从消费者角度出发，选取大众关注的焦点、热点领域，开展标准宣传工作，通过消费者标准意识的提升，形成倒逼机制，促进企业提升产品质量。

供　稿：工业和信息化部
撰稿人：甘小斌
审稿人：沙南生

公　安　部

【概况】2016年，公安部发布公共安全行业标准102项，其中强制性标准9项、推荐性标准93项。向国家标准委申报国家标准制修订计划18项，报批国家标准15项，备案行业标准165项。

是年，公安部开展强制性标准整合精简工作，研究提出公安各领域强制性标准体系，完成公安强制性标准评估。组织编写《公安标准化及社会公共安全行业产品质量监督年鉴（2015年）》。构建公安数据标准体系，开展公安数据标准化试点建设。推进社会管理与公共服务标准化试点工作。开展行业监督抽查。开展标准的宣贯及标准化培训等工作。推动国际标准化工作有序开展。

截至2016年底，公安部归口管理的现行国家标准414项，行业标准2022项，涉及公安各业务领域，初步构成以公安信息化、刑事技术、警用装备、治安管理、消防、安全防范、交通管理、警用通信、信息安全等技术标准为支撑且相对完整的公共安全行业标准体系。公安部所属标准化技术委员会9个，其中国家级4个、部级5个，分别是全国消防标准化技术委员会，全国安全防范报警系统标准化技术委员会，全国刑事技术标准化技术委员会，全国警用装备标准化技术委员会，公安部计算机处理标准化技术委员会，公安部通信标准化技术委员会，公安部信息系统安全标准化技术委员会，公安部道路交通管理标准化技术委员会，公安部社会公共安全应用基础标准化技术委员会。

【公安标准化改革】2016年，公安部贯彻落实中央和国务院关于全面深化公安改革和标准化工作改革的相关精神，部署、开展公安标准化改革相关工作。成立公安标准化改革工作领导小组及办公室。领导小组由公安部党委委员、部长助理王俭任组长，科技信息化局局长任副组长，相关业务部门和科研机构的局级领导任成员，统筹协调公安强制性标准整合精简等公安标准化改革工作，研究落实国家相关方针政策，协调解决公安标准化改革发展中的重大问题，督促指导相关工作的开展。办公室设在科技信息化局，由部属各业务局负责标准化工作的处长和部属标准化技术委员会秘书处负责人组成，科技信息化局标准规范工作处负责日常工作。印发《公安强制性标准整合精简工作方案》、发布标准清单，提出公安强制性标准整合精简工作和推荐性标准集中复审工作的目标、范围、原则、组织领导、进度安排，以及工作要求，针对每项标准提出负责整合精简的责任单位、专业组及整合精简或复审任务。通过多次组织召开公安标准化改革工作领导小组会议以及领导小组办公室会议，从国家标准化改革相关情况、工作任务、工作平台、评估方法等方面以及具体任务进行培训。经各单位推荐，领导小组审议，成立9个标准评估专业组，155名专家分属安防、消防、刑事技术、警用装备、公安信息化、公安通信、信息安全、交通管理和公安应用基础专业组。开展公安强制性标准的整合精简和推荐性标准的集中复审工作，涉及1000项强制性标准、348项强制性标准制修订计划项目、1354项推荐性标准和937项推荐性标准制修订计划项目。组织召开21次标准评估会。本着认真、负责、科学、严谨的态度，采取有效措施，确保强制性标准整合精简和推荐性标准集中复审取得实效。其中，强制性标准废止108项、转化为推荐性398项、保留494项；强标制修订计划废止58项、转化为推荐性84项、保留206项。

【公安标准化及行业产品质量监督年鉴】2016年，公安部组织编写《公安标准化及社会公共安全行业产品质量监督年鉴（2015年）》，主要介绍2015年发布的社会公共安全行业国家标准和行业标准情况，开展的社会公共安全产品检测、认证统计分析，并对公安标准化和质量技术监督工作做回顾总结。提高公安标准化工作的有效性，进一步掌握社会公共安全行业产品质量状况，对预防社会公共安全产品质量风险具有重要意义。

【公安数据标准化】2016年，公安部为加快构建公安数据标准化工作体系，促进警务云、大数据建设健康发展与数据资源整合共享应用，有效服务公安工作改革和基础信息化建设，推进数据标准化工作，坚持问题导向、实战导向、需求导向，推进数据标准体系建设和数据标准落地应用，探索以数据标准打破数据资源壁垒，取得初步成效。

进一步完善数据标准体系。公安信息化标准体系是公安信息化顶层设计的“三纵”之一，对于规范公安信息化建设，指导公安信息化发展方向具有重要作用。公安数据标准体系是公安信息化标准体系的核心。截至年底，制定发布数据标准1000余个，涵盖信息、消防、警用装备、刑侦、信息安全、安防、交通管理、禁毒等核心业务领域。标准进一步保障数据层面的有标可依，有力支撑基础信息化建设。

以试点推动数据标准的落地应用。选取上海市公安局等13个省级单位、江苏省常州市公安局等11个地市级单位，开展数据标准化试点工作。各试点单位开展数据标准在数据资源管理、数据服务、基础信息采集等方面的应用，并取得可借鉴经验。

数据资源管理方面，新系统建设中严格执行部颁标准；对已建系统的数据进行对标梳理，并按照标准进行改造；对社会采集资源按照数据标准统一要求，数据从源头上避免不规范、不统一，提高数据质量。数据服务方面，以数据标准为纽带，建立数据关系，实现“跨部门、跨系统、跨数据表”的数据关联，打破信息壁垒，提高情报分析研判效率和水平，支撑预测预警预防。上海市局通过数据标准关联整合1835张数据表，8万余个数据项，对人员从基本信息、证件信息、违法信息、活动轨迹、案件信息等26个维度刻画，提供一站式信息查询比对服务。基础信息采集方面，围绕人员、机构、地址、警情、案件等要素，建立标准化的核心数据共享模型，明确源头信息采集责任，提升共享水平，减少采集负担，实现基础信息采集标准化、采集流程规范化，采集效率明显提升。

试点单位加强数据标准宣贯，举办各类培训100余次，提高全警数据标准化意识和参与度，培养一大批数据标准化理论研究和创新应用人才，形成“学标准、懂标准、用标准”的氛围。在此基础上，选取六省六市作为数据标准化示范单位，示范带动，推动全国各地开展数据标准化工作，保证数据的规范和可持续。

【公安标准应用试点建设】2016年，根据国家标准委、公安部等25个国务院有关部门联合印发的《社会管理和公共服务综合标准化试点细则》的要求，公安部结合公安工作实际，在先期承担的南通市公安机关执法管理标准化试点（已顺利通过国家标准委组织的验收）、公安部物证鉴定中心DNA技术应用服务标准化试点以及山西省公安厅、山东省济南市公安局、四川省广元市公安局以网络平台为基础的便民利民警务平台服务标准化试点等5个社会管理和公共服务综合标准化试点项目的基础上，组织申报南京车管所窗口服务标准化试点和四平市出入境服务标准化试点，以推动标准在公安机关窗口单位的深度应用，进一步提升公安机关窗口单位管理服务水平，树立人民公安为人民的新形象。为推进该项工作，多次组织推进会、研讨会、标准编制会具体推进工作，研究起草《关于加快推进社会管理和公共服务标准化试点工作的意见（草稿）》，为今后一段时期内公安机关社会管理和公共服务的标准化工作提供指导。

【公安行业监督抽查工作】 2016年，公安部开展2015年度行业监督抽查的总结通报，发布《2015年度社会公共安全产品行业监督抽查结果通报》，对长警棍、警用多波段光源、警车标志灯具以及web应用安全扫描产品等5种产品的行业监督抽查状况进行通报，涉及企业近100家，平均合格率70.2%。开展“周界防范高压电网装置”的抽查、涉及20家监所，抽查合格率66.7%。

【公安标准宣贯与培训】 2016年，公安部开展标准化知识培训交流活动，提高标准化工作水平。3月，在四川成都组织召开行业标准GA/T 1287—2016《机动车号牌监制规范》宣贯培训班，全国31个省（区、市）公安交管、机动车号牌生产相关单位160人参加培训。7月25—29日，在昆明举办“公共安全视频监控建设联网应用技术培训班”，来自全国各省、自治区、直辖市公安厅、局科技信息化部门，新疆生产建设兵团公安局科技信息化总队，部四局、五局、六局、十局、十三局、十四局、十五局、十七局，安全防范技术与风险评估公安部重点实验室、视频图像智能分析与应用技术公安部重点实验室、基于大数据架构的公安信息化应用公安部重点实验室的技术人员160余人参加培训。9月，在吉林警官学院举办标准化工作培训班，来自全国各省及公安机关负责标准化工作的领导和专家等100余位同志参加培训。

【公安国际标准化】 2016年，公安系统以全国安全防范报警系统标准化技术委员会（SAC/TC100）和全国消防标准化技术委员会（SAC/TC113）为代表，参与国际标准制修订工作，参加国际标准会议。

7月10日，由公安部天津消防研究所专家代表中国主导编写的ISO 7076-3《泡沫灭火系统　第3部分：中倍数泡沫设备》和ISO 7076-4《泡沫灭火系统　第4部分：高倍数泡沫设备》等2部国际标准获得ISO正式批准发布，由中国主导编写的消防领域国际标准的数量达到5部。

由中国牵头制定的IEC 62820《楼寓对讲系统》系列国际标准（下设5项分标准，分别为IEC 62820-1-1《楼寓对讲系统　第1-1部分：通用要求》、IEC 62820-1-2《楼寓对讲系统　第1-2部分：数字型系统要求》、IEC 62820-2《楼寓对讲系统　第2部分：先进型系统要求》、IEC 62820-3-1《楼寓对讲系统　第3-1部分：通用系统应用指南》和IEC 62820-3-2《楼寓对讲系统　第3-2部分：先进型系统应用指南》）取得进展。其中，IEC 62820-1-1于2016年10月作为正式国际标准发布。IEC 62820-1-2和IEC 62820-2完成委员会供投票用草案（CDV）阶段的投票，形成工作组对IEC/TC79各成员国所提技术意见的反馈意见。IEC 62820-3-1和IEC 62820-3-2等2项标准完成委员会草案（CD）阶段的投票，形成工作组对IEC/TC79各成员国所提技术意见的反馈意见。该2项标准于2016年年底作为委员会供投票用草案（CDV）在IEC/TC79内部流通，将于2017年上半年作为CDV文件，在IEC/TC 79各成员国中投票并征求意见。

年内，派出专家参加IEC/TC79等3项国际标准项目（IEC 62676-5《安防视频监控系统　第5部分：摄像机数据规范和图像质量性能》、IEC 62676-6《安防视频监控系统　第6部分：视频内容分析　性能测试和分级》和IEC 62692《数字门锁系统　要求和试验方法》）的制定工作。派出10余名技术专家参加IEC/TC79/WG12和WG13的国际标准制定工作，中国专家参加以上2个工作组9次电话会议。

4月11—15日，派员参加在奥地利林茨召开的ISO/TC92/SC1、SC3、SC年会，以及在美国格林维尔市召开的2016年度ISO/TC94/SC14工作组会议及分技委年会。

6月27日—7月1日，选员参加在瑞典斯德哥尔摩召开的2016年IEC/TC79年会及各工作组专家会议，各专家分别参加2016年IEC/TC79年会、视频监控系统工作组（WG12）会议和楼寓对讲系统工作组（WG13）会议。

8月21—26日，派员参加在加拿大多伦多召开的ISO/TC21/SC3、SC6年会。公安部天津消防研究所检测中心副主任张少禹作为SC6主席主持SC6年会，公安部天津消防研究所检测中心研究员庄爽作为SC6秘书向与会代表做秘书处工作报告，介绍SC6现有国家成员的组成及变化情况、技术委员会管理标准、工作组的最新动态及2015年神户年会形成决议的执行情况。会议听取SC6各工作组的工作报告及相关工作组会议的成果汇报。审阅现有工作组的工作范围及召集人任期，同意WG8工作组召集人Kunio Morimoto延长3年任期。同意关于ISO7202：2012《消防　灭火剂　干粉》修订项目的草案直接进入DIS，进行DIS投票。会议就是否将wetting agent 列入 ISO 7203 或另立标准项目的调查结果进行汇报;同意将 WG4 工作组的工作范围扩展至以水为基础媒介的灭火剂,将 WG4 工作组名称改为“水基灭火剂”工作组。会议重点讨论 SC6 新主席人选。根据近期修订实施的 ISO 导则的规定,由中国专家张少禹担任的 ISO/TC21/SC6 分技术委员会主席一职将于 2017 年底到期。会议通过综合考量主席侯任人选的技术背景、语言水平及国际标准化经验,同意推选由中国国家标准化管理委员会(SAC)提名的公安部天津消防研究所庄爽研究员作为 SC6 主席侯任人选。

全年,IEC/TC79 下发 4 类 10 项国际标准化工作文件(新工作项目提案 4 项、委员会草案 3 项、委员会供投票用草案 2 项、最终国际标准草案 1 项)。SAC/TC100 组织中国国内专家进行研究讨论,形成正式的中英文意见,通过国家标准委反馈至 IEC/TC79 秘书处。截至 2016 年底,SAC/TC100 完成全部 10 项 IEC/TC79 流通文件的投票工作,投票率为 100%。

供　稿:公安部
撰稿人:杨玉波
审稿人:朱抚刚

民　政　部

【概况】2016 年,民政部贯彻党中央、国务院关于加强标准化工作和深化标准化改革的总体要求,落实各项改革措施和工作任务,把标准的制定与民政事业发展战略、规划、政策的制定列入同等重要的位置,发挥标准化在推进国家治理体系和治理能力现代化中的基础性、战略性作用。联合国家标准委共同印发《关于加快推进民政标准化工作的意见》《全国民政标准化“十三五”发展规划》,明确新形势下加强民政标准化工作的指导思想、目标任务和政策措施。为推动会议和文件精神的落实,8 月,在哈尔滨举办民政标准化高级研修班暨标准化工作推进会,各地民政部门主管厅局长参会,部领导出席并讲话,高位推动全国民政系统的标准化工作。10 月,组织开展全国民政工作督查,将标准化工作作为民政工作重点任务列为督查内容。通过督查,各地民政部门进一步加强标准化工作,一些省级民政部门针对督查中发现的问题,立下“军令状”,将标准化工作上存在的薄弱环节作为重要整改内容。

【民政标准制修订】2016 年,民政部按照“快速增加民政标准有效供给”的工作目标,制定《民政部 2016 年标准制定计划》,确定 2016 年标准制定目标具体任务(31 项国家标准、82 项行业标准,计划申报国家标准 69 项),制定标准补助经费拨付方案,先后转拨国家标准补助经费 112.5 万元,行业标准补助经费 80 万元。年内发布《康复辅助器具分类和术语》《自然灾害承灾体分类与代码》《社区老年人日间照料中心设施设备配置》《社区老年人日间照料中心服务基本要求》等 4 项国家标准,《老年社会工作服务指南》《社区社会工作服务指南》《自然灾害遥感基本术语》《冬小麦低温冻害受灾程度现场识别》《骨传导助听器》《行政区域界线　界线联检　省级》《居民家庭经济状况核对　总则》等 12 项行业标准。其中,《社区老年人日间照料中心设施设备配置》《社区老年人日间照料中心服务基本要求》等 2 项国家标准被《中国标准化》杂志评为“2016 最受关注标准”。各省(区、市)民政部门高度重视地方标准的制修订工作,绝大部分地方民政部门都联合当地质监部门出台推进民政标准化工作的具体实施意见,并提出 6~10 项地方标准的研制任务。

【民政标准宣贯】2016 年 8 月,民政部在哈尔滨举办民政标准化高级研修班暨标准化工作推进会,邀请标准化理论和实务方面的专家,对各省级民政部门主管标准化工作的领导、标准化归口处室负责同志、各民政标委会秘书处工作人员、标准化试点单位有关管理人员 150 余人进行标准化知识培训。各省(区、市)民政部门高度重视标准宣贯工作,举办形式多样的民政标准化知识培训班。

【民政标准化试点】2016 年 7 月,民政部印发《民政部关于对第二批民政标准化建设试点单位进行评估总结并确定一批民政标准化示范单位的通知》,要求各省级民政部门,对民政部于 2014 年 5 月确定的第二批标准化建设试点单位(94 家)进行评估总结,在此基础上,向民政部推荐标准化示范单位(每省推荐不超过 2 个)。经各省级民政部门推荐、第三方机构独立评审、部内审核、结果公示等程序,最终确定北京市第二社会福利院等 41 个单位为民政标准化示范单位。

【民政标准化技术委员会建设】2016年8月，民政部研究出台《关于加强部属标准化专业技术委员会建设的意见》，从制度上进一步规范部属标准化技术委员会的管理工作。加快推进标准化技术组织建设，在现有的8个标委会基础上，协调国家标准委，推动全国殡葬标准化技术委员会、全国社会福利标准化技术委员会换届调整，筹建慈善、彩票、儿童福利和残疾人服务等4个全国标准化技术委员会，在全国减灾救灾标准化技术委员会下筹建灾害遥感应用、减灾救灾产品2个分技术委员会。

【民政强制性标准精简】2016年，民政部按照国家标准委的统一部署和工作要求，完成民政领域强制性标准整合精简工作。对民政领域20项强制性标准（国家标准11项、行业标准9项）和2项强制性标准计划（均为国家标准计划）进行整合精简。整合精简后，强制性国家标准13项（包括1项待整合的强制性国家标准），推荐性国家标准2项，推荐性行业标准1项，废止4项。13项强制性国家标准中，康复辅具领域7项、殡葬领域1项、社会福利领域2项、地名领域3项。

供　稿：民政部
撰稿人：刘亚静
审稿人：许立群

人力资源社会保障部

【概况】2016年，人力资源社会保障部听取各标准化技术委员会年度工作计划，研究确定年度人力资源社会保障标准制修订计划。批准下达2016年《城乡居民养老保险申报缴纳管理规范》等8项标准制定计划；发布《电力行业供电劳动定员》系列行业标准；向国家标准委报送《人力资源服务机构能力指数》等20个国家标准报批稿。组织完成推荐性标准的集中复审和国家标准制修订经费执行情况检查。

人力资源社会保障部规划财务司牵头人力资源社会保障标准化管理工作，全国社会保险标准化技术委员会（SAC/TC474）、全国人力资源服务标准化技术委员会（SAC/TC292）、全国劳动定额定员标准化技术标准委员会（SAC/TC131）、全国劳动管理与保护标准化技术委员会（SAC/TC535）等4个标准化技术委员会，分别负责人力资源社会保障相关领域标准化工作。

【人力资源社会保障标准制修订】2016年，人力资源社会保障部在组织专家审查的基础上，报部领导批准发布《电力行业供电劳动定员》系列行业标准、《电工电器定员定额》系列行业标准、《装备制造加工劳动定额》系列行业标准、《风力发电劳动防护用品配备规范》等24项推荐性行业标准。

各标准化技术委员会组织完成《人力资源服务机构能力指数》《高校毕业生就业指导服务规范》《人力资源服务术语》《人力资源外包服务规范》《公共就业服务总则》《公共就业服务术语》《公共就业服务中心设施设备要求》《就业援助服务规范》《职业指导服务规范》《就业登记管理服务规范》《失业登记管理服务规范》《职业介绍服务规范》《人力资源服务图形符号》等13项国家标准的审查上报工作。

各标准化技术委员会组织编制《轨道交通装备制造业电机线圈绕指加工劳动定额》等23项推荐性国家标准。

根据《国家标准委关于印发〈推荐性标准集中复审工作方案〉的通知》要求，各标准化技术委员会对人力资源社会保障部归口管理的《高级人才寻访服务规范》等推荐性国家标准和计划项目，进行集中复审，并提出复审结论。

【社会管理和公共服务综合标准化试点】2016年，国家标准委牵头的社会管理和公共服务标准化联席会议办公室批准人力资源社会保障系统9个社会保险窗口服务单位，开展国家级社会管理和公共服务综合标准化试点。通过参与国家级标准化试点，试点单位简化办事程序，缩短业务办理时限，群众的满意率明显提升。截至年底，上海医保中心、吉林省社保局、无锡社保中心、内蒙鄂尔多斯社保局通过国家标准委组织的试点验收且获得验收小组的认可，其中吉林社保局验收得分高达98.5分。上海医保中心、无锡社保中心经国家标准委优中选优，被评为服务业标准化示范单位，成为精品展示基地、实践验证基地、创新研究基地和宣传培训基地。

【人力资源社会保障标准宣贯】2016年，人力资源社会保障部严格执行2015年印发的《关于推进社会保险标准贯彻实施的意见》,努力实现第一个三年目标,即:2015年至2017年,在省级、地市级以及试点县级社会保险经办机构按照社会保险标准实现统一业务术语、统一服务形象、统一服务流程的"三统一",最终在各级社会保险经办机构将社会保险服务、评价、管理等全过程纳入标准化管理轨道。人力资源社会保障部协助并支持机械、国电网等相关行业结合标准的颁布与实施,开展标准宣贯培训。7月上旬、12月中旬和9月下旬,分别在北京和四川成都举办《现场招聘会服务规范》《流动人员人事档案管理服务规范》《高级人才寻访服务规范》国家标准宣贯培训班,在全国相关领域宣传贯彻已发布的国家标准。完成《人才测评服务规范》标准宣贯教材编写工作,启动《现场招聘会服务规范》国家标准宣贯教材的编写工作。结合标准修订,开展对重点行业、企业和地方劳动定员定额标准制定需求及贯彻实施情况的调查研究。

【人力资源社会保障标准科研】2016年,人力资源社会保障部组织开展《企业岗位设置和编制定员指南》《企业工作标准编写方法》的研究;组织完成部级课题《工业锅炉制造劳动定员定额标准预研究》;组织开展人力资源服务标准体系修订课题研究并对《人力资源服务标准体系(修订稿)》和《劳动管理与保护标准体系框架》进行修改完善,完成课题研究报告。

供　稿:人力资源社会保障部
撰稿人:王佳晔
审稿人:吴礼舵

国土资源部

【概况】2016年,国土资源部制定出台《国土资源标准化管理办法》,确立归口管理、分工负责、共同推进的管理机制,进一步规范国土资源标准化工作程序,强化标准制定的全过程管理;制定实施《全国国土资源标准化技术委员会章程》和《全国国土资源标准化技术委员会秘书处工作细则》,为标准化技术委员会工作提供制度保障。修订完成《国土资源标准体系(2016年版)》,对科学开展标准制修订工作,增强标准之间的协调性和配套性,提高标准的适用性和总体效能发挥重要作用。从2008年开始,连续9年编制并发布实施国土资源标准制修订年度计划,落实390项标准制修订任务,86%完成起草工作。围绕部重点工作,加强重大标准的制修订,发布实施一批国土资源重要标准。在土地资源领域,围绕耕地保护、土地整治、高标准农田建设发布实施GB/T 33130—2016《高标准农田建设评价规范》、TD/T 1045—2016《土地整治工程建设标准编写规程》、TD/T 1046—2016《土地整治权属调整规范》等标准。围绕地质调查与评价发布实施GB/T 13727—2016《天然矿泉水资源地质勘查规范》、GB/T 33444—2016《固体矿产勘查工作规范》、DZ/T 0299—2016《页岩气调查地震资料采集与处理技术规程》等标准。围绕地质矿产勘查技术方法、实验测试发布实施DZ/T 0204—2016《井中激发极化法技术规程》、DZ/T 0292—2016《海洋多波速水深测量规程》、DZ/T 0279—2016《区域地球化学样品分析方法》(共34个部分)等标准。围绕地质环境保护与地质灾害防治发布实施GB/T 32864—2016《滑坡防治工程勘查规范》等标准。

截至2016年底,国土资源领域现行有效国家标准175项,行业标准420项,国家标准物质600余项,基本覆盖土地和地质矿产主要专业领域,为国土资源各项工作开展提供有力技术支撑。国土资源标准化信息服务平台运行顺畅,加速国土资源标准化管理和社会服务的信息化进程。

【国土资源标准化改革】2016年,国土资源部贯彻落实《国务院关于印发深化标准化工作改革方案的通知》和全国国土资源系统科技创新大会精神,根据《国土资源"十三五"科技创新发展规划》和《国土资源部关于加快推进科技创新的若干意见》有关要求,制定深化标准化工作改革实施方案,以《国土资源部办公厅关于印发〈国土资源部深化标准化工作改革实施方案〉的通知》文件形式下发实施。主要提出要构建新型国土资源标准体系,实施"国土资源标准化+"行动,推进标准化与国土资源业务工作融合发展,建立健全标准化管理机制等重要举措。

【国土资源标准复审】2016年,国土资源部完成1项国土资源强制性国家标准的整合精简工作。全国国土资源标准化技术委员组织10个分技术委员会对国土资源领域现行有效的推荐性国家标准、推荐性行业标准以及已经立项、正在制定过程中的国土资源推荐性国家标准、推荐性行业标准制修订计划项目进行集中复审工作，包括530项标准和168项标准计划。复审结论按照要求上报国家标准委。

【国土资源标准宣贯培训】2016年，国土资源部通过举办标准培训班、免费发放标准资料、互联网宣传、报刊宣传等多种方式开展一系列的国土资源标准化宣贯工作。举办2期地质矿产标准编写培训班，培训100余人次，主要参加人员为承担地质调查标准制修订项目的项目负责人和标准主要起草人。举办重要标准培训班3期，进行TD/T 1012—2016《土地整治项目规划设计规范》、TD/T 1045—2016《土地整治工程建设标准编写规程》、TD/T 1048—2016《耕作层土壤剥离利用技术规范》、GB/T 25283—2010《矿产资源综合勘查评价规范》、DZ/T 0078—2015《固体矿产勘查原始地质编录规程》、DZ/T 0199—2015《铀矿地质勘查规范》等10项标准的宣贯培训，涵盖土地资源管理和地质矿产工作领域，参加培训达600余人次。

供　稿：国土资源部
撰稿人：申文金
审稿人：贺敬博

环境保护部

【概况】2016年，环保标准工作以改善环境质量为核心，以落实大气、水、土壤污染防治行动计划为重点，推进污染物排放标准及其相关监测标准、管理规范的制修订工作，推进标准宣传培训、实施情况评估。印发《关于调整机关部分司局"三定"方案的通知》，明确科技标准司负责环保标准规划、计划和发布，业务司负责相关标准制修订的职责分工。发布国家环保标准59项，历年累计发布各类国家环保标准2000项（含现行有效标准1723项、已废止标准277项）。推进国家污染物排放标准实施评估工作，提高标准制修订的科学性，为环境管理提供科学依据。开展强制性及推荐性环保标准及修订计划的精简整合及清理工作，进一步完善环保标准体系。

【烧碱、聚氯乙烯工业污染物排放标准发布】2016年8月，环境保护部会同质检总局发布GB 15581—2016《烧碱、聚氯乙烯工业污染物排放标准》。标准增加颗粒物、二氧化硫、氮氧化物、氯气、氯化氢、汞及其化合物、氯乙烯、二氯乙烷、非甲烷总烃、二噁英类等10项大气污染物排放控制要求，进一步收紧BOD_5、悬浮物、活性氯、氯乙烯、总汞及基准排水量等水污染物排放控制要求；增加水和大气污染物特别排放限值；取消按污水去向分级管理的规定。与执行现行标准相比，COD_{Cr}、BOD_5、总汞和氯乙烯年排放量将分别削减77%、67%、67%和87%，颗粒物、氯乙烯、非甲烷总烃年排放量将分别削减51%、72%、58%。

【轻型车国六污染物排放标准发布】2016年11月，环境保护部会同质检总局发布GB 18352.6—2016《轻型汽车污染物排放限值及测量方法（中国第六阶段）》（以下简称：国六标准）。相比GB 18352.5—2013《轻型汽车污染物排放限值及测量方法（中国第五阶段）》（以下简称：国五标准），国六标准增加实际道路行驶排放，第一次将排放测试从实验室转移到实际道路，排放限值加严40%～50%左右；提高低温试验要求，相比国五标准的CO和HC限值加严1/3，并增加对NO_x的控制要求，能够有效控制冬天车辆冷启动时的排放。引入严格的车载诊断系统（OBD）控制要求，全面提升对车辆排放状态的实时监控能力，及时发现车辆排放故障，保证车辆得到及时和有效的维修。增加排放质保期要求，保障车主权益。加严测试循环、测试程序、蒸发排放等控制要求。国六标准的实施，将全面提升汽车排放控制能力，降低汽车的污染物排放。

【轻型混合动力电动汽车污染物排放标准发布】2016年8月，环境保护部会同质检总局发布GB 19755—2016《轻型混合动力电动汽车污染物排放控制要求及测量方法》。标准规定轻型混合动力电动汽车的污染控制要求和测量方法，具体污染物控制项目、排放限值执行轻型汽车排放标准（GB 18352.3—2005和GB 18352.5—2013）相应阶段的要求。标准是对中国第四阶段和第五阶段的轻型混合动力电动汽车测量方法方面的规定，排放控制水平与常规车辆是相同的，实施时间分别与中国第四、第五阶段一致。标准实施后，对于不可外接充电车，与同阶段常规车减排效果相当，即第四阶段比第三阶段，削减 50%；第五阶段比第四阶段，削减 25%。对于可外接充电车，由于要求使用燃油时排放要达标，其综合排放将比同阶段常规车进一步削减 30% ~70%。

【摩托车、轻便摩托车国四标准发布】2016 年 8 月，环境保护部会同质检总局发布 GB 14622—2016《摩托车污染物排放限值及测量方法（中国第四阶段）》和 GB 18176—2016《轻便摩托车污染物排放限值及测量方法（中国第四阶段）》。标准新增柴油三轮摩托车的排放控制要求，排放限值参考借鉴欧盟第四阶段排放法规（以下简称：欧四），是当前世界上最严格的排放限值。其中，对于两轮摩托车，因冷态循环污染物的计算权重与欧盟不同，国四标准的限值实际严于欧四的要求；对于柴油三轮摩托车，其限值较欧四加严 25% ~30%。标准进一步提升排放控制耐久性要求，完善环保管理和技术要求。

【船舶发动机排气污染物排放标准发布】2016 年 8 月，环境保护部会同质检总局发布 GB 15097—2016《船舶发动机排气污染物排放限值及测量方法（中国第一、二阶段）》。该标准是中国首次发布的船舶大气污染物排放控制国家标准。标准规定船用发动机（包括主机和辅机）的型式检验、生产一致性检查和排放耐久性要求，以及船舶和船机实施大修后的排放要求。排放的污染物包括颗粒物（PM）、氮氧化物（NO_x）、碳氢化合物（HC）和一氧化碳（CO）。标准实施，若第一阶段燃料油硫含量不超过 5000 毫克/千克，将使 SO_2 排放每年削减约 54 万吨，PM 排放每年削减约 4 万吨，若第二阶段的燃料油硫含量降低到 1000 毫克/千克以下，在此基础上，每年继续减少 SO_2 排放约 11 万吨，减少 PM 排放约 1 万吨。标准的发布与实施，对于改善中国沿海、沿江及港口城市的环境空气质量具有重要意义。

【环境监测标准体系建设】2016 年，环境保护部发布 33 项环境监测规范。其中包括：HJ 793—2016《城市轨道交通（地下段）结构噪声监测方法》、HJ 798—2016《总铬水质自动在线监测仪技术要求及检测方法》等 2 项监测技术规范与监测仪器与设备要求；HJ 549—2016《环境空气和废气 氯化氢的测定 离子色谱法》等 5 项大气污染物监测方法，HJ 551—2016《水质 二氧化氯和亚氯酸盐的测定 连续滴定碘量法》等 14 项水污染物监测方法，HJ 781—2016《固体废物 22 种金属元素的测定 电感耦合等离子体发射光谱法》等 12 项土壤污染物和固体废物监测方法，有力支撑新排放标准的制定和实施。

【环保标准宣传培训】2016 年 8 月，环境保护部举办环保标准项目技术培训班，培训国家环保标准项目负责人及标准编制人员 120 名，培训进一步提高标准编制人员对环保标准制修订管理要求和技术方法的理解，对加强国家环境保护标准管理，提高工作质量具有重要作用。

【环保标准实施情况评估】2016 年，环境保护部制定并发布《国家污染物排放标准实施评估工作指南（试行）》。指南的实施对规范和指导国家污染物排放标准实施评估工作，全面了解国家污染物排放标准执行情况，持续提升标准的科学性和可操作性具有重要意义。完成火电、造纸、制药、平板玻璃等 9 项污染物排放标准实施评估，评估报告为标准修订及环境管理提供重要科学依据。推进纺织、铅锌、电镀、稀土、皂素等行业污染物排放标准实施评估工作，完成评估报告实施方案并通过专家论证，提出针对性政策建议和技术措施。全面展开陶瓷、钒工业、炼焦化学等行业污染物排放标准实施评估工作。

【环保标准整合精简】2016 年，环境保护部根据国务院办公厅和国家标准委要求，对 293 项强制性国家环保标准（包括 70 项计划项目）、1551 项现行有效推荐性国家环保标准、637 项推荐性国家环保标准计划项目进行梳理，理清标准管理部门，提出整合精简建议，得出继续有效、修订、整合、转化和废止等不同结论。

供　稿：环境保护部

住房城乡建设部

【概况】2016 年，住房城乡建设部推进工程建设标准化改革，持续开展标准制修订、科研、实施指导监督等工作。截至年底，中国现行工程建设国家标准 1233 项，行业标准 2555 项，地方标准 2945 项，协会标准 375 项，住房城乡建设领域现行产品标准 1289 项。

【工程建设标准化改革】2016年，住房城乡建设部印发《关于深化工程建设标准化工作改革的意见》，明确工程建设标准化工作的改革方向、重要原则和重点工作任务。印发《关于培育和发展工程建设团体标准的意见》，提出工程建设团体标准培育发展的基本原则、总体目标和具体要求。

启动构建“国家工程建设强制性标准体系”。在住房城乡建设领域开展37项全文强制性标准研编工作，落实研编牵头单位，组建研编工作组，编制全文强制性标准初稿。在工业领域组织水利、铁路、电力等21个行业，开展各行业强制性标准体系的研究编制工作，初步提出工程建设强制性标准体系。

完成工程建设标准整合精简。成立以国务院有关部门、各工程建设标准化管理机构、住房城乡建部标准定额研究所和住房城乡建设部各专业标准化技术委员会为组织单位，各标准主编单位参与的工作组。全年，整合精简工作涉及工程建设国家标准和行业标准2927项，其中继续有效1899项、修订578项、转化为团体标准187项、整合修订180项、废止83项。

完成住房城乡建设领域强制性产品标准整合精简。年内，整合精简涉及强制性产品标准71项，包括国家标准20项，其中继续有效4项、修订6项、转化为推荐性标准7项、整合2项、废止1项；行业标准49项，其中修订为强制性国家标准2项、转化为推荐性标准39项、废止8项；强制性国家标准计划项目2项，均为继续有效。

开展住房城乡建设领域强制性产品标准体系研究。在强制性产品标准整合精简的基础上，提出各专业强制性产品标准体系，以指导住房城乡建设领域强制性产品标准立项。体系包括21个门类，93项强制性产品标准。

按照《推进国家标准公开工作实施方案》要求，分阶段推进工程建设国家标准全文在住房城乡建设部官网公开。研究推进工程建设行业标准、行业产品标准公开。

【工程建设标准立项及计划管理】2016年，住房城乡建设部在标准立项工作中，通过网上公开征集项目、部内征集立项建议、网上征求意见、发函征求意见等环节，与相关部门和单位协商研究，确定2016年度标准制修订计划。批准立项工程建设国家标准111项，其中制定项目29项、修订项目55项、研编项目27项；强制性标准项目29项、推荐性标准项目82项。批准立项工程建设城镇建设、建筑工业行业标准33项，其中制定项目10项、修订项目23项；推荐性标准项目33项。批准立项产品行业标准35项，其中制定项目16项、修订项目19项；推荐性标准项目35项。批准立项工程建设标准翻译项目18项。

【工程建设标准制修订情况】2016年，住房城乡建设部批准发布工程建设国家标准103项，其中制定项目70项、修订项目33项；强制性标准项目66项、推荐性标准项目37项。批准发布工程建设城镇建设、建筑工业行业标准70项，其中制定项目46项、修订项目24项；强制性标准项目33项、推荐性标准项目37项。批准发布产品行业标准83项，其中制定项目35项、修订项目48项；推荐性标准项目83项。

在标准编制的内容方面，落实国家重要政策，在促进老旧住宅小区改造、推广装配式建筑、推行建筑能耗总量控制和强度限制、完善绿色节能建筑和建材评价体系、落实文化创意和设计服务与相关产业融合发展、促进快递业发展、解决女性如厕等候时间过长等方面，编制《既有住宅建筑功能改造技术标准》《装配式混凝土建筑技术标准》《装配式钢结构建筑技术标准》《装配式木结构建筑技术标准》《民用建筑能耗标准》《绿色博览建筑评价标准》《绿色饭店评价标准》《江南水乡（镇）建筑色谱》《物流建筑设计规范》《城市公共厕所设计标准》等标准。

【工程建设行业标准、地方标准备案】2016年，住房城乡建设部备案工程建设行业标准154项，备案工程建设地方标准496项，备案行业产品标准96项。

【工程建设国家标准外文版翻译】2016年，住房城乡建设部以中国参与国际市场的重点领域和重大项目为目标，按照成体系、成规模、系列配套的工作原则，组织开展工程建设标准英文版整体翻译，为中国企业参与国际市场竞争提供技术支撑。全年，住房城乡建设部下达《电动汽车充电站设计规范》《光缆厂生产设备安装工程施工及质量验收规范》《公共建筑节能设计标准》《智能建筑设计标准》《建筑设计防火规范》等18项工程建设标准中译英的标准翻译项目。

住房城乡建设部负责建设领域国际标准化组织（ISO）国内的对口管理工作。归口管理所属专业有关的ISO（分）技术委员会47个，归口管理的ISO现行产品国际标准331项。组织相关标委会申报ISO国际标准14项，其中幕墙5项、智慧城市8项、构配件1项。

【工程建设标准化科研】2016年，住房城乡建设部在围绕标准化管理制度和工作机制、标准实施评估、标准员岗位建设、重点标准的宣传培训、重要标准实施指南编制研究、标准实施指导监督的信息化、推进标准实施的国际化研究等方面，下达《强制性标准“双随机”抽查工作机制试点及研究》《工程建设标准实施评估技术导则前期研究》《基于移动端和大数据平台的标准员管理系统研究》《钢结构、木结构、装配式混凝土结构建筑产业化系列标准宣贯培训》《建筑产品系列标准应用实施指南编制工作研究》《基于建筑信息模型(BIM)技术的强制性标准实施监督应用前期研究》《服务于"一带一路"战略的工程建设标准化政策研究》等29项标准研究计划。

落实《社会管理和公共服务标准化工作"十二五"行动纲要》要求,组织开展"数字化城市管理信息系统标准化研究"国家公益性行业科研专项项目的工作。

【工程建设标准化技术委员会换届】2016年,住房城乡建设部进一步增强住房城乡建设标准化技术管理力度,在第一届住房城乡建设部标准化技术委员会任期届满之际,组织开展换届工作。制定《住房和城乡建设部标准化技术委员会换届工作方案》,明确换届工作进度和标准化技术委员会组成要求,同步组织标准化技术委员会开展任期总结,评估委员工作,编写标准化技术委员会章程和秘书处工作细则。截至年底,16个标准化技术委员会完成换届工作,剩余5个标准化技术委员的换届正在进行。

【工程建设标准实施指导监督】2016年,住房城乡建设部印发《工程建设强制性标准实施情况随机抽查试点工作方案》,选择安徽省、广东省、河南省、湖南省、四川省、新疆维吾尔自治区、重庆市等7个试点省(自治区、直辖市)开展工程建设强制性标准实施情况随机抽查试点工作,研究推进工程建设强制性标准实施监督"双随机、一公开"机制。

继续开展地方标准化制度研究。在调研基础上,起草完成《关于加强工程建设地方标准化工作的指导意见(初稿)》。

进一步加强光纤到户国家标准的实施监督。继续会同工业和信息化部开展光纤到户国家标准执行情况联合检查,在全国范围开展光纤到户国家标准贯彻实施情况大检查工作。9月4日—24日,两部联合组成4个检查组,对8个省(市、区)光纤到户国家标准贯彻实施情况进行抽查。

继续开展高性能混凝土应用推广工作。与工业和信息化部联合印发《预拌混凝土绿色生产评价标识管理办法(试行)》。与工业和信息化部原材料工业司联合印发《住房城乡建设部标准定额司工业和信息化部原材料工业司关于开展高性能混凝土推广应用试点工作的通知》,制定高性能混凝土推广应用试点工作方案,并在辽宁、河南、江苏、广东、贵州、新疆等六个省区开展高性能混凝土推广应用试点工作。

继续推动高强钢筋应用及高强钢筋集中加工配送。在4个试点省(市、区)及1个试点科研机构,开展高强钢筋集中加工配送政策、推广应用机制及示范项目研究。

供　稿:住房城乡建设部
撰稿人:郭庆习　马　骥　毛　凯　郝江婷　杨申武
审稿人:吴路阳

交通运输部

【概况】截至2016年底,公路水路交通运输领域有国家标准493项,行业标准1110项,涵盖综合运输、安全应急、运输服务、工程建设和养护、节能减排、信息化等方面。全国性专业标准化技术委员会和分技术委员会11个,行业性专业标准化技术委员会8个,委员人数约1000人。

【公路水路标准化发展规划】2016年,交通运输部印发《交通运输标准化"十三五"发展规划》。《交通运输标准化"十三五"发展规划》是交通运输部首次编制的标准化专项规划,提出"到2020年建成适应交通运输发展需要的标准化体系"的目标,确定综合交通运输、安全应急、运输服务、工程建设和养护、节能环保和信息化六大标准制修订领域,提出八项重点任务,明确"十三五"期标准化工作任务要求。

【公路水路标准化体系建设】2016年,交通运输部组织编制《交通运输标准化体系》,涵盖6489项交通运输领域标准,从政策制度、技术标准、标准国际化、实施监督、支撑保障5个方面建立完善的工作体系,实现交通运输标准化工作全覆盖。

编制《交通运输安全应急标准体系》,明确工程建设安全、运输与作业安全、安全设施设备、安全管理和应急救助等方面标准制修订任务366项,支撑交通运输安全发展。

编制《绿色交通标准体系》,明确公路水路交通运输节能降碳、生态保护、污染防治、资源循环利用,以及监测、评定与监管等方面标准制修订任务185项,支撑交通运输绿色发展。

【公路水路标准化工作改革】2016年，交通运输部根据国家强制性标准整合精简工作精神，印发《交通运输强制性标准整合精简工作实施方案》，全面系统梳理交通运输领域现行强制性标准和标准制修订计划项目120项，明确整合精简结论，构建强制性标准体系框架。

印发《交通运输部办公厅关于开展推荐性交通运输推荐性标准集中复审工作的通知》，组织开展现行有效的推荐性标准和标准制修订计划项目的复审工作1847项，明确复审结论。

推进团体标准建设，指导中国公路学会、智能交通产业联盟开展团体标准试点工作，中国公路学会组织制定团体标准17项，智能交通产业联盟发布团体标准17项。

【公路水路标准制修订】2016年，交通运输部发布综合交通运输、安全应急、运输服务、工程建设和养护、节能环保和信息化等重点领域标准169项。

围绕国家战略和中心工作，重点标准制修订取得进展。在综合交通运输标准化工作方面，发布JT/T 1065—2016《综合客运枢纽术语》、JT/T 1093—2016《多式联运运载单元标识》等11项标准；在支撑国家“三大战略”实施方面，发布交通一卡通移动支付和道路客运联网售票系列标准，推动京津冀地区开展《高速公路智能管理和服务系统技术规范》等5项区域性地方标准编制工作，发布《京津冀跨省市省级高速公路命名和编号规则》《道路货运站（场）经营服务规范》等2项标准；在推进出租汽车改革方面，制定《网络预约出租汽车运营服务规范》《巡游出租汽车运营服务规范》行业标准；在支持物流业“降本增效“方面，发布JT/T 1092—2016《货物多式联运术语》《公路货运站级标准及建设要求》等标准，制定《综合货运枢纽分类分级与基本要求》等标准；在客车营运安全管理方面，制定《营运客车安全技术条件》行业标准，修订发布《道路运输车辆综合性能要求和检验方法》国家标准；在港口和船舶防污染专项工作方面，发布JTS 165—5—2016《液化天然气码头设计规范》、JTS 196—11—2016《内河液化天然气加注码头设计规范》、JTS/T 106—2016《水运工程建设项目节能评估规范》等标准；在推动船型标准化工作方面，推动完成长江、珠江水系等5项船型主尺度强制性国家标准立项；在促进节能减排方面，修订发布《营运客车燃料消耗量限值及检测方法》《营运货车燃料消耗量限值及检测方法》，发布营运客、货车辆第三、四阶段燃料消耗量限值。

【公路水路标准实施和监督评估】2016年，交通运输部印发《交通运输部安委办关于进一步规范推进企业安全生产标准化建设工作的通知》，引导和推进重要标准实施。通过部网站、报刊等，对综合客运枢纽系列重要标准进行解读。举办《道路客运联网售票系统》等标准培训班。组织开展20项交通运输标准的实施效果评价试点工作。

加强工程质量监督，组织开展公路水运工程建设重点项目质量安全综合督查、国家公路网标准更换工作示范工程、水运工程施工标准化示范工程等工作，通过标准化建设提高工程建设质量和服务水平。

加强产品质量监督，会同北京、天津、河北等10个省市，组织开展交通运输产品质量行业监督抽查，涉及道路运输车辆北斗导航车载终端、电子不停车收费（ETC）设备等6类产品249个批次，督促不合格产品生产企业完成整改，有效提升行业产品质量。

提升计量基础服务能力。国家水运工程检测设备计量站正式成立，印发《水运工程试验检测仪器设备计量管理目录》。完成全国公路专用计量器具计量技术委员会筹建工作。组织筹建水运专用计量器具计量技术委员会。

【交通运输标准国际化】2016年，交通运输行业国际标准制修订工作取得新进展。7项智能运输、疏浚装备和港口机械等方面国际标准制定形成阶段性成果。由中国提出的第一个智能运输系统领域的国际标准草案《智能运输系统　支持ITS服务的便携终端应用》第1部分，通过最终国际标准审核。中国起重机械和港口机械领域申报的第一项国际标准《起重机　术语》第4部分，高票获准立项并启动标准制定工作。

标准外文版翻译工作成果丰富。完成2项公路工程标准和14项水运工程建设标准外文版审查，启动《公路工程技术标准》俄文版等4本标准编译工作。

参与国际标准化组织活动。研究提出与东盟开展标准对接交流的建议，并纳入《中国-东盟交通运输科技合作战略》，在第15次中国-东盟交通部长会议上获得审议通过。在公路工程、智能运输、集装箱、港口等领域，参加国际技术交流活动，扩大行业在国际相关领域的影响。

供　稿：交通运输部

水 利 部

【概况】水利标准化作为水利部技术管理的核心内容，对践行治水新思路，推动水利现代化，提高水利工程建设、产品和服务质量，推进依法行政和转变政府职能具有重要意义。

2016年，水利标准化管理水平进一步提升，标准化成果不断涌现，水利技术标准对水利中心工作的支撑进一步增强。水利部围绕标准化发展新时期新要求，推进标准化工作，以《水利技术标准体系表》为基础，完成2016—2020年标准化项目规划编制工作，3年安排标准化项目75项，总经费2996万元。截至2016年底，水利现行有效标准843项，基本涵盖水利工程建设、水资源、农村水电等各个领域和主要环节。

【水利标准化改革】2016年，水利部按照标准化改革要求，制定《强制性水利技术标准整合精简工作实施细则》，完成113项强制性标准整合精简工作，研究提出强制性水利技术标准体系框架，并提出先研编后制定的“两步走”强制性标准编制方案。启动《水资源强制性标准》等3项强制性标准研编工作，征集项目申报材料，组织专家进行论证。截至年底，强制性水利技术标准116项（国家标准17项、行业标准99项）。其中全文强制标准1项，含57条强制性条文；包含强制性条文的标准115项，含660条强制性条文。强制性标准和条文主要为工程建设类标准。

开展推荐性标准优化完善工作。按照“确有必要、管用实用”要求，进一步优化完善水利技术标准体系，组织专家对标准体系内805项标准（包括拟编标准）进行复核，进一步论证体系内标准是否符合标准化内在规律以及是否满足水利发展需求等问题。

培育发展团体标准，推进水利团体标准化工作，召开多次团体标准座谈会，进一步界定和规范团体标准制定原则和范围，建立团体标准协调机制，起草《关于培育和发展水利团体标准的意见》（初稿）。研究部分政府主管标准转化为团体标准的方案，初步提出转化为团体标准的建议标准清单。

【水利标准制修订】2016年，水利部发布行业标准23项，报批国家标准13项，开展标准制修订类56项，加快国家急需标准编制工作，如《水资源质量标准》。

加强标准制修订进度管理。强化标准月报通告制度、重点项目督办制度、严重滞后项目约谈制度，开始实施诚信体系和联动机制。

提高标准文本质量。完善专家审查论证机制，规范年度计划立项论证会和报批稿审定会程序。启动《水利技术标准制修订作业指导书》修订工作，重点修改与技术要素及相关标准的表格。组织对体系内805项标准特征名进行优化，通过研究分析中文特征名、英文特征名、相关部委标准特征名情况以及与法律法规的衔接，将原14种特征名优化为4种。主要技术参数和术语数据库建设取得阶段性成果并在标准制修订工作中发挥作用。

加强工程建设强制性标准编制、检查工作。规范工程建设强制性标准编写流程，对每项工程建设类标准，均通过编写组提出，主编单位初审，水利部水利水电规划设计总院复核，水利部标准化专家委员会审定，确定相关强制性条文，出台2016年版《水利工程建设标准强制性条文》。

【水利标准实施和监督评估】2016年，水利部根据国务院关于标准化改革精神和《水利技术标准复审细则》有关规定，管理协调标准复审工作。标准复审范围包括2011年发布的41项水利国家标准和行业标准。复审结论为“继续有效”22项，“建议修订”19项。根据《住房城乡建设部办公厅关于开展2016年度工程建设国家标准、行业标准复审暨整合精简工作的函》要求，组织开展50项水利工程建设国家标准的复审工作，其中强制性标准有16项，推荐性标准34项。16项强制性标准，均按照强制性标准整合精简工作要求，提出整合精简建议；34项推荐性标准，2项已开展修订，11项建议修订，21项继续有效。

加强水利工程建设标准强制性条文实施的监督工作。依据《水利工程建设标准强制性条文管理办法（试行）》和水利工程建设标准强制性条文有关要求，3月，委托水利水电规划设计总院发文要求设计院针对重大水利工程开展自查自纠的通知，其中55家单位对168个设计项目进行强制性条文自查。组织长江勘测规划设计研究有限责任公司、中水北方勘测设计研究有限责任公司和中水东北勘测设计研究有限责任公司等单位的专家对7个项目进行强制性条文监督检查，2014—2016年3年累计检查25项工程设计项目。

开展标准评估研究工作。启动“水利技术标准绩效评价”研究，制定《水利技术标准绩效评价方法》，初步从标准自身特性、实施状况、标准效益三个方面建立评价指标体系。

【水利技术标准国际化】2016年，水利部组织翻译完成的24项标准在亚非拉多个国家得到应用，为提高中国水利在世界水利领域的话语权和竞争力提供支撑。启动10项水利技术标准翻译工作。启动中国水文技术标准与ISO/TC113（国际标准化组织水文测验委员会）相关国际标准的系统比对工作，征集项目申报材料，组织专家进行论证。

【水利标准信息化建设】2016年，水利部根据标准化工作需求对水利技术标准信息化管理系统进行修改，完善账户管理、材料填报、内容审核、动态跟踪、统计分析和信息发布等功能，优化系统界面，实现水利技术标准制修订全过程信息化管理。

【水利标准化人才队伍建设】截至2016年，水利部培养水利标准化专业博士2名、硕士2人，各类标准化技术骨干50余人，培养各类学员超过5000名。根据水利部培训计划，开展4期标准化培训班，包括2期“SL I及GB 1.1宣贯培训班”和2期“标准编写与审查培训班”，培训280余人。在甘肃等地组织开展《工程建设标准强制性条文》宣贯培训班，培训100余人。

【水利标准化科研机构】2016年，水利标准化科研机构建设进一步完善，各科研机构标准化任务分工明确。

中国水利学会具体承办水利标准化日常事务性工作，主要开展水利技术标准体系建设、规划计划、在编标准项目管理、标准复审和标准宣贯等工作，并承担标准化关键技术和政策法规研究等工作。每年开展2期水利技术标准编写与审查培训班。

中国水利水电科学研究院承办资质认定日常管理工作，开展水利标准化关键技术、理论研究，以及水利标准化方向的研究生教育。通过项目研究，在水利标准化理论研究与应用、标准体系构建与优化、标准编制、标准化规章制度研制、宣贯示范实施等方面获得成果。

水利部水利水电规划设计总院承办强制性条文相关工作，制定《水利工程建设标准强制性条文管理办法（试行）》，负责组织水利工程建设标准强制性条文审查、汇编，负责组织对水利设计单位开展水利工程建设标准强制性条文专项监督检查，开展强制性条文和重要技术标准的培训工作，每年培训近500人次。

水利部发展研究中心承办标准英文翻译的相关工作，编制实施《水利技术标准英文版翻译出版工作管理办法（试行）》，水利技术标准英文翻译从2009年开始，每年安排5项左右。截至2016年底，翻译完成的标准在亚非拉多个国家的筑坝技术、小水电及设备制造、工程勘测等领域的多项水利工程中得到应用。

水利部产品质量标准研究所主要承担标准化理论研究与实践、水利技术装备基础研究与应用、计量检验检测方法研究等工作。开展标准制修订、标准化基础研究、政策及制度研究、体系修订等工作，并承担多个专项项目。近年来，组织开展标准化人员培训10余次，培训人员500人次。

中国水利水电出版社承担水利行业标准出版发行工作。传播水利标准化信息，普及水利标准化相关知识，推广水利技术标准科技成果。

供　稿：水利部
撰稿人：郑　寓
审稿人：刘咏峰

商务部

【概况】2016年，商务部会同国家标准委联合编制《国内贸易流通标准化建设“十三五”规划》，“十三五”期间将加快建立国家标准、行业标准、团体标准、地方标准和企业标准相互配套、相互补充的内贸流通标准体系，在农产品流通、商贸物流、电子商务、居民服务等重点领域制定200项国家标准和行业标准，鼓励发展企业标准和团体标准，继续深化商贸物流、农产品流通标准化试点工作，拓展试点深度和广度，在重要产品追溯体系建设、绿色流通、农产品冷链等领域启动一批标准化示范工程，建立标准实施监督评估机制。制定《关于推动国内贸易流通体制改革发展标准化工作方案》，推动上海、成都等9个试点城市成立城市标准化创新联盟。制定《国家重要产品追溯标准化工作方案》，会同国家标准委印发《关于加强展览业标准化工作的指导意见》。

【流通标准制修订】2016年，商务部制定流通标准体系框架，确定内贸流通标准的基本边界，为下一步研究细化各行业（领域）的标准体系，编制标准制修订计划和目录提供依据。抓好标准制修订工作，加大商贸物流、农产品冷链、绿色流通、中药材流通等重点领域标准的制修订力度。全年，下达行业标准计划51项，正式公告行业标准36项。推动国家标准立项5项，公告5项。截至年底，流通标准1342项，其中国家标准278项，行业标准1064项，初步建立以批发零售、商贸物流、居民生活服务等重点领域标准为主体，覆盖流通领域主要行业的流通标准体系。

【流通标准实施】2016年，商务部在国办转发的《物流业降本增效专项行动方案》中明确推广1.2 m×1.0 m标准托盘，首次以国务院层面的文件统一托盘标准。协调有关部门在《关于加快我国包装产业转型发展的指导意见》中明确推广与标准托盘相匹配的产品包装基本模数。确定商贸物流标准化专项行动第二批150家重点企业和协会，在京津冀、长三角、珠三角及长江经济带地区选择32个城市开展试点，对托盘及上下游设施设备标准化改造给予资金支持。会同国家标准委开展农产品冷链流通标准化示范，首批选择285家试点企业和31个试点城市，围绕肉类、水产、果树等生鲜农产品，推动《生鲜农产品冷链流通规范》等标准的应用，规范操作运营，强化监督管理，形成可复制、可推广的经验，示范带动农产品冷链流通规范化发展。贯彻实施《绿色商场》行业标准，在购物中心业态开展绿色商场示范创建工作，引导流通企业节能减排，鼓励企业采用节能技术和设备，降低能耗水平，推出一批绿色商场创建单位。

【流通标准化改革】2016年，商务部贯彻实施国务院《深化标准化工作改革方案》，完成强制性标准和计划项目的整合精简，明确对超过50%的强制性标准予以废止或转化，形成“废止一批、转化一批、整合一批”的清单。对1700余项推荐性标准开展复审，优化存量，推动解决标准滞后老化问题；严控增量标准，加强立项评估，确保增量标准严格界定在政府职责范围内，与流通职能相对应，为团体标准、企业标准留出广阔的发展空间。

【流通标准国际化】2016年，商务部推动东非共同体民航管理部门接受中国民用运输类飞机适航标准，为中国飞机开拓非洲市场创造了有利条件。会同有关部门推动中国企业承揽的12个大型成套设备出口项目提供融资保险支持，其中，肯尼亚内罗毕至马拉巴标轨铁路、安哥拉卡古路卡巴萨水电站等海外大项目均采用中国标准。在新颁布的《对外援助成套项目管理办法》等文件中明确，通过推动重大示范项目落地、开展人力资源培训等方式将中国具有自主知识产权的技术、产品和服务以标准化手段推向国际。在中海（合会）自贸区协议谈判过程中，推动将中国标准有关规定纳入协议文本。利用中国-吉尔吉斯共和国政府间经贸合作委员会会议平台，推动中国国家标准化管理委员会与吉经济部下属标准化计量中心开展合作，并向吉方提供建材标准英文译本。

【流通标准信息化建设】2016年，商务部完成流通标准化信息管理系统建设并上线试运行，基本实现标准立项、制定、送审、报批、发布等环节的在线管理；对有关标委会机构建设、人员调整、绩效考核及日常工作进行动态监督，及时向社会公开标准制修订过程信息；对有关标准进行在线解读，征求社会各界对流通标准化工作意见。截至年底，平台归集1200余项流通国家标准和行业标准文本，20余项行业标准送审稿、报批稿通过系统进行审核。

供　稿：商务部
撰稿人：胡　迪
审稿人：胡　迪

文化部

【概况】2016年8月5日，文化部在国家图书馆组织召开2016年度文化行业标准化工作会，以加强各文化行业全国标准化技术委员会建设，推进文化行业标准化工作顺利开展。会议传达国务院标准化协调推进部际联席会议第二次全体会议以来深化标准化工作改革精神及部领导关于加强剧场标准化工作的指示要求，听取各标委会工作情况汇报，审查各标委会2016年度文化行业标准制修订计划项目及文化行业标准化研究项目申报材料，经讨论形成2016年度标准化项目立项建议。

文化行业标准涉及图书馆、剧场等传统领域，也包括动漫游戏等新兴领域标准。近年来，文化馆服务、非物质遗产数字化保护、美术馆藏品普查等相关标准编制工作也相继开展。全国性专业标准化技术委员会和分技术委员会9个，委员人数300余人。

【文化标准化改革】 2016年，文化部按照《国务院办公厅关于印发〈强制性标准整合精简工作方案〉的通知》要求，组织完成文化行业强制性标准整合精简工作，提出整合精简结论，继续执行强制性标准计划项目《刚性防火幕》。按照《国家标准委关于印发〈推荐性标准集中复审工作方案〉的通知》要求，启动文化行业推荐性标准集中复审工作，完成复审阶段任务。组织各文化行业全国专业标准化技术委员会按照归口领域，从制定范围、标准层级、协调性和适用性等方面分别对8项推荐性国家标准，45项推荐性国家标准计划，74项推荐性行业标准和33项推荐性行业标准计划逐项进行复审。复审结论汇总如下：8项推荐性国家标准继续有效；45项推荐性国家标准计划中，35项继续有效，10项废止；74项推荐性行业标准中，44项继续有效，16项修订，6项转化，8项即行废止；33项推荐性行业标准计划中，26项继续有效，7项即行废止。

【文化标准立项及计划管理】 2016年，国家标准委批准立项《公共图书馆聋人服务指南》(20162618-T-357)、《公共图书馆读写障碍人士服务规范》(20162619-T-357)等2项国家标准计划项目。文化部申报《信息与文献 图书馆RFID 第3部分：基于ISO/IEC 15962带分区存储器的RFID标签数据编码方案》《中小学图书馆评估指标》等2项国家标准制修订计划项目；批准《汉语文古籍文字认同描述规范》等14个项目为2016年度文化行业标准制修订计划项目。

【文化标准制修订】 2016年，国家标准委批准发布GB/T 32939—2016《文化馆服务标准》、GB/T 32940—2016《乡镇综合文化站服务标准》、GB/T 31219.5—2016《图书馆馆藏资源数字化加工规范 第5部分：视频资源》、GB/T 33286—2016《中国机读目录格式》等4项国家标准。文化部发布WH/T 73—2016《社区图书馆服务规范》、WH/T 74—2016《图书馆行业条码》、WH/T 75—2016《演出场所扩声用扬声器系统通用规范》、WH/T 76—2016《流动图书车车载装置通用技术条件》、WH/T 77—2016《舞台管理导则》等5项推荐性行业标准。

【文化行业标准化科研】 2016年，文化部组织实施的文化行业标准化研究项目《图书馆未成年人设施安全标准化研究》完成既定任务，通过验收。批准《图书馆阅读推广标准调研及标准体系框架研究》等2个项目为2016年度文化行业标准化研究项目。

【文化行业标准化技术委员会建设】 2016年，文化部适应行业发展，对文化行业全国标准化技术委员会进行动态调整。调整全国网络文化、文化娱乐场所标准化技术委员会秘书处承担单位。完成全国文化艺术资源标准化技术委员会换届工作，正式报送国家标准委批准。

【文化国际标准化】 2016年，文化部贯彻习近平总书记关于要“增强参与全球经济、金融、贸易规则制订的实力和能力，在更高水平上开展国际经济和科技创新合作，在更广泛的利益共同体范围内参与全球治理，实现共同发展”的指示精神，围绕中国手机(移动终端)动漫标准上升为国际标准，组织专家和企业开展系列工作。部领导多次具体指示和推动，多次派出工作小组参加国际电信联盟相关会议，为该标准顺利通过国际电信联盟审议奠定基础。

供　稿：文化部
撰稿人：马鸣远
审稿人：李　蔚

卫生计生委

【卫生标准清理】 2016年，卫生计生委根据国务院强制性标准整合精简工作方案要求，组织17个标准专业委员会对现行有效1118项标准和874项标准制修订计划项目进行全面复审和清理。清理结果：梳理重建各专业标准体系框架；对182项强制性标准和146项强制性标准计划项目提出废止、整合或转化的意见，通过清理强制性标准可减少33%，强制性标准计划项目可减少45%；对推荐性标准和计划项目进行清理，提出废止和需修订标准目录。卫生领域国家标准及计划项目清理结论报送国家标准委。对需要废止的，以及强制转推荐的国家职业卫生标准和卫生行业标准发布通告。对需要整合的强制性标准列入2017年计划项目。

【卫生标准立项】 2016年，卫生计生委启动卫生标准制修订计划项目74项，涉及卫生信息、传染病、寄生虫病、地方病、营养、病媒生物控制、职业卫生、放射卫生、学校卫生、医院感染控制、临床检验、血液、消毒等13个专业。其中，制定44项、修订29项、前期研究1项。

【卫生标准制修订】2016年，卫生计生委发布标准143项，其中国家标准8项、卫生行业标准114项、国家职业卫生标准21项；发布的标准涉及卫生信息、传染病、寄生虫病、地方病、放射卫生、职业卫生、环境卫生、学校卫生、临床检验、医疗机构管理等多个专业。对所有发布的强制性标准和重要推荐性标准进行解读，对114项卫生行业标准进行备案。

【卫生标准培训】2016年，卫生计生委疾病预防控制中心、统计信息中心、医疗服务管理指导中心以及多个标准专业委员会，选择50余项重要标准对相关人员开展13期标准培训，培训总计1300余人。

【卫生标准实施】2016年，消毒标准专业委员会根据2016年政府工作报告要求，开展重点消毒标准实施跟踪评价。结合卫生计生委重点工作、执法重点和社会关注焦点，在5个省开展生活饮用水、公共场所、卫生信息、放射卫生重点标准的实施跟踪评估试点项目，完成5个省实施项目中期评估和验收。

【卫生标准专业委员会工作量化评估】2016年，卫生计生委组织对17个标准专业委员会的工作进行量化评估，对工作优秀的专业委员会进行表扬鼓励，总结其工作经验，带动各委员会改进工作，形成评估报告。

【卫生标准管理机制改革探索】2016年，卫生计生委配合法制办修订标准化法，针对国家现行标准化工作体制机制中存在的问题研究提出意见建议。印发《关于开展职业卫生及放射卫生标准专业委员会标准审查分组试点的通知》《关于加强卫生标准起草人管理的通知》，加强对起草人管理，优化委员会结构和标准审查机制，提高工作效率。

【卫生标准基础研究】2016年，卫生计生委通过课题研究、调研和研讨会等形式，开展互联网医疗标准体系和信息安全标准体系研究。完成统计信息中心、北京市丰台区方庄社区卫生服务中心等单位承担的《卫生信息安全标准与规范体系框架研究》《互联网医疗信息标准体系研究》《互联网+社区健康管理标准化试点研究》验收。

供　稿：卫生计生委
撰稿人：陈广刚
审稿人：郑云雁

人民银行

【概况】2016年，人民银行在党中央、国务院决策部署下，贯彻落实国家标准化工作改革方案，指导全国金融标准化技术委员会，推进金融标准化战略实施，深化金融标准化实践与创新，做好金融标准化组织、管理及规划，推动金融国际标准化发展。

全年，发布JR/T 0149—2016《中国金融移动支付　支付标记化技术规范》等13项金融行业标准。截至2016年底，现行有效金融国家标准53项，金融行业标准136项，人民银行技术标准13项，对规范金融发展、防范金融风险提供较好支撑。全国性专业标准化技术委员会1个，委员人数49人，专家56人；下设证券、保险和印制等3个分技术委员会；下设银行间市场技术标准工作组、人民银行安全保卫标准工作组、银行业数据中心运维标准工作组、银行间市场业务标准工作组、农信系统标准化工作组、金融国际标准跟踪研究工作组以及互联网金融标准工作组等7个专项工作组。

【金融标准化管理】2016年，人民银行落实《深化标准化工作改革方案》及行动计划，参与国务院标准化协调推进部际联席会议机制，推进金融领域改革方案的贯彻实施，支持《中华人民共和国标准化法》修订工作。加强金融业标准化顶层设计，配合《国家标准化体系建设发展规划（2016—2020年）》，组织编制《金融业标准化体系建设发展规划（2016—2020年）》。

加强金融标准制定与实施管理，建立金融标准制修订清单制度及配套维护规程，指导金融标准制修订工作。编制金融标准实施路线图，统筹标准制定与实施两个环节，提出系统性的标准实施策略和措施。做好强制性标准和推荐性标准体系建设，完成金融行业标准和国家标准的复审工作，研究推动金融强制性标准制定。

【重点金融标准实施】2016年6月1日，GB/T 32320—2015《银行营业网点服务基本要求》、GB/T 32318—2015《银行营业网点服务评价准则》、GB/T 32319—2015《银行业产品说明书描述规范》、GB/T 32315—2015《银行业客户服务中心基本要求》、GB/T 32312—2015《银行业客户服务中心服务评价指标规范》、

GB/T 32314—2015《商业银行客户服务中心服务外包管理规范》、GB/T 32313—2015《商业银行个人理财服务规范》、GB/T 32317—2015《商业银行个人理财客户风险承受能力测评规范》、GB/T 32316—2015《金融租赁服务流程规范》等9项金融国家标准正式实施,涉及银行机构网点、银行产品说明书、客户服务中心、个人理财产品等领域,在规范金融业发展、改善金融服务、提升金融消费者体验方面发挥作用。年内,推动建立银行营业网点服务标准认证制度,推动国家标准的落地实施,提升金融机构服务水平。

【金融专项领域标准化情况】2016年,银行业市场业务标准方面,形成12项立项项目纳入《金融标准制修订清单》,围绕《非金融企业债务融资工具承销业务规范》等重点标准开展宣传培训。银行间市场技术标准方面,开展《银行间市场基础数据元》等标准修订,外汇交易中心开发的ISO 20022外汇交易后确认和交易获取的报文获正式注册发布,成立区块链技术研究组,加强新技术跟踪研究。互联网金融标准方面,成立互联网金融标准专项工作组,规划建设互联网金融标准体系,依托中国互联网金融协会建立互联网金融团体标准建设,参与标准化服务业试点项目。

【金融团体标准和企业标准】2016年,人民银行按照《关于培育和发展团体标准的指导意见》要求,培育和发展保险行业协会、互联网金融协会、支付清算协会等相关金融业社会团体构建团体标准化工作体系。放开搞活企业标准,建立完善人民银行技术标准体系。推进金融机构标准化发展,依托人民银行分支机构对辖内中小金融机构进行标准化的组织与支持,支持行业机构参与标准化服务业试点。

【金融国际标准化】全国金融标准化技术委员会(SAC/TC180)对口国际标准化组织金融服务技术委员会(ISO/TC68)和个人理财技术委员会(ISO/TC222)。2016年,SAC/TC180推荐金融领域25名专家加入ISO/TC68的8个工作组。截至2016年底,SAC/TC180推荐51名专家加入21个ISO标准工作组,参与《移动金融服务》《金融业通用报文方案》《个人识别码的管理与安全》《银行及相关金融服务》等17项国际标准的制修订。

年内,完成ISO/TC68及其分技术委员会国际标准草案投票28项。经报国家标准委审核通过,向ISO/TC68银行核心业务委员会(ISO/TC68/SC7)提交《银行业产品说明书描述规范》国际标准提案,该提案于2016年7月3日通过投票,于2016年10月6日成立银行业产品说明书描述国际标准工作组(ISO/TC68/SC7/WG14),并由农业银行牵头开展标准编制工作。组织相关单位参加第35届ISO/TC68及其分委会会议,以及ISO 20022注册管理组会议。

【全球法人机构识别编码体系参与情况】2016年,人民银行组织相关力量参与全球法人机构识别编码(Legal Entity Identifier,简称LEI)体系建设,并开展LEI编码国内实施。全年,参加全球LEI体系现场会议6次,听取电话会议29次。研究LEI编码国内应用路径,提出防止LEI编码被滥用的措施,开展LEI本地系统《主协议》签署及认可工作。

截至2016年底,LEI中国本地系统管理LEI编码225个,其中发放编码223个、迁回编码2个。其中,银行机构163家、证券机构6家、保险机构8家、企业机构46家、其他机构2家。

【全国金融标准化技术委员会证券分委会年会情况】2016年10月,全国金融标准化技术委员会证券分委会(以下简称:证券分委会)年会召开,会议集中学习国务院有关标准化政策,听取证券分委会、证券分委会秘书处及11个领域专业工作组换届以来工作报告,审议通过《全国金融标准化技术委员会证券分技术委员会章程》《全国金融标准化技术委员会证券分技术委员会秘书处工作细则》《全国金融标准化技术委员会证券分技术委员会标准化工作管理办法》《证券期货业编码和标准服务中心工作细则》等4项制度修订稿。

【证券期货业标准制修订】2016年,证券分委会推动行业标准制修订工作,发布JR/T 0133—2015《证券期货业信息系统托管基本要求》《资本市场交易结算系统核心技术指标》《证券期货业信息系统审计指南 第1-7部分》等9项行业标准。研究制定《证券及相关金融工具 金融工具分类(CFI编码)》《证券及相关金融工具 国际证券识别编码体系》《证券及相关金融工具 交易所和市场识别码》等3项国家标准,以及《证券期货行业数据模型》等40项行业标准。

全年,完成基础编码、机构间接口、机构内部接口、信息披露、技术管理、系统安全、数据安全等7个行业标准规划以及证券、期货、基金等3个业务标准规划,行业标准规划体系全面构建并开始有效指导行业标准化工作。

【证券期货业标准汇编工作】2016年,证券分委会开展《证券期货业标准汇编(2014—2015)》编制发布工作,对2014年至2015年发布并实施的13项标准进行编辑整理。

【证券期货业标准化科研】2016年,证券分委会开展证券期货行业数据模型(SDOM)项目建设,针对核心业务进行扩展,逐层深化和完善行业模型体系,划分多维度逻辑模型,开展模型的推广及应用,为行业标准化数据治理提供服务,支持核心应用系统建设,实现将模型管理平台逐步建设为行业数据治理的综合管理及服务平台。

【证券期货业信息化建设】证券分委会下设证券期货业编码和标准服务中心(以下简称:标准中心),主要负责国际证券识别编码(ISIN)、证券投资基金参与方编码、证券投资基金编码、非公开募集理财产品编码等证券期货业相关编码数据。截至2016年12月中旬,全年分配国际证券识别编码(ISIN)5784个、证券投资基金编码1886个、证券投资基金参与方编码169个。标准中心组织非公募编码代理机构(中证报价系统公司、基金业协会)编写非公募产品编码实施细则初稿,并按照要求报送非公募编码。对中国资本市场标准网进行优化调整,及时更新内容、完善标准制修订管理平台,提高证券分委会网站作为信息交流、标准制修订工作的实效性、准确性和权威性,完善英文版版面,丰富网站内容。

【保险业标准化规划】2016年,全国金融标准化技术委员会保险分委会(以下简称:保险分委会)相继发布《深化保险标准化工作改革方案》和《保险标准化"十三五"规划》,提出"十三五"期间中国保险标准化工作要推进新型标准体系建设、完善工作机制、优化标准体系、扩大标准供给等重点任务,勾画未来五年保险标准化发展蓝图,规划35项具体保险标准建设项目。

【保险团体标准试点】2016年,保险分委会支持推动中国保险行业协会作为中国首批团体标准试点单位开展相关工作。成立团体标准专业委员会、制定《中国保险行业协会团体标准管理办法》等工作制度,开展6项团体标准建设。正式发布金融行业首个团体标准 T/IAC 0001—2016《农业保险服务通则》。

【保险业标准体系建设】截至2016年底,保险行业在建国家标准6项、行业标准14项(发布7项,研制7项)、团体标准6项(发布3项,研制3项),建设重点侧重业务和管理类标准。2016年,发布或研制《企业财产保险标的分类标准》《产险单证》《寿险单证》《环境污染责任保险风险评估指引》《基于遥感技术的农业保险精确承保和快速理赔标准》《保险电子商务平台建设基本规范》等业务和管理类标准。已发布的《银行保险业务财产保险数据交换规范》《银行保险业务人寿保险数据交换规范》《保险公司参与社会医疗保险服务数据交换规范》《再保险数据交换规范》《机动车保险数据交换规范》等数据交换标准与保险业务密切相关。

【增强保险业标准化支撑作用】2016年,保险分委会加强服务民生保障体系建设,发布的《保险公司参与社会医疗保险服务数据交换规范》和在建的《医疗保险数据规范》在实现保险业与社保、医疗行业信息共享,促进养老保险、健康保险运用大数据实现产品创新等方面发挥基础性作用。服务国家脱贫攻坚战略,《农业保险服务标准》《基于遥感技术的农业保险精确承保和快速理赔标准》《农业保险数据交换规范》等标准,为有效提升农业保险产品管理水平和服务能力奠定基础。服务发挥社会治理职能作用,《环境污染责任保险风险评估指引》是责任保险领域的首个行业标准,为保险公司承保风险评估提供重要参考依据,有助于科学保护环境污染受害者的合法权益,引导企业加强节能减排,发挥保险业的社会治理职能作用,服务支持国家工业转型升级。服务防范和化解行业风险,《企业财产保险标的分类标准》是科学厘定费率、有效加强风险管控的重要依据。《银行保险业务财产保险数据交换规范》《银行保险业务人寿保险数据交换规范》有助于规范银保市场,促进银保业务健康发展。《保险公司 IT 审计规范》《保险公司信息安全等级保护规范》和《保险电子签名技术应用规范》将对加强保险业 IT 治理,防范和化解日益凸显的信息安全风险起到重要作用。服务费率市场化改革,《机动车保险数据交换规范》《保险业车型识别编码规则》《车联网基础数据元目录》等车险标准,为商业车险费率市场化改革提供数据和技术支持。

【保险业标准化宣贯培训】2016年,保险分委会委员代表参加2016年度 ACORD 亚洲年会交流活动。加大跨部门跨行业协调力度,获得《保险电子商务服务平台数据交换接口》和《电子商务产品信息规范 保险服务》等2项国家标准编制权。组织召开首个保险标准化联络员年度工作会议及标准宣贯交流会。邀请国家标准委和中国标准化研究院专家为行业50余位联络员(委员)宣导标准化改革政策。持续开展专家论证会、专项培训会等形式多样的标准宣贯与培训活动,交流标准制修订经验,学习标准编制基础知识,总结标准贯彻应用特点。

【保险业标准化机制建设】2016年,保险分委会贯彻落实《深化保险标准化工作改革方案》相关要求,立足中国保险行业发展实际,适应标准化改革发展趋势,研究制定《保险标准化工作管理办法》,提高保险标准化工作的规范性和科学性。制定发布《保险分委会专家咨询组工作细则(暂行)》。研究起草《保险分委会标准化项目管理办法(暂行)》。在保险分委会委员之外,创建保险标准化专家咨询组、标准化联络员两支专业化队伍,形成覆盖行业高管、中层专家和基层骨干在内的多层标准化人才队伍。制定信息平台升级提升计划,开展专业技术评测,确保平台安全平稳运行,完善信息平台功能,丰富标准动态内容，畅通保险标准化宣传交流渠道。坚决执行保险分委会财务管理和审计制度。配合审计部门开展专项检查工作。开展委员信息维护管理。

【金融印制业标准制修订情况】2016 年，全国金融标准化技术委员会印制分委会（以下简称：印刷分委会）完成《银行间市场业务数据交换协议》等 25 项金融行业标准的函审回复及征求意见回复。汇总初审 2017 年技术标准计划，金融行业标准、中国印钞造币总公司技术标准计划 27 项。开展技术标准制、修订工作，印标、造纸、造币三大专业领域的标准化工作得到提升，截至 2016 年底，发布中国印钞造币总公司技术标准 139 项，主要分为产品标准、工艺标准、原材料标准、包装标准、设备标准、检验验收方法标准等六大类技术标准。

中国印钞造币总公司技术标准方面，2016 年完成《凹印大张在线机检工艺》等 37 项技术标准的征求意见；完成《凹印大张在线机检工艺》《油墨出厂产品质量判定》等 37 项技术标准的函审；发布《设备点检维修　印钞　第 4 部分：DMJ12 型印码大张检查机》等 12 项技术标准；完成中国印钞造币总公司《钞币鉴定评级　第 1 部分：纸钞》《钞币鉴定评级　第 2 部分：硬币》试行标准的发布。

【金融印制业标准化宣贯】2016 年，中国印钞造币总公司及各所属企业标准化管理人员通过参加专题培训，获得质检总局颁发的资格证书。为加强与技术标准管理人员业务联系，印刷分委会秘书处梳理并更新各所属企业的技术标准管理人员信息。

供　稿：人民银行

海关总署

【概况】2016 年，海关系统贯彻落实国务院《深化标准化工作改革方案》和《贯彻实施〈深化标准化工作改革方案〉行动计划（2015—2016 年）》的有关要求，结合海关中心工作，开展标准集中复审、优化标准制修订程序、加强标准宣传培训等各项工作。

【海关标准集中复审】2016 年，海关总署根据国务院深化标准化工作改革方案的精神以及关于优化推荐性标准，解决标准滞后老化问题的要求，按照国家标准委的统一部署，组织推进海关系统行业标准集中复审工作。海关现行行业标准全部为推荐性标准，复审工作以“统一管理、分工负责”为原则，以正在实施的行业标准和尚未制定完成的标准立项项目为主要内容，主要分为三个阶段进行：第一阶段汇总收集对标准实施情况的评价和是否需要修改的意见建设；第二阶段将汇总意见送标准起草部门组织专家进行审定，给出初步审定结论；第三阶段是标准化牵头管理部门在征求相关部门意见的基础上给出最终结论。经复审，废止行业标准 4 项，修订 11 项，取消因政策调整及技术上等原因造成未能按时完成的立项项目 9 项。

【海关标准制修订】2016 年，海关总署按照《海关行业标准管理办法》的要求，从标准的立项、起草、审核等各环节，严把行业标准质量关，加强行业标准制修订工作。海关的标准化年度为每年的 3 月1 日至次年 2 月底。2016 年新立项行业标准 4 项，修订 2 项，发布 HS/T 49—2016《滑石粉粒度测定》等 5 项标准，完成《碳化钨硬质合金粉的定性测定》等 6 项标准的起草和征求意见。截至 2016 年底，海关现行有效行业标准 49 项。继续推进已立项的国家标准《报关服务作业规范》的起草工作，成立由海关和相关院校、行业协会、报关企业等代表组成的起草小组，在总结和评估前期海关行业标准《报关服务质量规范》和《报关服务质量要求》实施成效的基础上，结合海关通关一体化改革和对报关员、报关企业政策的调整变化，初步完成标准初稿的草拟工作。全面完成金关工程二期标准规范建设任务，金关工程二期标准规范项目群通过外部专家验收，来自国家标准委、质检总局、工商总局、中科院、清华大学等单位的专家认为该项目群与工程建设紧密结合，应用效益显著，达到电子政务标准化国内领先水平。

【海关标准宣贯培训】2016 年，海关总署根据不同业务领域，针对不同人员，多措并举加强标准的宣传和培训。利用海关关企合作平台推送功能向报关企业宣传、推广《报关服务作业规范》和《报关报务质量要求》，通过座谈、讲座等形式，对报关企业提高服务水平进行具体指导。持续开展海关信息技术类标准的专业化培训，全年有包括海关内部各项信息工程建设实施单位、总集、各分项集成、监理、社会参建公司在内的 300 余人参加培训。在各海关业务现场专设化验联络员，每年各海关化验中心均组织片区内化验联络员进行培训学习，不断提高海关化验取样工作的标准化和科学化。

【参与相关标准化工作】2016 年，海关总署及时跟踪研究《标准化法（修正案）》的修订进度和内容，先后对质检总局的《中华人民共和国标准化法修正案（草案）》、国务院法制办秘书行政司的《中华人民共和国标准化法修正案（送审稿）》、全国人大常委会法制工作委员会的《中华人民共和国标准化法（草案）》的内容分别提出修改意见，部分意见在修正案中被采纳。及时对制修订过程中的国家标准，如《冷库用货架》《鲜活海产品冷链物流运输规范》《车用汽油》等多项国家标准的征求意见稿提供意见。

供　稿：海关总署

税务总局

【概况】2016 年，税务总局围绕优化税务内部系统衔接、国地税业务统一办理和部门间涉税数据应用，全面做好税务行业标准建设工作。征管和科技发展司是税务总局的标准主管部门，负责统一管理税务行业标准，并在全国税务系统设立多个标准化工作基地，配合税务总局开展税务行业标准化工作。先后制发《税收数据标准化与质量管理办法》和《国家税务局　地方税务局涉税信息采集共用管理办法》，加强数据标准化建设，提高数据质量，促进国税、地税信息共享共用。参加国务院标准化协调推进部际联席会议第三次全体会议，落实大会对标准化建设提出的要求。参加标准整合精简培训研讨，协助研究强制性标准整合精简评估办法。

【税收数据标准化及质量管理】2016 年，税务总局发挥税务总局第三批领军人才优势，抽调部分省税务局征科、数据方面的业务骨干，在调研了解各地数据现状基础上，从数据的标准、质量、采集、维护、共享、应用和安全等 7 个方面制定《税收数据标准化与质量管理办法》，明确数据管理机制标准制定主体，并就从税收业务流程和表证单书设计、信息系统建设、标准制定标准执行等方面提出具体要求，指导各地加强数据标准与质量管理。

【统一赋码管理】2016 年，"税务标准管理系统"平台全面上线运行，作为一个面向全系统的标准化管理平台，发挥其在税务行业标准制定、修订、发布、符合性验证等管理功能，对全国税务机关做好统一赋码和日常维护管理。1—12 月，根据税务总局制定的税务机构代码标准编码规则，先后对贵州国税、黑龙江地税等系统内，新增或变更的税务机构进行统一赋码。

【服务税制改革】2016 年，营改增试点工作全面推开，资源税改革持续推进，税务总局对业务代码和数据元等数据标准进行修订，涉及 2800 余个代码标准。其中，依据全面推开营改增试点改革、资源税改革以及河北省水资源税试点等税制改革工作要求，修订征收品目（税目）代码 500 余条，预算科目 150 余条；根据支持经济发展的减免税措施，制定维护代码标准 200 余条，紧跟促进国际税收合作条约签订情况，增加税收协定代码标准 100 余个。

【推进国家登记制度改革】2016 年，税务总局从标准层面继续推动国家登记制度改革，跟踪"三证合一，一照一码"实施工作，协调发展改革委、司法部解决律师事务所等其他组织的统一社会信用代码问题；为保障个体工商户"两证整合"工作的顺利开展，与工商总局反复沟通研究代码的赋码方案、业务流程和信息交换标准等。

【金税三期系统】2016 年 10 月，金税三期工程最后一批（第六批）上线的浙江、江苏、宁波、深圳等 4 省（市）国税、地税 8 个单位实现单轨运行，宣告金税三期系统全国推广上线完毕，全国税务系统进入"金三时代"。根据新发布的政策、业务需求调整，做好数据标准的修订和维护，解决金税三期上线中的标准问题，分析各类税收代码差异 33.4 万余条，规范各类业务代码设置 31.3 万余条，清理业务代码 2.1 万余条，持续做好日常标准管理的维护工作。

【参加第 39 届国际标准化组织大会】2016 年 9 月 9—14 日，第 39 届国际标准化组织（ISO）大会在北京举办，税务总局配合做好相关工作，按国家标准委安排参加活动，代表全国税务系统参加大会。

【参与研究修订《中华人民共和国标准化法（修订草案）》】2016 年，税务总局多次参加国务院法制办组织召开的标准化法修订研究工作会议，同与会各单位进行沟通交流。结合税务工作实际，就如何修改完善强制性标准管理模式，落实国务院有关"整合精简强制性标准"要求等问题进行研究，提出意见建议。4月，国务院法制办秘书行政司来函征求对《标准化法（修订草案征求意见稿）》的意见，税务总局对征求意见稿内容进行研究，提出修改完善建议。

供　稿：税务总局
撰稿人：智　奇
审稿人：朱会彦

新闻出版广电总局

广播影视方面

【概况】新闻出版广电总局科技司负责广播影视行业的标准化管理工作，截至2016年底，广播影视行业有国家标准154项、行业标准230项，基本涵盖广播影视行业的各个领域和主要环节。

【广播影视标准化改革】2016年，根据国家标准委的工作安排，新闻出版广电总局组织成立专业组和工作组，完成对21项强制性国家标准和行业标准的整合精简工作，研究提出广播影视强制性国家标准体系框架；完成698项推荐性国家标准和行业标准的复审工作，进一步优化广播影视推荐性标准体系。

【广播影视行业标准制修订】2016年，新闻出版广电总局下达广播影视行业标准项目26项，批准发布广播影视行业标准9项。

【广播影视国际标准化】2016年，新闻出版广电总局组织参加国际电信联盟无线电通信部门广播业务研究组（ITU-R SG6）会议，提交文稿5篇，中国参与修订的《地面数字电视广播系统测量指南》《图像质量评价用HDTV和UHDTV测试图像》报告书获得批准；组织参加国际电信联盟电信标准化部门电视和声音传输与综合宽带有线网络研究组（ITU-T SG9）会议，提交文稿5篇，中国主导的《C-DOCSIS功能要求》《C-DOCSIS系统规范》《第二代HiNoC功能要求》《第二代HiNoC物理层规范》《第二代HiNoC媒体接入控制（MAC）层规范》和《连接光纤到楼的高性能同轴电缆宽带接入网络（HiNoC）功能要求》（修订）等6项建议书获得批准。

【广播影视标准宣贯】2016年8月，新闻出版广电总局科技司和全国广播电影电视标准化委员会召开“下一代广播电视网（NGB-W）标准宣贯会”，介绍推广《NGB无线系统架构标准》和上海试验网的建设经验。

新闻出版方面

【新闻出版标准宣贯】2016年，新闻出版广电总局继续加强新闻出版方面标准宣贯工作，组织相关标准化技术委员会举办19期标准培训班，对重点标准进行针对性培训，1500余人参训。

推进中国主导制定的《国际标准关联标识符（ISLI）》的产业应用，5月，在深圳召开ISLI/MPR标准与全媒体融合出版技术系统应用者大会，与会代表就ISLI/MPR全媒体融合出版解决方案及其支撑技术系统在出版行业的应用情况及经验进行讨论交流，为出版行业全面开展ISLI/MPR标准及其技术系统的应用奠定基础。

继续加强《MPR出版物》《中国出版物在线信息交换　图书产品信息格式规范（CNONIX）》等重点国家标准的产业应用示范工作，加强对22家MPR国家标准应用示范单位、22家CNONIX国家标准应用示范单位的项目建设和标准化工作的指导，组织部分示范单位成功申报财政资金支持，通过项目带动战略推动MPR国家标准的产业应用。截至年底，在中国MPR注册中心登记的MPR出版单位332家，MPR出版物4400余种（含在产），分配MPR码200余万个。CNONIX数据交换实验系统实现22家CNONIX国家标准示范单位的数据交换，上传书目数据6.2万种，上传销售数据和库存数据3379万条。

全国出版物发行标准化技术委员会牵头参与北京市数字编辑职称考试教材修订工作，将新闻出版尤其是数字出版相关标准纳入考试教材。

【新闻出版国际标准化】2016年，以中国国家标准为基础、由中国主导制定的2项印刷技术领域国际标准ISO 16762《印刷技术印后加工运输、处理和储存的一般要求》和ISO 16763《印刷技术印后加工装订产品》由国际标准化组织（ISO）发布，实现中国在国际印刷标准化领域的重大突破。

完成承担的国际标准化组织印刷技术委员会（ISO/TC130）的各项工作，成功举办2016年ISO/TC130春季会议和秋季会议。中国专家提出并执笔起草ISO/TR 19305《ISO/TC130标准框架》，以完善

ISO/TC130 负责的标准体系，解决标准之间关系模糊的问题，为标准的开发、认知、使用和推广提供服务。

年内，新闻出版广电总局组织有关标准化技术委员会及专家参与相关国际标准的制修订，包括国际标准书号（ISBN）、国际标准录音制品编码（ISRC）、国际标准音视频编号（ISAN）、出版物在线信息交换（ONIX）、图书贸易主题分类词表（Thema）、期刊编排格式等，完成 Thema 国际标准补全中国地区代码的工作，以及 CNONIX 国家标准与 ONIX 国际标准的同步更新等。为加快 ISAN 标准的国内宣贯，加强与国际 ISAN 中心的沟通协调，筹备成立中国 ISAN 中心。

【新闻出版标准化科研】2016 年，新闻出版广电总局推进标准化科研工作，确定首批 42 家新闻出版科技与标准重点实验室，以推动新闻出版领域技术应用研究、标准研制等工作。

全国新闻出版标准化技术委员会组织完成《新闻出版标准化注册管理机构建设研究》《新闻出版行业标准化发展策略研究》《AR 技术在出版业中应用标准研究》等课题研究。全国新闻出版信息标准化技术委员会完成国家科技支撑计划面向科技教育领域的动态数字出版标准规范研究课题任务，形成的《动态数字出版业务流程标准》等 9 项标准完成备案。完成新闻出版标准化发展状况研究，出版《新闻出版标准化蓝皮书——新闻出版标准化研究发展报告（2016）》。

启动 CNONIX 国家标准在出版发行电子单证交换中应用等研究项目，继续推进 ISLI/MPR 在广电、信息技术等多个领域的应用研究。

【新闻出版标准信息化】2016 年，新闻出版广电总局完成新闻出版标准化协同工作平台的优化和完善，完成新闻出版标准数据库建设，建成新闻出版标准库、术语库、代码库以及手机 APP 应用；采购数据元标准化管理及应用服务工具和 PDF 一致性测试工具。完成新闻出版业数字化转型升级专栏的更新，实现新闻出版方面工程项目标准制定工作的宣传以及对企业标准制定的有效指导。完成新闻出版标准化工作微信公众号建设，实现新闻出版标准化工作信息的及时发布。

【新闻出版标准机构建设】2016 年，全国新闻出版标准化技术委员会、全国印刷标准化技术委员会、全国新闻出版信息标准化技术委员会召开年会。启动全国出版物发行标准化技术委员会秘书处承担单位调整及委员会换届工作。完成全国印刷标准化技术委员会书刊印刷、网版印刷、包装印刷 3 个分技术委员会换届筹备工作。

供　稿：新闻出版广电总局

体育总局

【概况】截至 2016 年底，体育类国家标准 171 项、行业标准 70 项。其中，由体育总局归口管理的标准项目计 78 项（国家标准 46 项、行业标准 32 项）。

体育总局下设全国体育标准化技术委员会（SAC/TC456）承担相关国家标准制修订工作，SAC/TC456 下设设施设备分技术委员会（SAC/TC456/SC1）。

【体育标准化改革】2016 年，体育总局根据《国务院办公厅关于印发强制性标准整合精简工作方案的通知》和《国家标准委关于印发 <推荐性标准集中复审工作方案> 的通知》，SAC/TC456 和 SAC/TC456/SC1 组织相关专家、企业和委员对归口管理的强制性国家标准和推荐性国家标准进行集中复审，并将复审结果填报至国家标准制修订管理系统。

【体育标准化制度建设】2016 年，体育总局再次修改完善《体育标准化管理办法（暂行）》（征求意见稿）和《体育标准制修订工作实施细则》，并从制定必要性、我国标准化工作改革发展总体情况与行业标准化发展现状、体育标准化工作现状与主要问题、通过本办法制定解决问题的主要措施与重点内容、实施本办法的工作建议等 5 个方面撰写关于《体育标准化管理办法（暂行）》（送审稿）的说明。9 月，行文上报《体育标准化管理办法》和《体育标准制修订工作实施细则》送审材料。启动各领域体育标准体系研究。

【体育标准国际化工作】2016 年，SAC/TC456/SC1

参加在意大利佛罗伦萨召开的国际运动面层科学协会年会和技术会议，并考察意大利部分城市体育设施与体育公园建设情况。SAC/TC456/SC1 参加 ISO/TC83 在福建省福州市举行的年会、武术工作组会议、太极服等 2 项国家标准起草会议，了解有关国际标准立项的材料要求等信息，酝酿适时开展有关工作。

供　稿：体育总局

安全监管总局

【概况】安全监管总局对安全生产标准工作高度重视。近年来，组织专门力量对煤炭、化工、建材、轻工、石油等重点行业的安全生产标准进行清理；确立以煤矿、金属非金属矿山、冶金、有色、石油天然气、化学品（化工、石油化工）、化学品（危险化学品）、烟花爆竹、机械和通用等 10 个行业领域为主体结构的安全生产标准体系总体框架。截至 2016 年底，安全监管总局归口管理的安全生产标准近 600 项。这些标准主要分布在煤矿采选、金属非金属矿山采选、石油和天然气开采、危险化学品和化工生产、烟花爆竹生产、金属冶炼及加工、工贸、职业健康、个体防护等行业领域，有效规范生产经营单位设备设施的安全技术要求和人员的安全管理，对于预防和控制安全风险、减少安全生产事故起到重要作用。

2016 年，安全监管总局全面贯彻落实党中央、国务院对安全生产工作重大战略部署，按照国家标准委的有关工作要求，进一步突出安全生产标准工作的重要性，加强安全生产标准的组织管理、起草制定、宣传贯彻、基础研究、信息化建设、国际交流等各项相关工作。

【安全生产标准顶层设计】2016 年，为加强安全生产标准的顶层设计，全面部署未来五年的安全生产标准工作，安全监管总局成立专项工作组，组织有关业务司局和相关专业技术委员会编制《安全生产标准“十三五”发展规划》。该规划是国家《安全生产“十三五”规划》的配套子规划，是指导安全生产标准“十三五”工作的纲领性文件，将明确“十三五”期间安全生产标准的总体目标、主要任务、重点工程和保障措施等各项要求，对于贯彻落实新修订的《安全生产法》、加强安全生产标准的制修订和贯彻落实等各项工作具有重要作用。2016 年，工作组多次召开专门会议，研究规划编制的有关重要问题，并已形成征求意见稿，计划 2017 年发布。

【专业标准化技术委员会管理】安全监管总局主管的专业标委会主要是全国安全生产标委会和全国个体防护装备标委会。全国安全生产标委会下设煤矿、非煤矿山、化学品、烟花爆竹、粉尘防爆、防尘防毒和涂装作业等 7 个分技术委员会。全国个体防护装备标委会下设 1 个眼面防护分标委会和头部、呼吸、服装、手足部、坠落防护装备等 5 个工作组。年内，第一届全国安全生产标委会任期届满，有些委员已退休，有些委员已变动工作岗位，委员构成已不能满足安全生产标准化工作的需要。为解决这一问题，安全监管总局按照国家标准委《全国专业标准化技术委员会管理规定》的要求，推动全国安全生产标委会和煤矿、非煤矿山、化学品、烟花爆竹、粉尘防爆、涂装作业和防尘防毒等 7 个分技术委员会的换届工作。按照有关要求将申请换届的 13 项材料报送国家标准委，并提出新组建的冶金有色安全和工贸安全等 2 个分技术委员会的相关申请材料和委员人选。国家标准委分别于 6 月 28 日、8 月 22 日先后批复同意，完成全国安全生产标委会换届和新增 2 个分标委组建的工作。

【安全生产标准制修订】2016 年，安全监管总局进一步规范立项工作程序，对收到的 200 余项标准申报材料进行严格审查，按照工作实际和轻重缓急确定是否立项。经反复研究，并结合安全监管总局 2016 年中心工作，选定 43 项安全生产行业标准（AQ）项目、12 项安全生产国家标准（GB）项目。制定印发《国家安全监管总局关于下达 2016 年安全生产行业标准制修订项目计划的通知》，并按照工作程序向国家标准委提报 12 项安全生产国家标准计划项目建议。

【安全生产标准宣传贯彻】2016 年 10 月，安全监管总局举办安全生产标准业务培训研讨班。邀请有关领导和专家对《企业安全生产标准化基本规范》等综合与专业领域技术标准进行解读，增强标准使用的广泛性和规范性，逐步提高基层监管人员利用标准进行安全监管的能力和水平。加强过程管理，提高培训质量和培训实效，提高全系统从业人员的标准化素质。

【安全生产标准的国际交流】2016 年，全国个体防护装备标委会组织参与ISO/TC94发起的30项国际标准意见征求、投票表决、人事选举及对ISO/TC94进行工作评价等活动,包括ISO/TC94发起投票5项,防护服装(SC13)投票19项,手部防护(SC13)投票3项,足部防护(SC3)投票2项,坠落防护(SC4)投票1项。眼面部防护装备分技术委员会(SAC/TC112/SC1)作为ISO/TC94/SC6的P成员,3位分会代表参加在澳大利亚悉尼举行的ISO/TC94/SC6的年会,参与有关国际标准的讨论和投票表决。9月,全国个体防护装备标委会在"第八届中国国际安全生产及职业健康展览会"展会期间,与欧盟标准化委员会PPE专业委员会建立全面战略合作伙伴关系,为下一步与欧美等国家合作交流开创先例。

供　稿:安全监管总局

食品药品监管总局

【概况】2016年,食品药品监管总局按照建立最严谨的食品药品标准要求,持续推进标准管理各项工作,强化制度建设,全面落实标准化改革任务,推动标准制定、发布全过程规范化管理,增强标准研制能力,参与国际标准化工作,进一步提高标准质量。

【医疗器械标准制定】2016年,食品药品监管总局审查、发布250项医疗器械行业标准和1项标准修改单,报送36项国家标准立项申请。截至年底,制定发布医疗器械国家标准222项、行业标准1293项,国际标准转化率达91%,建立涉及医用电气设备、手术器械、外科植入物等多个技术领域的医疗器械标准体系,基本覆盖医疗器械产品各技术领域。完成10余个医疗器械标委会的组建和换届。全国医疗器械专业标准化技术委员会和分技术委员会24个,委员人数近千人。

【医疗器械、化妆品强制性标准整合精简】2016年,食品药品监管总局按照国务院标准化改革方案要求,对605项医疗器械和23项化妆品强制性标准和制修订计划开展整合精简工作。制定印发《总局强制性标准整合精简工作实施细则》和《医疗器械强制性标准整合精简评估技术要求》,统一标准整合精简技术评估方法。召开专家论证会和研讨会,24个医疗器械标准化技术委员会以及相关专家共同对各项医疗器械强制性标准评估结果进行论证和讨论,逐项提出整合精简意见。医疗器械强制性标准最终计划修订109项、废止35项、转化68项、整合68项、保留325项。化妆品强制性标准计划修订2项、废止1项、转化14项、保留6项。组织开展1263项医疗器械推荐性标准及计划项目的集中复审工作。

【医疗器械标准管理制度建设】2016年,食品药品监管总局配合《医疗器械监督管理条例》发布实施,组织开展《医疗器械标准管理办法》《医疗器械标准制修订工作管理规定》《医疗器械行业标准制修订工作规范(试行)》《医疗器械标准报批发布工作细则》等多项医疗器械标准管理的规章制度建设,进一步细化医疗器械标准制修订工作程序和要求,提高医疗器械标准的规范化水平。

【医疗器械标委会考核管理】2016年,食品药品监管总局在医疗器械专业标准化技术委员会2015年度考核试点的基础上,进一步完善标准制修订、标准宣贯培训、参与国际标准化工作以及加强自身管理等4方面考核重点。重点对2015年度考核未覆盖的4个标委会开展针对性考核。通过细化考核内容,量化考核结论,着力发现和解决标委会标准管理工作的不足,并根据考核结果督促标委会在相关领域改进完善工作程序和要求,提高标委会标准管理水平。

【医疗器械标准精细化管理】2016年,食品药品监管总局致力于加强标准制修订的全过程及关键环节的精细化管理。开展顶层设计研究,以国家发展战略需求为中心,以行业监管要求为主线,以引领产业发展为着力点,加强医疗器械标准体系研究,制定实施医疗器械标准发展规划和战略;做好系统布局谋划,立足当前,着眼长远,以体系框架为基础,对现有标准体系进行梳理,统筹协调,解决标委会归口交叉等问题,指导推进新领域标委会筹建;健全制度保障,针对医疗器械制修订重点环节建章立制,进一步完善标准验证和审核等关键环节管理规定,严格工作程序,优化标准化工作机制和流程;创新科学管理理念,强化标委会管理,提高委员组成的代表性和广泛性,加强标委会筹建和换届管理,完善准入、退出和动态管理机制,举办2016年医疗器械标准化综合知识培训班,加大培训力度,提升标准化工作水平和能力;夯实标准基础保障,增强标准关键技术研究能力,开展医疗器械标准质量评价工作,提升标准规范性、协调配套性和可实施性。建立完善医疗器械标准信息平台，推进强制性标准上网公开，提升标准管理基础能力水平，增强医疗器械标准化工作发展内生动力。

【医疗器械国际标准化】2016年，食品药品监管总局按照医疗器械国际监管法规研究组的部署，组织开展医疗器械国际标准研究工作，梳理国际医疗器械监管者论坛（International Medical Device Regulators Forum，IMDRF）认可的国际标准，以及和中国法规的关系，开展国际重要基础标准研究工作，拟筹备成立医疗器械国际标准研究小组。开展重大标准转化前专题研究，对行业影响面广的重大国际标准（如IEC 60601-1第三版等），开展专题调研；深入了解标准转化和中国法规的关系，掌握标准转化实施对国内器械行业乃至监管部门审评审批工作的影响；制定转化实施工作方案，保证标准顺利转化、平稳实施。搭建国际标准交流平台。参与标准国际交流活动，落实中法标准化合作中电子医疗领域合作协议，推进双方在医疗器械标准化领域的合作交流。8月11至12日，食品药品监管总局医疗器械标准管理中心举办中法标准化合作委员会电子医疗工作组第1次会议暨IEC 60601-1第3.1版转化实施培训会。实质性参与国际标准化工作，各标委会及时跟踪了解对口国际标准化组织工作动态，参与国际标准制修订工作，完成对口国际标准化组织348份标准文件的复审和投票工作；参与10项国际标准制修订工作；参与国际年会或工作组会议16次，组织举办IEC/TC76/WG4 2016年北京年会。

【医疗器械标准科研和关键技术研究】2016年，食品药品监管总局重视战略性新兴技术领域的医疗器械标准化工作，持续探索适应新兴领域快速发展监管和产业需求的标准化工作模式，鼓励创新医疗器械标准研制。参与《国家食品药品安全规划》《十三五医疗器械科技创新专项规划》和《十三五技术标准科技创新规划》；参与编写科技部《数字诊疗装备研发重点专项》《生物医用材料研发及组织器官修复替代研究》申报指南等；承担国家科技支撑课题、国标委公益性课题、手术机器人863课题；依托国家科技专项，推进《64层螺旋X射线计算机体层摄影设备》《外科植入物磷酸钙颗粒、制品和涂层溶解性的试验方法》《人细小病毒B19抗体IgG检测试剂盒》等8项新兴领域技术标准研制工作；牵头成立医用机器人标准化专项工作组，统筹规划，研究建立医用机器人标准体系，加快相关技术标准研制，推进中国医用机器人标准化工作进程；面向社会公开征集移动医疗、可穿戴医疗器械等新兴领域的医疗器械标准预研项目提案近50项。

编制《在用医疗器械质量评价指南》，跟踪推动23个《在用医疗器械质量评价指南》编制工作，参加在用医疗器械的抽查检验工作，广泛收集各界意见，组织专题研讨会。指导后续编写及报批工作，为保障医疗器械标准制修订任务的顺利完成以及科学开展后续工作奠定基础。

供　稿：食品药品监管总局
撰稿人：王晓峰　许慧雯
审稿人：李晓瑜　李静莉

林　业　局

【概况】2016年，林业局强化顶层设计，发布《林业标准化“十三五”规划》，编制《林业标准体系》，发展林业团体标准。根据局党组提出“转变政府职能，逐步将工作重心转移到规划、政策、标准的制定和实施上来”的要求，推进林业各领域重要标准制修订。

是年，国家标准委发布林业国家标准29项，立项林业国家标准8项；林业局发布行业标准234项，立项行业标准190项。

截至2016年底，现行有效林业国家标准449项、行业标准1577项；在研国家标准计划112项、行业标准计划654项，基本涵盖林业生态建设、产业发展和管理服务各个领域。全国性专业标准化技术委员会和分技术委员会27个，委员人数达1000余人。

【林业标准化改革】2016年，林业局根据国务院《强制性标准整合精简工作方案》和国家标准委《强制性标准整合精简评估方法》《推荐性标准集中复审工作方案》的要求，深化标准化改革，优化林业标准供给结构。提出林业领域强制性标准体系，完成林业领域强制性标准整合精简工作。推进林业领域推荐性标准集中复审工作，完成林业领域推荐性国家标准、行业标准（含制修订计划）集中复审工作。

【林业标准化技术委员会管理】2016年，林业局加强标准化技术委员会管理,完成木材、野生动物管理、林业机械、林业生物质材料、林业能源等12个标准化技术委员会的换届工作。配合国家标准委完成对各专业技术委员会考核工作;完成木材、森林工程、森林可持续经营与森林认证、林业机械等12个技术委员会的换届工作;召开2016年全国林业专业标准化技术委员会秘书长工作会议,对标委会今后工作提出明确要求。

【林业标准实施示范】2016年,林业局强化标准实施示范,提升林业标准化水平。推动重要标准实施应用,推进相关标准实施。贯彻实施《行政审批标准化指引》,推进林业行政许可审批服务标准化。开展林业标准化示范区建设,在中央财政林业补助项目支持下,围绕林业重点工程和林区经济发展,全年完成37个标准化示范区建设。完成林业局负责的14个第八批国家农业综合标准化示范区项目建设,组织推荐第九批国家农业标准化示范项目。加强林业标准化示范企业建设,联合国家标准委开展"国家林业标准化示范企业"认定工作,共同认定30家国家林业标准化示范企业,重点推进林木制品、林化产品领域的林业企业开展标准实施、示范,带动林业企业标准化生产和管理,提高林产品质量,保障消费安全。

【林业国际标准化】2016年4月,国际标准化组织(ISO)竹藤标准化技术委员会(ISO/TC296)成立大会召开。该技术委员会秘书处设在中国国家林业局国际竹藤中心,这是中国林业行业承担的第一个国际标准化技术机构。

承办国际标准化组织木材及木制品产销监管链(ISO/PC287)标准化技术委员会2016年年会,推进森林认证领域国际标准ISO 38200的制修订工作。组建中国代表团参加木材(ISO/TC218)、林业机械(ISO/TC23/SC17)标准化技术委员会2016年年会。启动《竹地板》等3项国际标准研制。ISO竹藤技术委员会同意中国负责牵头《竹地板》《竹术语》《竹炭》等3项国际标准的研制工作,成立竹地板等3个标准工作组。加快推进中国负责的ISO 13061《木材物理力学性质试验方法》等6项国际标准研制,开展《木制品术语和定义》国际标准提案工作。

【林业标准信息化管理】2016年,林业局对林业行业标准在国家林业局网站上免费公开。组织研发"国家林业标准信息管理系统",该系统基本实现标准项目申报、立项、编制、征求意见、审查、报批、发布、复审等全程网上办理和编制过程重要信息对外公示。

【林业标准化培训】2016年,林业局在福建厦门举办全国林业标准化培训班,来自林业科研、教学、生产、管理等单位的新立项林业标准项目负责人、归口管理单位科技处负责人、各标委会秘书长等170余人参加培训。培训班结合林业特点,针对林业系统的标准化现状,重点培训GB/T 1.1—2009《标准化工作导则　第1部分:标准的结构和编写》;解读《国务院关于印发深化标准化工作改革方案的通知》《国务院办公厅关于印发国家标准化体系建设发展规划(2016—2020年)的通知》精神,学习《林业标准项目管理》《林业标准项目经费管理办法》等文件,探讨林业标准化工作现状,部署下一步林业标准化工作安排。

供　稿:林业局
撰稿人:冉东亚、程　强、杨中志
审稿人:黄发强

知识产权局

【概况】2016年,知识产权局从知识产权领域发展亟需解决的实际问题,结合知识产权强国建设目标,以知识产权标准化工作为手段,推动知识产权创造、运用、保护、服务全流程管理与标准体系建设相结合,着力实现从标准制定到标准实施的闭环管理,引导创新主体提升知识产权资源的运用能力以及提高知识产权管理效能,规范知识产权服务业发展。

【知识产权标准管理工作体系建设】2016年,知识产权局标准化委员会全面指导和协调知识产权领域标准化工作,加强知识产权领域标准化工作统筹管理,完善知识产权领域标准化工作体系,通过增设专业委员会、增加委员成员单位等手段,细化职能分工、实行专业标准领域分类管理,探索知识产权全领域标准制修订及实施推广路径。

【全国知识管理标准化技术委员会】2016年,知识产权局对全国知识管理标准化技术委员会(SAC/TC554)进行归口管理和业务指导,指导开展知识产权、传统知识、组织知识等领域的国家标准制修订及国际知识管理标准化对口工作。截至年底,全国知识管理标准化技术委员会归口管理企业知识产权管理规范、知识产权文献与信息等知识产权领域国家标准5项，知识管理框架、术语等组织知识管理领域国家标准9项。

【知识产权国家标准制修订】2016年，《科研组织知识产权管理规范》《高等学校知识产权管理规范》等2项国家标准正式出台；制定形成《专利代理机构服务规范（报批稿）》；完善《专利分析评议服务—服务规范（草案稿）》《专利分析评议服务—服务分类与分析模块（草案稿）》《专利价值评估（草案稿）》等3项国家标准；拟定《知识产权文献与信息　分类及代码》标准修订草案；开展《知识产权服务通用标准研究》《专利信息检索分析服务标准研究》《中国发明专利公报数据规范体系研究》等知识产权标准化有关专题研究。

【知识产权行业标准制定】2016年，知识产权局组织起草行业标准《核苷酸和/或氨基酸序列表电子文件标准》，推动中国在生物序列专利申请、审查及相关数据交换等方面的工作。

【知识产权标准实施】2016年，知识产权局继续加大力度实施推行知识产权领域国家标准。截至年底，累计有1.8万家企业实施《企业知识产权管理规范》；联合教育部、中科院在全国5省市56家高校、13所科研组织推行《科研机构知识产权管理规范》《高等学校知识产权管理规范》国家标准适应性工作，探索科研机构和高等学校国家标准实施有效路径。

【知识产权国际标准化】2016年，知识产权局推动国际标准化组织创新管理技术委员会（ISO/TC279）开展《创新管理—知识产权管理指南》国际标准制定。这是中国首次参与知识产权领域国际标准制定，是国际标准化组织第一次将知识产权管理理念纳入现代创新管理国际标准体系。年内，知识产权局参与世界知识产权组织的3项标准的制定和修订工作，分别与其他国家和地区的知识产权机构地区的知识产权机构共同起草法律状态数据标准；参与制修订ST.26（Presentation of nucleotide and amino acid sequence listings using XML）和ST.96（Processing of Industrial Property information using XML）等2项标准。

【知识产权标准化国际交流】2016年9月，国际标准化组织创新管理技术委员会（ISO/TC279）第四年会在北京召开。会议由知识产权局、国家标准委主办，全国知识管理标准化技术委员会（SAC/TC554）秘书处承办。英国、法国、德国、意大利、西班牙、葡萄牙、墨西哥、瑞典、瑞士、洪都拉斯、挪威、加拿大、阿根廷、芬兰、日本、南非和中国等17个国家的60余位代表参加会议。会议期间，中国专家按照国家标准委国际标准化活动的相关规定，参与国际标准化活动，与外国专家共同研讨完善ISO/TC279国际系列标准，宣传中国在知识产权管理标准化领域取得的新进展。

供　稿：知识产权局
撰稿人：马　励　陈　幸
审稿人：雷筱云

旅　游　局

【概况】全国旅游标准化技术委员会是全国旅游标准化工作的技术组织，是旅游标准化工作的技术咨询机构。标委会承担着具体组织全国旅游行业国家标准和行业标准的制定、修订和复审工作；负责组织旅游行业国家标准和行业标准的宣讲、解释工作；对旅游行业已颁布标准进行宣贯；指导旅游行业地方标准和企业标准的制定、审查和宣讲、咨询等技术服务工作；组织开展旅游标准化国际交流与合作。

截至2016年底，制定旅游行业国家标准32项、行业标准52项、地方标准300余项，企业标准20000余项，基本覆盖产业发展和服务管理的各个领域。

【标准制修订管理】2016年，全国旅游标准化技术委员会进一步加强旅游标准管理，提升标准制修订质量，紧扣国务院深化标准化改革的要求，建立标准项目储备机制，细化标准项目管理要求，增加标准立项评审、公开面向行业征求意见等环节，形成更加科学合理的标准制修订过程管理体系。

【旅游标准制修订】2016年，全国旅游标准化技术委员会引入专家评估机制对35项拟立项的旅游业标准进行评估，标委会专家和业内专家学者从标准化方针政策、法律法规、国家产业政策、规划等方面进行把握，从严把控项目质量和数量，最终确定《海洋旅游安全规范》等14个项目为2016年旅游业行业标准项目，并向国家标准委申报立项5项国家标准。

组织召开5次全国旅游标准化技术委员会标准审查会，审查《旅游景区质量等级的划分与评定》《旅游业基础术语》等7项国家标准，《会议服务机构经营与服务规范》《红色旅游经典景区服务规范》等8项行业标准。

全年，新发布GB/T 18973—2016《旅游厕所质量等级的划分与评定》GB/T 32942—2016《旅行社产品通用规范》GB/T 32945—2016《旅行社服务网点服务要求》等3项国家标准，LB/T 048—2016《国家绿色旅游示范基地》LB/T 049—2016《国家蓝色旅游示范基地》LB/T 050—2016《国家人文旅游示范基地》LB/T 051—2016《国家康养旅游示范基地》LB/T 052—2016《旅行社老年旅游服务规范》LB/T 053—2016《港澳青少年内地游学接待服务规范》LB/T 054—2016《研学旅行服务规范》LB/T 055—2016《红色旅游经典景区服务规范》LB/T 056—2016《旅游电子商务企业基本信息规范》LB/T 057—2016《旅游电子商务旅游产品和服务基本规范》LB/T 058—2016《旅游电子商务电子合同基本信息规范》LB/T 059—2016《会议服务机构经营与服务规范》等12项行业标准。

【旅游强制性标准精简和推荐性复审】2016年，旅游局按照《国务院办公厅关于印发〈强制性标准整合精简工作方案〉的通知》《国家标准委关于印发〈强制性标准整合精简评估办法〉的通知》和国家标准委《关于印发〈推荐性标准集中复审工作方案〉的通知》的要求，组织全国旅游标准化技术委员会对GB 26529—2011《宗教活动场所和旅游场所燃香安全规范》1项强制性国家标准和GB/T 18972—2003《旅游资源分类、调查与评价》等145项推荐性行业标准和国家标准（含已发布和在研）进行评估。经过实地走访、座谈、书面征求意见、标准相互引用情况分析和专家审查等环节，做出强制性标准继续有效，8项国家标准废止、11项国家标准修订、29项国家标准继续有效；9项行业标准废止、4项行业标准修订，2项行业标准合并，82项行业标准继续有效的结论，并提交国家标准委。

【旅游标准化试点】旅游标准化试点工作的主要任务是推行旅游业国家标准和行业标准、创新运行机制、培育品牌和形成标准化体系。通过开展旅游标准化试点工作，各试点地区在政府支持下均建立旅游标准化协调推进机制，各级旅游和质监、环保、城建、交通、工商、文化和农委等部门相互配合，各自发挥优势，为深入推进旅游标准化工作提供保障。

旅游局统一部署全国范围的试点工作，并对试点地区和企业进行分类指导；省级旅游部门具体负责指导和督促本辖区试点工作的组织、协调、指导并开展中期总结、负责全过程管理。2016年，旅游局组织完成全国第三批旅游标准化试点单位的评估工作，确定49个全国旅游标准化示范单位。

【旅游标准"走出去"】2016年，旅游局围绕"一带一路"战略，贯彻落实国务院《深化标准化工作改革方案》要求，开展面向"一带一路"沿线国家的旅游标准化交流和人才培训，以推动中国旅游标准"走出去"，进而带动中国旅游产品、技术、服务"走出去"。

为不断提升中国旅游标准的国际影响力，加大中国旅游标准宣传推广力度，推广中国《旅游景区质量等级的划分与评定》国家标准，帮助老挝在旅游景区建设过程中进一步提升基础设施和服务水平，12月，旅游局在广西南宁举办第二届老挝旅游景区标准化建设培训班，42名老挝旅游专家参加培训。

【国务院政府质量工作考核】2016年，旅游局配合质检总局完成2015—2016年度省级政府质量工作考核相关情况的汇总工作，完成《2015—2016年度省级政府质量工作考核评分细则》涉及旅游的评分标准制定工作，参与2015—2016年度省级政府质量工作考核的文审工作。

【旅游服务质量对比提升】2016年，旅游局与质检总局联合印发《质检总局　国家旅游局关于印发旅游服务质量提升工作规程的通知》，将旅游服务质量标杆单位和标杆培育试点单位遴选工作固化于制，并进一步提高门槛和要求。全国28个省、市、自治区103家旅游企业提出申请，完成书面申请材料的初步审核，专家审核，现场答辩会，遴选出7个标杆单位和29个标杆培育试点单位作为实地考核对象。

【"质量月"活动】2016年，旅游局与质检总局按照双方共同签署的《贯彻质量发展纲要 提升旅游服务质量合作备忘录》，共同开展"质量月"活动，共同推动"质量强国"建设。

供　稿：旅游局
撰稿人：杨晓玉
审稿人：贾玫玫

地 震 局

【概况】2016年，地震局在国家标准委的指导和支持下，贯彻落实《国务院深化标准化工作改革方案》，开展强制性标准整合精简和推荐性标准集中复审工作。组织开展地震标准体系框架研究与设计，报批《地震震级的规定》和《地震应急避难场所运行管理指南》等2项国家标准，重点推进地震烈度速报与预警工程建设、地震台网运行规范、活动断层探察、地震应急避难场所系列标准编制。截至年底，地震国家标准32项、地震行业标准81项、地震地方标准30项，地震企业标准20余项。

【地震标准化工作改革】2016年，地震局按照国家标准委对强制性标准整合精简和推荐性标准集中复审的工作部署和要求，完成6项现行强制性国家标准和8项强制性地震行业标准制修订计划的清理评估。对地震局职责范围内的26项推荐性国家标准、78项推荐性行业标准进行集中复审。

强制性标准整合精简结论：(1)现行有效的强制性国家标准6项，其中2项转化为推荐性国家标准，4项继续保留强制性国家标准；(2)已立项、正在制定过程中的强制性国家标准制修订计划项目3项，其中1项计划终止执行，2项计划继续执行；(3)地震系统没有已发布实施的强制性行业标准，已立项的强制性行业标准制修订计划项目8项，其中1项计划终止执行，7项计划转化为推荐性行业标准；(4)提出地震安全领域强制性国家标准体系框架。

推荐性标准集中复审结论：(1)现行推荐性国家标准26项，其中2项已列入国家标准制修订项目计划，2项建议修订，22项继续有效；(2)国家标准计划项目17项，其中2项建议废止，15项继续有效；(3)现行推荐性地震行业标准78项，推荐性行业标准制修订计划项目47项，其中1项上升为国家标准，23项建议修订，3项建议废止，其他53项行业标准和45项计划项目继续有效。

【地震标准体系建设】2016年，地震局加强顶层设计，研究地震标准体系框架。为满足防震减灾事业发展对标准的需求，加强地震标准化工作的顶层设计，提高地震标准的科学性、协调性和适用性，发挥标准化工作效益，结合防震减灾工作实际，继续推进地震标准体系框架研究，为标准立项提供依据。

紧贴事业需求，加快重要标准制修订。监测预报领域：基于中国地震观测系统数字化、网络化的特点，考虑震级测定的历史连续性和方法科学性，汲取国内外最新研究成果，完成地震震级国家标准的修订，实现与最新的震级测定国际标准接轨。加快推进地震烈度速报与预警工程系列标准编制，完成《数字强震动加速度仪》和《强震动观测技术规程》等2项行业标准的审查，开展仪器地震烈度的征求意见工作，新增《地震预警系统建设技术要求》等3项行业标准立项。审查通过《地震编目规范》和《地震卫星电磁观测测项分类与代码》等2项行业标准，完成《地震地倾斜和地应变观测台网运行规范》等5项行业标准的征求意见工作。震害防御领域：做好新一代地震动参数区划图实施工作，推进各行业抗震设计规范与新一代区划图的衔接。加快推进活动断层探测系列标准编制，发布行业标准《活动断层填图数据库规范》，完成国家标准《活动断层探测》的征求意见，对断错地貌测量、地震构造图编制、地质调查、成果图符号样式、数据库质量检测等5项标准正式列入2017年行业标准制定计划。应急救援领域：发布地震灾害紧急救援队队员训练指南，完成国家标准《地震应急避难场所运行规范》的报批，以及《中国地震烈度表》《地震烈度图制图规范》《地震应急避难场所信息数据规范》等3项国家标准的征求意见工作。

地方标准编制：新增6项地方标准如下：(1)山西省地方标准DB/T14 1267—2016《中小学防震减灾示范学校评价规范》；(2)山东省地方标准DB37/T 2838—2016《地震应急避难场所分类与编码》；(3)四川省地方标准DB51/T 2245—2016《四川省专用地震监测台网建设技术规范》；(4)广东省地方标准DB44/T 1848—2016《重要建设工程强震动监测台阵技术规范》；(5)辽宁省地方标准DB21/T 2685—2016《地震安全示范社区评定指南》；(6)辽宁省地方标准DB21/T 2692—2016《中小学防震减灾科普示范学校评定指南》。

【地震标准化科研项目】2016年，地震局实施地震行业科研专项项目，包括“测震仪器质量检测技术研究与国际标准研制”“相对重力联测技术标准研究”“钢筋混凝土结构震后安全性鉴定标准关键指标研究”“氡、汞观测方法技术标准与地下流体学科标准体系研究”“地震安全性评价分类、关键技术指标确定及国家标准修订研究”“全球导航卫星系统（GNSS）地壳运动观测技术标准研究”“强震动记录选取标准及工程应用研究”“绝对重力测定技术标准研制”等8个项目。

供　稿：地震局
撰稿人：付慧仙
审稿人：林碧苍

气　象　局

【**气象标准化技术组织建设**】2016年，气象局组织完成全国气象仪器与观测方法标准化技术委员会和雷电灾害防御行业标准化技术委员会第二届委员会换届工作。截至年底，除已成立的14个气象领域的全国和行业标准化技术委员会、分技术委员会，北京、河北、内蒙古、吉林、黑龙江、江苏、浙江、安徽、福建、江西、山东、河南、湖南、广东、贵州、云南、西藏、甘肃、宁夏、新疆等20省（区、市）先后成立地方气象标准化技术委员会。北京、广东两省市气象标准化技术委员会在地方组织的标准化技术委员会考核中获得优秀。

【**气象标准化工作机制**】2016年，气象局推进标准化改革。印发《气象标准制修订管理细则（修订版）》，重点补充建立标准制修订项目分类管理制度、标准预研究制度以及急需标准制修订快速通道；制定印发《气象领域标准化技术委员会评估办法》及配套评估指标体系，通过对标委会实施年度评估、对比和通报达到提升工作效能和水平的目的；中国气象服务协会制定《中国气象服务协会团体标准管理办法》；全国有24个省（区、市）气象局发文明确气象标准化工作职责并纳入年度考核，10个省（区、市）气象局组织开展标准化专项培训。

完善标准体系。组织研究和编制《“十三五”气象标准体系框架》，面向国务院相关部门、主要行业单位和企业以及全国气象部门广泛征求意见；结合气象各专业领域改革发展情况，组织征集“十三五”期间气象标准重点项目需求。

加强标准化工作管理和协调。改进标准立项机制，根据开门制标、明确重点、急用先立的原则，完成2016年指南性、指令性和预研究项目的征集和立项工作；强化跨部门的交流与合作，召开气象标准化工作行业专家座谈会，与相关行业专家研讨跨部门的标准需求和协同推进标准制定、应用的合作模式。

参与国际标准化工作。中国气象局气象探测中心承办ISO天气雷达国际标准工作组会议；组织推荐专家加入ISO 28902-3专家组并实质参与标准的起草、讨论；组织专家承担国际标准ISO 9845.1的修订工作；组织完成3项ISO标准的投票意见征集工作。

【**气象标准制修订**】2016年，气象局着力推进支撑气象改革发展的重要标准制修订。气象信息服务市场监管标准体系研究及关键标准制修订工作取得突破，体系内16项标准发布8项、报批3项、在研3项、在研团体标准2项；组织推进气象观测装备标准制定专项工作，13家企事业单位承担47项标准计划任务，年中组织起草人进行专项培训，年底完成26项标准征求意见工作；推进防雷监管标准体系建设，启用快递通道完成8项急需监管标准的立项和编写任务的部署。发布实施QX/T 317—2016《防雷装置检测质量考核通则》等3项防雷改革配套标准。

按照国家标准委统一部署，编写《气象强制性标准体系框架编制报告》，完成14项强制性气象标准和项目计划的整合精简工作；完成427项现行标准、385项在研推荐性气象标准集中复审工作。

全年，立项国家标准2项、行业标准104项、预研究项目9项，团体标准12项；全年气象领域发布国家标准7项、行业标准59项、团体标准1项、气象地方标准备案33项。

【**气象标准培训、宣贯和实施**】2016年，气象局加大标准培训、宣贯力度。通过气象远程培训网络平台对2016年发布的12项重点国家标准和行业标准进行解读和宣讲；组织对2017年气象标准项目起草人进行专项技术培训；推广应用“中国气象标准化网”，注册用户和访问量（超过40万次）持续增加，进一步强化标准制修订过程监管和资源共享；组织编发4期《气象标准化》杂志，刊登稿件48篇，就标准化动态与知识、气象标准化研究等内容进行交流；完成与中国标准化研究院合作出版《标准科学》（气象专刊）的印发工作，分五部分刊登45篇论文；组织出版和印刷气象行业标准单行本和汇编并面向全国免费发放。

强化气象标准执行。抓好气象标准化改革《实施意见》的贯彻落实，拟草专项工作方案，组织对各相关单位在加强标准化工作方面的落实措施和计划进行调查和汇总分析，对各省（区、市）气象局的贯彻落实情况纳入目标管理；组织推进标准化试点的开展，贵州防雷减灾公共服务国家级标准化试点工作通过验收，山西人工影响天气国家级标准化试点工作通过中期专家评估。

供　稿：气象局
撰稿人：周韶雄
审稿人：古　鹏

粮　食　局

【概况】2016 年，粮油标准化工作围绕国家标准化改革和行业重点工作，奋发有为，机制有创新，标准有重点，宣贯有亮点，会检有特点。全行业标准化意识和自觉性不断加强，标准对行业发展和重点工作的支撑引领作用充分体现，成为粮食供给侧改革，实现 7 个突破的重要抓手。

【粮油标准化改革】2016 年，粮食行业按照国务院改革精神，以改革促完善、促发展，不断强化标准化工作基础性、战略性地位，强化标准化工作引领和支撑作用。

整合精简强制性标准。组织科研、大学和专家对现有粮油标准逐项进行评议，经国务院标准化联席会议确定，16 项强制性标准转化为推荐性标准，保留 5 项强制性国家标准，3 项行业强制性标准转化为国家强制性标准。强制性标准清理后，除食品安全强制性国家标准外，由粮食局管理的强制性标准有 8 项，主要涉及小麦、稻谷、玉米、大豆等 4 个主要粮食品种质量规格标准，以及粮食仓库、植物油库安全操作规范，粮库机电设备安装技术规范和储粮化学药剂管理使用规范等标准，小麦粉、食用植物油等标准不再作为强制性标准，调整为推荐性国家标准或行业标准。

推荐性标准复审。进一步优化粮油标准体系，复审推荐性粮油标准 911 项，其中国家标准和计划 520 项，行业标准和计划 391 项。

加强队伍建设，优化工作机制。在国家标准委支持下，正式批复成立原粮与制品、油料与油脂、仓储与流通、机械与设备等 4 个粮标委分技术委员会，聚集各专业专家和单位，专业领域更加合理，进一步加强标准化队伍和力量。随着标准审定、审查等管理工作的下沉，进一步理顺管理体系和工作机制，提高标准制修订效率。

中国粮油标准“走出去”。配合国际标准处，在北京举办“APEC 粮食标准互联互通研讨会”，出席秘鲁 APEC 第 4 届粮食安全部长会议。组织专家开展小麦、大米、玉米、大豆等主要粮食国家标准和世界上主要产粮国标准比对分析工作，撰写编制 APEC 10 个经济体粮食质量标准对比研究报告。获得 APEC 基金支持，以及 APEC 第 4 届粮食安全部长会议肯定，并写入《亚太经合组织粮食安全皮乌拉宣言》。全面掌握中国粮油标准与其他国家标准的差异，增强中国粮油标准的国际影响力。配合国家标准委开展与英国、法国的标准互认工作。

【粮油标准制修订】2016 年，粮食局完成重点标准制修订。围绕原粮质量规格、重金属快检方法、玉米容重测定、仓储设施建设、信息化建设、露天储粮安全、进口大米等行业重点和热点工作，调整标准立项重点，并组织专门力量，全程推进，优先开展重点标准立项和制修订。完成玉米、粮食仓库建设标准、20 项信息化标准、露天仓囤储粮技术规范、稻谷中镉含量快速测定 X 射线荧光光谱法、水浸悬浮容重测定、大米粒型分类判定等一系列重要标准，支撑行业重点工作推进，填补标准体系空白和不足。

主动与科研成果对接，促进研究成果转化和应用。组织力量进一步熟化稻谷中镉的快速检测、稻谷新陈度测定、自动分样器、大米加工精度和不完善粒图像分析测定、横向通风、多参数粮情检测等科研成果，帮助科研成果尽快转化为粮油标准。初步形成科研成果转化落地工作机制。与中储粮总公司联合开展小麦发芽品质变化规律研究，系统掌握小麦发芽品质变化，为标准修订提供支撑。通过与科研成果对接，提高粮油标准技术升级，满足行业发展需要。

抓好标准制修订任务，进一步完善标准体系。组织专家讨论申报国家标准立项 34 项，批准 5 项，下达行业标准制修订计划 57 项；组织审定国家和行业标准 107 项，发布新标准 52 项。截至年底，粮食行业负责管理的国家标准和行业标准 560 项，内容涵盖粮食流通每个环节。

帮助地方开展地方标准体系建设。支持吉林、黑龙江、湖北、云南等省开展地方粮油标准体系建设，为打造吉林大米、黑龙江绿色生态产区、优质湖北品牌、云南特色粮油等出谋划策，提供技术指导。

【**粮油标准贯彻实施**】2016年，粮食局成功举办标准培训班。按照年度培训计划，举办粮食仓库建设标准、露天仓囤储粮技术规程和5项信息化标准全国培训班。组织标准编写专家编写标准解读，在标准发布后第一时间向各省级粮食行政管理部门和科研院所讲解标准条款，背景材料，答疑解惑，为各地做好危仓老库改造、新建仓房、物流园区建设、信息化建设等重点工程，指导露天仓囤等简易储粮设施科学储粮等行业主要工作，提供技术标准支撑。

创新标准宣贯方式方法。通过制作标准宣贯视频，上传到政府网站，扩大宣贯范围和力度，方便各地宣贯培训。组织5个技术力量强的质检机构开展小麦、稻谷、玉米、大豆和油菜籽等5个主要粮食标准宣贯视频片的制作工作。每个粮食标准视频均分为质量规格篇和检验方法篇，质量规格篇供社会浏览，检验方法篇供粮油质检机构内部参考学习。

开展标准业务培训，应对工作机制的变化。为促进4个分技术委员会尽快承担标准编制和审查工作，提高业务能力和水平。组织各主要标准编制单位和4个分委员会专家，邀请国家标准审评中心专家进行标准编制培训班，全面讲解GB 1.1内容，效果较为理想。

研究标准实施中出现的问题，及时发布标准说明和修改单。针对东北玉米生霉粒和小麦发芽粒，专门发出通知，明确标准实施过程中应注意等问题，统一检验尺度，提高标准实施科学性和一致性，保证新粮收购工作顺利进行，保证国家粮食收购质价政策的正确执行。做好社会各界标准咨询和依申请公开工作，综合运用产业政策、法律法规、专业知识，对挂面、油脂等社会关注标准相关规定进行函复，宣传标准知识，推动标准正确实施，保证质量监管进行。

【**粮油标准研究验证和后评估**】2016年，粮食局依据《中华人民共和国标准化法》《中华人民共和国食品安全法》《粮食质量安全监管办法》，在标准验证和后评估工作中，探索完善申请、机构安排、方案制定、现场管理、专家评审等环节的流程，保证验证评估工作的公平、公正，测试评价结果的科学性、真实性。组织开展重金属、真菌毒素、扦样、大米新陈度判定与检验等验证测试，进一步满足粮油检验和质量把关需要，完善粮油检验技术体系。

【**粮食质量会检和品质测报**】2016年，粮食局组织开展新粮质量会检。采集检验新收获小麦、稻谷、玉米、大豆和油菜籽样品8240份，样品覆盖20个省(区、市)240个市的850个县，在粮食收获后第一时间掌握新收获粮食的质量状况。

开展针对性质量调查检验。针对会检中发现的东北、黄淮玉米和小麦质量问题，增加真菌毒素等质量安全检测项目，以最快速度掌握情况，形成质量报告，为宏观决策提供依据。在辽宁、吉林和黑龙江等地执行玉米质量“十日报”制度，监控新收购玉米生霉粒情况，保证玉米收购工作顺利推进，发挥各级质检机构的作用。

加强指导和新技术引进。指导各地规范开展粮食质量测报工作，发布品质测报信息和调整种植结构建议。指导安徽省开展贫困县扶贫点品质测报工作，发展地方优势粮食品种种植，改善调整种植结构，发展地方经济。开展扦样地理信息管理系统试点，提高扦样地理信息准确性和科学性，实现信息追溯和监控，为质量测报打下基础。

发挥质量测报数据对标准化工作的支撑作用。注重质量测报检测数据的科学规范统计分析和整理，积累大量原始基础数据，为标准制修订提供支持。

供　稿：粮食局

能　源　局

【**概况**】按照国务院“三定”方案，能源局负责组织制定煤炭、石油、天然气、电力、新能源和可再生能源等能源，以及炼油、煤制燃料和燃料乙醇的行业标准，并明确煤炭、电力、油气、新能源及能源装备等领域的14家标准化管理机构作为技术支撑单位。

截至2016年底，能源领域现有国家标准48项、行业标准7718项，建立风电、核电、水电、电力规划、电动汽车充电设施、页岩气等特定领域标准体系，对能源行业的安全科学生产运行和高效规范管理起到支撑和引领作用。累计成立全国性专业标准化技术委员会和行业性标准化技术委员会30个，委员人数1500余人。

【**能源标准化改革**】2016年，能源局按照《强制性标准整合精简工作方案》，组织行业标准化管理机构、标准化技术委员会、技术归口单位和技术专家对能源领域159项强制性国家标准、行业标准开展整合精简,研究提出能源领域强制性国家标准体系框架,实现“一个市场、一个底线、一个标准”;按照《推荐性标准集中复审工作方案》,对7740项推荐性国家标准、行业标准开展集中复审;按照《关于开展2016年度工程建设国家标准、行业标准复审暨整合精简工作的函》要求,对57项能源领域工程建设强制性行业标准进行整合精简,对电力、石油天然气、煤炭等领域的国家工程建设强制性标准体系框架进行研究和规划。

【能源标准制修订】2016年,能源局发布能源标准公告4期,批准发布能源领域行业标准961项,组织制(修)订完成国家第六阶段《车用汽油》《车用柴油》等8项强制性国家标准。下达能源领域行业标准制(修)订计划项目674项(含核电125项)。

【能源标准化技术委员会建设】2016年,能源局根据能源行业发展需求,组织相关行业标准化管理机构开展电力安全工器具及机具、电力接地技术、岸电装置等3个能源行业标准化技术委员会筹建工作,批复成立能源行业地热能专业标准化技术委员会(NEA/TC29),完成能源行业核电、无功补偿和谐波治理装置、短路试验、电动汽车充电设施等4个能源行业标准化技术委员会换届工作。

【核电标准化】2016年,能源局组织完成能源行业核电标准化技术委员会(NEA/TC2)换届,组建由10个专业组、240名专家组成的第二届标委会。加快推进自主核电标准核安全认可,《压水堆安全重要流体系统单一故障准则》等5项能源行业核电标准获得核安全认可,累计认可达12项。研究发布《核电工程定价与造价工作管理办法》,为加强核电工程定额与造价管理,规范核电建设市场秩序,促进工程技术进步和概预算维护打下基础。与国家标准委、国家核安全局联合推进“华龙一号”标准化示范工程工作,研究制定“华龙一号”标准化示范工程实施方案。

【节能标准化】2016年,能源局继续落实《加强能源行业能效标准化工作意见》,提出建立和完善能源行业能效标准体系,促进能源行业能效水平提升。石油天然气及油品方面,发布《页岩气藏描述技术规范》等26项页岩气领域标准和《气田生产系统节能监测规范》等节能生产标准;电力方面,支撑智能电网建设发布《智能电能表功能规范》等8项智能电能表标准,配合《配电网建设改造行动计划(2015—2020年)》发布《配电网规划设计技术导则》等4项配电网标准;开展能源互联网标准体系研究,在示范项目实施中推进相关标准研究工作;产能运行方面,发布《燃煤机组节能诊断导则》等6项标准,启动《燃煤电厂节能量计算》《电力企业合同能源管理技术导则》标准制定;可再生能源方面,对《能源领域风电标准体系项目表》进行修订,发布《风力发电场无功配置及电压控制技术规定》等26项风电标准、14项非粮生物质及生物液体燃料标准、21项光伏领域标准;电动汽车充电设施方面,配合《电动汽车充电基础设施建设指导意见》《电动汽车充电基础设施发展指南(2015—2020年)》等产业政策,落实《电动汽车充电设施标准体系项目表(2015年版)》,已发布其中35项标准。

【能源标准化课题研究】2016年,能源局保障中国水电行业规范发展和能源安全稳定供应,系统推进水电行业标准体系建设,组织完成“水电行业技术标准体系研究”课题,初步建立由三个层次组成的水电行业技术标准体系。落实国家“一带一路”战略,支持中国能源企业“走出去”,组织完成“电力工程及装备标准海外应用分析研究课题”,围绕中国电力企业在海外工程建设、运行、维护及关键设备等方面的标准应用进行分析研究,重点了解海外工程的分布、使用标准情况、推广中国标准应用现状及存在问题,提出推广中国标准应用的对策措施及标准英文版需求建议。

【能源标准“走出去”】2016年,能源局印发《能源行业标准英文版翻译出版工作管理办法(试行)》,对能源行业标准英文版翻译的职责、翻译程序和要求、批准、发布和出版等工作提出规范要求,重点围绕电力、油气及能源装备等领域海外工程及装备出口急需标准下达230项能源行业英文版翻译出版计划项目(含核电70项)。全面推进核电标准领域国际交流合作,研究起草《中法核电标准规范合作协议》(中方文本),配合国家标准委开展中英民用核能标准化合作项目组成员征集工作。

供　稿:能源局
撰稿人:滕　云
审稿人:方啸宇

国防科工局

【概况】国防科工局负责组织开展国防科技工业标准化工作，主要管理核（除核电）、航天、军工航空、军工船舶、兵器、军工电子等军工行业标准。国防科工局高度重视标准化在国防科技工业改革发展中的基础性、战略性、引领性、支撑性作用，始终将标准化作为建设国防科技工业体系的重要抓手，通过强化标准化工作，引领军工技术创新，规范军工核心能力建设，保障科研生产质量和安全，促进产业转型升级和提质增效。

2016年，国防科工局落实国务院《深化标准化工作改革方案》要求，推进国防科技工业标准化工作。与国家标准委联合印发《“十三五”国防科技工业标准化发展规划》。组织制修订632项军工行业标准，研制转化25项中国航天标准英文版。召开国防科技工业标准化技术委员会成立大会，印发《军工行业标准化技术委员会印章和秘书处印章使用管理规定》。组织行业标准化专业机构面向科研生产一线开展重大标准宣贯40余次，开展标准化业务咨询近2000次。完成军工行业标准清理整顿工作，明确标准强制性属性，提出标准“立改废”清单，以及建议转化为国家标准的清单。截至2016年底，现行有效军工行业标准总数达18708项，基本涵盖军工科研生产、核心能力建设和民用航天、核工业发展各领域各环节。

【军工行业标准化改革】2016年，国防科工局贯彻国务院《深化标准化工作改革方案》要求，落实国务院标准化协调推进部际联席会议部署，推进标准化改革。参与《装备制造业标准化和质量提升计划》制定，明确国防科技工业重点参与的7方面主要任务，凸显国防科技工业标准化重要作用。与国家标准委联合印发《“十三五”国防科技工业标准化发展规划》，全面部署启动“十三五”标准化工作；持续优化军工行业标准体系，开展重点领域标准群研制，完成632项军工行业标准制定，有力支撑高新技术装备建设和国家重大科技工程实施；注重提升全行业标准化意识，推动军工企业标准化建设，支持重点单位制定“三大规范”，促进各军工集团公司加强企业标准化工作；支持有关单位实质性参与国际标准化活动，军工单位承担4个国际标准化专业技术委员会秘书处工作，4人担任国际标准化组织专业技术委员会主席或副主席，121人担任委员或专家，承办ISO、IEC专业技术委员会年会4次，参与国际标准投票表决400余项次，军工单位主导制定发布国际标准11项，在研国际标准65项。

【军民标准通用化】2016年，国防科工局落实与国家标准委签署战略合作议定书，双方进一步强化国防科技工业标准化工作，合力推动中国航天和核领域等标准“走出去”，联合推进国防科技工业标准化体系建设，共同加强有关标准的实施宣贯。年内，国防科工局支持军工单位发挥军工优势，组织完成288项国家标准制定任务；承担或参与国家科技重点研发计划NQI项目，开展《高端装备关键共性技术标准研究》等5项标准化预先研究；落实《国家集成电路产业发展推进纲要》，与国家和军队有关部门共同推进37项集成电路军民通用标准研制；依据《军民标准通用化工程项目论证指南》开展前期研究论证，推动军工技术、产品和服务向民口开放。军工单位承担43个全国专业标准化技术委员会秘书处工作，760名军工领域专家担任全国专业标准化技术委员会委员。

【军工行业标准化法规体系建设】2016年4月，国防科工局印发《军工行业标准化技术委员会印章和秘书处印章使用管理规定》，明确印章管理、用印批准权限和用印规定等方面具体要求，规范标技委及秘书处印章使用管理。

【军工行业标准化工作体系建设】2016年3月，国防科工局组织召开国防科技工业标准化技术委员会成立大会，全面启动标委会各项工作，完善标准化工作体系。编制军工行业标委会章程，确保标委会工作规范有效。召开标准审查会议100余次，完成632项军工行业标准技术审查和报批工作，有效履行标委会技术把关职责。

【军工行业标准建设】2016年，国防科工局坚持标准研制与型号任务同论证、同部署、同实施，组织开展重点领域标准群研制，按计划完成632项军工行业标准制修订，填补相关领域标准空白，有力支撑军工科研生产和国家重大科技工程实施。

【军工行业标准国际化】2016年，国防科工局继续推进中国航天标准体系建设工作，围绕中法海洋星联合研制、委内瑞拉遥感卫星二号出口等需求，研制转化25项中国航天标准英文版，以标准“走出去”带动航天装备技术和服务“走出去”。

年内，军工单位主导制定发布国际标准11项，在研国际标准65项，承担ISO/TC8（船舶与海洋技术）、ISO/TC8/SC4（舾装与甲板机械）、ISO/TC20/SC1（航空航天电气）、ISO/TC20/SC6（标准大气）等

4个国际标准化组织专业技术委员会秘书处工作，4人担任国际标准化组织专业技术委员会主席/副主席。

【军工单位企业标准化】2016年，国防科工局着力提升军工单位标准化意识，促进各军工集团公司加强企业标准化工作，支持重点单位制定“三大规范”，进一步完善军工企业标准体系。鼓励标准化专业机构面向科研生产一线提供标准化咨询服务，组织宣贯重大标准40余次，开展标准化业务咨询近2000次，有效推动标准贯彻实施。

【军工行业标准清理整顿】2016年，国防科工局贯彻落实国务院《深化标准化工作改革方案》，1月启动军工行业标准清理整顿工作，印发《军工行业标准清理整顿工作方案》，全面调研1100余家标准主编单位和主要实施单位，组织273名标委会委员和722名专业技术领域专家成立46个专业组，对20688项军工行业标准开展清理整顿，提出标准“立改废”结论，明确标准强制性和军民属性，形成建议转化为国家标准的清单，有效提升军工行业标准适用性、有效性、先进性。

供　稿：国防科工局

烟　草　局

【概况】2016年，烟草局按照全国标准化工作会议精神和全国烟草工作会议确定的年度重点，有针对性地做好行业标准化工作，完成年初确定的各项目标任务。编制完成2016年度标准制修订项目计划，确定2016年度烟草行业标准制修订项目14项。全年发布31项行业标准，截至年底，烟草类国家、行业标准达701项。组织制订2016年度卷烟感官标准样品。组织开展2017年度标准项目申报、技术初审工作。完成全国烟草标准化技术委员会企业、烟用材料、烟叶标样等分技术委员会部分委员调整工作。

【烟草标准化改革】2016年，烟草局继续贯彻落实国务院《深化标准化制度改革方案》的有关要求，按照国家标准委的工作部署，在2015年系统全面开展标准清理工作的基础上，完成20项强制性标准精简整合评估和627项推荐性标准集中复审材料报送工作。

【烟草标准实施示范推广】2016年，烟草局贯彻落实《国家烟草专卖局关于进一步推进烟叶标准化生产工作的意见》，结合新形势下的烟叶生产工作，进一步落实烟叶标准化生产与现代烟草科技、现代烟草农业、现代管理手段以及职业烟农队伍“四个结合”的要求，组织专家组对黑龙江、河南、陕西、湖南、四川、重庆、贵州、云南等省市的部分地市级公司推进烟叶标准化生产工作的实效进行现场考评。

组织开展第三批烟草行业商业标准化示范企业认定工作，经形式审查、材料评审和现场认定等工作程序，认定四川省烟草公司广元市公司等14家单位为烟草行业商业标准化示范企业。通过持续三年的行业商业标准化示范企业建设，累计认定26家商业标准化示范企业，覆盖河北、江苏、浙江、安徽、福建、山东、湖北、湖南、四川、贵州、云南、陕西、甘肃、宁夏等14个省（区、市），发挥标准化在商业企业市场营销、专卖管理、现代物流、烟叶生产、基础管理等相关工作中的支撑作用

【烟草国际标准化】2016年，烟草局按照质检总局、国家标准委2015年第36号公告和《烟草行业参加国际标准化组织活动管理办法（试行）》，继续规范开展国际标准文件投票评议、参加工作组、参加国际标准化会议等工作。参与新型烟草制品、“深度抽吸模式”等重要领域国际标准的研制。组织申请加入国际标准化组织烟草及烟草制品技术委员会电子烟及雾化制品分委员会（ISO/TC126/SC3）积极成员（P成员）并成功获得批准。承担国际标准化组织烟草及烟草制品技术委员会烟叶分委员会（ISO/TC126/SC3）副主席职务和联合秘书处工作。

供　稿：烟草局

测绘地信局

【**测绘地信标准化研究**】2016年，测绘地信局组织开展科技部重点研发专项“国家质量基础的共性技术研究与应用”2016年度项目申报工作，完成“国家时空信息基础设施建设和服务关键标准研制”1个项目、“战略性新兴产业关键国际标准研制”项目1个课题和“信息安全认证认可关键技术研究与应用”项目1个子课题的申报，完成项目和课题任务书签署，并启动项目和课题研究工作；组织开展科技部重点研发专项2017年度项目申报工作，争取开展1个项目、1个课题、1个子课题的立项。组织申报国家标准委2016年中国标准创新贡献奖，推荐“IMU/GPS辅助航空摄影技术规范等8项标准”获标准项目奖一等奖，推荐“变形测量成果质量检验技术规程等13项标准”获标准项目奖三等奖。组织申报“农产品质量安全溯源技术标准研究”等2项2017年度国家标准委城乡统筹标准化研究项目。推进军民标准通用化，组织编写并向国家标准委申报“军民基础地理信息获取与处理标准融合”项目。组织开展中央军委装备发展部和国家标准委联合负责的“军民标准通用化工程”项目申报工作。推进国家标准委社会管理和公共服务综合标准化试点工作，申报的1项试点列入国家标准委第三批试点项目，与国家标准委有关部门联合召开“测绘地理信息领域标准化试点工作进展汇报会”。组织国家测绘地理信息局测绘标准化研究所申报的“测绘地理信息行业标准化服务业培育”入选国家标准委第一批标准化服务业试点项目。

【**测绘地信国家标准制修订**】2016年，测绘地信局组织完成23项测绘地理信息领域国家标准的发布并开展实施与宣传工作。下达包括10项卫星导航定位基准站在内的11项国家标准制定计划，部分标准完成编制工作。组织完成智慧城市等10项标准送审稿的编写。完成强制性国家标准整合精简和推荐性国家标准集中复审工作，对5项强制性国家标准、92项推荐性国家标准、1项强制性国家标准计划、92项在研推荐性国家标准计划进行复审，并向国家标准委上报结论。

【**测绘地信行业标准制修订**】2016年，测绘地信局组织完成《大地测量控制点坐标转换技术规范》等6项测绘行业标准的编制、审查、报批和发布。组织开展不动产测绘等行业标准研制。组织完成8项测绘行业标准送审稿的编制。组织开展2016年测绘标准项目提案的征集工作，完成95项测绘行业标准提案的初审，并下达19项测绘行业标准项目计划。完成测绘行业标准集中复审工作，对1项强制性行业标准、140项行业标准，77项在研行业标准计划进行复审，并上报国务院标准化协调推进部际联席会议办公室备案。

【**计量标准化**】2016年，测绘地信局组织编制并修订发布部门计量技术规范JJG 3401—2016《数字航摄仪》。完成计量检定标准复审工作，对6项计量检定规程，5项在研计量检定规程计划进行复审，在公示后均确认继续有效。

【**测绘地信国际标准化**】2016年，由中科院院士龚健雅主编的，首个中国主导编制的地理信息国际标准ISO/TS 19163-1:2016《地理信息影像与格网数据的内容模型及编码规则　第1部分：内容模型》于2016年1月由国际标准化组织（ISO）正式发布；中国牵头编制的第3项国际标准ISO 19150-4《地理信息服务本体》于2016年12月通过ISO立项；截至年底，中国主导编制的地理信息国际标准发布1项、新立项2项。跟踪测绘地理信息国际标准化工作进展，组织专家参加在挪威举行的第42届和在美国举行的第43届国际标准化组织地理信息委员会（ISO/TC211）工作组会议和全会。根据ISO和国家标准委有关管理规定的要求，组织开展ISO/TC211主席候选人与秘书处申请承担单位的遴选，正式向ISO技术管理局推荐秘书处申请承担单位和ISO/TC211主席候选人，积累参加国际标准化组织相关工作的经验。

【**测绘地信标准宣贯**】2016年，测绘地信局开展2016年世界标准日主题活动，与武汉大学联合举办“测绘地理信息标准化进课堂”活动，面向武汉大学测绘地理信息学科相关专业师生，开展课堂教学活动。测绘地信局举办“新增测绘地理信息行业标准制修订培训及标准编制座谈会”，2015年新增行业标准项目主要执笔人等40余人参加培训和座谈；举办地名地址标准化工作座谈会，就测绘地理信息领域地名地址标准研制、应用、宣贯等方面工作进展、取得的经验及相关标准应用成果进行交流；举办3次标准化管理及标准编制培训班，累计400余人参加培训。利用“中国测绘标准网”网站、《测绘标准化》期刊、《国际测绘地理信息标准化动态》以及电话咨询、网络邮件等方式推广普及标准化信息，完成4期《测绘标准化》期刊，编译完成12期《国际测绘地理信息标准化动态》，发布《测绘地理信息标准化快讯》电子版10期。组织完成《地理信息国际标准译文集（2016）》的编印工作。

供　稿：测绘地信局
撰稿人：严竞新
审稿人：王　伟

铁路局

【概况】2016年，铁路局推进铁路技术标准工作，在编制铁路标准化"十三五"发展规划、研究铁路技术标准体系、落实标准化改革方案等方面成效显著。

截至年底，铁道国家标准190项，铁道行业标准1144项，包括高速、城际、客货共线、重载铁路等综合性标准，铁路桥涵、隧道、路基等工程建设标准，铁路机车车辆、工务、通信信号、牵引供电和运营服务等专业装备技术标准。

【铁路标准制修订】2016年，印发国家铁路局2016年铁路技术标准项目编制计划和工程建设标准编制计划，发布《铁路列车荷载图式》《动车组车体结构强度设计及试验》《调度集中系统技术条件》等铁路技术标准116项以及铁路技术标准修改单1项；发布《铁路隧道设计规范》《铁路通信设计规范》《铁路路基设计规范》等铁路工程建设标准11项。

【铁路标准国际化】2016年，组织中国专家参加ISO/TC269所有在编国际标准项目工作组，承担其中3个特别工作组（AHG）召集人；组织中国专家主持IEC/TC9归口的5项国际标准制修订工作，其中完成并正式发布IEC/TS 62580-2:2016《轨道交通　车载多媒体系统　第2部分：视频监视/CCTV服务》、IEC 62847:2016《轨道交通　机车车辆　电连接器　基本要求和试验方法》、IEC 62848-1:2016《轨道交通　地面装置　直流避雷器和限压装置　第1部分：避雷器》等3项国际标准，铁路领域由中国主持制定且已发布的IEC国际标准累计达8项；组织中国专家主持《高速铁路实施》系列等6项UIC标准，发布《高速铁路开通运营前动态集成测试和运行试验》（IRS 70001）和《国际联运用自动警惕装置遵循的条件》（IRS 50641）。组织开展《高速铁路道岔技术条件》等27项铁道行业标准和铁道国家标准英文译本的翻译工作，完成《铁路工程制图标》等6项工程建设标准英文译本的翻译和出版工作。

【铁路行业国际标准化活动】2016年，铁路局在中国组织召开IEC/TC9主席顾问组会议和第56届全体大会，来自法国、德国、意大利、日本、捷克、俄罗斯、挪威、葡萄牙、瑞典、英国和中国等11个国家的70余名代表参加会议，会议的成功举办促进中国铁路标准国际化工作的开展，将对中国铁路"走出去"战略和提升中国标准的国际影响力起到推动作用。参加ISO/TC269主席顾问组（CAG）2016年3次会议和第五届全体大会、国际铁路联盟（UIC）系统委员会指导委员会会议，利用国际标准化平台扩大中国铁路影响力、巩固前期工作成果，在国际标准化活动中为中国铁路争取更大的话语权。

【铁路标准化工作改革】2016年，铁路局按照国务院《强制性标准整合精简工作方案》和国家标准委《强制性标准整合精简评估方法》的要求，开展铁路强制性技术标准整合精简工作，形成2016年铁路强制性技术标准整合精简评估建议和铁路强制性技术标准体系框架。根据国务院"贯彻实施《深化标准化工作改革方案》行动计划（2015—2016年）"和国家标准委《推荐性标准集中复审工作方案》的要求，组织完成铁路推荐性技术标准的集中复审工作。

【铁路标准化科研】2016年，铁路局组织开展《铁路技术标准"十三五"规划研究》《铁路行业技术标准体系研究》等基础性科研工作；完成《铁路工程技术标准国际版体系研究》《城际铁路常用跨度简支梁基频限值研究》等项目科研工作；研究交通运输标准化体系编制工作方案并组织按计划完成《交通运输标准化体系　铁路部分》相关工作。

【铁路标准化机构和人才队伍建设】2016年，铁路行业设有国家铁路局技术委员会（其中工程建设标准专家27人、技术标准专家26人、重大科技专项专家28人），12个铁路标准化技术委员会/归口管理单位（专职标准化人员和委员300余人），2个铁道工程建设标准归口管理单位（专职标准化人员19人）。按照国家标准委管理规定，全国牵引电气设备与系统标准化技术委员会完成换届工作。

【铁路标准信息化建设】2016年，铁路局通过官网"新闻信息"和"标准规范"窗口，向社会及时公示2016年新发布的铁道行业标准和英文译本信息。

【铁路标准化服务】2016年，铁路局组织开展第39届国际标准化组织（ISO）大会及铁路标准化宣传工作。对新发布实施TB/T 3200—2015《铁路道岔密贴检查器》等标准进行宣贯,针对GB/T 16675.1—2012《技术制图　简化表示法　第1部分:图样画法》和GB/T 16675.2—2012《技术制图　简化表示法　第2部分:尺寸注法》等标准组织培训活动。

供　稿:铁路局
撰稿人:戴笑丰
审稿人:甄　静

邮　政　局

【邮政标准制修订】2016年,邮政局推动快递三轮车国家标准的制定。联合相关部委进行调研,组织开展标准的集中编写和修改工作;加强与公安、工业和信息化、国标管理等部门协调沟通,研究答复有关意见,澄清社会公众的模糊认识;贯彻执行国务院领导批示,调整优化工作思路,推动标准制定工作。配合工业和信息化部相关司局,完成《快递汽车技术条件》国家标准的专家研讨、意见征集、修改完善和报批等工作。做好《邮政普遍服务》标准修订工作,组织邮政业标委会对标准进行审查,推动标准尽快出台,促进基本公共服务均等化,更好满足经济社会发展和人民群众对邮政普遍服务的更高要求。抓紧研究绿色包装系列标准。总结《快递封装用品》国家标准实施情况,召开座谈会议听取专家和企业意见,研究提出修订现行国标的建议,增加包装材料环保性要求以及易于循环利用等相关内容,为实现快递包装绿色化、减量化、可循环的目标提供技术支撑。持续增加快递标准的有效供给。按照《邮政业标准体系》的整体部署,组织完成邮政业信息系统安全等级保护基本要求、快递末端投递服务信息交换规范、快递营业场所基础数据元、快递专用车辆基础数据元、快递集装笼、快件寄递状态分类与代码等6项标准的制定工作,为推动快递持续健康发展提供支撑。

【邮政标准实施和监督评估】2016年,邮政局针对快递车辆、包装用品等重要标准,组织撰写解读材料,举办标准培训班,开展标准知识宣讲,推进各级邮政管理部门和企业全面理解标准出台的重要意义,掌握标准的实质内容,推动标准的实施落地。针对快递运单、信封、机要信封、快递封套、快递包装箱、快递包装袋等用品用具,开展质量抽检工作,提升产品生产质量,保障用户合法权益。

【邮政标准工作改革】2016年,邮政局按照国家标准委的统一部署,开展强制性行业标准上升为强制性国标的申报研制工作,推动快递服务与银行服务、制造服务、电子商务、航空运输等关联产业信息交换国标项目完成立项,进一步完善邮政业标准体系,保持邮政业标准体系的先进性和科学性。及时更新和丰富邮政局网站标准栏目内容,全文公开标准发布文本。

【邮政标准化科技】2016年,邮政局组织召开2016年邮政行业科技创新座谈会,总结"十二五"时期邮政业科技发展情况,分析行业科技工作面临的新形势、新要求,全面部署"十三五"时期邮政业科技创新工作。组织起草《国家邮政局关于促进邮政行业科技创新工作的指导意见》(以下简称:《指导意见》)。《指导意见》将科技创新摆在邮政业发展全局的突出位置,明确提出促进邮政行业科技创新工作的总体要求、重点任务和保障措施,对于贯彻落实国家重大战略部署、加快推进邮政行业转型升级、切实提升邮政行业科技创新的能力和效率具有重要的指导意义。加大企业技术中心创建引导力度。加强与发展改革委的沟通联系,鼓励引导创新机制好、创新能力强、引领示范作用大的重点邮政快递企业申报市级企业技术中心,发挥企业技术创新主体作用。开展科技统计和评价指标调研,了解科技进步贡献率、研究开发(R&D)经费占比等科技指标的统计方法,咨询在邮政业开展相关科技指标统计的可行性,为后续研究工作奠定基础。

【邮政标准宣贯】2016年1月27—29日,邮政局在广西南宁召开宣贯会,就《快递安全生产操作规范》和《快递电子运单》组织培训。培训采取理论讲解与相关问题数据解答相结合的方式进行说明,就两项标准所规定的内容和数据进行讲解,对标准应用和实施的重点事项进行强调。12月,在行业主流媒体上发布新修订《邮政普遍服务》标准解读文章,宣传标准修订的重大意义,剖析标准的主要内容。举办普服标准培训班,推动全国31个省(区、市)邮政管理局和36个市(地)邮政管理局的相关人员准确把握普服标准修订的基本思路和具体内容,为开展邮政普遍服务达标情况监督检查专项行动,提升邮政普遍服务监管水平提供支撑。总结通报2016年邮政用品用具产品质量抽检结果以及标准符合性检查情况，研究提出贯彻落实标准、加强产品质量管理的相关工作要求。

【邮政标准化人才队伍建设】2016年10月，邮政局组织和协调SAC/TC462启动标委会换届工作。根据《邮政业标准体系》总体框架，换届分别在基础、安全、设施设备与用品、服务与管理、信息化等5个专业领域增选外部专家作为委员。经过调整，新一届邮政业标准化技术委员会将由32名委员组成，分别来自邮政系统外单位、邮政管理部门和邮政、快递企业。加强邮政业标准化技术委员会秘书处服务支撑能力建设，进一步丰富服务内容，创新服务方式，为标委会各项工作的开展提供良好服务保障。

【邮政国际标准化】2016年，邮政局组织开展世界邮政和国内相近行业最新科技发展动态跟踪研究，分析提炼科技应用趋势，为中国邮政业开展科技创新工作提供参考和借鉴。推动邮政企业和快递企业参与国际、区域标准化组织和国际国外先进产业技术联盟的标准化活动。

供　稿：邮政局

文 物 局

【概况】2016年，文物局进一步完善文物保护标准体系，组织编制《2017—2020年行业标准制修订计划》。继续推动国家标准、行业标准的制修订工作，GB/T 33289—2016《馆藏砖石文物保护修复记录规范》等18项国家标准发布实施；完成《国家考古遗址公园规划编制规范》等118项行业标准制修订项目立项工作；培育团体标准。组织标准宣贯培训班2期，出版《文物保护标准汇编》，推动标准的宣传推广与执行。筹备全国文物保护标准化技术委员会换届工作。

截至2016年底，文物保护国家标准立项48项、行业标准立项249项。其中，国家标准已发布33项，在研15项；行业标准已发布72项，在研177项。标准基本涵盖可移动文物保护、不可移动文物保护、博物馆、文物调查与考古发掘、文物博物馆信息化等领域。全国性专业标准化技术委员会和分技术委员会2个，委员人数86人。

【文物保护标准复审工作】2016年，文物局组织完成文物保护标准复审工作，通过开展标准自评估、问卷调查、征询意见等，完成2009年以前发布的22项标准复审，基本掌握复审标准在实施过程中所发挥的作用及存在的主要问题，了解文博行业对文物保护标准化工作的主要意见和建议，将有效指导下一阶段工作。

【文物保护团体标准培育】2016年，文物局开展文物保护装备标准化综合示范工作，培育团体标准。组织研究文物保护装备团体标准体系框架，出版21项文物保护装备团体标准；在第七届博物馆及相关产品与技术博览会上搭建成果展台，开展文物保护装备团体标准宣贯推广培训活动。

【文物保护标准宣贯】2016年，文物局开展重要标准和新发布标准的宣贯实施，先后组织举办2期标准宣贯培训班，培训170名文博行业专业技术骨干。分别为10月19—23日由敦煌研究院在甘肃承办的《土遗址保护工程勘察规范》等行业标准培训班和12月5—10日由中国社会科学院考古研究所在甘肃承办的生物遗存采样及实验室操作系列行业标准培训班。培训班采取理论与实践相结合的方式，有效提高培训人员对标准的了解和认知，提高文物保护工作的科学化、规范化水平。出版《文物保护标准汇编（二）》和《文物保护标准汇编（三）》。

供　稿：文物局
撰稿人：李春玲
审稿人：施晨艳

中医药局

【概况】2016年，中医药局落实全国卫生与健康大会精神，贯彻《中医药发展战略规划纲要（2016—2030年）》《中医药健康服务业发展规划》《中医药发展十三五规划》关于中医药标准化工作的部署和国务院《深化标准化工作改革方案》的精神，明确中医药标准工作改革思路，创新中医药团体标准的管理方式，完成中医药推荐性国家标准和行业标准集中复审，强化中医药标准化制度建设，推进重点领域标准制修订工作，加强中医药标准化支撑体系建设，推动中医药国际标准化工作。截至年底，发布中医药国家标准40项、行业标准9项。

【中医药推荐性标准集中复审】2016年，中医药局根据国家标准委《推荐性标准集中复审工作方案》要求，制定《中医药标准集中复审工作方案》，召开推荐性标准集中复审部署会，开展已发布的37项中医药国家标准、47项中医药国家标准计划、9项中医药行业标准的集中复审工作，按照业务领域细化中医、中药、针灸、中药材种子种苗4个专业标准化技术委员会的责任分工，确定复审时间表和程序。政策法规与监督司对提交的复审结论进行审核，各专业委员会采用函审或者会审形式对各自承担的复审任务进行论证，相关专家对复审结论达成一致。在审查形式方面，采用会审形式45项，采用函审形式48项。在37项国家标准中，复审结论为继续有效27项、修订10项；在47项国家标准计划中，复审结论为继续有效46项、废止1项；9项行业标准复审结论均为修订。

【中医药标准制修订情况】2016年，中医药局发布《针灸技术操作规范制修订技术导则》《针灸异常情况处理》《穴位贴敷用药规范》等3项国家标准；开展中医（民族医）病证分类与代码、中医临床诊疗术语、中医病证诊断疗效评价标准、中医医疗技术标准制修订工作；完成针灸门诊基本服务规范和针灸临床实践指南制定及其评估规范等2项国家标准报批稿、道地药材标准编制通则及道地药材标准等35项国家标准立项局内征求意见工作，送局标准化专家技术委员审议；对2014年中医药部门公共卫生服务补助资金中医药标准制修订项目进行督导。

【中医药标准化支撑体系建设】2016年，中医药局加强中医药标准化研究机构建设，开展中医药标准化研究中心申报工作；加强对全国中医药标准化技术委员会的管理，指导推动5个全国中医药专业标准化技术委员会换届工作；深化中医药标准研究推广基地建设，开展中医药标准研究推广基地（试点）的自评工作；加强局中医药标准化专家技术委员会建设，完善国家中医药管理局中医药标准化专家技术委员会章程；加快中医药标准化信息平台建设，开展中医药标准制修订网上工作平台和中医药标准化管理信息系统开发工作。

【中医药国际标准化】2016年，中医药局继续发挥国际标准化组织中医药技术委员会（ISO/TC249）的平台作用。在意大利召开ISO/TC249第七次全体会议，会议讨论28项新提案，其中中方提案22项。中方取得年会副主席和秘书长席位，进一步巩固在ISO/TC249的主导地位。推进ICTM（传统医学国际分类代码）项目。启动ICD-11传统医学章节Beta版的审评程序，召开ICTM工作汇报会，成立ICTM项目建设协调工作组。

【ISO/TC249中方工作总结会暨ISO中医药国际标准化战略研讨会】2016年2月17日，由中医药局主办，ISO/TC249国内技术对口单位承办的“ISO/TC249中方工作总结会暨ISO中医药国际标准化战略研讨会”在北京召开。会议总结ISO/TC249中方工作成果，为下一步ISO中医药国际标准化工作提供指导。与会专家听取ISO/TC249国内技术对口单位、各工作组中方依托单位、中医药专业标准化委员会等相关单位的工作汇报，对ISO/TC249中方工作给予肯定。中国工程院院士黄璐琦，中医药局中医药标准化国际咨询委员会主任委员李振吉，中国中药协会会长房书亭，中医药局及国家标准委相关司办负责人、有关专家50余人参与会议。

供　稿：中医药局
撰稿人：陈沛沛
审稿人：余海洋

档 案 局

【概况】2016年，档案局实施《档案标准化"十三五"发展规划》，开展并完成档案行业标准清理第二阶段工作；对全国信息与文献技术委员会归口的涉及档案工作的16项国家标准及计划项目进行复审清理。对档案局归口的6项档案国家标准及计划项目进行复审清理。组织档案行业标准项目《城市轨道交通工程文件归档要求与档案分类规则》等11项标准文本在全国征求意见；组织《明清纸质档案病害分类与图示符号》等12项档案行业标准专家评审会；按照国家标准委的要求修改GB/T 18894—2016《电子文件归档与电子档案管理规范》，该标准于8月发布。举办档案行业标准清理第二次工作会议和全国档案工作标准化技术委员会第24次年会；参加国际标准化组织/信息与文献技术委员会（ISO/TC 46）第43次工作会议，参加统计分会、长期保存分会、档案管理分会及工作组会议。参与《国际档案馆统计》、ISO/TR 19814《信息与文献　馆藏管理》、ISO/TR 19815《档案馆、图书馆馆藏环境管理》的制定。

截至2016年底，发布档案国家标准11项、档案行业标准58项，基本涵盖档案收集、档案整理、档案编目与检索、档案保管与保护、电子档案管理等档案工作的主要环节。全国档案工作标准化技术委员会成立26年，委员人数21人。

【档案标准制修订情况】2016年，在研档案行业标准14项。其中《明清纸质档案病害分类与图示》等9项标准送审稿在第24次档案标委会的审查中获得通过。对《档案服务外包工作规范　第1部分：总则》《密集架智能系统技术规范》《建设项目档案管理规范》等3项送审稿进行函审，并要求编制单位根据档案标委会及函审中提出的修改意见修改。对《口述史料采集与管理规范（送审稿）》再次征求全国意见，对该标准和《绿色档案馆建筑评价标准（送审稿）》进行专家评审。

【档案行业标准清理】2016年5月31日—6月1日，根据《国务院关于印发深化标准化工作改革方案的通知》的精神及国家标准委关于优化完善推荐性标准、解决标准滞后老化问题的要求，档案局在北京组织召开档案行业标准清理第二次工作会议。出席会议的代表包括档案标委会委员、相关专业领域的专家以及行标起草单位的成员。与会代表对发布期已满5年的17项档案行业标准进行逐项审议：起草单位介绍本单位的清理意见及其理由；与会委员、专家审议标准使用部门的清理意见，提出自己的观点并讨论；委员、专家达成审查意见。会议形成的标准清理意见于6月2日提交全国档案工作标准化技术委员会第24次年会审查并通过。该次行标清理工作分2批对49项标准提出清理意见，其中14项继续有效、25项修订、10项废止。

【档案标委会工作】2016年6月2—3日，全国档案工作标准化技术委员会第24次年会在北京召开。会议传达全国标准化工作会议及相关文件精神，明确档案标准化工作的主要任务。会议审查通过档案行业标准清理第二次工作会议对17项标准的清理意见，其中6项继续有效、10项修订、1项待定。会议审议并讨论《档案标准化工作指南（送审稿）》，要求秘书处根据委员意见修改为《全国档案工作标准化技术委员会工作指南》，再行送审。会议对2016年各地各部门申请立项的10个档案工作行业标准项目进行审议，同意3项列入2016年档案工作行业标准制订计划。会议通过对9项送审稿的审查，要求编制单位根据档案标委会提出的修改意见修改后按标准发布程序报请档案局正式发布。会议原则通过3项送审稿的审查，要求编制单位根据档标会提出的修改意见修改后进行函审。会议根据国家标准化工作改革精神，结合档案工作实际，提出今后要加强以下几方面的工作：一是抓国务院标准化工作改革措施的落实。二是抓档案领域重点标准的研制。三是抓好档案标准国际化水平的提升。会议要求档案标委会秘书处继续与标准立项单位保持联系，加强标准研制监督，确保标准研制任务能够及时、保质完成。

【档案国际标准化】2016年5月10—14日，档案局派中国档案代表团参加国际标准化组织信息与文献技术委员会（ISO/TC46）在新西兰首都惠灵顿召开的第43次工作会议。来自中国、德国、美国、澳大利亚、英国、韩国、日本等17个国家的近百名代表出席会议。ISO/TC46全会及所有分技术委员会、工作组会议分别在新西兰商务部、内政部、国家档案馆、国家标准署召开。会议总结第42次年会会议决议的执行情况及工作进展，研究处理各成员国对各工作组工作草案提出的修改建议，分解、明确未来一年的工作任务。档案局专家参与起草《国际档案馆统计》《信息与文献 馆藏管理》《档案馆、图书馆馆藏环境管理》等项目，并参加11分会第15工作组（机构档案管理中的鉴定）、第17工作组（档案云）的讨论。会上对国际标准化组织/信息与文献技术委员会

(ISO/TC46)及第8、10、11分会的会议决议进行投票。

供　稿：档案局

中华全国供销合作总社

【标准制修订】2016年，中华全国供销合作总社根据国务院《深化标准化工作改革方案的通知》和《国务院办公厅贯彻实施〈深化标准化工作改革方案〉行动计划（2015—2016年）的通知》，开展供销合作社系统标准工作摸底调查，完成中华全国供销合作总社归口强制性标准清理和推荐性标准复审。出台《中华全国供销合作总社办公厅关于进一步加强标准制修订管理工作的通知》，规范供销合作社系统标准立项、起草、审查、批准发布、监管实施等方面管理。

以供销合作社优势特色产业为重点，开展产前、产中、产后关键基础标准制修订工作。提出并归口的《农业生产资料连锁经营网络规范》等国家标准获批发布；报批《黑胡椒》等27项国家标准、《紧压茶第1部分：花砖茶》等10项国家标准英文版；申报立项《黄茶加工技术规范》等11项国家标准；下达《干制蛹虫草》等2016年度2批44项供销合作行业标准制修订计划；发布《西湖龙井茶》等15项供销合作行业标准，并进行备案。适应农村电商发展需要，完成中华全国供销合作总社归口农产品冷链流通标准清理整合，参与构建农产品质量分级、采后处理、包装配送等标准体系。组织中华全国供销合作总社北京商业机械研究所等单位，与地方供销合作社合作，研究制定农民专业合作社建设、家庭农场建设、土地托管相关标准。

【农业标准化示范区建设】2016年，中华全国供销合作总社组织云南、新疆、黑龙江、河北、四川、浙江、重庆、海南、湖北、福建、甘肃、安徽等省供销合作社，对承担第八批国家农业标准化示范区项目建设任务的企业、农民合作社加强指导、督促，推进“国家石榴种植综合标准化示范区（云南）”等16个示范区项目实施。根据《国家农业标准化示范区管理办法（试行）》和《国家标准委办公室关于做好第八批国家农业标准化示范项目目标考核和绩效考核工作的通知》，采用审查资料、现场考核、抽样调查、走访农户等形式，对第八批16个示范区项目完成目标考核。组织农业标准化工作基础较好的省、市供销合作社，以茶叶、果品、食用菌、农林特产为重点领域，申报第九批国家农业标准化示范区项目。以茶产业、有机产业为重点，建设一批供销合作社标准化示范企业与示范农民合作社，推动农业生产标准化与经营品牌化相结合，促进种养大户、家庭农场、农民合作社、产业化龙头企业做大做强。

【电子商务和流通标准化】2016年，中华全国供销合作总社以中国供销电子商务公司为龙头，做好电子商务相关标准宣贯推广，提升全系统电子商务运营管理标准化水平。落实《消费品标准和质量提升规划（2016—2020年）》重点工作分工方案，开展农村消费品流通标准化相关工作。

【标准化产品品牌建设】2016年，中华全国供销合作总社贯彻《国务院办公厅关于发挥品牌引领作用推动供需结构升级的意见》，加强与质检总局、国家标准委工作对接，以品牌为引领，提升标准研究、制定、实施水平，推进标准化、认证认可、检验检测一体化发展，推动供销合作社系统企业、农民合作社提质增效升级。组织举办“供销合作社品牌建设座谈会”，组织开展供销合作社品牌建设课题研究，邀请中国社会科学院、中国人民大学、浙江大学等院校专家，研讨构建“上下贯通、双线运行”的供销合作社品牌培育、管理体系，探索实施国家品牌发展战略的路径。

【标准化技术组织和人才队伍建设】2016年，中华全国供销合作总社加强茶叶、辛香料、棉花加工等3个全国专业标准化技术委员会和蜂产品、银耳等2个全国标准化工作组建设，筹备组建全国果品标委会果蔬储藏加工分会。全国棉花加工标准化技术委员会秘书处承担单位调整为中华棉花集团有限公司。在上海、杭州各举办一期全国供销合作社标准质量工作培训班，解读国家推动品牌、质量、标准建设相关政策，落实《全国农业现代化规划》《全国供销合作社“十三五”发展规划》要求，开展农业全产业链标准化理论与实务培训，参训行业协会、企业、农民合作社学员达100余名。参与国家质量技术基础（NQI）科研工作，开展农产品追溯体系、再生资源回收网络等方面技术研发，加强在标准化基础科研工作和技术储备。

供　稿：中华全国供销合作总社
撰稿人：周子乔
审稿人：沈　青

中国国际贸易促进委员会

【概况】2016年，中国国际贸易促进委员会贯彻落实《国务院深化标准化工作改革方案》，将标准化工作纳入中国国际贸易促进委员会商事法律服务工作的新领域，鼓励有关行业贸促会推动标准化工作，开展团体标准化试点。

【国际标准化工作参与情况】2016年，中国国际贸易促进委员会商业行业分会重点参与管理咨询服务国际标准制定工作，参加国际标准化组织管理咨询项目委员会（ISO/PC280）编辑组会议，并经国家标准化管理委员会批准，协办在北京召开的第四次国际标准化组织管理咨询项目委员会（ISO/PC280）年会。发挥贸促机构国际广泛联络优势，引荐新加坡营销协会作为品牌评价领域在新加坡的利益相关方，推动新加坡成为国际标准化组织品牌评价技术委员会（ISO/TC280）的积极成员。担任ISO/CASCO/WG45《服务认证方案示例》认证认可国际标准国内对口工作组成员。

【国家标准制修订】2016年，中国国际贸易促进委员会法律事务部推动组织制定《电动平衡车通用技术条件》和《电动平衡车安全要求及测试方法》国家标准。商业行业分会参与制定《团体标准化　第1部分：良好行为指南》国家标准，并获批担任全国品牌价值评价标准化技术委员会（SAC/TC532）和全国电子商务质量管理标准化技术委员会（SAC/TC563）的委员单位。

【行业标准制修订】2016年，中国国际贸易促进委员会商业行业分会完成《客户服务专业人员技术要求》《管理咨询服务规范》《管理培训服务规范》《会展设备与技术服务机构经营服务规范》等4项流通行业标准制定，并审定通过。获批承担2016年认证认可行业标准制定计划项目《服务业企业品牌管理培育体系　要求》。组织召开首届中国管理咨询服务标准化论坛。

【团体标准】2016年，中国国际贸易促进委员会商业行业分会通过全国团体标准信息平台注册公示，取得团体标准化工作的资质，团体标准代号为：T/CCPITCSC。年内，发布团体标准1项，立项团体标准8项。

供　稿：中国国际贸易促进委员会
撰稿人：陈怀生　王　曦
审稿人：刘　超　姚　歆

地方标准化工作

北京市标准化工作

【概况】2016 年,北京市发布地方标准 121 项,其中强制性标准 14 项、推荐性标准 107 项;发布京津冀协同地方标准 2 项;发布 2 批地方标准制修订项目计划共计 245 项,

3 月 15 日,首都标准化委员会召开第 4 次全体会议研究《2016 年北京市标准化工作要点》《贯彻实施北京市人民政府关于进一步加强城市管理与服务标准化建设的意见 2016 年工作计划》。3 月 30 日,北京市政府召开 2016 标准化工作会议。5 月 27 日,北京市质量技术监督局、北京市发展改革委联合发布北京市市级专项规划《北京市"十三五"时期标准化和计量发展规划》。在此基础上,推动各重点行业部门制定实施本部门"十三五"标准化规划。在城乡规划、交通、文物保护、园林绿化、民政等领域制定"十三五"时期标准化发展规划,在公安信息化、市政市容、交通、旅游、安全生产、节能低碳和循环经济、气象灾害防御等领域新一轮标准体系陆续发布。10 月14 日,市质监局通过首都之窗、世界标准日活动等多种形式,向社会宣传"十三五"标准化发展规划。12 月 28 日,北京市政府办公厅印发《北京市消费品标准升级和质量提升规划(2016—2020)》。

是年,北京市质量技术监督局抓住第 39 届国际标准化组织(ISO)大会在北京召开机遇,坚持标准、严格程序,完成大会各项保障任务。学习宣传和贯彻落实习近平总书记致第 39 届国家标准化组织大会贺信和李克强总理在第 39 届国际标准化组织大会上的重要讲话精神。

【京津冀协同发展】2016 年 2 月,北京、天津、河北三地质监部门召开京津冀质量发展合作研讨会,确定《贯彻京津冀质量发展合作框架协议2016 年行动计划》,明确要加快推进环保、交通、安监、人力资源服务等领域区域协同标准化工作。12 月,发布第二批 2 项交通领域京津冀区域协同地方标准 DB11/T 3003—2016《京津冀跨省市省级高速公路命名和编号规则》、DB11/T 3004—2016《道路货运站(场)经营服务规范》。组织召开京津冀区域环保标准研讨会,从机动车、水、餐饮、涂料、其他技术规范等 5 方面讨论标准体系一体化构建可行性,推动京津冀区域污染协同治理。北京市人力资源社会保障局开展《京津冀人力资源服务地方标准一体化建设》课题研究。财政投入资金达 1 亿 6 千万元,推进北京市物流标准化试点工作,遴选并确定 2016 年试点企业 36 家,促进物流业转型升级。11 月,成立京津冀物流标准化联盟,加强京津冀区域供应链上下游企业对接合作,带动京津冀区域物流标准化协同发展。

【各区政府推动首都标准化战略实施】2016 年,部分区政府召开全区标准化工作会议,部署年度重点工作任务。结合本区经济发展特点,推进首都标准化战略的实施,制定本区落实《关于进一步加强城市管理与服务标准化建设的意见》的工作方案,并做好区"十三五"规划与全市标准化专项规划的对接工作,加强政策保障与资金支持。发挥区委办局职能,开展标准实施监督检查与评价工作。

【农业和园林绿化标准化】2016 年,北京市完成第八批国家农业综合标准化示范区建设任务,10 个项目均考核合格。第八批 10 个国家农业综合标准化示范区规模达 1160 公顷,带动农户 7153 户,开展标准化生产技术培训累计培训 3.7 万人次,经济效益 4.8 亿元,涌现出房山酿酒葡萄、门头沟蜂业、海淀观光休闲农业园等一批典型。持续推进北京市"菜篮子"工程优级农业标准化基地建设,全年评定优级农业标准化基地 66 家,2011—2016 年建设优级农业标准化基地累计 622 家。实行标准化基地备案制度,梳理现有备案标准化基地 1577 家,取消100 余家不在生产的标准化基地;另有 40 家满 5 年优级基地通过复评。全年建设 10 个全程农产品质量安全标准化示范基地。完成市农业标准化技术委员会换届。发布蔬菜、粮经作物品种鉴定试验规、北京鸭、农业机械作业规范等地方标准 12 项。完善园林绿化标准体系,发布 DB11/T 214—2016《居住区绿地设计规范》、DB11/T 477—2016《森林生态系统监测指标体系》、DB11/T 1359—2016《平原生态公益林养护技术导则》等 12 项地方标准。

【中关村国家技术标准创新基地建设】2016 年,全国首家国家技术标准创新基地在中关村投入正式运行。国务院将国家技术标准基地建设列入《北京加强全国科技创新中心建设总体方案》。6 月30 日,中关村标准创新试点工作通过国家标准委组织的专家验收。通过 5 年的工作,中关村企业和产业联盟参与创制国际标准 106 项、国家标准 843 项、行业标准 452 项,试点企业的企业标准数 2182 项。承担国际、国家、行业标准化技术委员秘书处或人员担任主要职务 75 家(个),其中承担秘书处 43 家,人员任主要职务 32 个。与试点前相比数量增加 50%。

7 月 26 日,发布实施《中关村标准化行动计划

(2016—2018年)》。推进中关村标准试点示范单位培育工作，确定88家中关村标准化试点单位和10家中关村标准化示范单位。截至年底，中关村示范区企业和产业联盟创制标准6173项，包括发布国际标准229项、国家标准3433项、行业标准2331项、地方标准180项。中关村企业14个标准项目荣获2016年中国标准创新贡献奖，占全国总奖项的23.7%。北京市财政对139个技术标准项目给予1200万元补助。

【工业标准化】2016年，北京市质量技术监督局围绕《〈中国制造2025〉北京行动纲要》，启动以新能源汽车、集成电路、智能制造系统和服务、自主可控信息系统、云计算与大数据、新一代移动互联网、新一代健康诊疗与服务、通用航空与卫星应用等八大专项为主要对象的标准体系梳理、研究与制定工作。丰台轨道交通、顺义自主品牌汽车2个项目获批成为全国首批国家高端装备制造业标准化试点项目。研究制定《北京市装备制造业标准化和质量提升行动计划》。申报信息技术服务标准化(ITSS)应用示范城市。

【节能低碳和循环经济标准化】2016年7月，北京市质量技术监督局启动新一轮节能低碳和循环经济标准化，增补《风机节能监测》《能效对标实施规范》《碳足迹评估通则》等58项低碳和循环经济地方标准立项。发布合理用能指南、评价技术导则等地方标准12项。启动公共生活取水定额系列学校、饭店部分修订和工业取水定额中饮料、啤酒部分制定。

【环境保护标准化】2016年10月20日，北京市质量技术监督局发布DB11/ 238—2016《车用汽油》、DB11/ 239—2016《车用柴油》、DB11/T 1319—2016《排污单位自行监测实验室建设及运行管理技术规范》、DB11/ 501—2007《大气污染物综合排放标准》《有机化学品制造业大气污染物排放标准》《固定污染源废气甲烷/总烃/非甲烷总烃的测定便携式氢火焰离子化检测器法》等标准。

【工程规划与建设标准化】2016年，北京市质量技术监督局制定《“十三五”时期北京市城乡规划标准化工作规划》，修订《北京市城乡规划和建设工程勘测设计标准体系》。启动《城市副中心基础设施设计和勘测相关标准技术要点》的前瞻性研究。开展《城市综合管廊工程设计规范》《城市综合客运交通枢纽设计规范》《既有住宅适老化改造设计指南》等重要标准的基础性研究。围绕“海绵城市”和基础设施建设，发布DB11/T 969—2016《城镇雨水系统规划设计暴雨径流计算标准》、DB11/ 1339—2016《住宅区及住宅管线综合设计标准》、DB11/ 690—2016《城市轨道交通无障碍设施设计规程》。开展《绿色生态示范区规划设计评估标准》《既有住宅及居住区适老化改造设计指南》和《绿色生态示范区规划设计评估标准》研究。推进抗震节能农宅新建、翻建和改造。发布DB11/ 1340—2016《居住建筑节能工程施工质量验收规程》、DB11/ 381—2016《既有居住建筑节能改造技术规程》。抓好保障性安居工程建设，发布《公共租赁住房建设与评价标准》为北京市中低收入住房困难家庭、新毕业的大学生、符合条件的外来务工人员等群体营造舒适、安全、卫生的居住环境，提高公共租赁住房品质。加强首都文物保护工作，发布DB11/T 1350—2016《文物建筑修缮工程验收规范》和《文物建筑修缮工程施工控制规范》。

【公共交通标准化】2016年，北京市质量技术监督局完成安全应急、停车管理、轨道交通等3个重点领域子体系建设，与现有的子体系共同构成覆盖交通各领域的标准体系。发布《出租小客车计价器功能要求》，实现出租车计价器的远程智能管理。发布《城市轨道交通运营设备维修管理规范》、DB11/T 1327—2016《城市轨道交通设施养护维修技术规范》。修订《公共交通客运标志第3部分：公共汽电车》《公共汽电车站台设置与维护规范》，改善市民出行体验。

【城市公共安全标准化】2016年，北京市质量技术监督局按照《北京市百项安全生产等级评定技术规范(地方标准)实施方案》，建立覆盖全市重点行业领域的安全生产等级评定技术规范体系。实施地标编写“三审一封闭”制度。发布DB11/T 1320—2016《危险场所电气防爆安全检测技术规范》DB11/T 1356—2016《金属制品业职业卫生技术规范》和DB11/T 1355—2016《低温作业和冷水作业职业卫生技术规范》。研究制定“十三五”时期首都公安信息化标准体系建设规划。推动地方标准在交通管理、消防安全、轨道交通安全、警务信息化等领域的应用。发布DB11/ 1316—2016《城市轨道交通工程建设安全风险技术管理规范》，做好安全管理和风险防控工作。发布《城市轨道交通安全防范系统技术要求(1-6部分)》，为新建和改造既有城市轨道交通线路的安全防范系统提供技术依据。发布DB11/T 1344—2016《信息安全等级保护检查规范》、DB11/ 1354—2016《建筑消防设施检测评定规程》。完成《系留气球施放安全规范》《自然灾害和事故灾难类预警信息发布流程》2项标准制定工作。总结16个街道(乡镇)标准化示范点经验，推进街道(乡镇)网格化体系标准化建设，全面提升网格化体系标准化规范化水平。

【城市公用事业和市容环境标准化】2016年，北京市质量技术监督局对环卫、燃气、供热等8个行业的国家、行业、地方标准明细表予以更新和补充,更新后标准体系共计3528项标准,其中新增标准672项,修订标准79项。发布DB11/T 500—2016《城市道路公共服务设施设置与管理规范》、DB11/T 190—2016《公共厕所建设规范》等9项地方标准。发布实施DB11/T 500—2016《城市道路公共服务设施设置与管理规范》。

【城市公共服务标准化】2016年,北京市质量技术监督局制定《关于加快北京市民政标准化建设的意见》,发布DB11/T 149—2016《养老机构院内感染控制规范》《养老机构符号与标志使用规范》和DB11/T 535—2016《社会福利机构安全管理规范》。完善卫生标准体系,发布实施DB11/T 1325—2016《健康促进学校评定规范》、DB11/T 1326—2016《中小学校晨午检规范》,强化学生等重点人群健康防护。

【标准化试点示范】2015—2016年,北京市质量技术监督局推进城市管理服务方面国家级标准化试点示范项目建设12项,涉及养老服务、政务服务、社会管理、城市环境管理、排水和污水处理、人力资源和社会保障、公共气象服务、新型城镇化等领域。北京市市政排水和污水处理公共服务、西城区社会保障公共服务、西城区城市环境分类分级管理等国家级社会管理和公共服务类标准化试点项目完成建设任务并通过考核。组织召开服务业标准化示范工作座谈会,推进西城区行政服务和第一社会福利院养老服务等2个全国服务业标准化示范项目。组织2期国家级服务业标准化试点工作培训班,来自全国20个省市的质监部门和试点单位参加培训学习和观摩交流,北京市西城区综合行政服务中心、北京市第一社会福利院、北京汽车博物馆等3家国家级标准化试点示范单位进行经验介绍。截至年底,国家级服务业标准化示范项目单位达4家,居全国第2位。

【地方标准实施及效果评估】2016年,北京市组织19个行业部门对2014年发布的地方标准(实施满1年)实施情况进行评价。各行业主管部门组织本行业标准宣贯实施。市规划国土委初步形成地标条款纳入规划审批、督查督导、行业管理,继续探索标准日常评估、专项抽查、现场检查等多元监管模式,实现与业务处室和委属单位协同监管机制。通过发放问卷,针对节能、海绵城市、无障碍等重要标准开展专项评估。开展测绘、轨道交通专项抽查,强化重点标准的执行力度。市城市管理委、市规划委、市交通委、市质监局、市城管执法局、东城区政府联合开展"贯彻标准、规范设置、还路于行、物物皆景——贯彻落实《城市道路公共服务设施设置规范》"主题宣传活动。市社会办加大对《北京市城市服务管理网格化体系建设基本规范》的落实力度,提升网格化标准化、规范化建设的质量和层次,遴选16个街道(乡镇)作为标准化工作试点。市商务委对2016年度新建或规范提升1500个以上的便民商业网点的标准实施进行细化。制定并发布《生活性服务业行业规范、标准及规范性文件指南》,在全国率先初步建立11个行业(业态)的标准规范体系。市旅游委组织开展《宾馆饭店合理用能指南》《绿色旅游饭店》等多项旅游标准专题培训,全年培训从业人员达7000多人次。结合A级旅游景区、旅游星级饭店、京郊旅游、"北京人家"等旅游业态年度评定与复核,督查标准的实施效果,按照评定标准,复核检查北京市81家5A、4A级旅游景区,其中2家取消4A级旅游景区资质,6家限期半年整改。市卫生计生委持续实施地方卫生标准三级宣贯制度,宣贯近万人次。全市安全监管系统贯彻北京市地方标准相关技术要求,加大许可审查和执法检查工作力度。经信委推动《社会服务一卡通(北京通)卡片技术规范》地方标准实施,发放近600万张,将"记录一生、信用一生、服务一生"理念落地。实施《烟花爆竹零售网点设置安全规范》,2016年春节期间许可烟花爆竹零售网点719个,同比上年的942个下降23.7%。全市安监系统出动执法检查人员11446人次,检查烟花爆竹批发企业和零售网点10332家次,暂扣经营许可证2家;吊销经营许可1家,未发生生产安全事故。

【强制性标准整合精简】2016年,北京市质量技术监督局完成283项强制性地方标准整合精简任务。整合精简建议经市政府常务会议审议通过,报国务院标准化协调推进部际联席会议办公室审核确认。11月,结合社会公示和意见处理情况,向市政府报送整合精简工作报告,经市政府审定后由首标委报送至国务院标准化协调推进部际联席会议办公室。

【推荐性标准复审】2016年,北京市质量技术监督局将推荐性标准集中复审与地方标准年度复审相结合,组织复审涉及发布满5年的地方标准、发布满3年的节能标准和指导性技术文件1126项,以及地方标准制修订项目376项。在全国率先建立的地方标准年度复审长效机制,强制性地方标准和推荐性地方标准均实现按期复审。

【地方标准信息公开与共享】2016年,北京市质量技术监督局建立地方标准制修订信息公开共享平台。自2016年起,所有地方标准均实现网上公开征求意见,首都之窗转载链接,向公众征集地方标准意见。在市质监局网站和"首都标准网"向社会公开地方标准的立项、征求意见、批准发布等信息。

【团体标准】2016年11月4日,中关村标准化协会召开第一届成员大会。12月16日,中关村标准化协会召开成立大会,北京市副市长隋振江,国家标准委副主任于欣丽、工业和信息化部科技司司长沙南生出席会议并讲话。全年，中关村产业联盟和社会团体发布团体标准112项，累计发布团体标准达220项。7家成为国家标准委团体标准试点。

【企业标准自我声明公开试点】2016年北京市质量技术监督局启动《企业产品标准自我声明公开评价》课题研究。全年公开有效企业标准4649项（累计5205项），公开数量逐步超过同期纸质备案数量，企业标准公开总量在全国列第7位。

【第39届ISO大会】2016年9月9—14日，第39届国际标准化组织（ISO）大会在北京召开，北京市政府参与承办。来自国际标准化组织的163个国家（地区）成员，欧洲、泛美、亚太等10余个区域标准化组织，以及联合国贸易和发展会议（UNCTAD）等14个国际组织的近700名代表参加会议。11家中关村企业的代表参加9月14日的公开研讨会。10月9日，国家标准委给北京市政府来函肯定北京市为大会成功举办做出的贡献。10月14日，质检总局和国家标准委在2016年世界标准日主题活动上对北京市再次给予肯定，并表示感谢。

【标准化宣传与培训】2016年3月，北京市质量技术监督局组织编纂《北京标准化年鉴2016》。9月10日，《中国标准化》（海外版）专刊介绍北京市标准化工作；《中国质量报》专版介绍首都标准化战略实施情况，技术标准资助效果情况，以及首都标准网建设情况。10月14日，纪念2016年世界标准日大会在北京汽车博物馆召开，大会邀请国际标准化组织官员和专家来京讲学。全年，北京市培训标准化工作者约1500人次。编制3期中关村标准试点示范工作电子刊物《先行》。

【标准化研究】2016年7月，北京市质量技术监督局启动《地方标准在供给侧改革中的作用与策略研究》课题研究，提出地方标准管理工作在推动供给侧结构性改革，促进治理城市病、实现可持续发展的工作中需要采用的策略和手段，以提高地方标准的供给能力和供给水平。

【专业标准化技术委员会与标准化专家库建设】2016年7月19日，北京市专业标准化技术委员会工作会议召开。完成农业、体育等2个市级标准化技术委员会的改选，撤消北京市金融服务标准化技术委员会，增补1名北京市人力资源服务标准化技术委员会委员。组织各标准化技术委员会开展《全国专业标准化技术委员会考核评估办法（试行）》以及《团体标准理论与实践》培训。挑选部分中关村企业的技术专家纳入北京市标准化专家库。截至年底，北京市标准化专家人数达1100人。

【标准化基础建设】2016年，北京市质量技术监督局依托“首都标准网”建立“京津冀协同发展服务平台”，建立三地地方标准信息公开和通报制度。实现北京、天津、河北三个地区工作动态、标准立项计划、工作要点、政策文件等信息共享。通过“京津冀标准立项计划”栏目向社会公开征集立项、征求意见等信息。以“首都标准网”为入口，可免费查询和浏览北京市地方标准、天津市地方标准、河北省地方标准、京津冀区域协同地方标准等4类地方标准的题录和全文信息。截至年底，“首都标准网”政府用户累计达500家，网站点击率约20万人次，涵盖全部中国国家标准、143类重点行业标准、全部北京市地方标准及部分外省市地方标准、73个国外标准组织标准。

供　稿：北京市质量技术监督局

天津市标准化工作

【概况】2016年，天津市市场和质量监督管理委员会按照国务院深化标准化工作改革部署，贯彻市委、市政府各项决策和全国标准化工作会议要求，树立创新、协调、绿色、开放、共享的发展理念，实施标准化战略行动，发挥标准化基础性、战略性作用，实现“十三五”标准化事业改革发展良好开局。

截至2016年底，天津市主导或参与制修订国家标准1256项、行业标准1004项、地方标准719项（强制性标准171项，约占24%），建设国家农业标准化示范区56个，国家服务业标准化试点项目12个，国家社会管理和公共服务标准化综合试点项目1个；国家循环经济标准化试点项目1个，承担国家级专业标准化技术委员会及分技术委员会44个，建设天津市专业标准化技术委员会14个。

【标准化改革】2016年，天津市标准化委员会印发《天津市贯彻实施深化标准化工作改革方案2016年行动计划》，在全市组织实施，协同推进标准化工作改革，确保第一阶段各项任务落到实处。

按照国务院办公厅的部署和国家标准委、市政府办公厅要求，天津市标准化委员会印发《天津市强制性地方标准整合精简工作实施方案》，对全市现行有效的147项综合类强制性地方标准和12项制修订计划项目清理评估，提出整合精简工作结论并按期上报。

天津市标准化委员会办公室印发《关于印发天津市推荐性地方标准集中复审工作实施方案的通知》，明确工作目标、复审对象、工作原则、职责分工、复审内容和方法、工作步骤和要求等。组织重点行业主管部门对全市已批准发布并现行有效的442项推荐性地方标准，以及已立项、正在制定过程中的173项推荐性标准制修订计划项目开展集中复审，逐一形成复审结论，按时上报国务院标准化协同推进部际联席会议办公室。

天津市市场和质量监督管理委员会制定印发《天津市企业产品和服务标准管理办法（试行）》，放开搞活企业标准，取消政府对企业产品标准的备案管理，切实落实企业主体责任。截至年底，全市1281家企业在企业标准信息公共服务平台上，将5219项产品和服务标准进行自我声明和公开。其中，国家标准1263项、行业标准618项、地方标准9项、企业标准3329项。在全市范围内，组织开展为期2个月的标准监督检查工作，对200项企业标准文本开展评价，从事前备案转移到对企业产品标准的事后监管。组织落实质检总局、国家标准委《关于培育和发展团体标准的指导意见》，与市科协共同召开团体标准培训推动会，推进市科协所属的具备一定标准化工作能力的学会开展天津市团体标准试点工作。以天津市标准信息服务平台为核心，加强标准资源和信息共享，在官方网站设置专栏，免费向社会公开天津市地方标准。

【标准化战略】2016年，天津市政府办公厅印发《天津市消费品和装备制造业标准和质量提升规划实施方案（2016—2020年）》，明确工作的总体要求、主要任务、重点领域和保障措施。

天津市市场和质量监督管理委员会推进“千项标准行动计划”制修订任务的落实。各项目承担单位和项目归口部门按照标准制修订任务分工，组织标准编写、征求意见和专家论证等工作，主导或参与制修订国家标准126项、行业标准92项、地方标准122项。修订《天津市地方标准管理办法》等规范性文件，优化和完善地方标准制修订程序，提高标准质量和制修订效率，加强行业主管部门对标准的归口管理职能。制定发布《2016年天津市地方标准立项指南》。下达地方标准制修订计划5批169项，涉及公共安全、节能环保、绿色供应链、农业、服务业、社会管理等诸多领域。

市科委在2016年天津市科技支撑计划重点项目申报说明及指南中，明确将“具有广阔市场前景的或能够形成国家标准和行业标准的重大创新产品开发项目”列为支持重点之一。在市重点新产品计划项目中，将有关部门批准备案的企业标准或采用国际标准的认可证明，或采用国家标准、行业标准证明作为申报条件之一。通过市科技领军企业认定及品牌培育项目支持，在水污染防治、重大节能环保技术等领域，形成《生活饮用水外置式膜过滤系统设计规范》《膜生物反应器通用技术规范》等一批技术先进、行业急需的标准。

经ISO/TC249批准，中医药局认定，天津市医疗器械质量监督检验中心成为ISO/IEC联合工作组依托单位，中心技术专家张海明当选ISO/IEC联合工作组的召集人。截至2016年底，中心承担全国外科植入物和矫形器械标准化技术委员会等4个全国标准化技术组织的秘书处工作，起草医疗器械国家、行业标准150余项，占现有医疗器械国家、行业标准的11%，多项国际标准通过立项。

加强商贸服务领域标准化建设，市商务委组织制定《洗染行业开业标准》《育婴服务质量规范》《母婴护理员服务质量规范》《家居保洁服务质量规范》和《家庭服务企业等级评定标准》等5项地方标准。

加强交通运输地方标准体系研究，市交通运输委初步完成天津市交通运输地方标准体系的搭建工作，包括2个层次、5个领域、17个门类。

完成市容园林标准汇编工作，市市容园林委组织完成《天津市市容环境园林绿化标准汇编》工作，将26项标准汇编成册，包括行业标准5项、地方标准21项，初步建立市容环境园林绿化标准体系。

【标准化协调推进】2016年，天津市标准化委员会召开2016年全市标准化工作会，印发《2016年天津市标准化工作要点》，完善统一管理、各司其职、合力推进标准化协调推进新机制，协同推进标准化工作发展。发挥天津市标准化委员会办公室作用，在开展强制性标准精简整合、制定物流中长期发展规划、征集绿色供应链标准项目、组织京津冀标准化研讨会以及举办标准化公益讲座等重点标准化活动中，加强与各成员单位的沟通和协作。印发《关于学习贯彻习近平总书记致第39届国际标准化组织大会贺信和李克强总理讲话精神的通知》，就天津市全面实施标准化战略，助推天津市经济社会健康发展进行再部署、再动员，提出8个工作着力点。天津市标准化委员会办公室组织召开在津的专业标准化技术委员会工作座谈会，初步建立沟通联络机制，搭建合作共享的信息平台，为发挥其技术支撑作用打下良好基础。

【绿色供应链标准化】2016年，天津市市场和质量监督管理委员会组织向全市公开征集绿色供应链相关标准制修订项目100项，组织制定并实施《实施百项绿色供应链标准工程工作方案》。将24项绿色供应链标准纳入2016年地方标准制修订计划，制定发布DB12/T 632—2016《绿色供应链管理体系　要求》、DB12/T 662—2016《绿色供应链管理体系　实施指南》、DB12/T 669—2016《绿色供应链标准化工作指南》和DB12/T 670—2016《绿色产品技术要求　编制导则》等4项基础类地方标准。加强环境保护标准化工作，制定发布DB12/ 151—2016《锅炉大气污染物排放标准》、DB12/ 644—2016《餐饮业油烟排放标准》等2项环保污染物排放标准；将《铸锻工业大气污染物排放标准》《建筑类涂料及胶粘剂挥发性有机物含量限值标准》等10项环保标准纳入2016年天津市地方标准制修订计划。举办标准化知识公益讲座，天津市标准化委员会办公室主办、天津市标准化研究院承办"绿色发展与标准化"公益讲座，170余人参加。

【安全生产标准化】2016年，天津市市场和质量监督管理委员会加强安全生产标准化体系建设，开展标准的研究与制定，完善安全监管监察和安全生产技术标准支撑体系。制定发布DB12/T 625—2016《生产经营单位安全生产应急管理档案要求》、DB12/T 626—2016《危险化学品应急救援队训练及考核要求》等2项地方标准。将《重大危险源安全评估导则》等2项纳入2016年天津市地方标准制修订计划。强化公共安全标准化工作，加快反恐防范、特种设备安全监察等公共领域地方标准的研究与制定，发挥标准的规范和协调作用。DB12/ 522—2017制定发布《反恐怖防范管理规范》系列地方标准16项，涉及党政机关、民爆物品、公共供水、电信、水利工程、燃气供储、广电传媒、危化品存储场所、道路桥隧、长途客运站、学校、医院、超市、大型商业综合体、体育场馆、文博场馆影剧院等领域；制定发布DB12/T 621—2016《在用电梯安全评估规范》、DB12/T 627—2016《在用电梯日常维护保养质量要求与抽查规则》等2项特种设备安全监察地方标准。国家反恐怖工作领导小组办公室印发反恐怖工作简报，以"扎实推进反恐防范标准体系建设，依法梳理确定反恐防范重点目标——天津市深入推进反恐怖防范工作"为题，介绍天津市反恐怖防范标准化工作的主要做法和经验，天津市副市长、市公安局局长、市反恐怖工作领导小组组长赵飞作出批示，给予肯定。

【京津冀区域协同标准化】2016年12月30日，京津冀三地协同发布DB12/T 3003—2016《京津冀地区高速公路命名和编号规则》、DB12/T 3003—2016《道路货运场站经营服务规范》等2项地方标准。以交通、安全生产、环境保护和人力资源领域为重点，完成19项区域协同标准同步立项工作，包括《建筑类涂料及胶粘剂挥发性有机物含量限值》等环保类协同标准1项，《高速公路收费站服务规范》等交通运输类协同标准3项，《混合气体气瓶充装规定》等安全生产类协同标准13项，《人力资源服务规范》等人力资源类协同标准2项。三地旅游管理部门就《京津冀三地旅游直通车服务规范》标准的制定达成合作意向。主办标准化助推京津冀协同发展研讨会。研讨会以"树立绿色发展理念，推进京津冀区域绿色供应链标准化工作协同和合作"为主题，国家标准委和京津冀三地发改、环保、交通运输、建设、安监、质监（市场监管）等部门有关标准化工作的负责同志，以及协会、企业、科研院所、大专院校的专家和代表百余人参加研讨会，就发挥标准化支撑和引领作用，推动区域标准协同发展交流经验，达成共识。

【公共服务标准化】2016年，天津市市场和质量监督管理委员会开展行政审批标准化工作，制定发布DB12/T 629—2016《天津市行政许可事项操作规程》系列地方标准13项。加强民政标准化工作，与市民政局制定《关于加快推进民政标准化工作的实施意见》，市民政局出台《天津民政标准化专项资金管理办法》，对已立项、出台的标准化项目给予资金支持；制定发布DB12/T 628—2016《天津市社会组织法人治理结构准则》、DB12/T 634—2016《天津市社会组织公益创投规程》、DB12/T 671—2016《养老服务机构社会工作服务规范》等3项地方标准，特别是《天津市社会组织法人治理结构准则》作为全国第一个有关社会组织法人治理结构的地方标准，在民政部的《民政部参阅文件》上刊发。推动质量管理标准化工作，制定发布DB12/T 630—2016《天津质量奖卓越模式》、DB12/T 631—2016《天津质量奖评审规程》、DB12/T 695—2016《天津品牌指数及评价方法》和DB12/T 696—2016《天津市名牌产品评价准则》等4项地方标准。

【国家级标准化示范试点】2016年，天津市标准化委员会办公室制定发布《天津市物流标准化中长期发展规划（2016—2020年）》，市商务委、市财政局、市市场监管委组织开展物流标准化试点工作，制定发布物流基础类、设施设备类、物流信息类、物流服务评价类30项地方标准。推动农业标准化试点示范工作，完成天津市10个第八批国家农业综合标准化示范项目的迎检组织工作和项目终期考核验收工作，指导推动项目承担单位完成建设目标和任务，扩大都市型农业标准化工作示范效应。经组织征集、遴选和推荐，向国家标准委申报第九批国家农业标准化示范项目9个和第二批农村综合改革标准化试点项目1个。组织申报标准化试点项目申报工作，开展天津市标准化服务业现状调查，经市市场监管委征集、遴选和推荐，国家标准委批准天津市食品工业生产力促进中心申报的“食品行业标准化服务产业培育试点”为全国第一批标准化服务业试点项目。

【标准实施跟踪检查】2016年，天津市启动食品安全国家标准跟踪评价。开展9项食品安全国家标准的跟踪评价工作。跟踪评价工作采取问卷调查、现场调研、专家座谈和集中培训等多种方式。发放食品安全国家标准跟踪评价调查和意见反馈表1130份，回收580份，收集反馈各类意见和建议122条，上报国家食品安全风险评估中心和卫生计生委。

开展工程建设标准监督检查工作。由市建委和市通信管理局组成联合检查组，开展贯彻落实《住宅区和住宅建筑内光纤到户通信设施工程设计规范》及《住宅区和住宅建筑内光纤到户通信设施工程施工及验收规范》国家标准检查工作。从2013年4月1日以后批复立项并且施工图审查合格的商品房、商住楼、保障性住房等在建住宅项目中抽取12个项目按照标准要求进行检查，对未按标准执行的项目提出整改要求，设计单位按照整改要求补充相关材料，直至符合标准设计要求。

开展国土房管技术标准项目后评估工作。市国土房管局下发《关于开展国土房管技术标准项目后评估工作的通知》，对已编制的标准进行修改完善，提高技术标准科学性、实用性，各编制单位对每一个标准项目进行总结，形成后评估工作报告。

供　稿：天津市市场和质量监督管理委员会
撰　稿：天津市市场和质量监督管理委员会标准化处
审稿人：杨振林

河北省标准化工作

【概况】2016年，河北省标准化委员会各成员单位和各级质监部门学习贯彻习近平总书记关于标准化工作的重要论述，围绕供给侧结构性改革、京津冀协同发展，深化改革，开展各领域标准化工作，完成各项任务。

截至年底，河北省主持或参与国际、国家、行业标准制修订959项（2016年新增234项），河北省地方标准2302项（2016年新增124项），市级农业地方标准2581项（2016年新增132项），企业标准12331项（2016年新增3697项），团体标准10项（2016年新增10项），采用国际标准认可959项（2016年新增179项）；国家农业标准化示范区167个（2016年新增11个），省级农业标准化示范区56个（2016年新增4个）

【标准化工作发展规划】2016年，河北省质量技术监督局制定《河北省标准化体系建设发展规划（2016—2020年）》，经省政府第83次常务会议审议通过，以省政府办公厅文件形式印发；确定全省“十三五”标准化体系建设发展目标、主要任务、重点领域、重大工程和保障措施，成为未来五年推进全省标准化工作的纲领性文件。省标准化委员会办公室下发规划任务分解表，明确各成员单位和有关部门的目标任务。石家庄、沧州等8个市结合当地实际出台相应的规划，省民政厅制定《河北省民政标准化“十三五”规划》和《关于加快推进民政标准化工作的实施意见》。为促进消费品供给侧结构性改革，《河北省消费品标准和质量提升规划（2016—2020年）》，经省政府第101次常务会议审议通过，并以省政府办公厅文件形式下发执行。年内，省委省政府及有关部门出台的许多重要文件均将标准化工作列入其中，河北省“十三五”标准化规划体系基本形成。

【标准化工作机制】2016年，河北省标准化委员会办公室向各成员单位发文40余件，省标准化委员会办公室联合各成员单位召开标准协调会、审查会、研讨会等45次。新成立新型建材、工程橡胶等5个省级专业标准化技术委员会，总数达13个；由各成员单位提出计划正在筹建的省级专业标准化技术委员会20余个。标准化专家库建设、专业标准化技术委员会规划布局有序推进，标准化工作技术支撑能力逐步增强。各成员单位重视标准化工作，省民政厅、省林业厅分别成立主要领导或分管领导为组长的标准化工作领导小组，推动本部门、本行业标准化工作的开展。

【强制性地方标准整合精简评估】2016年，河北省质量技术监督局制定并实施《河北省强制性地方标准整合精简工作实施细则》；完成134项强制性地方标准清理工作，其中，废止117项、修订3项、修订后转推荐性标准2项、继续有效12项；推荐性地方标准的精简整合工作顺利进行，计划整合或废止1000余项；完成三批国家、行业和地方强制性标准清理的征求意见工作，经省政府批准，向国家标准委反馈意见。全年，新审批发布DB13/2352—2016《煤场、料场、渣场扬尘污染控制技术规范》等124项省地方标准，其中工业类35项、农业类64项、服务业类25项。

【改革企业标准管理制度和培育发展团体标准】 2016年，河北省发布《河北省企业产品标准自我声明公开管理办法》，将于2017年1月1日起，在全省实行企业标准自我公开声明，施行20余年的企业产品标准“备案制”改为企业“自我声明公开”制。启动企业标准评价工作，对200项企业标准进行评价。其中，水平较高的企业标准占21%，需要改进的占18.5%。培育团体标准，省级7个行业协会和石家庄、衡水、邯郸等地相继开展团体标准试点工作，截至年底，制定团体标准10项。

【河北标准“走出去和引进来”】 2016年，河北省质量技术监督局会同省财政厅印发《河北省标准化资助办法》。全年，河北省企事业单位主持和参与国际标准、国家标准、行业标准234项，较2015年增长108.9%，其中主持国际标准1项、参与国际标准8项、主持或参与国家标准76项、主持参与行业标准149。一批重要国际和国家标准融入河北技术，如英利能源主持制定SEMIPV22—0716《太阳能电池用硅片》标准。国家环保质监中心（省食品院）主持起草的《可生物降解淀粉树脂》等4项国家标准，获得2016年度国家标准创新贡献奖三等奖。省标准化院与英国标准协会（BSI）签订战略合作协议，加入中国标准化创新战略联盟，开展一批重要标准的研制工作。引导企业采用国际标准和国外先进标准，推动河北省国际技术交流与合作，全省全年179个产品办理采用国际认可。

【标准实施、监督与服务】 2016年，河北省制定和实施一批重要标准。各有关部门运用6类标准促进钢铁过剩产能的化解。其中，质监部门制定和实施的质量和技术2项标准，促进淘汰落后产能382万吨；运用标准化解钢铁过剩产能工作获得“2016质量之光年度质检创新”奖，并得到质检总局和国家标准委认可，质检总局局长支树平作出重要批示。为治理大气污染，发布实施DB13/2322—2016《工业企业挥发性有机物排放控制标准》、DB13/2323—2016《在用汽车排气污染物限值及检测方法（遥测法）》等2项强制性省级地方标准。下达地热、钢结构、新型炉具等27项重要标准的研制计划，截至年底，15项标准完成审定。

省林业系统举办各类技术标准培训班2400余次，培训林果农20余万人次，发放标准资料60多万份。省标准化院和各市标准化所向社会提供标准文本、标准资料15739册、标准查新29250项。省质监局下发通知，在全省开展强制性国家标准的实施监督检查活动，检查企业1987家，督促96家问题企业进行整改。省深改办会同省质监局对各市实施钢铁企业质量和技术2项标准进行督导检查，就有关问题下达13份整改通知书。

【标准化与信息化融合发展】 2016年，河北省逐步建立和完善标准化行政管理信息化系统，地方标准制修订信息系统、标准化专家数据库、标准化示范试点管理系统、企业标准自我声明公共服务平台、重点企业标准化信息系统等相继投入使用。物品编码市场化改革稳步推进，逐步降低商品条码维护费，减轻企业负担，全省新注册系统成员2592家，增长30.38%，续展3166家，续展率达到82.04%，商品信息采集率达90.62%。

【农业标准化】 2016年，河北省围绕农业集约化规模化种养殖，绿色、无公害农产品生产，农业新技术应用，农产品质量安全方面等方面，制定省农业地方标准64项。各市制定市级农业标准132项。立项建设4个国家美丽乡村标准化项目。质监系统组织建设的12个第八批国家级农业综合标准化示范区通过验收，示范区规模达到25万亩，惠及18万农民。省农业厅结合现代农业园区建设，截至年底，累计组织创建1812个农业标准化示范园（场），农、牧、渔标准化生产率达45%；省林业厅投资270万元，新上2个国家级和3个省级林业标准化示范区建设项目，林业国家级和省级标准化示范区分别达20个和14个，不同层次的标准化示范点达1000余个，果树标准化率达88.5%

【服务标准化】 2016年，河北省在公共服务、交通、物流、商贸服务、科技服务、旅游、社区服务、养老服务等领域，制定服务业省地方标准25项。以公共服务、生产生活服务行业为重点，立项建设44个第八批省级服务业标准化试点项目。唐山自来水公司等10个国家级试点和省级试点取得阶段性成果。保定行政服务中心被国家标准委确定为国家级政务服务标准化示范单位。17家第七批省级服务业标准化试点通过评估验收。省商务厅、省质监局共同确立19家企业作为托盘商贸物流标准化试点单位；省民政厅印发《关于开展民政标准化试点的通知》，确立11个省民政标准化建设试点单位，在建的3个民政部第二批民政标准化建设试点单位，制定各类标准281项。省邮政管理局制定《关于加强快递业标准化工作的意见》。省审改办会同省标委办印发《推进全省行政许可标准化工作方案》。省民政厅、省公安厅发布《河北省民政系统消防安全标准化管理规定》和《社会福利机构消防安全标准化管理规定》；省人力资源和社会保障厅召开全省社会保险标准化工作会议，印发《河北省社会保险标准化工作实施方案》，推动社保领域的标准化工作；省气象局推动气象服务、防灾减灾等领域的标准化工作，组织制定和实施气象行业标准、地方标准7项。

【节能环保标准化】2016年，河北省制定和实施《民用建筑太阳能供热采暖工程技术规程》等10项节能地方标准。新立项地热资源利用省地方标准7项，新型炉具省地方标准5项，按计划由省国土资源厅、省农业厅组织制定。加强水、土地节约与利用及海洋、矿产资源开发利用等领域的标准化工作，省水利厅组织制定《用水定额 第1-3部分》系列标准5项。省环保厅组织制修订《民用清洁燃烧炉具废气排放监测方法》等重点行业、区域相关污染物排放标准5项，组织实施《钢铁工业大气污染物排放标准》并发布《执行特别排放限值的公告》。

【京津冀协同发展标准化工作】2016年，立项京津冀协同地方标准项目16项，完成3项，京津冀协同地标达5项。省环保厅与京、津环保部门合作，组织制定《建筑类涂料与胶粘剂挥发性有机物含量限值标准》协同地方标准。河北省安监局提出10项安全生产协同地方标准的制定计划，组织专家对北京起草的10项协同地标进行论证。省标准化院与京、津标准化研究院共同开展国家标准委下达的《京津冀资源循环利用标准体系研究》项目的研究工作。在"京津冀一体化协同发展"网站上，适时更新地方标准化信息、三方标准化工作动态，实现资料共享。

供　稿：河北省质量技术监督局

山西省标准化工作

【概况】截至2016年底，山西省制定地方标准895项（2016年新增211项）；承担国际或国家标准化技术组织7个；设立省级标准化技术组织1个；建设国家农业标准化示范区140个（2016年新增10个）；建设省级农业标准化示范区170个（2016年新增32个）；建设国家级服务业标准化试点35个（2016年新增4个）；建设标准化良好行为企业试点13个；建设国家级循环经济标准化试点6个；建设国家级社会管理和公共服务标准化试点10个（2016年新增5个）；建设农村综合改革标准化试点2个（2016年新增2个）。

【山西省标准化工作重要会议】2016年2月22日，山西省政府召开省长碰头会，山西省质监局就召开山西省标准化工作领导小组第一次全体会议和山西省标准化工作改革发展情况做专题汇报。山西省省长李小鹏等领导在听取汇报后提出：要按照有关要求进一步做好标准化工作，专题研究标准化工作经费保障，有效支持，量力而行。

3月22日，全省标准化工作座谈会召开，会议传达全国标准化工作会议和全国地方标准化工作会议精神，下发《2016年全省标准化工作要点》，安排部署2016年全省标准化工作的重点任务。

5月6日，全省标准化工作领导小组成员单位联络员会议召开，会议研究讨论山西省标准化体系建设发展规划。省发改委、经信委、财政厅等45个省标准化工作领导小组成员单位联络员及相关单位标准化工作负责人参加会议。

8月17日，山西省政府办公厅印发《关于调整山西省标准化工作领导小组组成人员的通知》，山西省副省长罗清宇担任领导小组组长，成员单位由37个增加到59个。8月18日，山西省标准化工作领导小组第一次全体（扩大）会议召开，山西省副省长罗清宇出席会议并讲话，59个领导小组成员单位及11个市政府分管领导和各市质监局、太原高新区质监局、太原经济区质监局局长参加会议。会议传达国务院关于深化标准化工作改革的有关精神，安排部署山西省当前和今后一个时期推进标准化改革发展和落实《山西省标准化体系建设发展规划（2016—2020年）》的主要工作任务。《大众标准化》对会议进行专刊报道。

【山西标准化制度建设】2016年，根据《国务院办公厅关于印发贯彻实施〈深化标准化工作改革方案〉行动计划（2015—2016年）的通知》要求和山西省政府领导的批示精神，山西省起草《贯彻实施〈山西省人民政府关于进一步推进标准化工作改革发展的实施意见〉2016年行动计划》。4月22日，山西省政府办公厅印发《山西省人民政府办公厅关于印发全省推进标准化改革发展2016年行动计划的通知》。《行动计划》明确提出制定标准化体系建设发展规划、完善地方标准制（修）订工作机制、开展团体标准试点工作、有序推进企业产品标准自我声明公开和监督、加快省级标准化技术委员会建设、大力推进标准化试点示范工作、加大标准化工作宣传力度、强化标准实施监督、加强标准化工作经费保障和加强市县级标准化工作等 12 项 2016 年全省标准化工作重点任务。

8 月 16 日，山西省政府办公厅印发《山西省标准化体系建设发展规划（2016—2020 年）》。《规划》从总体要求、主要任务、重点领域、重大工程和保障措施五个方面，明确“十三五”期间山西省标准化体系建设的任务书、路线图、时间表，对于调整优化经济结构、完善现代市场体系、加快转变政府职能、增强社会治理能力具有重要意义。

是年，山西省起草印发《地方标准管理办法》《省级专业技术委员会管理办法》《省级示范试点项目管理办法》《团体标准培育发展指导办法》等规范性文件。

【山西地方标准制修订】2016 年初，山西省质量技术监督局印发《关于征集 2016 年度山西省地方标准制修订项目的通知》，向 36 个省标准化工作领导小组成员单位、科研院校及各市质量技术监督局、各直属事业单位征集地方标准项目，征集298 个地方标准制修订项目。经过立项审查，4 月 19 日，印发《关于下达 2016 年度山西省地方标准制修订项目计划的通知》，下达 2016 年山西省地方标准制修订项目 226 项 。10 月 27 日，印发《山西省质量技术监督局关于下达 2016 年度山西省地方标准制（修）订增补项目计划的通知》，增补地方标准制定项目 9 项。

【强制性标准整合精简】2016 年，山西省质量技术监督局制定《山西省强制性标准整合精简工作实施细则》，成立全省强制性标准整合精简工作组，统一协调处理省强制性标准整合精简工作。通过召开强制性标准整合精简工作座谈会，印发《关于开展强制性地方标准整合精简工作的通知》，对全省强制性标准整合精简工作作部署安排。各强制性标准归口管理单位根据要求，组织专家召开专门会议，对全省 42 个现行强制性地方标准进行整合精简，其中节能标准 32 项、环境保护 4 项、林业 3 项、地理标志 2 项、纺织品安全 1 项。经评估、征求意见，形成最终结论，其中 16 项标准转化为推荐性地方标准、7 项修订、10 项废止、9 项保留。

【推荐性标准复审清理】2016 年，山西省质量技术监督局根据《国家标准委关于印发〈推荐性标准集中复审工作方案〉的通知》的要求，起草印发《山西省推荐性标准集中复审工作实施细则》，对全省737 项推荐性地方标准的集中复审工作进行安排部署。最终确定继续有效的 553 项，拟修订的 97 项，拟废止的 87 项。

【新能源汽车标准化】2016 年，山西省质量技术监督局根据《关于加快推进新能源汽车产业发展和推广应用的若干政策措施》《关于加快推进电动汽车产业发展和推广应用的实施意见》和《关于印发山西省 2016 年电动汽车产业发展和推广应用重点工作任务的通知》，成立推进新能源汽车产业发展工作组，制定《标准化助力新能源汽车产业发展和推广应用实施方案》，下发《关于做好新能源汽车重点项目（企业）调研的通知》，组织全省标准化人员到电动汽车相关企业进行调研，了解企业主要产品执行标准情况和标准化需求等问题，为山西省在新能源汽车领域建立标准化技术委员会、制修订标准等工作打下基础。

【山西地方标准文本公开】2016 年，山西省质量技术监督局对现行有效地方标准文本进行归纳整理，在省质监局网站上按年度公开从 2005—2016 年的现行有效地方标准文本 698 项。

【企业产品标准自我声明公开试点】2016 年，山西省质量技术监督局在全省逐步推行企业产品和服务标准自我声明公开和监督制度，落实企业标准化主体责任。选择阳泉、临汾开展试点工作。阳泉、临汾市制定工作的总体目标，明确工作组的具体工作职责，确定制定工作流程、推动试点建设、健全服务体系、加强事中事后监管 4 项重点工作任务。截至年底，阳泉、临汾市有 550 项企业产品标准在全国企业标准信息公共服务平台上公开。

【标准化试点示范工作】2016 年，山西省质量技术监督局组织全省 11 个地市开展项目申报工作，选择阳泉市郊区桃林沟村美丽乡村建设标准化试点等 4 个项目申报国家第二批农村综合改革标准化试点项目。在各市局申报的基础上，下达32 个省级农业标准化示范项目。完成第七批省级农业标准化示范区的考核验收工作。组织专家评估组，对山西省 10 个国家级服务业标准化试点项目进行验收评估，对 5 个国家级社会管理和公共服务综合标准化试点项目进行中期评估，15 个项目全部通过评估。全年，山西省新获批 4 个国家级服务业标准化试点，5 个国家级社会管理和公共服务综合标准化试点项目。

供　稿：山西省质量技术监督局
撰稿人：郭晓青
审稿人：刘　瑾

内蒙古自治区标准化工作

【概况】2016 年,内蒙古自治区标准化工作贯彻落实自治区政府标准化工作改革意见、全区质监系统工作会议精神,将标准化与政府经济、管理工作融合,实施“三年行动计划”,完成年度工作任务。

【标准化改革】2016 年,内蒙古自治区标准化工作落实自治区政府标准化工作改革意见的实施方案,凸显盟市政府主导作用。包头市政府成立标准化管理委员会,开展创建标准国际化创新型示范城市。呼和浩特市政府提出以标准推动乳业、光伏、云计算、草业、羊肉产业的建设工程。锡盟、阿盟政府提出“标准化 + 畜牧业”发展战略。鄂尔多斯市政府率先在全区制定《标准体系建设发展规划》《标准化战略发展规划》,巴盟公署提出建设“绿色农畜产品生产加工输出基地”。

内蒙古自治区质量技术监督局编制完成内蒙古自治区标准化体系建设发展规划(2016—2020 年)》,自治区政府办公厅于 2016 年 11 月 14 日正式发布。规划提出 8 个发展目标,5 大任务,5 个“标准化 + ”重点工程及 32 个标准化发展项目。贯彻实施自治区政府关于加强节能标准化工作的实施意见。建立风电、光伏 2 个节能标准体系,制修订 62 项节能标准,开展 4 个节能项目建设。代政府起草《内蒙古自治区装备制造业标准化和质量提升规划》。落实《强制性地方标准整合精简工作实施方案》。清理评估强制性地方标准(计划)129 项,其中转化85 项、继续有效 11 项、废止 33 项。复审 725 项现行有效推荐性地方标准,其中废止 64 项、转化 3 项、协调2 项、修订 89 项、继续有效 567 项。复审 324 项推荐性地方标准制修订计划项目,其中继续有效 294 项、废止 30 项。培育团体标准,有 3 家单位在国家标准信息平台注册;下达团体标准计划 23 项,正在研制标准 21 项。下放转移区域性地方标准制修订工作,包头、呼伦贝尔、通辽、乌兰察布市等地制定农业三类技术规范标准 242 项。

【标准化发展战略】2016 年,内蒙古自治区质量技术监督局促成自治区政府与国家标准委签署《全面加强标准化战略合作备忘录》,制定 2016 年行动计划。确定 8 个方面 42 项具体任务。阿拉善、锡盟政府的“标准化 + 畜牧业”项目,列入国家农业综合示范项目;完成国家标准《民族服饰非遗保护》《医疗纠纷调解》等 15 项标准草案的编制工作;在国家标准委“企业产品标准信息公共服务平台”,有509 家企业自我公开声明 1587 项标准、2631 种产品;监督抽查全区 441 家企业 772 项标准,符合率 100%;申报民族服饰、草原生态、农产品物流等 3 个国家级标准化技术委员会,畜产品编码、稀土储氢材料 2 个分委会。

【厅际联系制度建设】2016 年 5 月 4 日,内蒙古自治区人民政府副主席常军政出席并主持召开全区“三年行动计划”领导小组暨标准化协调厅际联席会议第一次会议;5 月 30 日,自治区政府第一次召开全区推进标准化工作电视会议。常军政对三年行动计划进行部署;5 月 24 日,全区标准化培训座谈会召开;12 月 28 日,宣贯第 39 届国际标准化组织大会习近平主席贺信、李克强总理讲话精神,落实自治区政府的 6 点意见,部署 2017 重点工作。

内蒙古自治区质量技术监督局与自治区旅游局联合下发《关于推进旅游服务标准化工作的意见》;与自治区民政厅联合下发《关于加快推进民政标准化工作的实施意见》;与自治区商务厅共同开展冷链物流标准化企业试点工作;与自治区林业厅联合推荐国家级林业标准化项目;与自治区发改委联合发文共同推进节能标准化工作。

11 月1—16 日,内蒙古自治区政府“三年行动计划”领导小组办公室抽调自治区科技厅、财政厅等 20 个厅局的 42 名干部和专家组成 8 个工作组,考核盟市政府。12 月 23 日,向各盟市政府、自治区相关部门通报“三年行动计划”第二年度考核结果。获得 A 级的盟市政府 6 家:包头、鄂尔多斯、通辽、锡盟、阿盟、呼伦贝尔市;获得 B 级的盟市政府 5 家:兴安盟、呼和浩特、乌兰察布、赤峰、乌海市;获得 C 级的盟市政府 3 家:满洲里、二连、巴彦淖尔市。经过 2 年考核,各盟市政府对标准化工作高度重视,给于政策及资金支持达 1800 余万元。2016 年考核,比 2015 年成绩突出的有:锡盟、阿盟、兴安盟、呼和浩特、乌兰察布市政府。

【内蒙古自治区标准化工作三年行动计划】截至 2016 年底,内蒙古自治区初步建成自治区新型工业、现代农牧业、服务业、社会管理和公共服务 4 大标准体系和 29 个子体系的框架,并通过中期评审,梳理各级标准 13552 项。

各盟市建立工农社管服 5 类标准体系 251 项,制定部门及企业内部标准 3 万余项。盟市局以标准体系为抓手,融入国家、自治区标准化示范试点建设,依实际需求制定标准体系,在实际运行中持续改进标准体系,支撑产业发展。

从技术标准上重点发力，研制煤化工、羊绒、乳业、稀土、风电、冷冻饮品系列等标准。2014—2016年，主导及参与制修订国际标准3项；国家标准109项，较2014年前增长23%；行业标准140项，较2014年前增长28%。截至2016年底，全区制修订国家及行业标准400余项，在稀土、羊绒、风电、冷冻饮品等方面引领全国产业的发展。

2016年，自治区质监局分4批下达标准项目392项，同比增长51%；审定发布地方标准182项，备案公告地方标准131项。截至年底，地方标准735项，较2014年前增长150%。全区地方标准数量在全国的排名，由2014年的27名上升到21名。

争取国家级标准化试点示范项目33个，批准新建自治区级服务业标准化试点项目21个；立项国家农业标准化示范项目13个；立项国家级服务业标准化试点3个；立项国家社会管理和公共服务综合标准化试点项4个；申报第四批国家级社会管理和公共服务综合标准化试点项目13个。

加强示范试点项目的监督管理。确认15家标准化良好行为试点企业，完成率100%；验收国家级农业标准化项目13个，完成率92.8%；验收自治区级农业标准化项目21个，完成率95.0%；验收国家级社、管、服试点项目9个，完成率56.2%；验收自治区级服务业试点13个，完成率86.6%。

推进地理标志和生态原产地产品建设。2016年，全区新增地理标志产品6个，新增生态原产地产品3个。全区2项保护产品28个，在全国排名第21位。

推进标准化技术研究机构建设。新增自治区标准化技术委员会20个，吸纳专家270名，累计44个标准化技术委员会。包头、鄂尔多斯、赤峰、呼伦贝尔、通辽等质监局组建标准化技术服务机构。自治区质监局石化院被自治区科技厅批复认定为自治区能源化工标准工程技术研究中心；指导蒙草抗旱、民丰薯业集团公司成立标准化研究院。

【标准化宣传培训】2016年9月22日，内蒙古自治区政府召开标准化三年行动计划新闻发布会；10月14日，世界标准日宣传活动期间，以“标准助力绿色发展”为主题，召开座谈会21次，执法检查企业157家，张贴发放宣传单2万余份，新闻媒体报道24次；在内蒙古电视台、《内蒙古日报》、《中国质量报》、新华网等媒体报道标准化77篇/次；举办9期标准化培训，培训1000余人次。

供　稿：内蒙古自治区质量技术监督局
撰稿人：米　丽
审稿人：刘燕波

辽宁省标准化工作

【概况】2016年，辽宁省主导制修订国际标准2项；主导或参与制修订国家标准239项；发布团体标准16项；征集年度地方标准制修订项目266项，发布实施地方标准203项；2783家企业声明公开13303项标准，涵盖22298种产品；完成1840项地方标准精简整合和集中复审工作；完成15个国家级农业、13个服务业标准化示范试点考核验收；开展200项企业产品标准监督检查工作；推动辽宁标准走出去；新批准设立省级服务业标准化试点单位8家；瓦房店市国家高端装备制造业、大洼区美丽乡村标准化试点、新民市新型城镇化标准化试点项目和国家第九批农业标准化示范项目获得国家批准。

是年，辽宁省质量技术监督局出台《辽宁省消费品标准和质量提升工作方案（2016—2020年）》和《辽宁省标准化体系建设发展规划（2016—2020年）》，会同省审改办、省政务服务办共同转发《行政许可标准化指引（2016版）》。

【国际标准制修订】2016年，中国科学院沈阳自动化研究所主导制定的IEC/EN 62601《面向过程自动化的WIA—PA无线网络技术》和沈阳橡胶研究设计院有限公司主导修订的ISO 8033：2016《橡胶和塑料软管　各层间粘和强度的测定》，正式发布实施。

【国家标准制修订】2016年，国家标准委发布实施由辽宁省主导或参与制修订的国家标准239项，其中主导制修订国家标准72项，参与制修订国家标准167项。

【团体标准】2016年，由辽宁省软件行业协会、沈阳节能协会、东港市草莓协会、盘锦北方稻作协会、沈阳市家庭服务业协会、锦州市果业协会、铁岭市橡塑行业协会、大连市仓储协会、本溪市辽砚行业协会等9家社会团体，发布实施《辽宁省软件行业协会软件企业评估规范》《辽宁省软件行业协会软件产品评估规范》《沈阳市燃煤工业锅炉能耗限额标准》《草莓脱毒种苗生产技术规程》《滨海盐碱稻区机插水稻超高产栽培技术规程》《社区(居家)养护服务业协助协会相关信息》《锦州苹果生产技术规程》《锦州梨生产技术规程》《家用燃气表橡胶膜片》《冷藏、冷冻食品仓储操作管理规范》《铁路散粮专用车扦样方法》《危险货物仓储与道路运输物流企业管理规范》《钢架式多功能联运通用循环共用托盘检测技术条件》《钢架式多功能联运通用循环共用托盘制造用材技术要求》《本溪茶海(茶盘)》《本溪奇石》等16项团体标准,登记注册的社会团体26家。

【辽宁标准走出去】2016年,由辽宁中医药大学和辽宁出入境检验检疫局检验检疫技术中心承担的《联合沿线国家共同制定中医药国际标准项目》和《进出境中药动物检验检疫行业标准外文版(英文版)制定》等2个项目,列入国家标准委“一带一路”项目计划。

【工业标准化】2016年,辽宁省质量技术监督局发布实施《工业锅炉火用效率测试技术规程》等45项推荐性地方标准和强制性地方标准《施工与堆料场地扬尘排放标准》。由大连瓦房店市人民政府承担的《辽宁瓦房店市国家高端装备制造标准化试点项目》获得国家批准。

【农业标准化】2016年,辽宁省质量技术监督局发布实施《美国红枫组织培养育苗技术规程》等143项推荐性地方标准。

完成由渤海大学承担的《第一批农村综合改革标准化试点项目》以及鞍山市千山区市场监管局和千山区农村经济局、沈阳市苏家屯区人民政府、铁岭市海峰农作物种植专业合作社、沈阳城市公用集团农业发展有限公司、辽宁振兴生态集团发展有限公司、康平县人民政府、大连天正实业有限公司、北镇市常兴青岩葡萄专业合作社、抚顺市顺城区人民政府、辽宁意成林药开发有限公司、彰武县章古台机械林场、大石桥市辽营水稻良种场、葫芦岛市暖池葡萄专业合作社、辽宁张裕冰酒酒庄有限公司等单位承担的《国家南果梨生产综合标准化示范区》《国家农业综合标准化示范区(苏家屯)》《水果玉米套种胡萝卜标准化示范区》《生态农业综合标准化示范区》《生猪养殖标准化示范项目》《国家寒富苹果综合标准化示范区》《国家红鳍东方鲀养殖综合标准化示范区》《国家葡萄综合标准化示范区》《国家生猪养殖与加工综合标准化示范区》《国家苦参栽培综合标准化示范区》《国家荒漠化治理综合标准化示范区》《国家水稻良种培育综合标准化示范区》《国家级葡萄农业标准化示范区》《国家冰酒葡萄综合标准化示范区》等14个第八批国家农业标准化示范项目的考核验收工作。

由盘锦市大洼区人民政府、沈阳市新民市人民政府申报的《大洼区美丽乡村标准化试点》《新型城镇化标准化试点项目》获得国家标准委立项批准。

由西丰县鹿业发展局、丹东市八家子家庭农场有限公司、沈阳市北源米业有限公司、大连天正实业有限公司、朝阳鑫源农副产品开发有限公司等单位承担的《国家梅花鹿养殖标准化示范区》《国家有机农业标准化示范区》《国家水稻种植与加工标准化示范区》《国家红鳍东方鲀养殖综合标准化示范区》《国家绿色食用菌栽培标准化示范区》被国家标准委列入第九批国家农业标准化示范项目。

【服务标准化】2016年,辽宁省质量技术监督局发布实施《地震安全示范社区评定指南》等14项推荐性地方标准。

完成《辽宁省五女山文化服务标准化试点》《辽宁省朝阳市金融服务业标准化试点》《辽宁省大连软件服务与信息服务业标准化试点》《沈阳市二手车流通管理服务标准化试点》《本溪市家政服务标准化试点》《锦州市笔架山旅游服务标准化试点》《灯塔市燃气供应服务标准化试点》《锦州市公路客运服务标准化试点》《公共行政服务业标准化试点》《金融服务业标准化试点》《物流服务业标准化试点》《农业科技服务标准化试点》《物业管理服务业标准化试点》等13个国家级服务业标准化示范试点考核验收。

新批准设立由锦程国际物流集团股份有限公司、丰远集团有限公司丰远热高乐园、沈阳市家庭服务业协会、辽阳市公共行政服务中心、桓仁枫林谷森林公园旅游有限公司、抚顺市红马夹家政有限公司、朝阳市龙城区现代服务业集聚区管理委员会、本溪市防雷中心承担的《现代物流服务业标准化试点》《综合旅游服务业标准化试点》《社区(居家)养护服务业标准化试点》《公共行政服务综合标准化试点》《风景名胜区服务业标准化试点》《家政服务业标准化试点》《电子商务产业园服务业标准化试点》《防雷装置检测服务业标准化试点》等8个省级服务业标准化试点。

【标准化政策法规建设】2016年,辽宁省质量技术监督局会同有关单位起草,以省人民政府办公厅名义印发《辽宁省标准化体系建设发展规划(2016—2020年)》和《辽宁省消费品标准和质量提升工作方案(2016—2020年)》;会同省审改办、省政务服务办共同转发《行政许可标准化指引(2016版)》。

【地方标准精简整合和集中复审】2016年,辽宁省质量技术监督局会同相关单位经过梳理、分析研判、征求意见、社会公示和上报批复,完成强制性地方标准的整合精简和推荐性地方标准的集中复审工作(不含食品安全地方标准),现行90项强制性地方标准整合精简结论为:继续有效5项(含计划1项)、转化为推荐性地方标准11项、废止74项。2016年10月31日前批准发布的1750项推荐性地方标准集中复审结论为:继续有效1003项、修订185项、废止562项。

【企业产品标准自我声明公开】 2016年,辽宁省质量技术监督局依据《中华人民共和国标准化法》及相关法律、法规、规章和《企业产品标准管理规定》等,经局务会审议通过,制定《辽宁省企业产品标准自我声明公开管理暂行办法》。截至年底,2783家企业上报13303项标准,涵盖22298种产品。

【企业产品标准监督检查】 2016年,辽宁省质量技术监督局抽取10个行业14个市的企业产品标准200项,围绕标准规范性等6方面进行检查,制作《标准检查评价报告》200份。

【专业标准馆建设】 2016年,辽宁省质量技术监督局采取"标准馆+标准化院+N"的方式,丰富标准文本、图书、数据和资料等馆藏,拓展和完善标准查新查重和企业标准自我声明公开等服务功能。利用交流厅平台,开展教学、科研、培训、交流等活动,研究普及宣讲标准化知识。辽宁标准馆全年累计接待2200余人次。辽宁省标准化信息公共服务平台基本建成并投入使用,平台拥有数据130万条,在线访问和查询达到7万余次。

【专业标准化技术委员会建设】 2016年,辽宁省新成立针灸推拿标准化技术委员会(辽宁)、家庭服务业标准化技术委员会(辽宁)、琥珀标准化技术委员会(辽宁)、玛瑙标准化技术委员会(辽宁)、岫岩玉标准化技术委员会(辽宁)、水产标准化技术委员会(辽宁)、动物卫生标准化技术委员会(辽宁)、电子信息技术标准化技术委员会(辽宁)、畜牧业标准化技术委员会(辽宁)等9家专业标准化技术委员会。

【社会信用代码制度建设】 2016年,辽宁省质量技术监督局实现统一代码数据核查系统和统一代码数据回传接收系统的有机整合和全自动运行,满足与工商、民政、编办等部门互换数据的全部条件。接收省工商局、省编委办、省民政厅推送的全省统一社会信用代码数据51.35万条、7.5万条和1376条。

【标准化宣传】 2016年,辽宁省质量技术监督局利用"质量月""世界标准日"等活动,在各类媒体开展标准化工作宣传。10月14日,《辽宁日报》整版报道省标准化改革工作。全系统在各类媒体刊登标准化工作信息50余篇。开展"标准进万家"企业行活动,为1000余家企业开展宣传和咨询服务,发放各类宣传资料2万余份。

供　稿:辽宁省质量技术监督局
撰稿人:聂少杰
审稿人:郑怀海

吉林省标准化工作

【概况】 截至2016年底,吉林省主导或参与制定国际标准5项;主导制定国家标准150项、行业标准282项(2016年新增35项);制定或修订地方标准1978项(2016年新增182项);承担国际或国家标准化技术组织12个(2016年新增1个),设立省级标准化技术组织26个(2016年新增3个);开展国内外标准化科研58项(2016年新增9项),建设国家级农业标准化示范区125个(在建6个),省级农业标准化示范区164个(2016年新增34个);创建省级产业集群标准化试点6个(均在建);创建吉林省技术标准提升工程示范单位11个(在建6个);建成国家高新技术产业标准化示范区1个;建设国家级服务标准化试点14个(2016年新增4个),省级服务标准化试点110个(2016年新增17个)。

【标准化工作改革】 2016年,吉林省质量技术监督局起草并由省政府出台《吉林省深化标准化工作改革实施方案》《吉林省标准化体系建设发展规划(2016—2020年)》和《吉林省强制性地方标准整合精简工作实施方案》,以吉林省实施质量强省战略联席会议的名义下发《吉林省推荐性地方标准集中复审工作实施方案》。通化、白城、辽源市政府印发标准化体系规划。围绕推动强制性标准体系"瘦身健体",组织开展强制性地方标准整合精简工作,废止除环境保护、工程建设、安全生产、医药卫生和食品安全以外的强制性地方标准103项,拟将符合经济社会发展需要的100项强制性地方标准转化为推荐性地方标准。围绕推动政府标准盘活存量、优化增量,对现行1703项推荐性地方标准和2016年度207项地方标准制修订项目进行集中复审。切合吉林省优势产业和新兴产业发展需求,组织吉林省粮食行业协会等社会团体培育发展团体标准，释放标准供给新动能，制定《吉林稻花香优质大米》等10项首批团体标准。实施企业产品和服务标准的自我声明公开和监督制度，取消企业标准备案，松绑搞活企业标准，增添“双创”新活力，组织编制《吉林省饲料、肥料、农药、聚乳酸行业企业产品标准自我声明公开指南》，搭建“吉林省企业产品和服务标准自我声明公开服务平台”，实施网上办理。截至年底，725家企业在平台上注册，其中620家企业声明公开2432项企业产品或服务标准，涵盖6072种产品。

【农业标准化】2016年，吉林省质量技术监督局实施“标准化＋现代农业”战略行动。围绕完善现代农业产业体系、生产体系、经营体系，组织制定服务率先实现农业现代化工作实施方案，推进秸秆综合利用标准化研究和中药材标准体系研究。创建国家级农业综合标准化示范区5项、国家级农业综合标准化示范市1项、省级农业标准化示范区34项，扶持新型农业经营主体和农户专业化、标准化、集约化生产，促进传统、特色农业提质增效。牵头赴江苏开展国家级第八批农业标准化示范区抽查工作。围绕加快农业科技成果转化，以标准升级带动农产品从低端生产向高端品牌迈进，制修订《地理标志产品万昌大米》等85项农业地方标准，涉及农作物种植、中药材、农林病虫害、土壤环境、地理标志保护产品等领域。依托“第十五届中国长春国际农业食品博览（交易）会”，举办吉林省农业标准化示范区、名牌及地理标志保护产品推介及成果展，114户的371种产品参展，展示全省农业标准化在创新引领特色现代农业发展、加快转变农业生产方式、提高农产品质量安全、创新农产品品牌、提升市场竞争力等方面所发挥的重要作用，省质监局因此被组委会评为“突出贡献奖”。发展职业农民培训，与省农委共同组织50余场次5000余人参加的人参系列标准宣贯培训，着力培养一批有文化、懂技术、善经营、会管理的新型农民。

【工业标准化】2016年，吉林省质量技术监督局实施“标准化＋制造业”战略行动。围绕发展实体经济，构筑产业群、拉伸产业链，在制药、纺织、散热器、冶金等行业，组织四平巨元、吉林麦达斯、辽源东北袜业、敖东、修正等5家单位启动产业集群标准化试点创建工作，推动龙头企业联合其他相关生产企业制定产业集群联盟标准，通过产业集群技术标准推广应用核心技术，培育和发展新动能。吉林麦达斯铝业有限公司建立标准化激励机制，出台《标准化工作推进奖励办法》，每年拨付产业集群标准化试点专项保障经费不低于20万元，预计投资5070万元，用于设备设施的购置、更新以及人员培训及相关标准的制修订，强化标准化生产，争取形成产业集群品牌。围绕大力培育经济增长新动能，组织长春北方化工灌装设备、辽源市重科等6家单位开展标准化良好行为试点创建工作以创建标准化良好行为试点等方式，开展标准化能力建设，以高标准带动高质量，促进企业做大做强，助推大众创业、万众创新。组织吉大正元、长春迪瑞等11家单位开展技术标准提升工程示范单位创建工作，推动企业加快科技成果转化，形成竞争新优势。第一批示范单位有11项科技成果转化为国家标准、行业标准，22项科技成果正在转化为国家标准、行业标准，2项科技成果正在转化为产业联盟标准。围绕推动产业迈向中高端，启动成品住宅、非煤矿山安全生产、公路工程等标准体系研究，完成带传动、新能源汽车等2项重点领域标准化科研项目。围绕大力发展新兴产业，做强提升传统产业，构建吉林现代产业体系，制修订《旋压机床安全防护技术要求》等21项工业地方标准，涉及冶金、机械制造、水利工程、信息技术、医疗器械、节能减排等领域。

【服务标准化】2016年，吉林省质量技术监督局实施“标准化＋服务业”战略行动。围绕传统服务业向现代服务业升级转型，补齐吉林省经济发展短板，会同省商务厅下发《关于加快推进商贸物流标准化工作的实施意见》，会同省卫计委下发《关于下达省级服务业标准化试点项目的通知》，会同省民政厅下发《吉林省民政标准化工作实施意见》，会同省旅游发展委员会下发《关于开展省级区域性旅游服务业标准化试点工作的通知》，推进各领域服务标准化工作。启动检验检疫、土壤环境质量、雷电风险控制、成品住宅等标准体系研究。为弘扬吉林省吉菜和朝鲜族餐饮文化，突出吉菜和民族特色菜肴，组织制定《砂锅鹿宝技术规范》《前郭羊腿技术规范》《朝鲜族料理冷面》《朝鲜族料理石锅饭》》等14项餐饮服务业地方标准。为完善和统一商品房产面积的计算范围和计算方法，制定《房产面积计算规则》地方标准。围绕加快全省自主创新测绘地理信息和气象科技成果转化，批准发布《地质雷达探测测绘技术规程》《卫星导航定位基准站数据处理规范》《旅游气象指数》和《高速铁路冰雪天气监测预警等级》等一批地方标准。围绕交通信息化和公共交通安全标准化，组织制定《交通运输物流信息互联交换规范》《城市公交营运安全管理规范》等地方标准。围绕全省安全生产形势依然严峻，在安全生产重点行业——非煤矿山行业组织开展安全生产标准体系研究（非煤矿山行业），分析国内外安全生产行业发展现状和标准化现状，构建科学、合理和先进的安全标准体系。围绕全省大力实施构筑社会消防安全“防火墙”工程，提高社会单位消防安全“四个能力”，落实特定场所消防安全主体责任，推行标准化的消防安全管理措施，制定《温控自动启闭式水灭火系统应用技术要求》《消防应急传感网络系统技术要求》《消防应急供水设施》《充气式逃生滑梯设置技术规范》等消防安全管理类地方标准。在公共卫生、卫生防疫、医疗技术等领域，围绕政府关注、百姓关心的卫生计生热点、焦点问题，初步构建以职业卫生、职业病危害因素检测评价、疾病防控卫生学评价、卫生监督检测评价等为主体的卫生计生技术标准体系，制修订《甲型H1N1流感病毒核酸检测 Real-time PCR 法》《化疗药物毒副反应监测技术规范》《流感病毒 MDCK 细胞病毒分离检测法》等地方标准10项。组织敦化六鼎山旅游服务区、伪皇宫四平建行等4家单位创建国家级服务业标准化试点，组织白城市锦程物流中心、吉林省鹭鹭湖生态旅游度假发展有限公司、长春市宽城区团山街道长山花园社区等17家单位创建省级服务业标准化试点，着力以标准化规范服务业市场，促进服务单位提升管理水平，增强服务业综合竞争力。

【标准化精准扶贫】2016年，吉林省质量技术监督局依托农业标准化项目，与省工信厅、吉林农业大学及帮扶单位形成帮扶对子，以开发式扶贫、造血式扶贫为主要方式，在白城市洮北区洮河镇、镇赉县建平乡建立9个玉木耳栽培农业标准化扶贫示范园，发展玉木耳标准化生产。编制玉木耳栽培企业标准，培训标准化种植人员300余人次，建立2个玉木耳农业合作社，注册楚伦牌玉木耳商标，年收获鲜耳2万多公斤，以市场均价每公斤120元计算，贫困村、贫困户的收入大幅提高。对玉木耳项目进行视频技术推广，在第十五届长春国际农业食品博览会设置扶贫项目玉木耳产品宣传销售专区，向青岛军民融合基地、洮南市镇赉县三合村等村镇和单位介绍玉木耳标准化示范园建设经验，探索创造可复制推广的精准扶贫、精准脱贫好做法、好经验。截至年底，在白城市各乡镇建成20栋玉木耳栽培大棚。

【吉林标准"走出去"】2016年，吉林省质量技术监督局组织制定并以吉林省推进"一带一路"建设工作领导小组办公室的名义下发《吉林省落实〈标准联通"一带一路"行动计划（2015—2017）〉实施方案》。围绕中国与日本、韩国等东北亚国家间贸易往来的标准化热点、焦点问题，启动中日韩旅游标准化对比研究、中日碳纤维产业标准化对比研究和中韩化妆品法规标准对比研究。吉林省提出的"中日韩无人机国际标准化合作""链传动国际标准修订项目合作"列入第十五届东北亚标准合作会议合作备选项目。由吉林省出入境检验检疫局起草的2项国际标准正式被国际标准化组织发布实施。《地理标志产品吉林长白山人参》获得"2016年中国标准创新贡献奖"二等奖。长春机械科学研究院有限公司、吉林炭素有限公司、长春气象仪器研究所、四平博尔特工艺装备有限公司等企事业单位主导制修订《超高功率石墨电极》等国家标准、行业标准35项。吉林省通利特种电线电缆制造有限公司、吉林省圣翔建材集团有限公司、吉林新元木业有限公司等16家企业35种产品采用国际标准和国外先进标准，为吉林产品、技术、服务走出去提供技术支撑。

【标准化基础工作】2016年，吉林省质量技术监督局围绕提升标准化技术服务支撑能力，组织建立生物质降解材料、暖通器材、民政等3个省级专业标准化技术委员会。健全和完善标准化专项资金激励机制，修订《吉林省标准化专项资金管理办法》。联合省公务员局组织"吉林省第三届标准创新贡献奖"评选活动，评选出获奖项目28项，其中一等奖3项、二等奖10项、三等奖15项。

【标准化宣传】2016年，吉林省质量技术监督局以局长坐客省政府门户网站访谈直播间的形式，解读《吉林省标准化体系建设规划（2016—2020年）》，向社会宣传标准化工作情况。在《吉林质监》报纸上开设一期"学习贯彻第39届国际标准化组织（ISO）大会精神"专版，省局门户网站开辟宣传栏目，开设一期"世界标准日"专版。10月14日，在《吉林日报》第6版整版对第39届ISO大会精神和世界标准日进行宣传。发放"世界标准日"宣传画、《走进中国标准标准化知识手册》、《标准中国让世界倾听中国标准的声音》光盘以及相关材料1万余份，组织省标准研究院、省标准化协会、各地质监（市场监管）部门主动走进企业、走进社区、走进学校、走进超市、摆放横幅、布放展架、散发宣传资料，向工人、居民、学生以及消费者普及有关ISO大会精神、世界标准日及标准化知识。与吉林出入境检验检疫局联合举办"同线同质同标"标准化培训班，推动吉林省进出口企业主动融入到供给侧结构性改革浪潮之中。

供　稿：吉林省质量技术监督局

黑龙江省标准化工作

【概况】2016年，黑龙江省标准化工作在省委省政府和国家标准委的领导下，贯彻落实党的十八届三中、四中、五中、六中全会和省委十一届七次、八次全会以及全国标准化工作会议精神，推进标准化工作改革，主动为全省经济发展和改善经济发展环境服务，按照"开好一个会议、抓好三大创建、科学安排常规工作"的工作思路，细致谋划，勇于创新，稳妥开展工作，取得较好的工作成效。

是年，黑龙江省创建省级循环经济标准化示范项目11个、省级服务业标准化试点5个、省级农业综合标准化示范区20个、省级标准化技术委员会3个、制修订地方标准199项、采用国际标准8项。

【黑龙江省标准化工作会议】2016年4月15日，黑龙江省标准化工作会议召开，副省长孙尧出席并讲话，会议部署全省标准化工作改革和发展。会议实现三个目标：一是部署和推进全省标准化改革与发展工作，明确在改革和发展中标准化行政主管部门、行业主管部门的地位和作用。会议以全省标准化联席会议办公室的名义印发《关于深化黑龙江省标准化工作改革若干重要问题的决定》，明确标准化行政主管部门和行业主管部门的职责，确立省质监局在全省标准化工作中的领导地位。二是交办部署具体工作任务，推动标准化重点工作的开展。会议以全省标准化联席会议办公室和与相关省直部门联合发文等名义和形式印发《国家、省、市、县四级联动农业综合标准化示范区创建管理实施方案》《中俄标准对比研究工作方案》《黑龙江省现代服务业地方标准制修订工作发展规划(2016—2018年)》《2016年黑龙江省地方标准制定修订项目计划》等4个旨在进一步推进重点工作的指导性大型文件。三是总结推广典型经验，引导标准化工作向更高层次发展。会上，向全省总结推广七台河宝泰隆煤化工工业循环经济标准化试点、五常市综合农业标准化示范县、齐齐哈尔政务服务大厅服务业标准化试点等3个典型经验，做到并形成工业、农业、服务业均有典型示范引路，带动发展的新局面。

【标准化"三大创建"】2016年，黑龙江省质量技术监督局将"农业综合标准化示范区创建""服务业地方标准制修订三年规划""中俄标准对比研究"确定为2016年全省标准化"三大创建"工作。按照省质监局党组的部署和要求，与省农委沟通协调，联合下发《关于联合创建国家、省、市、县四级农业综合标准化示范区的通知》，组织全省各市(地)、县、农垦、森工质监局(市场监管局)和农委联合开展农业综合标准化示范区创建工作，并邀请农业标准化专家就农业综合标准化示范区建设进行专题辅导。截至年底，全省创建省级示范区20个、市级示范区41个、县级示范区79个，有7个示范区项目申报获批为第九批国家级农业标准化示范项目。以省标准化工作联席会名义下发《黑龙江省现代服务业地方标准制修订三年规划》，确定2016年以后三年服务业地方标准制修订目标，印发《2016年黑龙江省现代服务业地方标准制修订项目任务分解表》，将有关任务分解给各有关厅局。截至年底，全省完成30项现代服务业地方标准的制定工作，其中《候鸟式养老服务规范》地方标准制定后受到省政府主要领导关注，黑龙江新闻联播、新华网、东北网、中国质量报等电台媒体进行专门报道。以联席会议办公室名义印发《中俄标准对比研究工作方案》，确定中俄标准对比研究的任务分工和研究方向，主动为全省"一带一路"和"龙江丝路带"建设服务，取得的成果如下：与黑龙江大学签订《中俄标准对比研究合作协议》和《共建学生就业实习基地协议》，解决翻译人员来源问题；与俄罗斯联邦标准化、计量与认证科学院哈巴罗夫斯克分院签订《中俄标准化合作研究意向书》；与俄罗斯就中俄标准、计量、认证等交流合作进一步达成一致意见；举办"中俄标准、计量和认证区域国际交流研讨会"；将中俄标准对比研究工作纳入黑龙江省"龙江丝路带"建设的重点工作，写入省政府相关文件；省质监局被正式纳入到中俄总理定期会晤机制计量标准组中；完成100项中国商品标准翻译成俄语的工作；黑龙江省中俄标准研究中心被国家标准委正式批复为国家级研究中心。

【地方标准和团体标准制修订】2016年，黑龙江省质量技术监督局编制印发《2016年黑龙江省地方标准制定修订项目计划》，确定168项标准作为年度地方标准计划任务。履行地方标准批准发布程序，开展地方标准批前公示，对拟批准的22批199项地方标准在"龙质网"进行网上公示，主动接受社会各界监督。及时转发质检总局、国家标准委《关于印发〈关于培育和发展团体标准的指导意见〉的通知》，指导各市(地)、县、农垦、森工开展培育和发展团体标准工作。

【地方标准整合精简和复审】2016年，黑龙江省质量技术监督局按照《国务院办公厅关于印发强制性标准整合精简工作方案的通知》和国家标准委《关于做好推荐性地方标准集中复审工作的通知》精神，启动全省强制性地方标准的整合精简和推荐性地方标准复审工作，对407项强制性地方标准进行整合精简，对1319项推荐性地方标准作出复审。截至年底，现行有效黑龙江地方标准1154项（推荐性标准1151项、强制性标准3项），其中工业191项、农业842项、服务业121项。

【企业产品标准自我声明】2016年，黑龙江省质量技术监督局贯彻落实标准化工作改革意见，推行企业产品标准网上自我声明公开制度，制定实施方案，于2016年7月1日起在全省全面实施。截至年底，全省企业自我声明企业产品标准1838项。

【专业标准化技术委员会建设】2016年，黑龙江省质量技术监督局新批准建立黑龙江省测绘地理信息标准化技术委员会、黑龙江省农作物收割机械设备专业标准化技术委员会、黑龙江省移动实验室标准化技术委员会等3个专标委。

【中小学校服强制性标准监督检查】2016年，黑龙江省质量技术监督局联合省教育厅、省纤维检验局共同下发《关于对中小学校服开展强制性标准监督检查的通知》，启动中小学校服强制性标准执行专项监督检查工作。9月，组织各地教育局、质监部门按照“双随机”要求，随机抽取检查对象，随机选派执法检查人员，在辖区内组织开展中小学校服监督检查。10月，省质监局、教育厅和纤维检验局成立督查组对全省中小学校服强制性标准执行情况进行督导检查，建立实行“黑名单”制度，将情况通报下发至各地政府。

【《蓝莓酒》国家标准】2016年，黑龙江省质量技术监督局指导伊春市质监局和越桔庄园生物科技有限公司在全国范围内的各蓝莓酒生产企业抽取50多个样品集中进行样品检测分析，确定以花青素含量为主的20余项理化指标。广泛征求意见，主动聘请国家果露酒行业协会和大专院校的专家教授及大中型蓝莓酒生产企业技术负责人，对标准技术指标进行多次评定和论证，形成《蓝莓酒》国家标准报批稿。6月，国家标准委批准发布国家标准GB/T 32783—2016《蓝莓酒》。

【《赫哲族鱼皮服饰》地方标准】2016年，黑龙江省质量技术监督局结合自身标准化工作职能，以地方标准的形式固定、保护和传承国家级非物质文化遗产——赫哲族服饰的传统工艺、文化内涵、鲜活个性，组织省标准院、饶河市场监督管理局、同江质监局和饶河县赫哲族四排乡政府起草DB23/T 1758—2016《赫哲族鱼皮服饰》地方标准，于2016年5月16日正式批准发布实施。

【候鸟式养老服务业系列地方标准】2016年，黑龙江省质量技术监督局组织省标准化研究院和养老服务指导中心起草《候鸟式养老服务规范》地方标准。标准从餐饮、住宿、旅游、购物、娱乐和文化角度，对候鸟式养老服务进行规范，将健康管理、养生膳食、旅游休闲、文化娱乐集为一体，中央电视台和相关媒体进行专项报道。省质监局组织制定“旅养结合”“医养结合”“农养结合”等系列式候鸟式养老服务业地方标准，推动养老产业与旅游业、健康服务业和生态农业有机融合。

【《室外塑胶跑道技术要求》地方标准】2016年，黑龙江省质量技术监督局启动地方标准快速制修订程序，审定发布DB23/T 1800—2016《室外塑胶跑道技术要求》。标准在内容选取上，以现有国家标准为基础，对非固体原料进行14项有害物质限量的补充规定，对固体原料进行15项有害物质限量补充要求，覆盖从原材料选用、添加物施工和塑胶跑道固化的各个环节，形成闭合技术要求环路；在指标方法上，引入欧盟现行的禁用多环芳烃的指标要求，采用国际标准化组织（ISO）制定的环境舱法有害物质释放速率测试方法，借鉴上海塑胶跑道的团体标准，针对游离物挥发集中在一米左右的物性，对总挥发性有机化合物释放率（TVOC）和甲醛释放率进行规定，确保中小学生身心健康；在地域特性上，结合黑龙江省冬季严寒、春秋冻融实际，对跑道的耐久性、抗寒性、防滑性和冻融循环性进行具体要求。

供　稿：黑龙江省质量技术监督局

上海市标准化工作

【概况】2016年，上海市新增标准71项，其中强制性7项、推荐性64项。截至年底，现行有效上海地方标准988项，其中强制性290项、推荐性698项，涵盖农业、节能、信息、公共卫生、食品卫生、城市公共建设和交通、社会公共安全技术、环境保护、标识标志、安全生产类、服务类、重要检测等领域，为上海市产业发展提供技术支撑。完成283项强制性地方标准清理工作,完成610项推荐性地方标准集中复审工作。

围绕社会管理与公共服务、节能环保、农业标准化、现代服务业、高新技术等重点发展领域,开展标准化示范试点项目建设。全年,新增示范试点项目105项,其中国家级18项、市级87项。截至年底,上海市累计开展各类标准化试点示范项目864项,其中国家级137项、上海市727项。建设国家或市级服务标准化示范试点199个(2016年39个),建成72个;建设国家或市级社会治理和公共服务示范试点180个(2016年20个),建成103个;建设国家或市级农业标准化试点297个(2016年25个),建成272个;建设国家或市级高新技术产业标准化试点82个(2016年13个),建成50个;建设国家或市级节能环保标准化试点40个(2016年1个),建成5个;建设国家或市级标准化良好行为试点64个(2016年5个),建成40个。建设国家或市级循环经济标准化试点2个(2016年2个)建成2个。承担国际标准化组织技术组织6个;承担国家标准化技术组织116个;上海市标准化专业技术委员会42家(2016年新增2家)。

8月,上海市政府印发《上海市标准化体系建设发展规划(2016—2020年)》,作为未来5年上海市标准化体系建设的纲领性文件,突出围绕上海市产业经济发展、社会治理提升、节能环保促进3大板块,细分9大专栏(现代服务业、战略性新兴产业和先进制造业、都市农业、公共安全、公共服务、政府管理、城市建设和管理、节能减排、环境保护),在47项重点领域,制定具体工作任务。加快《上海市地方标准管理办法》的立法工作,围绕上海市对地方标准管理的工作实际,结合管理过程中积累的经验,将管理中好的做法通过立法上升为政府规章。《上海市地方标准管理办法》列入2017年市政府规章制定预备项目。

【国际标准化工作】2013—2016年,上海主导国际标准提案40余项,国际标准制修订项目60余项,发布国际标准21项;在中医药、内燃机、电线电缆等领域,取得中国在该领域国际标准零的突破。推进国际标准化上海协作平台建设,完成新一届轮值秘书处交接,由上海橡胶制品研究所ISO/TC59/SC8承担秘书处工作,吸纳ASTM、ANSI等国际性标准化组织参与平台的建设工作。配合国家标准委,争取泛美标准委员会中国联系成员秘书处落户上海,并完成前期工作。上汽集团商用车技术中心吴旭陵就任ISO/TC70内燃机技术委员会主席,上海中医药大学沈远东就任ISO/TC249传统中医药国际标委会副主席。上海化工研究院研究员刘刚成为中国首个荣获ISO杰出成就奖的个人。立项开展中国—白俄罗斯超级电容汽车标准国际化试点,服务“一带一路”战略。创新开辟标准国际化试点项目,立项“超级电容公交车中白标准国际化试点”,通过推动中国标准走出去,带动超级电容公交车产业走向国际。完善上海市技术性贸易措施应对工作体系,组织相关单位参与国外重大技术性贸易措施通报评议,向质检总局标法中心提供相关材料3批次、5个内容。继续实施国外技术性贸易措施应对专项,立项15个项目,内容涉及化工、机电、农食、纺织等领域,服务“一带一路”国家战略和上海市自贸区建设等领域。

【标准化专业服务】2016年,上海市初步形成上海市标准化专业服务市场建设方案,探索符合上海城市定位和发展方向的标准化专业服务市场培育发展路径和模式。借助局区合作形式,调动和发挥各区政府的作用,普陀区政府明确将长风生态商务区作为标准化专业服务产业集聚区,由区政府出台相应配套支持政策,培育和发展标准化专业服务市场。推动专业技术组织和机构标准化专业服务能力提升以及业务领域拓展,完成上海市标准化服务业市场调查,推荐上海声望声学科技股份有限公司等9家单位申报国家级第一批标准化服务业试点项目。

【城市标准化创新联盟】2016年,上海市结合国家内贸流通体制改革发展试点,牵头9个试点城市成立国内首个城市标准化创新联盟,联盟秘书处设在上海。以内贸流通标准化为突破口,延伸城市标准化工作内涵,着力发挥标准化在促进城市可持续发展中的重要作用。推进城市标准化创新联盟工作,完成首批《豆制品塑料周转筐》等4项团体(联盟)标准编制工作,相关标准将在9地共同制定、共同实施,在相关领域形成联盟间城市标准化创新发展的新优势。11月,长三角三地质监部门共同签署长三角标准互认合作协议,开展长三角物流标准互认实施,促进区域互联互通。

【标准化创新基地】2016年,上海市开展船舶及海洋工程装备领域国家技术标准创新基地创建论证,推动上海市及长三角地区船舶及海工装备企业、标准化技术机构、检验检测机构、大专院校共同开展技术标准合作创新。

【ISO大会精神宣传】2017年9月17日,上海市质量技术监督局向市委、市政府主要领导上报专报,就ISO大会情况、国家领导指示精神以及上海市落实举措建议等进行专题汇报。上海市副市长陈寅进京拜会质检总局局长支树平,并与质检总局党组成员、国家标准委主任田世宏举行会谈,从贯彻ISO大会精神、质量文化、社会质量共治、质量技术支撑能力、质量安全监管体系等方面汇报上海近期质量工作的总体情况。上海市质量技术监督局主要负责人赴市卫计委和司法局进行标准化专题培训,解读习近平总书记和李克强总理在ISO大会的重要指示精神，介绍国务院《深化标准化工作改革方案》《上海市标准化体系建设发展规划（2016—2020年）》和国内外标准化管理体系开展情况，以及上海市在行政审批、公共服务、卫生行政、团体标准等10个重点领域推进标准化工作的主要做法和成效，并对上海市医疗卫生和司法行政领域如何运用标准化手段提升政府管理效能提出建议。

【社会治理标准化】2016年，上海市司法、卫生计生等行业主管部门编制完成标准化三年行动计划。市质监局完成自贸区投资贸易便利化服务、轨道交通运营服务、科技创新创业服务、中医诊疗等21项国家级试点中期评估。法医临床司法鉴定、公证行业服务、嘉定区基本公共文化服务等7个项目，获批国家级第三批社会管理和公共服务综合标准化试点项目，并启动推进。围绕政府信息公开、司法行政、土地管理等领域，新立项并推进15个社会管理和公共服务综合标准化试点。推进行政权利标准化工作，联合市规划国土资源局、市卫计委共同探索在行政处罚、行政强制等领域的标准化试点建设，完成《行政权力管理通则》地方标准征求意见稿。推进《政府信息主动公开目录标准化试点》《监管类政府信息公开标准化试点》的市级标准化试点工作。保障上海迪士尼乐园顺利运行。围绕确保开园后安全运行、满足游客需求、接受大客流考验等关键问题，开展度假区配套服务管理的创新研究和实践，完成国际旅游度假区（迪士尼）公共信息导向系统国家级试点中期评估。

【服务标准化】2016年，上海市质量技术监督局配合国家内贸流通体制改革试点工作，以国家物流标准化试点建设为契机，推进以托盘社会化循环共用和农产品冷链配送为重点的标准化城市物流服务体系，推出医药物流、农产品周转筐和托盘循环共同体系等3项团体标准，成立上海市物流标准化技术委员会，促进流通标准化。完成豫园商旅文综合服务、七宝古镇文化旅游服务、远成物流服务等11个国家级标准化试点中期评估。完成徐汇福利院、七宝老街2项国家级试点验收。正式启动上海市首个国家级医疗保险服务标准化示范项目。围绕电子商务、物流等重点领域不断深化推进市级服务业标准化试点工作，组织立项路凯包装、现代物流、天天果园生鲜电商等11个市级服务业标准化试点，完成13个市级标准化试点验收，形成一批可复制可推广的标准化模式。深化与市旅游局共同培育、统一推进、联合验收标准化建设联动机制，联合发布立项大观园旅游景点服务等17个旅游标准化试点。会同市商委探索家庭服务业标准化建设，立项《家政服务全过程溯源管理规范》等3项家庭服务相关地方标准。完善人力资源、商贸、会展等领域标准体系建设，发布《邮政普遍服务规范》《人力资源咨询服务规范》等5项地方标准。

【农业标准化】2016年，上海市质量技术监督局和市农委、市绿化市容局等部门完成《上海市现代农业标准化十三五规划》的编制。完善具有上海市特色的地方农业标准体系建设。组织农业和园林绿化等市标准化技术委员会清理112项农业相关推荐性地方标准。持续推进地理标志产品保护工作，组织相关区市场监管局开展地理标志产品保护专用标志使用抽查工作，组织开展上海市地理标志产品公益宣传片（微电影）制作，完成《地理标志产品　崇明老白酒》《地理标志产品　仓桥水晶梨》（微电影）的拍摄和制作，并在世界标准日期间通过分众传媒、上海地铁以及有线电视等渠道进行投放宣传。

【工业标准化】2016年，上海市质量技术监督局围绕战略性新型产业和先进制造业发展，推进智能制造、高端装备、大数据等方面的标准化试点建设。推进大型客机国家重大专项标准化示范项目建设，构建涵盖13个业务模块的大型客机标准系统框架，提出标准规范需求约6000项，新编标准2300余项，形成一套既符合国际规则又适合中国国情的大型客机标准体系。

鼓励企业建立实施标准体系，采用国际标准化和国外先进标准。截至年底，40家工业企业按照国家标准建立企业标准体系。创新企业采用国际标准产品标志备案和自我声明公开承诺制度。市质监局发布《上海市质量技术监督局关于印发调整上海市采用国际标准产品标志备案和管理工作事项指导意见的通知》，鼓励企业采用国际标准和国外先进标准，累计22350项。

【企业产品标准自我声明公开】2016年6月，上海市质量技术监督局制定出台《上海市企业产品标准自我声明公开监督检查实施指导意见（暂行）》，明确各区标准化主管部门应按照“双随机、一公开”的原则对企业产品标准开展监督检查，将该检查项目纳入行政审批事项要求和区政府质量考核标准化项目考核指标中。在此基础上，组织16个区按照企业标准自我声明公开总数5%进行标准文本监督检查。针对空气净化器、地板、涂料、足金首饰和羽绒服等5类重点消费品组织专业技术机构编制企业标准技术指标公开指南，帮助企业开展企业标准指标公开以及社会公众选取相关产品时作为重要指标参考，配合国家消费品标准和质量提升工作，推动消费品标准化和质量全面提升。

【团体标准】2016年，上海市质量技术监督局发布关于贯彻《关于培育和发展团体标准的指导意见》的实施办法，探索上海市团体（联盟）标准工作运行模式和管理架构,在引导市场主体制定团体标准、以标准提升引领质量提升过程中,力求团体标准对标国际先进指标,实现高标准、高质量;力求团体标准填补现有标准缺失和空白,加强市场标准有效供给。研究制定团体标准登记管理办法等规范性文件,开展团体标准市级公益项目课题研究,将研究成果纳入团体标准实施方案中,发挥团体(联盟)标准的在标准改革供给侧引领提升作用。完成团体(联盟)标准登记受理公开信息平台建设工作,开展受理上海市行业协会和产业联盟制定的团体(联盟)标准登记受理工作,形成"制度 + 科技"的管理模式,确保受理登记程序优化、简化。针对校园塑胶跑道问题,组织行业协会率先在全国制定《学校运动场地塑胶面层有害物质限量》团体标准。推动上海市检测机构开展团体标准检测扩项申请工作,截至 2016 年底,全市有 3 家检测机构通过扩项认证,具备检测资格,保证学校跑道检测工作正常开展。联合市教委、市环保局、市住建委制定《加强本市基础教育学校塑胶场地建设管理工作的通知》,将团体标准纳入其中,作为上海市学校塑胶场地建设和验收标准。在教育部组织开展的国家标准《合成材料跑道面层》修订过程中,该团体标准中的主要性能指标和检测方法被采纳,约占该标准修改内容的 70% 。

【循环经济标准化】2016 年,上海市人民政府正式印发《上海市加强节能标准化工作实施方案》,明确提出完善节能地方标准体系、开展标准实施有效性评估工作,要求严格执行强制性节能标准、实施节能标准化示范工程、推动实施推荐性节能标准、加强节能标准实施的监督、实施能效"领跑者"制度等一系列工作目标和举措。完成《在用非道路移动机械柴油排气烟度排放限值及测量方法》和《城镇污水处理厂大气污染物排放标准》节能环保类地方标准的制定工作。

【军民融合标准化】2016 年,上海市推动军民融合标准化联合工作新机制,在市标准化联席会议下成立上海市军民融合标准化专项工作组,各政府相关部门共同推动上海市军民结合产业相关标准化工作。发掘上海市军民融合产业特点优势,加快推进海洋工程装备、精密仪器、功能材料领域的军民通用标准化建设。新开展"北斗导航高精度定位定向装备"和"搅拌摩擦焊设备"军民通用标准化试点,推动相关领域军民通用标准体系建立,完善军民融合标准化工作机制。

【标准化宣传培训】2016 年,上海市质量技术监督局在《质量与标准》发表论文 21 篇。上海市标准化工作联席会议办公室编发《上海市标准化工作简报》,发表 12 期约 300 篇文章,主要内容有焦点资讯、上海视窗、地方标准化动态、中国视线、国际视点等。召开新闻发布会,就上海市《老年宜居社区建设细则》和《邮政普遍服务规范》等地方标准发布新闻。全年,参加标准化岗位培训 2375 人,累计 15113 人;参加标准化工程师培训 381 人,累计 3179 人,通过标准化化工程师考试 171 人,累计 1639 人。

【标准化重大活动】2016 年 6 月 13 日,ASTM 国际标准组织在上海召开 ASTM International F24 游乐设施和设备技术标准研讨会。

6 月 23 日,IEC 综合知识培训在上海举行。培训特别邀请国际电工技术标准委员会(IEC)亚太区主任 Dennis Chew 和国际电工技术标准委员会(IEC)中央办公室技术官员 Christophe Boyer,培训内容包括 IEC 概况介绍、IEC 国际标准化活动管理、IEC 出版物及标准编制过程、IT 工具和网站使用等。

9 月 9 日,第二届中国家具标准化国际论坛在上海市举行,150 余人参加论坛。论坛围绕"家具标准——质量、安全、监督机制"主题,开展全方位、多角度沟通和探讨。

9 月 26—30 日,ISO/TC 213 第 41 届全会及工作组国际会议在上海召开,120 余名代表参加会议。会议形成决议 24 项,审议各阶段标准 44 项。

11 月 10 日,2016 年国际标准化上海协作平台工作会议召开,100 余人参加会议。会议汇报年度工作,并总结展示两年来上海市国际标准化重要成果。会议聚焦"一带一路"国家战略,启动首个"标准走出去"项目——超级电容公交车中国-白俄罗斯标准国际化试点项目。新一届轮值秘书处举行交接仪式,20172018 年度的轮值秘书由上海橡胶制品研究所有限公司(ISO/TC59/SC8)承担。会议以"标准促进世界互联互通"为主题举办国际标准化专家讲坛,就美国标准化战略、国际标准服务自主研发、肥料大国的国际标准化之路等进行专题讲座。

11 月 10 日,第十八届中国国际工业博览会科技论坛——标准联通"一带一路"国际研讨会在上海举行,中国标准化协会理事长纪正昆等领导出席论坛。研讨会涉及中医药、信息化、纺织、核电、线缆等多个领域,来自美国、巴基斯坦、伊朗和中国的多位专家参会并围绕"标准联通'一带一路'"主题进行演说和研讨。

供　稿:上海市质量技术监督局
撰稿人:叶寒萍
审稿人:孟　凯

江苏省标准化工作

【概况】截至2016年底，江苏省累计主导制定国际标准24项（2016年新增10项）；累计制定国家标准4000余项（2016年主导和参与制定460项）；制定地方标准2760项（2016年新增215项）；承担国际标准化技术组织13个（2016年新增1个）、国家标准化技术组织69个（2016年新增4个）；设立省级标准化技术组织27个（2016年新增1个）；建设国家级服务业标准化试点62个（2016年获批9个）、省级试点209个（2016年新建18个）；建设国家社会管理和公共服务标准化试点37个（2016年新建13个）、省级试点23个（2016年新建9个）；建设国家级农业农村标准化试点示范项目162个（2016年新建3个）、省级项目321个（2016年新建18个）；建设国家级循环经济标准化试点项目19个、省级试点项目74个（2016年新建7个）；建设国家级高新技术产业示范区3个、省级试点项目105个（2016年新建13个）。

是年，江苏省委、省政府把标准化工作改革列入全面深化改革重要内容，贯彻《国务院标准化工作改革方案》和《国家标准化体系建设发展规划（2016—2020年）》，于11月专题召开全省标准化工作联席会议第一次会议，学习传达第39届国际标准化组织（ISO）大会精神，研究部署全省标准化工作，研究制定并下发《江苏省"标准化＋"行动方案（2017—2019）》。

【江苏标准化改革】2016年，江苏省落实强制性地方标准整合精简和推荐性地方标准集中复审工作。按照国家部署，结合实际制定具体实施方案，组织经信委、农委、环保厅、安监局等16个部门，邀请专家组成评估小组，对109项强制性地方标准和25项标准制定计划进行评估，废止25项、转化64项、整合34项、保留11项，完成复审工作并向社会公示；组织对2577项推荐性地方标准进行集中复审，逐项提出审查意见。

实施企业标准自我声明公开制度。落实《江苏省企业产品标准自我声明公开管理办法（试行）》，在全省推进实施企业产品标准自我声明公开和监督制度。全省累计26000余项企业标准在国家标准委统一平台上自我声明公开。

培育团体标准试点。以学会、协会、商会、联合会等为主体，培育发展团体标准。在自愿申报、专家审查的基础上，确定24家单位开展制定实施团体标准工作试点，涉及信息、电子、新材料、交通、新能源、种植养殖、生活服务等领域。

【农业标准化】2016年，江苏省质量技术监督局发布实施《稚蚕人工饲料共育技术规程》等农业地方标准125项，新立项制修订标准93项。以新型农业经营主体为对象，新建3个农业标准化示范项目和15个试点项目，新申报11个国家级示范项目，完成40个国家级和省级标准化示范项目考核。会同省农村综改办和省委农工办，推进农村综改标准化，发布农村（村级）公共服务设施运行维护11项系列地方标准，在6个试点县市开展标准化试点，推动全省农村公共服务运行维护和产权流转交易服务走上标准化、长效化轨道。会同省发展改革委，推进国家新型城镇化标准化试点工作。推进实施地理标志产品保护，如东条斑紫菜、高邮湖大闸蟹、东海西红柿等3个产品获批地理标志产品保护。

【工业标准化】2016年，江苏省贯彻"中国制造2025江苏行动纲要"要求，以高新化、智能化、集约化和绿色化为方向，加大信息化和工业化相融合的标准研制力度，组织申报制定《风力发电机组防雷装置检测技术规范》等52项先进制造业相关国家标准，发布实施《固定资产投资项目节能评估导则》等节能减排相关地方标准9项，在高端装备制造、轨道交通、海洋工程、OLED关键技术等领域新建26个战略性新兴产业及高新技术自主创新省级标准化试点项目，新建1个国家级高端装备制造标准化试点，完成21个工业标准化试点示范项目考核，为发展先进制造业、促进产业结构优化、化解过剩产能提供技术支撑。

【服务业标准化】2016年，江苏省各地各部门合力推进服务业标准化工作，加快重要服务标准的研制，完善重点服务领域的标准体系，通过标准化试点示范促进各类标准的有效实施。全年发布实施《乡村旅游区等级划分与评定》等服务业地方标准13项，新立项制修订《技术交易服务规范》等服务业地方标准20项，新建国家级服务业标准化试点项目9个和省级项目18个，完成17个试点示范项目考核评估。常州保利大剧院等单位承担服务标准化试点项目实施后，效益增长明显，管理模式和人员全面输出，得到专家认可。

【公共服务标准化】2016年，江苏省各地各部门加快推进社会管理和公共服务标准化工作。组织召开全省民政标准化工作推进会，省质监和民政部门共同签订民政标准化战略合作协议，本着"平等互利、紧密协作，优势互补、共同发展"的原则，在编制民政标准体系、研究制定重点领域急需民政标准、筹建省民政标准化技术委员会等7项重点领域展开全面合作,联合制定并下发《江苏省民政标准化“十三五”发展规划》,推动标准化在民政各业务领域的普及应用和深度融合;在社会保障、公共文化、政务服务等领域,发布实施《生活护理(病员、老人)服务规范》等21项地方标准,新立项制修订《儿童收养评估服务标准》等24项地方标准,新建国家级社会管理和公共服务标准化试点项目13个、省级试点9个,完成13个试点示范项目考核评估;公安机关执法管理等一批标准化试点项目受到国家标准委、公安部相关处室负责同志和考评专家组的认可。

【国际国家标准化活动】2016年,江苏主动参与国际国家标准化活动,重点服务和推动企业承担标准化技术组织、制定国际国家标准。促成南京大学承担国际标准化组织工业水回用国际标准化技术组织,使江苏省承担的国际标准化专业技术组织累计达13个;促成企业承担全国专业标准化技术组织,组建完成4个全国专业标准化技术组织(工作组),累计承担国家标准化专业技术机构69个;实质性参与国际国家标准制修订活动,全年推动企业主导制定国际标准10项、国家标准和行业标准460项;服务国家“一带一路”战略,承担国家标准委发展中国家标准化官员研修班的部分任务,主动参与中国与“一带一路”沿线国家之间的标准化交流活动;组织申报“中国标准创新贡献奖”,组织推荐无锡物联网产业研究院等单位的6项标准申报并全部入选;组织召开长三角标准化工作研讨会,邀请国家标准委服务业部领导深入解读标准化改革,加强与上海、浙江在地方标准方面的互认,深化长三角区域标准化合作交流。

供　稿:江苏省质量技术监督局
撰稿人:揭水通
审稿人:洪　森

浙江省标准化工作

【概况】截至2016年底,浙江省累计主导或参与制定国际标准34项(2016年新增1项);主导或参与制定国家标准1484项(2016年新增68项)、行业标准4724项(2016年新增196项);制定地方标准623项(2016年新增50项);承担国际或全国标准化技术组织43个(2016年新增2个);设立省级标准化技术组织62个(2016年新增3个);建设国家或省级服务标准化试点167个,建成142个(2016年建成7个);建设国家农业标准化示范区132个,建成127个;获批建设国家循环经济标准化试点项目5个,建成2个。

是年,浙江省委把标准化工作改革列入全面深化改革重要内容,研究制定标准化工作改革方案和行动计划。5月,浙江省政府向国务院申请开展国家标准化综合改革试点并报送试点工作方案。浙江省标准化综合改革试点工作得到中央深改办的关注和国务委员王勇的肯定。12月13日,国务院办公厅批复同意浙江省开展国家标准化综合改革试点,要求浙江省为中国全面深化标准化工作改革提供可复制、可推广的经验。

【农业标准化】2016年,浙江省质量技术监督局贯彻落实国务院《深化标准化工作改革方案》关于强制性标准整合精简和推荐性标准集中复审的要求,对全省83项强制性地方标准和148项推荐性地方标准进行审查,经过方案制定、部门提出意见建议、结论汇总上报、公告公示等阶段,最终废止43项,修订49项,继续有效139项。截至年底,浙江农业地方标准363项(2016年发布32项)。

推进国家级农业农村标准化项目建设。安吉县、海盐县、遂昌县列入首批全国农村综合改革标准化试点,2016年项目实施3年期满,均高分通过验收。安吉县、海盐县、遂昌县农村综合改革标准化工作获得浙江省政府领导多次批示肯定,国家标准委以通报形式向全国推广浙江做法。11项国家级农业标准化示范项目建设全部顺利通过验收,3年来农户增加收入5.47亿余元,户均增加收入4513元,培育市级以上名牌产品21个和无公害产品、绿色食品、有机产品39个。全年,全省新增5项国家级农业标准化示范项目,有3项列入第二批国家级农村综合改革标准化试点项目。

推进新型城镇化标准化工作。多次联合相关部门组织召开专题工作会,推动嘉兴、宁波、温岭和龙港开展国家新型城镇化标准化试点项目建设。通过现场调研、组织座谈等形式,了解试点工作进展状况，指导做好相关工作。

农业标准化工作成效不断显现。省质监局连续四年联合省农业厅、林业厅、海洋与渔业局开展农业标准化生产程度普查统计。2016年，浙江省农业标准化生产程度为63.4%，比上年度提高1.2个百分点。

【工业标准化】2016年，浙江省质量技术监督局与省经济和信息化委员会联合印发《中国制造2025浙江行动纲要智能制造标准化建设三年行动计划（2016—2018年）》，批准成立浙江省智能制造标准联盟并指导其组建若干个标准工作组，开展智能制造标准体系研究和标准研制工作；指导新昌县开展高端装备制造业标准化试点并向国家标准委报送《新昌县国家高端装备制造业标准化试点工作实施方案》，探索建立以标准推动科技创新成果转化应用的有效机制，构建高端装备制造标准体系。指导浙江省"浙江制造"品牌建设促进会构建"浙江制造"标准管理体制机制，制订《"浙江制造"标准管理办法》等系列文件，提高"浙江制造"标准的制订质量和效率，形成"促进会+标准牵头组织制订单位+标准工作组"的"浙江制造"标准研制模式。举办2016"浙江制造"标准发布会和G20杭州峰会产品生产企业、世界互联网大会展示企业参与制订"浙江制造"标准签约活动，将义乌作为"浙江制造"标准发布平台。推进"浙江制造"标准国际化进程，与欧洲电工标准委员会达成合作意向，鼓励国外标准化研究机构参与"浙江制造"标准研制。下达"浙江制造"标准研制计划197项，批准发布"浙江制造"标准120项，覆盖高端装备、消费品、节能环保、智能制造和传统文化艺术品等领域。对《跨太平洋伙伴关系协定》（TPP协定）、金砖国家市场准入标准等进行研究，形成《TPP协定对浙江影响及应对建议》等研究报告，为政府决策提供技术支撑。组织开展对美国有关能源节约计划通报的评议，形成评议意见并被质检总局采纳。利用WTO/TBT第69、70次例会机会向质检总局提出特别贸易关注信息10项。针对美国照明产品能效要求、欧盟Reach法规十溴二苯醚阻燃剂限量要求、美国压缩机测试程序要求，发布黄色预警3项，并通过浙江省照明行业协会、浙江省皮革行业协会和浙江省风机标准化技术委员会等预警点，组织500余家企业开展应对研讨和培训。会同省商务厅，对全省1000余家外贸企业开展技术性贸易壁垒应对知识培训。在杭州、温州、丽水和义乌等地建立国外技术性贸易措施预警平台，推进国外技术性贸易措施应对工作。

【服务标准化】2016年，浙江省质量技术监督局完成省长重点课题研究，形成的《浙江省基本公共服务标准化现状、问题及对策研究》报告获得省政府研究室高度肯定。研究报告分基本现状、总体思路和对策建议三部分，围绕基本公共服务标准化，分析现状、剖析问题，提出"十三五"期间工作目标和实现路径，从体制机制、工作载体、工作基础和保障措施等方面提出对策建议，为浙江省进一步推动基本公共服务均等化提供理论支撑。

推进行政服务标准化。会同省发展改革委、编办、法制办等单位联合印发《关于贯彻落实国务院审改办、国家标准委推进行政许可标准化意见的通知》，加强权力运行监督、行政审批改革、行政服务中心建设等领域标准体系建设，行政审批改革标准整体水平达到国内领先，推动全省政府职能转变，深化"放、管、服"改革。

抓好社会管理与公共服务标准化试点建设。加强对宁波市社区便民服务、杭州市余杭区基层司法服务、台州市民营经济创新发展综合配套改革试验区行政审批服务、绍兴市上虞区平安建设（社会稳定）"三色"预警管理等国家社会管理与公共服务标准化试点创建工作的指导和管理，推动试点经验转化成标准，带动面上推进。

【标准化宣传】2016年，浙江省质量技术监督局加大标准化宣传力度。时任浙江省委书记夏宝龙对全面实施标准化战略作出批示予以肯定，时任浙江省代省长车俊专题听取标准化工作汇报并在《人民日报》发表署名文章《以标准化战略推动发展迈上新台阶》。全年，省委、省政府领导对标准化工作批示达41次。浙江标准化工作在全国标准化工作会议上做典型经验交流。参加由人民论坛杂志社主办的"实施标准化战略、践行新发展理念"高端研讨会。以习近平总书记对标准化工作批示十周年为契机，制定实施"六个一"宣传计划，提高标准化工作的社会影响力，营造标准化工作氛围。浙江经视黄金时间段播出"浙江制造，一流标准打造一流品牌""让浙江标准成为世界标准"等10期"寻找浙江好标准"专题节目，在全社会引起较强反响。制作完成"标准化战略十周年"专题宣传片视频，回顾浙江标准化10年发展历程，宣传10年工作成效。在义乌市举办2016"浙江制造"标准发布会，展示"浙江制造"标准研制和"浙江制造"品牌建设工作成果，发布第三批浙江制造标准制定计划。

【节能标准体系建设】2016年，浙江省质量技术监督局落实《浙江省加强节能标准化工作实施方案》工作要求，发布实施DB33/T 738—2016《医疗机构单位综合能耗、电耗定额》、DB33/T 2004—2016《既有建筑屋顶分布式光伏利用评估导则》、DB33/ 667—2016《啤酒单位产品综合能耗限额》、DB33/ 679—2016《黄酒单位产品综合能耗限额》、DB33/ 767—2016《烧结墙体材料单位产品能源消耗限额》等5项节能地方标准。组织承办省政协节能标准化服务体系建设界别协商会，会同省发展改革委、经信委分别汇报“十三五”期间浙江省节能减排目标任务和工作重点、节能标准化工作基本情况和节能标准化服务体系建设情况。

【循环经济标准化试点】2016 年，浙江省质量技术监督局指导天能电池集团有限公司、嘉兴市绿能废弃油脂回收有限公司和浙江海亮股份有限公司等 3 家企业分别开展废铅酸蓄电池回收处理、餐厨废弃物资源化利用和铜合金材综合利用等国家循环经济标准化试点，推进省级循环经济标准化项目建设。

【大气污染防治标准化建设】2016 年，浙江省质量技术监督局会同省环保厅报省政府批准发布 DB33/ 660—2016《再用点燃式发动机轻型汽车简易瞬态工况法排气污染物排放限值》、DB33/ 2015—2016《化学合成类制药工业大气污染物排放标准》2 项强制性地方标准；会同省能源局组织制定《车用汽油（浙Ⅵ）》推荐性地方标准，由省质监局批准发布并报国家标准委备案。参与 G20 杭州峰会环境质量保障工作。

【企业产品标准自我声明】2016 年 4 月和 8 月，浙江省质量技术监督局分别印发《进一步深化企业产品标准自我声明公开工作方案》和《关于全面开展自我声明公开企业产品标准监督抽查工作的通知》，推进企业产品标准自我声明公开，探索自我声明公开企业产品标准在产品质量监督抽查、质量信用体系建设、第三方认证、电子商务平台等方面的应用，开展自我声明公开企业产品标准先进性评价，构建浙江省企业标准信息公共服务子平台。组织开展对自我声明公开企业产品标准的省级监督抽查，指导市、县两级开展监督抽查工作，督促企业提高公开标准的质量，提高公开企业产品标准的合法性和真实性。截至年底，全省 19202 家企业自我声明公开 62124 项企业执行的产品标准，涵盖 83457 种产品。

供　稿：浙江省质量技术监督局
撰稿人：周　波
审稿人：姚　画

安徽省标准化工作

【概况】截至 2016 年底，安徽省主导或参与制定国家标准起草 1403 项（2016 年新增 137 项）、行业标准 2550 项（2016 年新增 251 项）。2016 年发布地方标准 253 项，其中推荐性地方标准 252 项、强制性地方标准 1 项（环保类）；参与团体标准起草 34 项 。按照国家标准委统一部署，组织相关单位开展推荐性地方标准集中复审。征求相关单位意见，编制完成复审工作方案。召开复审工作启动暨培训会，对归口的 34 家省直单位和 37 个省级专业标准化技术委员会进行业务培训。经过集中清理，复审推荐性地方标准 2629 项，其中继续有效 1235 项、修订 543 项、废止 851 项；复审推荐性地方标准计划项目 737 项，其中继续执行 633 项、废止 104 项。

是年，安徽省继续贯彻落实《国务院关于印发深化标准化改革方案的通知》，推进标准化工作改革。省政府办公厅印发《安徽省标准化体系建设发展规划（2016—2020 年）》部署“六项主要任务”、聚焦“五个重点领域”、实施“十个重大行动”，为全省标准化工作绘就时间表和路线图。省质监局、省经信委联合转发《质检总局国家标准委工业和信息化部〈装备制造业标准化和质量提升规划〉的通知》，省民政厅、省旅游局相继印发《关于进一步推进民政标准化工作的实施意见》《旅游标准化工作管理办法（试行）》，引导行业向标准化方向发展。

【标准化改革】2016 年，安徽省质量技术监督局启动实施地方标准立项全面评估，完成 568 项计划项目的现场答辩及专家评审，项目通过率约 50%。

建立企业产品和服务标准自我声明公开和监督制度并启动实施。安徽省被列为全国第二批企业产品和服务标准自我声明公开和监督制度试点省，自 2015 年 7 月 1 日起，安徽省企业产品和服务标准全面施行自我声明公开。截至年底，全省有 4500 余项企业产品标准在全国统一的“企业产品标准信息公共服务平台”上自我声明公开。2016 年底，以政府购买服务方式，运用第三方机构对部分公开声明标准进行监督抽查。

完成强制性地方标准整合精简，组织相关单位对安徽省发布的 33 项强制性地方标准及 8 项强制性地方标准计划项目进行集中清理，将继续有效的 16 项标准及 1 项计划上传至国家指定信息化平台，提前完成强标整合精简任务。

开展推荐性标准集中复审。组织相关单位开展推荐性地方标准集中复审。征求相关单位意见，编制完成复审工作方案。召开复审工作启动暨培训会，对归口的34家省直单位和37个省级专业标准化技术委员会进行业务培训。经过集中清理，复审推荐性地方标准2629项，其中继续有效1235项、修订543项、废止851项；复审推荐性地方标准计划项目737项，其中继续执行633项、废止104项。

做好团体标准试点工作。贯彻落实质检总局、国家标准委印发的《关于培育和发展团体标准的指导意见》。指导灵璧县粮食行业协会（LBAGS）、灵璧县虞姬养鸡协会（LYCBA）、天长市秦栏电子商会（TCDZ）等3家社会团体通过"全国团体标准信息平台"审核，成为正式成员团体，发布社会团体标准1项，参与制定团体标准34项。

【农业标准化】2016年，安徽省质量技术监督局对各地市申报的39个项目进行调研，通过评分，新批准立项14个省级示范区项目，遴选8个示范项目作为第九批国家级示范区申报项目，其中6个项目入选。指导繁昌县和明光市2个国家级示范区通过国家考核组的考核。组织江苏省质标院、安徽省农委、安徽省食药局等单位专家对第八批国家级示范区和2014年度省级示范区开展目标考核。组织各市局对本市建立的2013年立项的省级示范区进行目标考核，11个国家级示范项目和17个省级示范项目全部通过目标考核。

会同省财政厅农村综改处，对安徽省第一批农村综合改革标准化试点项目（烈山区、义安区、潜山县美丽乡村建设标准化试点）进行考核验收，3个项目通过验收。组织申报第二批农村综合改革标准化试点项目，其中黄山区和南陵县获国家标准委立项。

构建安徽省新型城镇化标准体系，梳理相关标准595项，其中国家标准126项、行业标准197项、安徽省地方标准168项、待编制标准104项。

组织收集安徽省2013—2015年农业标准化示范区项目宣传资料，整理、印制《安徽省农业标准化示范区宣传画册（2013—2015年）》。

【工业标准化】2016年，安徽省有116家重点节能单位申报标准化良好行为创建确认，其中AAA级以上60家、AA级56家。截至年底，有55家单位获得标准化良好行为AAA级以上证书，50家单位获得标准化良好行为AA级证书。

年内，安徽省质量技术监督局下达11项节能降耗地方标准制修订计划，发布实施11项节能降耗地方标准，完成《省政府办公厅关于开展节能标准化工作实施意见》提出的每年制定2项节能降耗地方标准任务。

做好企业产品采用国际标准和国外先进标准技术指导和服务工作，全年有18家企业32个产品获得采标证书。

组织开展技术标准创新基地调研，成立专题调研组分赴四川、武汉调研国家技术标准创新基地建设，草拟《安徽省技术标准创新基地管理办法（草案）》，并先后4次征求意见。

组织开展智能制造标准化专题调研，成立专题调研组先后赴芜湖市、繁昌县、滁州市开展智能制造标准化调研，摸查智能制造行业发展现状、标准需求等情况。完成智能制造专题调研报告。

【服务标准化】2016年，安徽省质量技术监督局与省政府公开办联合印发《关于印发全省政务公开政务服务标准化深化年活动方案的通知》，推进政务服务中心标准化试点省建设；指导滁州、明光市政府中心建设国家级社会管理和公共服务领域服务标准化试点项目；培育芜湖、安庆、怀宁政务服务中心，马鞍山公共资源交易中心和蚌埠社会治安综合治理申报国家服务标准化试点。

与省旅游局印发《关于加快推进安徽省农家乐旅游标准化建设的实施意见》，指导合肥市创建国家旅游标准化试点城市，天堂寨、皇藏裕等一批旅游景点创建国家级、省级标准化试点单位。参与长三角旅游标准化协作，推进长三角区域标准实施。

与省民政厅联合印发《安徽省民政标准化十三五发展规划》《关于加强民政标准化工作的意见》，指导铜陵福利中心、宁国福利院创建国家级标准化试点单位，指导合肥养老院等一批机构创建省级标准化试点单位。

与省商务厅、财政厅联合推进芜湖、马鞍山、合肥创建国家物流标准化试点城市建设。联合举办物流标准化现场经验交流会及物流标准化培训班。马鞍山港口（集团）有限责任公司、铜陵港务有限责任公司、合百集团黄山百大商厦有限公司等3家单位获批国家服务标准化试点项目立项。

指导蚌埠公共资源交易局起草《公共资源交易平台服务 总则》国家标准，完成蚌埠公共资源交易局标准化试点项目评估，引导和县等公共资源交易中心开展服务标准化试点。

与省商务厅、省人社厅共同推进家政服务业标准化试点，建设家庭服务业培训示范基地。

【党建标准化】2016年，安徽省质量技术监督局开展"两学一做"学习教育，建立健全三会一课等相关制度，以制度建设确保活动正常开展和各项任务完成。学习习近平总书记系列重要讲话精神。开展"讲看齐、见行动"学习讨论，开展党风廉政建设自查自纠工作，通过制度建设，学习培训，关注风险点，改进工作流程，建立和筑牢反腐倡廉防线。注重理论学习与社会实践相促进，党建工作与业务工作同布置、同检查、同考核。贯彻中央和省委扶贫开发工作会议精神，以标准研制、农业示范区建设、检验中心建设等工作为抓手，开展“标准化扶贫”。围绕省委组织部、省直机关工委对基层党建标准化工作的基本要求，组织省质标院等单位创新开展党建标准化研究，组织编制基层党建标准体系框架和主要标准目录。

【标准化科研】2016 年，安徽省质量技术监督局组织省质标院牵头研究《农村生态环境保护重要标准前期研究》项目，参与研究《农业生产资料供应服务重要标准前期研究》项目。组织发表农业类科技论文 6 篇，组织参加 2016 年第一期农业标准化培训班和 2016 年第二期农业标准化培训班。

【标准化人才队伍建设】2016 年，安徽省质量技术监督局成立省级专业标准化技术委员委 2 个。截至年底，全省省级专业标准化技术委员会和分技术委员会总数达 59 个。启动省级专业标准化技术委员会管理制度改革，开展详细摸底和清理整顿。

与省人社厅共同做好 2016 年度标准化专业技术资格考试工作，全省 600 余人报名参加考试。截至年底，安徽省标准化工程师总数已接近 300 人。

与中国计量大学合作举办标准化高级战略研修班，组织 50 名标准化高级管理人员参加培训。面向标准化一线工作人员，集中组织标准制修订、农业标准化等多个免费培训班，培训人员 600 余人。

依照《安徽省标准化高级专家库管理办法（试行）》相关规定，在全省范围内进一步征集标准化高级专家库入库专家。收到报名申请 218 份，入选专家 93 名。

【标准化宣传】2016 年，安徽省质量技术监督局举办庆祝 2016 世界标准日活动暨全省首届标准化知识竞赛，公布 2015—2016 年度安徽省标准化十件大事，组织标准化工作先进单位进行交流发言，邀请中国标准化研究院专家开展专题讲座，营造社会各界共同学习标准、关注标准的氛围。通过举办标准化管理人员培训、企业标准化人员培训、标准编写培训等多种类型的培训班，增强社会各界对标准化工作的理解和认知。

【标准信息化建设】2016 年，安徽省质量技术监督局继续加强农业标准化示范区信息平台建设，对农业标准化示范区信息平台进行日常更新维护，对国家级和省级农业标准化示范区电子信息进行电子化管理，全年审批 400 余条农业标准化示范区上传的信息。“安徽省工程建设标准化信息管理系统”建成并投入应用。

供　稿：安徽省质量技术监督局
撰稿人：陈洁鹤
审稿人：江家如

福建省标准化工作

【概况】截至 2016 年底，福建省主导或参与制定国际标准 22 项；主导或参与制定国家标准 1046 项（2016 年新增 32 项）、行业标准 1109 项（2016 年新增 56 项）；制定地方标准 1552 项（2016 年新增 90 项）；承担国际或国家标准化技术组织 53 个（2016 年新增 2 个）；设立省级标准化技术组织 19 个（2016 年新增 1 个）；建设国家级和省级服务业标准化试点项目累计 69 项（2016 年新增 26 项），建设国家级和省级社会管理和公共服务业标准化试点项目累计 8 项（2016 年新增 2 项）；获批 1 家国家级服务业标准化示范单位；建设国家农业标准化示范区 105 个。

【标准化宣传】2016 年，福建省质量技术监督局组织学习贯彻习近平总书记致第 39 届国际标准化组织大会贺信，国务院总理李克强在第 39 届国际标准化组织大会上的重要讲话精神和第 30 届 ISO 大会精神。推动省政府专题召开标准化协调推进厅际联席会议第二次全体会议，印发《关于深入学习贯彻习近平主席致第 39 届国际标准化组织大会贺信和李克强总理讲话精神的通知》，部署贯彻落实的实际举措。结合世界标准化日纪念活动，在全系统内掀起学习高潮。通过省局网站及新闻媒体，加大宣传报道力度，扩大社会影响。结合企业标准化培训班、各厅局标准化专业培训班，贯彻学习会议精神。

【福建省政府标准化协调推进机制】2016 年，福建省建立以分管副省长为组长、35 个省直单位领导参加的省政府标准化协调推进联席会议制度。年内，召开 1 次成员单位全体会议、1 次联络员会议。5 月 20 日，省政府召开标准化协调推进厅际联席会议，福建省副省长梁建勇主持会议并作讲话。会议通报全省“十二五”标准化工作情况、提出“十三五”和 2016 年标准化工作的主要安排，抓好“标准化 +”战略行动工作的落实，推进全省标准化工作向电子商务、名优特食品、行政许可、家政服务等新领域拓展。

【强制性地方标准整合精简】2016年，福建省质量技术监督局以省政府标准化协调推进联席会议办公室名义制定下发《福建省强制性地方标准整合精简工作实施细则》，按照程序和规定按时完成164项强制性地方标准的整合精简，例外修订2项、例外保留4项，转化为推荐性地方标准53项，废止105项。按照国家标准委要求，组织征求35个标准化协调推进联席会议成员单位、5个省直单位对国家标准委下达的4批11766项强制性标准的整合精简结论意见。

【推荐性地方标准集中复审】2016年，福建省质量技术监督局按照国家标准委《推荐性标准集中复审工作方案》要求，在调查摸底、征求意见基础上，对全省30个行业、1239项推荐性地方标准及制修订计划，从标准制定范围、标准层级、协调性和适用性等方面进行集中复审，提出废止、修订、协调和继续有效等复审结论。

【企业产品标准自我声明】截至2016年底，福建省有3331家企业自我声明公开产品标准13837项，涵盖23732种产品。福建省质量技术监督局2次参加质检总局局长支树平主持召开的企业标准化改革会议，多次在全国企业标准化改革视频会上进行典型经验介绍。

【团体标准】2016年，福建省质量技术监督局起草《关于推动市场自主制定标准的若干意见》，召开团体标准推进会，引导社会团体踊跃开展全国团体标准信息平台注册和发布团体标准，培育发展团体标准。截至年底，全省有41家社会团体完成全国团体标准信息平台注册工作，其中38家通过公示，3家进入团体公示阶段，通过公示的平台成员团体数量位居全国第四，纵向覆盖省、市、县三级，横向涵盖装备制造、物联网、民用无人飞机、定制家居等新兴产业。全省团体发布团体标准16项，其中福州经济技术开发区物联网产业协会发布的《井盖物联网技术规范》填补该领域标准空白。福建省培训师协会在全国率先发布《培训师职业资质等级与评定规范》团体标准，规范培训师服务行业及培训市场，引导培训师不断提高授课技能。

【国际标准化】2016年，福建省质量技术监督局落实《标准联通"一带一路"行动计划》，推进乌龙茶、白茶等茶叶国际标准的研制进程；引导福建省龙头企业参与国际标准化活动。

【农业标准化】2016年，福建省质量技术监督局推进35个省级农业标准化示范区建设工作。推进高标准农田建设标准化、现代农业标准化及美丽乡村标准化工作。长泰、永春、沙县3个国家级美丽乡村建设标准化试点工作通过专家组现场检查验收；"福建版"美丽乡村标准化建设工作在中央电视台"晚间新闻"栏目专题报道；完成浦城、建宁2个国家级农业综合标准化示范县和12个国家级农业综合标准化示范区验收工作。

【地理标志产品保护】2016年，福建省新获批建盏、安砂鱼、泰宁铁皮石斛3个地理标志产品，累计获批72个；在全省范围内启动已获批保护的地理标志产品监督检查工作；开展法国干邑白兰地地理标志权的打假工作。

【工业标准化】2016年，福建省有6家工业企业按照国家标准建立企业标准体系并通过省级"标准化良好行为企业"确认，采用国际标准和国外先进标准4项。年内，福建省质量技术监督局组织制定交通运输、电子商务、旅游、气象等领域地方标准48项，围绕产业转型升级需要，制定《一氧化碳中杂质含量的测定　气相色谱法》《海水中苯第物的测定　吹扫捕集/气相色谱法》等12项标准。

【服务标准化】2016年，福建省质量技术监督局完成45个省级旅游标准化试点项目的中期评估，召开"清新福建"旅游标准化现场会。完成省政府工作部门行政许可地方标准的研制工作，召开省直机关行政许可标准化工作研讨会，发布《省政府工作部门行政许可规范》地方标准。完成惠安崇武古城、漳州龙海龙清国家级旅游服务业标准化试点项目，厦门海沧社区网络化管理和闽侯县行政服务中心社会管理和公共服务国家级试点项目的终期评估。完成莆田市行政服务中心社会管理和公共服务国家级试点，漳州鑫展旺物流服务国家级标准化试点项目中期评估。推荐漳平市行政服务中心申报国家级社会管理与公共服务标准化试点项目并获批，推荐厦门市殡仪服务中心申报国家级服务业示范项目并获批；新批"中国（福建）自由贸易试验区福州片区（马尾）综合服务大厅"为省级社会管理和公共服务综合标准化试点项目，新批福建雪品家政服务有限公司等26家企业为省级家政服务业试点项目。

【专业标准化技术委员会建设】2016年，福建省质量技术监督局新批准成立省承压类特种设备标准化技术委员会。推动福建华隆机械有限公司申报的全国矿山机械石材矿山开采机械分技术委员会进入国家标准委的公示审批阶段、泉州佳友茶叶机械有限公司申报的全国茶叶标准化技术委员会茶叶机械分标委进入协调推荐阶段；推动福耀玻璃工业集团股份有限公司启动国家技术标准创新基地（玻璃领域）的探索工作。

【标准贡献奖】2016年，福建省质量技术监督局组织评选"2016年福建省标准贡献奖"，30项标准获奖，其中《汽车热反射镀膜夹层前风窗玻璃》等5项标准获一等奖、《洗扫车》等9项标准获得二等奖、《原电池　第1部分:总则》等16项标准获三等奖。

【标准化公益培训】 2016年,福建省质量技术监督局重点做好基层局标准化从业人员和企事业单位标准化工作人员的培训工作,完成宁德、三明等5期标准化岗位、1期县局标准化综合管理培训班工作,与省商务厅、民政厅等单位联合举办专题培训班,近千名相关人员参加培训并获好评。

供　稿:福建省质量技术监督局
撰稿人:王国荣
审稿人:归洪波

江西省标准化工作

【概况】 截至2016年底,现行有效江西地方标准591项(2016年新增52项),其中强制性地方标准33项;承担国家标准化技术委员会、分技术委员会、工作组4个;设立省级标准化技术委员会27个(2016年新增3个);建设国家级、省农业标准化示范区298个(2016年新增7个);建设国家级、省级服务标准化试点63个(2016年新增4个);建设社会管理和公共服务综合标准化试点4个;建设高新技术产业试点2个;建设循环经济标准化试点1个。

3月23日,江西省政府召开江西省标准化战略领导小组会议。江西省政府副省长谢茹出席会议并部署全年及"十三五"期间标准化工作,会议通报全省"十二五"期间实施标准化战略基本情况。省交通运输厅、省林业厅、省旅发委、省安监局等单位做经验交流发言。

"两会期间",江西省政府副省长谢茹走访质检总局,会见质检总局和国家标准委主要领导,达成江西省政府与国家标准委就加强生态文明标准化战略开展省部合作有关事宜。8月,江西省人民政府和国家标准委签署《关于加强生态文明标准化战略合作备忘录》。

4月21日,江西省政府办公厅发文,调整江西省标准化战略领导小组,增补省教育厅、省公安厅、省民政厅、省知识产权局等单位,江西省标准化战略领导小组成员单位由原来的16家成员单位调整为38家,江西省政府副省长谢茹担任领导小组组长。

是年,江西省政府办公厅陆续印发《江西省标准化体系建设发展规划(2016—2020年)》《江西省标准化体系建设2016年行动计划》等多项文件。

【标准化改革】 2016年,江西省质量技术监督局加强调研和宣贯,推进标准化工作改革。开展强制性地方标准清理评估。出台《江西省强制性地方标准整合精简工作实施细则》。按照强制性标准制定范围和原则,对全省现行34项强制性地方标准及5项强制性地方标准制修订计划开展全面清理、评估。不再适用的,予以废止;不宜强制的,转化为推荐性地方标准;确需强制的,提出继续有效或整合修订的工作建议并报送国家标准委,强制性地方标准清理结果及时向社会公开。开展推荐性地方标准集中复审工作。优化推荐性地方标准体系结构,突出地方特色及其公益属性,对现行有效的542项推荐性地方标准和180项标准计划项目进行集中复审。提出推荐性地方标准复审结论,形成废止一批、转化一批、修订一批的标准项目清单,解决推荐性地方标准重复、矛盾、滞后、老化等问题,为推动推荐性地方标准向政府职责范围内的公益类标准过渡奠定基础。抓好企业标准制度改革试点。在赣州市、吉安市开展企业标准制度改革试点。凡自愿公开的企业应按照国家标准委企业标准信息公开服务平台操作要求,自行向社会公开。企业产品标准自我声明公开后即完成备案。试点工作的起止时间为2016年1—12月。年内,全省有412项企业标准在网上自我声明公开。在全省范围内开展企业产品标准监督检查工作,检查在质监部门备案的且在备案有效期内的企业执行标准和企业在"企业标准信息公共服务平台"上自我声明公开的产品标准230项。启动"标准化进园区"暨园区标准化培训和服务工作。规划在2016—2018年对全省所有省级及以上工业园区开展"标准化进园区"培训和服务工作,培训园区内企业标准化分管领导和标准化工作人员。培训师资和经费由江西省质量技术监督局统一安排。全年,"标准化进园区"进入井冈山国家级经济技术开发区、新余高新技术产业开发区、分宜麻纺产业园、抚州国家高新技术产业开发区、萍乡高新技术产业开发区、景德镇陶瓷工业园区、乐平工业园区等7个园区,培训人员760人次。强化企业市场主体地位,激发企业标准和质量提升内生动力。

【生态文明标准化】 2016年,江西省质量技术监督局推进生态文明标准化。以江西省标准化战略领导小组的名义下发《江西省生态文明标准化工作行动计划(2016—2017年)》。组织草拟《江西省人民政府国家标准委标准化工作联席会议制度》(征求意见稿)并发函向省标准化战略领导小组成员单位、国家标准委有关部门征求意见。开展生态文明地方标准体系建设。全年批准发布《铸钢件可比单位综合能耗限额》《绿色食品　余干辣椒生产技术规程》等52项地方标准,下达3批84项省地方标准制修订项目计划,支撑江西省绿色发展、循环发展和低碳发展。启动农产品标准化及可追溯体系研究工作。实施"生态鄱阳湖、绿色农产品"的品牌发展战略,重点推动农产品可追溯体系建设。省质监局组织省农业厅、省林业厅和省商务厅等部门座谈,听取有关部门对农产品标准化及可追溯建设工作的意见和建议,形成《加快江西农产品标准化及可追溯体系建设实施方案》。开展《江西现代农业标准体系构建研究》《江西农产品可追溯体系建设研究》等4项课题研究。与中国物品编码中心合作,筹建中国物品编码中心农产品安全追溯平台。

【**农业标准化**】2016年,江西省质量技术监督局推进"三农"标准化工作。完成18个国家级农业标准化示范区和13个省级农业标准化示范区目标考核工作;根据江西省农业产业特点,组织省内农业企业、合作社等单位申报第九批国家级农业标准化示范区项目。争取农村综合改革、新型城镇化标准化试点。按照国家标准委农村综合改革、新型城镇化标准化试点项目申报要求,组织设区市市场和质量监督管理局(质监局)开展项目申报和推荐工作,宜春市靖安县,赣州市会昌县、抚州市金溪县经国家标准委批准为国家美丽乡村标准化试点单位,推荐贵溪塘湾镇开展新型城镇化标准化试点工作,开展干净城镇标准体系研究。组织开展江西省《地理标志产品　南丰蜜桔》等7项地理标志产品国家标准复审工作。服务精准扶贫工作,支持和帮助会昌县江西华达昌食品有限公司申报《直条米粉生产流水线》国家标准。

【**工业标准化**】2016年,江西省质量技术监督局加强工业重点领域企业标准化服务。深入生产企业,了解企业产品生产经营现状,并对企业采标现状进行全面调查摸底,在重点领域鼓励引导企业产品采用国际标准和国外先进标准,指导和帮助三川智慧科技股份有限公司等8家企业生产的有关产品办理采用国际标准备案,并获批"采用国际标准产品标志证书"。指导和帮助赣州富尔特电子股份有限公司等9家企业进行标准化良好行为创建及确认工作。晶能光电(江西)有限公司起草的《硅基氮化镓蓝光芯片》企业标准,被授予"2016年中国标准创新贡献"三等奖。

推进赣州开发区国家高新技术产业标准化示范区试点项目按照创建方案开展创建工作:国家钨和稀土检测中心、赣州有色冶金研究院、江西理工大学联合申请的《稀土术语　第2部分:稀土金属与合金》和《氧化镧中砷、汞含量的测定-电感耦合等离子体质谱法和原子荧光法》2项国际标准提案获批通过;赣州金信诺电线电缆有限公司主导起草《通信用复合缆　第3部分:室外复合缆分规范》IEC国际标准;指导企业开展标准化良好行为企业试点,2家企业通过AAA标准化良好行为企业确认并获得证书;全区企业主导或参与起草10项国家标准、行业标准、地方标准;开展辖区企业标准化和质量管理的培训10次,参与培训的人员600余/人次;经开区管委会奖励辖区企业200余万元。按照《国家高新技术产业标准化示范区考核验收办法(试行)》和示范区建设总体目标有关要求,指导赣州开发区做好高新技术标准化示范考核验收准备工作,对组织预考核验收。

【**服务标准化**】2016年,江西省质量技术监督局引导服务标准化规范化发展。围绕物流、旅游、商贸、餐饮、社区服务等领域制修订《景德镇传统制瓷工艺》等地方标准,促进服务业健康快速发展。推进服务标准化试点工作。对下达的服务业试点项目加强督导,保障标准化试点项目建设质量,九江市行政服务中心、南康物流、龙虎山旅游等5个服务业标准化试点通过评估验收;年内,新获批陶瓷文化创意旅游服务业、动漫衍生品服务业国家级标准化试点项目2个。加快培育标准化服务机构,扶持标准化服务业发展。支持各级各类标准化科研机构加强标准化服务能力建设,引导有能力的社会组织参与标准化服务,向国家标准委推荐华中标准化事务所、赣州经开区管委会等单位开展国家级标准化服务业试点建设。

【**社会管理和公共服务标准化**】2016年,江西省质量技术监督局围绕社会管理创新,推进社会管理和公共服务标准化建设。加强社会管理和公共服务标准化试点创建,围绕习近平总书记提出的全面从严治党,运用"标准化+"及"互联网+"思维模式开展党建标准化工作,建立党建工作标准体系,秉承标准化协调、规范、高效的原理,提升推动党建科学化水平,服务全省全面从严治党"两个责任"的落实。向国家标准委申报安福县行政服务和网上公共法律服务等2个综合标准化试点项目。开展气象服务、红色教育培训、测绘地理信息、家政服务和养老地方标准研制工作,批准发布《行政服务中心窗口单位满意度评价规范》《养老助餐服务质量规范》《室外电子广告系统防雷设计规范》等地方标准,促进行政效能和服务质量的提升,加强企业自律,保护消费者合法权益。

【中医药标准化】2016 年,江西省质量技术监督局围绕中医药强省,启动中医药标准化工作。进行中医药标准化现状及服务需求分析,联合省计生委组织开展江西优势中医药种苗繁育和种植加工地方标准的研制工作,起草吴茱萸等中药材地方标准。结合江西省中药材发展和中药材产业结构调整的实际,开展黄栀子、吴茱萸等中药材标准化示范区建设。

【行政许可标准化】2016 年,江西省质量技术监督局会同省审改办等部门共同推进行政许可标准化工作。引导九江市行政服务中心参加国家标准委组织的行政许可国家级标准化示范试点工作,并组织省标准化院专家全过程指导试点工作开展。9 月 26 日,九江市行政服务中心通过国家级试点验收,为行政许可标准化工作在全省推广积累经验。9 月 30 日,省质监局联合省审改办印发《关于推进行政许可标准化的通知》,在全省布置推进行政许可标准化工作,要求省政府有关部门全面规范行政许可作为,提高审批效率,改进服务水平;2016 年在咨询服务环节和办理时限等方面取得实效,实现所有行政许可事项办结"零超时"。

【节能减排标准化】2016 年,江西省质量技术监督局与省发改委联合开展江西省节能标准化工作进展信息采集工作。批准发布《铸钢件可比单位综合能耗限额》《铸铁件可比单位综合能耗限额》和《日用陶瓷单位产品碳排放限额》等地方标准,健全节能减排地方标准体系;开展九江力山环保科技有限公司"国家循环经济标准化试点"建设,探索循环经济发展的新思路和新经验。

【专业标准化技术委员会建设】2016 年,江西省质量技术监督局加强特色专业领域标准化技术委员会建设。批准成立江西省家具、碳酸钙、建筑卫生陶瓷等 3 个江西省专业标准化技术委员会。

【标准化宣传】2016 年,江西省质量技术监督局加强生态文明标准化战略宣传和贯彻落实。8 月 10 日,召开生态文明标准化战略省部合作新闻发布会。中央驻赣媒体、境外驻赣媒体和省市主要媒体记者出席新闻发布会。会议就生态文明标准化战略省部合作的背景与意义、省部合作的标准化重点工作、江西省标准化工作现状和发展形势等内容向媒体记者做介绍,回答记者提问。与南昌大学、江西师范大学签订《标准化战略合作协议》。建立与高校合作的适应市场经济的科技成果转化标准的渠道,利用标准化技术机构平台和高等院校人才优势,开展生态文明重点领域标准化项目的合作与交流。

供　稿:江西省质量技术监督局
撰稿人:严小芳
审稿人:彭家骠

山东省标准化工作

【概况】截至 2016 年底,山东省主导或参与制定国际标准 71 项;主导或参与制定国家标准 4188 项(2016 年新增 422 项)、行业标准 6122 项(2016 年新增 589 项);制定地方标准 2440 项(2016 年新增 205 项);承担国际或国家标准化技术组织 53 个(2016 年新增 2 个);设立省级标准化技术组织 56 个(2016 年新增 6 个);建设国家或省级服务标准化试点 433 个,建成 250 个(2016 年建成 43 个);建设国家农业标准化示范区 306 个,建成 295 个;获批创建国家循环经济标准化示范区 14 个;建成国家高新技术产业标准化示范区 3 个。

作为全国唯一试点省份,组织制定《企业标准"领跑者"管理办法(试行)》《企业标准"领跑者"评价细则》等规范性文件,建立企业标准"领跑者"制度。组织省直各部门开展强制性地方标准整合精简,对全省 107 项地方强制性标准提出整合意见。制定下发《2016 年度"山东标准"建设行动计划》。推动将标准创新列入省科技进步奖评奖范围。研究提出"区域制造业主导产业标准化发展水平指数"的构成要素及计算模型,并纳入 2015—2016 年度全省各级政府质量工作考核。

是年,青岛市在第 39 届 ISO 大会上做典型发言,争取 ISO 设立常设性的"国际标准化论坛"。青岛市与国家标准委签署《关于推动青岛标准国际化创新型城市建设合作备忘录》。9 月 14 日,第 39 届 ISO 大会期间,山东荣成盛泉养老服务标准化经验在中央电视台《焦点访谈》栏目播出。

是年,国际标准化组织铸造机械专业标准化技术委员会(ISO/TC306)落户山东,济南铸造锻压机械研究所有限公司正式获批承建。山东省标准化研究院获批成为“国际电工委员会智慧城市系统委员会”的国内技术对口单位。青岛海尔获批筹建“国家家用电器技术标准创新基地（青岛）”。10个单位的10个标准项目，以及山东省质量技术监督局郭大雷荣获2016年中国标准创新贡献奖。山东省政府省长郭树清、副省长王随莲和季湘绮等省政府领导先后5次对山东省标准化工作作出批示。

【农业标准化】2016年，山东省质量技术监督局重点推进农村改厕、美丽乡村和新型城镇化标准化建设，继续加大农业标准化示范项目建设力度。推进农村改厕标准化工作。落实省委、省政府《关于深入推进农村改厕工作的实施意见》，组织制定《一体式三格化粪池》《一体式双瓮漏斗化粪池》和《农村无害化卫生厕所施工及验收规范》等地方标准，为全省农村无害化厕所改造工作提供技术依据。推动美丽乡村标准化工作。推进美丽乡村标准化试点项目建设，有16个项目列入省级试点项目建设。蓬莱市推动重点村镇基础设施、美化亮化、产业发展和村务管理标准化建设，发挥标准化在推动“乡村美丽起来”中的作用。推动新型城镇化标准化工作。组织青岛市、威海市、济宁邹城市、临沂市河东区开展国家新型城镇化标准化试点建设，设立11个省级新型城镇化标准化试点。

推动高青县、齐河县和菏泽尧舜牡丹生物科技有限公司所承担的项目列入国家农业标准化提升工程项目，指导项目承担单位围绕农产品产前、产中、产后全过程，推进标准体系建设，促进一二三产业融合发展。

【工业标准化】2016年，山东省质量技术监督局围绕服务全省产业转型升级发展和经济质量效益提升，推动实施重点工业领域标准化提升工程。落实《国务院消费品标准和质量提升规划（2016—2020年）》，推动省政府出台《山东省实施国务院〈消费品标准和质量提升规划（2016—2020年）〉行动方案》，明确全省18个重点行业标准和质量提升工作要求与目标任务。在轨道交通高端装备制造业领域，推动实施青岛轨道交通高端装备制造业标准化试点项目、高速动车组制造标准化创新基地和山东省城市轨道交通标准化技术委员会建设，推动在高速动车组制造技术领域提出国际标准提案。青岛市组织“泛欧高速铁路系统”互联互通技术标准研究和国家高端装备制造业标准化试点项目建设。

做好节能、环保和安全标准化工作。将“城镇污水处理能源消耗限额标准”“安全生产分级风险管控与隐患排查治理标准体系”“印刷行业挥发性有机物排放标准”等项目列入2016年标准行动计划；批准发布DB37/840—2016《营业性海运船舶燃料消耗限额》、DB37/T 2788—2016《钢球制造企业污染防治技术规范》等7项节能、环保、安全地方标准。加快电动汽车充放电基础设施基础标准研究，组织制定《电动汽车充放电基础设施设计、施工及验收消防技术规范》地方标准。加强工业绿动力和清洁煤炭等地方标准研制工作。确定首批6项“工业绿动力”标准制修订项目，批准发布DB37/T 2860.1—2016《商品煤质量　第一部分　民用散煤》、DB37/T 2860.2—2016《商品煤质量　第二部分　民用型煤》等2项清洁煤炭地方标准。

【服务标准化】2016年，山东省质量技术监督局联合省发展改革委与编办、人社、民政、商务、交通、住建、司法、卫生、教育、气象、地震等20多个部门，增强联动效能，创新实施“标准化+服务业”专项行动计划，合力推进全省服务业标准化建设。重点在行政审批服务、人力资源和社会保障、养老服务、公共交通服务、家政服务、中小学教育、社区餐饮和中央厨房、气象设施服务等领域制定完善地方标准，建设培育标准化试点。养老服务领域，联合省民政厅启动《养老服务基本术语》《农村幸福院基本规范》《老年公寓服务规范》等7项养老服务领域地方标准制定，建设培育以“荣成盛泉”为代表的养老服务标准化试点，推进《养老机构等级划分》地方标准的实施，联合省民政厅召开全省养老服务标准化工作座谈会。行政审批服务领域，联合省编办制定《行政权力事项编码规则》地方标准，共同推动国家《行政许可标准化指引（2016版）》的宣传贯彻和培训，进一步研究开展基于《行政许可标准化指引（2016版）》的标准化试点和经验推广。10月17日，联合全国政务大厅服务标准化工作组联合举办全国政务大厅服务标准化建设培训会。人力资源和社会保障服务领域，联合省人力资源社会保障厅下发开展标准化试点通知，重点建设培育“济南市人力资源社会保障局”人社服务标准化试点。

联合省商务厅制定下发《关于进一步推进山东省家政服务标准化工作的意见》，启动“山东名小吃评定与建设”系列地方标准编制工作，启动“老字号”标准化专题研究，在服装洗涤、大众化餐饮和家政服务等领域提出一批地方标准制定项目；联合省卫生计生委制定发布DB37/T 2759—2016《人口健康信息化标准体系》地方标准；联合省气象局启动设施农业服务地方标准研制，制定《农业气象观测服务　金银花》地方标准；联合省地震局启动《农村建筑抗震设计技术导则》地方标准编制工作。联合财政厅、商务厅，争取德州、临沂、淄博三市被确定为全国物流标准化试点城市。

推进总结提升服务业标准化试点建设经验。昌邑环卫借助标准化手段，形成特色城乡环卫一体化标准服务模式，托管巴基斯坦等地环卫服务，开创以

"中国标准"带动"中国服务"走出去的先河。山东卓创资讯通过标准化试点提出《大宗商品信息服务规范》国家标准制定申请，通过制定实施标准为中国大宗商品的定价争取更大话语权。山东思远农业创新建设农业社会化服务标准化模式。

【团体标准试点】2016年，山东省质量技术监督局探索开展团体标准试点工作，制定《山东省先进制造业团体标准建设试点工作方案》，在机械、化工、建材等5个行业率先开展试点工作。邀请国家标准委领导、专家，召开团体标准试点工作研讨会。淄博市局指导淄博市城建档案和地下管线管理协会、山东思远农业合作社等单位在国家标准委网站"团体标准展示平台"进行注册，协调发布实施团体标准6项，企业联盟标准9项。全年，省质监系统组织和指导有关社团、联盟发布团体标准和联盟标准51项。

【企业产品标准自我声明】2016年，山东省质量技术监督局通过全省各级质监部门的组织推动、宣传培训，持续不断对企业自我声明公开标准的监督和指导，加强对企业已公开标准的评估工作，委托山东省产品质量检验研究院开展"电子电器(厨电)产品企业自我声明标准中环保指标比对和分析"，对企业自我声明标准与国家法律法规和强制性标准规定的符合性、技术内容的先进性、合理性、完整性、实验方法的科学性等内容进行研究分析。截至年底，全省11006家企业自我公开声明46815项标准。

【标准化宣传】2016年，中央电视台《焦点访谈》《朝闻天下》《新闻直播间》等栏目先后6次报道山东省标准化工作。全年，山东省质量技术监督局向省委省政府和质检总局报送标准化信息11条，其中省政府《每日要情》采用2条，质检总局《质检动态》采用3条，通过省政府上报国务院办公厅2条。山东新闻联播播报4次，大众日报刊发稿件4篇(其中头版新闻1篇)，中国质量报刊发头版新闻2篇。召开《美丽乡村建设规范　评价》等5次重要地方标准信息发布会。全省质监系统标准化工作被国家、省级和市级新闻媒体宣传报道600余次。

供　稿：山东省质量技术监督局
撰稿人：马晓鸥
审稿人：赵秀水

河南省标准化工作

【概况】截至2016年底，河南省主导或参与制定国家标准1128项(2016年新增43项)，新增主导制定国际标准1项，制定地方标准939项(2016年新增177项)，承担国际或国家标准化技术组织58个(2016年新增1个)，设立省级标准化技术组织20个(2016年新增2个)，新建设国家级或省级服务业标准化试点15个，建设国家农业标准化示范区159个(建成159个)，建设国家农业综合标准化示范市县7个(建成7个)，建设省级农业标准化示范区823个(建成806个)，建设省级农业标准化示范县70个(建成70个)，获批国家循环经济标准化试点4个，建设国家先进装备制造业标准化试点市1个。

是年，河南省质量技术监督局深化标准化工作改革，对74项强制性地方标准进行整合精简，其中37项强制性地方标准被废止或转化为推荐性地方标准。对1073项推荐性地方标准(含计划)进行集中复审。发布2批河南省地方标准制修订计划，制定发布省地方标准177项，河南地方标准总数达939项。特别是配合全省大气污染防治工作的紧急需要，开启快速通道，制定发布《民用洁净型煤》地方标准。培育和发展团体标准，截至年底，河南省石化协会等2个团体发布7项团体标准。

【标准化制度建设】2016年，河南省落实国务院深化标准化工作改革方案，建立副省长徐济超牵头负责，43个省直单位为成员的河南省标准化协调推进联席会议制度，形成标准化协调推进工作机制。9个省辖市、5个省直管县市比照建立标准化协调推进联席会议制度。河南省质量技术监督局推动省政府办公厅出台《河南省强制性地方标准整合精简工作实施方案》等文件，对全省标准化工作改革发展作出部署。发挥河南省标准化协调推进联席会议的协调机制作用，召开3次联络员会议。

【农业标准化】2016年，河南省质量技术监督局下发《关于做好第八批国家农业综合标准化示范项目考核工作的通知》，对考核工作进行部署，并组织举办国家示范区建设培训班，邀请国家标准委和省植保、畜牧、农业、标准化专家授课，对示范区技术和管理人员进行宣贯培训。各示范项目通过考核动员会、现场会、培训班和各种新闻媒体及现代传媒等多种形式，开展考核动员、宣传培训，保证项目目标任务完成。年内，河南省16项第八批国家农业综合标准化示范项目通过考核。截至年底，省国家级农业标准化示范区项目累计达159个，其中鹤壁市、南阳市、周口市、漯河市、三门峡市等5个为示范市，西峡县、宁陵县等2个为示范县。对2016年到期的汤阴县质监局、河南省佳多农林科技有限公司承担的有机农产品种养标准化示范区等33个2014年度省级农业标准化示范区项目进行考核，且全部通过。

按照《河南省农业标准化示范区管理办法》，河南省新批准浚县鹤飞农机专业合作社、浚县质量技术监督局承担的农机社会化服务综合标准化示范区等15项2016年度省级农业标准化示范区项目，总数达823项。郑州市郑东新区、信阳市新县分别承担的国家新型城镇化标准化试点项目获得国家标准委批准。

截至年底，国家级、省级、市级、县级农业标准化示范区（示范县）涵盖全省的主导农产品和特色优势农产品，覆盖全省150余个县市区，省级农业标准化示范区项目成效明显。

【工业标准化】2016年，河南省质量技术监督局组织开展标准化良好行为企业试点创建申报和到期复审工作，加大宣传引导、沟通协调和典型示范力度，推动全省企业开展创建工作。全省新增标准化良好行为企业7家，总数达221家，其中国家级13家、省级208家。

郑州烟草研究院冯茜担任国际烟草标准化技术委员会主席，河南省累计担任国际标准化技术委员会主席6人、秘书处1个。根据《河南省专业标准化技术委员会管理规定（试行）》，批准成立河南省纺织服装标准化技术委员会和河南省民政标准化技术委员会，省级专业标准化技术委员会达20个。批准筹建河南省陶瓷标准化技术委员会。

洛阳市创建“国家先进装备制造业标准化试点市”。4月，国家标准委组织专家组，通过洛阳试点工作验收，使洛阳成为全国首个装备制造业标准化试点市。该项目自2013年实施以来，洛阳市装备制造业企业累计制定国家标准和行业标准180项，建立重型矿山机械、大型轮式拖拉机、高端精密轴承等11种产品标准综合体，15家企业获得国家4A或3A级标准化良好行为企业确认。构建由4076个标准组成的洛阳市先进装备制造业标准体系，满足企业贯彻和实施技术标准需要。济源市玉川产业集聚区等国家循环经济标准化试点推进工作进展顺利。国家循环经济标准化试点5个。

【服务标准化】2016年，河南省质量技术监督局制定和实施《国家级服务业标准化试点项目推进工作计划》，对全省国家级服务业标准化试点项目各阶段工作提出具体要求，推进2016年度焦作市行政审批服务等6家国家级服务标准化试点项目。支持郑州航空港区标准化建设，发挥民航业在参与“一带一路”建设中的先行作用，指导河南机场集团有限公司开展国家级服务标准化试点活动。批准安阳市行政服务中心等32家省级标准化试点单位，范围覆盖行政服务、养老服务、健康咨询、物业服务、金融服务、电信服务、殡葬服务、电子商务等行业。

与省民政厅共同下发《关于加快推进民政标准化工作的意见》和《河南省民政标准化“十三五”发展规划》文件，通过标准、标准化的运行和试点推广，引导服务单位制定《石窟文物三维数字化技术规范》等10余项服务标准。围绕养老服务、社会救助、康复辅具、社区管理、防灾减灾救灾、优抚安置、儿童福利、慈善事业、福利彩票等领域开展服务标准化试点，全面推进民政标准化工作。

省标准化研究院主持起草的3项国家标准获国家标准委批准发布，完成《济源市标准信息综合服务平台》等3个项目的开发工作，并启动与三门峡市质监局、鹤壁市质监局两个合作项目的开发，增强标准信息系统服务功能，标准题录和文本数据库搜集国内外各类标准近15万项，完成条码注册、续展、数据采集、培训等核心业务，系统成员保有量保持在1万家以上。

【企业产品标准自我声明公开】2016年，河南省质量技术监督局印发《河南省企业产品标准自我声明公开监督管理办法（试行）》，11月1日起，在全省推行企业产品和服务标准自我声明公开制度。截至年底，全省有709家企业的3549项标准在全国企业产品标准公开平台进行公开，涵盖5916种产品，其中企业标准3427项，占96.7%。对已公开的企业产品标准组织监督检查。

供　稿：河南省质量技术监督局
撰稿人：王志豪
审稿人：刘万轩

湖北省标准化工作

【概况】截至2016年底，湖北省主导或参与制定国际标准50余项，主导或参与制定国家标准2000余项、行业标准6000余项；2016年度发布地方标准111项，地方标准总数达1227项；承担国际或国家标准化技术组织29个；建设国家农业标准化示范区191个；建设国家级服务标准化试点10个；建设农村公共服务运行维护试点3个；获批创建国家循环经济标准化示范区1个；创建国家高新技术产业标准化示范区1个。

推动标准化改革顶层设计。3月19日，湖北省政府办公厅印发《湖北省加强节能标准化工作实施方案》。3月21日，省政府同意成立湖北省标准化工作领导小组，协调机构运转正常，顺利完成《湖北省标准化工作》白皮书编制工作。6月24日，省政府印发《湖北省深化标准化工作改革创新的意见》，就标准化改革创新提出十二项重点任务，明确三个阶段的推进步骤，成为湖北省当前和今后一个时期标准化工作的重要指导性文件。9月2日，省政府办公厅印发省政府研究室、省质监局联合调研组的调研报告《以标准化助推湖北经济转型升级》，代省长王晓东、副省长许克振分别作出重要批示。10月14日，省长王晓东、副省长许克振在《省质监局关于请求增加标准化工作专项经费和建立标准化扶持专项的请示》上分别作出重要批示，要求给予标准化工作经费支持。11月28日，省长王晓东主持召开省政府常务会议，专题听取《贯彻落实习近平总书记关于标准化工作重要指示精神 推动质量技术支撑平台建设情况》汇报，表示将坚定不移实施标准化战略。随后，信息专报得到质检总局局长支树平、副局长梅克保和国家标准委主任田世宏的重要批示，一致对湖北省标准化工作给予肯定和支持。11月30日，省政府办公厅印发《湖北省标准化体系建设发展规划（2016—2020年）》。

开展强制性标准整合精简工作。湖北省质量技术监督局印发湖北省强制性地方标准整合精简工作方案，完成56项强制性地方标准项目和12项强制性地方标准计划清理工作。56项强制性地方标准评估意见为：转化为推荐性标准25项，需修订7项，保留8项，废止16项。12项强制性地方标准计划评估意见为：5项转化为推荐性标准计划，4项保留，3项终止。

【农业标准化】2016年，湖北省质量技术监督局按照《关于开展第九批国家农业标准化示范项目申报工作的通知》要求，推荐申报“蓝莓种植综合标准化提升示范项目”等10个项目为湖北省第九批国家农业标准化示范项目。结合农业标准化工作指南和示范项目考核要求，指导国家第八批农业标准化示范项目建设。

为保证农业标准化示范项目的示范效果，始终遵循“选好一个项目、建立一个标准体系、形成一个龙头、创立一个品牌、带动一个产业、致富一方百姓”的工作思路，将建立和完善标准体系作为重中之重，紧贴生产实际，为每一个示范项目制定技术规范、管理标准和产品标准，形成完善的标准体系。截至2016年底，全省农业标准化示范区国家级达191个，省级达136个，示范项目总数位居全国前列。

【工业标准化】2016年，湖北省质量技术监督局鼓励企业建立实施标准体系，支持中小企业创建标准化良好行为试点，全年17家中小企业获批成为省级标准化良好行为企业；部门联动进一步深入，联合省住建厅、交通厅、经信委、发改委、安监局等部门发布30余项地方标准；继续推进工业标准化试点项目建设，下达5个产业联盟和循环经济标准化试点项目；推进谷城循环经济国家级标准化示范区建设，发布整个园区标准体系，各项工作按既定方案实施；启动湖北华亿通循环经济省级标准化示范区建设，初步完成中期目标；开展湖北新能源企业、湖北数字家庭、湖北地球空间信息系统、黄冈窑炉等产业联盟试点工作。

【服务标准化】2016年，湖北省质量技术监督局以建立和完善全省服务业标准体系为目标，加快服务行业基础标准的研制修订，全年围绕产业链和行业管理需求立项服务业类（含公共服务类）省地方标准23项，全年完成省地方标准研制15项，修订2项；开展服务业标准体系研究，省标准化研究院协助行业主管部门或行业协会，研究规划《湖北省养老服务业标准体系》《湖北省物流业标准体系》《湖北省清洗保洁行业标准体系》等，在系统设计的基础上，推进服务业标准化工作。

开展服务业标准化试点。采取“2＋X（即质监局、发改委＋行业主管部门）”模式推进服务业标准化试点工作。全年新增省级服务业标准化试点14个。会同省民政厅、省旅游局推进民政、旅游标准化工作，开展标准化知识宣讲，组织标准宣贯活动，重点推动行业标准化建设。在全省服务行业推广《湖北省长江质量奖评定标准》，鼓励企业强化质量标准意识，创造服务业品牌。

拓展服务业标准化领域。成立“湖北省物流标准化技术委员会”（代号 HUBS/TC 29），吸收27人的产学研和管理部门专家，组成省物流标准化技术委员会，制定章程和工作规划，研究提出省物流标准体系规划，建立省物流标准信息服务网络平台，为物流企业免费提供物流标准查询、物流标准化知识咨询服务。委托武汉大学质量发展战略研究院进行“湖北省服务行业顾客满意度测评”，对交通运输、电信、住宿餐饮、金融、教育、卫生6大行业8个领域进行调查测评，推动以顾客为中心的服务业质量标准化建设。

【标准化宣传】 2016年，湖北省质量技术监督局利用官网平台开展宣传工作，增加标准化工作信息量。在农业、工业、服务业领域，针对由湖北省主导制定的国际、国家、行业、省地方标准，在实施中对产业影响大，对提升企业竞争力作用显著的标准，选取十大“荆楚好标准”。

【节能标准体系建设】 2016年，湖北省质量技术监督局推进循环经济节能减排标准化。会同省发改委、经信委、科技厅等部门制定并发布《湖北省加强节能标准化工作实施方案》。会同省发改委推进循环经济标准化试点工作，谷城循环经济工业园国家级标准化试点取得阶段性成果，华亿通废旧轮胎省级循环经济标准化试点开局良好，一批节能减排的企业标准相继发布。

加强在产业结构调整、节能减排、循环经济等重点领域与省发改委、经贸委、科技厅等部门的沟通协调，促进标准化与支柱产业发展的衔接和互动支持。强化地方财政对技术标准研制、标准化示范项目建设的政策支持，有效加强政府投入，建立健全激励机制，加快研究制定湖北省技术标准体系规划，推动节能标准化建设，协调财政增加节能标准化经费。

开展标准实施情况联合检查行动。组织开展燃煤节能减排攻坚战行动，启动实施“燃煤锅炉节能环保综合提升工程”，通过实施燃煤锅炉节能减排攻坚战，开展在用燃煤工业锅炉能效普查、推动锅炉系统安全节能标准化管理、强化节能减排知识培训、完善法规标准，加强监督检查。推动形成锅炉安全监察与节能监管相结合的工作机制。促进部门联动，促进锅炉系统运行水平显著提升，构建锅炉安全、节能与环保三位一体的监管体系，开创“企业主动、政府推动、部门联动、典型带动”的高耗能特种设备节能工作良好局面。

【企业产品标准自我声明】 从2015年12月开始，湖北省在全省推行企业产品服务标准自我声明公开制度，截至2016年底，全省上传至国家企业产品标准信息公共服务平台的产品执行标准4636个，涉及1581家企业的7909种产品。

【标准化国际合作】 2016年，湖北省质量技术监督局举办国际标准化论坛及交流活动2次，邀请荷兰鹿特丹大学管理学院标准化领域教授亨特·弗里斯（Henk De Vries），以及中欧世贸项目首席专家罗伯特·侯亨（Robert Huigen）到武汉直面湖北地区企业、行业专家，解答疑惑，传授和交流国际标准工作经验和理念，回答企业关于市场准入问题。在国际标准化机构合作上，湖北 WTO/TBT 通报咨询中心与欧洲标准化驻华专家项目（SESEC）建立工作联系，并达成共识：在促进与欧盟标准化技术交流合作目标的指引下，湖北省质量技术监督局向质检总局和国家标准委提出申请，加强与法国标准协会（AFNOR）合作，探索在湖北建立法国标准研究中心。在国外文献收集方面，加大对国际国外标准的收录，截至2016年底，收录和整理国际国外标准文献题录100余万条，标准40余万项。

【标准化科研机构建设】 2016年6月14日，湖北省质量技术监督局印发《湖北省专业标准化技术组织管理办法（试行）》。11月，湖北省能源标准化专业技术委员会进入筹建阶段。

在信息化建设上，湖北省不断丰富服务平台内容，优化平台服务功能，应用“大数据”“云计算”“移动终端”等前沿信息技术，采取智能工具模块化分离重组的方式，对湖北数字标准馆核心功能进行优化整合，以升级改版的标准化公共服务平台在全省各地市进行部署与推广；围绕用户体验和使用习惯对 WTO/TBT 通报咨询及预警服务平台的展现形式进行调整，开发海外版，提升网站的外向度与实用性；完成组织机构代码基础信息区域共享平台二期的升级与发布；持续开展召回信息、消费预警、质量安全形势早期预警发布，保持湖北省缺陷产品管理与公共服务平台各板块信息的鲜活性和有效性；搭建“楚天一码通”工作平台，并正式上线投入运行；完成检验检测机构2016年度普查工作，形成全省检验检测机构数据分析报告，并在省统计局内参发表。完成检验检测机构综合服务平台的需求分析和系统设计，完成第一期的系统开发与数据采集，并正式上线运行。

供　稿：湖北省质量技术监督局

湖南省标准化工作

【概况】截至2016年底,湖南省主导或参与制定国际标准99项;主导或参与制定国家标准、行业标准1031项;制定地方标准1395项;自我声明公开各类标准3236项;承担国际标准化技术组织2个,国家标准化技术组织21个,设立省级标准化技术组织14个;建设国家或省级服务业标准化试点102个;建设国家或省级农业标准化示范区280个;建设国家循环经济标准化示范区4个;建设国家高新技术产业标准化示范区2个。

【标准化战略】2016年,湖南省政府将省实施标准化战略协调领导小组职能合并到省质量强省领导小组,成员单位扩大到41个委办厅局。下发《关于深化标准化改革,提升湖南标准化建设水平的意见》《湖南省推进生态文明及两型社会标准化建设实施方案》《湖南省企业产品和服务标准管理办法(试行)》等系列文件。通过省质监局努力,省财政增加标准化工作经费500万元,总量达2000万元。市州政府作出呼应,工作取得进展。湘潭市下发《湘潭市人民政府关于深化标准化工作改革提升湘潭标准化建设水平的实施方案》,益阳市为标准化工作配套专项资金500万元。标准化工作部门联动机制逐渐形成,省质监局与省审改办、省信息中心联合召开行政许可标准化培训及工作推动会议,推动相关领域标准化工作的开展。全面启动企业标准备案管理改革。截至年底,全省公开3236项标准,完成86项强制性地方标准和745项推荐性标准的复审清理。制定《湖南省标准化项目管理办法》,得到省财政厅等行业主管部门和社会各界的好评。

【国际标准化】2016年3月2日,湖南省副省长李友志会见来访的国际电工委员会轨道交通牵引电气设备与系统标准化技术委员会(IEC/TC9)候任主席和秘书长,双方围绕高铁国际标准化组织秘书处落户湖南、中国担任IEC/TC9副主席等职务达成共识。4月13日,省质监局局长带队赴意大利、法国回访IEC/TC9主席和秘书长,就相关国际标准化工作进行沟通和协调,推进湖南省主导该领域国际标准化工作的开展。9月5—11日,省质监局与中联重科联合在长沙承办ISO/TC96年会,湖南省副省长向力力出席会议。10月18—21日,省质监局与中车株洲所在成都承办IEC/TC9第56届年会,来自法国、德国、日本等11个国家的71名代表参加会议,中车株洲所获得《轨道交通辅助供电系统铅酸蓄电池》国际标准的主持起草权。

【湖南地方标准】2016年,湖南省质量技术监督局批准发布地方标准95项,累计发布地方标准1395项。湖南地方标准着重服务农业生产,特别是10项高标准农田建设地方标准信息发布后,全省开展20个县115万亩高标准农田试点建设工作;服务生态文明建设,全年相继发布DB43/T 1154—2016《两型农民合作社》、DB43/T 1178—2016《两型商场》、DB43/T 1184—2016《两型仓储企业》、DB43/T 579—2016《铋冶炼污染控制技术规范》、DB43/T 578—2016《锑冶炼砷碱渣无害化处理技术规范》等17个地方标准;服务社会治理能力建设,发布实施DB43/T 1179—2016《火灾高危单位消防安全评估技术指南》等地方标准,对消防工作的制度化、规范化、程序化起到推动作用。

【标准化试点示范】2016年,湖南省标准化工作推动高端装备和战略新兴产业发展,株洲轨道交通、湘潭风电设备2个国家级高端装备标准化试点建设工作全面启动;鸿远阀门、联智桥隧等企业制定的国家标准批准发布。推动现代农业标准化建设,完成37个省级农业标准化示范区和11个国家农业标准化示范区验收工作,其中岳阳屈原区和湘西古丈县农业综合标准化示范建设,通过国家标准委组织的验收。推动现代服务业快速发展,省质监局联合省发展改革委下达2016年省级服务业标准化试点项目19个。康乃馨养老、长沙市电子政务服务等4个标准化试点项目正式获国标委批准立项。推动循环经济标准化建设,由湖南省三一重工股份有限公司、湖南凯美特气体股份有限公司、湖南阳光伟业节能科技有限公司、华时捷环保科技有限公司牵头制定的4项国家循环经济标准综合体标准完成起草,进入审查阶段。

【标准化支撑体系建设】2016年,由湖南省气象局承担的湖南省气象标准化技术委员会、省环境卫生清洁行业协会承担的湖南省清洁服务标准化技术委员会完成筹建,并开展相关领域地方标准的制修订工作。长株潭国家技术标准创新基地建设取得进展。国家标准委行文批复省质监局筹建"国家技术标准创新基地(长株潭)",提出目标要求。省标准化研究院制定总体建设方案。开展组织机构筹划和部分基础技术平台建设,相关农业标准化试点示范项目有序推进。

【标准化宣传教育培训】2016年,湖南省质量技术监督局组织宣传习近平总书记和李克强总理有关标准化工作的系列讲话精神。向省委、省政府进行专题汇报，下发《湖南省质量技术监督局关于转发〈质检总局办公厅关于深入学习贯彻习近平主席致第39届国际标准化组织大会贺信和李克强总理讲话精神的通知〉的通知》，向省质量强省领导小组成员单位41个厅局寄送相关资料。10月14日，通过《湖南日报》《中国质量报》、湖南经视等媒体，进行有关标准化工作的系列宣贯；通过省质监局微信平台、红网手机报等方式进行社会宣传。

联合有关厅局统一组织培训，与省民政厅进行标准化培训工作时，市州民政局、民政部标准化建设试点单位、民政部门地方标准制定单位、民政厅机关各处室局及直属单位负责标准化工作的分管领导和工作人员均参加培训。组织专题培训，组织市州县局标准化工作人员主题培训，专题对泰富重工等企业进行的标准化专业培训，累计培训人员达1500余人次。各市州开展培训工作，郴州市局指导宜章县局开展烟花爆竹5项国家标准的宣贯培训，150家企业400余人参加；浏阳市局组织700家企业1400余人举办烟花爆竹国家标准宣贯培训。

【企业产品标准自我声明】 2016年1月18日，经湖南省法制办统一登记、统一编号、统一公布，湖南省质量技术监督局下发规范性文件《湖南省企业产品和服务标准管理办法（试行）》，全面启动企业产品和服务标准自我声明公开工作。截至年底，全省公开各类标准3236项。

供　稿：湖南省质量技术监督局
撰稿人：段向阳　王　斌　周　云
审稿人：江　涛　彭利锋　刘　红　胡新军　柳明华　王顺其

广东省标准化工作

【概况】 截至2016年底，广东省企事业单位主导或参与制修订国际标准1163项、国家标准4376项、行业标准3806项，批准发布地方标准2024项；落户广东省的国际TC/SC及技术对口单位9个，成立省级专业标准化技术委员会114个；成立标准联盟组织329个，发布实施联盟标准1188项；制定高于国际、国家或行业标准的企业（联盟）标准5.2万项。

【广东标准化协调推进制度平台建设】 2016年，广东省质量技术监督局推动省政府批复同意建立广东省标准化协调推进联席会议制度，由省质监局、省发展改革委、省经济和信息化委、省教育厅、省科技厅等40个单位组成，省质监局为牵头单位。涉及的职能领域从原先传统的工业领域，向民生、社会管理和公共服务等领域拓展，为今后不断加强标准化工作在经济、社会等各层面的引领和服务作用做好顶层设计。研究制定广东省标准化工作改革意见。推动省政府印发《关于深化标准化工作改革推进广东先进标准体系建设的意见》，明确提出省标准化改革领域的“四大任务、11项重点工程”。推进企业产品标准备案制度改革，在全省推广实施企业产品和服务标准自我声明公开和监督制度，将企业产品标准由“线下备案制”改为“线上声明制”；全省6300余家企业的2.2万项标准进行自我声明公开，涵盖近4万种产品。

【强制性标准整合精简和推荐性标准优化复审】 2016年，广东省质量技术监督局以省政府办公厅名义出台《强制性标准整合精简工作实施细则》，对全省64项强制性地方标准形成最终的评估结论并向社会公开征求意见；对全省2 347项推荐性地方标准项目（含1 045项在研项目）进行复审，废止439项推荐性地方标准项目（含344项在研项目）、修订427项、继续有效1 481项（含701项在研项目）。通过对强制性标准和推荐性标准的系统梳理，基本实现“废止一批、转化一批、整合一批、修订一批”。

【标准制修订】 2016年，广东省质量技术监督局印发地方标准立项计划《申报指南》，征集农业、工业和服务业地方标准制修订项目724项，下达430项。按照《国家标准委办公室关于做好2016年国家标准立项工作的通知》要求，向国家标准委上报8份国家标准立项计划项目。下达2016年广东省省战略性新兴产业地方标准制定计划项目（第一批）52项，其中高端新型电子信息产业15项，高端装备制造产业37项；征集LED地方标准制修订计划项目25项。联合省经济和信息化委下达2016年广东省大数据领域地方标准13项；推动电子商务产品标准明示与鉴证工作，提出《网络交易服务规范网商信息明示通用要求》《网络交易服务规范 消费品信息明示通用要求》《网络交易服务规范 信息明示评价》等3项地方标准研制任务，并会同省商务厅、省工商局等单位对3

项标准研讨,拟定标准审定计划。

下达《广东省商贸物流标准体系规划与路线图》研制任务。发布《广东省演艺灯光产业标准体系规划与路线图(2016—2020年)》。正式启动《广东省高端装备制造产业标准体系规划和路线图(2015—2025)》实施工作。

【指标比对工作】2016年,广东省质量技术监督局围绕“广东优质品牌”创建、重点产品国内外标准对比研究等中心工作,对省建筑陶瓷、家用燃气炉灶、电饭锅等主要民生产品的执行标准进行指标比对,跟踪、评估和转化相关国际标准和国外先进标准,提升企业产品执行标准水平。

【示范试点项目建设】2016年,广东省质量技术监督局支持茂名高州市成功申报全省首个国家级"美丽乡村建设标准化试点"。通过结合粤西乡村风土人情,围绕农村生活基础设施、公共服务设施、生活环境整治、地方产业支撑、农业资源综合利用等领域进行标准化建设,构建美丽乡村建设标准体系。开展第八批国家农业标准化示范项目考核验收工作,并以优异成绩通过国家标准委组织的示范项目建设情况"飞行"抽查。湛江市湖光岩风景区承担的国家级旅游服务业标准化试点项目,以93分的高分通过试点项目评估验收。广州机场出入境检验检疫局承担的全国首个机场检验检疫公共服务标准化试点项目通过专家组中期评估。

【标准化宣传】2016年,广东省质量技术监督局向省政府报送《关于广东省实施技术标准战略十周年工作情况的报告》,得到省长朱小丹批示表扬:“十年磨一剑,我省标准化建设实现扩越性发展”。编写的《我国首个公共资源交易信用指数体系研发成功》信息,引起《21世纪经济报道》等主流媒体跟踪报道。联合省发展改革委、省经信委、省科技厅召开主题为“标准规划路线图引领广东三大战略性新兴产业实现质量提升”的新闻发布会。对地方标准开展形式多样的宣贯解读,通过省质监局微信公众号宣传推广,提高全社会对地方标准的认知度和认可度。

供　稿:广东省质量技术监督局

广西壮族自治区标准化工作

【概况】截至2016年底,广西承担国际标准化组织(ISO)秘书处1个,国际电工标准化组织(IEC)和国际标准化组织在国内的5个对口机构,全国专业标准化技术组织14个,成立广西专业标准化技术委员会38个;主导或参与制修订国际标准27项,国家(行业)标准821项,组织制修订地方标准1505项;组织创建国家级、自治区级农业标准化示范区225个,国家级、自治区级服务标准化试点63个,国家级美丽乡村标准化试点7个,国家级、自治区级社会管理和公共服务业标准化试点13个,标准化良好行为试点企业105个,国家循环经济标准化试点1个;1078个重点规模工业主导产品采用国际标准或国外先进标准备案证书。

【标准制修订】2016年,广西壮族自治区从“质量兴桂”向“质量强桂”转变过程中,发挥标准引领作用,围绕“14+10”产业及优势特色产业发展需要,组织全区企事业单位、高等院校、科研院所等加大重要技术标准研制,通过标准规范广西各行业生产经营活动,提高产品和服务的质量。全年,主导或参与制修订《金桔》等40项国家标准;发布实施DB45/T1290—2016《食品生产企业风险分级分类管理通则》、DB45/T 1320—2016《城市轨道交通运营服务规范》、DB45/T 1325—2016《美丽乡村公共服务通用要求》等208项广西地方标准,下达12批次459项广西地方标准立项项目,内容涵盖工业、农业、服务业、节能环保、社会管理和公共服务等领域,发挥“标准化+”的标准引领效应。其中,围绕战略性新兴产业发展,在全国率先出台石墨烯系列地方标准。广西壮族自治区区党委、政府重视石墨烯产业发展,将石墨烯作为“十三五”时期重点发展的战略性新兴产业,提出要尽早实现广西石墨烯产业“无中生有”,抢占石墨烯产业发展先机。广西壮族自治区质监局发挥职能作用和标准独特作用,服务石墨烯产业发展,指导广西大学承担制定DB45/T 1421—2016《石墨烯三维构造粉体材料名词术语和定义》、DB45/T 1422—2016《石墨烯三维构造粉体材料生产用聚合物》、DB45/T 1425—2016《石墨烯三维构造粉体材料生产技术》、DB45/T 1423—2016《石墨烯三维构造粉体材料的检测与表征方法》等全国首批5项石墨烯系列地方标准,于2016年11月30日在全国发布实施。自治区党委书记彭清华、自治区主席陈武、自治区副主席张晓钦在石墨烯系列地方标准发布公告上做批示,提出要积极参与石墨烯国际标准的研究制定,进一步增强自治区区新兴产业石墨烯在国内外的影响力和话语权。完成强制性地方标准的整合精简工作，保障强制性地方标准合法性。广西壮族自治区人民政府办公厅出台《关于印发强制性地方标准整合精简工作实施细则的通知》，并按照"通过废止一批、转化一批、整合一批、修订一批，达到一个市场、一条底线、一个标准的目标，保证强制性地方标准的合法性、科学性、有效性与适用性"的要求，组织发改委、工信委、卫计委、环保厅、住建厅、农业厅、林业厅等自治区标准化协调推进厅际联席会议成员单位，完成强制性地方标准的清理摸底工作，并经会议研究，将原有100项强制性地方标准进行评估，最终保留41项，转化29项，废止24项，整合3项，终止3项。

【农业标准化】2016年，广西壮族自治区以农业标准化示范区建设为载体，持续推广实施农业标准化。建设农业标准化示范区，横县和阳朔县等2个第八批国家级农业综合标准化示范县和融安金桔、富川脐橙、陆川地方品种猪、武鸣蔬菜、平乐农作物、资源果蔬、都安糖料蔗、大明山有机茶、北海珍珠等14个国家级农业综合标准化示范区通过目标考核和绩效考核。其中，富川国家脐橙综合标准化示范区，编制脐橙标准综合体118项标准，确保脐橙产前、产中、产后各环节均有标准可依，辐射带动脐橙标准化种植（约1.67万公顷），2015年平均公顷产量达到约113.33千克以上，总产量达74800吨，产值由2013年的100000万元增加到2015年126640万元，示范区农户年人均收入由2013年2.05万元提高到2015年2.7万元，增幅31.7%，示范基地脐橙产品质量合格率达100%。指导临桂罗汉果、贡柑、苍梧六堡茶等18个自治区级农业标准化示范区健全农业标准体系，按照总体实施方案完成年度建设。

【美丽乡村标准化】2016年，广西壮族自治区以美丽乡村标准化试点建设为切入点，推动农村综合改革。组织专家指导帮扶国家美丽乡村标准化试点项目承担单位，依托试点建设探索制定涵盖建设、管理、维护、服务及评价等各环节美丽乡村标准，用标准化方法和手段推进广西美丽乡村建设，发布实施DB45/T 1325—2016《美丽乡村公共服务通用要求》、DB45/T 1322—2016《美丽乡村环境卫生通用要求》、DB45/T 1323—2016《美丽乡村村务管理规范》等6项美丽乡村方面地方标准；南宁市青秀区、桂林市临桂区、梧州市蒙山县、百色市田东县等4个国家级美丽乡村标准化试点通过考核验收。其中南宁市青秀区团岩坡2016年人均纯收入预计达16000元，同比增长25%，团岩坡群众满意度为100%，发挥试点示范作用，带动周边地区开展美丽乡村建设。南宁市邕宁区、东兴市和恭城瑶族自治县等3个县（市、区）获批创建第二批全国农村综合改革标准化试点项目。

【服务标准化】2016年，广西壮族自治区以标准化试点为转手，打造标准化示范特区。自治区质量技术监督局会同自治区政务服务中心启动建设国家级社会管理和公共服务综合标准化试点，以标准化手段推进政府机关自身建设，依托试点建设推进管理创新，打造优质服务品牌；联合自治区发展改革委围绕广西服务业重点产业打造8个自治区服务业标准化试点示范。联合自治区旅游发展委组织资源、金秀等2个县和南宁市青秀山景区、百色起义纪念馆等10家旅游服务业，组织创建自治区级旅游服务业标准化试点（县），加快推进旅游服务业标准化试点建设，以标准化为抓手提供旅游服务业服务质量水平，打造旅游服务业品牌；凤山县、广西药用植物园、桂林阳朔世外桃源景区等3个国家级服务业标准化试点通过专家评估，其中凤山县通过创建国家级服务业标准化试点，为县城运用标准化手段发展服务业，提高服务标准化和质量水平积累经验。指导帮扶台湾花卉产业园旅游、南宁市凤岭儿童公园、广西白海豚投资置业有限公司和中国石油化工股份有限公司等18个服务业试点健全服务业标准体系。

【工业标准化】2016年，广西壮族自治区质量技术监督局组织13家企业创建标准化良好行为企业。以出口产品、高附加值产品、名牌产品等为重点，引导企业开展国际标准关联度跟踪研究，坚持采用国际标准与自主创新相结合，结合自主创新成果，将国际标准、国外先进标准与自主创新成果进行有效嫁接，转化成先进适用的企业标准，提升企业标准水平、产品质量水平和市场竞争力。截至年底，1078个重点规模工业主导产品采用国际标准或国外先进标准备案证书。

【标准走出去】2016年，广西壮族自治区实施标准走出去战略，促进与东盟国家标准信息交流、标准技术合作、标准化人才交流培养等，进一步推进中国农业标准走向东盟。推进柬埔寨、老挝标准化示范区建设，委托广西标准技术研究院派出技术人员赴当地企业共建蔬菜种植标准化示范区，收集当地蔬菜种植相关技术资料，对当地农业技术人员及农民进行培训，普及中国相关蔬菜种植技术和标准，推进中国标准在东盟国家的适用性研究及应用；实施《标准联通"一带一路"行动计划》，指导广西标准技术研究院申报国家重点研发计划项目《中国标准走出去适用性技术研究（一期）》的子课题《农业标准东盟国家示范研究》。协办第五届中国-东盟质检部长会议。在东盟博览会期间，协助承办第五届中国-东盟质检部长会议。9月9日，质检总局副局长张沁荣、自治区副主席陈刚与出席第五届中国-东盟质检部长会议代表60余人赴武鸣县考察农业标准化火龙果种植试验基地，现场观摩火龙果国家标准主要起草单位武鸣县润宇生态农业有限公司种植理念与模式。观摩期间，中国-东盟质检部长会议代表专门观看反映广西标准化工作的《以标准化为抓手 引领香蕉产业新发展》专题片，与会代表对广西农业标准化示范区建设和标准化种植技术给予高度称赞，表示“广西经验”值得借鉴。

【企业产品标准自我声明】2016年，广西壮族自治区推进企业标准管理制度改革，强化企业标准化主体责任。按照质检总局、国家标准委有关企业标准管理制度改革工作部署，探索企业产品标准自我声明公开制度，从事前监督变为事中、事后监督，组织各地开展企业产品和服务标准自我声明公开试点工作。6月30日，印发《关于开展企业产品和服务标准自我声明公开和监督制度试点工作的通知》，正式在全区范围内开展试点工作；10月11日，下发《关于进一步加强企业产品和服务标准自我声明公开工作的通知》，督促指导各地进一步加大标准自我声明工作力度。11月4日，广西壮族自治区质量技术监督局印发《企业产品标准监督检查工作方案》，对在企业标准信息公共服务平台上自我声明公开的广西行政区域内企业产品标准开展监督检查。全区800余家企业公开2700项标准，涵盖化工、机械、轻工冶金、涂料、包装材料、机械、纸浆、塑料制品、印刷品、电子等4460种产品。

【标准化宣传】2016年，广西壮族自治区质量技术监督局贯彻落实《国家标准委关于做好2016年世界标准日宣传工作的通知》，加大标准化宣传力度。“世界标准日”期间，组织各地采取展板、墙报、宣传画、宣传册、标语横幅、撰写纪念文章等形式，运用网络、微博、微信、短信等新媒体开展标准宣传。结合2016年“世界标准日”主题，组织开展形式多样的现场咨询、重要标准宣贯会、演讲比赛，标准走进企业、社区、学校等一系列活动，提高社会各界对标准化工作重要性的认识。全年报送广西“金质网”标准化信息稿件72篇，采用72篇；报送政务信息56条，党委政府采用信息8条，质监动态采用12条；报送政务微博100条，采用28条，报送调研信息4条。

供　稿：广西壮族自治区质量技术监督局
撰稿人：谢宏昭
审稿人：苏彩和

海南省标准化工作

【概况】2016年，海南省质量技术监督局下达省级地方标准制修订项目计划6批40项；发布省级地方标准8批78项；组织实施国家级和省级农业标准化示范项目24个，其中10家省级和10家国家级示范项目实施届满通过目标和绩效考核；组织实施10家国家级和23家省级服务业标准化试点项目，其中9家省级服务业标准化试点实施届满通过终期评估；承担3个国家级美丽乡村标准化建设项目，其中琼海市承担的国家级美丽乡村标准化建设项目通过考核验收；组织12家企业开展创建标准化良好行为试点；建立企业产品标准自我声明公开制度，5月20日起，全省全面实施企业标准网上自我声明；按计划完成39项强制性地方标准整合精简相关工作；推进《海南经济特区公共信息标志标准化管理规定》通过省人大的立法；推进地理标志产品保护，儋州粽子、陵水圣女果区域品牌效益逐步显现；组织开展标准化宣传和培训，举办标准化良好行为企业、农业标准化、服务业标准化、美丽乡村标准化、公共信息标志标准化等培训班，提升全省标准化工作能力和服务水平。

【农业标准化】2016年，海南省质量技术监督局联合省农业、海洋渔业、林业等行业主管部门加大农业地方标准研究制定力度，下达农业地方标准制定项目计划33项，发布省级地方标准58项，全省农业地方标准累计总数达272项。

建设农业综合标准化示范区（县）24个，其中建设期满的10家省级和10家国家级农业标准化示范区通过目标考核和2016年绩效考核，累计农产品标准化种植面积达693.25万亩，水产品标准化养殖面积39.1万亩，畜牧业标准化养殖31469万头（只），示范产值近432.7亿元，带动农户73万多户，人均增收约3000多元。

会同省财政厅组织琼海市、万宁市和澄迈县等3个市县开展美丽乡村建设标准化试点，研究制定海南省《美丽乡村建设导则》《美丽乡村评价指南》等2项海南省级地方标准，3个试点市县组织制定市县技术规范15项。2016年底，琼海国家级美丽乡村标准化示范项目通过考核验收。

贯彻落实海南省省委、省政府《关于加快品牌农业建设的意见》，组织开展地理标志产品的挖掘、培育和保护工作，屯昌黑猪、儋州粽子、陵水圣女果、定安大米获得批准实施地理标志产品保护，海南省获保护地理标志产品从原来的8个增加至12个，为海南省品牌农业建设工作做出贡献。指导有关市县开展三亚芒果、东方黄花梨、万宁东山羊、屯昌枫木苦瓜、保亭红毛丹、昌江玉等一批地理标志产品正开展培育和申报保护工作。

【工业标准化】2016年，海南省质量技术监督局贯彻落实国务院《关于深化标准化工作改革方案》、质检总局和国家标准委《企业产品和服务标准自我声明公开和监督制度建设工作方案》的要求，建立企业产品标准自我声明公开制度，印发《海南省企业产品标准管理规定》，并于5月20日正式实施，企业产品标准由“备案”变“自我声明”，截至年底，全省企业产品标准自我声明公开498项。

组织开展创建标准化良好行为企业试点工作，组织标准化专家对海南正业中农高科股份有限公司等7家承担省级标准化良好行为企业试点项目的企业进行确认，其中达AAAA等级1家、AAA等级3家、AA等级3家，新下达省级标准化良好行为企业试点项目12个。通过组织开展标准化良好行为企业试点，鼓励和引导全省工业企业采用国际标准和国外先进标准，制定具有自主知识产权的标准，参与国际标准、国家标准、行业标准、地方标准的制修订工作，指导、帮助一批试点企业健全以技术标准为主体，包括管理标准、工作标准在内的企业标准体系。

【服务标准化】2016年，海南省质量技术监督局贯彻落实省委、省政府《关于进一步加快服务业发展的若干意见》，全面组织实施服务业标准化试点工程，跟进指导海南省人民医院等10个单位开展国家级社会管理和公共服务综合标准化试点、旅游服务标准化试点建设，指导三亚市政务服务中心等23个单位开展省级服务业标准化试点；组织专家组对呀诺达旅游区承担的国家级旅游服务标准化试点项目和海口民间旅游社等9家单位承担省级服务标准化试点项目进行终期评估。

【标准化立法】2016年，海南省质量技术监督局推动《海南省公共信息标志标准化管理条例》立法工作，对部分市县公共信息标志标准化实施情况进行调研摸底，引进重庆标准化研究院专业技术机构拍摄制作“标志标准化立法，让世界读懂海南”为题立法宣传片。9月29日，省政府第69次常务会议讨论并原则通过《海南省公共信息标志标准化管理规定（草案）》，并提请省人大常委会审议。省人大法工委对《海南省公共信息标志标准化管理规定（草案）》做进一步修改完善，并建议更名为《海南经济特区公共信息标志标准化管理规定》。11月30日，海南省第五届人民代表大会常务委员会第二十四次会议通过《海南经济特区公共信息标志标准化管理规定》，自2017年3月1日起实施。注重全面组织实施公共信息标志国家标准、行业标准、地方标准，以推动地方政府做好城乡公共信息导向系统标准化顶层规划设计为抓手，逐步推进市县行政区域内城乡公共信息导向系统的标准化建造，建设既与国际接轨，又能传承地方历史文化、体现海南地方特色，既具备导向功能，又能美化旅游环境，满足城乡全域旅游建设要求的公共信息导向系统，服务海南全域旅游建设。

【标准化培训】2016年4月，海南省质量技术监督局在海口举办创建标准化良好行为企业培训班，针对标准化良好行为企业试点基础知识、搭建企业标准化体系要点和方法、标准编写的要点及编写软件（TCS）的使用等内容开展培训，海南春光食品有限公司等38家试点企业120余人参加培训；5月，会同省农业厅举办第七届中国海南（屯昌）农业博览会生态循环农业交流会，邀请西北农业大学姜智德教授和湖南天赋生态农业有限公司饶树林总经理做循环农业标准化建设经验交流发言，全省18个市县政府部门工作人员及各企业代表200余人参加会议；8月，举办服务业标准化工作经验交流会暨培训班，邀请广东省有多年服务业标准化工作经验的专家就服务业标准体系搭建及服务标准编写进行专题授课，全省服务业标准化试点单位及质监系统90余人参加培训；11月，组织各直属局、省标信所及市县政府相关部门41名人员赴天津市进行公共信息标志标准化工作培训，邀请天津市标准化研究院专家就公共信息标志及城市导向系统基础和应用进行解读，实地考察天津市快速路城市交通导向系统、市区重点公共场所导向系统。

【标准化宣传】2016年，《中国质量报》先后对海南省标准化工作进行3期系列报道——“南海明珠因标准更亮丽”“公共信息成美丽城市新名片”“服务标准化助推国际旅游岛建设”。海南省质量技术监督局利用《海南日报》平台，加强对省公共信息标准化、地理标志产品保护等专题推广。全年，报道《产品标准由“备案”变“声明”》《以标准化推动海南旅游国际化》《猴岛获评省级旅游服务业标准化试点单位》《服务海南全域旅游，让游客轻松读懂海南》《公共信息模糊　游客雾里看花》《无声导游为何“说不清道不明”》《农民讲“标准”收入超“常态”》《标准化种植黑土出“黄金”》等20余篇文章。制作《海南十二五标准化成果》画册，宣传标准化促进国际旅游岛建设的成果，推动全省标准化工作深入开展。

供　稿：海南省质量技术监督局
撰稿人：冯时霞
审稿人：王家荣

重庆市标准化工作

【概况】2016 年，重庆市新增国际标准 3 项、国家标准和行业标准 60 项、地方标准 90 项，新增第九批国家级农业标准化示范项目 10 个，农业、服务业、社会管理和公共服务市级标准化试点示范项目 14 个，组织专家组对 17 个第八批国家级农业标准化示范区、3 个农村综合改革标准化试点和石柱黄水民俗生态旅游、重庆市内陆港口物流服务等 5 个国家级、6 个市级服务业标准化试点项目进行验收。

3 月 28 日，重庆市标准化协调推进部门联系会议第一次会议召开，副市长谭家玲参会并做重要讲话。31 个市标准化协调推进部门联席会议成员单位负责人以及市政府督查室、市政府研究室负责人，有关新闻媒体参加会议。会议传达国务委员王勇讲话精神，通报“十二五”期间全市标准化工作情况，有关部门做交流发言，讨论《贯彻落实〈重庆市深化标准化工作改革实施方案〉2016 年行动计划》等文件。

9 月，重庆市质量技术监督局将贯彻落实习近平总书记致第 39 届国际标准化组织（ISO）大会贺信和李克强总理讲话精神的情况上报市政府，得到副市长吴刚批示，要求按照拟定的工作措施抓好落实。把标准化摆到与发展战略、规划、政策同等重要位置。全年，由重庆市政府印发的标准化工作专项文件 3 个，涉及的文件超过 40 个。

【标准化改革】2016 年 4 月 29 日，重庆市人民政府办公厅出台《重庆市标准化体系建设发展规划（2016—2020 年）》，对全市“十三五”标准化工作作出总体要求和部署，构建具有重庆特色的技术标准体系框架。

年内，重庆市完成 269 项强制性地方标准的整合精简，形成“四个一批”评估结论清单，报国务院标准化部际联席会议审议通过。废止强制性地方标准 126 项，占总数的 46.8%；转化为推荐性 60 项，占 22.3%；83 项继续有效，占 30.9%。全市强制性地方标准精简数占总数的 69.1%，基本解决强制性地方标准交叉矛盾重复、超范围制定等问题。完成 481 项推荐性地方标准的集中复审工作，废止 112 项、占 23.3%；修订 74 项、占 15.4%；转化为企业标准8 项、占 1.7%；继续有效 287 项、占 59.6%，推荐性地方标准减少四分之一。加强立项评估，从源头上确保地方标准质量。全年新申报标准项目仅 60% 通过立项评估，严格把推荐性地方标准限定在政府职责范围内。作为推荐性标准优化和复审试点单位，试点工作在全国会议上做经验交流，得到国家标准委领导的肯定。落实质检总局、国家标准委《关于培育和发展团体标准的指导意见》，推动在特种设备、环境保护、汽车制造等 10 余个行业开展团体标准试点。在国家平台注册市级团体 6 家，正在制定团体标准 20 项。在全市推行企业产品服务标准自我公开声明和监督制度，企业从原来备案 1 项标准需要 5 ~ 7 天缩短至 10 分钟。全年，引导 458 家企业主动向社会公开 2263 项企业产品标准，组织开展对公开的企业标准随机抽查，确立企业标准对市场的“硬承诺”，倒逼企业提升标准水平。加快标准化法制建设，《重庆市地方标准管理办法》已送市政府法制办审查，拟于 2017 年年底前出台。《重庆市标准化条例》纳入市政府立法项目。

【“标准化 + ”战略】2016 年，重庆市质量技术监督局深化“标准化 + 科技创新”，开展“科技、标准、产业”同步发展促进（二期）行动，联合市科委等投入 1000 万科技专项资金，在电子信息、仪器仪表、生物医药等领域推动科技成果转化，制修订科技标准 1336 项，建立示范企业 100 家，实现工业产值 5008.2 亿元。探索“标准—产品—产业”新路径，长安汽车、西南铝业、重庆川仪等企业通过标准创新，提升重庆优势产业话语权。

推进“标准化 + 先进制造”，推动落实《装备制造业标准和质量提升规划》《贯彻落实消费品标准和质量提升规划（2016—2020 年）的实施意见》，以标准助力质量提升，促进重庆市制造业向中高端迈进。全市制造业质量竞争力指数达 85.88；工业产品质量合格率在 90% 以上。重庆钢结构产业有限公司建立钢结构生产以及建筑标准体系，以标准助力供给侧结构性改革、化解产能过剩，全年实现营业收入 23 亿元，利润 4000 万元。

发展“标准化+现代农业”，制定《高标准农田建设标准》《高标准农田建设规程》，加快构建高标准农田建设标准体系，推进粮食稳产高产。完成17个第八批国家级农业标准化示范区和3个农村综合改革标准化试点考核验收，促进农民年均增收15%以上，助推扶贫攻坚。新增潼南柠檬等10个国家级、城口山地鸡等7个市级农业标准化示范项目，强化标准化示范推广。新认证无公害产地172个，全市有效期内的“三品一标”产品达2740个，主要农产品合格率达96%以上。

实施“标准化+生态文明”，推动实施《重庆市加强节能标准化工作实施方案》，加快环境质量、污染物排放、环境监测与检测服务、循环经济评价、碳排放评估与管理等领域标准制定实施，推进绿色生态标准化试点。市发展改革委编制摩托车低碳评价标准及认证实施细则，市环保局组织实施《摩托车及汽车配件制造表面涂装大气污染物排放标准》等标准，推动改善空气质量、解决有机废气扰民问题。

加快“标准化+服务业”步伐，加快养老、康复、健康、体育、旅游等现代服务业领域关键标准制修订，出台DB50/T 681—2016《保健按摩通用管理规范》、DB50/T 718—2016《乡村酒店等级划分》等一批地方标准；通过建设石柱黄水民俗生态旅游、重庆市内陆港口物流服务等5个国家级、6个市级服务业标准化试点项目，促进各领域服务业的规范化与标准化；新增国家级服务业标准化示范项目1项，持续拓展服务标准化领域。

拓宽“标准化+公共服务”，制定《重庆城市核心商圈建设规范》，提升“购物之都”品质；开展安全生产“百部”标准体系建设，推动全市安全生产规范化、标准化；加强沙坪坝民政管理服务标准化试点，使需要由社区盖章出具证明的材料项目从112项减少至49项，群众满意度达95%以上；完成《学校直饮水卫生规范》等标准，保障在校师生饮水卫生安全；开展人力社保基层服务平台标准化建设，提升公共服务能力；在全市推行行政许可标准化，一般性行政审批的效率提升30%以上。

【国际标准化】 2016年，重庆市主动融入“一带一路”、长江经济带以及中新（重庆）战略性互联互通等重大项目。与中新示范项目管理局加强合作，就标准化工作与新加坡标新局开展首次对接。依托重庆市标准化信息服务平台，新增收录国内外各级各类标准19832项（其中，国际标准12451项），发布WTO/TBT通报24期，为重庆产品、技术、装备、服务走出去提供“通行证”。服务“渝新欧”铁路运输，通过制定实施《渝新欧铁路运输液晶显示器包装规范》地方标准，富士康液晶显示器包装损坏率由63%降至1%，年节约包装费300～400万美元，交货时间提前1天。指导制定的《单轨车辆技术条件》等标准，被多个国家参照采用。重庆大学主持研制的2项IEEE 11073系列标准，荣获2016年中国标准创新贡献奖一等奖。

【标准宣传培训】 2016年，重庆市质量技术监督局组织市级部门、区县局、企业代表等1000余人次，参加企业产品标准自我公开声明、标准化基础知识、标准化改革等培训、交流。新增市级专业标准化技术委员会1个。组织2016年全市标准化工程师考试，新增164人，总数达755人。建立超过500人的标准化专家数据库。举办标准化知识专业技能大竞赛，评选优胜个人5名。开展“世界标准日”等专题宣传活动，张贴宣传画册200余份，发放宣传资料2000余份，受宣人数超1万人。建立常态化的标准化工作宣传机制，先后在《质检内参》《中国标准化》《中国质量报》和“阳光重庆”等报刊杂志和电台，开展服务业标准化启示、农业标准化助推扶贫攻坚、庆祝“世界标准日”“深化改革 聚力标准”等专题宣传活动。

供　稿：重庆市质量技术监督局

四川省标准化工作

【概况】 截至2016年底，四川省制定地方标准1920项（2016年新增222项），建立国家级农业标准化示范区284个（2016年新增10个），省级农业标准化示范乡（镇）665个（2016年新增45个），省级精品农业标准化示范基地95个，培育国家、省级标准化良好行为试点企业26个（2016年新增1个），建立国家高新技术标准化示范区1个，国家级循环经济标准化试点项目5个，国家高端装备制造业标准化试点项目1个，国家级服务业标准化试点31个（2016年新增3个），省级服务业标准化试点102个（2016年新增11个），国家级社会管理和公共服务标准化试点11个（2016年新增4个）、省级社会管理和公共服务标准化试点12个(2016年新增6个),筹建国家技术标准创新基地(成都)1个,承担国际或国家标准技术组织52个,建立省级标准化技术组织15个。

是年,四川省政府办公厅出台《四川省强制性地方标准整合精简工作实施细则》《深化标准化改革服务全面创新改革驱动转型发展工作方案》《四川省标准化体系建设发展规划(2016—2020年)》,四川省标准化工作领导小组印发《四川省质量对标提升行动实施方案》,四川省推进"一带一路"建设工作领导小组办公室印发《四川省推进"一带一路"建设标准化工作实施方案(2016—2020)》,省经信委、省质监局联合制定《关于进一步加强全省工业标准化工作的通知》《关于转发装备制造业标准化和质量提升规划的通知》。

【标准化改革】2016年,四川省质量技术监督局出台《四川省企业标准自我声明公开管理办法(暂行)》,召开企业标准自我声明公开工作推进会,总结和提炼成都、绵阳、宜宾等3个地区改革试点的经验和成效,部署全省改革工作。研究确定企业产品自我声明公开试点工作事中、事后的监管模式,四川省标准化院开展200项企业标准抽查评价工作。全年,全省企业在"企业标准信息公共服务平台"上自我声明公开执行标准5710项。

按照国务院统一部署和《四川省强制性地方标准整合精简工作实施细则》的要求,加强强制性地方标准清理精简。保留19项强制性地方标准,废止强制性地方标准134项,集中复审1750项推荐性地方标准。

按照市场主导、政府引导、创新驱动、协调推进的原则,构建团体标准有序发展的环境。出台《培育发展团体标准的实施意见》,引导和鼓励全省具备相应能力的学会、协会、商会、联合会等社会组织协调相关市场主体共同制定一批满足市场和创新需要的团体标准。四川省特种设备安全管理协会、四川省电工行业协会、泸州酒类包装协会等团体,发布实施《汽车用压缩天然气金属内胆纤维环缠绕气瓶定期检验与评定》《轮式智能巡检机器人》《包装　纸质酒盒》等15项团体标准。

【标准制修订】2016年,四川省质量技术监督局围绕四川省现代农业、优势工业、战略性新兴产业、现代服务业、节能环保、公共安全和公共服务等重点领域,加强标准研究制定。主导制修订《挤压钢管工程设备安装与验收规范》《单轴纵切自动车床　第1部分:型式与参数》《农业气象观测规范　马铃薯》等国家、行业标准70项,下达《电子商务企业认定评价规范》《小型太阳能提灌站建设基本要求》等省级地方标准制修订项目236项。批准发布DB51/T 2121—2016《自然保护区巡护技术规程》等省级地方标准222项,发布区域性地方标准72项。结题《标准化对四川重点产业效用及贡献率研究》等重要技术标准研究项目10个,多项技术成果完成标准转化,基本形成"研究一批、制定一批、实施一批"的技术标准创制发展的格局。推动行政权力网上规范公开运行,全年上传数据1300余条。年内,四川省参与制修订的国际、国家、行业标准分别获得中国标准创新贡献奖一等奖1个、二等奖1个、三等奖3个。

【标准化示范试点】2016年,四川省质量技术监督局完成23个第八批国家级农业标准化示范项目、3个第一批国家级农村综合改革标准化试点项目的考核验收工作;新建第九批国家级农业标准化示范项目5个、国家级新型城镇化扩围标准化试点项目2个、第二批国家级农村综合改革标准化试点项目3个;新建第十二批省级农业标准化示范项目45个,申报城乡统筹标准化研究项目10个。

全年,企业采用国际标准100个;自贡节能环保国家高端装备制造业标准化试点项目获得国家标准委、工业和信息化部批准;推进《固态白酒酿造循环经济标准化试点》等3个国家循环经济试点项目建设。

年内,白坪飞龙乡村旅游等3个国家级服务业标准化试点项目获国家标准委批准,新建国家级社会管理和公共服务标准化试点项目4个,新增省级服务业试点项目11个、省级社会管理和公共服务试点项目6个,省公共资源交易等8个国家级试点项目通过评估。

【标准化基础保障】2016年,全国机器轴与附件标准化技术委员会联轴器分技术委员会成功换届;申报全国调味品标准化技术委员会酱腌菜分技术委员会,调整四川省教育标委会主任委员。国家标准委正式批准筹建国家技术标准创新基地(成都),举行基地建设启动仪式。完成四川省标准化项目经费拨付和预算工作。联合中国计量大学举办四川省标准化高级研修班。

【标准化宣传交流】2016年,四川省质量技术监督局承办中英标准化合作委员会会议、中德城市间标准化合作工作会和首届中国-南亚国家标准化合作工作会议。利用网络、媒体加强宣传,组织召开"纪念世界标准日座谈会",宣贯第39届国际标准化组织大会精神。据统计,"质量月"和"世界标准日"期间,全省张帖纪念横幅、宣传画300余(幅)张,现场接受咨询服务1500余次,发放各类宣传资料1.2万余份。

供　稿:四川省质量技术监督局
撰稿人:鞠　伟
审稿人:徐　翔

贵州省标准化工作

【概况】 截至2016年底，贵州省发布地方标准1226项。其中，2016年发布94项，同比下降12%；参与国家标准制修订45项；建立国家级农业标准化示范区82个，2016年新增5个，省级农业标准化示范区95个；开展服务业标准化试点77个，其中国家级23个；累计成立省级标准化技术委员会17个。

4月，贵州省质量技术监督局与省经信委联合发布《贵州省装备制造标准体系规划和路线图》，明确贵州省高端装备产业标准体系规划总体目标；5月，与省旅发委签订《关于共同推进多彩贵州山地旅游业质量发展合作备忘录》，助推全省山地旅游标准化品牌化发展；6月，与省商务厅联合下发《关于开展2016年商贸物流标准化工作的通知》，指导物流标准化试点和团体标准建设工作；8月，制定《贵州省标准"领跑者"制度实施方案》，引导企业追求高标准、争做行业标杆；12月，组织编制《贵州省2016—2020年标准化体系建设规划》，引领全省标准化改革的方向，明确"十三五"期间经济社会发展各方面标准化的任务与目标。

【贵州地方标准】 2016年，贵州省质量技术监督局围绕贵州十大标准体系建设，聚焦重点领域、重点行业、重点产业、重点产品，系统性推动地方标准工作，加强对传统优势产业的技术支撑，扩展地方标准领域，首次发布大数据、政务服务、社区服务、养老服务等领域地方标准；注重优化地方标准结构，加强市场主导团体标准的引导，逐步控制地方标准的数量和规模，主动减少地方标准发布数量，全年发布地方标准94项，较上年减少12%。

【标准制修订】 2016年，国家标准委批准发布贵州参与制定的国家标准45项，同比增长28%。截至年底，全省累计参与国家标准制修订273项。贵州省首个国际标准《通用钢丝绳技术条件》通过国际标准化钢丝绳技术委员会第16次会议专家审定，进入标准报批阶段。

【企业标准自我公开声明】 2016年，贵州省质量技术监督局下发《省质监局关于进一步深化全省企业产品和服务标准自我声明公开和监督制度工作的通知》，全面实施企业标准自我声明公开工作。截至年底，全省所有区县均有企业公开企业标准，实现全省区县覆盖率达100%，1903家企业通过公开平台上报4283项标准，涵盖6318种产品。加强自我声明公开标准的事后监管，全省组织对353家企业449项标准进行检查。

【团体标准】 2016年，贵州省质量技术监督局制定《省质监局关于做好团体标准工作的通知》，全面放开团体标准，对团体不设任何门槛。截至年底，全省发布团体标准20余项，覆盖白酒、新能源、果蔬、食品加工、手工艺品等领域，初步形成政府引导、市场驱动、社会参与、协同推进的标准化工作格局。

【标准清理复审】 2016年，贵州省质量技术监督局对全省62项强制性标准进行清理整合，废止29项，保留11项，修订2项，转化为推荐性标准20项。对全省1111项推荐性地方标准及标准项目进行清理。

【专业标准化技术委员会建设】 2016年，贵州省质量技术监督局组建贵州省大数据、电力、建材、电子信息、林业、茶叶、植保等7个省级专业标准化技术委员会，截至年底，成立专业标准化技术委员会17个，征集专家500余名，编印《贵州省标准化技术委员会名册》。

【农业标准化】 2016年，贵州省质量技术监督局发布中药材、核桃等农业相关地方标准63项，组织开展国家高粱种植综合标准化示范区（仁怀），国家农业综合标准化示范县（凤冈县）等14个国家级农业标准化示范区的考核评估，涉及农户16.3万户，累计增加产值43.7亿元，户均收入提升最高达2.8万元，打造品牌40余个，带动农户25万户。新增锦屏县精品水果种植标准化示范区等5个示范项目申报国家第九批农业标准化示范项目。截至年底，全省有农业标准化示范区177个，其中国家级82个。

【美丽乡村标准化】 2016年，贵州省质量技术监督局组织余庆、贵安新区、盘县等6个国家级美丽乡村标准化试点工作的指导服务和考核验收，美丽乡村试点在农民增收致富、农村整洁美化、农业整合发展、乡风正气和谐以及农村公共服务等方面，做出探索和尝试。新增湄潭、播州区等2个第二批国家级美丽乡村标准化试点，开阳县南江乡龙广村省级美丽乡村标准化建设试点。截至年底，全省有美丽乡村试点13项。

【服务标准化】 2016年，贵州省质量技术监督局完成贵阳高新区政务服务和贵州防雷减灾中心气象服务国家社会管理和公共服务标准化试点的国家考核验收工作。新增凯里市、赤水市政务服务2项国家级社会管理和公共服务标准化试点，新增乾朗大宗商品交易平台服务、余庆乡村旅游服务、黎平肇兴侗寨旅游服务3项服务业标准化试点，新增城市共配物流服务等19项省级标准化试点。截至年底，全省有服务业标准化试点77项，其中国家级23项。

【标准创新贡献奖】2016 年，贵州省主导编写的 GB/T 26760—2011《酱香型白酒》国家标准荣获 2016 年度国家标准创新贡献奖三等奖。

【重点领域标准化】2016 年，贵州省质量技术监督局发布《贵州省应急平台体系数据库规范》《政府数据数据分类分级指南》等 6 项大数据地方标准；组织申报贵州大数据国家标准创新基地。围绕服务贵州山地旅游发展，推进旅游服务标准化，发布《旅游服务中心建设、服务与等级评价规范》等旅游服务地方标准，组织开展贵州龙宫景区旅游服务标准化试点，促进旅游企业标准化品牌化发展，制定《隆里古镇建设和旅游标准指南》，以标准化技术优势来提高隆里古城旅游发展的质量和效益。围绕大交通、大物流支撑体系，开展物流服务标准化工作，组织贵州物资储运托盘服务标准化和贵州省高速集团公共物流标准化等 15 家单位开展商贸物流标准化基地建设，指导《贵州省物流节点等级划分与评定》等物流团体标准的制定；与省商务厅等部门推荐贵阳市、遵义市成为全国物流服务标准化试点城市，以标准托盘为切入点，促进交通流通联动，提供高效便捷物流服务。

供　稿：贵州省质量技术监督局
撰稿人：冯建华　陈　林
审稿人：孟宇光

云南省标准化工作

【概况】2016 年，云南省标准化工作贯彻落实国务院深化标准化工作改革精神，坚持改革创新，围绕中心，服务大局，提高标准化发展整体质量效益，完善标准化工作协调运转机制，营造全社会共同关心、积极参与的标准化工作氛围，在推动云南科学发展、和谐发展、跨越发展中，发挥标准引领作用。

是年，云南省质量技术监督局开展“标准化 +”行动，创建农业、服务业、新型城镇化和循环经济等各类标准化示范试点；继续开展“标准化良好行为”创建工作，加强重点领域标准制定，推进地方标准立项、发布、实施工作，鼓励省内有条件的企业参与国家、行业和地方标准的制修订，健全标准信息传递平台，为企业提供标准信息服务，通过云南省标准化行政管理信息系统，向社会免费公开现行有效地方标准信息，加强标准化基础研究。

【标准化改革】2016 年，云南省质量技术监督局以省政府名义下发《云南省人民政府关于贯彻落实国务院深化标准化工作改革方案实施意见》和《云南省人民政府办公厅关于印发贯彻落实国务院办公厅深化标准化工作改革方案行动计划实施方案的通知》。围绕省委、省政府确定的 8 大重点产业，代拟《云南省重点产业标准提升行动计划》，提请省政府下发。云南省标准化协调推进工作联席会议各成员单位加强部门联合，推动改革落实，配合国家标准委做好化工领域强制性标准的清理工作，完成强制性地方标准清理和公告。全省范围全面推行企业产品和服务标准自我申明公开和监督制度，实现企业产品标准备案逐步向自我声明和主要质量指标信息公开双轨制度过渡，培育团体标准实现“零”的突破。

【标准制修订】2016 年，云南省质量技术监督局加强重点领域标准制定，开展推荐性标准复审。鼓励省内有条件的企业参与国家、行业和地方标准的制修订，截至年底，完成 51 项地方或国家标准的制修订；全年下达地方标准立项计划 65 项，发布实施地方标准 75 个，备案地方规范 59 项。印发《推荐性地方标准集中复审工作方案》，初步梳理，涉及推荐性地方标准 546 项。

【服务标准化】2016 年，云南省质量技术监督局组织 14 个州（市）质监局的 20 名工作人员及行业主管部门的 10 人对涉及 8 个州（市）的 24 个省级服务业标准化试点项目进行终期检查和评估。对在建和已完成的 24 个国家级服务业标准化试点项目（含社会管理和公共服务标准化试点项目 2 个）以及 59 个省级服务业标准化试点项目进行电子档案收集。组织在建的国家级服务业标准化试点项目做好终期评估的准备工作，申请国家标准委进行终期评估。下达省级服务业标准化试点 10 个，增补宾川县鸡足山镇 2 个服务业试点。

【农业标准化】2016 年，云南省质量技术监督局下达省级第五批 8 个农业标准化示范区项目，3 个农业标准化示范区提升工程，上报并获国家标准委批准第九批国家级农业标准化示范区 2 个项目、2 个国家级农业标准化示范区提升工程，完成第八批国家级示范区验收；下达第一批省级新型城镇化标准化试点 3 个项目，上报并获批 1 个国家级新型城镇化示范项目，完成国家标准委 2014 年立项的国家级农村综合改革试点项目验收工作。

【循环经济标准化】2016 年，云南省质量技术监督局为促进循环经济规模化和规范化发展，提高资源利用效率，下达云南驰宏锌锗股份有限公司开展省循环经济标准化试点，实施期2年；云南省的“稀贵金属二次资源循环经济标准化试点”被国家标准委、发展改革委列为国家循环经济标准化试点示范项目，建设周期3年。

【标准化技术委员会建设】2016年，云南省质量技术监督局加强标准化专业技术委员会建设，筹建云南省电子信息标准化技术委员会、云南省新材料液态金属标准化分技术委员会等2个省级标准化技术委员会。截至年底，云南省有24个省级标准化技术委员会。

【标准化研究建设项目】2016年，云南省质量技术监督局依据《云南省财政厅　云南省质量技术监督局关于印发〈云南省推进标准化发展战略专项资金管理办法〉》的规定，在云南省各有关单位申报基础上，审查确定云南省2016年标准化研究与建设项目7项，分别是云南省物流园区标准体系研究与建设、云南省机动车排放检测标准体系研究、云南省基层卫生标准化研究项目、云南省面向南亚东南亚的标准互通策略研究、云南省住建信息资源标准体系研究及建设、生物炭与生物炭配方肥标准化生产研究应用、循环经济标准化对策研究。

【国家强制性标准执行情况监督检查】2016年，云南省质量技术监督局启动国家强制性标准执行情况监督检查工作。开展消费品安全标准“筑篱”专项行动，开展全省建筑玻璃、低压成套开关设备、建筑用脚手架扣件、建筑用砌墙砖、木家具、液化石油气、机床、建筑隔震橡胶支座等8类重要工业产品和消费品国家强制性标准执行情况的监督检查，检查企业462家，抽检产品461批次，涉及的主要执行标准104项，对检查中发现的标准实施问题通报企业所在地标准化工作主管部门进行后处理。

【标准化体系建设】2016年，云南省质量技术监督局贯彻落实《国家标准化体系建设发展规划(2016—2020年)》等有关国务院文件，结合编制全省标准化工作“十三五”规划，以省政府名义下发《云南省人民政府办公厅关于加快推进标准化体系建设的实施意见》，并组织实施。

【企业产品和服务标准自我申明公开和监督制度】自2016年4月起，云南省质量技术监督局在全省范围推行企业产品和服务标准自我申明公开和监督制度。截至年底，全省808家企业、4340种产品、2459个标准在国家标准委信息系统系统声明公开。

【强制性地方标准清理】2016年，云南省质量技术监督局贯彻落实国务院《深化标准化工作改革方案》，开展地方标准体系的清理整合工作，对现行有效的云南省强制性地方标准进行清理，完成35项强制性地方标准的清理工作，完成546项推荐性地方标准集中复审工作。

【团体标准试点】2016年，云南省在重点行业开展团体标准试点1个，《普洱市白及生产综合技术规范》在全国团体标准信息平台成功注册，于2016年9月21日在全国团体标准信息平台上发布。

【标准信息传递平台】2016年，云南省质量技术监督局开展标准信息传递平台建设，为企业提供标准信息服务。通过云南省标准化行政管理信息系统，向社会免费公开现行有效地方标准信息。

【重点产业标准提升行动计划】2016年，云南省质量技术监督局贯彻落实《中共云南省委、云南省人民政府关于着力推进重点产业发展的若干意见》《国务院办公厅关于印发消费品标准和质量提升规划(2016—2020年)的通知》《云南省质量强省发展规划(2016—2020年)》等要求，助推省委、省政府确定的生物医药和大健康、旅游文化、信息、现代物流、高原特色现代农业、新材料、先进装备制造、食品与消费品制造等8大重点产业高质量发展，经多方征求意见，收集整理，起草《云南省重点产业标准提升行动计划》，并提请省人民政府下发。

【服务“一带一路”国家战略】2016年，云南省质量技术监督局围绕服务“一带一路”等国家战略，融入沿边开放合作，向国家标准委申请在云南省标准化研究院设立中国南亚东南亚标准化研究中心，推动标准“走出去”。

【第39届国际标准化组织大会精神学习贯彻】2016年9月19日，云南省质量技术监督局召开省局党组扩大会议，专题学习第39届国际标准化组织大会精神，重点学习习近平总书记的贺信及李克强总理的致辞，要求全系统认真学习，认真贯彻落实，并以此为动力，加速推进质量强省、标准化战略的实施，加速云南省标准化工作水平，提升质量总体水平，为云南经济社会跨越发展作出积极贡献。省局处级以上领导干部和驻昆直属事业单位党政主要负责同志参加会议。向省政府专报第39届国际标准化组织大会精神和要求。省局发文要求各州市局结合纪念“世界标准日活动”，学习贯彻第39届国际标准化组织大会精神，开展纪念活动和贯彻落实工作。

供　稿：云南省质量技术监督局
撰稿人：罗绍林
审稿人：张志刚

西藏自治区标准化工作

【概况】2016年,西藏自治区质量技术监督局贯彻落实自治区党委、政府和质检总局决策部署,学习全国标准化工作会议和全区质监工作会议精神,以深化标准化工作改革为动力,推进标准化战略实施。围绕自治区党委、政府中心工作,筹备并组织召开全区质监系统标准化工作培训会议,全面总结"十二五"时期全区质监系统标准化工作,分析在新常态下和今后一段时期标准化工作面临的新形势、新要求,提出"十三五"全区质监系统标准化工作"把握一个总要求,抓好五项重点任务"的工作思路,制定并以自治区人民政府、自治区人民政府办公厅名义出台《西藏自治区人民政府关于贯彻落实国务院深化标准化工作改革方案的实施意见》和《西藏自治区人民政府办公厅关于实施标准化发展战略的意见》。围绕服务特色优势产业发展,坚持政府推动、政策引导,助推重点产业发展,推进地方标准体系建设、标准化能力建设、标准化示范引领和宣传培训等工作,为西藏经济持续健康发展和社会全面进步提供基础支撑。

【标准化结构性改革】2016年,西藏自治区质量技术监督局根据《2016年贯彻落实自治区人民政府深化标准化工作改革实施方案重点任务的工作安排》,对全系统标准化工作改革任务逐项对照分解,进一步细化工作要求和进度安排。制定《西藏自治区人民政府办公厅关于强制性地方标准整合精简的实施方案》和自治区质监局《关于对西藏自治区推荐性地方标准开展集中复审的通知》,按照工作要求和进度安排,对自治区区4项强制性地方标准、4项强制性地方标准制修订计划和158项推荐性地方标准组织开展整合精简和集中复审,解决地方标准与国家、行业标准交叉重复,不适用、滞后老化的问题。

【标准制修订复审工作】2016年,经西藏自治区质量与标准化工作领导小组审定,西藏自治区质量技术监督局废止强制性地方标准DB54/0001—2005《酥油》,建议DB54/0029—2009《糌粑》、DB54/0015—2007

《民用建筑采暖设计标准》、DB54/0015—2007《居住建筑节能设计标准》强制性地方标准修订计划继续执行,《风干牛肉》强制性地方标准制修订计划继续执行,并报国家标准委审核。

组织专家复审推荐性地方标准和推荐性地方标准制定计划158项,复审结论是22项推荐性地方标准继续有效,49项推荐性地方标准予以修订,16项推荐性地方标准废止,提请转化国家标准1项,56项推荐性地方标准制定计划继续执行,14项推荐性地方标准制定计划终止。培育团体标准,鼓励自治区天然饮用水产业发展协会开展包装饮用水团体标准编制,发布1项团体标准。

全年,自治区质监局下达3批41项地方标准制定计划,涉及农牧业生产技术标准11项,地理标志保护产品质量标准及生产技术规程26项,公共服务类标准4项。截至年底,西藏自治区地方标准备案82项。

【企业标准自我公开声明】2016年,西藏自治区质量技术监督局开展企业产品和服务标准自我声明公开和监督制度试点,拓展试点工作范围,实现规模以上生产企业产品标准全部自我声明公开,中小生产企业参与自我声明公开的数量大幅增加。112家企业220项产品标准进行自我声明公开,主要涉及建筑建材、包装材料等274种产品。其中企业标准有72项、国家标准113项、行业标准24项、地方标准11项,分别占全区自我声明公开产品标准的32.7%、51.4%、10.9%、5.0%。注重将事前备案向事中事后监管方式转变,并对全区自我声明公开的企业产品标准以及未自我声明公开的企业产品标准开展专项监督检查和标准评价,强化企业主体责任,查处违法违规情况,巩固改革成效。

【农业综合标准化示范】2016年,西藏自治区质量技术监督局对西藏芒康县有机酿酒葡萄种植、贡嘎县昌果红土豆种植、林芝市玛卡种植、噶尔县奶牛养殖、南木林县马铃薯种植等第八批10个国家级农业标准化综合示范区项目进行考核验收。组织申报国家奶牛养殖标准化示范区、国家生态农业产业园标准化示范区、国家阿旺绵羊养殖标准化示范区等6个项目为第九批国家级农业标准化示范区项目。截至年底,自治区有国家级农业标准化示范区30个。

【服务业标准化试点】2016年,西藏自治区质量技术监督局批准纳木错景区、珠峰大本营和山南市政务服务中心等5家单位开展第二批自治区级服务业标准化试点建设。截至年底,自治区有服务业标准化试点12个。

【标准化技术服务】2016年,西藏自治区质量技术监督局围绕自治区党委、政府中心工作,加大标准化技术服务力度,助推重点产业发展。联合中国标准化研究院,向自治区科技厅组织申报和立项开展《西藏自治区天然饮用水产业标准体系研究》项目建设,收集整理国内外天然饮用水产业标准130余项,在国内率先提出天然饮用水全产业链标准目录和建设需求，形成研究初稿。开展所有现行有效西藏地方标准的梳理工作，并在此基础上争取资金，首次正式出版发行西藏地方标准汇编及单行册。免费向社会提供标准文献800余份。

【国际标准化】2016年，西藏自治区质量技术监督局启动南亚国家标准化（西藏）研究中心筹备工作，并成立南亚国家标准化（西藏）研究中心筹建领导小组。9月28日，自治区常务副主席丁业现在阅读西藏标准化所的内参《南亚标准研究》第1期后，指出"南亚标准研究对南亚大通道建设和实施'一带一路'战略具有重要意义，建议深入开展标准推动南亚大通道战略实施的路径、目标、措施和实现方式的研究。"11月2日，自治区副主席甲热·洛桑丹增赴质检总局与局长支树平、副局长梅克保协商在西藏自治区标准化研究所设立南亚国家标准化（西藏）研究中心事宜，获得质检总局支持。通过与外事部门协调，与尼泊尔驻拉萨使领馆官员就开展双方标准化合作有关事宜进行对接。

【标准化专业技术委员会建设】2015年6月，西藏自治区藏医药标准化技术委员会获批成立，秘书处设在西藏自治区藏医院办公室，西藏自治区藏医药标准化技术委员会有29名专家组成。年内，西藏自治区人口健康信息化标准化专业技术委员会成立，秘书处设在西藏自治区卫生计生委信息中心。截至年底，自治区有标准化专业技术委员会4个。

【标准化宣传与培训】2016年，西藏自治区质量技术监督局借助"质量月"和"世界标准日"等宣传活动，在西藏主要媒体刊登"世界标准日"宣传海报、祝词和第39届ISO大会、近年来自治区标准化工作成果等主题稿件，举办拉萨市首届"质量标准品牌"论坛，就"标准助推创新发展，标准引领时代进步"和"标准化水平的高低，反映了一个国家产业核心竞争力乃至综合实力的强弱"等内容开展研讨，主动送标准进企业、进社区、进学习，为企业和群众答疑解惑，介绍党和国家对标准化工作的新理念、新主张，推介中国标准化实践经验，普及标准化基础知识。通过"以会代训"的模式，举办区内标准化工作培训2期，培训各地市局及相关地方政府标准化工作人员170人次。参加自治区外标准审查、农业标准化业务培训3期10人次。

供　稿：西藏自治区质量技术监督局

陕西省标准化工作

【概况】2016年，陕西省质量技术监督局征集、评审、下达地方标准制修订计划项目160项，制定、发布农业、工业、服务业地方标准64项；组织全省15家企业开展标准化良好行为确认活动，其中2A企业4家，3A企业7家，4A级企业4家；对10个第八批国家农业综合标准化示范区和2个示范县项目进行目标考核和绩效考核，眉县农业综合示范县和周至国家生猪生态养殖示范项目因建设成效显著被选入全国示范项目典型材料汇编；联合省发改委评审、下达第三批省级服务业标准化试点项目21项，对14项第二批省级服务业标准化试点项目进行终期评估考核；指导推动全省26个美丽乡村标准化试点项目建设工作，在安康平利县成功举办全省美丽乡村标准化建设现场推进会和《美丽乡村建设规范》地方标准培训会；推动全省企标备案制度改革，实施企业标准网上自我公开声明，简化备案流程，提高备案效率。组织实施省级第二批18项团体标准试点工作。

【农业标准化】2016年，陕西省质量技术监督局加快推进全省第一批美丽乡村标准化试点建设，研究确定平利县开展新型城镇建设标准化试点。大荔县城关街道办畅家村等2个试点行政村被评选为国家农村综合改革标准化试点项目。结合试点经验组织编制《美丽乡村建设规范地方标准释疑》《标准中的美丽乡村》等学习手册。

完成国家第八批17个农业综合标准化示范区和2个示范县，省级第六批20个农业标准化示范区的考核验收工作。千阳矮砧苹果、眉县猕猴桃、周至关中黑猪、临渭葡萄、岚皋魔芋标准化生产水平显著提高。受国家标准委委托，会同内蒙古、宁夏、云南等省（区）质量技术监督局组成考核抽查组，完成对广西、广东、湖南、海南等4省（区）第八批国家农业标准化示范项目抽查工作。在2016年杨凌"农高会"上，组织发布"矮砧苹果标准综合体"等11项农业地方标准。

10月12日，陕西省政府在平利县组织召开全省美丽乡村标准化建设现场会，时任副省长王莉霞出席会议并讲话，高度评价陕西省质量技术监督局工作，并要求全省各级政府大力推进美丽乡村标准化建设工作。省委文明办、发改委、建设厅、农业厅、环保厅、财政厅和各市主管副市长、质监局局长、试点县县长、乡镇长、村长及安康市相关部门、各县长等300余人参会。陕西省是全国第一个召开美丽乡村标准化现场会的省份。

11月22日，国家标准委在四川省大邑县召开第八批国家农业综合标准化示范区总结现场会，陕西省质量技术监督局代表全国30个省质监局发言介绍建设经验，介绍陕西省示范项目建设所取得的显著成效，重点介绍"两个创新、两个结合、三个加强"的建设经验。"两个创新"即创新农业标准化推广模式和创新农业综合标准化工作，"两个结合"即结合精准扶贫和结合一二三产业融合发展，"三个加强"即加强"农业标准化＋互联网"工作、加强项目绩效考核工作和加强项目建设成果宣传。

【工业标准化】2016年，陕西省质量技术监督局将2016年确定为标准化提升年，研究制定《省局标准化提升年工作方案》，实施标准化改革攻坚工程、新型城镇标准化推进工程等10大工程，以及消化过剩产能、加强装备制造标准升级等30项重点任务。撰写专题报告及时向省政府主要领导汇报标准化提升年各项工作。

年内，陕西省企业主导制定的信息技术类2项国际标准正式发布实施，1项标准列为国际标准提案，陕西省企业主导制定国际标准的数量达到19项，占全国国际标准总数189项的10%，位居全国第三。向国家申报成立陕西"一带一路"国际标准协作平台。

在两年一届的2016年中国标准创新贡献奖评选中，陕西省报送的项目获一等奖3项，二等奖3项，三等奖2项，一等奖数量位居全国第三，获奖总数位居全国第五。

【服务标准化】2016年，陕西省质量技术监督局联合省发改委，下达全省第三批21家服务业标准化试点计划，领域覆盖电子商务、会展服务、文化旅游等8大重点产业。完成第二批15家省级试点的验收考核工作。陕西华清宫文化旅游有限公司、恒泰汽车服务有限公司成为全国第二批13家服务业标准化示范单位的成员。

3月，联合省发改、人社、妇联等8个省级单位，在渭南市成功召开陕西省家政服务业标准化培训现场会，帮助农村转移劳动力脱贫致富，带动近万名"农民工"进城从事家政行业。联合陕西省清洗保洁协会，共同举办第二届陕西省清洗保洁标准化技能大赛，一批严格按照标准操作、质量达标的"农民工"脱颖而出，为实现精准脱贫发挥示范带动作用。

联合教育、文化、旅游、知识产权等省级部门，陕西旅游集团有限公司、陕西华清宫文化旅游有限公司等省属大型文化旅游企业，深化政企合作，联合签署《推动〈长恨歌〉模式走出去战略合作协议》，率先成立全国第一个省级旅游演艺标准化技术委员会。组织华清宫主导制定发布3项全国首批旅游演艺国家标准。指导陕旅集团复制推广《长恨歌》演艺模式，陕旅集团以西安事变为主题投资打造的《12·12》实景演出项目12月12日举行首演，中央电视台晚间新闻、《中国质量报》、光明网、中国经济网、网易、搜狐、腾讯等媒体进行报道。

【陕西标准化改革】2016年，陕西省质量技术监督局以提升工程建设质量，消化过剩产能为目标，联合住建、交通等有关部门，研究确定《公路工程水泥混凝土粗集料技术规范》《海绵城市设计规范》等32项地方标准，帮助消化陕西省钢铁、水泥过剩产能和库存。贯彻落实陕西省政府《关于加强节能标准化工作的实施意见》，以淘汰一批落后产能为目标，研究确定《煤制甲醇单位产品综合能耗限额》等首批18项重点节能领域地方标准制定计划，转化科研成果5项，专利技术6项。帮助指导榆林2家煤化工大型企业开展循环经济标准化试点工作，有效降低企业生产成本，提升企业发展质量和效益。

研究制定《陕西省企业标准管理制度改革工作方案》和《企业产品标准信息公共服务平台操作介绍》，2016年1月1日起，在陕西省全面推广企业产品和服务标准自我声明公开改革。截至12月16日，全省有913家企业在企业标准自我声明公开平台上公布企业标准4904项，涵盖10756种产品。试点过程中，针对企业提出的问题，编写印制《企业标准自我声明公开常见问题十问十答》便民手册。支持团体标准改革，引导、鼓励18个各类社会团体、企事业单位制定有利于促进技术进步和产业发展的团体标准，支撑大众创业、万众创新。

按照实施效果调研、内容评估分析、专家会议座谈、征求部门意见、清理结论判定等工作程序，提出陕西省27项强制性地方标准精简整合意见，向国家标准委进行专题报告。组织20个省级部门集中对854项推荐性地方标准进行清理整合。

【标准化管理】2016年，陕西省政府工作报告7次谈到标准化工作。经过多方协调，省政府建立由分管副省长任召集人，26个部门组成的陕西省标准化工作联席会议制度。年内，陕西省质量技术监督局推动各地市建立标准化协调机制，咸阳、宝鸡、渭南、安康、榆林等5个市政府相继下发深化标准化工作改革文件，建立标准化协调工作机制。

陕西省质量技术监督局联合省审改办印发《行政许可标准化指引（2016）》，为推进陕西省行政许可标准化工作，有效规范权利运行提供支撑。联合省民政厅印发《关于加快推进全省民政标准化工作的意见》，对“十三五”期间陕西民政标准化工作进行整体规划、统筹安排。省民政厅成立由厅长任组长的陕西省民政标准化工作领导小组。联合省交通厅，发布《陕西省“十三五”交通运输标准体系发展规划》，规划确定“十三五”期间需要制定的交通运输地方标准180项，亟须制定的交通运输地方标准76项。

【标准化宣传】 2016年9月18日，陕西省质量技术监督局组织召开全系统学习贯彻第39届国际标准化组织会议精神专题会议。向省政府报送《关于贯彻落实第39届国际标准化组织大会精神有关情况的报告》。10月，组织召开陕西省美丽乡村标准化建设现场会暨贯彻落实第39届国际标准化组织大会精神会议。结合陕西省实际，围绕世界标准日宣传主题，组织拍摄“标准促进世界互联互通”公益视频短片，在全省广泛宣传。在《陕西日报》专版宣传世界标准日，并发表省质监局局长的文章《学习贯彻ISO大会精神 扎实推进标准化战略》。组织各市局开展“标准进百企进百校”活动，向企业职工和高校学生宣讲会议精神。设计宣传会议精神的知识彩页，通过《华商报》的发行网络向全省5万户普通群众进行派送。

在各类传统媒体和网络新闻媒体发布标准化稿件50篇（条）。其中，《中国质量报》专版1次、头版头条5条，《陕西日报》专版1次，陕西电视台《陕西新闻》对“实施标准化是大工程 引领产业创新发展”进行专题报道，《陕西画报》对陕西省质量技术监督局在安康平利县开展的庆祝第47届世界标准日系列活动以“标准与创新 打造陕西最美乡村”为题进行专题报道。《质监动态》刊用19条，在中国质量网、凤凰网、华商网、陕西传媒网等网站发布标准化信息10余条。历经3年专项攻关编撰的图书《中国古代标准化探究——秦》，由中国质检出版社（中国标准出版社）出版发行。

供　稿：陕西省质量技术监督局
撰稿人：贾大平　范澍田
审稿人：周拴成

宁夏回族自治区标准化工作

【概况】 截至2016年底，宁夏审批、发布宁夏地方标准1294项，其中现行有效地方标准858项，强制性地方标准18项（约占现行有效地方标准总量的2%）。各类标准中农业领域标准占65%，林业领域标准占20%，建筑、消防安全、环保等社会管理和公共服务业领域标准占15%。全区现有各类标准化试点示范项目322个，其中国家级项目108个、自治区级项目214个。全区标准化良好行为企业140个，服务业试点项目80个，社会管理和公共服务业标准化试点3个。全年，整合精简强制性地方标准32项。全面推行企业产品和服务标准自我声明公开制度以来，累计公开企业标准551项。培育家电行业团体标准4项。

【标准化工作改革】 2015年底，宁夏回族自治区政府召开自治区标准化协调推进联席会议，对深化标准化工作改革工作进行部署，出台《自治区人民政府办公厅关于改革和加强标准化工作的实施意见》。自治区质监局、发改委、经信委、住建厅、林业厅、农牧厅、安监局等34个标准化工作协调推进部门形成部门联席会议制度，自治区标准化协调推进联席会议办公室设在自治区质监局。2016年4月，出台《自治区人民政府办公厅关于印发宁夏回族自治区深化标准化工作改革实施方案的通知》，对各项改革任务进行部署。

制定《宁夏回族自治区标准化体系建设发展战略规划（2016—2020年）》，贯彻党的十八大和十八届二中、三中、四中、五中全会精神，坚持“四个全面”战略布局，树立创新、协调、绿色、开放、共享的发展理念。落实深化标准化工作改革要求，发挥“标准化+”效应，注重提高发展质量和效益，着力加强供给侧结构性改革，深化科技创新与技术标准的融合，提高发展的质量与效益，实现重点领域标准化瓶颈突破，着力解决标准化创新发展中存在的突出问题。加强与“一带一路”、西部大开发等国家战略对接。为“开放宁夏”“富裕宁夏”“和谐宁夏”“美丽宁夏”提供技术支撑。到2020年，基本建成支撑地方治理体系和治理能力现代化的具有宁夏特色的标准化体系。

【整合精简强制性地方标准】 2016年4月5日，宁夏回族自治区人民政府办公厅印发《宁夏回族自治区强制性地方标准整合精简工作实施细则》，组织召开2016年标准化工作协调推进部门联络员第一次会议，在各行业主管部门支持和配合下，经过各领域专家组的研究论证和审评，按照《强制性标准整合精简评估方法》，完成对32项强制性地方标准的分析评价工作，按程序在《宁夏日报》、宁夏新闻网及自治区质监局门户网站向社会公示60天后，形成强制性地方标准整合精简结论。其中，继续有效标准10项、修订标准7项、转化为推荐性地方标准8项、废止标准7项。

【推荐性标准优化完善】2016年，宁夏回族自治区质量技术监督局组织召开4次标准化工作协调推进部门联络员会议，对自治区政府办公厅《深化标准化工作改革实施方案》和国家标准委《推荐性标准集中复审工作方案》等文件精神进行解读，对有关责任部门工作人员进行培训，指导相关单位开展推荐性地方标准集中复审工作。在各行业主管部门支持和配合下，经过各领域专家组的研究论证和审评，按照《推荐性标准集中复审工作方案》规定的评估方法，完成对868项推荐性地方标准的复审评价工作。其中，继续有效标准528项、修订标准153项、废止标准187项。

【团体标准培育发展】2016年，宁夏回族自治区质量技术监督局对质检总局、国家标准委印发的《关于培育和发展团体标准的指导意见》的通知进行宣贯解读，引导宁夏家电行业协会建立团体标准。指导宁夏家电行业协会完成《宁夏家用空调行业安装维修服务规范》《家用中央空调工程技术规程》《宁夏家用、商用饮用水设备安装维修服务规范》《空调室外机安装服务规范》等4项团体标准，经专家组论证后，在全国团体标准信息平台进行公示。宁夏家电行业协会通过宁夏家电网、宁夏家电微信公众号、《宁夏家电》DM杂志等线上和线下资源进行推广和宣传。部分地区的行业从业者（代理商及经销商）将标准付诸实施，获得消费者认可。

【企业标准放开搞活】宁夏试行企业产品标准自我声明制度以来，建立宁夏企业产品标准信息公共服务平台，简化企业备案产品标准的程序，方便企业办事。完善并推行企业产品和服务标准自我公开声明制度，公开声明551项。2016年10月下旬，开展企业产品标准监督检查工作，对全区公开声明的和在备案有效期内的企业标准，随机抽取200条进行监督检查，委托宁夏标准化院进行标准比对，结果反馈相关部门。

【国际标准化工作】2016年，宁夏回族自治区质量技术监督局推动全区企业和社会组织参与国际和区域标准化活动。协调约旦国标准计量组织与国家标准委签属标准化战略合作备忘协议；开展中阿标准化合作与交流等领域工作、支持提升宁夏特色产业标准化工作、加强人才队伍建设；完成19个阿盟国家和2个区域标准化组织概况信息的收集、整理和翻译工作。包括阿拉伯国家的主要概况、标准化战略、发展目标、体制机制、技术标准和政策法规、技术委员会管理、标准制定程序等，将收集资料整理汇编《阿拉伯国家及其标准化情况》；在2016年ISO年会之前，完成GSO、沙特、阿联酋、埃及和苏丹等国家或组织的标准化信息收集研究任务。

【农业标准化】经国家标准委批准，宁夏回族自治区承担第八批国家级农业标准化示范项目9个。其中，农业综合标准化示范区8个、农业综合标准化示范县1个；种植类8个、生态类1个，示范面积达40万亩（2.67万公顷）。示范项目覆盖全区玉米、酿酒葡萄、宁夏枸杞、食用菌、设施农业、生态林绿化等地方特色优势项目。农业标准化示范区的建设通过走标准化生产的道路，取得示范效果：推动全区农业和农村经济的发展，为扶贫工作提供有效抓手；推动生态环境建设，在项目带动下，全区新增绿地80多万亩（5.33多万公顷），使全区绿地覆盖率增加；推动优势特色产业发展；推动农产品品牌培育。中卫硒砂瓜、灵武长枣、中宁枸杞、同心圆枣、彭阳朝那鸡、盐池滩羊等特色农产品通过标准化生产，培育名牌产品，扩大知名度，走出国门。

【服务标准化】2016年，宁夏国旅旅游标准化试点、宁夏中旅旅游服务业标准化试点和宁夏华夏西部影视城旅游服务标准化试点开展第一年试点创建工作。宁夏华夏西部影视城有限公司依托5A景区的管理模式，编制发布公司开展标准化工作的纲领性文件《标准化工作手册》。搭建公司标准化体系框架，共计110项标准，其中已制定90项、待修改20项。完成《宁夏华夏西部影视城景点解说规范》编制。宁夏中国国际旅行社制定《宁夏国旅标准化试点（国家级）工作方案》，公司标准化工作领导小组针对以前工作中存在的问题，研究分析、采取措施整改完善。宁夏中旅编制《中国公民国内旅游文明行为公约》《中国公民出境旅游文明行为指南》和《文明旅游承诺书》手册。推动全国服务业标准化示范精品项目工作。按照国家标准委下达的2015—2016年度全国服务业标准化示范项目的通知，2016年年初，向承担单位宁夏沙坡头旅游服务标准化示范区下达任务创建要求，共同研究制定示范项目创建时间表。

【装备制造业标准化】2016年，宁夏回族自治区质量技术监督局围绕国家标准委办公室、工业和信息化部办公厅《关于中关村科技园区丰台园管理委员会等11家单位开展国家高端装备制造业标准化试点项目的通知》要求，组织银川经济技术开发区管理委员会在智能制造、数字化生产线、智能产品、高于国际和国家行业标准的企业技术标准提升四个方面开展标准化试点工作。试点企业标准体系框架初步形成，试点项目各项考核指标达到量化，智能工厂和智能产品标准体量增大，标准化部门、科技管理部门与企业合作的长效工作机制初步建立。

供　稿：宁夏回族自治区质量技术监督局
撰稿人：丁　晖
审稿人：韩鸿雁

甘肃省标准化工作

【概况】2016 年，甘肃省质量技术监督局贯彻国家标准委和省委、省政府决策部署，推进改革创新，实施标准化发展战略，积极推进《甘肃省标准化发展战略纲要（2014—2020 年）》和《甘肃省标准化发展战略纲要实施方案（2015—2020 年）》，组织召开全省标准化工作会议、全省实施标准化发展战略领导小组第二次会议以及全省质监系统标准化工作会，各项工作有序开展。

是年，甘肃省质量技术监督局开展地方标准清理评估、企业标准自我公开声明和监督工作。下达地方标准制修订计划 5 批 205 项，审批发布地方标准 139 项。建设“甘肃省地方标准全文公开信息平台”，向社会各届和广大人民群众提供甘肃省地方标准全文公开服务。批复筹建、成立甘肃省古代壁画与土遗址保护等 6 个省级标准化技术委员会。完成第八批 11 项国家级和 17 项省级农业综合标准化示范区项目目标考核，获批创建第九批国家级和省级农业标准化示范区 6 个，建设国家和省级服务业标准化试点 13 个，建设国家级或省级循环经济标准化试点 5 个，建设省级高新技术产业和战略性新兴产业标准化试点 7 个，建设国家级或省级社会管理和公共服务标准化试点 10 个。“百家企业标准化提升服务工程”活动渐趋常态化，持续指导企业开展企业产品标准自我声明公开、良好行为企业确认、采用国际标准和国外先进标准等工作，提升企业标准化水平。

国际标准化组织（ISO）大会举办后，甘肃省质量技术监督局召开专门会议，传达学习习近平总书记、李克强总理在国际标准化组织（ISO）大会上的贺信及重要讲话精神。并向省政府做专题报告，省政府分管领导副省长夏红民专门作出批示，要求“甘肃省标准化发展战略领导小组各成员单位要深入学习传达会议精神，并做好总书记贺信、总理讲话精神的贯彻落实。”9 月 19 日，甘肃省标准化发展战略领导小组向全省印发《关于第 39 届国际标准化组织（ISO）大会情况的报告》，要求全省上下立即开展学习和贯彻落实工作。

【标准化发展战略】2016 年，甘肃省质量技术监督局以省政府名义组织召开省直各部门、各市州政府、省属企业、在甘的国家级和省级标准化技术委员会参加的全省标准化工作会议。召开全省实施标准化发展战略领导小组第二次会议，审议通过并由省政府办公厅印发《甘肃省标准化发展战略纲要 2016 年行动计划》《甘肃省强制性地方标准整合精简工作实施方案》。省农牧厅牵头成立省农牧厅厅长任组长，林业、国土、水利、气象等部门参加的农业标准化工作领导小组，省民政厅、省交通厅成立一把手挂帅的民政、交通行业标准化工作组。林业、民政、交通等先后发布本行业标准化“十三五”规划。省财政厅加大标准化专项资金支持力度。兰州、定西、陇南等市制定《标准化发展战略纲要实施方案》；天水、庆阳等市出台实施标准化战略的意见和奖励办法；酒泉市结合首届敦煌文博会的举办，制定出台《酒泉市公共信息标志标准化设置工作方案》和《酒泉市公共信息标志标准化管理办法》；兰州、庆阳、武威市政府专门召开全市标准化工作会议。

【标准化改革】2016 年，甘肃省质量技术监督局完成对全省 32 项强制性地方标准及制修订计划的整合精简评估工作和省现行有效 2549 项推荐性地方标准及修订计划项目集中复审工作。发布废止 18 项强制性地方标准和废止 497 项推荐性地方标准以及 7 项强制性地方标准转化为推荐性地方标准等 3 个公告；印发 1593 项现行有效甘肃省推荐性地方标准目录、1 项强制性地方标准制修订计划项目转化为推荐性地方标准制修订计划项目以及终止 3 项甘肃省强制性地方标准制修订计划项目和终止 15 项甘肃省推荐性地方标准制修订计划项目等 4 个通知文件。

【地方标准管理】2016 年，甘肃省质量技术监督局坚持“公开、透明、公正”的原则，严格立项评估，从源头确保标准质量。全年接受地方标准制修订立项建议书 425 项，下达地方标准制修订计划 5 批 205 项，立项率48.3%;批准发布地方标准139项。批复筹建、成立甘肃省古代壁画与土遗址保护等6个省级标准化技术委员会。组织召开在甘的全国标准化技术委员会及分技术委员会、各省级标准化技术委员会参加的全省专业标准化技术委员会座谈会,建立省级标准化行政主管部门、国家级标委会与省级标委会间沟通互动的工作机制。研发部署的"甘肃省地方标准全文公开信息平台"正式上线运行,向社会各届和广大人民群众提供甘肃省地方标准全文公开服务,公众可通过省质监局网站免费查询、检索、浏览、阅读甘肃省地方标准全文。

【企业标准自我声明公开】2016年,经甘肃省政府112次常务会议审议通过并印发《甘肃省企业产品标准管理规定》,启动企业产品标准和服务标准自我声明公开和监督工作。全省有1399家企业公开4138项标准,涵盖7082种产品。组织开展企业产品标准监督评价检查工作,随机抽取164家企业的200项标准开展评价检查,经评价,有效标准82项,占抽样总数的41%;无效标准118项,占抽样总数的59%,并向全省进行通报。

【农业标准化】2016年,甘肃省两个国家级农业综合标准化示范区项目通过国家标准委组织的抽查,完成第八批11项国家级和17项省级农业综合标准化示范区项目目标考核。组织第九批国家级和省级农业标准化示范区项目征集申报工作,6项获国家标准委批复立项。完善现代农业标准体系,全年批准发布农业地方标准108项。组织金昌市、张掖市开展国家新型城镇化标准化试点和农村综合改革标准化试点工作。

【工业标准化】2016年,甘肃省质量技术监督局围绕贯彻落实《中国制造2025甘肃行动纲要》,在农机装备、新材料、信息技术产业、电力装备等领域开展标准化工作,制定发布DB62/T 2678—2016《风筛式种子清选机》、DB62/T 2736—2016《民用环保型煤》、DB62/T 2650—2016《电梯运行监测系统技术规范》等13项涉及农机装备、节能环保、特种设备监管的地方标准,组织建设"兰州市再生资源回收公司"国家级循环经济标准化试点,启动4个省级循环经济标准化试点项目。省质监局、省工信委共同组织兰州、酒泉、定西等3个市州7家单位开展省级高新技术产业和战略性新兴产业标准化试点,推动甘肃省制造业体制增效、转型升级。

【服务标准化】2016年,甘肃省质量技术监督局以标准化为手段促进现代物流大发展,会同省商务厅开展农产品冷链流通标准化示范工作;为提升服务业标准化水平,提高服务质量,相继在兰州、酒泉、临夏、甘南、张掖、定西等市州启动11个省级服务业标准化试点工作,涵盖旅游观光、景区服务、餐饮服务、物业服务等领域。会同省审改办印发《关于推进行政许可标准化的通知》,要求全面推进行政许可标准化,进一步规范行政许可行为,提高审批效率,改进服务水平。围绕养老服务业发展,联合省民政厅制定印发《关于推进全省民政标准化工作的实施意见》;下达"流浪乞讨人员服务管理规范"12项民政领域地方标准制修订计划。全面启动"武威市社会福利院"等4个第三批国家级社会管理和公共服务标准化试点。批复立项"甘肃省中医院医疗卫生服务标准化、平凉市政务服务中心政务服务标准化"等6个省级社会管理和公共服务综合标准化试点,组织申报7个第四批国家级社会管理和公共服务标准化试点项目。

【标准化宣传】2016年,甘肃省质量技术监督局利用《甘肃日报》《中国质量报》、中国甘肃网、新华网等主流媒体,发表《标准化助推甘肃转型发展》《'标准化+'助力供给侧改革——我省大力推进实施标准化战略纪实》等标准化新闻报道25篇,宣传实施标准化发展战略、深化标准化改革的重大意义和基础性作用。围绕2016年"世界标准日"主题和省标准化重点工作,组织开展标准进企业活动,宣传标准助于搭建企业与消费者之间互信。各市州开展形式多样的宣传活动,甘南、庆阳等质监局分别在市区中心广场等地点专门设立"世界标准日"主题宣传拱门和咨询服务台,制作宣传横幅,发放宣传材料,接受广大群众在标准业务咨询,开展相关服务并受理投诉,提升当地群众对标准化工作的社会认知度和影响力。

供　稿:甘肃省质量技术监督局
撰稿人:张晓春
审稿人:孙乔玉

青海省标准化工作

【概况】截至2016年底，青海省组织制定地方标准1444项（2016年新增62项）；设立省级标准化技术组织3个（2016年新增1个）；建成国家农业标准化示范区63个；建立省级农业标准化示范区2个；建立省级林业标准化示范区2个。建设国家服务业标准化试点9个（2016年新增1个）；建立国家社会管理和公共服务综合标准化试点4个（2016年新增1个）；开展企业产品标准自我公开声明试点工作；召开省标准化协调推进联席会议第二次会议。

按照青海省政府、国家标准委对标准化工作的改革要求和省政府办公厅《青海省强制性地方标准整合精简工作实施细则》和青海省质量技术监督局关于印发《青海省推荐性地方标准集中复审工作实施方案》的函等文件要求，青海省质量技术监督局组织全省各相关部门对现行有效的174项强制性地方标准进行整合精简；对1102项推荐性地方标准进行集中复审。确定废止106项地方标准（20项强制性地方标准，86项推荐性地方标准），154项强制性地方标准转化为推荐性地方标准，1016项推荐性地方标准继续有效。

【农业标准化】2016年，青海省质量技术监督局在农业种质资源、动植物疫病防控、农（畜、渔）产品生产技术、基础设施、现代林业等领域，发布实施《节地型日光节能温室建造技术规范》《鱼类养殖用高密度聚乙烯圆形网箱技术要求》《核桃低产林改造技术　高接换优》《设施葡萄病虫害防治技术规范》《牦牛种畜场布鲁氏菌病净化技术规范》《森林三防管护信息化系统　建设导则》等38项地方标准。完成15个第八批国家农业综合标准化示范项目建设。截至年底，全省建成国家农业标准化示范区63个。

【工业标准化】2016年，青海省质量技术监督局鼓励、支持、帮助企业建立实施标准体系，加大标准化工作宣传力度。发布实施《多年冻土区　隔热层路基技术规范》《多年冻土区　块石路基技术规范》等7项公路建设领域地方标准。联合省住房和城乡建设厅在建筑和绿色建筑等领域制定《绿色建材评价标准》等地方标准6项。

【服务标准化】2016年，青海省质量技术监督局召开服务业标准化试点工作座谈会，向第三批国家服务业标准化试点评估合格单位颁发试点评估合格证书及奖牌，并对试点单位提出持续推进标准化工作要求。向国家标准委推荐青海藏医药文化博物馆为2016年全国服务业标准化示范备选项目。新增“青海金银滩（原子城）景区服务标准化试点”为第五批国家级服务业标准化试点项目。推进社会管理和公共服务标准化，2016年国家标准委新批准西宁市中小商贸流通企业公共服务平台标准化试点为“第三批国家级社会管理和公共服务综合标准化试点项目”。发布实施《特色旅游线路基本条件》等5项涉及旅游服务地方标准。

【标准化培训宣传】2016年，青海省质量技术监督局加大标准化培训、宣传力度。编发《青海省开展强制性地方标准整合精简和推荐性地方标准集中复审工作》等网站新闻4篇、工作简报1期，围绕2016年世界标准日“标准建立信任”的主题，开展世界标准日暨标准开放日宣传活动。在全省组织开展“标准进社区”“标准进企业”“标准进农户”“标准进校园”等系列宣传服务活动。

【青海省标准化统筹协调机制】2016年，青海省标准化协调推进联席会议第二次会议召开，会议审议通过《青海省标准化体系建设发展规划（2016—2020年）》《青海省强制性地方标准整合精简工作实施细则》，确定并安排部署2016年全省标准化工作重点改革任务。会后两文件以省政府办公厅文件下发；省质监局会同省经济和信息化委员会制定《青海省关于落实装备制造业标准化和质量提升规划的实施意见》，推动装备制造业标准化战略实施，加快建立并完善我省装备制造业标准化体系，提高标准化技术服务装备制造业发展的能力。

【专业标准化技术委员会建设】2016年，青海省质量技术监督局批准成立由青海省林业厅、青海省湿地保护中心、青海省野生动植物和自然保护区管理局、中科院西北高原生物研究所、青海大学、青海师范大学、青海民族大学、青海省农林科学院林业研究所等34个企事业单位、科研院所、高等院校的72名委员组成的“青海省林业标准化专业技术委员会”。该标准化专业技术委员会的成立将对省森林培育、森林资源、森林保护、林业产业、林业信息化等领域青海省地方标准体系的规划、青海省地方标准制修订、重要标准的宣贯和标准化人员培训工作起到积极作用。

【企业产品标准自我声明】2016年，青海省取消企业产品标准备案制度，全面实施企业产品和服务标准自我声明公开制度。截至年底，全省55家企业自我公开声明137项标准。

供　稿：青海省质量技术监督局
撰稿人：李欣荣　余　海
审稿人：杨立新

新疆维吾尔自治区标准化工作

【概述】2016年，新疆维吾尔自治区成立自治区级标准化技术委员会3个，多语种信息技术国家标准工作组1个，建成国家级和自治区级农业标准化示范区（项目）21个，建成国家级和自治区级服务业标准化试点4个，建成国家级和自治区级社会管理和公共服务标准化试点4个，开展自治区标准化良好行为企业试点4家。自治区标准化工作领导小组印发《自治区标准化发展战略纲要（2001—2015年）》评估报告。完成《全区规模以上企业产品执行标准和采标情况的评价分析》报告。在2016年自治区人民政府对各地质量考核中，增加"推动实施标准化战略，推进标准化工作改革"的考核内容。

【标准化改革】2016年，新疆维吾尔自治区编制《自治区标准化体系建设规划（2016—2020年）》，提出"十三五"期间全区标准化工作的目标和任务。自治区质量技术监督局落实深化标准化改革任务，根据《国务院办公厅关于印发强制性标准整合精简工作方案的通知》，制定《自治区强制性地方标准清理工作方案》以及《自治区推荐性地方标准复审工作方案》，由自治区15个部门组成领导小组。67项强制性地方标准中：废止38项、继续有效3项、转化为推荐性标准26项；1582项推荐性地方标准中：继续有效906项、废止306项、修订370项。

2015年11月起，在乌鲁木齐市、克拉玛依市先行试点企业产品和服务标准自我声明公开制度；2016年11月1日起，在全区推进企业产品和服务标准自我声明公开制度，并于11月举办全疆质监系统专题培训班。

11月，按照"双随机、一公开"的原则，开展全疆企业产品标准监督检查和评价工作，对于检查发现企业产品标准不符合法律法规和强制性标准的，反馈各地，将企业产品列入产品质量重点监督的范围。

根据事权划分中的属地管理、分级负责原则，将采用国际标准产品标志的申请、审批、使用及监督管理事项下放到地（州、市）质量技术监督局；将《自治区采用国际标准及国外先进标准产品建议目录》委托给自治区标准化研究院编制、更新和发布。6月，举办全疆专题培训班。

在石油化工、农机等行业先行开展团体标准试点，克拉玛依市白碱滩区石油化工行业协会、新疆和田玉市场信息联盟商会等社会组织制定发布27项团体标准，发布的团体标准被企业用于相关市场准入办理和贸易结算。农机行业协会出台《农机团体标准管理办法》。

对《标准化法（修订草案征求意见稿）》提出修改建议，开展《自治区标准化管理办法》立法调研前的准备工作。5月，自治区人大发布实施《自治区农田地膜管理条例》，自治区质监局提出的加强地方标准执行力的建议被采纳。在自治区推进现代农业产业化、化解过剩产能、交通物流、公共文化服务、电子商务、旅游服务、农产品品牌、节能等政策文件中，研究提出意见，增强标准化工作话语权，推进各领域标准化工作。

【新疆地方标准】2016年，新疆维吾尔自治区质量技术监督局加强地方标准研制起草、技术审查、批准发布环节的程序管理，实现网上承办，提高标准质量水平。全年，下达《高强钢筋机械连接技术规范》《全生物降解吹塑农用地面覆盖薄膜》等2批160项自治区地方标准制修订计划。发布地方标准138项，发布团体标准27项。

【标准化服务】2016年，新疆维吾尔自治区质量技术监督局开展"公益性标准信息服务（2016—2017）"专项活动。7月，在全疆范围内组织开展为期一年的"公益性标准信息服务"专项活动，组织开展标准化相关知识、专业技能培训，普及标准化基础知识，提高标准化社会服务能力。

【农业标准化】2016年，新疆维吾尔自治区质量技术监督局制定发布《农田废旧地膜回收质量要求》《雪菊收购分级质量要求》《新疆林业生态工程检查验收规范》《无公害食品　河鲈池塘养殖技术规范》等自治区地方标准53项。地州市发布农业地方标准216项。完成第八批国家农业综合标准化示范区

13个、示范市1个，自治区示范项目7个的组织验收。截至年底，累计创建国家农业标准化示范区124个，自治区农业标准化示范项目69个。乌苏市创建新疆首个全国农业综合标准化示范城市，和静县人民政府创建首个国家农村综合改革标准化试点项目。

【工业标准化】2016年，新疆维吾尔自治区质量技术监督局完成《维吾尔乐器分类与名词术语》等8项文化产业地方标准和《维吾尔、哈萨克文办公软件应用编程接口规范》等10项少数民族信息交换地方标准的研制。会同自治区经信委，制定发布《企业质量信用等级评价》《农村信息资源建设》《农村基础信息数据源》系列地方标准。促进优势产业和制造业发展，推动和田维吾尔药业股份有限公司、新疆希望爱登堡电梯有限公司等4家“标准化良好行为企业”试点，完成图木舒克市永安棉纺有限公司到期评估。印发《2016年自治区采用国际标准和国外先进标准产品建议目录》。

【服务标准化】2016年，新疆维吾尔自治区质量技术监督局与自治区民政厅联合印发《关于进一步加快推进新疆民政标准化工作的实施意见》，全面提升自治区民政管理服务科学化水平。组织自治区标准化研究院、自治区产品质量监督检验研究院、新疆中创联合安全技术有限公司等3家单位成功申报第一批国家标准化服务业试点项目。组织开展区内标准化服务业现状调查，上报宝钢集团新疆八一钢铁有限公司等19家企事业单位、社团组织。对新疆昌吉州社会保险管理等4个国家级社会管理与公共服务标准化试点项目，拜城县行政服务中心等4个国家级服务业标准化试点项目组织中期评估，12月完成8个试点项目的到期评估。

【节能标准化】2016年，新疆维吾尔自治区人民政府办公厅印发《落实加强节能标准化工作意见的实施方案》，明确目标任务，强化自治区标准化工作领导小组协调职能，建立节能标准化联合推进机制。发布《燃煤电厂烟气汞污染物排放标准》等地方标准10项。发布《危险化学品生产经营单位事故隐患排查技术规范》《住宅用进户门通用技术条件》等地方标准8项。

【国际标准化】2016年，新疆维吾尔自治区质量技术监督局服务“丝绸之路经济带”核心区建设，加强与中亚国家标准化交流与合作。参加ISO大会、上海合作组织成员国国家标准化机构多边会谈和地方质检机构标准化工作研讨会。2次组团出访吉尔吉斯斯坦、塔吉克斯坦和哈萨克斯坦进行调研。访问期间，与塔吉克斯坦国家标准、计量及贸易监督局，吉尔吉斯斯坦国家经济部标准与计量中心，哈萨克斯坦经济与发展部技术规范委员会的领导和相关部门负责人就标准、计量、检验检测和认证工作进行座谈和交流。9月22日，新疆畜牧科学院、新疆维吾尔自治区质量技术监督局与俄罗斯国立畜牧科学院和哈萨克斯坦农业部阿斯勒土里克种畜场，在乌鲁木齐召开“中哈、中俄畜牧业质量标准研讨会”。研讨会推动项目合作研究领域进程，在项目研究、人才培养、制定联盟标准等方面交换意见，为下一步深化标准信息交换，开展畜禽繁殖、冻精颗粒、胚胎移植等国际上较成熟的技术领域标准互认等方面达成意向。

【标准化科技】2016年，新疆维吾尔自治区质量技术监督局组织完成“全区规模以上企业产品执行标准和采标情况的评价分析”等课题，《中棉所49棉花全国标准化示范区》的成果获得国家科技部二等奖。

【标准化宣传】2016年9月，新疆维吾尔自治区质量技术监督局宣传第39届国际标准化组织大会情况，向自治区人民政府、国家标准委报告“深入学习贯彻习近平主席致第39届国际标准化组织大会贺信和李克强总理讲话精神”。10月17日，《新疆经济报》专版宣传世界标准日，自治区质监局局长张剑以“实施标准化战略，推进质量兴新，为丝绸之路经济带核心区建设提供技术支撑”为题接受专访。“世界标准日”期间，邀请新疆电视台、《新疆经济报》、“天山网”、“新华网”等主流媒体记者，通过专题节目，宣传介绍标准化在企业经营节本增效、公共服务快捷高效、棉花生产增产增收、信息化建设沟通更顺畅等方面发挥的作用。全疆各地质监部门结合当地实际，开展形式多样的宣传纪念活动。

【标准化培训】2016年10月，新疆维吾尔自治区质量技术监督局首次采用“走出去”方式，在浙江大学举办为期4天的“新疆标准化管理培训班”。邀请国内知名专家和权威教授讲授宏观经济、创新驱动、标准化改革、标准化战略、标准化规划、国际标准化等方面内容，组织安吉美丽乡村标准化试点观摩和浙江标准化实践交流等内容。来自自治区质监系统、专业标准化技术委员会、部分地州（县市）政府、自治区有关部门50余人参加培训和观摩。逐步建立和完善自治区质检系统标准化专家数据库。

供　稿：新疆维吾尔自治区质量技术监督局
撰稿人：王利人
审稿人：阿扎提·皮尔多斯

新疆生产建设兵团标准化工作

【地方标准制修订】2016 年,新疆生产建设兵团质量技术监督局组织指导兵团水利局、农技推广总站、兵团水产技术推广总站、第十二师三坪农场、农六师农科所、新疆希望电子及石河子立新家政等 7 个单位申报高效节水、机采棉脱叶剂喷施技术规范等 12 项地方标准,经自治区标准化工作领导小组组织专家审查,机采棉脱叶剂喷施技术规范、机采棉机械施药技术规范、江鳕人工繁育技术规程、A 级绿色食品草莓设施生产技术规程、马铃薯脱毒技术规程、草莓脱毒苗移栽驯化技术规程、LED 照明组件热特性测试方法、地铁场所照明用 LED 灯应用技术规范、家政保洁服务规范、母婴护理服务规范及养老护理服务规范等 11 个项目,通过自治区立项审批。

【农业标准化】2014 年,兵团 11 个项目通过国家标准委第八批国家农业综合标准化示范区立项,建设期 3 年。2016 年 7 月,国家标准委专家组对兵团第八批国家农业综合标准化示范区进行抽查考核,项目通过考核;9 月,新疆生产建设兵团质量技术监督局组织第九批国家级农业标准化示范区项目申报。从各师质监局上报的 21 个项目中遴选上报质检总局 6 个农业标准化示范区项目,项目涵盖种植类、养殖类、生态类、综合类。经国家标准委评审,6 个项目全部通过评审。

【服务标准化】2016 年,新疆生产建设兵团质量技术监督局指导 4 个国家级服务业标准化试点单位开展中期评估准备工作,组织省内外专家对第二师新联运物流、中联客运、第八师石河子市立新家政和新疆康辉大自然国际旅行社开展国家级服务业试点中期评估和到期评估,4 个试点单位全部通过评估,其中第二师新联运物流、石河子立新家政取得 93 分的成绩。

【“世界标准日”主题宣传】2016 年 10 月 14 日,新疆生产建设兵团质量技术监督局组织开展以“实施标准化战略　促进世界互联互通”为主题的宣传活动。在兵团机关大楼电子屏播放第 39 届 ISO 大会专辑,组织印制并向兵团 15 个部局发放“走进中国　走近标准”“第 39 届 ISO 大会专辑”宣传册 150 余册,在兵团政务网站进行《走进中国标准》标准化知识、《标准中国:让世界倾听中国标准的声音》的宣传。各师开展“世界标准日”的宣传活动,二师质监局与巴州质监局联合组织标准化知识培训,并在铁门关市及各团场组织开展“世界标准日” 宣传,展出展板,在集贸市场等地发放标准化知识宣传册;十师质监局在电视台、行政服务大厅和广场开展标准日宣传,并对企业执行标准情况进行抽查。

【重要标准宣贯】2016 年,新疆生产建设兵团质量技术监督局向各师转发《绿色制造标准体系建设指南》,组织对《绿色制造标准体系建设指南》学习和宣贯。

供　稿:新疆生产建设兵团质量技术监督局
撰稿人:乔　丽
审稿人:王宝成

全国专业标准化技术委员会工作(选登)

全国电压电流等级和频率标准化技术委员会(SAC/TC1)

【概况】 截至2016年底,全国电压电流等级和频率标准化技术委员会归口管理国家标准21项、行业标准3项。

SAC/TC1对口国际电工委员会供电系统特征技术委员会(IEC/TC8)。

4月,国家标准委批准SAC/TC1换届申请,换届会议于9月24—25日召开。

是年,SAC/TC1的GB/Z 28805—2012《能源系统需求开发的智能电网方法》和GB/T 30137—2013《电能质量　电压暂降与短时中断》等2项国家标准获得2016年中国机械工业科学技术三等奖。

是年,SAC/TC1参加国家标准委全国专业标准化技术委员会考核评估,其中7个指标为一级、3个指标为二级,考核结论为二级。

【标准制修订与复审工作】 2016年,SAC/TC1报批1项国家标准、2项行业标准;在研国家标准4项、行业标准3项。SAC/TC1完成归口的19项国家标准、11项国家标准计划、3项行业标准和8项行业标准计划的复审工作,按时上报标准的复审结论。

【国际标准化工作参与情况】 2016年,SAC/TC1的中国专家在IEC/TC8中牵头制定3项国际标准,IEC/TS 62786《分布式能源接入电网》(进入DTS阶段);IEC/TS 62898-1《微电网规划与设计导则》(提交DTS稿);IEC/TS 62898-2《微电网运行与控制技术条件》(提交4CD)。

【标准化科研】 2016年,SAC/TC1秘书处承担单位承担国家质检公益性项目"航天等高端装备技术17项国际标准研制"中的子课题"电网技术国际标准研制",主要任务研制《公用电网电能质量特性评估》《微电网设计与规划导则》《微电网控制与运行条件》等3项国际标准。

SAC/TC1秘书处承担单位中标中国南方电网的"城市电网与电压暂降敏感用户兼容技术研究——城市电网与电压暂降敏感用户兼容标准体系研究项目",参与广州供电局的城市电网与电压暂降敏感用户兼容技术研究中的标准化研究。

【电能质量研讨和标准宣贯】 2016年,SAC/TC1在山西太原举办主题为"电能质量与智慧能源"的第八届电能质量研讨会。中国工程院院士、中国电力科学研究院院士周孝信做关于"能源革命中电力系统的发展趋势"的特邀报告。中国铁路总公司工程设计鉴定中心教授级高工景德炎做关于"电气化铁路的电能质量现状与建议"的特邀报告。丹麦奥尔堡大学代表做关于"微电网与电能质量"的特邀报告。华北电力大学、清华大学、西安交通大学、西安博宇电气有限公司等专家学者应邀做关于"新能源电网中的次同步间谐波问题研究与探讨""电力电子化电力系统电能质量问题""电能系统电子化所带来的挑战与应对思路""IEC 62749公用电网电能质量限值及其评估方法剖析"的特邀报告。

供　稿:SAC/TC1秘书处
撰稿人:张　苹
审稿人:陆宠惠

全国微电机标准化技术委员会(SAC/TC2)

【概况】 截至2016年底,全国微电机标准化技术委员会归口管理国家标准27项、行业标准35项,在研国家标准7项、行业标准3项、国家标准外文版2项。

【标准制修订与复审工作】 2016年,SAC/TC2报批7项国家标准、3项行业标准和1项协会标准。工业和信息化部批准发布SAC/TC2归口的行业标准5项,中国电器工业协会批准发布1项协会标准。完成1项强制性国家标准的整合精简评估。归口管理的1项强制性国家标准转为推荐性国家标准。完成对归口管理的推荐性国家标准26项、国家标准计划7项、推荐性行业标准35项、行业标准计划3项的复审工作。

【年会情况】 2016年9月19—22日,全国微电机标准化技术委员会年会暨标准审查会在陕西西安召开,37名委员、2名顾问出席会议,占全部应出席委员的90%以上。会议审查4项国家标准。

【标准化技术服务】 2016年,SAC/TC2组织标准起草单位及编制人员培训2次，组织行业单位标准宣贯2次，针对行业单位及相关人员开展标准化技术咨询服务50人次。秘书处参加上级主管部门组织的标准报批及复核人培训。

供　稿：SAC/TC2 秘书处
撰稿人：郭巧彬
审稿人：赵东虹

全国液压气动标准化技术委员会（SAC/TC3）

【概况】截至2016年底，全国液压气动标准化技术委员会归口管理国家标准118项、行业标准72项，其中105项采用国际标准；在研国家标准25项、行业标准4项，其中18项采用国际标准。

SAC/TC3对口国际标准化组织流体传动系统技术委员会（ISO/TC131）及其下设的9个分技术委员会（SC）：术语、分类和符号（SC1），泵、马达和整体传动装置（SC2），缸（SC3），管接头和附件（SC4），控制元件（SC5），污染控制（SC6），密封装置（SC7），元件试验方法（SC8），装置和系统（SC9）。

SAC/TC3下设4个分技术委员会（SC）：液压传动和控制（SC1），气压传动和控制（SC2），密封装置（SC3），液压污染控制（SC4）。

是年，SAC/TC3组织分技术委员会召开过滤产品过滤性能测试方法标准培训会，培训人数60余人；出版专著《流体污染与净化计量检测技术》，对颗粒度计量测试、过滤产品性能检测等液压污染控制专业关键技术标准进行阐述与分析，供从事液压污染控制有关工作的工程技术人员和管理人员使用。

【标准制修订与复审工作】2016年，国家标准委批准立项SAC/TC3归口管理的国家标准项目5项，工业和信息化部批准立项SAC/TC3归口管理的行业标准2项。SAC/TC3向国家标准委、工业和信息化部报批国家标准、行业标准17项，审查国家标准、行业标准送审稿21项。国家标准委批准发布SAC/TC3归口管理的国家标准1项，工业和信息化部批准发布SAC/TC3归口管理的行业标准4项。SAC/TC3组织分技术委员会对归口的117项国家标准进行全面复审，其中92项继续有效、23项修订、1项废止、1项协调。

【国际化标准工作参与情况】2016年，SAC/TC3组织办理国际标准送审稿22项、国际标准新工作项目和草案稿13项、国际标准复审网上投票和意见回复32项、其他投票13项。参与7项国际标准制修订工作。

组团参加ISO/TC131/SC5、ISO/TC131/SC6、ISO/TC131/ SC9年会，参与会议讨论和投票表决；主持召开ISO/TC131/SC6/WG1工作组会议。

【标准化科研】2016，SAC/TC3完成中机生产力中心牵头的科技部和质检总局下达的质检公益性行业科研专项“航空装备等重要制造领域49项基础及关键共性技术标准研究”中液压气动元件可靠性标准的研究工作；完成质检总局和国家标准委下达的“实施制造业标准化提升计划”专项中马达噪声测量等标准研究工作。

【年会情况】2016年3月25日，SAC/TC3/SC1在云南昆明召开会议，委员出席率80%；会议听取并讨论2015年工作报告以及2016年工作计划，并组织各单位和专家进行本单位和个人情况及标准化工作汇报。

11月7日，SAC/TC3/SC2在福建厦门召开会议，委员出席率82%；会议听取并讨论2016年工作报告以及2017年工作计划，分析在研标准工作情况及重要技术内容。

11月21日，SAC/TC3/SC3在浙江杭州召开会议，委员出席率94%；会议总结2016年度工作，讨论2017年工作计划。

11月29日，SAC/TC3/SC4在广东广州召开会议，委员出席率84%；会议听取并讨论2016年工作报告以及2017年工作计划，并拟定组团参加ISO国际会议，组织开展油液污染颗粒度测试能力比对活动。

供　稿：SAC/TC3 秘书处
撰稿人：罗　经
审稿人：李永顺

全国涂料和颜料标准化技术委员会(SAC/TC5)

【概况】 截至2016年底,全国涂料和颜料标准化技术委员会归口管理国家标准304项、行业标准157项,其中采用国际标准187项。在研国家标准29项、行业标准32项,其中采用国际标准11项。

SAC/TC5对口以下国际标准化组织:国际标准化组织色漆和清漆技术委员会(ISO/TC35)及其3个分技术委员会:涂料产品及试验方法分会(ISO/TC35/SC9)、涂漆前金属表面处理及涂漆工艺分会(ISO/TC35/SC12)、钢结构防腐涂料分会(ISO/TC35/SC14);颜料、染料和体质颜料技术委员会(ISO/TC256)。

【标准制修订与复审工作】 2016年,SAC/TC5进行12项国家标准和17项行业标准制修订工作,其中8项国家标准和17项行业标准于2016年12月完成报批。国家标准委批准发布SAC/TC5归口的6项国家标准,工业和信息化部批准发布SAC/TC5归口的15项行业标准。

SAC/TC5对归口的296项推荐性国家标准、26项在研推荐性国家标准计划项目,156项推荐性行业标准、32项在研推荐性行业标准计划项目进行集中复审。

【国际标准化工作参与情况】 2016年,SAC/TC5完成ISO标准草案的表态103件,ASTM文件表态123件。9月20—22日,在中国宜昌承办ISO/TC256第七届技术委员会年会,会上汇报由中国主导制定的ISO/CD 18473-3《功能颜料和体质颜料　第3部分:硅橡胶用气相二氧化硅》投票意见处理过程;提出修订国际标准ISO 473:1982《色漆用立德粉颜料　规格和试验方法》的建议;提出未来主导制定有机颜料产品和试验方法国际标准的设想等。

5月23—26日,SAC/TC5组团参加ISO/TC35为期4天的第41届国际标准化年会,会上向国外代表介绍中国钢结构水性防腐涂料体系的进展情况和标准化情况;代表中国正式向各国参会代表提出2019年在中国承办ISO/TC35国际标准化年会的诚挚邀请。

主导ISO/TC256/N247的ISO/CD 18473-3国际标准的制定,实质性参与ISO/TC256/N280的ISO/NWIP《颜料和体质颜料　从色漆、清漆和有色塑料中释放的纳米体的实验室模拟测定》、ISO/TC35/SC9/N2363的ISO/NWIP 21545《色漆和清漆　沉降性的测定》等2项国际标准的制定。

【标准化科研】 2016年,SAC/TC5完成质检总局质检公益项目"消费品中化学危害共性安全标准及10类重点产品关键技术标准研制(涂料)"阶段性工作。完成国家标准委《绿色产品评价　涂料产品》国家标准研制项目阶段性工作。

【年会情况】 2016年11月9—11日,SAC/TC5在贵州贵阳召开年会,出席会议的有全国涂料和颜料标准化技术委员会及5个分会委员、单位委员、相关标准制定工作组成员等方面的代表272人,委员参会比例96%。会议听取2016年标准制修订工作、国际标准化归口管理、标准化研究项目、重要标准化管理工作、秘书处组织管理行业服务和能力建设等标准化工作汇报;审查标准发展规划、涂料颜料标准体系、标准化经费、2017年拟申报的国家标准和行业标准计划项目等;部署2017年标准化重点工作等。会议对2016年拟完成报批的25项涂料和颜料国家标准和化工行业标准送审稿进行讨论和审查。

SAC/TC5/SC6秘书处于2016年4月20—21日在上海召开第七届SC6分技术委员会成立大会,并召开2016年SC6分技术委员会年会。SAC/TC5/SC6委员27人参会,参会比例92%,特邀专家13人。会议审查5项国家标准。

供　稿:SAC/TC5秘书处
撰稿人:唐　瑛
审稿人:彭菊芳

全国人类工效学标准化技术委员会(SAC/TC7)

【概况】 截至2016年底,全国人类工效学标准化技术委员会归口管理国家标准69项,其中44项采用国际标准；在研国家标准21项，其中6项采用国际标准。

SAC/TC7对口的国际标准化组织包括：国际标准化组织人类工效学技术委员会（ISO/TC159）及其下属的一般性工效学原则分技术委员会（ISO/TC159/SC1）、人体测量与生物力学分技术委员会（ISO/TC159/SC3）、人-系统交互工效学分技术委员会（ISO/TC159/SC4）和物理环境工效学分技术委员会（ISO/TC159/SC5）。

是年，SAC/TC7为30余家科研机构和企事业单位提供工效学标准化技术咨询服务和工效学基础数据服务，涉及人机界面评价、家电和家具产品工效学测评、汽车驾驶室工效学设计、工程机械驾驶室工效学设计、轨道交通工效学、服装工效学、热环境、噪声声品质、用户体验等多个工效学技术领域。

2016年8月31日，在北京召开第七届全国人类工效学标准化技术委员会成立大会，本届人类工效学标委会由41名委员组成，其中14名委员来自船舶、航空、汽车、高铁、家电、家居、计算机、电信等行业龙头企业，秘书处设在中国标准化研究院。

【标准制修订与复审工作】2016年，国家标准委批准立项SAC/TC7归口管理的国家标准项目7项。SAC/TC7审查国家标准3项，向国家标准委报批国家标准3项。SAC/TC7对82项人类工效学国家标准和标准计划进行复审，其中继续有效63项、修订18项、废止1项。

【国际标准化工作参与情况】2016年，SAC/TC7完成国际标准投票34项，其中新工作提案（NP）5项，委员会草案（CD）3项，国际标准草案（DIS）4项，最终国际标准草案（FDIS）2项，标准复审（SR）15项，委员会内部投票（CIB）5项。SAC/TC7与日、韩联合起草的ISO 24505《人类工效学　无障碍设计　考虑色觉随年龄变化的颜色组合方法》于2016年正式颁布；ISO 21056《人类工效学　无障碍设计　触觉符号和字母设计指南》推进至委员会草案（CD）阶段；ISO 21055《人类工效学　无障碍设计　适用所有年龄人群的最小可辨认字体尺寸》推进至工作组草案（WD）阶段。组团参加ISO/TC159和ISO/TC159/SC4年会，大会对TC、SC和WG的工作目标和范围进行界定和确认，确定Accessibility的最终定义。大会对人体测量数据应用方法进行研讨，明确人体测量标准研制目的是为了提高产品的宜人性水平，标准的结构包括数据的质量控制、数据的内容、设计需求和准则、数据共享、开发工具等方面。

【标准化科研】2016年，科技基础性工作专项项目"中国成年人工效学基础参数调查"进展顺利，截至年底，采集25个地区19595样本的人体尺寸数据，完成项目80%的测量任务。"十二五"科技支撑计划项目"显控界面工效学设计与测评关键技术标准及其应用研究"完成所有研究任务，如期提交项目验收申请，该项目完成国家标准报批稿8项、国家标准建议稿24项，基本解决显控界面工效学设计和测评标准匮乏的问题。质检公益性行业科研专项项目"产品检测用中国成年人头面部模型的研制及应用示范"开展了三维头面部数字化模型的建立研究、头部尺寸分型算法以及相关软件的开发等工作。国家重点研发计划课题"显示视觉健康评价方法、评测平台及标准研制"成功立项。

【年会情况】2016年8月31日，SAC/TC7在北京召开第七届全国人类工效学标准化技术委员会成立大会暨国家标准审查会。来自全国工效学知名研究机构和相关企事业单位的50余名委员、专家及标准起草组成员出席会议。会议通过《第六届全国人类工效学标准化技术委员会工作总结》，审议通过全国人类工效学标准化技术委员会章程和秘书处工作细则，并对委员会的工作计划进行讨论。与会委员充分肯定第六届标委会的工作，并从标准申请和立项，标准实施、培训和推广应用等方面对本届委员会的工作提出具体建议。会议复审并通过82项人类工效学国家标准和标准计划大会讨论通过《平板显示电视工效学设计指南》《移动客户端显控界面工效学设计标准》等7项人类工效学国家标准申报计划项目，并决定在人类工效学标委会下筹建新的工作组来负责产品工效学标准的制修订工作。与会委员审查通过3项国家标准送审稿，要求标准起草组按照审查会提出的审查意见对标准文本进行修改后形成报批稿，上报国家标准委。

供　稿：SAC/TC7秘书处
撰稿人：张　欣
审稿人：赵朝义

全国电工电子产品环境条件与环境试验标准化技术委员会(SAC/TC8)

【概况】截至2016年底,全国电工电子产品环境条件与环境试验标准化技术委员会归口管理现行国家标准140项、行业标准17项,均为推荐性标准,主要为基础通用标准和试验方法标准。其中91项采用IEC国际标准,1项采用DIN标准。

SAC/TC8对口国际电工委员会环境条件、分类与试验方法技术委员会(IEC/TC104)。IEC/TC104有工作组2个(WG14:气候现场数据工作组、WG15:机械现场数据工作组)、维护组4个(MT16:气候条件和测试维护组、MT17:机械条件和测试维护组、MT18:特殊环境情况维护组、MT19:IEC 60721-3维护组)。

SAC/TC8下设2个分技术委员会(SC):机械环境试验(SC1),气候环境试验(SC2)。

【标准制修订与复审工作】2016年,SAC/TC8根据国内外行业发展状况及对口IEC/TC104的标准更新情况,征集委员意见,申请标准制修订项目计划建议8项(国家标准计划建议7项、行业标准计划建议1项),获批4项(国家标准计划建议3项、行业标准计划建议1项)。SAC/TC8在研标准项目38项,其中国家标准22项,行业标准16项。2016年,SAC/TC8归口管理的6项标准获批发布(国家标准5项、行业标准1项)。

根据国家标准委印发的《推荐性标准集中复审工作方案》要求,SAC/TC8组织专家对归口的140项推荐性国家标准、32项推荐性国家标准计划、17项推荐性行业标准(15项机械行业标准、2项能源行业标准)与17项推荐性行业标准计划(6项机械行业标准计划、11项能源行业标准计划)进行集中复审。复审结论:推荐性国家标准废止3项、修订53项、继续有效84项;推荐性国家标准计划继续执行32项;推荐性行业标准修订2项(机械行业标准)、继续有效15项;推荐性行业标准计划继续执行17项。

【国际标准化工作参与情况】2016年,IEC/TC104发出文件50份,SAC/TC8对相关文件进行整理归档,并对11份标准征求意见及投票文件进行处理,投票率100%。中国有IEC/TC104国际专家8名,分别加入到WG14、WG15、MT16、MT17、MT18以及MT19工作组。

7月8—12日,SAC/TC8秘书处挂靠单位中国电器科学研究院有限公司组织中国4名专家,参加在英国伦敦召开的2016年IEC/TC104年会及工作组会议(WG14、WG15、MT16、MT17、MT18和MT19)。

【标准化科研】2016年,SAC/TC8结合中国电器科学研究院的国家自然科学基金重点项目“复杂条件下有机高分子材料老化失效规律、分子机理和防护新方法的研究”,研究我国典型气候环境的太阳辐照、温度、湿度和降雨等环境条件特征,对环境严酷度进行分类,为修订GB/T 4796与GB/T 4797系列标准提供数据基础和技术支持。

为推动能源行业标准《电网设施金属构件　湿热环境防腐涂层技术要求》的制定,SAC/TC8组织标准主要起草单位通过收集、整理国内外相关资料以及湛江、珠海等湿热地区环境条件数据,向10余家电力行业相关单位发送调查问卷,针对电网设施金属构件在湿热环境下服役存在的技术问题及需求、主要防护措施,常用防护措施环境技术要求等问题进行行业调研。结合广东省工程中心“广东省装备腐蚀控制工程技术研究中心”等科研项目,根据一系列湿热环境下电网设施金属构件防腐涂层相关技术调研工作及标准、数据分析工作的结果,开展标准制定工作。

SAC/TC8结合中国电器科学研究院的国家科技部“光伏产品环境耐久性技术合作研究”、广州市科学研究专项“晶硅光伏组件及关键材料加速老化测试技术研究”“我国亚湿热带光伏发电实证试验研究”等科研项目的研究,组织企业调研,为3项光伏国家标准的制定提供数据基础和技术支持。

【年会、标准审查会及工作组会议情况】2016年,SAC/TC8、SAC/TC8/SC1与SAC/TC8/SC2召开3次年会及标准审查会,出席审查会的委员及委员代表人数均达到标委会委员总数的3/4。会议对当年制修订的国家标准进行审查、讨论修改、投票;并且对本年度的工作进行总结,通报最新的IEC国际标准进展,讨论下一年度的工作计划。在讨论通过后,宣读标准审查结论和会议纪要。

9月13日,SAC/TC8秘书处在广东广州组织1项能源行业标准工作组会议。11月9—10日,SAC/TC8/SC2秘书处在山东济南组织召开4项能源行业标准工作组会议。

供　稿:SAC/TC8秘书处
撰稿人:刘　鑫
审稿人:黄开云

全国防爆电气设备标准化技术委员会(SAC/TC9)

【概况】截至 2016 年底,全国防爆电气设备标准化技术委员会归口管理国家标准 62 项、行业标准 78 项,其中国家标准 38 项采用国际标准;在研国家标准 11 项、行业标准 24 项,其中国家标准 4 项采用国际标准。

SAC/TC9 对口国际电工委员会爆炸性环境用设备技术委员会(IEC/TC31)。

SAC/TC9 下设 7 个分技术委员会(SC):防爆电机(SC1),防爆电器(SC2),安装与维护(SC3),非电气设备防爆(SC4),火炸药危险场所用防爆电气设备(SC5),可燃性粉尘环境用防爆电气设备(SC6),防爆仪表(SC7)。

【标准制修订与复审工作】2016 年,SAC/TC9 向国家标准委报批国家标准 15 项。工业和信息化部批准发布 SAC/TC9 归口管理的行业标准 1 项。SAC/TC9 组织各有关分技术委员会复审归口的推荐性国家标准 11 项,其中继续有效 9 项、修订 2 项;复审归口的推荐性国家标准计划 9 项,其中继续有效 9 项;复审归口的推荐性机械行业标准 78 项,其中继续有效 55 项、修订 13 项、直接废止 8 项、视情况废止 2 项;复审归口的推荐性机械行业标准计划 24 项,其中继续有效 24 项。

【国际标准化工作参与情况】2016 年,SAC/TC9 收到国际标准投票文件 35 项,全部进行网上投票,投票率 100%。收到 IEC 正式出版物 3 项。SAC/TC9 选派专家参与 ISO/IEC 80079-34《爆炸性环境　第 34 部分:设备生产质量体系的应用》等 10 项国际标准制修订工作。3 月,SAC/TC9 派员参加在英国召开的 IEC/TC31 工作组会和主席顾问组会议。10 月,SAC/TC9 派员参加在法兰克福召开的 IEC/TC31 大会、TC31G 本安分会、TC31J 安装分会、TC31M 非电气设备分会的全体会议,并参加严酷运行条件工作组及本安、粉尘、安全装置、成套设备、质量体系、场所划分、人员能力等相关工作组会议。SAC/TC9 主任委员王军担任 WG39 严酷运行条件工作组联合召集人。

【标准化科研】2016 年,SAC/TC9 完成"防爆电气不利工作条件国际标准技术报告研制"公益性行业科研专项项目;完成"火炸药危险场所用防爆电气设备技术研究"河南省基础与前沿项目,制定的《火炸药危险环境用电气设备及安装》国家标准通过审查;完成"极寒环境防爆电机可靠性研究"国家国际科技合作专项项目,为《严酷运行条件设备》国际标准提供技术支撑;完成危险场所用消防车防爆技术标准研究,制定的《易燃易爆环境用消防车防爆技术要求》团体标准批准发布;继续开展油站油库加油机防爆安全技术研究、加气机防爆安全技术研究、爆炸性环境静电危害研究等工作。

【年会情况】2016 年 10 月 27—28 日, SAC/TC9/SC7 一届四次会议在浙江温州召开,30 名代表出席。会议听取年度工作报告及工作计划,对团体标准《爆炸性环境用设备的安全装置》标准草案进行意见征求。

11 月 20—23 日,SAC/TC9 六届一次会议在江苏苏州召开,会议同期召开 SAC/TC9/SC3 二届一次会议、SAC/TC9/SC4 二届一次会议、SAC/TC9/SC6 二届二次会议,94 名代表出席。会议听取 SAC/TC9 及各分标委会工作总结和工作规划的工作报告。会上宣读第六届 SAC/TC9、第二届 SAC/TC9/SC3 和第二届 SAC/TC9/SC4 成立的批复文件并颁发委员证书。会议对第五届标委会先进单位和先进个人进行表彰。会议审查通过《爆炸性环境　第 6 部分:由液浸型"o"保护的设备》等 7 项国家标准送审稿。

12 月 14—16 日,SAC/TC9/SC2 在广东广州召开分技术委员会扩大会议,会议听取年度工作报告及工作计划,讨论并确定《爆炸性环境用防爆灯具技术要求》等 3 项团体标准框架和制定工作计划。

12 月 22—23 日,SAC/TC9/SC5 二届一次会议在河南南阳召开,22 名代表出席,会议听取第一届分标委会工作总结和第二届分标委会规划的工作报告。会上宣读第二届分标委会成立的批复文件并颁发委员证书。会议审查通过《火炸药危险环境用电气设备及安装》国家标准送审稿。

【标准化技术服务情况】2016 年,SAC/TC9 秘书处组织编写 2016 版的防爆电气培训教材;多次举办防爆标准、防爆技术宣贯活动;主持对深圳市 2016 年"4·29"粉尘爆炸事故设备进行检测鉴定,分析事故原因,为事故出具分析报告;与中国电工技术学会防爆电气技术专业委员会(C. E. S-EX) 在苏州联合举办"防爆安全创新报告会",分享交流工业 4.0 数字化技术、智能制造技术、智能控制技术、高效节能技术,以及国际防爆标准发展动态和国际防爆认证体系;与 CNEX Global、国家防爆电气产品质量监督检验中心(CQST)、俄罗斯防爆及矿用设备认证中心(NANIO CCVE)在南京联合举办国际防爆技术与标准发展研讨会,会议介绍国际防爆技术和国家防爆标准情况、欧盟防爆指令认证要求、欧亚经济同盟防爆设备认证要求,以及中国防爆标准技术解析和检验重点问题。

供　稿:SAC/TC9 秘书处
撰稿人:王巧立
审稿人:张　刚

全国医用电器标准化技术委员会(SAC/TC10)

【概况】截至 2016 年底,全国医用电器标准化技术委员会归口管理有效标准 308 项,其中国家标准 75 项、行业标准 233 项。

SAC/TC10 对口国际电工委员会医用电器设备技术委员会及其分技术委员会(IEC/TC62 & IEC/SC62A)。

SAC/TC10 下设 5 个分技术委员会(SC):医用 X 射线设备及用具(SC1),医用超声设备(SC2),放射治疗、核医学和放射剂量学设备(SC3),物理治疗设备(SC4),医用电子仪器(SC5)。

SAC/TC10 组织召开 GB 9706.1—2007《医用电气设备　第 1 部分:安全通用要求》,YY 0505—2012《医用电气设备　第 1-2 部分:安全通用要求并列标准:电磁兼容　要求和试验》标准宣贯会,为医疗器械监督抽验工作提供标准解释。

【标准制修订与复审工作】2016 年,SAC/TC10 负责 3 项行业标准制修订工作,完成报批稿。SAC/TC10/SC1 负责 10 项行业标准制修订工作,完成报批稿,5 项行业标准获批发布。SAC/TC10/SC2 负责 2 项行业标准制修订工作,完成报批稿,7 项行业标准获批发布。SAC/TC10/SC3 负责 3 项行业标准制修订工作,完成报批稿;1 项国家标准获批发布,8 项行业标准获批发布。SAC/TC10/SC4 申请立项 2 项国家标准,完成 6 项行业标准制修订工作,12 项行业标准获批发布。SAC/TC10/SC5 国家标准立项 8 项,完成 3 项行业标准制修订工作,5 项行业标准获批发布。

SAC/TC10 对强制性标准进行精简整合,结论:强制性国家标准 1 项整合,1 项修订;强制性行业标准 2 项修订;起草中 2 项标准继续有效。对推荐性标准进行集中复审,结论:推荐性国家标准 2 项废止,1 项修订;推荐性行业标准 1 项修订,1 项视情况废止;起草中 2 项标准继续有效。

SAC/TC10/SC1 复审归口领域国家标准 28 项,结论:修订 8 项、继续有效 20 项;复审行业标准 46 项,结论:修订 12 项、继续有效 34 项。

SAC/TC10/SC2 复审推荐性国家标准 3 项,结论:全部继续有效;复审推荐性行业标准及标准计划 44 项,结论:2 项修订、42 项继续有效。

SAC/TC10/SC3 复审 15 项推荐性国家标准,结论:6 项修订、其余继续有效;复审推荐性行业标准及计划 27 项,结论:全部继续有效。

SAC/TC10/SC4 对 40 项强制性标准及标准计划进行整合精简工作。其中 16 项保留,13 项修订后保留强制性标准,5 项整合为 2 项强制性标准,5 项转化为推荐性标准,1 项废止。对归口的 20 项推荐性标准或标准立项进行集中复审工作,结论:17 项继续有效,1 项修订,1 项视情况废止,1 项需与其他标委会协调。

SAC/TC10/SC5 复审归口领域 12 项国家标准,结论:11 项修订,1 项继续有效;复审 22 项行业标准,结论:3 项整合,7 项继续有效,12 项修订。

【国际标准化工作参与情况】2016 年,SAC/TC10 完成国际投票工作 79 项,投票率 100%。参与制定 IEC 标准 2 项,修订 IEC 标准 4 项。参与起草标准 2 项。参加 WG14、MT41 等工作组会;参加 IEC 第 80 届年会,IEC/SC62C 年会;承办 IEC/SC62C/WG1 工作组会议。

【标准化科研】2016 年,SAC/TC10 参与由中国食品药品检定研究院牵头的国家科技支撑计划项目“战略性新兴医疗器械产业关键技术标准研究”;参与 863 课题“腹胸腔微创手术机器人型式检验及标准研究”。参与国家标准委“家用及类似用途医用电气设备标准体系研究”。获批上海市科委项目“医用电气设备通用电气安全研究技术服务平台”。

【标委会考核评估工作】2016 年,SAC/TC10 被纳入首批考核标准化技术委员会。秘书处整理汇总各类自评价及考核材料,并 8 月底上报全套自评价纸质材料,11 月收到国家标准委专家组考评结果,在 10 个考评项目中获得 7 个 I 等的成绩。

【年会情况】2016 年 11 月 15—18 日,SAC/TC10 年会在福建厦门召开。秘书处做 2016 年工作总结,通报 IEC/TC62 最新工作情况，GB 9706.1 修订情况，讨论下一阶段立项工作计划，通报国家标准委对标委会考核情况等，并审定相关标准。

11 月 21—24 日，SAC/TC10/SC1 年会在四川成都召开。秘书长做 2016 年工作总结，并通报 2016 年标准完成情况和经费使用情况，以及 2017 年工作计划；各 IEC 维护组专家介绍 IEC 工作动态，进行 DICOM 系列标准研讨，并审定 7 项标准。

9 月 20—23 日，SAC/TC10/SC2 年会在重庆召开。秘书处介绍 SAC/TC10/SC2 换届情况，标准复审结果，讨论下一阶段立项工作计划，并审定相关标准。

11 月 10—12 日，SAC/TC10/SC3 年会在北京召开。秘书处汇报 2016 年标委会工作情况，介绍《国家标准管理办法》和《医疗器械标准管理办法》修订情况，审定 3 项行业标准项目和 2 项在用检验技术要求送审稿。

11 月 23—25 日，SAC/TC10/SC4 年会在江苏苏州召开。秘书处汇报分标委会 2016 年度工作总结和 2017 年工作计划，审定 6 项行业标准项目和 3 项在用检验技术要求。

11 月 23—25 日，SAC/TC10/SC5 年会在海南海口召开。秘书处做 2016 年工作报告，介绍年度制修订工作，国际标准化工作，医疗器械分类目录修订、强制性标准整合精简和医疗器械推荐性标准集中复审工作以及分类目录工作。

供　稿：SAC/TC10 秘书处
撰稿人：何　骏
审稿人：陆离原

全国真空技术标准化技术委员会（SAC/TC18）

【概况】 截至 2016 年底，全国真空技术标准化技术委员会归口管理国家标准 31 项、行业标准 53 项，其中 12 项采用国际标准；在研国家标准 7 项、行业标准 11 项，其中 4 项等同采用国际标准。

SAC/TC18 对口国际标准化组织真空技术技术委员会（ISO/TC112）。ISO/TC112 出版 ISO 标准 20 项，中国等同采用 ISO/TC112 标准 8 项，修改采用 4 项，其余 8 项计划将陆续转化。

2016 年 12 月，经国家标准委批准，SAC/TC18 增补委员 17 人，解聘委员 3 人，SAC/TC18 委员人数增至 69 人。

是年，SAC/TC18 参加国家标准委组织的全国专业标准化技术委员会考核评估，整体工作自评为二级。

【标准制修订与复审工作】 2016 年，国家标准委批准立项 SAC/TC18 归口管理的国家标准计划项目2 项；工业和信息化部批准立项 SAC/TC18 归口管理的行业标准计划项目 4 项，批准发布 SAC/TC18 归口管理的行业标准 4 项。SAC/TC18 报批国家标准计划 5 项、行业标准计划 3 项，审查国家标准、行业标准送审稿 3 项。

SAC/TC18 复审归口管理的 30 项推荐性国家标准、52 项推荐性行业标准、7 项在研国家标准计划、11 项在研行业标准计划。复审结论：推荐性国家标准 30 项，其中继续有效 23 项、修订 6 项、转化 1 项；推荐性行业标准 52 项，其中继续有效 37 项、修订 9 项、直接废止 5 项、转化 1 项；推荐性国家标准计划 7 项，其中继续有效 7 项；推荐性行业标准计划 11 项，其中继续有效 11 项。

【强制性标准整合精简工作】 2016 年，SAC/TC18 对真空领域的 1 项强制性标准进行评估分析，提出转化为推荐性标准的建议，上报上级主管部门。

【国际标准化工作参与情况】 2016 年，SAC/TC18 收到 28 份投票文件、文稿通知、召集人更换、技术资料等内容的邮件，对所有草案进行意见征询和投票。

中国提交的 ISO NP 21360-3《真空技术　真空泵性能测量标准方法　第 3 部分：机械增压真空泵的特定参数》项目经 ISO/TC112 所有 P 成员投票同意，于 1 月成功立项，并由中、德、日、俄、英 5 个国家的专家组成工作组。CD 草案投票工作 9 月结束，11 个 P 成员国参与投票，5 票赞成、3 票赞成附带意见、3 票弃权，项目经专家审核投票进入 DIS 阶段。

【年会情况】 2016 年 11 月 8—12 日，SAC/TC18 在江西南昌召开第七届标委会 2016 年年会，委员出席率 81.8%。会议听取 2016 年标委会工作情况、真空技术标准制修订计划执行情况、存在问题、标准化工作需求、标委会下一步的工作计划和国际标准化发展动态；听取真空领域强制性标准整合、推荐性标准复审工作和考核评估工作的开展情况和结论;讨论"十三五"真空技术标准体系建设方案的构架和真空技术标准化的发展趋势;商讨2017年拟立项的真空标准计划并投票表决;审查论证2017年标准制修订立项计划。

供　稿:SAC/TC18秘书处
撰稿人:王玲玲
审稿人:李玉英

全国轮胎轮辋标准化技术委员会(SAC/TC19)

【概况】截至2016年底,全国轮胎轮辋标准化技术委员会归口管理国家标准105项、行业标准22项。

SAC/TC19下设4个分技术委员会(SC):汽车工农业机械轮胎轮辋(SC1),航空轮胎(SC2),摩托车自行车轮胎轮辋(SC3),气门嘴(SC4)。

SAC/TC19对口国际标准化组织轮胎轮辋气门嘴标准技术委员会(ISO/TC31)及其下设的8个分技术委员会(SC):轿车轮胎和轮辋(SC3),载重汽车和客车轮胎和轮辋(SC4),农业轮胎和轮辋(SC5),工程机械轮胎和轮辋(SC6),工业车辆轮胎和轮辋(SC7),航空轮胎和轮辋(SC8),有内胎和无内胎轮胎用气门嘴(SC9),自行车、机动自行车、摩托车轮胎和轮辋(SC10)。ISO/TC31及其分技术委员会有标准66项,其中转化为中国标准26项、正在转化1项、待转化2项、不转的标准37项,转化率90%。

【标准制修订与复审情况】2016年,SAC/TC19申报国家标准计划项目12项,列入2016年计划的有11项;申报行业标准计划1项。

SAC/TC19及其各分会完成报批和正在进行制修订的国家标准34项、行业标准6项。其中制定标准15项,修订标准25项;报批国家标准11项、行业标准1项;处于征求意见阶段国家标准6项,处于审查阶段的国家标准11项、行业标准5项,处于起草阶段的国家标准6项。SAC/TC19归口标准的14项国家标准、5项行业标准获批发布。

SAC/TC19复审推荐性国家标准87项,继续有效49项、修订35项、直接废止1项、转化2项;复审行业标准22项,继续有效17项、修订5项。

【国际标准化工作参与情况】2016年,SAC/TC19完成国际标准表态件19件,累计对各阶段的表态文件提出意见建议20条,投票率100%。组织国内专家参加有关ISO国际标准化相关会议67人次。

SAC/TC19主导制定的《轮胎噪声测试方法　转鼓法》《轮胎用射频识别(RFID)电子标签》《轮胎用射频识别(RFID)电子标签编码》《轮胎用射频识别(RFID)电子标签植入方法》《轮胎用射频识别(RFID)电子标签性能试验方法》等5项国际标准都在按计划进行,2项完成CD稿并已征求意见,3项完成WD稿。

【年会情况】2016年12月16—20日,SAC/TC19在海南海口召开五届六次工作会议,标委会委员及委员代表、标准年鉴起草人和标委会秘书处及各分会秘书处人员等54人出席会议。会议讨论通过标委会五届五次会议以来的主要工作报告及下一年度的工作任务;会议审查批准《中国轮胎轮辋气门嘴标准年鉴2016/2017》(报批稿)和2017年标准制修订计划。

12月13—17日,SAC/TC19/SC3在海南海口召开第六次工作会议暨国家标准、行业标准审查会议。分委会委员及委员单位代表、标准起草人等32人出席会议,其中委员和委员代表18人。会议讨论通过分委会2016年工作报告和2017年工作计划;审查通过国家标准《摩托车轮胎动平衡试验方法》(送审稿)、GB/T 13203—2014《摩托车轮胎性能试验方法》国家标准修改单,以及《卡丁车轮胎》(送审稿)、《儿童车辆轮胎》(送审稿)等2项行业标准。

12月23—25日,SAC/TC19/SC4第五届六次工作会议在安徽黄山召开,分委会委员、观察员、代表和秘书等26人出席会议。会议审议并通过分委会秘书长所做的分委会2016年度工作报告、财务报告;通报分委会2016年参加ISO/TC31/SC9第34次会议的情况及分委会"十三五"标准技术体系情况;讨论拟定分委会所归口管理的气门嘴国家标准合并问题;讨论并通过分委会2017年度工作计划;讨论分委会承办ISO/TC31/SC9第35次工作会议事宜;讨论成立HG/T 4193《轮胎气门嘴延伸管》和HG/T 4194《轮胎气门嘴延伸管试验方法》行业标准修订起草工作组，并讨论拟定 2 项标准修订的计划进度。

供　稿：SAC/TC19 秘书处
撰稿人：徐丽红
审稿人：王克先

全国能源基础与管理标准化技术委员会（SAC/TC20）

【概况】截至 2016 年底，全国能源基础与管理标准化技术委员会归口管理国家标准 292 项，其中采用国际标准 1 项；在研国家标准 107 项。

SAC/TC20 对口国际标准化组织能源管理和能源节约技术委员会（ISO/TC301）［原能源管理技术委员会（ISO/TC242）和节能量评估技术委员会（ISO/TC257）重组而成］。

SAC/TC20 下设 9 个分技术委员会（SC）：能源管理（SC3），合理用电（SC4），省能材料应用技术（SC5），新能源和可再生能源（SC6），林业能源管理（SC7），节能技术与信息（SC8），节能检测（SC9），建材行业能源管理（SC10），节能评估（SC11）。

是年，SAC/TC20 派出 4 人次作为讲师，参加发展改革委和国家节能中心组织的节能评估人员专项培训和节能监察人员专项培训，累计培训人数超过 600 人。派员对新奥集团、神雾集团等企业开展技术咨询服务。

【标准制修订与复审工作】2016 年，国家标准委批准立项 SAC/TC20 归口管理的国家标准项目 6 项。SAC/TC20 向国家标准委报批国家标准 22 项，审查国家标准送审稿 7 项。SAC/TC20 组织复审归口国家标准 136 项，其中继续有效 104 项、修订 31 项、废止 1 项。

【国际标准化工作参与情况】2016 年，SAC/TC20 组织国内专家对相关国际标准草案进行讨论和研究，并提出相应的修订意见。对 ISO/TC301 正在制修订的 ISO 50044《节能量评估　节能项目经济和财务评价》、ISO 50046《节能量前评估通用方法》等 2 项国际标准的相关阶段进行投票，投票率 100%。2 月，由中国主导制定的 ISO 17741《项目节能量测量、计算和验证通则》正式发布。由中国主导制定的 ISO 50045《火电厂节能量评估技术指南》和 ISO 50021《节能量评估者选择通用指南》等 2 项国际标准进入 WD 稿阶段。SAC/TC20 组织国内专家参加 6 月在瑞典斯德哥尔摩召开的 ISO/TC301 第 1 次全体会议。承担 ISO/TC301 副主席和 ISO/TC301 联合秘书等重要职务。

【标准化科研】2016 年，SAC/TC20 开展国家科技支撑计划、质检行业公益性、国家重点研发计划——国家质量基础的共性技术研究与应用重点专项等研究课题。完成“十二五”科技支撑计划“公共建筑运行能耗监测控制共性技术研究与示范”和“火电等重点用能企业能耗控制关键技术研究与示范”课题验收，重点研制节能监测和能评相关标准。开展国家重点研发计划——国家质量基础的共性技术研究与应用重点专项“支撑重点领域能耗总量和能耗强度双控制的关键技术标准研究”项目申报、立项，并组织项目启动会，分解项目任务。

【年会情况】2016 年，SAC/TC20 召开 3 次研讨会，组织全体委员，并邀请相关主管部门领导、行业协会、专家对强制性节能标准精简整合思路、评估结论进行研讨；组织 3 次标准审定会，审定标准 7 项。年内，SAC/TC20 完成换届工作，并在北京举行六届一次全体会议暨 2016 年年会，40 余人出席会议。国家标准委、发展改革委等部门领导到会致辞，高度评价第五届全国能标委在推动节能标准化政策出台、实施“百项能效标准推进工程”等方面的重大贡献，并指出节能标准是一项重要的节能管理制度，在国家推动节能工作过程中，节能标准化为推动节能工作提供重要支撑。“十三五”期间，党中央、国务院对节能工作提出新的要求，节能标准将进一步发挥约束和引领作用，希望第六届全国能标委发扬传统，为节能标准化事业做出更大贡献。第六届全国能标委秘书长做第五届全国能标委工作总结和第六届全国能标委工作计划的报告。全体委员审议通过委员会章程和秘书处工作细则，并对推荐性标准集中复审结论投票和对委员进行国家标准委投票系统培训。

供　稿：SAC/TC20 秘书处
撰稿人：陈海红
审稿人：林　翎

全国电声学标准化技术委员会(SAC/TC23)

【概况】截至2016年底,全国电声学标准化技术委员会归口管理国家标准28项、行业标准16项,均采用国际标准;在研国家标准22项,均采用国际标准。

SAC/TC23对口国际电工委员会电声学技术委员会(IEC/TC29)。

SAC/TC23有委员37人,秘书处设在中国电子科技集团公司第三研究所。

【标准制修订与复审工作】2016年,国家标准委批准立项SAC/TC23归口管理的国家标准1项;SAC/TC23向国家标准委报批国家标准7项。SAC/TC23复审国家标准28项,其中继续有效16项、修订11项、直接废止1项;复审行业标准16项,其中继续有效10项、修订2项、转化2项、直接废止2项。

【国际标准化工作参与情况】2016年,SAC/TC23秘书处跟踪接收IEC/TC29工作文件47项,其中需要投票文件17项。按照规定时间,完成17项IEC国际投票文件,投票率100%。

【年会情况】2016年12月22—23日,SAC/TC23在广东深圳召开标委会五届二次全体会议,36名委员和代表参加会议,委员出席率85%。会议听取秘书长对标委会标准制修订计划执行情况、存在问题、标准化工作需求和国际标准化发展动态情况汇报。与会委员审查通过各标准化承担单位提交的8项国家标准送审稿;确定将6项国家标准列为国家标准委申报项目。

供　稿:SAC/TC23秘书处
撰稿人:樊书晓
审稿人:吴　昕

全国电工电子产品可靠性与维修性标准化技术委员会(SAC/TC24)

【概况】截至2016年底,全国电工电子产品可靠性与维修性标准化技术委员会归口管理现行国家标准23项,均采用国际标准;在研标准34项,其中32项国家标准采用国际标准。

SAC/TC24对口国际电工委员会可信性技术委员会(IEC/TC56)。IEC/TC56发布的现行有效国际标准57项,在研标准9项。

是年,SAC/TC24完成第五届委员会换届工作,现有委员33人,顾问1人,秘书处挂靠单位为工业和信息化部电子第五研究所。

8月,SAC/TC24派秘书长参加由工业和信息化部组织召开的电子信息行业标准工作会议;9月,秘书处工作人员参加国家标准委举办的全国专业标准化技术委员会业务知识培训。

【标准制修订与复审工作】2016年,SAC/TC24承担17项国家标准的制修订工作,完成国家标准制修订12项,5项处于标准征求意见稿阶段,1项标准获批发布。SAC/TC24对归口的56项现行国家标准及在研国家标准制修订计划进行集中复审,其中继续有效30项、修订11项、废止15项。

【国际标准化工作参与情况】2016年,SAC/TC24对IEC/TC56发出的71份文件进行整理归档,并对24份征求意见及投票文件进行处理,投票率100%。参与制修订IEC标准4项。5月,SAC/TC24组织3名专家参加在法国巴黎召开的IEC/TC56/WG3工作组会议;11月,SAC/TC24组织6名专家参加在澳大利亚悉尼召开的IEC/TC56工作年会。

【年会情况】2016年11月21—23日,SAC/TC24在广东广州召开第五届标委会换届大会暨国家标准审查会,来自中国电子科技集团公司、中国航天科技集团公司、华为技术有限公司、北京大学等29个单位的30位委员和专家代表出席会议。会议宣布SAC/TC24第五届委员名单并颁发委员证书及顾问证书,总结第四届标委会工作及2016年度标委会工作,讨论和确定第五届标委会工作计划和2017年度标委会工作计划,通报2016年IEC/TC56工作动态,讨论通过第五届标委会章程及秘书处工作细则;审查通过《可信性分析技术　可靠性框图法和布尔代数法》

等6项国家标准送审稿。

供　稿:SAC/TC24 秘书处

全国电气安全标准化技术委员会(SAC/TC25)

【概况】截至2016年底,全国电气安全标准化技术委员会归口管理国家标准35项,其中10项采用国际标准;研制国家标准14项,其中5项采用国际标准。

SAC/TC25对口的国际标准化组织包括:国际电工委员会安全顾问委员会(IEC/ACOS);国际电工委员会信息结构、文件编制和图形符合技术委员会(IEC/TC3)国内第二归口单位。负责归口国际标准14项,包括IEC/ACOS导则5项,IEC/TC3国际标准6项,IEC/TC70国际标准2项和IEC/TC103国际标准1项。其中,12项转化为中国国家标准,2项完成标准报批稿并上报。12项转化标准中,结合电气安全技术要求和发展水平,等同采标9项,修改采标3项。

是年,SAC/TC25开展顶层强制性标准研制和推荐性标准集中复审工作,进一步优化顶层强制性标准统领、推荐性标准协同配合的标准体系;根据"标准化+"战略行动,参与国家科技项目申报,探索开展适应新兴技术的电气安全标准科研项目研究;继续实质性参与国际标准化工作,对归口的国际标准开展研究,提出国际提案;根据信息化建设要求,启动标委会平台电子投票;全面加强秘书处建设和人员队伍培养等。宣贯GB/T 7946—2015《脉冲电子围栏及其安装和安全运行》、GB/T 16842—2016《外壳对人和设备的防护　检验用试具》等2项国家标准。

【标准制修订与复审工作】2016年,SAC/TC25组织申报2项国家标准修订计划,组织开展13项标准起草工作,其中5项完成报批、4项完成审查、4项将于2017年8月完成上报。SAC/TC25对归口的29项推荐性国家标准和13项推荐性国家标准制修订计划进行集中复审。复审结论:推荐性国家标准协调1项、修订8项、继续有效20项;推荐性国家标准计划继续执行13项。

【国际标准化工作参与情况】2016年,SAC/TC25完成9份投票文件;参加IEC/ACOS年会和IEC/TC3年会各1次;参与IEC导则116《低压电气设备的安全风险评估和风险降低指南》修订工作并提出修订建议;参与IEC 60445《人机界面标志标识的基本和安全规则　设备端子、导体终端和导体标识》修订工作;提出IEC 61293修订建议,并在国内进行技术调研。

【标准化科研】2016年,SAC/TC25参与申报2017年度"国家质量基础的共性技术研究与应用"重点专项中有关"机械、电气等重要领域安全共性技术标准研究",研究内容为低压电气设备安全风险预警、运行场所安全要求、运行周期风险项目检验检测等技术标准。

【年会情况】2016年12月13日,SAC/TC25在广州召开第四届六次会议,参会代表54人,其中委员46人,占委员总数78%。专家组会汇报2016年IEC/ACOS全会内容和2017年安全论坛议题,商议SAC/TC25将组织参加2017年安全论坛事宜;汇报2016年IEC/TC3全会内容,讨论IEC 61293应用调研结果;汇报申报2017年"国家质量基础的共性技术研究与应用"基本情况和计划预研的国家标准;讨论GB 19517草案稿,确定2017年GB 19517修订工作安排。全体会议回顾总结了2016年SAC/TC25工作、2016年度经费报告;审议通过2017年工作设想和工作重点;审议通过推荐性标准集中复审结论和新标准预研项目;汇报秘书处参加IEC/ACOS和IEC/TC3年会及归口国际标准跟踪情况,确定2017年国际标准化工作重点。审查会审查通过《低压电气设备安全风险评估和风险降低指南》等4项国家标准送审稿。

供　稿:SAC/TC25 秘书处
撰稿人:马　红
审稿人:方晓燕　曾雁鸿

全国旋转电机标准化技术委员会(SAC/TC26)

【概况】 截至2016年底,全国旋转电机标准化技术委员会归口管理国家标准105项、行业标准170项,其中44项国家标准采用国际标准;在研国家标准16项、行业标准29项。

SAC/TC26对口国际电工委员会旋转电机技术委员会(IEC/TC2)。

SAC/TC26下设3个分技术委员会(SC):小功率电机(SC1),发电机(SC2),起重冶金和屏蔽电机(SC3)。

是年,SAC/TC26组织召开2次国内外电机能效标准及检测方法宣贯,近400名代表参加会议;分标委会组织召开标准宣贯培训班1次,培训人数30人次;开展标准化技术咨询服务90次,服务企业80家。

【标准制修订与复审工作】 2016年,国家标准委批准立项SAC/TC26归口管理的国家标准项目5项,工业和信息化部批准立项SAC/TC26归口管理的行业标准项目11项。SAC/TC26向国家标准委和工业和信息化部报批国家标准10项、行业标准16项,审查国家标准送审稿10项、行业标准送审稿16项。国家标准委批准发布SAC/TC26归口管理的国家标准11项,工业和信息化部批准发布SAC/TC26归口的行业标准28项。SAC/TC26组织各有关分技术委员会对归口管理的推荐性国家标准和推荐性行业标准进行集中复审。复审100项推荐性国家标准,其中继续有效64项、修订25项、废止11项;复审推荐性行业标准165项,其中继续有效123项、修订34项、直接废止8项。

【国际标准化工作参与情况】 2016年,SAC/TC26主导承担IEC 60034－33《水轮发电机基本技术要求》国际标准制定工作,主持召开IEC/TC2/WG33工作组会议1次。组团参加IEC/TC2年会及WG12、WG28、WG31、WG18、MT10召开的工作组会议6次,参与IEC 60034-1《旋转电机　定额和性能》、IEC 60034-12《旋转电机　单速三相笼型感应电动机起动性能》等10项国际标准的制修订工作。处理IEC/TC2文件58份,投票文件19份,全部处理,文件回复率100%。

【年会情况】 2016年11月7—10日,SAC/TC26在湖南张家界举行全体会议,委员出席率90%。会议听取标委会及各分委会秘书长对全年工作情况的总结,包括标准制修订计划执行情况、标准复审情况、标准宣贯实施情况、下一年标准计划及存在的问题、标准化工作需求和国际标准化发展动态的情况汇报。会议审查7项国家标准送审稿、8项行业标准送审稿、1项团体标准送审稿,审查结论为同意报批。会议审查通过下一年国家标准和行业标准的计划申报项目。与会委员讨论通过旋转电机"十三五"标准体系建设方案框架。

供　稿:SAC/TC26秘书处
撰稿人:李秀英
审稿人:陈伟华

全国信息技术标准化技术委员会(SAC/TC28)

【概况】 截至2016年底,全国信息技术标准化技术委员会归口管理国家标准911项、行业标准149项,其中483项采用国际标准;在研国家标准262项、行业标准15项。

SAC/TC28对口国际标准化组织/国际电工委员会第一联合技术委员会ISO/IEC JTC1(除ISO/IEC JTC1/SC27)。

SAC/TC28下设17个分技术委员会和21个工作组。17个分技术委员会(SC)分别是:字符集和编码(SC2),数据通信(SC6),软件工程(SC7),卡及身份识别(SC17),程序设计语言(SC22),光盘(SC23),计算机图形图像处理及环境数据表示(SC24),信息技术设备互连(SC25),办公机器、外围设备和消耗品(SC28),多媒体(SC29),自动识别与数据采集(SC31),信息系统用户界面(SC35),教育技术(SC36),生物特征识别(SC37),面向服务的体系结构(SC38),信息技术与可持续发展(SC39)和信息技术服务(SC40);21个工作组包括:藏文信息技术工作组，维哈柯文信息技术工作组，蒙古文信息技术工作组，傣文信息技术工作组，彝文信息技术标准工作组，壮文信息技术国家标准工作组，朝鲜文信息技术工作组，传感器网络工作组，基于射频技术的电子支付技术工作组，实时定位系统技术标准工作组，彩票标准工作组，电子书标准工作组，计算机及外围设备标准组，游戏游艺机产品标准工作组，软件资产管理标准工作组，非机构化数据管理标准工作组，云计算标准工作组，大数据标准工作组，无线充电技术标准工作组，锡伯文信息技术国家标准工作组和产业互联网标准工作组。

是年，SAC/TC28 完善并执行委员会全体会议、主任委员办公会和全体委员投票表决的工作和决策机制；探索新工作模式。

是年，SAC/TC28 召开主任委员办公会议 4 次，就委员会的组织建设、标准制修订、国际标准化等重要事项进行审议并形成会议纪要；对 194 项标准立项和报批等重大事项进行全体委员投票；探索秘书长联席会议制度，召开秘书长联席会议 1 次。

【组织建设】2016 年，SAC/TC28 完成 SAC/TC28/SC29、SAC/TC28/SC36、SAC/TC28/SC29 的换届调整，方案报国家标准委；启动 SAC/TC28/SC7 的换届；调整标委会及下设组织委员/成员 155 人次。围绕产业发展重点和热点，结合新一代信息技术各领域产业和应用发展对标准化的需求，成立锡伯文信息技术标准工作组、产业互联网标准工作组。

【年会情况】2016 年，SAC/TC28 召开标委会全会，会议总结标委会 2015 年度的工作，审议并通过《全国信标委 2015 年度工作报告》和《全国信标委 2015 年度财务报告》，表彰 21 位 2015 年度标委会先进个人。

【对外宣传】2016 年，SAC/TC28 发挥已有平台的功能，坚持网站、《简报》、微信、快讯多轨并进，报导标委会的各项重大事项和活动，对产业重点热点领域进行技术、标准等方面的推介；扩大宣传形式，重新编写《信标委简介》和《信标委工作手册》，出版《信息技术标准化指南（2016）》，介绍标委会自成立以来取得的成绩及对产业的支撑，以及中国信息技术领域的各项标准化成果。

加强与媒体合作，与《中国电子报》《中国标准化》《信息技术与标准化》等多家媒体建立合作关系，发挥媒体的宣传、导向和推动作用，形成标委会与社会各界交流和信息沟通的平台。

【标准制修订工作】2016 年，SAC/TC28 对征集的 76 项国家标准项目按规定程序进行审查、平衡和协调，并将审议通过的 74 项申报项目按规定的计划渠道上报。国家标准委批准发布 SAC/TC28 归口的国家标准 49 项。

【标准复审工作】2016 年，SAC/TC28 按照国家标准委强制性标准整合精简、推荐性标准集中复审的要求，对归口管理的 128 项强制性国家标准和计划项目，开展整合精简预评估工作，建议废止 3 项、转为推荐性标准 116 项、保留 9 项。对 1242 项国家标准/计划进行集中复审，建议废止 117 项、修订 134 项、继续有效 991 项。

【标准化科研】2016 年，SAC/TC28 推进人工智能、虚拟现实/增强现实、产业互联网等领域的标准化跟踪和预研。为支撑工业和信息化部信软司开展数据能力成熟度评估的筹备和推进工作，大数据标准工作组组织重点企业和行业先进企业研制数据能力成熟度评估检查表、评估管理体系等，并于 2016 年 3 月起开展实施数据能力成熟度评估试点工作，帮助政府了解大数据管理和应用的现状，发现具备的优势和存在的问题，了解企业需求，掌握产业发展情况。

SAC/TC28/SC40 实质落实《标准联通“一带一路”行动计划（2015—2017）》，发布《信息技术服务标准体系建设报告 4.0（英文版）》，借助国际标准化组织 ISO/IEC JTC1/SC7、SC40 在我国召开 2016 年全会的机会，召开由泰国、马来西亚、印度等国家成员体代表参加的座谈会，了解可行性，探索布局“一带一路”标准化工作。

在“国家绿色数据中心试点示范”工作中，SAC/TC28/SC39 编写《国家绿色数据中心试点监测方案》，推动国家绿色数据中心试点示范工作的开展，指导绿色数据中心试点的监测和工业和信息化部委托的第三方核查工作，保障试点数据中心在同一规范下开展创建和评价工作。

为规范智慧城市建设、提高建设水平，SAC/TC28 支撑国家标准委提出“智慧城市评价指标体系建设方案”，完成“智慧城市评价指标体系总体框架”和“智慧城市评价指标体系分项制定的总体要求”。年内，组织完成并发布GB/T 33356—2016《新型智慧城市评价指标》国家标准，为全面推动智慧城市建设提供有力保障。

SAC/TC28 支撑工业和信息化部智能制造技术领域标准化管理工作，为国家智能制造标准化提供从立项到报批的全流程管理服务。

【国际标准化工作参与情况】2016 年，SAC/TC28 履行 P 成员（参与成员）职责，组织国际标准化专家注册 3 次，派出百余人次参加 JTC1 全会及其下设各分技术委员会和工作组会议等各类国际会议，主办 JTC1 下设各分技术委员会和工作组会议 9 次，组织下载 ISO/IEC JTC1 国际标准化文件 3419 份，答复新工作项目提案、委员会草案、国际标准草案、国际标准补篇等国际投票文件 721 份。

SAC/TC28 向国际标准化组织提出智慧城市、传感器网络、数据库语言和办公设备等领域的新工作项目提案 9 项,其中《数据库语言新技术设计说明 第 1 部分:SQL 对流数据的支持》等 6 项国际标准提案获得立项。

2016 年中国主导制定智慧城市、传感器网络、教育技术、多媒体、软件工程和办公设备等领域的国际标准 28 项,其中中国主导制定的《信息技术 学习、教育和培训 教育中的电子课本需求》等 4 项国际标准正式发布。参与 45 项国际标准的研制,领域涉及软件工程、云计算、大数据、教育技术、设备互连等。

2016 年,SAC/TC28 在编码字符集、云计算、软件和系统工程、信息技术服务、大数据、教育技术、传感器网络、物联网、数据通信等 10 余个领域有 38 人次担任职位,其中担任召集人/联合召集人 8 人次、秘书 2 人次、28 人次承担项目编辑/联合编辑。

【标准宣贯培训与技术服务】2016 年,SAC/TC28 对软件工程领域、信息技术服务领域、人机交互领域、教育技术领域标准化人员进行标准化基础知识、标准体系建设、标准编制原则、信息技术服务标准、教育技术等主题进行宣贯和培训,6000 余人次参加;SAC/TC28 及下设组织对 3500 余家单位开展标准化咨询服务。生物特征识别分委会秘书处承担的生物特征识别注册管理工作,为现有 38 个品种完成注册。

供 稿:SAC/TC28 秘书处
撰稿人:赵 波 林 宁
审稿人:肖 华

全国气瓶标准化技术委员会(SAC/TC31)

【概况】截至 2016 年底,全国气瓶标准化技术委员会归口管理国家标准 57 项,其中 23 项修改采用国际标准;在研国家标准 18 项,其中 7 项修改采用国际标准。

SAC/TC31 对口国际标准化组织气瓶技术委员会(ISO/TC58)。

SAC/TC31 下设 8 个分技术委员会(SC):无缝气瓶(SC1),焊接气瓶(SC2),液化石油气瓶(SC3),气瓶附件(SC5),气瓶检验(SC6),气瓶充装(SC7),车用高压燃料气瓶(SC8),低温绝热气瓶(SC9)。

【标准制修订工作】2016 年,SAC/TC31 完成国家标准制修订计划项目 14 项;受国家标准委委托,SAC/TC31 组织专家对内蒙古质监局提出的《液化石油气钢瓶防倒气及充装流通系统管理规范》《液化石油气钢瓶防倒气及充装流通系统使用规范》《液化石油气钢瓶防倒气装置》等 3 项国家标准立项及新疆地方标准 DB65/T 3903—2016《焊接绝热气瓶定期检验与评定》、吉林地方标准 DB22/T 2447—2016《车用压缩天然气金属内胆纤维环缠绕气瓶使用与定期检查要求》和 DB22/T 2448—2016《焊接绝热气瓶定期检验与评定》等 3 项地方标准进行技术性审查;帮助企业审查气瓶制造、气瓶充装以及气瓶检验等企业标准 86 项。

【国际标准化工作参与情况】2016 年,SAC/TC31 组织各分技术委员会和行业专家,参与 ISO/TC58 气瓶标准投票表决 38 项。

10 月 17—21 日,SAC/TC31 组织由科研机构、气瓶生产企业和检验检测机构组成的 3 名行业专家团队,赴英国伦敦参加 ISO/TC58 /SC3(气瓶设计分会)年会,参加 ISO/NP 21985 等标准的研讨,对会议决议项目进行逐项表决。

【标准宣贯】2016 年 10 月 8—10 日,SAC/TC31 在山东青岛组织 GB/T 7144—2016《气瓶颜色标志》、GB/T 12137—2015《气瓶气密性试验方法》、GB/T 13004—2016《钢质无缝气瓶定期检验与评定》、GB/T 13075—2016《钢质焊接气瓶定期检验与评定》、GB/T 32566—2016《不锈钢焊接气瓶》等 5 项国家标准的宣贯,全国气瓶制造、充装、检验检测单位约 150 人参加宣贯。

【年会情况】2016 年 2 月 25 日,SAC/TC31 在北京组织召开由全会以及各分技术委员会的秘书长等 12 人参加的工作会议。全会和各分会学习《国务院办公厅关于印发强制性标准整合精简工作方案的通知》文件精神,讨论各分会强制性标准整合精简预评估工作情况,并通报各项气瓶标准制修订计划项目进度情况。

12 月 15 日,SAC/TC31/SC9 在广州召开年会,20 名委员出席会议。会议讨论 GB 24159—2009《焊接绝热气瓶》的修订草案。

【标准化科研】2016 年，SAC/TC31 参与质检总局特种设备局下达的国家特种设备安全技术规范《气瓶安全技术监察规程》（大规范）编制工作，并开展与标准协调关系的研究工作。

3 月 15 日，SAC/TC31 在北京召集相关专家召开《低温绝热气瓶定期检验与评定》审稿会议。

4 月 21—22 日，SAC/TC31/SC8 协办中英 HYDROGEN BRIDGE 国际会议，来自英国阿尔斯特大学、华威大学、巴斯大学、爱丁堡大学、英国健康与安全实验室、美国运输部、挪威 Hexagon 气瓶公司、德国卡尔斯鲁厄理工学院、德国 BAM 公司、日本自动车研究所、中国标准化研究院、中国电子工程设计院、浙江大学、上海交通大学、沈阳斯林达安科新技术有限公司等单位的 23 名专家参会。会议主要议题包括：车载高压储氢安全的发展战略与研究进展、复合材料气瓶热防护的研究进展、提高车载储氢系统耐火性能的最新策略和方法、复合材料气瓶在压力和热载荷共同作用下的建模和仿真、现有气瓶热防护方法的分析以及法律、规范和标准的现状及发展趋势。

5 月 10 日，SAC/TC31/SC8 主任委员郑津洋教授参加在杭州召开的第七届国际制氢会议（ICH2P2016），并做题为“Development of High Pressure Gaseous Hydrogen Storage and Safety in China”的特邀大会主题报告。

6 月 6—10 日，应美国能源部（DOE）邀请，SAC/TC31/SC8 主任委员郑津洋赴华盛顿参加美国能源部氢和燃料电池计划项目评估。

9 月 13 日，SAC/TC31/SC5 在上海召开《低温焊接绝热气瓶用阀门　第 1 部分：调压阀》《低温焊接绝热气瓶用阀门　第 2 部分：截止阀》编写组成员会议。会议对 2 项标准送审稿函审意见整理汇总，并就意见采纳与否进行讨论。

供　稿：SAC/TC31 秘书处
撰稿人：张保国
审稿人：黄强华

全国模具标准化技术委员会（SAC/TC33）

【概况】截至 2016 年底，全国模具标准化技术委员会归口管理的国家标准 102 项（6 项采用 ISO 国际标准），行业标准 179 项。在研国家标准项目 24 项、行业标准项目 26 项，其中采用 ISO 国际标准 7 项。

SAC/TC33 对口国际标准化组织小工具技术委员会冲模和成型模分技术委员会（ISO/TC29/SC8）。

【标准制修订与复审工作】2016 年，SAC/TC33 经国家标准委及工业和信息化部批准立项的国家标准项目 6 项（4 项为 ISO 采标项目，2 项为压铸模零件国家标准修订项目）、行业标准项目 11 项；完成重大基础国家标准项目《模具　术语》，以及《冲模　L 形导向块》《冲模　U 形和 V 形导向块》《冲模　导滑块》等3 项ISO 国际标准采标项目的审查修改和报批工作，并完成 14 项国家标准和 13 行业标准的制修订及会议审查工作；国家标准委正式批准发布的模具国家标准为 2 项，工业和信息化部批准发布的模具行业标准 20 项。

SAC/TC33 对归口管理的现行标准和在研标准计划进行系统性整理，并集中复审 287 项推荐性标准，其中继续有效 205 项（国家标准 46 项、行业标准 159 项）、修订 70 项（国家标准 52 项、行业标准 18 项）、直接废止 6 项（行业标准）、视情况废止 6 项（国家标准 4 项、行业标准 2 项）。复审 34 项推荐性标准制修订计划，其中继续有效 31 项（国家标准计划 16 项、行业标准计划 15 项）、修订 2 项（国家标准计划更名）、直接废止 1 项（行业标准计划）。

【国际标准化工作参与情况】2016 年，SAC/TC33 配合 ISO/TC29/SC8 秘书处完成各项投票工作，参加 ISO/TC29/SC8 对 10 项 ISO 标准进行的系统性复审，确定 10 项标准继续有效；组织国内企业、科研院校参加德国提出的“冲模　螺旋压缩钢弹簧和气弹簧弹顶销”与“冲模　大型冲模和成形模侧导板”等 2 项 ISO 新国际标准制定项目。并于 10 月 25 日组织专家在广西桂林参加 SC8/WG2 工作组网络电话会议，与来自法国、德国、意大利、瑞典的专家共同就各国提出的意见逐条进行讨论。在所有参加标准制定的国家中，中国提出的技术意见最多，并且分别有 60% 和 90% 的意见得到采纳。

SAC/TC33 开展对口 ISO 国际标准的跟踪调研和采标工作，2016 年有 2 项采标正式发布，并完成 3 项 ISO 采标的报批工作，申报立项 4 项 ISO 采标项目，计划于 2017 年再次申报 4 项。经对比研究，适合采标的ISO国际标准22项,已发布的采标为6项,计划到2020年实现归口国际标准采标率达到90%以上。

【标准化调研、宣贯及培训】2016年,SAC/TC33参加国家标准委、工业和信息化部及中国机械工业联合会组织召开的学习培训活动6人次。配合国家标准委开展考核评估工作,按时提交自评报告,并经国家标准技术审评中心专家评审为二级(良好)。开展标准宣贯和推广工作,分别和广东省东莞市质量监督检测中心、宁波市北仑区模具工业协会签署战略合作协议,为合作方提供标准化技术咨询服务,解答标准化技术问题,提供标准化相关培训和标准宣贯服务等。秘书长王冲应江苏信息职业技术学院、天津职业技术师范大学之邀,分别在无锡、天津为当地模具企业技术人员和院校模具专业教师做"我国模具标准化工作介绍及下一步工作规划"报告,重点宣贯最新制定的一批产业模具标准。

4月11日,组织21名新参与标准化工作的人员在浙江宁波举办"机械工业标准编写人员培训"。与中国质检出版社合作,组织编纂模具标准应用系列图书"模具标准应用手册",系列手册计划由冲压模具卷、塑料模具卷、锻压模具卷和压铸模具卷4部分构成。6月29日,与中国模具工业协会在上海新国际博览中心联合举办"产业模具标准提升企业影响力竞争力研讨会",秘书长王冲做"我国模具标准化工作简介和模具标委会十三五规划"报告,青岛海尔模具公司、昆山华富模具公司、宁波合力模具公司在会上分享了各自在标准化方面的成果和经验。9月21日,在中国机械工业联合会组织召开的"全国机械工业标准化和质量提升推进会议"上,SAC/TC33荣获"十二五"机械工业标准化工作先进集体,秘书长王冲荣获"十二五"机械工业标准化工作先进工作者。

【年会情况】2016年12月2日,SAC/TC33年会暨模具标准审查会在浙江宁波召开,委员、委员代表及参与模具标准制修订工作的单位代表90余人参会,其中委员及委员代表48人。会议通报全国模具标准化技术委员会2016年工作情况及2017年工作计划,并对2016年修订完成的14项压铸模国家标准和13项机械行业标准进行审查。会议就"十三五"技术标准体系建设方案进行宣讲和研讨,对2017年标准立项申报及未来五年的模具标准化体系建设工作进行规划。

供　稿:SAC/TC33秘书处
撰稿人:朱磊文
审稿人:王　冲

全国电工电子设备结构综合标准化技术委员会(SAC/TC34)

【概况】截至2016年底,全国电工电子设备结构综合标准化技术委员会归口管理现行国家标准49项,涵盖术语、25 mm模数尺寸协调、19 in系列尺寸协调、通用性能要求与试验方法、户外机柜、热特性、20 mm模数尺寸协调、电工电子设备机械结构、机箱和控制台、数据通信机柜、电工电子设备机柜、低压机柜等方面的国家标准,其中22项采用国际标准;在研国家标准5项,其中2项采用国际标准。

SAC/TC34对口国际电工委员会电气和电子设备机械结构分技术委员会(IEC/TC48/SC48D)。IEC/TC48/SC48D现行国际标准34项,包括19 in系列、25 mm模数系列、公英制系列试验方法、户外机壳系列、热管理等。

是年,SAC/TC34对专业领域内的相关企业开展标准化技术咨询及标准宣贯,开展标准化技术咨询服务11次,服务企业6家。

【标准制修订与复审工作】2016年,SAC/TC34在研国家标准项目5项,会议审查国家标准送审稿3项。集中复审归口管理49项国家标准,其中继续有效41项、修订8项。

【国际标准化工作参与情况】2016年,SAC/TC34承担对口IEC/TC48/SC48D国际标准草案文件的网上电子投票11项。中国和日本新工作项目提案(NP)合并后的国际标准项目IEC 61587-6《电子设备机械结构　IEC 60917和IEC 60297的试验　第6部分:户内机柜的安保要求》处于委员会草案(CDV)阶段。

【标准化科研】2016年,SAC/TC34继续开展《电气联接插件(主电路)银铜合金组件》标准科研项目的预研工作,进一步完善静态电气性能、静态机械性能、热态电气性能指标的提出和试验方法的研究工作。

【年会情况】2016年11月9—11日,SAC/TC34六届

四次年会在安徽合肥召开，与会委员（代表）人数达3/4以上，会议审查通过3项国家标准送审稿，要求起草工作组按审查意见纪要进行修改，并由秘书处按审查意见复核后按推荐性国家标准办理上报审批手续。

供　稿：SAC/TC34秘书处
撰稿人：李剑侠
审稿人：李　锋

全国橡胶与橡胶制品标准化技术委员会（SAC/TC35）

【概况】截至2016年底，全国橡胶与橡胶制品标准化技术委员会归口管理国家标准519项、行业标准420项，其中311项采用国际标准；在研国家标准93项、行业标准54项，其中12项采用国际标准。

SAC/TC35对口国际标准化组织橡胶与橡胶制品技术委员会（ISO/TC45）。

SAC/TC35秘书处承担单位为沈阳橡胶研究设计院有限公司。

SAC/TC35下设12个分技术委员会（SC）和2个工作组（WG）：软管（SC1），通用试验方法（SC2），密封制品（SC3），胶乳制品（SC4），炭黑（SC5），合成橡胶（SC6），橡胶杂品（SC7），天然橡胶（SC8），胶鞋（SC9），涂覆制品（SC10），化学助剂（SC12），浸胶骨架材料（SC13），硫化橡胶粉与再生橡胶（WG2），热塑性弹性体（WG3）。

是年，SAC/TC35组织有关分委会召开GB/T 3780.1—2015《炭黑　第1部分：吸碘值试验方法》等国家标准和行业标准实体宣贯会。组织召开标准宣贯培训班10次，培训人数641人次；开展标准化技术咨询服务181次，服务企业176家。

【强制性标准整合精简】2016年，SAC/TC35根据国家标准委及工业和信息化部的安排，按《强制性标准整合精简工作方案》要求对归口的31项强制性国家标准、7项行业标准和1项强制性国家标准计划进行梳理，提出并上报“继续有效、整合、废止或转化为推荐性标准”的建议。

【标准制修订与复审工作】2016年，国家标准委批准立项SAC/TC35归口管理的国家标准项目20项，工业和信息化部批准立项SAC/TC35归口管理的行业标准项目18项。SAC/TC35报批国家标准41项、行业标准21项，审查国家标准41项，行业标准17项。国家标准委批准发布SAC/TC35归口管理的国家标准60项，工业和信息化部批准发布SAC/TC35归口管理的行业标准55项。SAC/TC35组织各分技术委员会复审归口的国家标准467项，其中继续有效329项、修订134项、直接废止2项、转化2项；复审行业标准410项，其中继续有效323项、修订56项、直接废止22项、视情况废止1项、转化6项、协调2项。

【国际标准化工作参与情况】2016年，SAC/TC35完成国际标准表态126项、国际标准复审77项。主导承担ISO 8033、ISO 17717、ISO 11424和ISO 7781等4项国际标准制修订工作，其中ISO 8033：2016《橡胶与塑料软管及纯胶管　各层间粘合强度的测定》于2016年12月15日正式发布；参与ISO/NP 6502-1、ISO/NP 6502-2、ISO/NP 6502-3和ISO/NP TS 21522等4项国际标准的制修订工作。组团参加ISO/TC45第64次年会，出席ISO/TC45及其4个SC的16个工作组会议，参与会议讨论和投票表决，提出3项国际标准新项目提案，其中1项通过立项。

【标准化科研】2016年3月，SAC/TC35完成国家标准委下达的“推荐性标准体系优化和复审研究”试点工作，提交研究报告并通过验收。SAC/TC35开展液体硅橡胶标准体系研究，获批基础标准《液体硅橡胶　分类与系统命名法》国家标准制定计划。SAC/TC35/SC6承担中国石油炼化分公司《合成橡胶色差、水分含量分析方法及标准研究》科研项目，完成关键条件试验，初步建立合成橡胶色差分析方法和采用卡尔费休法测定合成橡胶中水分含量的分析方法。SAC/TC35/SC6秘书处和国家合成橡胶质检中心联合研制的两个门尼黏度国家标准物质异戊橡胶IR70［GBW（E）130572］、IR80［GBW（E）130573］和一个结合苯乙烯含量标准物质［GBW（E）062189］获质检总局批准发布。

【年会情况】2016年12月14—18日，SAC/TC35在广东惠州组织召开2016年年会暨标准审查会，委员出席率89.8%。会议审议通过《全国橡胶与橡胶制品标准化技术委员会2016年度工作报告》，通报相关分技术委员会委员调整情况，研讨《“十三五”技术标准体系建设方案》编制事宜，讨论2017年标准制修订计划建议项目,宣贯《国家标准委办公室关于正式启用“技术委员会电子投票功能”的通知》,审查通过6项国家标准,检查标准制修订计划进度。

9月8—11日,SAC/TC35/SC1年会暨标准审查会在青海西宁召开,委员出席率82%。会议审议通过分委会2016年工作报告和2017年工作计划,通报中国主导修订的ISO 8033和ISO 11424进展情况,审查通过5项国家标准。

11月21—24日,SAC/TC35/SC3年会暨标准审查会在浙江杭州召开,委员出席率80%。会议审议通过分委会2016年工作报告和2017年工作计划,审查通过1项行业标准。

11月11—13日,SAC/TC35/SC4年会暨标准审查会在福建厦门召开,委员出席率89.6%。会议审议通过分委会2016年工作报告和2017年工作计划,审查通过4项国家标准。

10月16—19日,SAC/TC35/SC5年会暨标准审查会在河北石家庄召开,委员出席率87.7%。会议审议通过分委会2016年工作报告和2017年工作计划,审查通过8项国家标准。

12月21—23日,SAC/TC35/SC6年会暨标准审查会在江苏如皋召开,委员出席率79%。会议审议通过分委会2016年工作报告和2017年工作计划,审查通过1项国家标准和1项行业标准。

10月22—27日,SAC/TC35/SC7年会暨标准审查会在贵州贵阳召开,委员出席率89.8%。会议审议通过分委会2016年工作报告和2017年工作计划,通报强制性标准整合精简和推荐性标准集中复审的阶段性结论,审查通过3项国家标准和2项行业标准。

12月22—24日,SAC/TC35/SC8年会暨标准审查会在广东珠海召开,委员出席率74.2%。会议审议通过分委会2016年工作报告和2017年工作计划,审查通过2项国家标准。

11月21—24日,SAC/TC35/SC9年会暨标准审查会在浙江宁波召开,委员出席率93.4%。会议审议通过分委会2016年工作报告和2017年工作计划,审查通过3项国家标准和3项行业标准。

9月8—11日,SAC/TC35/SC10年会暨标准审查会在青海西宁召开,委员出席率87.0%。会议审议通过分委会2016年工作报告和2017年工作计划,审查通过2项国家标准。

11月23—26日,SAC/TC35/SC12年会暨标准审查会在浙江温州召开,委员出席率88.9%。会议审议通过分委会2016年工作报告和2017年工作计划,审查通过3项国家标准和8项行业标准。

10月18—21日,SAC/TC35/SC13年会暨标准审查会在山东烟台召开,委员出席率100%。会议审议通过分委会2016年工作报告和2017年工作计划,审查通过4项国家标准和2项行业标准,举办“泰普龙对位芳纶在橡胶领域的应用”和“高性能纤维的表面修饰新方法及其阻燃功能化”等2个专题技术讲座。

供　稿:SAC/TC35秘书处
撰稿人:孔　波
审稿人:刘惠春

全国带电作业标准化技术委员会(SAC/TC36)

【概况】截至2016年底,全国带电作业标准化技术委员会归口管理国家标准22项、行业标准38项,其中8项国家标准、12项行业标准修改采用IEC国际标准;在研国家标准2项、行业标准12项,报批国家标准2项、行业标准9项。

SAC/TC36对口国际电工委员会带电作业标准化技术委员会(IEC/TC78)。

SAC/TC36现为第六届,由43名委员、1名顾问委员组成,设主任委员1名、副主任委员4名、秘书长1名,秘书处承担单位为中国电力科学研究院。

是年,SAC/TC36开展特高压输电线路带电作业标准宣贯与技术培训7期,参培人员来自国内20余个相关单位,培训260人次。

【标准制修订与复审工作】2016年,能源局批准立项SAC/TC36归口管理的行业标准6项、发布SAC/TC36归口管理的行业标准2项。SAC/TC36审查完成8项归口管理的行业标准,召开5次在研标准初稿、征求意见稿专家讨论会。5月,SAC/TC36对归口管理的强制性标准及2011年(含)以前发布的9项现行标准(4项国家标准、5项行业标准)开展标准复审工作,其中2项国家标准确定需进行修订。

【年度计划项目进展情况】2016年4月,SAC/TC36

组织召开《带电作业用工具、装置和设备预防性试验规程》等3项在研行业标准送审稿讨论会，修改完善送审稿；6月，组织召开国家标准《配电线路带电作业技术导则》和《10 kV带电作业用绝缘斗臂车》初稿讨论会，形成修改意见并安排征求意见等下一步工作；7月，组织召开SAC/TC36年会，审查通过《带电作业用工具、装置和设备预防性试验规程》等8项行业标准送审稿；9月，召开行业标准《±500 kV直流输电线路带作业技术导则》和《500 kV交流紧凑型输电线路带作业技术导则》初稿讨论会，形成初稿修改意见并安排下一步工作；11月，召开《直流验电器》等3项行业标准编制工作启动会，确定编写组成员及时间安排。

【国际标准化工作参与情况】 2016年，SAC/TC36秘书处收到IEC/TC78办公室需要投票表决文件12份，IEC/TC78中国秘书处在适当范围内征求意见后及时投出表决票，投票率100%。10月，派员参加IEC/TC78在德国法兰克福召开的年会。

【年会情况】 2016年7月27—28日，SAC/TC36全体委员会议在四川成都召开，标委会委员、顾问、专家组成员、委员代表及标准起草工作组成员68人参会。会议审议通过SAC/TC36年度工作总结及下一年度工作计划报告；审查通过《带电作业用工具、装置和设备预防性试验规程》等8项行业标准送审稿；举办带电作业工器具展及技术交流论坛；参会委员对下一步标准制修订计划提出建议。

供　稿：SAC/TC36秘书处
撰稿人：雷兴列
审稿人：刘　凯

全国微束分析标准化技术委员会（SAC/TC38）

【概况】 截至2016年底，全国微束分析标准化技术委员会归口管理国家标准83项，其中53项采用国际标准；在研国家标准12项，其中3项采用国际标准。

SAC/TC38对口的国际标准化组织包括：国际标准化组织微束分析标准化技术委员会（ISO/TC202）及其术语分技术委员会（ISO/TC202/SC1）、电子探针分技术委员会（ISO/TC202/SC2）、分析电镜分技术委员会（ISO/TC202/SC3）、扫描电镜分技术委员会（ISO/TC202/SC4），国际标准化组织表面分析标准化技术委员会（ISO/TC201）及其术语分技术委员会（ISO/TC201/SC1）、一般程序分技术委员会（ISO/TC201/SC2）、数据管理与处理分技术委员会（ISO/TC201/SC3）、深度剖析分技术委员会（ISO/TC201/SC4）、二次离子质谱分技术委员会（ISO/TC201/SC6）、电子能谱分技术委员会（ISO/TC201/SC7）、辉光放电谱分技术委员会（ISO/TC201/SC8）、扫描探针分技术委员会（ISO/TC201/SC9）。ISO/TC202发布国际标准18项，其中转化为中国国家标准15项。ISO/TC201发布国际标准65项，其中转化为中国国家标准42项。

是年，SAC/TC38申报国家标准计划项目2项。对归口的现行国家标准组织多次标准宣贯和培训，培训200余人次。

【国际标准化工作参与情况】 2016年，SAC/TC38以专家形式参与所有ISO/TC202国际标准制修订项目和ISO/TC201国际标准制修订项目。

SAC/TC38副主任委员徐坚担任ISO/TC202主席，主任委员赵江担任ISO/TC202秘书。SAC/TC38作为ISO/TC202秘书处，秘书长赵江于10月19—21日于美国费城组织并主持委员会第23次全体会议，来自中国、美国、日本、德国、英国、乌干达等6个成员的27名代表参会。赵江做秘书处工作报告，会议集中讨论审议多个国际标准项目提案，并对委员会将来发展方向进行商议，最终形成会议纪要。

10月13—15日，SAC/TC38派8人组成的中国代表团出席在韩国首尔召开的ISO/TC201表面化学分析第25次全体会议。中国代表团提出“Method for Measurement of Mass Resolution in SIMS”国际标准立项提案并做报告，会议决议要求在年底前提交NWIP申请。会议决定由中国的黄文浩研究小组继续开展“SPM湿度和温度效应”国际标准准备工作。同意2019年ISO/TC201全会在上海计量院召开。

【年会情况】 2016年8月29—31日，第五届全国微束分析标准化技术委员会第六次工作会议在黑龙江黑河召开，24名委员出席会议。会议听取主任报告、秘书处工作报告、3项拟上报国家标准计划起草人的申请报告。经过答辩与讨论，投票表决通过1项标准计划（玉米褪绿斑驳病毒透射电子显微镜检测方法）上报国家标准委审批立项；另外2项建议修改暂不上报。会议审查通过3项国家标准送审稿及相关材料,上报国家标准委审批。会议复审标准39项,其中建议21项继续有效,18项修订;复审计划29项,其中28项继续有效,1项废止。

供　稿:SAC/TC38秘书处
撰稿人:刘　芳
审稿人:赵　江

全国变压器标准化技术委员会(SAC/TC44)

【概况】 截至2016年底,全国变压器标准化技术委员会归口管理国家标准38项(22项采用IEC标准)、机械行业标准85项、能源行业标准8项;在研国家标准3项、机械行业标准3项。

SAC/TC44对口国际电工委员会电力变压器技术委员会(IEC/TC14)。

是年,SAC/TC44完善现有标准体系。参加上级标准化主管部门组织开展的标准化工作会议、标准化工作培训等;与其他相关标委会保持联系,并参加有关单位开展的标准制修订工作,及时了解相关的信息;秘书处继续同委员、委员单位及有关的行业单位保持联系,提供相关服务;在CTN网站和《变压器行业通讯》上发布标准化信息;秘书处跟踪委员工作单位的变动情况,做好委员变动的登记备案工作。

【标准制修订与复审工作】 2016年,国家标准委批准立项SAC/TC44归口管理的国家标准项目7项,工业和信息化部批准立项SAC/TC44归口管理的行业标准项目11项。SAC/TC44报批1项国家标准。国家标准委批准发布2项变压器专业领域国家标准,工业和信息化部批准发布12项变压器专业领域机械行业标准,能源局批准发布2项变压器专业领域能源行业标准。

年内,SAC/TC44秘书处开展变压器专业领域的推荐性国家标准、机械行业标准及能源领域行业标准和推荐性标准制修订计划的集中复审工作。推荐性国家标准集中复审22项,推荐性国家标准计划集中复审6项,推荐性机械行业标准集中复审76项,推荐性机械行业标准计划集中复审23项,推荐性能源行业标准集中复审8项。

【国际标准化工作参与情况】 2016年,SAC/TC44秘书处收到IEC/TC14文件48份,需表态文件13份。秘书处对收到的文件分类归档,对需要投票及表态的文件及时向有关方面征求意见,经汇总整理后按规定时间向IEC/TC14报出,文件处理率100%。收到IEC/TC14的正式出版物2份。

10月9—12日,IEC/TC14在德国法兰克福召开2016会议及第80届IEC大会,SAC/TC44组织12名专家参加会议。

【标准化科研】 2016年,SAC/TC44承担“智能化输配电设备关键技术标准项目研究课题(该课题属于国家高技术产业化项目、国家能源应用技术研究及工程示范项目‘智能化输配电关键设备研制及工程应用示范’子课题)”中的“智能化输配电设备关键技术标准项目研究”,由该项目制定的国家标准化指导性技术文件《油浸式电力变压器智能化技术规范》项目已通过审查,准备报批。

【年会情况】 2016年11月18日,SAC/TC44在四川成都举行全体会议,委员出度率91.5%,标委会主任委员郭振岩主持会议。中国电器工业协会专家介绍国家标准化工作改革的有关情况及标准复审和清理简化情况,并就团体标准制定工作、企业标准化工作、技术委员会建设和管理、国际标准化工作、国家标准立项、“十三五”标准体系建设等方面的工作给予指导。标委会副主任委员李秦就如何评判标准化工作、标准化工作战略及本专业未来标准化工作转型等方面给与指导。年会期间,标委会秘书处就国家标准委即将启动的“技术委员会电子投票功能”的使用及具体操作向到会委员进行专门介绍。

会议审议并通过《全国变压器标准化技术委员会2015—2016年度秘书处工作报告》及《全国变压器标准化技术委员会2015—2016年度财务报告》。会议审查2项国家标准送审稿、7项机械行业标准送审稿。

供　稿:SAC/TC44秘书处
撰稿人:林　然
审稿人:章忠国

全国电力电容器标准化技术委员会（SAC/TC45）

【概况】截至2016年底，全国电力电容器标准化技术委员会归口管理国家标准33项、行业标准18项，其中24项采用国际标准；在研国家标准5项，其中4项采用国际标准。

SAC/TC45对口国际电工委员会电力电容器及其应用技术委员会（IEC/TC33）。

【标准制修订与复审工作】2016年，SAC/TC45向国家标准委报批国家标准3项，审查国家标准2项。国家标准委批准发布SAC/TC45归口管理的国家标准3项。SAC/TC45开展归口管理的推荐性国家标准和行业标准集中复审工作。经标委会全体委员函审，形成的上报结论为：推荐性国家标准32项，其中修订12项、继续有效20项；推荐性国家标准计划4项，均继续执行；推荐性机械行业标准16项，其中继续有效13项、修订1项、直接废止2项；在研推荐性机械行业标准制修订计划3项，其中继续有效2项、直接废止1项。最终的复审意见通过全体委员表决同意，复审完成率100%。

【年会情况】2016年10月20日，SAC/TC45第八届第二次会议在广西桂林召开。来自全国电力电容器及其应用行业的制造企业、科研院所、运行部门的委员（或委员代表）、观察员、标准制修订工作组成员80人参加会议，其中标委会委员（或委员代表）36人。会议审议秘书处提交的“2016年度IEC/TC33标准制修订动态”“全国电力电容器标准化技术委员会2015—2016年度工作总结”以及“全国电力电容器标准化技术委员会2015—2016年度财务报告”等3项报告。会议审议通过秘书处提交的2017年全国电力电容器标委会工作计划项目建议。会议对《无功补偿装置术语》《超级电容器　第1部分：总则》等2项国家标准送审稿征求意见汇总表中修改采纳和未采纳的意见进行讨论，提出审查意见。会议通过以上2项标准的审查，责成标准主要起草单位根据审查意见对标准送审稿进行修改，按审查会议要求继续开展后续工作。

【标准宣贯工作】2016年4月，由全国电力电容器标准化技术委员会和中国电器工业协会电力电容器分会在江苏无锡联合举办GB/T 30841—2014《高压并联电容器装置的通用技术要求》国家标准宣贯暨研讨会。来自全行业高压并联电容器装置制造、试验、运行单位的50余位代表参加此次会议。会议采用授课、答疑、考试、发证等多种形式。

【国际标准化工作参与情况】2016年，SAC/TC45收到IEC/TC33国际标准草案投票文件4份，均按时完成投票工作，投票率100%。SAC/TC45完成IEC工作组专家的更新工作，现有21位已注册的IEC工作组专家。IEC/TC33下设工作组、维护组和联合工作组等7个，中国专家加入其中6个，工作组参加覆盖率85.7%。

11月14—18日，IEC/TC33年会及其工作组会议在意大利米兰召开，SAC/TC45组团参加会议。会议期间团队成员参加会议的各种讨论和活动，并根据国内预备会议确定的相关工作内容，对相关标准和工作项目提出意见。

供　稿：SAC/TC45秘书处

全国家用电器标准化技术委员会（SAC/TC46）

【概况】截至2016年底，全国家用电器标准化技术委员会归口管理国家标准220项、行业标准150项；在研国家标准51项、行业标准49项。

SAC/TC46对口国际电工委员会家用和类似用途电器安全技术委员会（IEC/TC61）及其分技术委员会、家用和类似用途电器性能技术委员会（IEC/TC59）及其分技术委员会、积极改善生活系统委员会（IEC/SyC AAL）。

SAC/TC46下设17个分技术委员会（SC）：制冷空调器具（SC1），清洁器具（SC2），厨房器具（SC3），通风器具（SC4），取暖熨烫器具（SC5），美容及其他器具（SC6），商用电气饮食加工服务设备（SC7），家用电器用主要零部件（SC8），家用电器可靠性（SC9），家用电器噪声（SC10），家用电器服务

(SC11),家用电器布线及安装(SC12),保健和类似器具(SC13),电热毯(SC14),智能家电(SC15),无线电能传输家电(SC16),家用电动加工器具(SC17)。

【标准制修订与复审工作】2016年,国家标准委批准立项SAC/TC46归口管理的国家标准项目2项,工业和信息化部批准立项SAC/TC46归口管理的行业标准项目5项。国家标准委批准发布SAC/TC46归口管理的国家标准2项,工业和信息化部批准发布SAC/TC46归口管理的行业标准20项。SAC/TC46组织有关分技术委员会开展强制性标准整合精简技术评估工作和推荐性标准复审工作。

【国际标准化工作参与情况】2016年,中国家电领域参与IEC/TC59和IEC/TC61及其SC所负责的179项国际标准的制修订。中国家电领域提出2项提案,均为制定提案。截至年底,在研的国际提案13项。SAC/TC46相关专家担任多个国际标准化组织的职务。

年内,中国组团参加IEC/TC61及其各SC、IEC/TC59及其各SC、IEC/SyC AAL、IEC/ACART、IEC/SyC Smart Cities等6次国际会议,参会代表66人次。

【标准化科研】2016年,SAC/TC46完成工业和信息化部"十三五"标准体系规划、"重点家电产品国内外标准比对研究"、国家标准委"消费品标准体系优化研究"、"消费品标准比对研究"等课题,并通过验收。承担国家质量基础关键技术研究及应用"特殊人群用品质量安全技术标准研制""家电产品质量安全技术标准研制""中国标准走出去适用性技术研究——重点贸易产品与服务标准比对及转化应用研究""优势特色领域重要国际标准研究——家电领域国际标准研究"等课题,均处于研究中。

【年会情况】2016年3月,SAC/TC46在云南昆明召开标委会及各分委会年会,委员平均出席率85%。会议对前一年度工作进行总结,对下一年工作计划进行讨论,审议32项标准。

供　稿:SAC/TC46秘书处
撰稿人:闫　凌
审稿人:马德军

全国绝缘材料标准化技术委员会(SAC/TC51)

【概况】截至2016年底,全国绝缘材料标准化技术委员会归口管理国家标准98项、行业标准90项,其中128项采用国际标准;在研国家标准13项、行业标准22项,其中16项采用国际标准。

SAC/TC51对口的国际标准化组织包括:国际电工委员会电工流体与应用技术委员会(IEC/TC10)、国际电工委员会固体绝缘材料技术委员会(IEC/TC15)。

SAC/TC51下设2个分技术委员会(SC):电工用热固性模塑料(SC1),电工用热缩材料(SC2)。

【标准制修订与复审工作】2016年,工业和信息化部批准立项SAC/TC51归口管理的机械行业标准项目2项,能源局批准立项SAC/TC51归口管理的能源行业标准项目2项。SAC/TC51向工业和信息化部报批行业标准8项,审查行业标准送审稿4项。工业和信息化部批准发布SAC/TC51归口管理的行业标准7项。SAC/TC51组织复审归口国家标准104项,其中继续有效75项、修订29项。组织召开2次国家标准起草工作会议。

【国际标准化工作参与情况】2016年,SAC/TC51收到IEC/TC10和IEC/TC15投票文件各6个,按时组织投票回复,投票率100%。参与IEC 60345《绝缘材料在高温下电阻和电阻率的试验方法》标准修订工作。组团参加2016年奥地利IEC/TC15工作会议。

【标准化科研】2016年,SAC/TC51开展"油纸绝缘系统纸板表面放电(爬电)能力测试方法研究""油纸绝缘系统直流局部放电试验方法研究"等2项标准专项的研究工作。

【标准宣贯及服务工作】2016年,SAC/TC51、SAC/TC51/SC2组织召开JB/T 12421—2015《变频电机用绝缘材料耐重复脉冲电应力试验方法》等35项行业标准宣贯活动。组织召开标准宣贯培训班4次,培训人数186人次,开展标准化技术咨询服务30次,服务企业30家。

【年会情况】2016年11月3—6日,SAC/TC51在湖北武汉召开2016年年会暨标准审查会,委员出席率86.6%。中国电器工业协会专家通报国家标准委有关标准化的最新政策要求,并对与会委员就标委会有关考核方案进行专题培训。标委会秘书长作了标委会2016年度工作报告,总结2016年度绝缘材料标准化工作，并提出 2017 年度工作重点和目标计划。会议审查通过 3 项国家标准和行业标准送审稿。会议通报召开《晶体硅太阳电池组件用聚氟乙烯绝缘薄膜》等 3 项国家标准起草工作会议及其试验验证工作进展情况；提出 2017 年标准制修订立项申报的基本原则和立项重点建议。

11 月 24 日，SAC/TC51/SC1 在广西桂林召开年会，全部委员 25 人到会。会议总结 2016 年分标委工作情况，提出 2017 年分标委工作计划。

9 月 20 日，SAC/TC51/SC2 在河南郑州召开年会暨标准审查会议。28 名委员参会，委员出席率 96.5%。会议审查《热收缩模制型材　第 3 部分：尺寸》等 3 项机械行业标准送审稿。

供　稿：SAC/TC51 秘书处
撰稿人：罗传勇
审稿人：徐　曼

全国铸造标准化技术委员会（SAC/TC54）

【概况】截至 2016 年底，全国铸造标准化技术委员会归口管理 177 项标准，其中国家标准 94 项、行业标准 83 项。

SAC/TC54 对口的国际标准化组织包括：铸钢件分技术委员会（ISO/TC17/SC11），铸铁和生铁技术委员会（ISO/TC25）。参与铜和铜合金（ISO/TC26）、镁和铸造或锻造镁合金（ISO/TC79/SC5）、铝和铸造铝合金（ISO/TC79/SC7）和锌和锌合金（ISO/TC18）等 4 个技术委员会的国际标准化工作。

SAC/TC54 下设 7 个分技术委员会：铸钢（SC1），铸铁（SC2），铸造有色合金（SC3），压力铸造（SC4），熔模精铸（SC5），造型材料（SC6），通用基础及工艺（SC7）。

【标准制修订与复审工作】2016 年，SAC/TC54 完成国家标准制修订项目 7 项、行业标准制修订项目 11 项，正在制修订中的国家标准项目 23 项、行业标准项目 13 项。SAC/TC54 组织下属 7 个分技术委员会复审归口的国家标准 92 项，其中继续有效 62 项、需要修订 30 项；复审国家标准制修订计划项目 13 项，全部有效。复审行业标准 80 项，其中继续有效 35 项、需要修订 33 项、直接废止 12 项；复审行业标准制修订计划项目 28 项，其中继续有效 25 项、废止 3 项。

【国际标准化工作参与情况】2016 年 4 月 10—11 日，SAC/TC54 派出 2 名专家参加在德国标准化学会（DIN）总部柏林召开的 ISO/TC25/WG3 工作会议。会议审查 ISO 945-1《铸铁金相组织　第 1 部分：石墨分类　目测法》修改意见，标准进入 DIS 阶段。会议讨论由 SAC/TC54 代表中国提出的 ISO 945-4：2016（E）《球墨铸铁球化率评定方法》工作组草案。该标准是由中国主导制定的第一项铸造国际标准。

【年会及标准审查情况】2016 年，SAC/TC54 先后召开 5 次标准审查会，分别审查铸钢、铸铁、铸造有色合金和铸造通用基础等 4 个领域 7 项国家标准和 7 项行业标准。

10 月 28 日，SAC/TC54 六届二次会议在四川成都召开，SAC/TC54 委员及代表 60 余人参加会议，会议审议“全国铸造标委会六届一次会议以来的工作总结和六届二次会议工作安排”。

【标准化论坛及标准宣贯】2016 年 7 月 9—10 日，SAC/TC54 在上海举办第九届中国铸造质量标准论坛，论坛围绕“有色合金铸件的生产技术与质量管理”主题进行交流，论坛征集到 9 篇论文、8 篇会议报告。来自有色合金铸件生产企业、铸造原辅材料供应商、铸造检测仪器仪表生产厂商、大专院校、科研院所和行业组织等 70 余名代表参加论坛。与会代表开展铸造标准宣贯、研讨和经验交流，了解中国铸造标准的最新制修订状态，了解标准的创新点和标准化工作的最新成果。

7 月，SAC/TC54 秘书处编著的《铸造标准应用手册》（中卷）出版，其中收录 38 项最新铸造国家标准和行业标准全文，并附有标准主要起草人对 38 项国家标准和行业标准的宣贯解读文章。

供　稿：SAC/TC54 秘书处
撰稿人：张　寅
审稿人：葛晨光

全国焊接标准化技术委员会(SAC/TC55)

【概况】截至2016年底,全国焊接标准化技术委员会归口管理国家标准112项、行业标准59项,其中122项采用国际标准;在研国家标准20项、行业标准23项。召开标准宣贯培训班3次、培训129人。开展标准化技术咨询12次,服务企业20家。

SAC/TC55对口国际标准化组织焊接与相关工艺技术委员会(ISO/TC44)。ISO/TC44有P成员30个、O成员38个,中国为P成员。

SAC/TC55下设3个分技术委员会(SC):焊接材料(SC1)、钎焊(SC2),焊缝试验和检验(SC3)。

6月,第六届SAC/TC55及两个分委会SC1和SC2任期届满。9月,SAC/TC55组织完成换届工作,并启动第七届委员会工作。

是年,SAC/TC55秘书处完成SAC/TC55网站日常维护工作;组织翻译有关IIW文件、ISO新标准;整理、完成ISO、EN、AWS标准数据库更新;完善焊接标准电子文本归档。

【标准制修订与复审工作】2016年,SAC/TC55获得国家标准委批准立项9项;完成国家标准制修订10项、行业标准修订23项;获得批复颁布的标准8项。年内,SAC/TC55完成1项强制性标准的预评估;集中复审归口领域国家标准107项、行业标准61项以及所有正在实施的33个计划项目。

【国际标准化工作参与情况】2016年,SAC/TC55参与11项国际标准制定工作,完成各类国际标准文件投票表决76项;参加国际标准会议2次。

7月9—15日,SAC/TC55派2名专家参加在澳大利亚墨尔本召开的第69届国际焊接学会(IIW)年会。11月13—18日,SAC/TC55派4名专家组成的中国焊接标准化代表团,参加在加拿大多伦多召开的第37届ISO/TC44全会及同期召开的有关分委会会议(包括SC5、SC7、SC8和SC10分委会会议)。SAC/TC55全面掌握ISO/TC44近期工作动态;为下年承办ISO/TC44会议和有关人员做沟通协调,推进下年会议的筹备和参与项目工作。

【标准化科研】2016年3月,SAC/TC55秘书处会同有关单位共同参加“国家质量基础的共性技术研究与应用”重点专项申报工作。专项包含支撑重点领域工业三基的关键技术标准研究。其中,材料连接部分涉及到惯性摩擦焊和激光复合焊接两项课题由SAC/TC55秘书处负责。专项得到国家主管部门批复,并于2017年7月至2019年6月实施。7—9月,SAC/TC55秘书处参与有关部门组织的“军民标准通用化工程”项目立项申报和环境保护部关于“绿色制造基础工艺信息”收集工作。

【年会情况】2016年9月20—22日,SAC/TC55秘书处在天津组织召开全国焊接标准化技术委员会暨焊接材料分技术委员会、钎焊分技术委员会七届一次会议。SAC/TC55、SC1、SC2委员及代表96人参加会议。会议总结第六届委员会工作;传达上级主管部门有关标准化改革方案;通过“十三五”焊接标准化发展规划纲要(草案);审查通过33项标准草案。

供　稿:SAC/TC55秘书处
撰稿人:苏金花
审稿人:朴东光

全国图形符号标准化技术委员会(SAC/TC59)

【概况】截至2016年底,全国图形符号标准化技术委员会归口管理现行图形符号国家标准67项,其中基础通用标准12项、公共信息导向系统标准31项、安全信息导向系统标准12项、设备用图形符号标准12项。

SAC/TC59对口国际标准化组织图形符号技术委员会(ISO/TC145)。

SAC/TC59下设1个分技术委员会(SC):城市导向(SC1)。

【标准制修订与复审工作】2016年, SAC/TC59完成8项国家标准研制工作,向国家标准委报批国家标准6项。SAC/TC59经年会审查国家标准3项,函审国家标准5项。对SAC/TC59归口管理的57项标准进行集中复审,其中23项修订、44项继续有效;复审

10 项国家标准计划，其中 9 项继续有效、1 项废止。

【国际标准化工作参与情况】2016 年 5 月 22—26 日，SAC/TC59 组团参加了在意大利罗马召开的 ISO/TC145 第三十二届全会以及 SC1（公共信息图形符号）、SC2（安全识别、标志、形状、符号和颜色）、SC3（设备用图形符号）会议。

【标准化科研】2016 年，SAC/TC59 完成或阶段性完成科研项目 13 项：参与国家科技支撑计划课题“信息显示界面工效学设计技术和标准研究”，主持完成其中子任务“图标应用技术研究与标准研制”的研究工作，课题于 2016 年底通过验收；参与国家科技支撑计划课题“支撑国际突破与国际贸易的重要国际标准研究”，主持完成其中子任务“图形符号国际标准研究”的研究工作，课题于 2016 年 2 月通过验收；主持完成商务部“购物及相关服务标志用公共信息图形符号应用规范”项目，项目已通过评审验收；主持完成院长基金项目“轨道交通、公共汽电车、省际长途客运标志评价指标研究”工作，项目于 2016 年 10 月通过验收；主持完成 2015 年院长基金项目“人员疏散掩蔽导向系统推广实施方案研究”的工作；参与院长基金项目“基于网络服务的标准化术语图形符号信息平台研究与建设”的研究工作；参与上海质量和标准化研究院公益性行业科研项目“城市人员密集场所风险预防重要标准研究”，完成全部工作并按甲方要求结题；主持 2016 年国家重点研发计划 NQI 专项项目“导向标识系统设计、应用及评测技术标准研究”的研究工作，该项目 2016 年 10 月正式启动，进入研究阶段；参与 2016 年国家重点研发计划 NQI 专项项目“优势特色领域重要国际标准研究”中 1 项任务的研究，该项目 2016 年 10 月正式启动，进入研究阶段；承担 2016 年院长基金项目“ISO 28564-3《公共信息导向系统　第 3 部分：信息索引标志设计与应用指南》国际标准研制”，按进度要求将该标准的研制推进到 DIS 准备阶段；主持 2016 年院长基金项目“工作场所安全标识系统研究”工作；主持 2015 年质检总局科技计划项目“人员疏散掩蔽导向系统推广实施方案研究”工作；主持 2016 年质检总局科技计划项目“工作场所安全标识系统研究”。

年内，SAC/TC59 完成科技部“重要基础通用技术标准研究 NQI 项目”的图形符号相关课题立项工作。

【年会情况】2016 年 11 月 23 日，SAC/TC59 年会暨国家标准审查会在北京召开，标委会委员和有关专家 23 人参加会议。会议听取并通过 SAC/TC59/SC1 的工作报告及 GB/T 20501.4《公共信息导向系统　导向要素的设计原则与要求　第 4 部分：街区导向图》的审查情况。会议听取并通过 SAC/TC59 秘书处所做的工作总结。与会委员对 2017 年工作计划和工作设想提出意见和建议，就标委会归口的国家标准进行复审，讨论确定 2017 年需要立项的国家标准。会议审查 GB/T 10001.2《公共信息图形符号　第 2 部分：旅游休闲符号》（送审稿）和 GB/T 10001.5《公共信息图形符号　第 5 部分：购物符号》（送审稿），为与标委会正在研究的 NQI 项目中的 GB/T 10001 系列标准相协调，与会委员一致建议 GB/T 10001.2 和 GB/T 10001.5 暂缓上报，待 NQI 项目结题时一并报批。

供　稿：SAC/TC59 秘书处
撰稿人：张　亮
审稿人：白殿一

全国电力电子系统和设备标准化技术委员会（SAC/TC60）

【概况】截至 2016 年底，全国电力电子系统和设备标准化技术委员会归口管理国家标准 54 项、行业标准 13 项，其中 34 项采用国际标准；在研国家标准 32 项、行业标准 18 项，其中 14 项采用国际标准。

SAC/TC60 对口国际电工委员会电力电子系统和设备技术委员会（IEC/TC22）以及下设的稳定电源分委员会（IEC/TC22/SC22E）、输配电系统电力电子技术分委员会（IEC/TC22/SC22F）、含半导体电力变流器的调速电气传动系统分委员会（IEC/TC22/SC22G）和不间断电源系统分委员会（IEC/TC22/SC22H）。其中，IEC/TC22/SC22F 主席自 2006 年 9 月至今一直由中国专家担任。

SAC/TC60 下设 5 个分技术委员会（SC）：含半导体电力变流器的调速电气传动系统（SC1），输配电系统电力电子技术（SC2），不间断电源（SC3），逆变电源（SC4）和电机软起动（SC5）。

是年，SAC/TC60 组织召开标准宣贯会 5 次、培训人数 260 人，开展标准化技术咨询服务 18 次、服务企业57家。

【标准制修订与复审工作】2016年,SAC/TC60向国家标准委申报立项国家标准项目7项,国家标准委批准立项SAC/TC60归口管理的国家标准项目3项。SAC/TC60向国家标准委报批国家标准16项,审查国家标准、行业标准送审稿8项。国家标准委批准发布SAC/TC60归口管理的国家标准2项。

SAC/TC60对电力电子系统和设备专业领域的5项强制性国家标准和5项强制性国家标准计划项目提交预评估意见,其中5项强制性国家标准转化为推荐性国家标准,5项强制性国家标准计划项目转化为推荐性国家标准计划项目。

SAC/TC60集中复审国家标准45项,其中继续有效23项、修订21项、废止1项;国家标准计划项目25项,其中继续执行25项;机械行业标准12项,其中继续有效3项、修订7项、废止2项;机械行业标准制修订计划项目13项,其中延期12项、废止1项;能源行业标准制修订计划项目7项,其中继续有效7项。

【国际标准化工作参与情况】2016年,SAC/TC60组织办理国际标准新工作项目提案3项、委员会草案7项、委员会投票草案4项、最终国际标准草案9项、国际标准网上投票和意见回复35项。主导承担5项国际标准的制修订工作,担任6个工作组(涉及8项标准)的召集人,提交国际标准提案7项。参与38项国际标准的制修订工作。

年内,国家标准委办公室正式批复同意IEC/TC22及其所有4个分委员会一同在中国西安召开2017年年会,并向IEC/TC22及其所有4个分委员会的主席和秘书发出正式邀请。IEC秘书长兼首席执行官授权发出IEC/TC22及其所有4个分委员会确定于2017年10月在西安召开年会的文件,IEC官方网站同步给出相关信息。

SAC/TC60组团参加IEC/TC22/SC22F年会,参与会议讨论和投票表决;中国专家作为主席主持召开IEC/TC22/SC22F分委员会年会。

【标准化科研】2016年,SAC/TC60组织开展自主创新和以企业为主体的国家标准《柔性直流输电系统成套设计规范》、《柔性直流输电换流器技术规范》、《柔性直流输电换流阀技术规范》、《柔性直流输电用电压源换流器阀基控制器试验》、《柔性直流输电用电力电子器件技术规范》、《电动机软起动装置》系列标准(7项)、《光伏系统用逆变器的安全要求》和《电梯节能逆变电源装置》,以及行业标准《核电用UPS系统》《三电平双向DC/AC变换器技术规范》《三电平双向DC/DC变换器技术规范》《直流储能系统用双向变流设备》《数据机房用不间断电源》《大容量不间断电源》《模块化不间断电源》和《一体化不间断电源》等的研究。

按照工业和信息化部以及中国机械工业联合会部署,在"十二五"标准体系建设方案的基础上,开展调整编制"十三五"技术标准体系建设方案工作,内容包括:《机械工业"十三五"技术标准体系建设方案——电力电子系统和设备专业领域》,以及相应的现行标准项目汇总表、在研标准制修订计划项目汇总表、拟制修订标准项目汇总表、国际标准项目转化情况汇总表、标准"走出去"情况汇总表、承担国际标准化组织领导职务及秘书处情况汇总表。

【年会情况】2016年11月,SAC/TC60在重庆召开年会,委员出席率85%。会议听取和审议SAC/TC60年度工作报告,通报强制性国家标准整合精简预评估和推荐性标准集中复审工作情况,通报参加IEC/TC22/SC22F分委员会年会情况和IEC/TC22及其所有4个分委员会将于2017年在中国召开年会的情况,讨论标准草案,商议工业和信息化部部署的"十三五"电力电子系统和设备专业领域技术标准体系建设方案编制、标准制修订项目计划的完成和申报事项等。

供　稿:SAC/TC60秘书处
撰稿人:蔚红旗

全国林业机械标准化技术委员会(SAC/TC61)

【概况】截至2016年底,全国林业机械标准化技术委员会归口管理国家标准48项、行业标准115项,其中44项采用国际标准(包含在研国家标准2项、行业标准10项,其中2项采用国际标准)。

SAC/TC61对口国际标准化组织农林机械技术委员会(ISO/TC23)下设的3个分技术委员会:草坪及园艺动力机械分技术委员会(ISO/TC23/SC13)、自行式林业机械分技术委员会(ISO/TC23/SC15)、便携式林业机械分技术委员会(ISO/TC23/SC17)。

是年,SAC/TC61完成换届工作,并收到国家标准委换届批复文件。

是年,SAC/TC61参加黑龙江省人民政府森林草原防火指挥部森林防火办公室组织召开的森林火灾以水灭火技术研讨会，会上对14家主管单位、40多个基层单位、4所科研院校和19家企业的200余名专家进行GB/T 10280—2008《林业机械　便携式风力灭火机》宣贯，对林业行业标准LY/T 1719—2007《林业机械　便携式风力喷水灭火机》标准即将修订的情况进行通报。

【国际标准化工作参与情况】 2016年，SAC/TC61组织办理国际标准网上电子投票和意见回复31次，投票率100%。组团参加在英国召开的ISO/TC23/SC13和ISO/TC23/SC17等2个分技术委员会的全体成员国工作会议，参与会议讨论和投票表决。在会上中国对国际标准提出多条意见，基本被大会讨论后采纳。中国首次提出派专家加入国际标准制修订工作小组，参与新开展的2项国际标准的修订工作。中国首次提出参与Round Robin（循环）试验。

【年会情况】 2016年4月26—27日，SAC/TC61在河南郑州举行全体会议，委员出席率91%。会议审议通过上一年度标委会工作总结报告以及经费使用情况报告；全体委员讨论通过上报2017年的标准计划；结合拟上报的计划项目，会议对林业机械标准体系表进行修改和完善；会议通报2016年标准集中复审清理结果和强制性标准整合精简方案，听取委员和专家对标准十三五规划说明的意见和建议；通过该次标准审定会主任和副主任候选人的决定。会议审定通过10项林业行业标准和2项国家标准。

【强制性标准整合精简评估工作】 2016年，SAC/TC61秘书处组织全体委员对现行林业机械国家标准和行业标准的清理和强制性标准整合精简评估工作。清理结果：46项国家标准中，继续有效23项、修订16项、废止7项。105项行业标准中，继续有效49项、修订39项、废止17项。

【推荐性标准集中复审工作】 2016年，SAC/TC61秘书处组织全体委员对归口管理的31项推荐性国家标准、2项在研推荐性国家标准制修订计划、96项推荐性行业标准、20项在研推荐性行业标准制修订计划进行集中复审。

供　稿：SAC/TC61秘书处
撰稿人：李应珍
审稿人：樊冬温

全国术语与语言内容资源标准化技术委员会（SAC/TC62）

【概况】 截至2016年底，全国术语与语言内容资源标准化技术委员会归口管理国家标准34项，在研国家标准3项。

SAC/TC62对口国际标准化组织术语及其他语言内容资源技术委员会（ISO/TC37）。

SAC/TC62下设5个分技术委员会（SC）：术语学理论与应用（SC1），辞书编纂（SC2），计算机辅助术语工作（SC3），少数民族语（SC4），语言资源的建设和管理（SC5）。

是年，SAC/TC62组织有关专家开展《汉语言文化资源分类》《汉语言文化资源应用评价》《基于XML的国家标准结构化置标框架》等3项国家标准的起草和专题研讨会。

是年，组织委员会专家通过会议和函审方式，对《语言资源管理　特征结构　第1部分：特征结构表示》等计划项目进行复审，并对需要撤销的国家标准项目启动相关程序。

【国际标准化工作参与情况】 2016年，在丹麦组织召开ISO/TC37年会，参加日本大阪召开的ISO/TC37/SC4中期工作会议。

【标准化科研】 2016年，SAC/TC62继续开展"基于网络服务的标准化术语图形符号信息平台研究与建设"研究项目。申请立项NQI"通用基础、急用创新国际标准及产业升级综合研究"课题研究任务。

【年会情况】 2016年10月，SAC/TC62在北京举行全体会议，委员出席率90%以上。会议听取标委员主任委员对标准制修订计划执行情况、存在问题、标准化科研、标准化工作需求、国际标准化发展动态等情况汇报。与会委员对SAC/TC62归口的标准进行复审，提出国家标准制修订发展方向。

供　稿：SAC/TC62秘书处
撰稿人：周长青
审稿人：王海涛

全国电动工具标准化技术委员会(SAC/TC68)

【概况】截至2016年底,全国电动工具标准化技术委员会归口管理国家标准63项、行业标准53项,其中34项采用国际标准;在研国家标准5项。

SAC/TC68对口国际电工委员会电动工具安全技术委员会(IEC/TC116)。

SAC/TC68下设1个分技术委员会(SC):园林电动工具(SC1)。

【标准制修订与复审工作】2016年,SAC/TC68报批在研国家标准2项。对归口的40项电动工具强制性国家标准及3项强制性国家标准计划开展精简评估工作,所有强制性国家标准和计划均转化为推荐性标准和计划。集中复审推荐性国家标准23项、推荐性国家标准计划4项,其中推荐性国家标准转化1项、废止1项、继续有效21项,推荐性国家标准计划废止2项、继续执行2项。复审推荐性行业标准53项、推荐性行业标准计划3项,其中推荐性行业标准继续有效49项、修订3项、直接废止1项,推荐性行业标准计划直接废止3项。

【国际标准化工作参与情况】2016年,SAC/TC68办理IEC/TC116国际性投票22份,其中14份关于国际标准修订,投票结果均赞成。10月11—21日,派员参加在加拿大尼亚加拉瀑布举行的IEC/TC116电动工具安全技术专家组的工作组会议,参与WG7(通用要求)、WG8(手持式电动工具)、WG10(园林工具)工作组对有关标准起草过程中的讨论。

【标准化科研】2016年,SAC/TC68完成国家标准委重点领域体系框架研究项目中电动工具领域标准对比分析及标准体系构建,并通过验收。年内,SAC/TC68获得“十二五”机械工业标准化先进集体,个人获得“十二五”机械工业标准化先进工作者、“十二五”机械工业先进科技工作者称号。

【标准化技术服务】2016年11月,SAC/TC68在上海举办GB 3883.1—2014标准及SCF认证要求培训,30位来自行业的从事产品标准化、设计开发、检验及认证等方面人员参加培训。年内,SAC/TC68秘书处对相关公司的标准化相关人员进行培训,内容包括标准化基本概念和知识、当前标准化形势、电动所标准化和企业标准化。SAC/TC68秘书处在日常工作中与行业企业进行交流,与来自日本、英国、美国和中国的负责标准化和认证检测的9名专家交流,并将在IEC 62841国际系列标准以及相应国家标准的一致性理解和实施方面加强合作,推进产品认证检测。

供　稿:SAC/TC68秘书处
撰稿人:顾　菁
审稿人:潘顺芳

全国铅酸蓄电池标准化技术委员会(SAC/TC69)

【概况】截至2016年底,全国铅酸蓄电池标准化技术委员会归口管理国家标准25项、行业标准17项,其中11项采用国际标准;在研国家标准6项、行业标准1项,其中1项采用国际标准。

SAC/TC69对口国际电工委员会二次电池和电池组技术委员会(IEC/TC21)。

是年,SAC/TC69组织有关企业召开GB/T 32620.1—2016《电动道路车辆用铅酸蓄电池 第1部分:技术条件》等国家标准和行业标准实体宣贯会。组织召开标准宣贯培训班1次,培训150人次;开展标准化技术咨询服务32次,服务企业100余家。

【标准制修订与复审工作】2016年,国家标准委批准立项SAC/TC69归口管理的国家标准项目3项。SAC/TC69对归口的实施5年的标准进行复审。

【国际标准化工作参与情况】2016年,SAC/TC69组织办理国际标准新工作项目和草案稿1项、国际标准网上电子投票和意见回复22项,并主导组织召开IEC/TC21/WG2工作组研讨会议。

【标准化科研】2016年,SAC/TC69与中国标准化研究院完成铅酸蓄电池行业节能降耗与减排标准体系及示范项目建设科研工作。

【年会情况】2016 年 12 月 2 日，SAC/TC69 在深圳召开全体委员大会。会议审定 2 项国家标准、1 项行业标准；成立第七届“铅酸蓄电池标准化技术委员会”及表彰第六届先进工作人员；确定新一年标委会工作计划；讨论标委会组织结构等事项。会议决定未来几年标委会工作方向与重点。

供　稿：SAC/TC69 秘书处
撰稿人：邓继东
审稿人：陈玉松

全国电焊机标准化技术委员会（SAC/TC70）

【概况】截至 2016 年底，全国电焊机标准化技术委员会归口管理国家标准 38 项、行业标准 40 项，其中 46 项采用国际标准；在研国家标准 2 项，均采用国际标准。

SAC/TC70 对口国际标准化组织焊接和类似工艺技术委员会电阻焊和类似机械连接分技术委员会（ISO/TC44/SC6）和国际电工委员会电焊技术委员会（IEC/TC26）。

SAC/TC70 办有内部专刊《电焊机标准与质量》，截至年底，出版 177 期。

是年，SAC/TC70 开展标准化咨询服务 8 次，服务企业 12 家。

【标准复审工作】2016 年，SAC/TC70 复审归口的推荐性国家标准 23 项，其中继续有效 22 项、修订1 项；复审归口的国家标准计划 3 项，其中废止 1 项、继续执行 2 项；复审归口的行业标准 44 项，其中继续有效 40 项、废止 4 项。

【国际标准化工作参与情况】2016 年，SAC/TC70 对 34 项国际标准草案（包括复审）进行投票。组团参加 IEC/TC26 在加拿大召开的年会及 ISO/TC44/SC6 在德国柏林召开的年会。

【年会情况】2016 年 12 月 1—3 日，SAC/TC70 在浙江台州举行全体会议，委员出席率 93.9%。会议听取 SAC/TC70 工作总结；确定2017 年工作计划；讨论电焊机“十三五”技术标准体系建设方案编写原则；讨论和确定 GB 28736—2012 修订原则；讨论、交流近年来在产品设计、制造、检测、认证、使用、维护等过程中遇到的标准理解、应用等问题。

供　稿：SAC/TC70 秘书处
撰稿人：潘　颖
审稿人：杜　武

全国搪玻璃设备标准化技术委员会（SAC/TC72）

【概况】截至 2016 年底，全国搪玻璃设备标准化技术委员会归口管理标准 77 项。其中，国家标准 16 项（强制性标准 1 项），行业标准 61 项；基础标准 5 项，方法标准 18 项，产品标准 54 项。

是年，SAC/TC72 成立第七届委员会，开展标准化技术咨询服务 36 次，服务企业 28 家。

【标准制修订与复审工作】2016 年，国家标准委批准立项 SAC/TC72 归口管理的国家标准 1 项；工业和信息化部批准立项 SAC/TC72 归口管理的行业标准 12 项。SAC/TC72 审查国家标准送审稿 1 项，审查行业标准送审稿 12 项；向国家标准委报批国家标准 1 项，向工业和信息化部报批行业标准 12 项。向工业和信息化部上报 12 项行业标准修订计划。工业和信息化部批准发布 SAC/TC72 归口管理的行业标准 8 项。SAC/TC72 对归口管理的 66 项推荐性国家标准、行业标准以及10 项推荐性标准制修订计划进行集中复审。66 项推荐性国家标准、行业标准复审结论为：继续有效49 项、修订 14 项、直接废止 2 项、转化 1 项；10 项推荐性标准制修订计划复审结论为：均继续有效。

【年会情况】2016 年 9 月 24 日，SAC/TC72 在宁夏银川召开全国搪玻璃设备标准化技术委员会换届大会暨第七届一次会议，85个单位的91名代表参会，其中标委会委员30人，委员出席率为90.9%。会议宣读《国家标准委办公室关于全国搪玻璃设备标准化技术委员会换届及组成方案的批复》，宣告第七届全国搪标委会成立，传达国务院关于标准化工作改革的政策及中国石油和化工领域“十二五”标准化工作取得的成绩以及“十三五”标准化工作任务和计划；审查1项国家标准送审稿和12项行业标准送审稿；审查1项国家标准征求意见稿，并提出若干修订意见；审查通过2017年度搪玻璃设备标准修订计划；邀请同济大学材料学院教授姚爱做新型玻璃功能材料研究报告。

供　稿：SAC/TC72秘书处
撰稿人：肖丽娟
审稿人：桑临春

全国锻压标准化技术委员会(SAC/TC74)

【**概况**】截至2016年底，全国锻压标准化技术委员会归口管理国家标准61项、行业标准33项；在研国家标准5项、行业标准4项。

【**标准制修订工作**】2016年，国家标准委批准立项SAC/TC74归口管理的标准5项。SAC/TC74研制标准15项，其中10项标准处于报批阶段、5项处于起草阶段。

【**推荐性标准集中复审工作**】2016年，SAC/TC74集中复审归口管理的推荐性标准98项，其中，国家标准52项、行业标准46项；复审在研推荐性标准制修订计划22项，其中，国家标准17项、行业标准5项。复审结论：98项推荐性标准中继续有效68项（国家标准46项、行业标准22项），修订7项（国家标准4项、行业标准3项），直接废止16项（国家标准2项、行业标准14项），转化7项（国家标准）；推荐性标准制修订计划中继续有效21项（国家标准17项、行业标准4项），直接废止1项（行业标准）。

【**标准化科研**】2016年，SAC/TC74承担公益性行业科研专项项目“航空装备等重要制造领域49项基础及关键共性技术标准研究”子课题——高速精密镦锻标准研究，将产出1项标准《高速精密热镦锻件通用技术条件》。完成环境保护部“环境保护综合名录制定”项目。承担“北京机电研究所技术发展基金项目——锻压热处理标准提升计划及重点标准研制”。参与中机生产力促进中心牵头的国家重点研发计划项目“支撑重点领域工业三基的关键技术标准研究（2016年度）”申报工作，获批立项，将产出3项锻压领域国家标准：《金属板料精冲挤压复合成形件　工艺规范》《多向精密模锻件　质量控制规范》《高速精密热镦锻件　工艺规范》。参与中机生产力促进中心牵头的“民用机械制造标准采用分析与验证”申报工作，等待立项。参与中机生产力促进中心牵头的国家重点研发计划项目“支撑重点领域工业三基的关键技术标准研究（2017年度）”申报工作，已经获批立项。

【**标准宣贯**】2016年8月21—25日，SAC/TC74秘书处在贵州贵阳举办“第六期‘锻压企业质量审核师’培训班（有色金属锻造工艺与标准）”，来自28家企业和院校的50名学员参加培训。培训结合国内外冲压行业生产实际和课程内容，解读分析8项国家标准与行业标准。

年内，SAC/TC74编辑印刷《锻压标准宣贯讲义——有色金属锻造工艺与标准》。

供　稿：SAC/TC74秘书处
撰稿人：金　红
审稿人：周　林

全国热处理标准化技术委员会（SAC/TC75）

【**概况**】截至2016年底，全国热处理标准化技术委员会归口管理国家标准31项、行业标准63项。

是年，SAC/TC75与热处理学会分别在成都、上海、广州举办GB/T 32541—2016《热处理质量控制体系》、GB/T 25744—2010《钢件渗碳淬火回火金相检验》、GB/T 5617—2005《钢的感应淬火或火焰淬火后有效硬化层深度的测定》、GB/T 11354—2005《钢铁零件　渗氮层深度测定和金相组织检验》等相关标准培训班4次，培训人数226人次。

是年，SAC/TC75与全国热处理学会根据GB/T 32541—2016《热处理质量控制体系》标准要求，对热处理加工企业从质量策划和持续改进、人员、物料、设备、工艺材料、工艺与过程控制、作业场所与安全卫生等热处理全过程质量控制水平进行评审认证，6家企业通过首批认证。

【**标准制修订与复审工作**】2016年，SAC/TC75有20项标准计划项目，其中5项处于待发布阶段，12项处于报批阶段，3项处于起草阶段。国家标准委批准发布SAC/TC75归口管理的国家标准4项。SAC/TC75秘书处在北京召集20位标委会委员和高级顾问对归口94项标准进行复审，复审结论于10月在标准年会上经全体到会委员再次审核并表决通过，复审完成率100%。

【**标准化科研**】2012—2014年，SAC/TC75承担的“国家高技术研究发展计划（863计划）”于2014年12月结题，产出国家标准《热处理清洗废液回收及排放技术要求》和《清洁热处理装备技术要求及评价体系》。其中，GB/T 32529—2016《热处理清洗废液回收及排放技术要求》于2016年2月发布；《清洁热处理装备技术要求及评价体系》处于待发布状态。

2016年，SAC/TC75承担国家重点研发计划——“先进基础工艺及相关基础制造装备关键技术标准研究”，对绿色化制造先进基础工艺及相关基础制造装备进行研究，其科研成果需要转化为国家标准：《重载齿轮热处理技术要求》《真空低压渗碳高压气淬热处理技术要求》和《可控气氛热处理技术要求》。SAC/TC75承担“质检公益性行业科研专项项目”，对绿色热处理进行研究，其科研成果转化为国家标准《热处理冷却技术要求》。

【**年会情况**】2016年10月13—16日，SAC/TC75在陕西西安召开“全国热处理标准化年会暨热处理标委会七届一次工作会议”，47名委员（委员总数48人）到会，委员出席率98%。会议听取第六届全国热处理标委会工作总结；表彰“十二五”期间热处理标准化先进集体和先进个人；成立第七届全国热处理标准化技术委员会；听取“热处理标准化战略”和“深化军民融合、促进标准技术创新”技术报告；审查通过94项标准的复审结论；决定继续完善标准体系，开展热处理标准化研究及重要标准的制修订、加大标准宣贯力度、建立标准化创新示范基地；继续贯彻GB/T 9452《热处理炉有效加热区测定》、GB/T 30825《热处理温度测量》和GB/T 32541《热处理质量控制体系》标准的培训和评审认证工作。

供　稿：SAC/TC75秘书处
撰稿人：付丛伟
审稿人：李　俏

全国电子业务标准化技术委员会（SAC/TC83）

【**概况**】截至2016年底，全国电子业务标准化技术委员会归口管理国家标准123项；在研国家标准61项。

SAC/TC83对口国际标准化组织行政、商业和工业中的过程、数据元和文档技术委员会（ISO/TC154）和联合国贸易便利化与电子商务中心（UN/CEFACT）。

是年，SAC/TC83开展换届工作，通过国家标准委官网面向社会广泛征集委员。秘书处将在2017年上半年完成标委会换届工作，届时将召开年会，向上级主管部门和委员汇报标委会的各项工作。

【**标准制修订工作**】2016年，SAC/TC83向国家标准委提出国际贸易、电子商务、跨界服务等14项国家标准立项申请。国家标准委批准立项SAC/TC83归口管理的国家标准项目4项。SAC/TC83审查国家标准送审稿12项,向国家标准委报批国家标准7项。国家标准委批准发布SAC/TC83归口管理的国家标准6项。

【国际标准化工作参与情况】2016年,SAC/TC83继续承担ISO/TC154秘书处工作,章建方担任ISO/TC154秘书。对ISO/CD 14533-3、ISO/NP 19626-1、ISO/NP 20415、ISO 8601-1和ISO 8601-2的NP和CD阶段等进行投票,履行P成员职责。参与WG5和WG6工作,作为工作组专家参与ISO 8601-1,ISO 8601-2以及ISO/NP 19626-1,ISO/NP 20415国际标准制定相关工作。作为ISO/TC154秘书处,10月17—21日在德国柏林举行年会和工作组会议,全程组织和参与会议,完成各项工作任务。

【标准体系建设】2016年,SAC/TC83开展"电子商务标准体系"建设。"电子商务标准体系"(4.0版)从电子商务全程各业务环节、各参与角色、标准类型以及电子商务交易模式四个维度对电子商务标准需求进行分析,并以标准类型为主要维度,每一标准类型都分别从交易模式、业务环节和角色三个维度提炼标准需求。在电子商务标准参考模型基础上,建立电子商务标准体系框架,将电子商务标准分为基础通用、信息资源、业务、支撑技术和监督管理5类,每类标准中分别从交易模式、业务环节和角色三个维度进行划分,形成各个子类。

【标准化科研】2016年,SAC/TC83秘书处单位中国标准化研究院承担国家重点研发计划"国家质量基础的共性技术研究与应用"专项(NQI项目)中的"电子商务信息共享及交易保障共性技术标准研究"项目。项目设置4个课题,预期目标为55项国家标准、21篇论文、10项软件著作权和2项专利。

【标准化培训与宣贯】2016年,SAC/TC83秘书处在福州、泉州、成都、郑州、南京、深圳、北京、济南等地走访相关企事业单位,普及标准化基础知识、电子商务标准体系、团体标准备案等相关方面内容,调研地方电子商务标准化需求,梳理标准,为地方标准研制提供支撑。与阿里巴巴、京东商城、苏宁易购、中国制造网等大型电子商务企业建立联系,标准制修订工作吸纳不同行业和领域企事业单位和科研院所共同参与,培养标准化人才。

供　稿:SAC/TC83秘书处

全国紧固件标准化技术委员会(SAC/TC85)

【概况】截至2016年底,全国紧固件标准化技术委员会归口管理国家标准442项、行业标准25项,其中186项采用国际标准;在研国家标准计划55项,其中25项采用国际标准。

SAC/TC85对口国际标准化组织紧固件技术委员会(ISO/TC2),中国为P成员。ISO/TC2下设5个分技术委员会(SC):相关标准(SC7)、米制外螺纹紧固件(SC11)、米制内螺纹紧固件(SC12)、非米制螺纹紧固件(SC13)、表面处理(SC14);2个工作组(WG):垫圈和非螺纹紧固件(WG13)、不锈钢紧固件(WG17)。

是年,SAC/TC85荣获中国机械工业联合会授予的"'十二五'机械工业标准化工作先进集体"称号。

【标准制修订与复审工作】2016年,SAC/TC85报批国家标准22项、审查国家标准送审稿11项,国家标准委批准发布SAC/TC85归口管理的国家标准43项、批准立项国家标准15项。

2015年12月至2016年4月,承担国家标准委开展的推荐性标准体系优化和复审研究试点工作,2016年3月9日在北京召开"紧固件推荐性标准体系优化和复审工作会议",按期完成试点工作内容并提交研究工作报告,参加推荐性标准体系优化和复审研究试点工作座谈会,并通过国家标准委组织的项目验收。

6月,启动紧固件推荐性标准集中复审工作,秘书处汇总整理归口推荐性标准和在研推荐性标准计划的初步复审意见并提交所有委员征求意见。8月19日,在北京召开"紧固件推荐性标准集中复审工作会议",对归口管理的467项推荐性标准和40项在研推荐性标准制修订计划进行讨论和集中复审,形成紧固件推荐性标准复审结论,其中推荐性标准继续有效391项、修订65项、废止11项;在研推荐性标准制修订计划继续有效34项、延期2项、废止4项。

【国际标准化工作参与情况】2016年,SAC/TC85秘书处处理各类ISO文件100余件,完成国际标准复审51项,完成国际标准投票9项,按时投票率100%。10月15—21日,ISO/TC2及WG13、SC14、

SC7、SC12、SC11 国际标准会议在中国上海召开。会议由中国国家标准化管理委员会主办，中机生产力促进中心、全国紧固件标准化技术委员会承办。中国代表团成员 25 人，以 P 成员身份参加全部会议。会上，中国代表团提出 1 项国际标准新工作项目建议，拟于 2017 年会议前提交进一步的项目建议报告和验证试验数据。

【标准化科研】2016 年，SAC/TC85 完成国家标准委下达的推荐性标准体系优化和复审研究试点工作；启动国家质量基础共性技术研究与应用专项“支撑重点领域工业三基的关键技术标准研究”，负责“高档数控机床等重点领域核心基础零部件关键技术标准研究”，参与“高档数控机床等重点领域工业标准基础数据库建设”；完成“新型防松螺母产品结构优化设计”等横向课题的研究工作。

【SAC/TC85 自身建设情况】2016 年，SAC/TC85 组织秘书处工作人员参加国家标准委技术审评中心组织的“2016 年第一期全国专业标准化技术委员会业务知识培训班”、国家标准审查培训，中国机械工业联合会组织的“工业和通信业推荐性标准集中复审工作培训”等各项培训。

SAC/TC85 微信群成员逐渐扩充至 200 人，成为标委会内部分享信息、沟通交流的重要平台；并建立全国紧固件标委会微信公众号，以期更好开展紧固件标准宣贯等工作。按季度发送电子期刊《紧固件标准化》4 期；并向委员发送《全国专业标准化技术委员会工作平台使用手册》，对国家标准委“技术委员会工作平台”使用方法进行培训。

【标准化技术服务情况】2016 年，SAC/TC85 参与行业技术工作，秘书处挂靠单位派员参加协会、学会组织的各项活动，主动为企业提供标准化等技术服务。全年，开展标准化技术咨询近百次，服务企业 200 余家。

推进紧固件标准图书出版。9 月，出版《机械基础件标准汇编　紧固件基础（第二版）》（上、下）、《机械基础件标准汇编　紧固件产品（第二版）》（上、中、下）。年内，完成《紧固件标准实施指南（第二版）》的编写工作。

参与核电紧固件管理提升工作。SAC/TC85 秘书处全程参与《关于进一步加强核电厂紧固件等大宗材料质量管理的通知》及其附件《核电厂用紧固件入厂（场）复验指南（试行）》的编写工作。

与风电行业企业进行技术交流和研讨。5 月 13 日，与北京金风科创风电设备有限公司举办“金风变桨螺栓技术交流会”。11 月 13 日，在江苏盐城举办“紧固件技术论坛”——《锚栓疲劳性能和抗松弛性能》拟制定标准项目预研会。

开展标准宣贯培训。3 月，为三一重工设计人员开展 GB/T 3098 紧固件机械性能系列标准宣贯培训；5 月 19 日，在中广核工程有限公司（设计院）为该院核电设备紧固件设计人员进行 GB/T 3098 紧固件机械性能系列标准宣贯培训，针对学员工作过程中遇到的问题做出解答。10 月 22 日，在杭州举办“紧固件技术论坛”——钢制紧固件氢脆机理及预防研讨会，邀请加拿大 IBECA 公司 Salim Brahimi 和 Infasco 公司 Dr. Baohong Cao 主讲。

【年会情况】2016 年 11 月 10—11 日，SAC/TC85 在浙江杭州召开第五届五次年会，委员出席率 82%。会议听取全国紧固件标准化技术委员会 2015—2016 年度工作总结；审查通过《弹性垫圈技术条件　锥形弹性垫圈》等 11 项国家标准（送审稿）；通报中国承办 ISO/TC2 国际会议情况，以及紧固件国际标准制修订工作情况；通报申报 2016 年国家标准制修订项目计划、“十三五”期间拟申报制定项目建议。与会代表经讨论通过“十三五”期间拟申报制定项目建议。会议对已立项标准的编制情况进行说明，对全国紧固件标准化技术委员会换届工作做简要介绍。

供　稿：SAC/TC85 秘书处
撰稿人：陈艳玲
审稿人：丁宝平

全国文献影像技术标准化技术委员会（SAC/TC86）

【概况】截至 2016 年底，全国文献影像技术标准化技术委员会归口管理国家标准 76 项，其中 69 项采用国际标准；在研国家标准 5 项，全部采用国际标准。

SAC/TC86 对口国际标准化组织文件管理应用技术委员会（ISO/TC171）。

SAC/TC86 下设 5 个分技术委员会(SC):质量(SC1),缩微摄影技术应用(SC4),电子影像技术应用(SC5),技术绘图应用(SC6),一般问题(SC7)。

是年,SAC/TC86/SC1 主任委员对第六届委员进行主题为"国家标准制定程序与标准的结构和编写"的专题培训,重点宣讲 GB/T 1.1—2009《标准化工作导则　第 1 部分:标准的结构和编写》、GB/T 20000.2—2009《标准化工作指南　第 2 部分:采用国际标准》的相关内容;部分委员在《数字与缩微影像》杂志上发表《缩微胶片稳定性与存储技术相关国际标准介绍》(续前)、《文献影像转换的质量控制》(续前)、《ISO/TC171 文件管理应用技术委员会动态》等与缩微标准宣贯和标准化工作动态有关的文章。

是年,SAC/TC86 完成技术委员会自评工作;完成经费自查,并按时提交自查工作情况报告。

【标准制修订与复审工作】2016 年,SAC/TC86/SC6 审查通过 1 项国家标准送审稿,形成报批稿并完成报批工作。SAC/TC86/SC7 完成 2 项国家标准的修订、审定,并形成报批稿报送国家标准委。

5 月,SAC/TC86 组织召开分会主任及秘书长工作会议,传达国家标准委推荐性标准集中复审工作启动暨培训会会议精神,以及关于集中复审工作原则、对象、内容和方法的说明。会议确定 2016 年集中复审工作专家组名单,明确复审工作的具体安排。各分会将本分会所属标准和计划的复审结果提交至秘书处。秘书处组织完成 75 项标准、6 项计划项目专家组复核,完成标委会审批并报国家标准委。

【国际标准化工作参与情况】2016 年,SAC/TC86 继续代表中国在国际文献影像技术领域标准制修订过程中行使权力。按期完成 ISO/TC171 的 14 项标准审查、投票工作,在标准的工作组草案阶段、委员会草案阶段、国际标准草案以及审定稿的各个阶段,分会委员均代表中国给出相关意见。

【第六届委员会换届工作】2016 年 1 月,SAC/TC86 收到《国家标准委办公室关于全国文献影像技术标准化技术委员会及其 5 个分技术委员会换届及组成方案的批复》,同意 SAC/TC86 及其 5 个分技术委员会换届及组成方案。大委员会由 25 位委员组成,秘书处设在国家图书馆;SAC/TC86/SC1 由 15 名委员组成,秘书处设在北京电影机械研究所;SAC/TC86/SC4 由 15 名委员组成,秘书处设在国家图书馆;SAC/TC86/SC5 由 15 名委员组成,秘书处设在国家图书馆;SAC/TC86/SC6 由 15 名委员组成,秘书处设在档案局档案科学技术研究所;SAC/TC86/SC7 由 15 名委员组成,秘书处设在中国人民大学信息资源管理学院。

7 月 19 日,SAC/TC86 在国家图书馆召开第六届委员会成立大会,部分第五届第六届委员参加。会上,第五届委员会向大会做《第五届委员会工作报告》,通报第五届委员会财务情况,并对 SAC/TC86 第五届委员会标准化工作先进集体和先进个人进行表彰。会上宣读国家标准委关于 SAC/TC86 第六届委员会换届组成方案,汇报《第六届委员会标准化工作计划》。

供　稿:SAC/TC86 秘书处
撰稿人:常慧慧
审稿人:李晓明

全国矿山机械标准化技术委员会(SAC/TC88)

【概况】截至 2016 年底,全国矿山机械标准化技术委员会归口管理标准 338 项,其中国家标准 69 项、机械行业标准 269 项;在研国家标准 27 项、行业标准 85 项。

SAC/TC88 下设 2 个分技术委员会(SC)和 2 个工作组(WG):电气设备(SC1),液压传动与控制设备(SC2);筒式磨机(WG1),石材矿山开采机械(WG2)。

【标准制修订与复审工作】2016 年,SAC/TC88 审查并报批国家标准计划项目 2 项、行业标准计划项目 31 项。工业和信息化部批准发布 SAC/TC88 归口管理的行业标准 18 项;批准立项 SAC/TC88 归口管理的行业标准计划项目 31 项。SAC/TC88 对归口的 434 项推荐性标准和在研计划进行集中复审,得出复审结论。

【国际标准化工作参与情况】2013 年,ISO/TC82 启动《采矿和土方机械　凿岩钻机和岩石加固钻机　第 1 部分:术语》《采矿和土方机械　凿岩钻机和岩石加固钻机　第 2 部分:安全要求》等 2 项国际标准制定工作,SAC/TC88 组织行业相关单位参加该技术委员会及工作组组织的活动，参与上述2项国际标准的制定工作。截至2016年底，2项国际标准处于工作组草案阶段。

ISO/TC127（土方机械技术委员会）联合ISO/TC82组成联合工作组ISO/TC127/WG14（第14工作组），制定《采矿　地下移动机械　安全要求》国际标准草案。截至2016年底，进入最终投票阶段。SAC/TC88秘书处代表中国参与该联合工作组活动，并组织行业单位参与该标准的制定工作。

10月3—7日，ISO/TC82在芬兰赫尔辛基召开2016年会及工作组会议，20余个国家的40余名专家参加年会，中国派出6名专家参加。

【标准化科研】2016年，根据中国机械工业联合会的统一部署，SAC/TC88秘书处组织人员在调研矿山机械行业产品和技术发展状况的基础上，收集需求并加以分析研究，结合2015年完成的《“十三五”矿山机械行业标准化发展规划》等相关工作成果，编制《机械工业“十三五”技术标准体系建设方案——矿山机械专业领域》，组织有关专家审议完善后上报中国机械工业联合会。

【年会情况】2016年11月15—17日，SAC/TC88五届三次会议暨矿山机械行业标准化工作会议在陕西西安召开，标委会委员、通讯委员以及企业代表83人参加会议。其中SAC/TC88委员48名、委员代表4名，占全部应出席委员63名的83%。会议审查通过2项国家标准计划项目和31项机械行业标准计划项目送审稿。与会委员对各标准化承担单位提交的若干项国家标准和行业标准申报项目建议书及标准草案进行审查论证，确定2017年国家标准和行业标准申报项目。

供　稿：SAC/TC88秘书处
撰稿人：郭　明
审稿人：杨现利

全国磁性元件与铁氧体材料标准化技术委员会（SAC/TC89）

【概况】截至2016年底，全国磁性元件与铁氧体材料标准化技术委员会归口管理国家标准46项、行业标准87项，其中46项采用国际标准；在研国家标准10项、行业标准3项，其中9项采用国际标准。

SAC/TC89对口国际电工委员会磁性元件、铁氧体与磁粉心材料技术委员会（IEC/TC51）。

是年，SAC/TC89对发布实施的重要标准通过标委会参与主编的会刊《磁性行业资讯》及专业杂志《磁性材料及器件》和网络给出标准条文解释、标准编制说明，并通过标委会年会等方式宣贯，使相关企业了解和掌握标准内容，向企业提供产品设计、检验设备和检验方法等方面改进的建议。

【标准制修订与复审工作】2016年，SAC/TC89向国家标准委和工业和信息化部报批国家标准、行业标准7项，审查国家标准、行业标准送审稿7项。工业和信息化部批准发布SAC/TC89归口管理的行业标准7项。SAC/TC89复审归口国家标准46项，其中继续有效32项、修订7项、直接废止7项；复审行业标准87项，其中继续有效58项、修订21项、直接废止8项。

【国际标准化工作参与情况】2016年，SAC/TC89组织办理国际标准新工作项目和草案稿6项、国际标准复审件网上电子投票和意见回复15项。组团参加IEC/TC51年会，参与会议讨论和投票表决。

【年会情况】2016年12月11—13日，SAC/TC89四届九次会议在广东深圳召开，标委会委员、成员及特邀代表61人参会。会议审查通过6项国家标准和1项行业标准送审稿；审查论证各标准化承担单位提交的标准申报书及草案，并确定申报项目。

供　稿：SAC/TC89秘书处
撰稿人：高晓琴
审稿人：马　达

全国分离机械标准化技术委员会(SAC/TC92)

【概况】截至2016年底,全国分离机械标准化技术委员会归口管理国家标准16项、行业标准67项,在研国家标准5项、行业标准7项。

是年,SAC/TC92针对新近颁布的国家标准和行业标准,召集委员和相关单位70余人进行标准宣贯,并就行业标准立项和制修订报批程序对委员和标准起草单位进行培训。

是年,SAC/TC92根据工业和信息化部要求,研究编制《分离机械"十三五"技术标准体系建设方案》,并上报主管部门。

【标准制修订与复审工作】2016年,SAC/TC92召开2次会议对制修订标准进行讨论,并就计划项目召集相关单位进行协调和讨论。对2项强制性国家标准以及2项强制性标准计划项目进行预评估。研究讨论本专业领域标准体系,提出未来几年重点发展的标准制修订项目。

根据工业和信息化部和国家标准委的要求,对分离机械专业领域推荐性国家标准和行业标准及在研项目进行集中复审,复审结论:继续有效标准60项,其中国家标准11项,行业标准49项;拟修订标准21项,其中国家标准3项,行业标准18项;拟废止行业标准1项;在研项目均为继续有效。

【年会情况】2016年12月1—3日,SAC/TC92在安徽合肥召开标委会七届委员会成立大会暨标准审查会,委员出席率89%。会议听取秘书处所作的委员会六届期间工作报告;讨论审查2项国家标准和2项行业标准;讨论审查2017年计划立项的国家标准和行业标准项目,研究安排七届委员会需要从事的重点工作。

供　稿:SAC/TC92秘书处
撰稿人:周　进
审稿人:张德友

全国外科器械标准化技术委员会(SAC/TC94)

【概况】截至2016年底,全国外科器械标准化技术委员会归口管理外科器械领域国家标准2项(强制性标准1项、推荐性标准1项),行业标准53项(强制性标准15项、推荐性标准38项),待实施标准7项,在研标准4项。

SAC/TC94对口国际标准化组织外科器械标准化技术委员会(ISO/TC170)。ISO/TC170有P成员8个、O成员24个,中国是P成员。ISO/TC170现行国际标准6项均转化为中国标准。

是年,SAC/TC94对YY/T 1472.1—2016《胸科小切口器械　第1部分:滑板式手术钳》等7项标准进行宣贯,组织开展标准宣贯培训班1次,培训人数60人次;开展标准化技术咨询服务10次,服务企业10余家。

【标准制修订与复审工作】2016年,食品药品监管总局批复下达SAC/TC94归口管理的标准制修订计划1项,SAC/TC94按计划完成项目起草、验证、征求、审查和报批工作。

SAC/TC94开展强制性标准整合精简工作,对19项强制性标准整合精简技术进行复审。其中12项标准保留、1项修订、2项整合、3项转化为推荐性行业标准、1项废止。

SAC/TC94对归口的66项标准和计划项目进行复审,其中48项继续有效、11项待发布实施、5项计划修订、2项待废止。

【国际标准化工作参与情况】2016年,SAC/TC94参与ISO/TC170标准复评审2项和国际标准草案1项投票工作。

【标准化科研】2016年,SAC/TC94协助并参与生产企业申报地方科委的科研项目,根据地方科委要求,课题以制定行业标准并发布实施为最终完成目标。行业标准YY/T 1472.1—2016《胸科小切口器械　第1部分:滑板式手术钳》发布。

【年会情况】2016年11月23日,SAC/TC94在四川成都召开四届九次年会,委员出席率86%。会议总结2016年工作,介绍标准制修订工作、参与国际标准活动、编制医疗器械分类目录和命名研究工作、强制性标准精简和推荐性标准复审、技委会培训和活动、换届工作信息、标准宣贯、等工作；讨论确定标准修订计划表；传达外科缝线专题研讨会内容及专家建议。

供　稿：SAC/TC94 秘书处
撰稿人：倪芝娣
审稿人：陆离原

全国医用注射器（针）标准化技术委员会（SAC/TC95）

【概况】 截至2016年底，全国医用注射器（针）标准化技术委员会归口管理国家标准6项、行业标准27项，其中12项采用国际标准；在研国家标准1项，行业标准4项。2016年新发布国家标准2项、行业标准6项。

SAC/TC95对口国际标准化组织医药产品和导管管理器械技术委员会（ISO/TC84）。ISO/TC84现行有效国际标准28项，转化为中国国家标准、行业标准18项。

【标准制修订与复审工作】 2016年，食品药品监管总局批准立项SAC/TC95归口管理的行业标准2项。SAC/TC95向食品药品监管总局报批行业标准2项。

SAC/TC95开展强制性标准整合精简工作，对15项强制性标准及标准计划进行复审，其中6项标准保留、6项修订、2项转化为推荐性行业标准、1项转为推荐性国家标准。

SAC/TC95开展推荐性标准集中复审工作，对23项推荐性标准及标准计划进行评价，其中22项继续有效、1项视情况废止。

【国际标准化工作参与情况】 2016年，SAC/TC95参与ISO/TC84投票25次，其中复审3项。

【年会情况】 2016年11月16—18日，SAC/TC95在湖南长沙召开年会和标准审定会，委员出席率81.8%。会议听取秘书长做的2016年工作报告；介绍年度标准制修订工作，国际标准化工作，医疗器械分类目录修订、强制性标准整合精简和医疗器械推荐性标准集中复审工作；通报标委会换届工作。

供　稿：SAC/TC95 秘书处
撰稿人：陆离原
审稿人：何　骏

全国钻采设备和工具标准化技术委员会（SAC/TC96）

【概况】 截至2016年底，全国钻采设备和工具标准化技术委员会归口管理国家标准53项、行业标准151项，其中71项采用国际标准；在研国家标准8项，其中3项采用国际标准。

SAC/TC96对口国际标准化组织石油石化和天然气工业用设备材料和海上结构技术委员会（ISO/TC67）。

【标准制修订与复审工作】 2016年，国家标准委批准立项SAC/TC96归口管理的国家标准5项。SAC/TC96向国家标准委报批国家标准5项。

SAC/TC96复审归口管理的推荐性国家标准、行业标准项目204项，推荐性国家标准、行业标准计划项目27项，其中建议继续有效181项、修订28项、废止19项、协调2项、转化1项。

【国际标准化工作参与情况】 2016年，SAC/TC96组织专家开展ISO/TC67国际标准投票6项。协助中海油提出的《海洋模块钻机》国际标准提案，于2015年2月向ISO/TC67/SC4提交DIS稿，并于2016年10月进行第二轮DIS投票，投票结果为通过，进入FDIS阶段。SAC/TC96参与制定的ISO 10424-1《石油天然气工业　旋转钻井设备　第1部分：旋转钻柱构件》、ISO13534《石油天然气工业　钻井和采油提升设备的检验、维护、修理和改造》等2项国际标准完成立项申报工作,进入NP投票阶段。

【标准化科研】 2016年,SAC/TC96完成《石油天然气工业术语标准　第5部分:设备与材料》国家标准研制并报批。

SAC/TC96组织制造企业、油田用户及检测机构等开展"封隔器标准清理整合研究"工作并确定整合方案,将11项封隔器标准整合为1项国家标准和1项行业标准,并研制《封隔器选用及操作规范》标准以解决选用等问题。

【年会情况】 2016年4月14日,SAC/TC96在河南洛阳举行全体会议,委员出席率88%。会议听取主任委员《求真务实　开拓创新　提升石油装备标准化工作核心竞争力》报告;听取秘书处《全国石油钻采设备和工具标准化技术委员会2015年度工作报告》和标委会各直属标准化工作部2015年工作汇报。审议通过《石油天然气钻采设备和工具"十三五"标准发展规划(草案)》、《2016年国家标准和行业标准制修订项目计划(草案)》、标委会2015年工作经费决算和2016年工作经费预算以及委员调整的建议。会议表彰"十二五"期间优秀标准项目、先进标准化工作部、先进标准化工作者和石油装备标准化突出贡献者。

供　稿:SAC/TC96秘书处
撰稿人:李思源
审稿人:欧阳坚

全国衡器标准化技术委员会(SAC/TC97)

【概况】 全国衡器标准化技术委员会于1987年批准成立,现为第五届,由49名委员组成,秘书处挂靠单位:山东金钟科技集团股份有限公司。

截至2016年底,SAC/TC97归口管理国家标准31项、行业标准8项,其中21项采用国际建议;在研国家标准11项、行业标准1项,其中10项修改采用国际建议。

SAC/TC97对口的国际标准化组织为:国际法制计量组织OIML。OIML设有18个技术委员会,质量技术委员会是TC9,其下设2个分技术委员会:非自动衡器(SC1)和自动衡器(SC2)。衡器产品有国际标准8项,均转化为中国标准,其中等同采用1项、修改采用6项、非等效采用1项。

【标准制修订与复审工作】 2016年,国家标准委批准立项SAC/TC97归口管理的国家标准项目5项。SAC/TC97组织完成5项国家标准和1项行业标准的制修订工作。国家标准委批准发布SAC/TC97归口管理的行业标准2项。SAC/TC97组织复审国家标准23项,其中继续有效11项、修订6项、转化6项;复审行业标准8项,其中继续有效4项、修订1项、废止3项。

【年会情况】 2016年10月11日,SAC/TC97组织召开第五届成立大会暨第一次工作会议,委员出席率96%。会议宣读国家标准委《关于全国衡器标准化技术委员会换届及组成方案的批复》文件,为委员、观察员、顾问发放聘书;听取第四届衡标委工作情况报告;举手通过第五届衡标委《章程》《秘书处工作细则》《经费管理办法》《第五届衡标委工作计划》;审查通过《固定式电子衡》等4项国家标准。

供　稿:SAC/TC97秘书处
撰稿人:陈成军
审稿人:范韶辰

全国滚动轴承标准化技术委员会(SAC/TC98)

【概况】 截至2016年底,全国滚动轴承标准化技术委员会归口管理国家标准123项、行业标准92项;

在研国家标准 20 项、行业标准 27 项。

SAC/TC98 对口国际标准化组织滚动轴承技术委员会（ISO/TC4），中国为 P 成员。

SAC/TC98 下设 2 个分技术委员会（SC）：关节轴承（SC1）和滚针轴承（SC2）。

【标准制修订与复审工作】2016 年，国家标准委批准立项 SAC/TC98 归口管理的国家标准 3 项；工业和信息化部批准立项 SAC/TC98 归口管理的行业标准 8 项。SAC/TC98 组织审查、报批国家标准和行业标准 19 项。国家标准委发布 SAC/TC98 归口管理的国家标准 1 项，工业和信息化部发布 SAC/TC98 归口管理的行业标准 2 项。

SAC/TC98 复审推荐性标准（含计划）。其中，标准继续有效 187 项（国家标准 113 项、行业标准 74 项），修订 25 项（国家标准 10 项、行业标准 15 项），直接废止 29 项（国家标准 8 项、行业标准 21 项），转化和协调行业标准 1 项。标准计划继续有效 34 项（国家标准计划 17 项、行业标准计划 17 项），修订国家标准计划 2 项，直接废止行业标准计划 3 项。

【国际标准化工作参与情况】2016 年，SAC/TC98 收到 ISO/TC4 秘书处及其下设的 8 个 SC、19 个 WG 下发的文件 556 份，其中 ISO/TC4 文件 101 份、SC 文件 69 份、WG 文件 376 份、DIS 草案 8 份、FDIS 草案 2 份。对 65 份（3 份 NP、5 份 WD、7 份 CD、8 份 DIS、2 份 FDIS、16 份 SR、24 份其他文件）秘书处和工作组要求表态的标准草案和文件提出处理意见、进行投票，投票率 100%。

5 月 10—13 日，SAC/TC98 派 4 名专家分别参加在奥地利维也纳召开的 TC4/SC8/WG7“混合轴承的额定载荷”等 4 个工作组会议。11 月 28 日至 12 月 2 日，SAC/TC98 派 4 名专家分别参加在德国柏林召开的 TC4/WG23“润滑脂噪声的测试”等 10 个工作组会议。

【标准化科研】2016 年，SAC/TC98 承担的质检公益性行业科研专项标准化项目“滚动轴承关键共性技术标准研究”项目通过验收。项目涉及的国家标准中 8 项发布，2 项报批。

【年会情况】2016 年 11 月 7—11 日，SAC/TC98 在江苏徐州召开七届二次会议。委员 39 名、委员代表 7 名出席会议，委员出席率 90%。会议审查并通过新制修订的国家标准 8 项和行业标准 11 项；征求对“2017 年滚动轴承行业标准制、修订计划项目建议表”的意见。

【标准宣贯】2016 年 5 月 10—13 日，SAC/TC98 在河南洛阳召开 GB/T 32562—2016《滚动轴承　摩擦力矩测量方法》等 5 项国家、行业标准宣贯会，并向与会代表介绍有关国际标准化工作情况，来自科研院所、生产企业、大学的 80 余名代表参加会议。

供　稿：SAC/TC98 秘书处
撰稿人：杜晓宇
审稿人：宋豫聪

全国安全防范报警系统标准化技术委员会（SAC/TC100）

【概况】截至 2016 年底，全国安全防范报警系统标准化技术委员会完成现行有效标准 175 项，其中国家标准 50 项、行业标准 125 项。SAC/TC100 有委员 98 名、顾问 2 名，聘任 18 名特聘专家及近百名通讯委员。

SAC/TC100 对口国际电工委员会报警与电子安防系统技术委员会（IEC/TC79）。

SAC/TC100 下设 2 个分技术委员会（SC）：实体防护设备（SC1）；人体生物特征识别应用（SC2）。

【标准制修订工作】2016 年，SAC/TC100 完成 GB/T 28181、GB/T 25724 两项重要国家标准的修订工作，并且将 GB/T 28181 和 GB/T 25724 的名称修订为《公共安全视频监控联网系统信息传输、交换、控制技术要求》和《公共安全视频监控数字视音频编解码技术要求》；完成《公安视频图像信息应用系统》和《公安视频图像分析系统》6 项重要行业标准制定工作；召开国家标准《公共安全视频监控联网信息安全技术要求》送审稿审查会，即将形成报批稿上报。截至 2016 年底，SAC/TC100 已完成《公安视频图像信息联网与应用标准体系表》中标准数量的五分之二。

【强制性标准整合精简工作】2016 年，SAC/TC100 成立由相关委员和专家组成的“强制性标准整合精简工作安全防范专业组”，对 SAC/TC100 归口的 63 项强制性标准（国家标准 21 项、行业标准 42 项）以及 58 项强制性标准制修订计划项目（国家标准项目 15 项、行业标准项目 43 项）进行评审，提出整合精简意见：废止 5 项标准和 11 项制修订计划项目，转化5项标准和10项制修订计划项目(由强制性转化为推荐性),整合21项标准。根据评审结论,SAC/TC100归口的强制性标准由63项精简为37项;强制性标准制修订计划项目由58项精简为37项。

根据住房城乡建设部深化工程建设标准化工作改革方案,SAC/TC100归口的4项条文强制性国家工程建设标准整合精简为1项全文强制性标准《建筑安全防范技术规范》。该标准已列入2017年住房城乡建设部标准制修订项目计划。

【推荐性标准集中复审工作】2016年,SAC/TC100组织相关委员和专家对归口的78项推荐性标准(国家标准23项、行业标准55项)以及67项标准制修订计划项目(国家标准项目16项、行业标准项目51项)进行复审,提出复审意见:78项标准中,继续有效63项、修订8项、废止7项;67项标准计划项目中,继续有效44项、废止23项。

【国际标准化工作参与情况】2016年,SAC/TC100推进由中国牵头IEC 62820《楼寓对讲系统》系列国际标准制定工作。其中,IEC 62820-1-1于2016年10月作为正式国际标准发布。IEC 62820-1-2和IEC 62820-2完成委员会供投票用草案(CDV)阶段的投票,并形成工作组对IEC/TC79各成员国所提技术意见的反馈意见。IEC 62820-3-1和IEC 62820-3-2完成委员会草案(CD)阶段的投票,并形成工作组对IEC/TC79各成员所提技术意见的反馈意见。派出专家参加IEC/TC79三项国际标准项目IEC 62676-5、IEC 62676-6、IEC 62692的制定工作。

6月27日至7月1日,SAC/TC100派员参加在瑞典斯德哥尔摩召开的2016年IEC/TC79年会及各工作组专家会议,分别参加2016年IEC/TC79年会、视频监控系统工作组(WG12)会议和楼寓对讲系统工作组(WG13)会议。年内,派员参加IEC/TC79/WG12和WG13的国际标准制定工作,参加2个工作组9次电话会议。且会前,均先期召开中国专家会议,形成一致意见提交工作组会议讨论。

2016年,IEC/TC79下发4类10项国际标准化工作文件,其中包括新工作项目提案4项、委员会草案3项、委员会供投票用草案2项、最终国际标准草案1项。SAC/TC100组织中国国内专家进行研究讨论,形成正式的中英文意见,通过国家标准委反馈至IEC/TC79秘书处。截至年底,SAC/TC100完成全部10项IEC/TC79流通文件的投票工作,投票率100%。

SAC/TC100响应"中国标准走出去"号召,向国家标准委申报GB/T 30147—2013《安防监控视频实时智能分析设备技术要求》外文翻译项目,组织标准起草单位开展标准的英文翻译工作。

【标准化科研与标准体系建设】2016年,SAC/TC100完善GA/Z 1164—2014《公安视频图像信息联网与应用标准体系表》在原26项标准的基础上扩展为29项标准。完成GB/T 28181、GB/T 25724等2项国家标准的修订工作;完成《公安视频图像信息应用系统》和《公安视频图像分析系统》等6项行业标准的制定工作;召开国家标准《公共安全视频监控联网信息安全技术要求》送审稿审查会。

开展《公共安全视频图像信息联网共享应用标准体系》编制工作,编制完成《公共安全视频图像信息联网共享应用标准体系》和《公共安全视频监控建设联网应用总体技术架构》。

开展《防范恐怖袭击重点目标安全防范标准体系》研究,编制《防范恐怖袭击重点目标安全防范标准体系》(征求意见稿)。

【标准宣贯培训】2016年7月25—29日,SAC/TC100配合公安部科信局在云南昆明举办"公共安全视频监控建设联网应用技术培训班",重点对GB/T 28181《公共安全视频监控联网系统信息传输、交换、控制技术要求》、GB/T 25724《公共安全防范视频监控数字视音频编解码技术要求》等8项关键技术标准进行宣贯培训,160余人参加培训。SAC/TC100选派9名专家和标准起草人进行授课,并为培训班提供160余套标准和教材。

年内,SAC/TC100举办4期"银行业金融机构安全技术防范标准培训班",培训大型商业银行、全国性商业银行和地方性商业银行的安全保卫部门主管领导和专业岗位人员600余人。培训班邀请标准主要起草人对GB/T 16676《银行安全防范报警监控联网系统技术要求》、GA 38《银行营业场所安全防范要求》等4项国家标准和行业标准进行讲解。

供　稿:SAC/TC100秘书处
撰稿人:王　新
审稿人:施巨岭

全国轻工机械标准化技术委员会（SAC/TC101）

【概况】截至2016年底，全国轻工机械标准化技术委员会归口管理国家标准18项、行业标准352项。其中20项采用国际标准（国家标准1项、行业标准19项），等效采用2项、修改采用2项、非等效采用16项。在研国家标准6项、行业标准64项。

SAC/TC101下设3个分技术委员会（SC）：皮革机械（SC1），制酒饮料机械（SC2），软压光机（SC3）。

是年，SAC/TC101调研轻工机械行业状况，研究现行标准体系构架合理性、实用性、充分性，调整和完善标准体系，编制完成“十三五”标准化发展规划。

是年，SAC/TC101开展标准化技术咨询服务15次，服务企业6家。标委会内部多次开展标准编写人员培训研讨会，多次为行业进行标准相关工作的咨询答疑。

【标准制修订与复审工作】2016年，SAC/TC101向工业和信息化部报批行业标准45项。工业和信息化部批准发布SAC/TC101归口的行业标准28项（制定标准18项）。SAC/TC101申报标准立项36项。SAC/TC101组织各分技术委员会复审归口国家标准14项，其中继续有效12项、转化2项；复审归口国家标准计划6项，其中继续有效3项、协调2项、延期1项；复审行业标准324项，其中继续有效245项、修订67项、废止11项、协调1项；复审行业标准计划64项，其中继续有效63项、协调1项。

【年会情况】2016年12月7—9日，SAC/TC101在浙江杭州召开全体委员会工作会议，委员出席率83%。会议听取标委会及各分委会秘书长对全年工作情况的总结报告，通报国家标准化形势与行业发展状况，听取秘书处关于标准体系建设情况、标准制修订等方面工作情况、标准复审情况、下一年度标准计划等工作汇报。与会委员讨论今后工作方向和内容，审查通过1项行业标准送审稿。与会委员对归口的国家标准及计划复审结果进行讨论，结论为12项标准继续有效，2项标准转化为行业标准。与会代表听取上届标委会秘书处一年来工作汇报、标委会在体系建设、标准制修订和标委会组织建设等方面工作情况，讨论今后工作方向和内容。

12月21—22日，SAC/TC101/SC1标准化工作会议在浙江湖州召开。会议审查9项行业标准，确定“智能化制革机械工作组”近期工作内容。

供　稿：SAC/TC101秘书处
撰稿人：张国光
审稿人：张卫民

全国感光材料标准化技术委员会（SAC/TC102）

【概况】截至2016年底，全国感光材料标准化技术委员会归口管理国家标准95项、行业标准78项；在研行业标准7项。

SAC/TC102对口国际标准化组织摄影术技术委员会（ISO/TC42）。

SAC/TC102有主任委员1人，副主任委员3人。秘书处依托单位为中国乐凯集团有限公司，秘书处设秘书长1人、秘书1人。

是年，SAC/TC102根据国务院标准化改革方案，整理、完善标准体系。补充和完善本领域技术标准体系表，拓展标准制修订领域，开展新材料标准研究和制定工作。

是年，SAC/TC102面向感光材料领域的生产、科研、设计、使用及大专院校等单位征集2名新委员拟加入SAC/TC102；委员变更工作将于2017年上报主管部门备案。

【标准培训及服务情况】2016年，SAC/TC102秘书处继续组织委员单位学习和领会《深化标准化改革方案》《团体标准管理办法》等标准政策和管理办法。SAC/TC102多次将《中国制造2025》等政策信息通过网络发给标委会各委员学习，并要求各委员单位根据各自情况全面梳理标准项目案。根据最终汇总，标委会整理未来重点发展领域标准13项。最后形成新材料标准化工作“十三五”工作计划上报石化联合会。SAC/TC102组织召开标准宣贯培训班2次，培训人数50余人次；开展标准化技术咨询服务

5余次,服务企业5家。

【标准制修订与复审工作】2016年,SAC/TC102组织6项推荐性国家标准和行业标准的制定,均是2015年批复立项的行业标准。6项标准形成报批稿上报主管部门。7项标准处于起草中,预计有4项2017年上会审查并报批。

SAC/TC102组织标准集中复审工作,复审行业标准78项、国家标准82项,复审工作材料按要求正式上报主管部门。

【国际标准化工作参与情况】2016年,SAC/TC102参与国际标准投票63次。跟踪与数码相片相关的几个特性国际标准的进展情况,以期适时将其转化为国家标准。

【年会情况】2016年10月24日,SAC/TC102在安徽合肥举行全国感光材料标准化技术委员会五届二次年会及标准审查会议,委员出席率91%。会议听取秘书长对2016年标准制修订计划执行情况、存在问题、标准化工作需求和标准化发展动态的情况汇报。并制定2017年标委会工作计划,对国家标准委和石化联合会2016年的指示精神做传达,对国务院下达的标准化改革方案进行宣传和宣讲,对标准起草中常见问题进行简短的培训和讨论学习,审核讨论并通过6项标准。

供　稿:SAC/TC102秘书处
撰稿人:白银亮
审稿人:张希堂

全国螺纹标准化技术委员会(SAC/TC108)

【概况】截至2016年底,全国螺纹标准化技术委员会归口管理国家标准49项、行业标准2项,其中27项采用国际标准;在研国家标准6项,其中3项采用国际标准。

SAC/TC108对口国际标准化组织螺纹技术委员会(ISO/TC1)、管螺纹及其检验和管件分技术委员会(ISO/TC5/SC5)。中国是ISO/TC1秘书国,中国专家承担ISO/TC1主席和秘书、标准项目召集人和起草人工作。

SAC/TC108下设1个分技术委员会(SC):螺纹测量(SC1)。

是年,SAC/TC108组织和参与5次螺纹标准宣贯会,培训200人次;开展标准化技术咨询服务80次,服务企业70家。

【标准制修订与复审工作】2016年,国家标准委批准立项SAC/TC108归口管理的国家标准1项,批准发布SAC/TC108归口管理的国家标准3项。SAC/TC108上报国家标准报批稿2项,审查国家标准送审稿3项,组织复审归口管理的国家标准49项、行业标准2项、在研国家标准计划5项。

【国际标准化工作参与情况】2016年,SAC/TC108负责起草的3项米制梯形螺纹国际标准(ISO 2901～2903)正式发布(中国专家担任项目负责人和标准起草人),国际标准复审投票回复1项;参与1项国际标准修订工作(ISO 7-2)(中国专家参加标准工作组);参加美国螺纹国际标准化会议1次(美国新奥尔良市)。

【标准化科研】2016年,SAC/TC108完成“ISO可调螺纹环规技术来源”“美国螺纹指示量规和螺纹卡规”“中、德、美螺纹量规检测技术”“美国军方在生产现场条件下的螺纹检验技术”“30°楔形防松螺纹技术”等5项研究。

【年会情况】2016年9月19—21日,SAC/TC108在浙江绍兴召开五届二次年会。到会代表59人,其中标委会委员41人,委员出席率75%。会议传达未来5～10年国家工业支持重点、发展方向和标准化改革方案;审查通过全国螺纹标准化技术委员会和螺纹测量分会2016年工作总结和2017年工作计划;审查通过3项国家标准送审稿;讨论1项国家标准草案。

供　稿:SAC/TC108秘书处
撰稿人:李晓滨
审稿人:李晓滨

全国机器轴与附件标准化技术委员会(SAC/TC109)

【概况】截至2016年底，全国机器轴与附件标准化技术委员会归口管理国家标准65项、行业标准16项，其中9项采用国际标准；在研国家标准17项、行业标准5项。

SAC/TC109对口国际标准化组织机器轴与附件标准化技术委员会(ISO/TC14)。

SAC/TC109下设2个分技术委员会(SC)：轴(SC1)，联轴器(SC2)。

是年，SAC/TC109完善全国机器轴与附件标准体系的建设。

【标准制修订与复审工作】2016年，SAC/TC109完成17项国家标准报批工作。集中复审65项国家标准、16项行业标准、17项在研国家标准计划和5项在研行业标准计划，其中37项修订、63项继续有效、3项废止。

【标准化科研】2016年，SAC/TC109开展NQI项目"支撑重点领域工业三基的关键技术标准研究"中《船用高弹性橡胶联轴器　试验要求》等3项标准的研究，开展部分前期试验验证工作，计划2017年完成标准立项工作。

【年会情况】2016年8月19—22日，SAC/TC109召开四届四次年会，35名委员及相关专家出席会议，委员到会比例超过3/4。会议宣读《关于调整全国机器轴与附件标准化技术委员会委员的批复》，为新增委员颁发委员证书，提请审议委员资格调整信息。标委会主任委员从宏观角度介绍制造业面临的形势与发展。秘书长对标委会和行业协会2016年的工作进行总结，讨论确定2017年工作计划，集中复审81项国家标准及行业标准和22项在研标准计划。审议2017年拟制修订的标准计划。

供　稿:SAC/TC109秘书处
撰稿人:朱　悦
审稿人:明翠新

全国消防标准化技术委员会(SAC/TC113)

【概况】截至2016年底，全国消防标准化技术委员会归口管理且已发布实施的国家标准303项、行业标准196项。

SAC/TC113对口国际标准化组织消防安全技术委员会火灾对人和环境的威胁分技术委员会(ISO/TC92/SC3)、消防安全技术委员会消防安全工程分技术委员会(ISO/TC92/SC4)、消防员个人防护装备分技术委员会(ISO/TC94/SC14)、消防设备委员会手提式灭火器分技术委员会(ISO/TC21/SC2)、消防设备委员会火灾探测报警系统分技术委员会(ISO/TC21/SC3)、消防设备委员会水系固定灭火系统分技术委员会(ISO/TC21/SC5)、消防设备委员会泡沫和干粉灭火剂及灭火系统分技术委员会(ISO/TC21/SC6)、消防设备委员会气体灭火系统分技术委员会(ISO/TC21/SC8)。

SAC/TC113下设15个分技术委员会(SC)，基础标准(SC1)，固定灭火系统(SC2)，灭火剂(SC3)，消防车、泵(SC4)，消防器具、配件(SC5)，火灾探测与报警(SC6)，防火材料(SC7)，建筑构件耐火性能(SC8)，消防管理(SC9)，灭火救援(SC10)，火灾调查(SC11)，消防员防护装备(SC12)，建筑消防安全工程(SC13)，消防通信(SC14)。电气防火(SC15)。

【强制性标准整合精简】2016年，SAC/TC113对归口管理的280项强制性标准(国家标准154项、行业标准126项)，以及131项强制性标准制修订计划项目(国家标准77项、行业标准54项)进行整合精简评估。其中，废止16项标准(1项国家标准、15项行业标准)；终止8项制修订计划项目；转化46项标准(13项国家标准、33项行业标准)，26项制修订计划项目；整合24项标准(15项国家标准、9项行业标准，4项制修订计划项目；修订43项标准(30项国家标准、13项行业标准)；保留151项标准(95项国家标准、56项行业标准)，93项制修订计划项目。

【推荐性标准集中复审】2016年，SAC/TC113对归口的113项推荐性国家标准、32项推荐性国家标准计划、52项推荐性行业标准和33项推荐性行业标准计划进行集中复审。其中,废止9项标准(3项国家标准、6项行业标准);终止8项制修订计划项目(7项国家标准计划,1项行业标准计划);修订12项标准(7项国家标准、5项行业标准);转化3项标准(1项国家标准、2项行业标准),1项国家标准制修订计划项目;141项标准继续有效(102项国家标准、39项行业标准);保留56项制修订计划项目(24项国家标准计划,32项行业标准计划)。

【标准化科研】2016年,SAC/TC113在消防车辆装备、电气火灾监控系统领域开展标准化研究,承担GB 7956《消防车》系列强制性国家标准中干粉消防车、气体消防车、照明消防车、排烟消防车、供气消防车、泵浦消防车、通信指挥消防车、化学救援消防车、洗消消防车、器材消防车、供液消防车等11个部分的研制工作,向国家标准委提出高倍泡沫消防车、水雾消防车、机场消防车、涡喷消防车、侦检消防车、特种底盘消防车、自装卸式消防车等7个部分的立项工作;承担GB 14287《电气火灾监控系统》系列强制性国家标准中《测量热解粒子式电气火灾监控探测器》《电气防火限流式保护器》等2个部分的研制工作,并向国家标准委提出申报《测量绝缘性能式电气火灾监控探测器》1个部分。

【国际标准化工作参与情况】2016年,SAC/TC113继续参与国际标准制修订工作。7月10日,中国主导编写的2项国际标准ISO 7076-3:2016和ISO 7076-4:2016获ISO正式批准发布。截至年底,中国主导编写的消防领域国际标准的数量达5项。

4月11—15日,ISO/TC92/SC1、SC3、SC4会议在奥地利林茨召开,SAC/TC113派员参加。会议重点讨论ISO/TS 19700《用可控当量比法测定火灾生成物中的有毒组分　稳态管式炉法》等在研标准及新工作项目的技术内容。

7月10—16日,SAC/TC113派员参加在美国格林维尔市召开的2016年度ISO/TC94/SC14工作组会议及分技委年会。会议重点讨论《野外灭火用消防员防护服实验室测试方法和性能要求》等国际标准的技术内容,并建议由中国承办2018年年会。

8月21—26日,ISO/TC21/SC3、SC6年会在加拿大多伦多召开,SAC/TC113派员参加。中国代表团专家张少禹作为SC6主席主持SC6年会,庄爽作为SC6秘书向与会代表做秘书处工作报告。会议重点讨论SC6新主席人选,张少禹担任的ISO/TC21/SC6主席一职将于2017年底到期。会议同意推选由中国国家标准化管理委员会提名的公安部天津消防研究所研究员庄爽作为SC6主席候任人选。

【标准宣贯】2016年7月11—15日,公安部消防局在海南省举办全国消防法规标准培训班,全国31个省、区、市公安消防总队和新疆生产建设兵团公安局消防局,铁、交、民、林系统公安机关消防处,公安消防部队高等专科学校,武警学院消防工程系等单位从事消防法制、标准规范、建审验收工作的负责人、技术干部和教研人员150余人参加培训。培训班对新发布的《建筑材料及制品燃烧性能分级》《电缆及光缆燃烧性能分级》《建设工程消防设计审查规则》《建设工程消防验收评定规则》《仓储场所消防安全管理通则》《住宅物业消防安全管理》等国家标准和行业标准进行集中宣贯。

12月23日,SAC/TC113/SC13在四川成都组织召开归口的GB/T 31592—2015《消防安全工程　总则》、GB/T 31593《消防安全工程》系列标准、GB/T 31540《消防安全工程指南》系列标准等15项国家标准和行业标准宣贯会,来自各研究所、设计院、大专院校、消防监督部门以及消防安全咨询服务公司代表150余人参加会议。会议讲解15项标准的技术内容,针对代表对标准提出的问题进行解答和讨论。

供　稿:SAC/TC113秘书处

全国汽车标准化技术委员会(SAC/TC114)

【概况】截至2016年底,全国汽车标准化技术委员会归口管理推荐性国家标准333项、行业标准804项;在研国家标准185项(含35项强制性国家标准)、行业标准108项。

SAC/TC114对口国际标准化组织道路车辆技术委员会(ISO/TC22)与国际电工委员会电动道路车辆和电动载货车技术委员会(IEC/TC69)。

SAC/TC114下设29个分技术委员会(SC):摩托车(SC1),车轮(SC2),基础(SC3),非金属制品(SC6),专用汽车(SC7),仪表(SC8),安全玻璃(SC9),车辆动力学(SC10),制动(SC11),挂车(SC13),矿用汽车(SC14),电器(SC15),发动机(SC16),车身附件(SC17),车身(SC18),整车(SC19),灯具及灯光(SC21),客车(SC22),火花塞

（SC23），活塞、活塞环（SC24），滤清器（SC25），底盘（SC26），电动车辆（SC27），燃气汽车（SC28），汽车电子与电磁兼容（SC29），转向系统（SC30），变速器（SC31），汽车节能（SC32），汽车碰撞试验及碰撞防护（SC33）。智能网联分技术委员会已获批筹建。基础、车身附件和节能分技术委员会提出变更或增补委员的申请，专用汽车、制动、发动机、客车和底盘分技术委员会提出换届申请。

是年，SAC/TC114 各分技术委员会按计划组织和召开标准审查会、年会共计 35 次，审议标准 110 余项，委员平均出席率 90% 以上。

是年，SAC/TC114 按照主管部门要求，完成汽车行业“十三五”标准体系规划的编制、强制性标准整合精简、推荐性标准集中复审等各项工作任务，继续协助工业和信息化部开展《乘用车企业平均燃料消耗量核算办法》起草及企业平均燃料消耗量核算工作，完成 12 批燃料消耗量标识备案的核对、录入和上网处理。支持行业主管部门和标准化主管部门开展与德国、美国、日本、韩国等国在汽车工业领域的对话、合作和交流。召开汽车领域标准化国际研讨会 8 次，组织召开标准宣贯培训会 6 次，培训人数 1300 余人次。同企业开展专项和深入的标准咨询、研究、服务工作。

是年，SAC/TC114 制定《汽车标准解释管理办法》，提出《分技术委员会秘书处管理及考评办法》。

【标准制修订工作】2016 年，SAC/TC114 进行 54 项国家标准项目（7 项强制性国家标准计划申请、47 项推荐性国家标准计划申请）和 34 项行业标准项目的申报，41 项国家标准项目（强制性国家标准计划6 项、推荐性国家标准计划 35 项）和 30 项行业标准项目获得批复。国家标准委批准发布 SAC/TC114 归口管理的 5 项强制性国家标准、21 项推荐性国家标准，工业和信息化部批准发布 SAC/TC114 归口管理的 42 项行业标准。10 项强制性国家标准、42 项推荐性国家标准、67 项汽车行业标准上报主管部门待批。

【国际标准化工作参与情况】2016 年，SAC/TC114 组织行业专家对 ISO/TC22、IEC/TC69 国际标准草案进行投票表决。全年接收国际标准化投票文件 388 份，其中年度内应完成投票 363 份，实际投票 341 份，投票率 94%。组织行业跟踪研究被动安全、电子电器系统、电动摩托车、电动汽车灯领域的国际标准化工作，申报国际相关领域注册专家 6 名。中国主导制定的 ISO/TR 13062《电动摩托车及轻便摩托车　术语及分类》标准发布；ISO/FDIS 18243《电动摩托车及轻便摩托车　试验规范和安全要求》标准进入 FDIS 阶段；由中国承担召集人，主导起草的 2 项电动汽车电池更换系统标准 IEC TS 62840-1 和 IEC 62840-2 在 2016 年正式发布。组织行业专家牵头制定并向 ISO/TC22/SC37 秘书处提交 2 项国际标准提案：《电动道路车辆　锂离子动力蓄电池组和系统测试规范　第 5 部分：加速耐久性测试》《电动道路车辆　锂离子电池组和系统测试规程　第 6 部分：城市客车应用》。

在工业和信息化部装备司的指导下，全年协助政府主管部门参加 WP29 第 168 次和第 169 次管理委员会会议，并组织行业专家参与 WP29 下属 6 个专家工作组的全部会议，跟踪各项 ECE 法规动态。C-WP29 秘书处组织行业相关企业和机构开展新制定全球技术法规或现有全球技术法规修正本适用性分析及试验验证工作，开展对策研究。中国作为电动汽车安全全球法规非正式工作组的副主席国，于 2 月、6 月和 9 月分别召开电动汽车安全全球法规（EVS-GTR）第十、十一、十二和十三次会议，在中、美、欧、日等成员国专家的努力下，在防水安全、动力电池等具体领域的国际法规提案研究获得进一步深入，即将形成电动汽车安全的 GTR 草案。11 月，联合国世界车辆法规协调论坛噪声工作组（WP29 GRB）决定 ASEP IWG 主席由中国和法国共同担任，负责修订 ECE R51 法规附录 7 的 ASEP 噪声试验方法及限值。

【标准化科研】2016 年，SAC/TC114 持续在新能源汽车、汽车节能、智能网联、汽车安全、汽车电子、回收利用与再制造、噪声环保、专用汽车、燃气汽车等多个重点领域开展标准研究与制修订工作。新能源汽车标准体系基本建立，相继发布整车技术条件、整车安全、能耗测量方法、动力蓄电池安全和性能评价等一系列标准，初步满足不同方面对标准的需求。按照国务院发布的《节能与新能源汽车产业发展规划（2012—2020 年）》以及《中国制造 2025》规划系列解读中对乘用车与商用车提出的节能目标的要求，在工业和信息化部和国家标准委指导下，开展面向 2020 年的新一阶段汽车节能标准的研究和制定工作。根据智能网联汽车标准体系方案及行业需求，SAC/TC114 在 2016 年启动包括自动紧急制动（AEB）、车道保持辅助（LKA）、自动泊车、信息安全等在内近 10 项行业急需标准的预研和制定工作；并以制动、转向和电池管理系统为重点，加快功能安全标准的研究与制定。多项主动、被动、一般安全标准相继制修订完成，进一步提升汽车安全整体水平 。

【标准宣贯】2016 年 3 月，SAC/TC114 组织召开电动汽车充电接口及通信协议系列标准宣贯会，包括 GB/T 18487. 1—2015《电动汽车传导充电系统　第 1 部分：通用要求》、GB/T 20234. 1—2015《电动汽车传导充电用连接装置　第 1 部分：通用要求》、GB/T 20234. 2—2015《电动汽车传导充电用连接装置　第 2 部分：交流充电接口》、GB/T 20234. 3—

2015《电动汽车传导充电用连接装置　第3部分:直流充电接口》、GB/T 27930—2015《电动汽车非车载传导式充电机与电池管理系统之间的通信协议》等5项推荐性国家标准。6月,召开“2016汽车灯光标准宣贯会”,宣贯GB 18408—2015《汽车及挂车后牌照板照明装置配光性能》、GB/T 30036—2013《汽车用自适应前照明系统》等标准。8月,召开“2016年度汽车行业标准法规信息交流会”等。9月,分别组织召开GB 1589—2016《汽车、挂车及汽车列车外廓尺寸、轴荷及质量限值》标准宣贯会和GB/T 19754—2015《重型混合动力电动汽车能量消耗量试验方法》、GB/T 32694—2016《插电式混合动力电动乘用车　技术条件》汽车标准宣贯会。

供　稿:SAC/TC114秘书处
撰稿人:李维菁
审稿人:冯　屹

全国麻醉和呼吸设备标准化技术委员会(SAC/TC116)

【概况】截至2016年底,全国麻醉和呼吸设备标准化技术委员会归口管理现行标准45项,其中国家标准3项(强制性标准2项、推荐性标准1项)、行业标准42项(26项强制性标准、16项推荐性标准)。45项标准中40项转化自国际标准,5项自主起草。

SAC/TC116对口国际标准化组织麻醉和呼吸设备技术委员会(ISO/TC121)。ISO/TC121现行有效标准75项,其中25项现行标准和23项现行标准的前一版本已转化为国内标准,另有5项标准在转化中(5项均报批),22项标准由于涉及通标第三版、国内无相关产品或相关产品在国内不作为医疗器械管理等原因尚未立项转化。

是年,SAC/TC116秘书处组织召开标准宣贯会,对YY/T 1040.1—2015等4项行业标准集中宣贯。秘书处接到标准咨询4次,并作出标准解释和回复工作。

【标准制修订与复审工作】2016年,SAC/TC116组织制修订2项强制性行业标准,完成报批稿;2项国家标准获批立项。对36项强制性标准及标准计划进行整合精简,其中18项保留、5项修订、9项整合、4项转为推荐性标准。对23项推荐性标准及计划进行复审,其中20项继续有效、2项修订、1项废止。

【国际标准化工作参与情况】2016年,SAC/TC116完成48份文件的复审和投票(其中22份文件附有意见)工作。组团参加ISO/TC121于5月16—20日在美国芝加哥召开的第45届国际年会和分技术委员会会议及工作组会议。5月,ISO/TC121/SC3的中国专家参加在美国华盛顿召开的分技术委员会议及工作组会议。

【年会情况】2016年11月17—19日,SAC/TC116在福建厦门召开年会暨标准审定会。秘书处汇报2016年度工作情况,包括标准制修订项目及进程,标准上报后的后续完善确认工作,国际标准化活动,2017年标准预立项工作,标准宣贯等工作。会议审定相关标准。

供　稿:SAC/TC116秘书处
撰稿人:王　伟
审稿人:陆离原

全国颜色标准化技术委员会(SAC/TC120)

【概况】截至2016年底,全国颜色标准化技术委员会归口管理强制性国家标准7项、推荐性国家标准25项。其中,2项推荐性国家标准非等效采用国际标准。

是年,SAC/TC120组织审查国家标准1项,参加标准化培训2次,组织标准化培训1次。

【标准制修订与复审工作】2016年,国家标准准委批准发布SAC/TC120归口管理的国家标准1项,批准立项 SAC/TC120 归口管理的国家标准 2 项。SAC/TC120 在研的 1 项指导性技术文件，年内征求意见稿完成征求意见。SAC/TC120 对归口管理的 24 项推荐性国家标准开展集中复审工作，其中 6 项建议修订，其余为继续有效。

供　稿：SAC/TC120 秘书处
撰稿人：王培华
审稿人：张保洲

全国试验机标准化技术委员会（SAC/TC122）

【概况】截至 2016 年底，全国试验机标准化技术委员会归口管理国家标准 111 项、行业标准 153 项，其中转化国际标准 38 项。在研国家标准 55 项、行业标准 40 项。

SAC/TC122 对应的国际标准化组织包括：纸、纸板和纸浆（ISO/TC6）、橡胶和橡胶制品（ISO/TC45）、塑料（ISO/TC61）、机械振动、冲击与状态监测（ISO/TC108）、无损检测（ISO/TC135）、金属力学试验（ISO/TC164）等 6 个 TC 中有关试验仪器设备的标准化工作范围。

SAC/TC122 下设 2 个分技术委员会（SC）：无损检测仪器（SC1），振动试验设备（SC2）。

【标准制修订工作】2016 年，SAC/TC122 向国家标准委申报国家标准立项 8 项，其中获批 5 项，已进入标准编制阶段；向工业和信息化部申报行业标准立项 10 项，获批 8 项。审查国家标准 8 项、行业标准 5 项，进入标准报批资料准备阶段。国家标准委批准发布 SAC/TC122 归口管理的国家标准 6 项，工业和信息化部批准发布 SAC/TC122 归口管理的行业标准 11 项。

【国际标准化工作参与情况】2016 年，SAC/TC122 参与国际标准复审意见回复 9 项。

【年会情况】2016 年 12 月 14—16 日，SAC/TC122 在吉林长春举行全体会议，委员出席率 80%，会议听取各分委会秘书长对分委会标准制修订计划执行情况、存在问题、标准化工作需求和国际标准化动态的汇报，对 2016 年标委会工作进行总结。与会委员审查 8 项国家标准和 5 项行业标准的送审稿及送审稿编制说明。对各标准化单位提交的 6 项国家标准和 16 项行业标准申报书和草案进行审查论证，确定将 22 项标准列为申报项目。

供　稿：SAC/TC122 秘书处
撰稿人：杨正旺
审稿人：张金伟

全国内河船标准化技术委员会（SAC/TC130）

【概况】截至 2016 年底，全国内河船标准化技术委员会归口管理现行国家标准 20 项、行业标准 74 项；在研国家标准 9 项、行业标准 16 项。

SAC/TC130 对口国际标准化组织船舶与海上技术委员会内河船舶分技术委员会（ISO/TC8/SC7）。

是年，SAC/TC130 组织召开标准审查会 1 次，参加国家标准委组织的标准化培训 1 次。

【标准制修订与复审工作】2016 年，SAC/TC130 上报 5 项标准制修订项目，审查通过 1 项国家标准，提交 1 项国家标准报批稿。对 7 项强制性标准进行整合精简，3 项国家标准中，2 项继续有效、1 项修订；1 项国家标准计划继续有效；3 项行业标准中，1 项修订为强制性国家标准、1 项转化为推荐性行业标准、1 项即行废止。复审 106 项推荐性标准及计划，其中 17 项国家标准中，7 项继续有效、8 项修订、2 项即行废止；1 项国标计划继续有效；72 项行业标准中，36 项继续有效、34 项修订、2 项即行废止；16 项行标计划中，15 项继续有效、1 项即行废止。

【国际标准化工作参与情况】2016年,中国交通建设股份有限公司提交的ISO 8384《船舶和海上技术 挖泥船 术语》和ISO 8385《船舶和海上技术 挖泥船 分类》2项ISO国际标准的修订(草案)建议书,经会议讨论质询,同意作为ISO/TC8/SC7的修订标准立项,并决定由中国交通建设股份有限公司牵头负责。ISO/TC8/SC7协助向国家标准委国际合作部申请办理专家注册登记手续,参加2项国际标准的制修订工作。

【年会情况】2016年12月22日,SAC/TC130在湖北武汉召开年会,来自科研院所、港航局、船厂、船检、大专院校的38位委员代表出席会议,委员出席率77%。会上秘书长汇报2016年SAC/TC130的标准制修订计划执行情况、存在问题、标准化工作需求和国际标准化发展动态情况,主任委员总结2016年工作,并对2017年工作要点提出新的工作要求。

【标准化技术服务情况】SAC/TC130秘书处在日常工作中承担着社会组织的标准技术回函的任务,2016年开展标准化技术咨询服务5次。通过编辑全国内河船标准化通讯,宣传贯彻国家标准化方针政策,及时通报船舶交通和工业的工作与研究成果,相关海事法规的制定与实施情况,标委会的工作重点,相关会议的举办,标准的制定进程,标准的发布信息。

供　稿:SAC/TC130秘书处
撰稿人:李　广
审稿人:曾志刚

全国量具量仪标准化技术委员会(SAC/TC132)

【概况】截至2016年底,全国量具量仪标准化技术委员会归口管理推荐性标准177项(国家标准77项、行业标准100项);在研推荐性标准制修订计划28项(国家标准计划11项、行业标准计划17项)。

SAC/TC132对口国际标准化组织产品尺寸和几何技术规范技术委员会(ISO/TC213),螺纹配件、焊接设备、焊接配件、管道螺纹及螺纹量规分技术委员会(ISO/TC5/SC5),机器轴及附件技术委员会(ISO/TC14),螺纹技术委员会(ISO/TC1)。专业领域对应的ISO标准18项中,等同、修改和等效采用转化各3项。国外主要发达国家标准转化21项(10项等效采用、11项非等效采用)。

SAC/TC132下设3个分技术委员会(SC):量具(SC1),量仪(SC2),数显装置(SC3)。

是年,SAC/TC132参加全国几何量工程参量计量技术委员会(MTC4)组织召开的规程/规范审查会议、机床工具协会组织召开的机床工具行业标准化工作会议。SAC/TC132秘书处为部分企业的产品检验提供技术咨询、帮助,指导其起草、完善企业的检验标准。开展标准化技术咨询服务63次,服务企业63家。

【标准制修订与复审工作】2016年,SAC/TC132开展推荐性标准及标准计划集中复审工作,其中推荐性标准继续有效136项(国家标准49项、行业标准87项)、修订38项(国家标准28项、行业标准10项)、直接废止3项(均为行业标准);推荐性标准制修订计划继续有效23项(国家标准计划10项、行业标准计划13项)、修订(延期)4项(国家标准计划1项、行业标准计划3项)、直接废止1项(行业标准计划)。审查14项国家标准、行业标准。

【年会情况】2016年11月9—10日,SAC/TC132在浙江杭州召开2016年年会,委员出席率87%。会议宣读国家标准委“关于调整全国量具量仪标准化技术委员会及量具等3个分技术委员会委员的批复”。秘书处做标委会2016年度工作报告、本专业领域“十三五”技术标准体系建设方案的编制报告、标准集中复审工作情况报告。委员讨论2016年度项目计划完成情况、“十三五”标准体系建设方案、标准立项要求及ISO标准拟转化项目等,并达成一致意见。

供　稿:SAC/TC132秘书处
撰稿人:姜志刚
审稿人:许　刚

全国医用临床检验实验室和体外诊断系统标准化技术委员会(SAC/TC136)

【概况】截至 2016 年底,全国医用临床检验实验室和体外诊断系统标准化技术委员会归口管理国家标准 16 项、行业标准 178 项;在研国家标准 8 项、行业标准 62 项。SAC/TC136 秘书处承担单位为北京市医疗器械检验所。

SAC/TC136 对口国际标准化组织临床实验室检测和体外诊断试验系统技术委员会(ISO/TC212)。

SAC/TC136 下设 3 个标准工作组(WG):医学实验室质量和能力(WG1),参考系统(WG2),体外诊断产品(WG3)。

是年,SAC/TC136 举办 2 期标准培训班,其中 9 月安排面向企业技术人员的培训会,从检测系统的要求、产品校准品测量不确定度等各个角度对 GB/T 22576 进行宣贯;12 月就 GB/T 29791. 1—2013 和发布的 37 项医疗器械行业标准进行宣贯,400 余人参加培训。SAC/TC136 秘书处 2016 年接待日常标准咨询 80 余次,建立并日常运营微信公众平台。

【标准制修订与复审工作】2016 年,SAC/TC136 组织制修订国家标准 7 项、行业标准 19 项,上报 4 项国家标准和 14 项行业标准提案。SAC/TC136 对归口的强制性标准和推荐性标准进行分析、研究、论证,提出评估和复审结论,并报上级主管部门。

【国际标准化工作参与情况】2016 年,ISO/TC212 有 12 轮投票,其中涉及委员会内部投票(CIB)1 轮、新项目提案投票(NP)3 轮、标准 CD 稿投票 1 轮、标准 DIS 稿投票 5 轮、标准 FDIS 稿投票 2 轮。SAC/TC136秘书处在征求相关单位、专家意见的基础上,代表中国对 12 轮投票进行表决。SAC/TC136 秘书处协助 10 位专家成为 ISO 的注册专家。SAC/TC136组团参加 ISO/TC212 年会和 WG1 工作组会议。

【标准化科研】2016 年,SAC/TC136 参加科技部"战略性新兴医疗器械产业关键技术标准研究"课题,课题目标制定超微量免疫分析系统相关的 2 项行业标准。2 项行业标准编写完成,报批到主管部门。

【年会情况】2016 年 11 月 18—19 日,SAC/TC136 在北京召开年会,79 名委员参会,委员出席率 93%。会议审议 2016 年度标委会工作报告和 2017 年工作计划;审议标委会《章程》(修订)和新制定的《常务委员会工作细则》;审查 2016 年标准送审稿;对预立项标准项目《体外诊断医疗器械　生物源性样品中量的测量有证参考物质要求和支持文件的内容》(修订 GB/T 19703—2005)等进行立项投票。

供　稿:SAC/TC136 秘书处
撰稿人:代蕾颖
审稿人:王　军

全国磨料磨具标准化技术委员会(SAC/TC139)

【概况】截至 2016 年底,全国磨料磨具标准化技术委员会归口管理国家标准 76 项、行业标准 113 项,其中 44 项采用国际标准;在研国家标准 16 项、行业标准 22 项,其中 10 项采用国际标准。

SAC/TC139 对口国际标准化组织小工具技术委员会砂轮和磨料磨具分技术委员会(ISO/TC29/SC5)。

SAC/TC139 下设 4 个分技术委员会(SC):普通磨料(SC1),普通磨具及碳化硅特种制品(SC2),超硬磨料及制品(SC3),涂附磨具(SC4)。

是年,SAC/TC139 开展标准化技术咨询服务 24 次,服务企业 20 家。

【标准制修订与复审工作】2016 年,国家标准委批准立项 SAC/TC139 归口管理的国家标准 4 项,工业和信息化部批准立项 SAC/TC139 归口管理的行业标准项目 10 项。SAC/TC139 向国家标准委、工业和信息化部分别报批国家标准 12 项、行业标准 12 项,审查国家标准送审稿 12 项、行业标准送审稿 12 项。国家标准委批准发布 SAC/TC139 归口管理的国家标准 4 项,工业和信息化部批准发布 SAC/TC139 归口管理的行业标准3项。

SAC/TC139组织各有关分技术委员会对归口的所有推荐性标准和在研制修订计划进行集中复审。集中复审归口国家标准74项,其中继续有效36项、修订35项、视情况废止2项;复审行业标准112项,其中继续有效57项、修订45项、直接废止7项、转化3项。集中复审归口在研国家标准制修订计划16项、行业标准制修订计划25项,均确认继续有效。

【国际标准化工作参与情况】2016年,SAC/TC139组织办理国际标准复审件网上电子投票和意见回复8项。

【年会情况】2016年10月25—29日,SAC/TC139在陕西西安举行全体会议,委员出席率78.2%。会议学习《国家标准化体系建设发展规划(2016—2020年)》《装备制造业标准化和质量提升规划》《全国专业标准化技术委员会考核评估办法(试行)》《国家标准外文版管理办法》和《关于开展机械工业“十三五”技术标准体系建设方案编制工作的通知》五个重要文件,审议秘书处所作2016年度SAC/TC139工作报告和财务收支情况报告。与会委员对12项国家标准和12项行业标准送审材料进行审查,讨论2017年标委会及各分技术委员会工作计划。

供　稿:SAC/TC139秘书处
撰稿人:张　良
审稿人:包　华

全国造纸工业标准化技术委员会(SAC/TC141)

【概况】截至2016年底,全国造纸工业标准化技术委员会归口管理造纸标准462项,其中国家标准349项、行业标准113项。

SAC/TC141对口国际标准化组织纸、纸板和纸浆测试方法和质量规范技术委员会(ISO/TC6)。ISO/TC6下设1个分技术委员会:纸和纸板测试方法和质量规范技术委员会(SC2)。ISO/TC6有标准181项。

SAC/TC141下设8个分技术委员会(SC):印刷用纸和纸板(SC1),文化办公用纸和纸板(SC2),包装用纸和纸板(SC3),技术用纸和纸板(SC4),生活用纸和纸板(SC5),特种纸(SC6),竹浆(SC7),造纸纤维原料(SC8)。

【标准制修订与复审工作】2016年,SAC/TC141申报国家标准计划项目12项,有5项获得批准,均为推荐性标准,其中制定标准4项、修订标准1项。制修订国家标准22项,其中制定标准2项、修订标准20项。SAC/TC141对所归口的329项国家标准、60项计划项目进行集中复审,329项推荐性国家标准中,继续有效214项、修订113项、即行废止2项;60项推荐性国家标准计划项目中,继续有效45项、直接废止15项。

【国际标准化工作参与情况】2016年,SAC/TC141参与ISO/TC6标准的投票项目61项,其中CD和NP投票14项,DIS和FDIS投票19项,SR投票28项。8月29日至9月2日,SAC/TC141组团参加在瑞典斯德哥尔摩召开的ISO/TC6全体会议及各工作组讨论会。

【标准化科研】2016年6月,SAC/TC141承担的“消费品中化学危害共性安全标准及10类重点产品关键技术标准研制(纸制品)”质检公益项目通过中期检查。年内,负责完成“婴儿纸尿裤质量标准对比与接轨研究”和“纸制消费品安全及质量提升标准体系研究”等2项研究工作。

【年会情况】2016年11月14—17日,SAC/TC141年会在云南昆明召开,中国轻工业联合会、中国造纸协会的有关领导以及来自近120家生产企业、质检机构、科研院所和高校的167位委员及专家代表参加会议。会议审查《纸尿裤和卫生巾高吸收性树脂》等24项国家标准和行业标准,并对《婴儿纸尿裤》和《成人纸尿裤》等2项国家标准进行研讨。与会委员审查通过新的造纸工业标准体系表、下一年度准备申报的国家标准计划项目。

供　稿:SAC/TC141秘书处
撰稿人:邱文伦
审稿人:黎的非

全国压缩机标准化技术委员会（SAC/TC145）

【概况】截至2016年底，全国压缩机标准化技术委员会归口管理现行有效国家标准25项、行业标准77项，其中18项采用国际标准；在研国家标准5项、行业标准17项，其中4项采用国际标准。

SAC/TC145对口国际标准化组织压缩机、气动工具及气动机械技术委员会（ISO/TC118）及其下设的压缩空气净化技术分技术委员会（SC4）、空气压缩机分技术委员会（SC6）。

SAC/TC145下设1个分技术委员会（SC）：压缩气体净化设备（SC1）。

是年，SAC/TC145组织召开标准宣贯培训会2次，宣贯螺杆空压机和干燥器标准，50余家压缩机企业的90余名技术人员参加；开展标准化技术咨询服务7次，服务企业50余家。

是年，SAC/TC145/SC1收集汇编《压缩空气净化技术资料选编（二十三）》。

【标准制修订与复审工作】2016年，SAC/TC145向国家标准委和工业和信息化部报批国家标准3项、行业标准12项。工业和信息化部批准立项SAC/TC145归口管理的行业标准5项，批准发布SAC/TC145归口管理的行业标准6项。SAC/TC145向国家标准委申报国家标准制修订计划4项。SAC/TC145组织复审归口管理的国家标准23项，其中继续有效20项、修订3项；复审行业标准73项，其中继续有效51项、修订17项、废止5项。SAC/TC145归口管理的2项强制性标准整合精简后1项保留、1项转为推荐。

【国际标准化工作参与情况】2016年，SAC/TC145参与ISO/TC118关于ISO/TC118/SC6现任主席延长任期的1次投票，投赞成票。参加ISO/TC118空压机能效等级评定及能效评定方案讨论会。

【标准化科研】2016年，SAC/TC145与行业厂合作，依托国家重点基础研究发展计划课题“极端条件下压缩机关键部件劣化机理及延寿关键技术”，开展压缩机实际运行环境对曲轴性能劣化的研究，以期提高曲轴可靠性、减少乃至避免疲劳失效事故、保障压缩机安全运行。SAC/TC145在科研的基础上，提出立项制定《往复活塞压缩机主要零部件　曲轴》标准。

SAC/TC145/SC1与行业厂合作，依托压缩机技术国家重点实验室，建立符合国际先进水平的净化设备及压缩空气质量全性能测试试验系统，开展压缩机后处理设备及压缩空气质量测试技术研究。SAC/TC145/SC1在科研的基础上，提出立项制定《压缩空气过滤器　试验方法　第3部分：颗粒》和《压缩空气过滤器　试验方法　第4部分：水》标准。

【年会情况】2016年10月26—27日，SAC/TC145在广东佛山召开六届二次会议，委员出席率84%。会议听取标委会2016年工作总结；通报强制性国家标准整合精简及推荐性标准集中复审进展；征集压缩机“十三五”标准体系项目；审查通过10项标准；讨论通过2017年计划立项的标准项目，并落实相应的标准起草单位。

11月29—30日，SAC/TC145/SC1在浙江杭州召开二届二次会议，委员出席率87%。会议听取分标委2016年工作总结；通报推荐性标准集中复审进展；征集压缩空气净化技术“十三五”标准体系项目；审查通过5项标准；讨论通过2017年计划立项的标准项目，并落实相应的标准起草单位。

供　稿：SAC/TC145秘书处
撰稿人：任　芳
审稿人：陈　放

全国残疾人康复和专用设备标准化技术委员会（SAC/TC148）

【概况】截至2016年底，全国残疾人康复和专用设备标准化技术委员会归口管理国家标准112项、行业标准7项，其中39项采用国际标准；在研国家标准67项。

SAC/TC148 对口的国际标准化组织包括:国际标准化组织假肢和矫形器技术委员会(ISO/TC168)、辅助器具技术委员会(ISO/TC173)。中国是 ISO/TC168 观察员,ISO/TC173 成员,ISO/TC173/SC1 成员。

SAC/TC148 有委员 59 名、顾问 2 名,秘书处设在中国康复辅助器具协会。

SAC/TC148 下设 1 个分技术委员会(SC):轮椅车(SC1)。

是年,SAC/TC148 联合行业组织中国康复辅助器具协会多次召开标准宣贯会,并以行业博览会、学术报告会和继续教育培训作为平台,将标准化相关内容作为宣贯培训主题,累计宣贯培训人数 600 人次。举办 1 期标准知识培训班,93 人参加。

【标准化体系建设】2016 年,SAC/TC148 贯彻落实《国务院关于深化标准化工作改革方案》和《关于培育和发展团体标准的指导意见》精神,在既有标准体系基础上,增加团体标准化内容,初步形成政府主导制定标准(国家标准、行业标准)与市场自主制定标准(团体标准)协同发展、协调配套的康复辅助器具新型标准化体系。

【标准制修订与复审工作】截至 2016 年底,SAC/TC148 有 30 项国家标准处于起草阶段,26 项国家标准处于审查阶段,11 项国家标准处于报批阶段。所有标准均对全体委员征求意见。5 月,组织本领域 12 项强制性标准精简整合。8 月,集中复审推荐性国家标准 173 项,复审完成率 100%。

【国际标准化工作参与情况】2016 年,SAC/TC148 参与两个对口国际标准化技术委员会电子投票工作,对 1 项国际标准草案进行投票。

【标准化科研】2016 年,SAC/TC148 完成国家标准委下达的康复辅助器具行业推荐性标准体系优化和复审研究试点项目,起草研究报告并通过专家评审,研究提出现有康复辅具行业新型标准体系;复审现行有效推荐性标准,提出废止、修改等意见;清理正在制定的标准计划,提出继续执行、整合或终止建议;研究提出本领域今后推荐性标准和团体标准的边界和其重点范围。推动民政部利用福彩公益金支持 40 项康复辅助器具标准化项目建设。SAC/TC148 宣传动员行业力量参与项目申报,11 月组织开展项目评审。

【年会情况】2016 年 8 月,SAC/TC148 召开 2016 年上半年年会暨标准审查会,委员及委员代表 47 人出席,达到委员人数四分之三。会议报告 2016 年上半年工作,提出下半年工作计划,通报国家标准委对标委会考核评估事宜,审查 13 项国家标准。审查通过 11 项标准送审稿,2 项标准修改后重新上会审议。

供　稿:SAC/TC148 秘书处
撰稿人:张鹏程
审稿人:张晓玉

全国地毯标准化技术委员会(SAC/TC150)

【概况】截至 2016 年底,全国地毯标准化技术委员会归口管理国家标准 23 项、行业标准 24 项,其中 20 项采用国际标准;在研国家标准 2 项,其中 1 项采用国际标准。

SAC/TC150 对口国际标准化组织铺地物技术委员会(ISO/TC219)。

是年,SAC/TC150 进行换届,换届后秘书处挂靠在天津市地毯研究院和中国工艺美术协会。新一届标委会有委员 55 名,顾问 5 名。

是年,SAC/TC150 组织召开标准宣贯培训班 6 次,培训 118 人次;开展标准化技术咨询服务 12 次,服务企业 12 家。

【标准制修订与复审工作】2016 年,国家标准委批准立项 SAC/TC150 归口管理的国家标准项目 1 项。SAC/TC150 复审归口的国家标准 21 项,其中继续有效 19 项、修订 2 项;复审行业标准 25 项,其中继续有效 19 项、修订 5 项、废止 1 项。

【国际标准化工作参与情况】2016 年,SAC/TC150 组织国际标准草案投票 9 项。主导承担 ISO 21868《地毯　维护与清洗指南》国际标准制定工作,11 月底,在天津召开地毯清洗国际标准制定第 3 次会议,制标进入技术性实质阶段。年内,SAC/TC150 委派 3 名代表前往荷兰参加 ISO/TC219 国际会议,参与会议讨论和投票表决。

【年会情况】2016 年 10 月 20 日,SAC/TC150 在天津举行全体会议,来自全国 52 个单位的 63 名委员参会,委员出席率 94.5%。国家标准委、中国轻工业联合会及中国工艺美术协会领导参加会议并讲话。会议总结上一届标委会工作；完成标委会换届，为标委会委员颁发聘书，对委员单位授牌；审议标准《弹性、纺织及层压铺地物　对挥发有机化合物（VOC）释放量的试验方法》；确认下一步标准制修订工作计划；介绍国际标准《纺织铺地物　维护与清洗指南》进度情况；通报标准复审工作开展情况等。

供　稿：SAC/TC150 秘书处

全国质量管理和质量保证标准化技术委员会（SAC/TC151）

【概况】截至 2016 年底，全国质量管理和质量保证标准化技术委员会归口管理国家标准 32 项，在研国家标准 1 项。

SAC/TC151 对口国际标准化组织质量管理和质量保证标准化技术委员（ISO/TC176）。

【标准复审工作】2016 年，SAC/TC151 对归口的 31 项推荐性国家标准和国家标准化指导性技术文件进行集中复审，其中废止 5 项、修订 6 项、继续有效 20 项，复审完成率 100%。

【国际标准化工作参与情况】2016 年，SAC/TC151 完成国际标准的网上电子投票和意见回复 8 项。参与 ISO 9004：2009《追求组织的持续成功　质量管理方法》和 ISO 10018：2005《质量管理　人员参与和能力指南》修订工作。组团参加在荷兰鹿特丹召开的第 32 届 ISO/TC176 年会，参与会议讨论和投票表决；共同主持召开 ISO/TC176 年会。

【标准化科研】2016 年，SAC/TC151 完成质检总局下达的“推广先进质量管理方法”研究课题和中国标准化研究院院长基金项目“全国质量管理和质量保证标准化技术委员会质量管理标准体系研究 2016”。

【年会情况】2016 年 12 月 20 日，SAC/TC151 在北京召开 2016 年度工作会议，20 名委员出席会议。会上，SAC/TC151 秘书处介绍质量管理标准化领域现状与发展趋势；与会委员讨论全国质量管理和质量保证标准化技术委员会年报（2016 年度）；提出做好新一届委员会的换届工作；结合中国质量奖的评审，开展具有中国特色的质量管理标准研究；推动新版质量管理体系标准的实施，等同转换 ISO/TS 9002：2016《质量管理体系 ISO 9001：2015 应用指南》国际标准；为正确理解和实施 GB/T 19001—2016《质量管理体系　要求》，开展新版质量管理体系认证工作提供技术支持。

供　稿：SAC/TC151 秘书处
撰稿人：田　武
审稿人：王立志

全国量度继电器和保护设备标准化技术委员会（SAC/TC154）

【概况】截至 2016 年底，全国量度继电器和保护设备标准化技术委员会归口管理国家标准 46 项、行业标准 69 项；在研国家标准计划 13 项、行业标准计划 6 项。

SAC/TC154 对口国际电工委员会量度继电器和保护装置技术委员会（IEC/TC95）。

是年，SAC/TC154 秘书处在河南许昌组织召开“电力系统产品试验方法国家标准宣贯会”培训会。

【标准制修订与复审工作】2016 年，SAC/TC154 组织制定 5 项国家标准和 6 项行业标准，并完成 7 项国家标准报批工作。国家标准委批准发布 SAC/TC154 归口管理的国家标准 3 项。SAC/TC154 复审 65 项标准，其中 29 项继续有效、34 项废止，复审完成率 100%。

【国际标准化工作参与情况】2016 年，SAC/TC154 组织国内专家参与 6 个国际标准维护工作组；参与制定 9 项国际标准；完成 6 次国际标准草案和国际标准复审件研究和网上投票。

SAC/TC154 组织或参与 2 个国际标准化会议：4 月 11—14 日，参加在中国澳门召开的 IEC/TC95（MT4）工作组第二十次会议；10 月 18—21 日，参加在法国巴黎召开的 IEC/TC95 全体会议暨工作组会议。

【年会情况】2016 年 9 月 21—24 日，SAC/TC154 五

届三次会议暨国家标准审查会在四川成都召开,标委会委员(代表)及有关单位专家83人出席会议,委员出席率95.9%。会议听取标委会工作总结及下一步工作安排的工作报告,审议通过标委会工作报告。

供　稿:SAC/TC154秘书处
撰稿人:杨慧霞
审稿人:李志勇

全国钟表标准化技术委员会(SAC/TC160)

【概况】截至2016年底,全国钟表标准化技术委员会归口管理国家标准31项、行业标准79项,其中23项采用国际标准;在研国家标准11项、行业标准5项,其中4项采用国际标准。

SAC/TC160对口国际标准化组织钟表技术委员会(ISO/TC114),及其防震手表分委会(ISO/TC114/SC1)、防水手表分委会(ISO/TC114/SC3)、发光材料分委会(ISO/TC114/SC5)、贵金属覆盖层分委会(ISO/TC114/SC6)、总尺寸分委会(ISO/TC114/SC7)、技术定义分委会(ISO/TC114/SC9)、走时精度分委会(ISO/TC114/SC11)、防磁手表分委会(ISO/TC114/SC12)、手表玻璃分委会(ISO/TC114/SC13)和台钟和挂钟分委会(ISO/TC114/SC14)。

SAC/TC160下设3个分技术委员会(SC):时钟(SC1),手表(SC2),手表材料及外观件(SC3)。

是年,SAC/TC160组织钟表标委会及其分委会召开标准宣贯会,宣讲2015年批准发布的1项国家标准和2项行业标准;召开标准化工作培训会,就国家标准委《技术委员会工作平台》使用方法和"如何编写标准"进行培训,培训人数65人。开展标准化技术咨询服务40余次,服务企业40余家。

是年,SAC/TC160开展"十三五"技术标准体系建设工作,编报《钟表业"十三五"技术标准体系建设方案》。

是年,SAC/TC160被抽查参与2016年国家标准委开展的专业标委会考核评估工作,最终考核评估结果为"一级"。

【标准制修订与复审工作】2016年,国家标准委批准立项SAC/TC160归口管理的国家标准项目2项,中国轻工业联合会批准立项SAC/TC160归口管理的行业标准项目3项。SAC/TC160向国家标准委和中国轻工业联合会报批国家标准7项、行业标准8项,审查国家标准、行业标准送审稿5项。国家标准委批准发布SAC/TC160归口管理的国家标准5项。SAC/TC160组织钟表标委会及其分委会复审归口的推荐性国家标准31项、行业标准78项,复审结论为国家标准继续有效24项、修订7项,行业标准继续有效35项、修订31项、废止1项、转化为国家标准11项。完成强制性国家标准计划项目《直接接触人体皮肤的手表外观件中有害物质限量的规定》的评估工作,评估结果为"继续执行"。

【国际标准化工作参与情况】2016年,SAC/TC160主导制定的1项手表国际标准ISO/WD 14368-4《无机和蓝宝石手表玻璃　第4部分:膜层性能》正式立项,处于工作组草案阶段;参与和跟踪的国际标准制修订项目4项。2016年度SAC/TC160各类投票项目21项,全部投出,按时投票率100%。SAC/TC160组织标委会11名专家,参加3月15—16日在瑞士巴塞尔召开的ISO/TC114/SC3"防水手表"分委会和ISO/TC114/WG1"手表电池"、ISO/TC114/SC13/WG1"手表玻璃"、ISO/TC114/WG5"硬材料手表"三个工作组国际会议,审议正在制修订的国际标准草案,中国专家主持ISO/WD 14368-4工作组草案的审查会议。

【标准化科研】2016年,SAC/TC160论证研究制修订中的标准试验方法,结合"十三五"钟表标准体系建设规划和市场需求,开展"智能手表"领域标准化研究工作,并成立SAC/TC160/WG1"智能手表"标准化专项工作组。

【年会情况】2016年11月22—26日,SAC/TC160在福建厦门召开年会,委员出席率85.4%。会议听取标委会及3个分委会2016年标准化工作报告,总结标委会标准制修订计划的执行情况、换届工作、标准工作会议、标准集中复审工作、标委会考核评估工作、标准宣贯工作、国际标准化工作、参加国际标准化会议和存在的问题;审查2项国家标准和3项行业标准计划项目的送审稿及其编制说明和标准征求意见稿意见汇总处理表;审查、表决并通过7个国家标准制修订计划项目和11个行业标准制修订计划项目,列为2017年申报的国家标准和行业标准计划项目。

【换届情况】2016年4月28日,SAC/TC160在陕西西安召开换届大会,会议向标委会委员颁发聘书,审议通过《第五届全国钟表标准化技术委员会章程》和

《第五届全国钟表标准化技术委员会秘书处工作细则》。增补和调整委员11名，委员总数增至95名，其中主任委员1名、副主任委员6名、秘书长1名、副秘书长2名。

供　稿：SAC/TC160秘书处
撰稿人：金英淑
审稿人：张宏光

全国特种加工机床标准化技术委员会（SAC/TC161）

【概况】截至2016年底，全国特种加工机床标准化技术委员会归口管理国家标准30项、行业标准45项；在研国家标准1项、行业标准10项。

是年，SAC/TC161派人参加中国质检出版社在北京举办的标准起草人和审查人员培训班。11月，SAC/TC161派人参加“新兴产业标准化（苏州）协作平台第二次联席会议”，并做专题演讲。

是年，SAC/TC161参加国家标准委组织的首批标委会考核评估，10项考核评估指标中，一级5项、二级4项、三级1项，总体评定为二级。

【标准制修订工作】2016年，SAC/TC161向工业和信息化部申报行业标准计划4项；审查国家标准送审稿1项、行业标准送审稿4项，并分别向国家标准委、工业和信息化部报批。工业和信息化部批准发布SAC/TC161归口管理的行业标准4项。

【强制性国家标准整合精简和推荐性标准和计划集中复审工作】2016年，SAC/TC161完成强制性国家标准整合精简标委会评估工作。SAC/TC161归口的5项强制性国家标准拟整合为1项强制性国家标准。

SAC/TC161完成推荐性标准和计划集中复审标委会复审结论阶段工作。复审国家标准25项、行业标准45项。复审结论：国家标准继续有效19项、修订6项，国家标准制修订计划延期（1年）1项；行业标准继续有效30项、修订14项、视情况废止1项（拟转化为团体标准），行业标准制修订计划延期（1年）6项、直接废止1项。

【年会情况】2016年1月9日，SAC/TC161在江苏苏州召开行业标准研讨会，对工作组起草的2项行业标准草案进行研讨并给出意见。

3月26日，SAC/TC161在江苏苏州召开五届三次会议，31名委员（或委托代表）出席，委员出席率84%。会议听取标委会《2015年工作总结及2016年工作计划》报告；对16项国家标准、行业标准提出复审结论意见；讨论表决秘书处提出的拟申报4项行业标准计划项目；传达中国机械工业联合会2016年3月11日在上海召开的机械工业标准化座谈会文件：《2016年机械工业标准化工作要点》（讨论稿）和《“十三五”机械工业标准化发展纲要》（征求意见稿）；审查2项行业标准送审稿草案。

供　稿：SAC/TC161秘书处
撰稿人：于志三
审稿人：叶　军

全国非金属化工设备标准化技术委员会（SAC/TC162）

【概况】截至2016年底，全国非金属化工设备标准化技术委员会归口管理标准133项，其中国家标准25项（全部为推荐性标准）、行业标准108项（其中：强制性标准1项）。其中国家标准各有1项采用国际标准和国外先进标准（美国材料和实验协会ASTM标准）、行业标准各有1项采用国际标准和国外先进标准（美国材料和实验协会ASTM标准）。

是年，SAC/TC162开展标准化技术咨询服务10次，服务企业8家。

【年会情况】2016年11月10—13日，SAC/TC162在宁夏银川召开第五届全国非金属化工设备标准化技术委员会五届二次年会暨标准审查会，44位委员和代表出席会议，其中委员28人。会议听取并审议通过秘书处关于2016年度标委会工作总结（含2016年推荐性标准集中复审工作情况）；审查通过5项国家标准、2项行业标准送审稿；预审4项化工行业标准征求意见稿；听取2017年国家标准和化工行业标准申报项目的介绍；讨论通过工业和信息化部2017年第二季度化工行业标准立项计划；学习国家有关标准化政策和标准化业务；听取秘书处关于2016年工业和信息化部“十三五”技术标准体系建设方案编制的相关政策和前期向各有关单位征集的“十三五”标准计划项目的汇报，讨论通过“十三五”期间申报的国家标准和行业标准计划项目（包括：在2016年推荐性标准集中复审工作涉及推荐性行业标准转化为推荐性国家标准的项目）。

【标准制修订与复审工作】2016年，SAC/TC162完成7项行业标准的报批并已发布，完成2项行业标准送审稿的审查并已经报批，完成5项国家标准制修订计划项目送审稿的审查；提出国家标准2017年第一批制修订计划（含14项）和2016年第四批和2017年第一批等2个批次共9项行业标准的制修订计划。

2016年，SAC/TC162完成推荐性标准集中复审工作。其中，继续有效107项（国家标准13项），修订13项（国家标准12项），直接废止5项（均为行业标准），转化1项（将行业标准采用国际标准ISO转化为国家标准制修订计划）。完成推荐性标准制修订计划集中复审，其中继续有效13项（国家标准9项），修订（调整）-延期9项（全部为行业标准），协调3项（均为国家标准制修订计划）。复审强制性标准1项，建议转化为推荐性标准。

供　稿：SAC/TC162秘书处
撰稿人：侯一兵
审稿人：杭玉宏

全国高电压试验技术和绝缘配合标准化技术委员会（SAC/TC163）

【概况】截至2016年底，全国高电压试验技术和绝缘配合标准化技术委员会归口管理国家标准18项，全部采用国际标准；在研国家标准3项，其中2项采用国际标准。

SAC/TC163对口国际电工委员会绝缘配合技术委员会（IEC/TC28）和高电压和大电流试验技术技术委员会（IEC/TC42）。

SAC/TC163下设2个分技术委员会（SC）：高电压试验技术（SC1），绝缘配合（SC2）。

是年，SAC/TC163组织标准培训2次，培训人数56人次；开展标准化技术咨询服务16次，服务企业10家。

【标准制修订与复审工作】2016年，国家标准委批准发布SAC/TC163归口的国家标准1项。SAC/TC163制修订标准2项；集中复审归口管理的19项国家标准和3项国家标准计划，其中废止标准1项，继续有效标准18项，标准制修订计划3项均有效。

【国际标准化工作参与情况】2016年，SAC/TC163参加IEC/TC28的3个工作组活动。关注IEC工作进程，成立IEC专家工作组，讨论归口管理的IEC技术文件（包括投票文件、非投票文件、正式出版物），并向IEC反映中国高压输变电行业对国际标准的意见和建议。按时完成国际标准提案审议工作，国际标准投票率100%。

2016年，由中国提出的制定HVDC系统用绝缘配合标准的预备工作组项目，提交IEC/TC28年会讨论，并在2016年6月和11月分别于瑞典西斯塔和中国西安的2次交流绝缘配合标准修订工作组会议中作为议题进行讨论。2016年12月组建AHG11工作组并招募专家，主要讨论HVDC系统用绝缘配合标准路线图问题，SAC/TC163推荐项目召集人和多名专家加入该工作组。

6月9—10日，SAC/TC163派2名专家赴瑞典西斯塔参加IEC/TC28 MT9工作组会议；10月13日，派1名专家及1名代表赴德国法兰克福参加IEC/TC28年会；11月24—25日，SAC/TC163秘书处承办IEC/TC28 MT9工作组会议，并派2名专家及2名代表参会。

【标准化科研】2016年，为开展国家标准的制修订，SAC/TC163秘书处承担单位西安高压电器研究院完成“带外串联间隙线路避雷器续流切断试验技术研究”“复合绝缘子的直流人工污秽试验方法研究”“强降雨对绝缘子冲击闪络特性影响的试验研究”等3项课题，取得多项发明专利。

【年会情况】2016年11月2—4日，SAC/TC163在四川成都召开第五届第三次全体委员会议，标委会委员、通讯委员和有关标准起草工作组成员85人，委员出席率92%。会议总结2016年标委会的工作情况；介绍IEC标准动态；介绍SAC/TC163的标准体系；讨论和确认下一步标准制修订计划。

供　稿：SAC/TC163秘书处
撰稿人：王　亭
审稿人：崔　东

全国计划生育器械标准化技术委员会（SAC/TC169）

【概况】截至2016年底，全国计划生育器械标准化技术委员会归口管理国家标准4项、行业标准26项；在研国家标准1项、行业标准3项。

SAC/TC169对口国际标准化组织局部避孕和性传染预防屏障器械标准化技术委员会（ISO/TC157）。ISO/TC157现行有效国际标准9项，其中转化为中国标准3项，列入转化计划5项，不宜转化标准1项。

是年，SAC/TC169组织YY/T 0979—2016和YY/T 1025—2014等2项行业标准宣贯会，对YY/T 1470—2016等5项标准进行手册宣贯。秘书处为20余家企业提供标准咨询服务，作出标准解释和回复工作。

【标准制修订与复审工作】2016年，SAC/TC169完成3项行业标准制修订工作。开展"强标精简"工作，对4项强制性国家标准和8项强制性行业标准进行审核，其中1项强制性行业标准和4项现行有效强制性国家标准整合成1项强制性国家标准，1项行业标准拟废止，1项行业标准修订，6项强制性行业产品标准建议改为推荐性标准。集中复审15项推荐性行业标准，复审结论全部继续有效。

【国际标准化工作参与情况】2016年，ISO/TC157发起15项标准草案投票，SAC/TC169进行15次投票，投票率100%。

【标准化科研】2016年，SAC/TC169对妇产科器械、计划生育器械和辅助生殖器械开展调研，明确今后围绕"妇女健康、生殖健康"发展方向。

【年会情况】2016年11月2—5日，SAC/TC169在福建厦门召开三届第九次会议暨标准审定会，委员出席率79.4%。会议听取标委会秘书长对SAC/TC169标准体系建设、2016年度标准制修订计划执行情况、医疗器械分类目录修订、医疗器械产品命名规则、"强标精简和推标复审"情况、换届信息、国际标准化发展动态、存在问题和2017年度计划情况汇报。与会委员和专家审定3项行业标准，讨论通过2017年度标准立项计划、"强标精简和推标复审"结论和医疗器械现行标准质量自评。

供　稿：SAC/TC169秘书处
撰稿人：姚天平
审稿人：陆离原

全国印刷标准化技术委员会（SAC/TC170）

【概况】截至2016年底，全国印刷标准化技术委员会制定并现行有效的国家标准53项、行业标准45项、行业技术性指导文件1项；主导制定完成印刷技术国际标准2项。

SAC/TC170下设3个分技术委员会（SC）：书刊印刷（SC1），网版印刷（SC2），包装印刷（SC3）。

SAC/TC170及3个分技术委员会有委员142名，在国际标准化组织（ISO）注册的专家26名，建立标准化试验与推广基地18个，直接参与标准化工作的专家约500人。

中国成功组建国际标准化组织印刷技术委员会印后工作组（ISO/TC130/WG12），承担

ISO/TC130秘书处工作,中国专家担任 ISO/TC130 秘书处主席。

是年,SAC/TC170 秘书处所在单位中国印刷技术协会组织制定《绿色印刷材料分类方法及确认原则》《印刷企业温室气体排放核算与报告要求》《印刷品碳足迹评价方法》等多项印刷团体标准。

【标准制修订工作】2016 年,SAC/TC170 归口的7 项国家标准、3 项行业标准获批发布。SAC/TC170 承担国家标准计划项目 38 项、行业标准计划项目 40 项。

【标准宣贯】2016 年,SAC/TC170 及其分技术委员会举办 7 期标准化培训班,宣贯培训重点标准,培训人员 500 余人。

【国际标准化工作参与情况】2016 年,SAC/TC170 以中国国家标准为基础、由中国主导制定的 2 项印刷技术领域国际标准 ISO 16762《印刷技术　印后加工　运输、处理和储存的一般要求》和 ISO 16763《印刷技术　印后加工　装订产品》发布。中国专家提出并执笔的 ISO/TR 19305《ISO/TC130 标准框架》正在起草中。SAC/TC170 组织 20 余位专家参加 2016 年 ISO/TC130 春季会议和秋季会议,履行 ISO/TC130 成员的义务,维护中国利益。

【年会情况】2016 年 11 月,SAC/TC170 在重庆召开年会,对委员会重大事项进行研讨。部署 3 个分技术委员会换届工作,并向国家标准委提出换届方案。

供　稿:SAC/TC170 秘书处

全国水轮机标准化技术委员会(SAC/TC175)

【概况】截至 2016 年底,全国水轮机标准化技术委员会归口管理国家标准 25 项、行业标准 4 项,其中 12 项采用国际标准;在研国家标准 5 项。

SAC/TC175 对口国际电工委员会水轮机技术委员会(IEC/TC4)。

SAC/TC175 下设 1 个分技术委员会(SC):控制设备(SC1)。

【标准复审工作】2016 年。SAC/TC175 集中复审归口管理的推荐性国家标准 25 项、推荐性国家标准计划 5 项,其中推荐性国家标准修订 5 项、继续有效 20 项,推荐性国家标准计划继续执行 5 项。

【国际标准化工作参与情况】2016 年,SAC/TC175 办理国际标准网上投票和意见回复 4 项。中国专家担任 IEC/TC4/WG33“混流式水轮机压力脉动”工作组召集人,主导承担 IEC 62282《混流式水轮机模型到原型压力脉动换算导则》国际标准的制定工作。年内,提出 1 项新国际标准化提案《水电站引水发电系统调节保证计算和设计导则》,并获得通过。派员参加 IEC/TC4 相关工作组会议。申请增加 7 名中国专家参加 IEC/TC4 工作组。

【标准化科研】2016 年,SAC/TC175 参与完成质检总局下达的“智能制造装备技术国际标准研制”课题。

【年会情况】2016 年 10 月 13—16 日,SAC/TC175 在四川成都召开 2016 年换届会议,委员及委员代表出席率 95.4%。会议听取全国水轮机标委会 2016 年工作总结报告和 2016 年财务报告。秘书长汇报 SAC/TC175 下一步标准制修订工作原则。审查 2 项国家标准。会议讨论确立全国水轮机标委会 2017 年主要工作计划。会议期间召开 4 个工作组会议。

供　稿:SAC/TC175 秘书处
撰稿人:刘诗琪
审稿人:覃大清

全国刑事技术标准化技术委员会(SAC/TC179)

【概况】截至2016年底,全国刑事技术标准化技术委员会归口管理标准797项,其中国家标准59项、行业标准738项。发布实施的刑事技术标准316项,其中国家标准26项、行业标准290项。

SAC/TC179下设:毒物分析(SC1),刑事信息(SC2),指纹检验(SC3),理化检验(SC4),刑事照相、录像(SC5),法医检验(SC6),电子物证检验(SC7),刑事技术产品(SC8),痕迹检验(SC9),文件检验(SC10)等10个分技术委员会,以及DNA、智能语音技术、现场勘查等3个标准化工作组。

【强制性标准整合精简工作】2016年,SAC/TC179组织召开刑事科学技术强制性标准整合精简评估会,评估公安刑事科学技术69项强制性标准,以及12项强制性标准制修订计划项目。其中,废止18项强制性行业标准和2项强制性行业标准制修订计划项目;47项强制性行业标准转化为推荐性行业标准,7项强制性行业标准制修订计划项目转化为推荐性行业标准制修订计划项目;修订2项强制性行业标准;保留2项强制性行业标准和3项强制性标准制修订计划项目。

【推荐性标准集中复审工作】2016年,SAC/TC179组织召开刑事科学技术推荐性标准集中复审专家会,对570项推荐性标准和计划项目进行审查。其中,146项标准继续有效,45项修订,24项废止;306项标准制修订计划继续有效,49项废止。

【标准试点应用及宣贯】2016年8月22—25日,SAC/TC179在北京举办"全国刑事科学技术标准化工作联系点理论实务标准化培训班"。全国刑事科学技术标准化联系点单位的79名联系人和SAC/TC179各分技术委员会和标准化工作组26人参加培训。

9月27—29日,SAC/TC179秘书处带队组织参加公安部科技信息化局举办的公安重点标准应用培训班。学习国家标准化改革工作、社会管理和公共服务综合标准化试点工作政策解读及经验介绍、"十三五"公安信息化顶层设计,公安数据标准化和视频监控建设、团体标准政策解读等。

年内,SAC/TC179秘书处制定《刑事科学技术标准化工作联系点工作规范》,10个分技术委员会和3个标准化工作组分别与79家地市级公安机关签署《刑事科学技术标准化工作联系点合作协议》,共同推进全国刑事技术标准化工作。

供　稿:SAC/TC179秘书处
撰稿人:焦和娟
审稿人:花　锋

全国频率控制和选择用压电器件标准化技术委员会(SAC/TC182)

【概况】截至2016年底,全国频率控制和选择用压电器件标准化技术委员会归口管理国家标准30项、行业标准41项,其中37项采用国际标准;在研国家标准2项、行业标准7项,均采用国际标准。

SAC/TC182对口国际电工委员会频率控制、选择和探测用压电、介电和静电器件及相关材料技术委员会(IEC/TC49)。

是年,SAC/TC182在浙江杭州协办"产品标准编写规则"等相关标准宣贯培训班,参加培训人员47人。SAC/TC182为其秘书处所在单位中国电子元件行业协会的团体标准化工作提供专业支撑,制定《中国电子元件行业协会团体标准管理办法》(试行)和《中国电子元件行业协会团体标准制修订工作程序》(试行),发布1项团体标准。

【标准体系建设】2016年,SAC/TC182根据工业和信息化部的要求,编制本领域"十三五"技术标准体系建设方案,完成电子信息制造业"十三五"技术标准体系建设服务平台系统的数据录入。

【标准制修订与复审工作】2016年,SAC/TC182向国家标准委报批国家标准2项,审查行业标准送审稿7项。工业和信息化部批准发布SAC/TC182归口管理的行业标准4项。SAC/TC182组织复审归口管理的国家标准33项(含计划),行业标准48项(含计划),其中国家标准继续有效20项、修订8项、直接废止2项;行业标准继续有效26项、直接废止6项、转化为国家标准9项;推荐性标准计划10项全部继续有效。

【国际标准化工作参与情况】2016年,SAC/TC182组织国际标准草案网上电子投票和意见回复11项。

【年会情况】2016年11月9—10日,SAC/TC182在江苏无锡召开年会,标委会委员和专家28人参会,委员出席率88%。会议听取秘书处所做的2016年工作总结以及准备立项的4项国家标准和3项行业标准的说明。委员一致同意上述项目申报国家标准和行业标准。会议审查通过7项行业标准送审稿。

供　稿:SAC/TC182秘书处
撰稿人:章　怡
审稿人:古　群

全国胶粘剂标准化技术委员会(SAC/TC185)

【概况】截至2016年底,全国胶粘剂标准化技术委员会归口管理国家标准82项、行业标准39项,其中27项采用国际标准;在研国家标准10项、行业标准12项,其中4项采用国际标准。

SAC/TC185对口国际标准化组织国际建筑与土木工程标准化技术委员会密封胶分会(ISO/TC59/SC8)、国际标准化组织塑料标准化技术委员会制品分会合成胶粘剂工作组(ISO/TC61/SC11/WG5)。SAC/TC185秘书处承担单位同时也代表SAC承担ISO/TC59/SC8秘书处工作,负责胶粘剂领域国际标准化工作。

是年,SAC/TC185组织委员和相关企业,提供行业急需制定的标准清单,为开展“十三五”技术标准体系建设方案编制工作提供依据,加强胶粘剂领域“十三五”标准体系建设,补充和完善标准体系。

【标准制修订与复审工作】2016年,SAC/TC185完成7项标准制修订,包括国家标准5项,行业标准2项,完成率100%。开展16项标准立项申报工作,其中国家标准8项、行业标准8项。完成国家标准委下达的1项国家标准的翻译工作。完成105项国家标准和行业标准复审工作,其中国家标准71项、行业标准34项。

【国际标准化工作参与情况】2016年,ISO/TC59/SC8有7个专题工作组,围绕建筑和土木工程用密封胶,开展术语、耐久性、检测方法和重点产品性能开展标准研究。发布国际标准2项,在研国际标准8项,其中2项由中国主导。

2016年的国际标准提案以GB/T 32369—2015《密封胶固化程度的测定》为基础提出。提案在国际标准年会上讨论,获得代表的积极响应,已成立工作组,开展标准前期预研工作,即将进入立项投票程序。

【标准化科研】2016年,SAC/TC185参与公益性科研专项“消费品中化学危害共性安全标准及10类重点产品关键技术标准研制”,承担其中胶粘剂部分。以期通过研究胶粘剂对环境、健康、安全的影响,梳理不同情况下胶粘剂有害物质的重点管控对象,研究和建立对应物质的检测方法,规范胶粘剂有害物限量,推动胶粘剂行业健康发展。

【标准宣贯】2016年,SAC/TC185联手地方政府和行业协会,采取讲座、专题讨论等形式,分别开展胶粘剂、胶粘带标准培训、宣贯工作,普及胶粘剂领域标准化知识,提高企业对标准重要性的认识。听取和收集标准实施反馈信息,促进标准技术提升,提高标准实用性。

供　稿:SAC/TC185秘书处
撰稿人:张建庆
审稿人:金卫星

全国阀门标准化技术委员会(SAC/TC188)

【概况】截至2016年底，全国阀门标准化技术委员会归口管理标准255项，其中现行有效标准195项(包括国家标准67项、行业标准128项)，在研标准60项(包括国家标准11项、行业标准49项)。

SAC/TC188对口国际标准化组织阀门技术委员会(ISO/TC153)，中国是ISO/TC153的“P”成员。ISO/TC153发布24项国际标准，已转化为中国标准17项。

SAC/TC188下设1个分技术委员会(SC)：阀门驱动装置(SC2)。

是年，SAC/TC188及SAC/TC188/SC2完成换届工作。

是年，SAC/TC188组织起草单位进行“阀门产品标准编写”培训。通过阀门标准网，建立标准咨询平台。通过网络、邮件、QQ和电话，对行业企业长期开展技术咨询报务，开展标准化技术咨询服务约200次，服务企业400余家。

【标准制修订与复审工作】2016年，SAC/TC188收到19家单位报送的20项阀门标准立项申报材料，其中国家标准4项、行业标准16项，最终确定15项标准立项材料上报。工业和信息化部批准立项SAC/TC188归口管理的行业标准11项。SAC/TC188向国家标准委报批国家标准1项，向机械工业联合会报批行业标准5项。国家标准委批准发布SAC/TC188归口管理的国家标准3项，工业和信息化部批准发布SAC/TC188归口管理的行业标准14项。

年内，SAC/TC188对归口管理的1项现行强制性国家标准进行评估，评估结论为转化为推荐性国家标准，现已公示。SAC/TC188对归口管理247项推荐性标准进行集中复审，其中现行有效的标准191项，包括国家标准65项、行业标准126项；在研标准56项，包括国家标准14项、行业标准42项。推荐性标准集中复审结论为：现行有效的标准继续有效111项、修订76项、废止4项；在研继续有效54项、废止2项。

【国际标准化工作参与情况】2016年，SAC/TC188对ISO相关标准进行5次投票。10月，在日本东京举行的ISO/TC153全体会议及其下属的WG1(驱动装置及其连接附件)、WG7(化工过程及相关工业用阀门)工作组会上一致同意中国作为《工业阀门　电动装置一般要求》国际标准的负责起草单位。现该国际标准已正式立项，标准编号为ISO 22153。

【年会情况】2017年4月12—13日，SAC/TC188第五届和SAC/TC188/SC2第二届成立大会暨标准审查会议在天津召开。全国各地约180位专家参加会议，其中阀门标委会委员、委员代表109人，分会委员、委员代表21人，超过委员总数的四分之三。标委会秘书长做2016年工作报告、第四届标委会工作总结、国际标准化工作以及“十三五”阀门标准工作规划，主要从标委会换届、标准计划立项、标准制修订、标准报批及发布、强制性国家标准精简整合及推荐性标准集中复审、标委会工作平台及投票系统的运行、ISO标准《工业阀门　电动装置一般要求》立项通过过程等对标委会的工作进行回顾和介绍以及从“十三五”阀门标准制修订重点领域对标准化工作进行规划和展望。会上，邀请阀门标委会委员做“大型石油化工装置的阀门需求和应用”和“三代压水堆核电站技术特征及其阀门特点”专题讲座，专家针对石化行业和核电行业中阀门的需求以及特点进行介绍，为阀门企业的发展提供积极的引领和指导作用。2个会议审查并通过1项国家标准和10项行业标准。

供　稿：SAC/TC188秘书处
撰稿人：胡春艳　胡　军
审稿人：黄明亚

全国低压电器标准化技术委员会(SAC/TC189)

【概况】截至2016年底，全国低压电器标准化技术委员会归口管理现行标准108项，其中国家标准70项、行业标准38项。现行国家标准中，推荐性标准59项，指导性技术文件11项；等同采用国际标准

39 项,修改采用国际标准 13 项,非采标标准 18 项。

SAC/TC189 对口国际电工委员会低压开关设备和控制设备分技术委员会(IEC/SC121A)。SAC/TC189 下设 1 个分技术委员会(SC):家用断路器和类似设备(SC1)。SAC/TC189/SC1 对口国际电工委员会家用断路器及类似设备分技术委员会(IEC/SC23E)。上海电器科学研究院是低压开关设备和控制设备及其成套设备技术委员会(IEC/TC121)和低压直流配电系统应用评估(IEC/SMB/SEG4)国内第一归口单位,是电器附件电气能效产品分技术委员会(IEC/SC23K)第二归口单位,SAC/TC189 秘书处承担其对应工作。

是年,SAC/TC189 对现行强制性国家标准及制修订计划开展清理评估工作,24 项国家标准和 2 项计划全部转为推荐性标准及计划。

是年,SAC/TC189 组织 36 家低压电器企业参与标准制修订工作。对于企业提出的咨询问题,秘书处组织专家给予及时答复。6 月,SAC/TC189 联合中国质量认证中心于上海召开 JB/T 12762—2015《自恢复式过欠压保护器》和 GB/T 31143—2014《电弧故障保护电器(AFDD)的一般要求》标准、检测、认证研讨会,73 位代表参会。9 月,召开 GB/T 14048.11—2016《低压开关设备和控制设备　第 6-1 部分:多功能电器　转换开关电器》标准、检测、认证研讨会,78 名专家及代表参会。

【标准制修订与复审工作】 2016 年,SAC/TC189 制修订完成 7 项标准;10 月,完成 7 项标准的审查工作;12 月,完成 7 项标准的报批工作。

复审归口管理的推荐性国家标准 55 项、推荐性国家标准计划 13 项,复审完成率 100%,结论为:推荐性国家标准转化 2 项、修订 7 项、继续有效 46 项,推荐性国家标准计划继续有效 13 项。

复审归口管理的行业标准 33 项,结论为:继续有效 4 项、修订 8 项、直接废止 21 项。

【国际标准化工作参与情况】 截至 2016 年 12 月,SAC/TC189 秘书处收到 IEC 文件 147 份,其中投票文件 55 份,包括 SC121A 的 21 份、SC23E 的 34 份,本年度需要完成投票文件 47 份,实际完成投票 47 份。

2015 年,SAC/TC189 申报 DCMCB(家用及类似用途直流断路器)国际提案,立项已通过(立项及项成立文件号:IEC/SC23E/895/NP;IEC/SC23E/911/RVN),截至 2016 年 12 月,项目进展到 2CD 阶段(IEC/SC23E/927/CD;IEC/SC23E/970/CD)。

2016 年,SAC/TC189 组织相关专家 21 人次参加 18 次国际标准化活动。6 月在浙江杭州承办 IEC/SC121A/WG2 和 TSE TF 会议,在会上提交关于 TSE 控制器要求的提案,获得工作组专家关注。11 月,在上海承办 IEC TC121/WG1 工作组会议。

【标准化科研】 2016 年,SAC/TC189 开展《光伏系统用直流断路器通用技术要求》《剩余电流动作保护电器的一般要求》《家用和类似用途低压电路用的连接器件　汇流排》《低压浪涌保护器后备保护装置》等项目的技术与标准研究。依托单位承担工业和信息化部智能制造标准项目"用户端电器元件智能制造设备标准与试验验证系统研究"。

【年会情况】 2016 年 10 月 20—21 日,SAC/TC189 在江苏常熟召开"2016 年度标委会工作会议暨标准审查会",上级主管部门领导、标委会委员及特邀代表等 90 个单位、147 人参会。会议听取上级主管部门领导关于中国标准化工作发展现状及调整标准化管理机制的工作重点分析。标委会秘书处汇报年度标委会工作进展、制修订计划执行情况、存在问题等情况,总结本年度标委会工作情况以及国内外标准化技术发展动态。会议审查 7 项标准,探讨 2017 年工作规划。

供　稿:SAC/TC189 秘书处
撰稿人:周欣仪
审稿人:黄兢业

全国印刷机械标准化技术委员会(SAC/TC192)

【概况】 截至 2016 年底,全国印刷机械标准化技术委员会归口管理国家标准 26 项、行业标准 100 项,其中采用国际标准 1 项,采用欧洲先进标准 2 项;在研国家标准 3 项、行业标准 17 项。

SAC/TC192 对口国际标准化组织印刷技术委员会(ISO/TC130)下设的 WG5(人机工程/安全)工作组。

SAC/TC192 下设 1 个分技术委员会(SC):丝网

印刷设备(SC1)。

是年,SAC/TC192秘书处人员参加标准化相关知识培训5次;举办标准化工作会议5次,参与行业展会3次,参与机械行业其他领域标准化活动3次。

是年,SAC/TC192撤换委员14名、增补委员9名,SAC/TC192/SC1撤换委员3名、增补委员1名。调整后,SAC/TC192委员46名,顾问4名;SAC/TC192/SC1委员21名。

【标准制修订与复审工作】2016年,国家标准委批准立项SAC/TC192归口管理的国家标准1项,批准发布SAC/TC192归口管理的国家标准2项。工业和信息化部批准立项SAC/TC192归口管理的行业标准3项,批准发布SAC/TC192归口管理的行业标准10项。

SAC/TC192集中复审归口管理的推荐性标准和在研标准制修订计划。推荐性标准集中复审结论:继续有效标准102项,其中国家标准17项、行业标准85项;修订24项,其中国家标准9项、行业标准15项;直接废止7项。在研推荐性标准制修订计划集中复审结论:继续有效标准制修订计划7项,其中国家标准计划2项、行业标准计划5项;修订12项,全部为行业标准计划;直接废止5项,全部为行业标准计划。

【国际标准化工作参与情况】2016年5月23—27日,SAC/TC192秘书处以观察员身份参加ISO/TC130第30届春季工作组会议,参与WG3(过程控制和相关测量方法)工作组会议讨论、ISO 13655《印刷技术　印刷图像的光谱测量和色度计算》和ISO 15311《印刷技术　生产型数字印刷品要求》研讨。

【年会情况】2016年11月9—11日,SAC/TC192在江苏南京举行全体会议,41名委员出席会议,委员出席率89%。会议总结2016年度印刷机械行业标准化工作;表彰2016年度先进单位和先进个人;传达“国务院关于深化标准化工作改革方案”等相关政策;部署2017年度标准化工作重点;审查通过5项行业标准;召开标准化工作座谈会,介绍全国专业标准化技术委员会工作平台操作方法,讨论印刷机械“十三五”标准化体系编制方案;对2017年度拟立项的国家标准项目征询委员的意见并进行表决。

【创新举措】2016年4月,全国首个印刷机械标准化试验与推广示范区、示范基地正式落户浙江省平阳县,标委会依托“示范基地”企业——浙江炜冈机械有限公司,与平阳县就企业标准化体系建设、标准制定、标准化开发与成果转化、相关团体(联盟)标准的创建和品牌培育等方面展开合作,实现资源共享和优势互补。

【标准化科研】2016年,SAC/TC192与北京印刷学院、瑞安市质量技术监督检测院联合承担北京市科委项目“实施绿色印刷工程效果评价及分析”。项目依据绿色印刷内涵及产业链特点,提出绿色印刷效果评价指标体系;建立能耗分析模型;根据环保油墨使用基数,建立VOC排放计算模型;依据样本与行业产能比,实现绿色印刷对产业结构作用的定量分析;产出《印刷机械　节能产品评价指南》和《卷筒料凹版印刷机能耗测试方法》等2项行业标准。SAC/TC192配合国家重大科学仪器设备开发专项——“微米级高速视觉质量检测仪”,项目的实施将为行业用户提供技术领先的生产过程与成品质量检测方案的理念,提升数字视觉核心技术能力和自主水平以及印刷、LCD、PCB等制造业质量检测水平。项目的科研成果与印品质量检测机密切相关,标委会组织行业重点企业共同研制国家标准《卷筒料印刷品质量检测系统》。

【标准化宣传】2016年,SAC/TC192秘书处组建QQ群、微信群,成为标委会内部分享信息、沟通交流的重要平台;按季度出版标委会内部出版物《印刷机械标准化》杂志,为行业传递最新标准化政策和工作动态信息。

供　稿:SAC/TC192秘书处
撰稿人:彭　明
审稿人:杨冬梅

全国电梯标准化技术委员会(SAC/TC196)

【概况】截至2016年底,全国电梯标准化技术委员会归口管理国家标准47项、行业标准2项,其中19项采用国际标准,16项采用CEN标准;在研国家标准12项,其中3项采用国际标准,4项采用CEN标准,其中9项国家标准在批准发布过程中。

SAC/TC196对口国际标准化组织电梯、自动扶梯及自动人行道标准化技术委员会(ISO/TC178);与欧洲电梯、自动扶梯和自动人行道标准化技术委员会(CEN/TC10)建立技术合作关系。

SAC/TC196 下设 7 个工作组(WG):电梯(WG1),自动扶梯和自动人行道(WG2),安全应用及电梯在紧急情况下的应用(WG3),电气要求和电磁兼容性(WG4),能量效率(WG5),乘运质量和检测(WG6),安全等效评价(WG10)。

【标准制修订与复审工作】2016 年,国家标准委批准发布 SAC/TC196 归口管理的国家标准 1 项,批准立项 SAC/TC196 归口管理的国家标准项目 2 项;SAC/TC196 向国家标准委报批国家标准 4 项,审查国家标准送审稿 4 项。

SAC/TC196 组织推荐性国家标准集中复审工作,归口的 33 项推荐性国家标准,27 项继续有效、6 项修订;归口的 7 项推荐性国家标准计划项目,均继续有效。

【国际标准化工作参与情况】2016 年,SAC/TC196 参加 ISO 8100-1/2/3《电梯制造与安装安全规范》和 ISO 4190-6《电梯的布置和选型》等 6 项国际标准制修订工作;提出 ISO/DIS 22201-1《电梯、自动扶梯和自动人行道安全相关的可编程电子系统的应用　第 1 部分:电梯(PESSRAL)》等 15 项 ISO/TC178 国际标准草案、委员会草案、新工作项目提案以及国际标准复审文件的表决投票建议。

4 月,SAC/TC196 组团参加 ISO/TC178 全体委员大会和部分 ISO/TC178/WGx 在澳大利亚悉尼举办的工作会议;5 月,SAC/TC196 组织召开 SAC/TC196 与 CEN/TC10 的技术交流会;10 月,SAC/TC196 组团参加 ISO/TC178/WG4 和 WG6 在法国巴黎举办的工作会议,组织参加 CEN/TC10 在法国巴黎举办的 CEN/TC10/AH17 工作会议。

【标准化科研】2016 年,SAC/TC196 在制定 GB/T 30559.2的过程中,对中国各类典型建筑物中来自 10 家电梯制造企业 1301 台电梯的使用频率(每天运行时间和每天运行次数)进行较长时间的跟踪调查研究。经过分析和总结,对该标准中"典型建筑物和使用"的内容根据中国国情进行调整;利用数学模型对部分计算公式进行理论研究,开展验证工作和部分参数的实测工作。

在制定 GB 30559.3 的过程中,调研中国提升高度不超过 8 m 的自动扶梯及倾斜式自动人行道和长度不超过 60 m 的水平自动人行道的比例;对 ISO 25745-3:2015 的能量计算公式及分级方法,展开理论研究;研究分析 14 个整机制造商的能量性能实测验证数据。

在制定国家标准《电梯、自动扶梯和自动人行道运行服务规范》的过程中,组织开展服务评价指标的数据调查工作,根据所反馈的数据,并采纳征求意见阶段所收集到的意见和建议,组织有关专家对此开展研究分析,确定较为科学合理的服务评价指标值。

对"电梯感应雷电防护"开展专题研究工作,从以下 4 个方面形成研究报告:国内外电梯安全标准相关内容、建筑物防雷要求、所了解的电梯遭受雷电损坏情况说明以及 3 项工作建议。

针对 GB/T 24476《用于物联网的电梯、自动扶梯和自动人行道的数据信息规范》(报批稿)中的电梯故障代码方面是否能够满足最新要求和内容的需要,按照《国务院办公厅关于加快推进重要产品追溯体系建设的意见》和《国家标准委办公室和商务部办公厅关于印发〈国家重要产品追溯标准化工作方案〉的通知》的要求,组织开展研究工作,形成以下结论:该标准报批稿能够实现上述文件中所要求的电梯制造、安装、检验、维护保养和使用信息的全面可追溯性。

【标准宣贯】2016 年,SAC/TC196 协助和参加近 10 次有关电梯新标准宣贯培训工作,介绍中国电梯标准发展现状和发展动态,并从工作背景、编制原则、编制过程、条款解说等方面讲解 GB 7588—2003/XG1—2015 和 GB/T 31821—2015《电梯主要部件报废技术条件》等电梯国家标准,培训 5500 人次左右。

【年会情况】2017 年 1 月 10—13 日,SAC/TC196 在上海组织召开 2016 年度工作总结暨 4 项国家标准审定会议,有关部门领导和标委会委员、顾问、观察员及代表 56 人参会,委员出席率 94%。国家标准委、质检总局特种设备安全监察局有关人员出席会议并讲话。会议听取并通过标委会 2016 年度工作报告及 2016 年度会费收支情况;传达国家标准委《关于正式启用"技术委员会电子投票功能"的通知》;听取电梯强制性标准整合精简工作和电梯推荐性标准集中复审工作;审定通过 4 项国家标准。

供　稿:SAC/TC196 秘书处
撰稿人:陈凤旺
审稿人:李守林

全国人造板标准化技术委员会(SAC/TC198)

【概况】截至2016年底，全国人造板标准化技术委员会归口管理国家标准63项、行业标准75项，其中采用国际标准32项；在研国家标准18项、行业标准13项。

SAC/TC198对口国际标准化组织人造板技术委员会(ISO/TC89)及3个分技术委员会：纤维板(ISO/TC89/SC1)、刨花板(ISO/TC89/SC2)和胶合板(ISO/TC89/SC3)以及国际标准化组织铺地物技术委员会第三工作组强化木地板工作组(ISO/TC89/WG3)。

SAC/TC198下设1个分技术委员会(SC)：浸渍纸层压木质地板(SC1)。

【国际标准化工作参与情况】2016年，SAC/TC198完成ISO/TC89归口管理的人造板ISO标准各阶段文件投票11项(ISO/TC89/NP 1项、CD 1项、CIB 1项、FDIS 1项、SR 7项)，投票率100%。

【标准制修订与复审工作】2016年，SAC/TC198征集标准项目建议23项(国家标准9项、行业标准14项)；上报国家标准委和林业局标准提案19项(国家标准提案7项、行业标准提案12项)；签订新立项标准任务合同书5件(国家标准2项、行业标准3项)；组织审查标准15项，其中13项标准通过审查(国家标准4项、行业标准9项)；报批标准11项(国家标准5项、行业标准6项)。组织召开强制性标准和推荐性标准清理工作会议，对归口管理的138项标准进行复审和清理工作，有关材料上报林业局和国家标准委。复审工作完成率100%。

【标准化科研】2016年，SAC/TC198组织召开"第三届中国林产品质量与标准化研讨会暨木材工业供给侧改革柳州论坛"和"全国木材工业环境保护与清洁生产研讨会"，编辑出版会议论文集2本，篇幅60万字；组织召开《木质地板铺装、验收和使用规范》等9项国家标准和行业标准制修订研讨会，560余人参会。

【标准宣贯】2016年，SAC/TC198举办3次标准宣贯培训班，培训解读5项重要标准，来自全国210多家质检、生产、科研和教学单位370余名代表参加培训。

【企业产品标准自我声明试点工作】2016年上半年，SAC/TC198制定"开展浸渍纸层压木质地板(强化木地板)产品标准自我声明公开和监督制度建设行业试点工作方案"，制定并发布"试点工作清单和工作指南"；组织召开3次企业产品和服务标准自我声明工作讲解、宣传，530余人参加培训，发放纸质培训资料200余份；开展企业标准水平评价研究，制定企业标准评价指标体系和评价表，制定"全国人造板标准化技术委员会全国自我公开声明的木地板产品企业标准水平评价工作要求"，组织企业标准评价委员会专家对公开的实木地板、实木复合地板、强化木地板、木塑地板等27项标准进行符合性评价，发现公开的企业标准问题9个，提出完善企业标准自我声明公开工作建议6条，发表相关工作论文2篇。

【年会情况】2016年12月，SAC/TC198组织召开全国人造板标准化技术委员会第三届第五次委员会，会议总结2016年工作，部署2017年工作计划。

供　稿：SAC/TC198秘书处
撰稿人：徐金梅
审稿人：段新芳

全国农业机械标准化技术委员会(SAC/TC201)

【概况】截至2016年底，全国农业机械标准化技术委员会归口管理现行国家标准306项、机械行业标准307项、农业行业标准310项。

SAC/TC201对口国际标准化组织农林拖拉机和机械技术委员会(ISO/TC23)。

SAC/TC201下设有6个分技术委员会(SC)：植保与清洗机械(SC1)，农业机械化(SC2)，畜牧机械(SC3)，排灌设备和系统(SC4)，耕种和施肥机械(TC201/SC5)，农业电子(SC6)。

【标准制修订与复审工作】2016年，国家标准委、工业和信息化部、农业部发布SAC/TC201归口管理的国家标准14项、机械行业标准27项、农业行业标准

22 项;下达国家标准制修订计划 6 项、机械行业标准制修订计划 15 项、农业行业标准制修订计划 17 项。

年内,SAC/TC201 对现有 30 项农机强制性国家标准和 2 项强制性机械行业标准、正在执行的 6 项强制性国家标准计划进行评估。SAC/TC201/SC2 对 28 项现行强制性农业行业标准和 6 项强制性农业行业标准计划项目进行技术评估,给出技术评估结果建议和整合精简结论建议。SAC/TC201 集中复审 269 项农机国家标准和 307 项机械行业标准,46 项国家标准计划和 48 项机械行业标准计划。

【国际标准化工作参与情况】2016 年,SAC/TC201 收到 ISO/TC23 及 9 个分技术委员会发布的新国际标准 13 个(包括 4 个修改单),发起新工作项目提案投票(NP)9 项,委员会草案(CD)投票 19 项,国际标准草案(DIS)投票 11 项,最终国际标准草案(FDIS)投票 5 项,国际标准复审(SR)投票 33 项,系统内部投票(CIB)14 项。SAC/TC20 完成投票 104 项,投票率 100%。

年内,SAC/TC201 配合中国农机院国际培训部承办商务部"发展中国家农业机械标准化培训班",来自斯里兰卡、赞比亚、加纳、肯尼亚、古巴、泰国等 6 个发展中国家的 22 名学员参加培训。

【标准化科研】2016 年,SAC/TC201 完成国家标准委下达的"我国农机标准与国际国外先进标准对比分析研究"课题。申报中国科协"农机团体技术标准制度和协作机制建立"研究项目,并完成项目中的任务。

【标准宣贯】2016 年 7 月 22—24 日,SAC/TC201 在浙江温岭召开排灌机械标准宣贯会暨标准征求意见会,来自质检机构和排灌机械生产企业的 120 余名代表出席会议。会议宣贯 GB 32029—2015《小型潜水电泵能效限定值及能效等级》、GB 32030—2015《井用潜水电泵能效限定值及能效等级》、GB 32031—2015《污水污物潜水电泵能效限定值及能效等级》等 3 项强制性国家标准,重点讲解能效等级指标、试验方法、检验规则。

8 月 30 日至 9 月 1 日,SAC/TC201/SC2 在北京举办农业机械化标准宣贯和标准编写培训班,有关农业机械化标准起草人和标委会委员,以及部分省(区、市)农业机械化标准化管理人员等 70 名代表参加培训班。

11 月 29 日,SAC/TC201 与浙江省农业机械工业协会联合召开 JB/T 10748—2016《扁形茶炒制机》等 10 项茶叶机械标准宣贯会,近 20 家茶机企业出席会议。

供　稿:SAC/TC201 秘书处
撰稿人:陈俊宝
审稿人:张咸胜

全国机械安全标准化技术委员会(SAC/TC208)

【概况】截至 2016 年底,全国机械安全标准化技术委员会归口管理国家标准 49 项,其中 38 项等同采用国际标准,1 项修改采用国际标准;在研国家标准 11 项,其中 7 项等同采用国际标准。

SAC/TC208 对口国际标准化组织机械安全技术委员会(ISO/TC199)。

SAC/TC208 下设 9 个工作组(WG):设计通则与风险评估(WG1),防护装置与安全距离(WG2),保护装置(WG3),安全控制系统(WG4),有害物质排放(WG5),登高安全设备与通道(WG6),安全特征(WG7),机械安全卫生(WG8),防火防爆(WG9)。

【标准制修订与复审工作】2016 年,国家标准委批准立项 SAC/TC208 归口管理的国家标准项目 4 项;SAC/TC208 向国家标准委报批国家标准 6 项,审查国家标准 4 项。SAC/TC208 清理整顿归口的 10 项强制性国家标准以及研制的 1 项强制性国家标准,全部强制性标准转为推荐性标准。SAC/TC208 集中复审归口的 39 项推荐性标准以及研制的 12 项推荐性标准,其中继续有效 42 项、修订 8 项、废止 1 项。

【国际标准化工作参与情况】2016 年,SAC/TC208 组织办理 5 项新国际标准提案(包括 NWIP、NP、PWI)立项、2 项 DIS 稿、4 项 FDIS 稿、复审 3 项以及 4 项决议的网上电子投票和意见回复工作。由 SAC/TC208 主任委员李勤担任项目负责人(Project leader),中国首次主导制定的机械安全国际标准 ISO/TR 22100-3:2016《机械安全　与 GB/T 15706 的关系　第 3 部分:安全标准应用人类工效学原则》正式发布。4 月,由 ISO/TC199 发起的任命新的 ISO/TC199/WG6 召集人投票工作结束,SAC/TC208 推荐的标委会副主任委员李立言成功当选。参与 ISO

14118《机械安全　防止意外启动》、ISO 14122-1《机械安全　进入机械的固定设施　第1部分：固定式进入设施的选择和进入的一般要求》等5项国际标准的制修订工作。组团参加ISO/TC199/WG6安全距离与人类工效学美国旧金山（2016年4月）工作组会，以及ISO/TC199巴西圣保罗年会（2016年11月），参与会议讨论和投票表决。

【标准化科研】2016年，SAC/TC208基本完成国家科技支撑计划“显控界面工效学设计与测评技术应用示范研究”的子项目“工程机械显控界面工效学设计与产品技术应用示范研究”的研究工作，以及国家科技支撑计划“航空装备等重要制造领域49项基础及关键共性技术标准研究”中基础通用领域的2项机械安全标准研制工作。承担公共安全风险防控与应急技术装备重点专项“高机动多功能应急救援车辆关键技术研究和应用示范”的子课题“高机动多功能应急救援装备标准体系研究”，组织申报NQI专项“机械、电气等重要领域安全共性技术标准研究”。

【年会情况】2016年11月2—3日，SAC/TC208在江苏南京举行全体会议，70余位委员、观察员和专家出席会议，委员出席率87%。会议听取主任委员所做的标委会2016年度工作总结；宣读标委会《关于增补全国机械安全标准化技术委员会观察员的通知》，并为新增补的3位观察员颁发标委会聘书；宣读中国机械工业科学技术奖获奖单位和个人名单，并为获奖单位和个人颁发证书；秘书长向全体委员汇报2017年工作计划，并说明标委会拟在2017年申请的标准项目基本情况，获得一致通过；完成《机械安全　生产设备安全通则》等4项国家标准送审稿的审查工作。

【标准宣贯与技术服务工作】2016年度，SAC/TC208围绕GB/T 15706—2012《机械安全　设计通则　风险评估与风险减小》、GB/T 16855.1—2008《机械安全　控制系统有关安全部件　第1部分：设计通则》等重要机械安全基础通用标准，为东风汽车、长安汽车等100余家企业开展4期、400余人参加的机械安全标准宣贯会。在泉州设立“全国机械安全标准化技术委员会泉州标准化服务中心”。组织专家为苏州澳昆智能机器人技术有限公司、江苏天元工程机械有限公司等企业开展风险评估等技术服务。

供　稿：SAC/TC208秘书处
撰稿人：刘治永
审稿人：张晓飞

全国泵标准化技术委员会（SAC/TC211）

【概况】截至2016年底，全国泵标准化技术委员会归口管理国家标准33项、行业标准64项。

SAC/TC211对口国际标准化组织泵技术委员会（ISO/TC115）。与泵相关的国际标准20项，转化为中国国家标准12项，列入计划且正在转化的4项，未转化的4项已列入SAC/TC211“十三五”标准规划。

SAC/TC211下设2个分技术委员会（SC）和5个常设标准工作组（WG）：容积泵（SC1），螺杆泵（SC2）；杂质泵（WG1），纸浆泵（WG2），轻型多级离心泵（WG3），国际标准工作组（WG4），无轴封离心泵（WG5）。

【标准制修订工作】2016年，SAC/TC211完成报批国家标准3项、行业标准7项。申报国家标准项目3项、行业标准项目8项。组织制修订标准10项。国家标准委批准发布SAC/TC211归口管理的国家标准2项，工业和信息化部批准发布SAC/TC211归口管理的行业标准4项。

【国际标准化工作参与情况】2016年5月25日，SAC/TC211组团参加在比利时召开的ISO/TC115第19届年会。会上，参会代表对ISO/ASME 14414：2015《泵系统能耗评价》、ISO/TR 19688《回转动力泵模型泵水力性能验收试验》、ISO 13709《石油、重化学和天然气工业用离心泵》、ISO 21049《离心泵和转子泵用轴封系统》、ISO 13710《石油、重化学和天然气工业用往复泵》以及国际标准化工作开展情况进行技术交流。年内，SAC/TC211组织国际标准系统复审3项，结论均为继续有效。全年，SAC/TC211完成ISO/TC115新项目提案投票（NP）1项，委员会内部投票（CIB）2项，系统复审投票（SR）1项。

【推荐性标准集中复审工作】2016年7月11日至8月25日，SAC/TC211对归口管理的95项现行标准、22项标准计划开展集中复审工作。推荐性标准继续有效60项（国家标准22项、行业标准38项），修订33项（国家标准11项、行业标准22项），直接废止2项；推荐性标准计划继续有效22项（国家标准 8 项、行业标准 14 项)。

【全国专业标准化技术委员会考核评估情况】2016 年,SAC/TC211 对 2013—2015 年三年来的运行管理情况进行自评,从项目完成率、年度报告情况、标准体系建设和维护情况、项目申报、经费管理、委员管理、标准复审和实施、宣贯培训、标准制修订过程公开和透明度、国际标准化情况等 10 个方面对标委会开展工作进行总结和分析。经国家标准委考核评估专家评审,SAC/TC211 的考核评估结论为二级。

【年会情况】2016 年 12 月 6—8 日,SAC/TC211 在福建厦门召开全体会议,委员、观察员、顾问委员和专家等 85 人出席会议,委员出席率 90%。会议听取 SAC/TC211 的 2016 年工作总结和 2017 年工作计划;审议通过拟在 2017 年申请立项的 2 项国家标准项目、2 项行业标准项目;审查通过 1 项国家标准送审稿、3 项行业标准送审稿。

供　稿:SAC/TC211 秘书处
撰稿人:董钦敏
审稿人:赵桂霞

全国纺织机械与附件标准化技术委员会(SAC/TC215)

【概况】截至 2016 年底,全国纺织机械与附件标准化技术委员会归口管理国家标准 118 项、行业标准 446 项,其中 121 项采用 ISO 国际标准;在研国家标准 6 项、行业标准 49 项。

SAC/TC215 对口国际标准化组织纺织机械与附件标准化技术委员会(ISO/TC72)及其下设的 6 个分技术委员会(SC):纺纱准备、纺纱、加捻和卷绕机械与附件(SC1),织造和准备机械与附件(SC3),印染和整理机械与附件(SC4),工业洗涤和干洗机械与附件(SC5),纺织机械安全要求(SC8),通用标准(SC10)。

SAC/TC215 下设 3 个分技术委员会(SC):纺纱、染整机械(SC1),纺织器材(SC2),非织造布机械(SC3);归属全国工业机械电气系统标准化技术委员会(SAC/TC231)的纺织机械电气系统分技术委员会(SAC/TC231/SC1)的业务也由 SAC/TC215 管理。

是年,GB/T 17780《纺织机械　安全要求》系列国家标准荣获中国标准创新贡献二等奖。FZ/T 99014—2014《纺织机械电气设备技术条件》行业标准荣获中国纺织工业联合会科学技术三等奖。

【标准制修订与复审工作】2016 年,国家标准委批准 SAC/TC215 归口管理的国家标准计划立项 5 项,工业和信息化部批准 SAC/TC215 归口管理的行业标准计划项目 15 项;SAC/TC215 申报下一年度国家标准立项 9 项、行业标准立项 24 项。SAC/TC215 向国家标准委和工业和信息化部报批国家标准 1 项、行业标准 22 项(7 项发布),审查国家标准送审稿1 项、行业标准送审稿 22 项。国家标准委批准发布 SAC/TC215 归口管理的国家标准 6 项、工业和信息化部批准发布 SAC/TC215 归口管理的行业标准 13 项。SAC/TC215 及各有关分技术委员组织复审归口国家标准 118 项,其中继续有效 111 项、修订 6 项、废止 1 项;复审行业标准 440 项,其中继续有效 327 项、修订57 项、废止 46 项、转化为国家标准 10 项;整合精简本领域的 2 项强制性标准,建议废止 1 项,转化为推荐性标准 1 项。

【国际标准化工作参与情况】2016 年,SAC/TC215 组织办理 ISO/FDIS 11111-1:2015 等国际标准项目最终阶段投票 7 项,国际标准阶段复审投票 44 次,撤销国际标准投票 8 次,委员会内部投票 4 次。

【年会情况】2016 年 12 月 13—14 日,SAC/TC215 在福建长乐召开全体会议,到会委员 38 人,委员出席率 81%。上级标准化主管部门中国纺织工业联合会科技发展部主管领导就国家标准化改革政策及纺织行业标准化工作要求做讲话。标委会秘书长做年度标准化工作总结,提出今后标委会工作重点。会议组织审查通过《高速卷绕头》等 6 项行业标准(送审稿)。

11 月 29—30 日,SAC/TC215/SC1 在江苏扬州召开第二届二次分标委会议。会议介绍行业标准化工作总体情况和“十三五”纺织机械技术标准体系编制方案;听取分标委年度工作总结、介绍复审和计划立项工作;组织审查 10 项行业标准。参会委员就会议报告及本领域标准工作进行沟通和交流。

12 月 10—11 日,SAC/TC215/SC2 在江苏南通召开二届二次全体委员会议。会议总结年度工作情况,汇报标准制修订、复审项目及《纺织装备领域技术标准体系》中纺织器材分领域部分的编制,以及为委员单位提供标准化服务等情况;组织研讨“十三五”期间拟制修订国家标准、行业标准项目;审查纺织行业标准1项。

3月24日，SAC/TC215/SC3在北京召开2016年年会，中国纺织机械行业协会主管领导、特邀专家代表等37人出席会议。会议听取分技术委员会秘书处工作总结和工作计划；调整委员并为新任委员颁发证书；邀请大连华阳化纤科技有限公司做《聚酯纺粘非织造布技术创新及在防水卷材中的应用》专题报告；宣贯GB/T 200.10—2014《产品标准编写规则》；审查2项行业标准。

【标准化技术服务】2016年，SAC/TC215为行业企业和协会会员提供标准文本和资料，开展标准化相关咨询服务等。标委会秘书处牵头组织行业技术骨干，集中行业标准化技术和实践经验成果，撰写《纺织机械优选紧固件手册》，并于9月出版。

供　稿：SAC/TC215秘书处
撰稿人：王静怡
审稿人：李　毅

全国医疗器械质量管理和通用要求标准化技术委员会（SAC/TC221）

【概况】截至2016年底，全国医疗器械质量管理和通用要求标准化技术委员会归口管理现行有效标准14项，均为国际标准等同转化的推荐性行业标准。

SAC/TC221对口国际标准化组织医疗器械质量管理和通用要求技术委员会（ISO/TC210）。ISO/TC210有P成员40个、O成员16个，中国为P成员。ISO/TC210现行标准21项，SAC/TC221转化为中国标准的14项。

【标准制修订与复审工作】2016年，SAC/TC221审定并报批行业标准2项，其中1项与全国输液器具标准化技术委员会（SAC/TC106）归口单位山东省医疗器械产品质量检验中心合作起草。食品药品监管总局批准发布SAC/TC221归口管理的行业标准9项。SAC/TC221对归口的现行推荐性行业标准及已立项、正在制定过程中的推荐性行业标准的制修订计划项目22项通过标准复审投票单进行复审，复审结论为：4项行业标准转为国家标准；7项现行行业推荐性标准建议修订，12项行业推荐性标准或修订项目建议继续有效。

【国际标准化工作参与情况】2016年4月19—22日，SAC/TC221组团参加在日本东京举行的ISO/TC210/WG1会议。会议的主要内容是对ISO 13485：2016《实施指南手册　设计和开发计划》进行细化并确认各阶段工作，制定编写“实施指南手册”的工作计划和日程安排。

11月7—11日，SAC/TC221组团参加在荷兰代尔夫特市举行的ISO/TC210第十九届年会。参加PMS ad-hoc task group（上市后监督系统对医疗器械的应用专设任务组）、WG2（质量原则对医疗器械应用的通用要求工作组）、JWG4（小孔径连接件联合工作组）、WG5（贮液器输送系统用小孔径连接件工作组）等4个小组会议和ISO/TC210全体会议。

SAC/TC221跟踪ISO/TC210各种活动，获取ISO/TC210标准制修订工作文件和信息，按规定时间完成ISO/TC210标准制修订项目草案的投票工作；与ISO/TC210秘书处保持经常性的联系和沟通，及时下载各标准草案和相关工作文件，组织SAC/TC221委员审阅重要的ISO/TC210标准草案（如ISO 13485第3版），完成ISO/TC210标准项目各阶段草案的投票（40次）并提交修改建议和评论意见。

小孔径连接件（ISO 80369系列标准）和医用贮液器输送系统连接件（ISO 18250系列标准）草案的投票，SAC/TC221联系山东省医疗器械产品质量检验中心（SAC/TC106秘书处挂靠单位）共同提出意见和建议。

【标准化科研】2016年，SAC/TC221主要是基于YY/T 0287—201X/ISO 13485：2016《医疗器械　质量管理体系　用于法规的要求》标准进行质量管理体系标准与法规融合的研究，编写行业标准宣贯教材，ISO 13485：2016《医疗器械　质量管理体系　用于法规的要求》标准导读于2016年底编写完成。

3月22日，SAC/TC221和北京国医械华光认证有限公司（CMD）在北京召开ISO 13485：2016标准研讨会。SAC/TC221委员和企业代表等55人参会。会议主要针对ISO 13485：2016标准新增要求进行研讨。

11月10—11日，SAC/TC221和北京国医械华光认证有限公司（CMD）在北京召开YY/T 0287/

ISO 13485标准发布实施20周年庆典活动,监管部门代表、SAC/TC221委员、观察员及企业代表等300余人参会。会议的主要内容:回顾YY/T 0287应用20年来的经验和总结,ISO 13485:2016版标准介绍。

【年会情况】2016年,SAC/TC221在北京召开2016年年会暨YY/T 0287—201X/ISO 13485:2016标准审定会。会议通过YY/T 0287—201X/ISO 13485:2016标准的审定并对标委会归口的行业标准进行集中复审。

【标准宣贯】2016年,SAC/TC221依托CMD平台开展医疗器械质量管理、风险管理及其他标准的培训。培训内审员9081人次,新版YY/T 0287转版培训4038人次,YY/T 0316风险管理培训698人次,其他如规范、经营内审、检验化验、法规、管代培训3333人次。

年内,宣贯YY/T 0287—201X/ISO 13485:2016标准的专业论文,发表在《中国医疗器械信息》5篇,《质量与认证》4篇。

供　稿:SAC/TC221秘书处
撰稿人:王美英
审稿人:米兰英

全国互感器标准化技术委员会(SAC/TC222)

【概况】截至2016年底,全国互感器标准化技术委员会归口管理国家标准10项(8项采用IEC标准)、行业标准15项;在研国家标准2项。

SAC/TC222对口国际电工委员会互感器技术委员会(IEC/TC38)。

是年,SAC/TC222对现有的标准体系进行更新、调整和完善。参加上级标准化主管部门组织开展的标准化工作会议、标准化工作培训等。与其他相关标委会保持联系,并参加有关单位开展的标准制修订工作。及时在CTN网站和《变压器器行业通讯》上发布标准化信息。秘书处及时跟踪委员工作单位的变动情况,做好委员变动的登记备案工作。

【标准制修订与复审工作】2016年,SAC/TC222秘书处开展5项标准的制修订工作。SAC/TC222报批1项国家标准。SAC/TC222对归口的推荐性国家标准、机械行业标准及制修订计划进行集中复审,其中推荐性国家标准5项,推荐性国家标准计划项目4项,推荐性机械行业标准10项,推荐性机械行业标准计划项目3项。

【国际标准化工作参与情况】2016年,SAC/TC222秘书处收到IEC/TC38的文件33份,需表态文件13份。秘书处对收到的文件均分类归档,对需要投票及表态的文件均向有关方面征求意见,经汇总整理后按规定的时间向IEC/TC38报出,文件处理率100%。收到IEC/TC38正式出版物5份。年内,SAC/TC222委派1名专家参加11月28日至12月2日在意大利米兰召开的IEC/TC38会议。

【标准化科研】2016年,SAC/TC222继续承担“智能化输配电设备关键技术标准项目研究”课题(课题属于国家高技术产业化项目、国家能源应用技术研究及工程示范项目“智能化输配电关键设备研制及工程应用示范”子课题)中的“智能化输配电设备关键技术标准项目研究”的研究工作,项目输出GB/T 20840.6《互感器　第6部分:低功率互感器的补充通用要求》和GB/T 20840.9《互感器　第9部分:互感器的数字接口》等2项国家标准。

【年会情况】2016年11月22日,SAC/TC222在四川成都举行全体会议,委员出席率98.3%。标委会副主任委员介绍国家电网建设及发展情况。标委会秘书处介绍国家标准委即将启动的“技术委员会电子投票功能”的使用及具体操作。年会审议通过《全国互感器标准化技术委员会2015—2016年度秘书处工作报告》及《全国互感器标准化技术委员会2015—2016年度财务报告》。会议审查2项国家标准送审稿;审议通过2016年拟申报的标准制修订项目计划建议及2016年标委会经费预算情况等。

供　稿:SAC/TC222秘书处
撰稿人:林　然
审稿人:章忠国

全国交通工程设施（公路）标准化技术委员会（SAC/TC223）

【概况】截至2016年底，全国交通工程设施（公路）标准化技术委员会归口管理国家标准79项、行业标准270项；在研国家标准9项、行业标准88项。

SAC/TC223对口国际标准化组织道路交通安全管理体系标准化技术委员会（ISO/TC241）。

是年，国家标准委批复SAC/TC223第四届换届及组成方案。

【标准宣贯与技术交流】2016年，SAC/TC223对归口管理的GB/T 18226—2015《公路交通工程钢构件防腐技术条件》等4项标准举办标准宣贯讲解班。

11月，以中国公路及城市隧道安全、节能减排、应急处置和火灾报警相关产品的标准化经验与案例为主题，举办“公路隧道安全与节能技术交流会”。同月，在“第五届公路路面结构学术沙龙”会议中，标委会挂靠单位组织行业40余名专家、学者以学术畅谈的形式，讨论路面结构形式、新材料、新工艺以及科研理念等相关的研究方向及重点。

年内，桥梁专业工作组在北京、天津、珠海等地组织召开交通运输行业JT/T 855—2013《桥梁挤扩支盘桩》标准宣贯培训会。

【标准复审工作】2016年，SAC/TC223对归口管理的494项推荐性标准进行集中复审，其中继续有效360项、建议修订93项、废止39项（立即废止33项，视情况废止6项）、协调2项。

【国际标准化工作参与情况】2016年，SAC/TC223推进国际标准ISO 39001向国内的转化，对口国家标准制定项目完成多轮征求意见。5月14日，中国对马来西亚道路安全研究院提出的新国际标准制定建议《实施通勤安全管理的良好实践指南》进行投票。标委会组织专家参加WG4市场化委员会和WG5的ISO 39002《实施通勤安全管理的良好实践指南》国际标准编写组的工作，并相继参与WG4市场化委员会的多次网络会议和ISO 39001年度报告的准备工作。

【标准化科研】2016年，SAC/TC223承担交通运输标准化项目“交通运输安全相关标准研究”子课题“沥青路面智能压实系统标准研究”，完成“沥青路面智能压实系统的硬件标准研究”“沥青路面智能压实系统的软件及存储等标准研究”“沥青路面智能压路机标准研究”“沥青路面智能压实目标值研究”“沥青路面智能压实应用效果评价”等内容，发表学术论文2篇，完成研究报告和标准初稿。

承担子课题“公路工程隧道防火材料标准研究”，完成隧道防火涂料评价方法的对比研究工作，正在进行《公路工程　隧道防火涂料》的征求意见。

承担子课题“道路交通标志关键指标研究”，完成“平面交叉节点、路段指路标志系统信息量阈值研究”“指路标志版面中目的地信息排列规则研究”“车道指示标志的设置位置阈值研究”等内容，完成GB 5768.2《道路交通标志和标线　第2部分：道路交通标志》修订征求意见稿，发表学术论文1篇。

【年会情况】2016年6月，SAC/TC223在福建厦门召开第四届换届大会。国家标准委、交通运输部科技司以及第四届标委会委员出席会议。会上宣读国家标准委换届批复并颁发委员证书。秘书长对上一届标委会工作进行总结并提出新一届工作计划，副秘书长对秘书处上一届的财务收支情况向委员做详细说明，并带领委员审议通过标委会章程和秘书处工作细则。国家标准委领导对标委会的工作予以肯定，并结合当前标准化工作面临的形式对第四届标委会工作提出建议。交通运输部领导结合标委会取得的成绩和存在的问题，围绕国家标准化发展改革及交通运输行业新要求、新举措，交通运输“十三五”标准化发展规划提出一系列要求。

供　稿：SAC/TC223秘书处
撰稿人：张　帆
审稿人：唐琤琤

全国稀土标准化技术委员会（SAC/TC229）

【概况】截至2016年底，全国稀土标准化技术委员会归口管理国家标准177项、行业标准79项。

【标准制修订与复审工作】2016年,SAC/TC229归口管理的12项稀土标准获批发布;9项稀土标准制修订计划获批立项;上报8项国家标准计划;审定完成30项稀土标准(国家标准14项、行业标准10项、国家标准英文翻译6项)。

年内,SAC/TC229复审归口的国家、行业标准项目和计划。复审结论如下:189项现行推荐性国家标准中,继续有效145项、修订31项、废止13项;在研33项推荐性国家标准制修订计划中,继续有效28项、废止5项。82项现行有效推荐性行业标准中,继续有效65项、修订16项、转化1项;14项行业标准计划,复审结论均为继续有效。

【国际标准化工作参与情况】2016年,国际标准化组织稀土标准化技术委员会(ISO/TC298)首届工作会议在北京举行,来自中国、日本、韩国、澳大利亚、加拿大等国40余位行业专家参会。会上,ISO/TC298战略规划草案初步通过,中国提出的《稀土术语》等2项国际标准提案获得初步通过,进入后续流程。

【标准化科研】2016年,SAC/TC229完成《中国稀土标准汇编》编辑出版工作,汇编分为"基础与产品标准册""方法标准册"两册。年内,评选"全国稀土标准化技术委员会技术标准优秀奖"11项,其中一等奖1项、二等奖2项、三等奖3项。

【年会情况】2016年11月17—18日,"2016年度全国稀土标准化技术委员会年会"在安徽合肥召开,来自54家企业的100余名代表参加会议,会上,国家标准委有关人员介绍中国标准化改革总体形势,肯定SAC/TC229标准工作,提出未来以新材料领域为主的标准化工作方向。会议审议通过2016年度标委员会工作报告,论证审核标委会秘书处推荐的2017年度国家标准和行业标准计划项目、委员单位提出的新标准项目,明确有色金属标准化工作的指导思想、发展目标和工作重点。对一批重要国家标准、行业标准进行审定、预审和讨论。

供　稿:SAC/TC229秘书处
撰稿人:宋冠禹
审稿人:高　兰

全国地名标准化技术委员会(SAC/TC233)

【概况】截至2016年底,全国地名标准化技术委员会归口管理国家标准15项、行业标准4项;在研国家标准16项、行业标准1项。

SAC/TC233对口联合国地名专家组。联合国地名专家组是根据经济及社会理事会的决议于1960年成立,是经济及社会理事会七个常设专家机构之一,致力于推进地名国家标准化和地名国际标准化。联合国地名专家组不属于ISO等国际标准化组织。

是年,SAC/TC233结合第二次全国地名普查工作,在全国性质的第二次全国地名普查工作培训班上开展标准化授课,培训有关标准化知识,重点培训地方民政部门的地名工作人员。

【标准制修订与复审工作】2016年,SAC/TC233组织申报标准立项1项;民政部批准立项SAC/TC233归口管理的行业标准项目1项;SAC/TC233向国家标准委和民政部报批国家标准、行业标准3项。SAC/TC233组织审查国家标准、行业标准送审稿6项,其中国家标准5项、行业标准1项。SAC/TC233组织复审归口标准19项,其中国家标准15项、行业标准4项。

【标准化科研】2016年,SAC/TC233组织完成"中国地理实体通名标准化研究"公益性行业科研专项项目任务的标准化研究课题。持续组织开展"中国南极地名研究"研究工作,与民政部地名研究所、中国南极测绘研究中心等单位联合完成《外国南极地名管理概览》《南极洲中国地名图集》等书籍的编辑出版工作。

【年会情况】2016年11月16日,SAC/TC233在北京召开2016年年会暨2016年标准审查会,委员出席率75%。与会委员听取秘书长关于地名标准化工作情况的汇报,讨论审查2项国家标准、1项行业标准送审稿,会议确认同意3项标准通过审查,按审查意见修改后,尽快报批。

供　稿:SAC/TC233秘书处
撰稿人:刘　静
审稿人:庞森权

全国低速汽车标准化技术委员会(SAC/TC234)

【概况】截至2016年底,全国低速汽车标准化技术委员会归口管理现行国家标准52项、行业标准25项。

【标准制修订与复审工作】2016年,工业和信息化部下达SAC/TC234归口管理的行业标准制修订计划3项。SAC/TC234上报行业标准6项,在研低速汽车行业标准8项。年内,SAC/TC234评估10项强制性国家标准和1项强制性国家标准计划,集中复审82项推荐性国家标准。

【标准宣贯】2016年4月9—11日,SAC/TC234在山东日照召开低速汽车标准宣贯会,来自质检机构、科研院所、生产企业等70余名代表出席会议。会议对GB 21377—2015《三轮汽车　燃料消耗量限值及测量方法》、GB 21378—2015《低速货车　燃料消耗量限值及测量方法》等2项强制性国家标准进行宣贯,重点对油耗限值指标、试验方法进行讲解。

【年会情况】2016年12月17—19日,第四届SAC/TC234成立大会暨标准审查会在山东聊城召开。会议听取并讨论通过《第三届全国低速汽车标准化技术委员会工作总结和下一步工作计划》《第四届全国低速汽车标准化技术委员会章程》和《第四届全国低速汽车标准化技术委员会工作细则》,确立"十三五"低速汽车标准体系建设方案。会议审查通过《低速汽车　制动系》等5项行业标准,对《三轮汽车　滑行性能要求及试验方法》等6项行业标准征求意见。

供　稿:SAC/TC234秘书处
撰稿人:吕树盛
审稿人:陈俊宝

全国管路附件标准化技术委员会(SAC/TC237)

【概况】截至2016年底,全国管路附件标准化技术委员会归口管理国家标准143项、行业标准22项,其中31项采用国际标准;在研国家标准18项、行业标准1项,外文版翻译项目3项。

SAC/TC237对口国际标准化组织钢管技术委员会管件、管螺纹及其测量分技术委员会(ISO/TC5/SC5)中的管件部分,金属法兰及其连接件分技术委员会(ISO/TC5/SC10)。

SAC/TC237下设1个分技术委员会(SC):柔性管分技术委员会(SC1)。

是年,SAC/TC237组织召开《沟槽式管路连接件技术要求》《管道支吊架》等4次标准工作会议,开展标准研究及宣贯工作,提供标准化技术咨询服务30余次,服务企业100余家。

【标准制修订与复审工作】2016年,SAC/TC237组织上报国家标准计划13项,国家标准委批准立项SAC/TC237归口管理的标准项目6项。根据"十三五"技术标准体系建设方案要求,完成17项国家标准的复审工作。

【国际标准化工作参与情况】2016年,SAC/TC237组织完成ISO 7005-2《铸铁法兰》和ISO 7268《管道元件　公称压力(PN)的定义和选择》等2项ISO标准的投票工作。

【标准化科研】2016年,SAC/TC237组织行业内科研、设计、生产单位及大专院校开展"管法兰及其连接件关键共性技术标准研究"质检公益性子专项研究任务,完成7项标准草案的研制工作。

【年会情况】2016年12月10—13日,SAC/TC237在湖南长沙召开年会,到会专家代表96名,45名委员出席,委员及委员代表出席率88%。会议总结标委会2016年工作,审查通过5项国家标准送审稿,并就VOCS管控与密封技术、法兰接头密封技术及其计算组织专题报告。

供　稿:SAC/TC237秘书处
撰稿人:冯　峰
审稿人:李俊英

全国广播电影电视标准化技术委员会(SAC/TC239)

【概况】截至2016年底,全国广播电影电视标准化技术委员会归口管理国家标准154项、行业标准230项;在研国家标准17项、行业标准119项。

SAC/TC239对口的国际标准化组织包括:国际电信联盟无线电通信部门广播业务研究组(ITU-R SG6)、国际电信联盟电信标准化部门电视和声音传输与综合宽带有线网络研究组(ITU-T SG9)、国际标准化组织电影技术委员会(ISO/TC36)和国际电工委员会音视频多媒体设备和系统技术委员会第5技术工作组(IEC/TC100/TA5)。

SAC/TC239下设4个分技术委员会(SC):广播电视中心(SC1),无线传输与覆盖(SC2),有线广播电视(SC3),电影(SC4)。

【标准制修订工作】2016年,新闻出版广电总局批准立项SAC/TC239归口管理的行业标准项目26项。SAC/TC239向国家标准委和新闻出版广电总局报批国家标准、行业标准12项,审查国家标准、行业标准送审稿12项。国家标准委批准发布SAC/TC239归口管理的国家标准1项,新闻出版广电总局批准发布SAC/TC239归口管理的行业标准9项。

【国际标准化工作参与情况】2016年,SAC/TC239参加ITU-R SG6研究组和工作组会议,提交文稿5项,参与修订的《地面数字电视广播系统测量指南》《图像质量评价用HDTV和UHDTV测试图像》报告书获得批准;参加ITU-T SG9研究组和工作组会议,提交文稿5篇,中国主导的《C-DOCSIS功能要求》等6项建议书获得批准。2016年度,中国电影科学技术研究所向国家标准委申请变更ISO/TC36联系人,并增报2名ISO/TC36工作组专家。

【标准宣贯与培训】2016年,SAC/TC239组织召开"下一代广播电视网(NGB-W)标准宣贯会",对《NGB无线系统架构标准》和上海试验网的建设经验进行介绍推广。

SAC/TC239组织相关单位进行标准化改革工作宣贯,6人次参加国家标准技术审评中心和中国标准化研究院举办的标准化培训班。为企业、社会组织等提供标准化技术咨询服务40人次,包括标准信息咨询、标准免费发行咨询等。

SAC/TC239/SC4派2人参加中国标准化协会组织的标准化技能基础和应用综合知识培训班、团体标准和知识产权培训班、标准编写技能培训班,并给电影科研和质检人员举办培训讲座"标准的结构和编写规则"。

供　稿:SAC/TC239秘书处

全国产品几何技术规范标准化技术委员会(SAC/TC240)

【概况】截至2016年底,全国产品几何技术规范标准化技术委员会归口管理国家标准94项、行业标准3项,其中57项采用国际标准;在研国家标准15项、行业标准2项。

SAC/TC240对口国际标准化组织产品几何技术规范标准化技术委员会(ISO/TC213)。

是年,SAC/TC240参加国家标准委标委会考核评估工作,评估结果为二级。

【标准制修订与复审工作】2016年,SAC/TC240完成4项标准立项工作,并全部列入计划;完成7项标准报批工作。集中复审94项国家标准、3项行业标准、15项在研国家标准计划和2项在研行业标准计划,其中继续有效的标准58项、修订的标准55项、1项废止。

【国际标准化工作参与情况】2016年,SAC/TC240组织完成ISO标准的复审和投票工作。审议ISO/TC213提出的国际标准,并对国际标准草案进行投票。全年开展国际标准投票67次,其中CD投票13次、DIS投票7次、FDIS投票10次、NP投票4次、复审标准投票33次。

【ISO/TC213第41届全会及工作组会议】2016年9月19—30日,ISO/TC213第41届全会及工作组会议在中国上海召开,会议由ISO/TC213主办,国家标准委(SAC)承办,中机生产力促进中心、卡尔蔡司(上海)管理有限公司、上海市计量测试技术研究院、上海市检测中心、上汽通用汽车有限公司/泛亚汽车技术中心等单位协办,SAC/TC240秘书处负责组织实施。全球16个国家的百余名专家代表参加本届各工作组会议及全会。会议召开5个决策组会议、11个工作组会议及全体会议等42场次，形成24项决议，审议各阶段标准44项。

会议期间，SAC/TC240秘书处组织召开GPS标准国际专家大型专题报告会，邀请ISO/TC213主席Henrik S. Nielsen介绍"GPS国际标准的体系及发展趋势"，ISO/TC213 AG13召集人Johan Dovmark介绍"在保证产品功能和精度前提下如何降低成本"。

【标准化科研】2016年，SAC/TC240完成NQI 5.9项目"高端装备重要领域关键共性技术标准研究"中"基于计算机断层成像（CT）原理的坐标测量机的检测和校准方法"等2项标准的部分实验验证工作。

【年会情况】2016年8月18—21日，SAC/TC240召开四届三次年会。标委会委员、相关技术专家和代表62人出席会议。标委会秘书处承担单位中机生产力促进中心主任出席会议并讲话。会议宣读《关于调整全国产品几何技术规范标准化技术委员会的批复》，为新增的11名委员颁发委员证书。秘书长代表标委会秘书处做工作报告，围绕标准制修订、NQI专项参与情况、委员调整等方面，总结标委会2016年已经开展的主要工作；介绍ISO/TC213最新工作动态，重点介绍ISO/TC213第41届国际会议的筹备情况，对相关工作进行安排和部署。会议审议通过秘书处工作报告和标委会2017年工作计划。会议对标委会归口管理的94项国家标准、3项行业标准和15项在研国家标准计划和2项在研行业标准计划进行复审。会议审议通过委员调整方案，对于连续两年不参加会议和不缴纳会费的委员予以解聘。来自西安交通大学、中原工学院的2位教授介绍ISO 14405系列标准及ISO 286系列标准的主要技术内容和国家标准转化情况。来自郑州大学的教授对ISO 17450、ISO 25378等GPS基础标准的最新情况进行介绍。会议审查通过6项国家标准，会议要求各起草组根据会议意见尽快完善，于2016年11月30日前将标准报批稿、编制说明等相关文件报送至标委会秘书处。

供　稿：SAC/TC240秘书处
撰稿人：朱　悦
审稿人：明翠新

全国天然气标准化技术委员会（SAC/TC244）

【概况】截至2016年底，全国天然气标准化技术委员会归口管理国家标准67项、行业标准9项，其中48项采用国际标准；在研国家标准6项、行业标准2项，其中4项采用国际标准。

SAC/TC244对口国际标准化组织天然气技术委员会（ISO/TC193）。SAC/TC244协助ISO/TC193/SC3秘书处承担单位中国石油天然气集团公司开展SC3秘书处的有关工作。

SAC/TC244有委员74人，顾问1人，其中主任委员1人，副主任委员3人，秘书长1人，副秘书长3人。SAC/TC244下设2个工作组（WG）：天然气能量的测定（WG2）和天然气上游领域（WG3）。

是年，SAC/TC244组织有关单位召开GB/T 13610—2014《天然气的组成分析气相色谱法》等11项国家标准和行业标准宣贯会，组织召开标准编写培训，培训45人次。召开2016年天然气标准制修订和标准科研工作协调会，协调GB/T 13609《天然气取样导则》等8项标准制修订项目和"总硫/紫外荧光法国际标准研究"等15项标准研究项目，明确标准参与编写单位和编写人员分工。召开"天然气能量的测定"标准技术工作组第十三次会议，审查"天然气在一定不确定度下用气相色谱法测定组成（第1部分、第2部分）标准修订前期研究""AGA5号报告及ISO 15112跟踪研究"和"天然气能量值的不确定度计算方法研究"等3项标准研究项目技术报告。召开SAC/TC244/WG3标准技术工作组第六次会议，审查"总硫/紫外荧光法　国际标准研究"、"硫化氢/激光法　国际标准研究"和"天然气湿气测量配套技术与标准装置要求研究"等3项标准研究项目阶段报告。

【标准制修订与复审工作】2016年，国家标准委批准立项SAC/TC244归口管理的国家标准项目5项，能源局批准立项SAC/TC244归口管理的行业标准项目2项。SAC/TC244向国家标准委和能源局报批国家标准、行业标准8项，审查国家标准、行业标准送审稿9项。SAC/TC244组织委员和工作组复审归口国家标准7项，其中继续有效3项、修订4项。

【国际标准化工作参与情况】2016年，SAC/TC244协助天然气研究院承担ISO/TC193/SC1/WG24"紫外荧光法/硫"工作组召集工作，制定国际标准

ISO 20729《天然气　硫化合物测定　用紫外荧光光度法测定总硫含量》,委员会草案 ISO/CD 20729 通过投票,注册为国际标准草案(DIS)。协助天然气研究院承担 ISO/TC193/SC3/WG6"硫化氢"工作组召集工作,制定国际标准 ISO 20676《天然气　上游领域　用激光吸收光谱法测定硫化氢含量》。

ISO/TC193/SC3 秘书处承担单位中国石油西南油气田公司天然气研究院加强与 ISO 中央秘书处、ISO/TC193 秘书处及各国专家的沟通,推进 ISO/TC193/SC3 秘书处工作发展。

ISO/TC193/SC3 完成 ISO/TR 14749《天然气上游领域在线气相色谱》技术报告,于 2016 年 5 月 15 日正式发布出版。

6 月 30 日,SAC/TC244 秘书常宏岗在塞浦路斯帕福斯主持召开 ISO/TC193/SC3 第 11 届年会,会议汇报 2015 年以来秘书处开展的各项工作及取得的进展,组织对下一步工作进行讨论,形成工作报告及会议纪要作为 2016—2017 年工作开展依据。

年内,ISO/TC193/SC3 秘书处收到联络组织 ISO/TC28/SC2"石油及相关产品的测量"分技术委员会投票文件 4 份,均发给 ISO/TC193/SC3 所有 P 成员和 O 成员及中国的相关专家征求意见。对 6 项投票单进行投票,其中新工作项目(NP)2 项、确认召集人 1 项、委员会草案(CD)1 项、复查投票 2 项。1 项标准复查建议修订,其余均为赞同票,推荐 7 名专家参与 3 个工作组。

【标准化科研】2016 年,SAC/TC244 完成"正压法音速喷嘴干、湿气气体流量测试方法研究""中俄天然气质量与计量标准对标分析""天然气湿气测量配套技术与标准装置要求研究""'天然气加臭'国家标准研究""天然气总硫在线测定方法标准研究""激光拉曼光谱法测定天然气组成标准研究""高含硫天然气中有机硫化合物取样和分析标准研究""国外天然气质量检测方法标准体系研究"等 8 项标准化研究项目。

【年会情况】2016 年 11 月 23 日,SAC/TC244 在广东珠海举行全体会议,委员出席率 77.3%。会议听取主任委员、秘书长对标准制修订计划执行情况、存在问题、标准化工作需求和国际标准化发展动态的情况汇报。会议总结标委会 2016 年所取得的成绩,分析面临的形势与挑战,明确 2017 年工作目标和任务。会议要求秘书处根据年会报告总体安排,持续建设和完善天然气技术标准体系,做好天然气技术标准研究、GB 17820《天然气》修订与天然气产品和质量检测方法标准研究,牵头开展油气计量与分析术语国家标准研究,并组织召开天然气产品标准研讨会,加强标准的复审和宣贯研讨,加强信息化系统的建设及各项任务的落实。

供　稿:SAC/TC244 秘书处
撰稿人:李　克　刘晓霞
审稿人:罗　勤

全国电磁兼容标准化技术委员会(SAC/TC246)

【概况】截至 2016 年底,全国电磁兼容标准化技术委员会归口管理国家标准 53 项、行业标准 7 项,其中 52 项采用国际标准;在研国家标准 36 项、行业标准 13 项,其中 33 项采用国际标准。

SAC/TC246 对口国际电工委员会电磁兼容技术委员会(IEC/TC77)及下设的低频现象分技术委员会(IEC/TC77/SC77A)、高频现象分技术委员会(IEC/TC77/SC77B)、大功率暂态现象分技术委员会(IEC/TC77/SC77C)。

SAC/TC246 下设 3 个分技术委员会(SC):高频现象(SC1),低频现象(SC2),大功率暂态现象(SC3)。

是年,SAC/TC246 组织有关分委会召开"变电站二次设备电磁兼容试验"及"低压电子电器设备无线电噪声发射测量方法"标准宣贯、"谐波现象、无线输电产品标准化与标准应用"及"2016 年中国电磁兼容大会"等技术研讨会。组织召开标准宣贯培训班 2 次,培训人数 81 人次,开展标准化技术咨询服务 720 次,服务企业 210 家。参加国家标准委等单位组织的"国际标准化与技术委员会管理""电力行业国际标准化综合知识""推荐性标准集中复审""全国专业标委会业务知识""国家电网公司国际标准化战略与操作实务""国家电网公司世界标准日"业务培训 10 人次。

【标准制修订与复审工作】2016 年,SAC/TC246 向国家标准委报批国家标准 5 项,准备报批国家标准 7 项,审查国家标准、行业标准送审稿 6 项,征求国家标准、行业标准意见 7 项,编制标准初稿 4 项。国家标准委批准发布 SAC/TC246 归口管理的国家标准 4 项。SAC/TC246 对 2 项强制性国家标准开展整合精简预评估，其中 1 项修订、1 项转化为推荐性国家标准。SAC/TC246 集中复审 48 项推荐性国家标准和 39 项推荐性国家标准计划，其中 18 项标准和 38 项计划继续有效、30 项标准修订、1 项计划废止。

【国际标准化工作参与情况】2016 年，SAC/TC246 组织办理国际标准草案稿、征求意见稿和送审稿等网上电子投票文件 48 项，国际标准复核结果、调查问卷结果等非投票文件 44 项，以及 SMB 文件 6 项。派专家参加 IEC/ACEC、IEC/SC77A/WG1、IEC/SC77A/WG2、IEC/SC77A/WG6、IEC/SC77B/WG10、IEC/SC77B JTF TEM 工作组。参与 8 项国际标准的制修订工作。参加 IEC/ACEC 在英国召开的 5 月会议和在德国召开的 10 月会议；参加 IEC/SC77A/WG2 在意大利召开的 5 月会议和在法国召开的 11 月会议。

【标准化科研】2016 年，SAC/TC246 挂靠单位中国电力科学研究院承担多项与电磁兼容领域相关的国家电网公司科技项目，包括“超特高压变电站电磁骚扰特性及智能化条件下变电站电磁兼容防护技术研究”“谐波对电缆接头和容性套管的影响研究”“HEMP 对电网的耦合作用机理及影响评估”“特高压变电站电磁干扰技术研究”等，项目成果可为本技术领域相关标准的试验方法及理论验证等提供参考。

【年会和审查会情况】2016 年 12 月 22 日，SAC/TC246 在上海召开年会，委员出席率 77%。标委会总会及 3 个分会的秘书长分别做各委员会工作总结及下年度工作计划，通报参加 IEC/ACEC 活动的信息。会议表彰标委会内部在标准制修订、国际工作文件处理等工作中表现突出的 8 位委员。会议对 1 项国家标准讨论稿进行讨论。

12 月 15 日，SAC/TC246/SC1 在江苏南京召开年会，委员出席率 85%。会议对 2016 年标委会工作分别从标准化工作、技术交流、归口国际标准的转化、标委会自身建设工作等方面进行总结，提出并通过下一步工作计划，对优秀委员进行表彰，汇报财务报告。委员代表介绍参加 IEC/SC77B JTF TEM 工作组情况和针对 IEC 61000-4-2 标准存在问题开展的工作。会议审查 4 项国家标准送审稿。

4 月 6 日，SAC/TC246/SC2 在广东广州召开年会，委员出席率 100%。会议听取秘书长对标准制修订计划执行情况、存在问题、标准化工作需求和国际标准化发展动态的情况汇报。会议宣读换届文件，宣布换届名单并颁发委员证书，对积极分子进行表彰。会议对 2 项国家标准进行审查，形成审查意见。

6 月 7—8 日，SAC/TC246/SC3 在河北石家庄召开年会，委员出席率 100%。会议对 2015—2016 年度标准进展、重大事项、学术交流等活动向委员进行通报，对积极分子进行表彰。会议对 2 项标准送审稿进行审查。

供　稿：SAC/TC246 秘书处
撰稿人：李　妮　尹　婷　赵文晖　谢辉春
审稿人：邬　雄　万保权　龚　增　张建功

全国建筑卫生陶瓷标准化技术委员会（SAC/TC249）

【概况】截至 2016 年底，全国建筑卫生陶瓷标准化技术委员会归口管理现行标准 66 项，其中国家标准 36 项、行业标准 30 项。

SAC/TC249 对口国际标准化组织瓷砖技术委员会（ISO/TC189）。ISO/TC189 发布标准 23 项，中国标准相对应的国际标准转化率 82%。

是年，SAC/TC249 组织召开国家标准《防滑陶瓷砖》和《陶瓷砖填缝剂试验方法》审查会，审查 2 项标准送审稿。组织召开 3 次标准宣贯会，对 GB/T 4100—2015《陶瓷砖》、GB/T 31436—2015《节水型卫生洁具》、GB 6952—2015《卫生陶瓷》等重要标准进行宣贯，参加人数累计达 200 人。提供多次标准咨询服务。

【标准制修订与复审工作】2016 年，国家标准委批准立项 SAC/TC249 归口管理的国家标准 6 项，批准发布 SAC/TC249 归口管理的国家标准 16 项；工业和信息化部批准立项 SAC/TC249 归口管理的行业标准 1 项。SAC/TC249 向国家标准委报批国家标准1 项，向工业和信息化部报批行业标准 2 项；审查国家标准送审稿 2 项。SAC/TC249 复审推荐性国家标准 49 项，在研推荐性国家标准制修订计划 8 项，推荐性行业标准 30 项。

【国际标准化工作参与情况度】2016 年,SAC/TC249 组织完成 ISO 标准投票 11 项,组织参加 ISO/TC189 会议 1 次。

【标准化科研工作】2016 年,SAC/TC249 组织参加质检总局下达的科技计划项目“标准 GB/T 3768—1996 在陶瓷坐便器冲洗噪声测试领域的应用技术研究”。参加国家标准委组织的《消费品标准和质量提升规划(2016—2020 年)》相关研究工作。

【年会情况】2016 年 10 月 21 日,SAC/TC249 在广东佛山组织召开标委会年会暨标准审查会,标委会委员以及质检机构、认证机构、科研院所、标准起草单位相关企业等 180 余人参加会议。会议审查 2 项国家标准。

供　稿:SAC/TC249 秘书处

全国玩具标准化技术委员会(SAC/TC253)

【概况】截至 2016 年底,全国玩具标准化技术委员会归口管理国家标准 38 项、行业标准 17 项,其中 6 项采用国际标准;在研国家标准 28 项、行业标准16 项,报批/正在报批之中的国家、行业标准 31 项;即将征求意见的标准 3 项,起草之中的标准 10 项。

SAC/TC253 对口国际标准化组织玩具安全技术委员会(ISO/TC181)。ISO/TC181 制定和发布 8 项 ISO 8124 系列国际标准,其中中国牵头完成 ISO 8124-6:2014,正在修订;牵头完成 ISO/TR 8124-9 的最终稿,预计 2017 年发布。

【标准制修订工作】2016 年,SAC/TC253 向国家标准委申报 5 项国家标准计划,向工业和信息化部申报 1 项行业标准修订计划;完成 3 项标准审定工作。国家标准委批准下达 SAC/TC253 归口管理的 1 项国家标准计划。国家标准委和工业和信息化部批准发布 SAC/TC253 归口管理的 3 项国家标准和 1 项行业标准。

【国际标准化工作参与情况】2016 年,SAC/TC253 完成国际标准投票 7 次,其中 DIS 投票 4 次、CIB 投票 2 次、CD 投票 1 次,投票率 100%。

4 月 11—15 日,SAC/TC253 组团参加欧盟标准化组织 CEN/TC52“玩具安全”第 55 次年会,了解到欧盟玩具安全指令的最新进展,以及欧盟玩具安全标准 EN71 的最新变化情况。

10 月 16—21 日,SAC/TC253 组团参加在德国柏林召开的 ISO/TC181 第 19 届“玩具安全”年会。会上由中国作为召集人的“ISO 8124-6”及“ISO/TR 8124-9”2 项标准通过小组讨论,进入下一标准制定阶段。会议还批准中国作为 WG8 工作组召集人,牵头制定 8124-3 标准。

【标准化科研】2016 年,SAC/TC253 秘书处组织专家开展“玩具体系安全及质量提升标准体系优化研究”和“玩具质量标准对比与接轨研究”2 项课题的研究工作,并通过验收。

【标准宣贯】2016 年 8 月,SAC/TC253 参加江苏省宝应县政府举办的玩具标准及儿童无动力游乐设施标准与技术研讨活动,对 GB 6675—2014 标准进行培训。12 月,SAC/TC253 派员参加由全国数百家幼儿园园长参加的“全国幼儿园玩具与游戏研讨会”,标委会秘书处在会上就玩具标准和幼儿园游乐设施与玩具安全进行培训。

年内,SAC/TC253 开展日常标准答疑解惑工作。为全国各地的玩具、童车等儿童用品企业和检测机构提供技术说明,解决企业的困难与问题,推进标准的执行。

供　稿:SAC/TC253 秘书处
撰稿人:张　霞
审稿人:张艳芬

全国香料香精化妆品标准化技术委员会(SAC/TC257)

【概况】截至2016年底,全国香料香精化妆品标准化技术委员会归口管理国家标准115项、行业标准227项,其中32项采用国际标准;在研国家标准69项、行业标准23项,其中3项采用国际标准。

SAC/TC257对口国际标准化组织精油技术委员会(ISO/TC54)、国际标准化组织化妆品技术委员会(ISO/TC217)。

SAC/TC257下设2个分技术委员会(SC):香料香精(SC1),化妆品(SC2)。

是年,SAC/TC257为上海市标协和区县标准化管理机构和执法部门提供标准咨询服务,配合完成企业标准的审查、备案工作,为企业提供必要帮助。

是年,SAC/TC257参加全国专业标准化技术委员会考核评估工作,被评为一级(最高级)。

【标准制修订与复审工作】截至2016年底,SAC/TC257/SC1下达香料香精标准制修订计划16项,其中国家标准6项、行业标准10项、食品安全国家标准1项(含36个产品标准);报批国家标准3项、行业标准10项,待批准发布;审查"香料香精术语"等2项国家标准,准备报批。召开"中国和田玫瑰(精)油"国家标准起草工作组会议。

SAC/TC257/SC2下达化妆品标准制修订计划11项,其中国家标准11项;报批国家标准5项;26项标准提交年会审查。

2016年,SAC/TC257集中复审归口推荐性国家标准109项(香料香精领域41项、化妆品领域68项),其中继续有效101项、修订7项、即行废止1项;集中复审在研推荐性国家标准制修订计划66项(香料香精领域7项、化妆品领域59项),其中继续有效54项、即行废止12项。

【国际标准化工作参与情况】2016年,SAC/TC257对ISO/TC54的22个国际标准草案及工作文件进行投票表决,投票率100%;对ISO/TC217的10个国际标准草案及工作文件进行投票表决,投票率100%。截至年底,中国担任ISO 3848《爪哇型香茅精油》国际标准修订项目召集人,有注册国际标准化专家3人;由中国主导制定的ISO/TR 18818《化妆品　分析方法　二乙醇胺的测定　气相色谱/质谱法》(2013年立项),于12月底投票通过,待批准出版。

供　稿:SAC/TC257秘书处
撰稿人:季金俊
审稿人:肖作兵

全国雷电防护标准化技术委员会(SAC/TC258)

【概况】截至2016年底,全国雷电防护标准化技术委员会归口管理国家标准27项,其中发布17项、报批7项、正在制定3项。

SAC/TC 258对口国际电工委员会雷电防护技术委员会(IEC/TC81)。

【标准制修订与复审工作】2016年,SAC/TC258向国家标准委提交4项国家标准立项计划,3项获得立项,其中1项国家标准等同采用IEC标准;完成8项国家标准报批工作;国家标准委发布SAC/TC258归口管理的国家标准1项。SAC/TC258对归口管理的所有国家标准及标准计划项目组织进行集中复审,其中继续有效14项(6项标准、8项标准计划项目)、废止5项(4项标准、1项标准计划项目)、修订6项(6项标准)。

【国际标准化工作参与情况】2016年10月24—29日,SAC/TC258派员参加在波兰热舒夫召开的IEC/TC81年会,参与IEC 62305(Ed. 3)系列4项国际标准修订工作。会议确定2018年年会将在中国召开。

【标准宣贯】2016年5月、6月,SAC/TC258分别在天津、广州组织召开GB/T 21714—2015《雷电防护》系列4项国家标准及GB/T 21431—2015《建筑物防雷装置检测技术规范》国家标准宣贯会,每期参会人数均百人以上。

【年会情况】2016年3月17日,SAC/TC258年会在北京召开,80余位委员及标准制修订工作组成员参加会议。会议听取秘书长所作的工作报告;介绍第二届标委会组建情况;总结2015年标委会工作,包括国内标准制修订、跟踪国际标准化、标委会组织建设等工作;分析工作中存在的问题,并提出建议和措施;对2016年标委会工作进行规划。会议审查8项国家标准送审稿,对4项国家标准立项计划进行投票。

供　稿:SAC/TC258秘书处
撰稿人:姚喜梅
审稿人:张秀春

全国燃气轮机标准化技术委员会(SAC/TC259)

【概况】截至2016年底,全国燃气轮机标准化技术委员会归口管理国家标准23项、行业标准26项,其中14项采用国际标准;在研国家标准4项,其中1项采用国际标准。

SAC/TC259对口国际标准化组织燃气轮机技术委员会(ISO/TC192)。

SAC/TC259下设1个分技术委员会(SC):航空派生型燃气轮机(SC1)。

【标准制修订与复审工作】2016年,SAC/TC259申报立项国家标准3项,其中制定1项、修订2项,均为采标ISO标准。完成1项行业标准的修订工作,并通过审查待报批。国家标准委批准发布SAC/TC259归口管理的国家标准4项。根据国家标准委印发的《推荐性标准集中复审工作方案》和中国机械工业联合会的要求,SAC/TC259集中复审归口的推荐性标准,并上报复审报告。根据国家标准委《强制性标准整合精简工作方案》要求,SAC/TC259对归口的1项强制性标准进行整合精简,决定转为推荐性国家标准。

【国际标准化工作参与情况】2016年,SAC/TC259提交国际标准草案投票3个,提交国际标准复审投票8个。

【标准化科研】2016年,SAC/TC259继续开展《燃气轮机质量控制规范》《燃气轮机压气机叶片材料及制造技术要求》2项标准课题研究;开展《燃气蒸汽联合循环热电联产能耗指标计算导则》标准课题预研。

【年会情况】2016年11月7—10日,SAC/TC259在浙江杭州召开标准化工作会议,38位委员及代表参此次会,委员出席率83%。会议审议通过技术委员会工作报告,报告总结2016年度技术委员会工作,提出2017年度工作重点及工作计划。会议审查通过1项行业标准送审稿;评估通过对3项标准课题的立项申请;介绍国家标准委的"全国专业标准化技术委员会工作平台";审查通过标委会上一年度财务报告;听取秘书处所做的换届情况说明,并一致通过标委会换届方案。

供　稿:SAC/TC259秘书处
撰稿人:周　忆
审稿人:刘卫宁

全国信息安全标准化技术委员会(SAC/TC260)

【概况】截至2016年底,全国信息安全标准化技术委员会归口管理国家标准190项,其中转化国际标准47项。在研国家标准179项,其中转化国际标准19项。

SAC/TC260对口ISO/IEC JTC1/SC27。ISO/IEC JTC1/SC27是国际标准化组织(ISO)和国际电工委员会(IEC)联合技术委员会(JTC1)下属专门负责信息安全领域标准化研究与制定工作的分技术委员会。ISO/IEC JTC1/SC27 下设 5 个工作组：WG1（信息安全管理体系）负责信息安全管理体系系列标准（即 ISO/IEC 27000 标准族）的研制和维护；WG2（安全技术与机制）负责密码、安全技术与机制相关标准的研制和维护；WG3（安全评估）负责信息安全测评相关标准的研制和维护；WG4（信息安全服务与控制）负责支撑信息安全管理体系实现的有关信息安全服务和控制方面标准的研制和维护；WG5（身份管理和隐私保护）负责身份管理和隐私保护相关标准的研制和维护。

是年，SAC/TC260 为开展《关于加强国家网络安全标准化工作的若干意见》（以下简称：《若干意见》）的制定和实施，展开调研，走访 50 余家单位，召开 20 余场座谈会，邀请院士和专家 180 余人进行研讨，系统研究国际国外网络安全标准化工作机制，支撑《若干意见》编制工作；组织专家编写《若干意见》解读口径和重点问题解答材料。

是年，SAC/TC260 完善委员会规章制度。制定并发布《全国信息安全标准化技术委员会章程》《全国信息安全标准化技术委员会标准制修订工作程序》和《信息安全国际标准化活动管理办法》，修订《全国信息安全标准化技术委员会工作组章程》和《信息安全国家标准项目管理办法》。

是年，SAC/TC260 完善委员会二级组织机构。对原有 7 个工作组进行调整，新设立大数据安全标准特别工作组，任命各工作组组长和副组长，公开征集各工作组成员单位。截至年底，各工作组成员 468 家，涉及单位 230 家，其中企业 173 家，包括外企 14 家。

是年，SAC/TC260 借鉴国际标准化工作模式和经验，创新中国网络安全标准化工作组织模式，分别于 6 月和 10 月在北京和成都举办“会议周”活动。工作组成员单位代表累计近千人参加。

【标准制修订与复审工作】2016 年，国家标准委批准立项 SAC/TC260 归口管理的国家标准项目 21 项。SAC/TC260 完成国家标准报批稿 29 项，报送国家标准委审查部审查待发布。

SAC/TC260 开展强制性国家标准整合精简预评估工作。经征求原归口管理单位意见、组织专家论证，完成 2 项强制性国家标准的整合精简预评估任务，提出预评估建议。建议 1 项转化成推荐性国家标准，1 项继续有效。

SAC/TC260 开展推荐性国家标准集中复审评估工作。委员会开发在线调研系统公开征集复审意见，征求相关主管部门意见以及发布标准的原起草单位意见，组织工作组讨论和全体委员投票，形成复审结论：建议 164 项发布标准中，继续有效 68 项、修订 78 项、废止 18 项；207 项在研项目中，继续有效 151 项、关闭已完成及合并项目 40 项、废止 16 项。

【国际标准化工作参与情况】2016 年，SAC/TC260 答复 ISO/IEC JTC1/SC27 文件 120 余份，答复率 100%。组团参加 2016 年 2 次 SC27 工作组会议和全体会议，参会人数达 47 人，新增 4 名专家担任国际标准的编辑和联络员；承办 2016 年国家网络安全宣传周活动的“网络安全标准与技术”论坛；多次与美、欧等国的协会或标准化组织进行座谈，加强双方对网络安全标准的沟通与交流；截至年底，57 人申请成为国际 SC27 工作组注册专家；经申请，中国获得 2018 年 4 月 SC27 工作组会议和全体会议的承办权。

SM3 密码算法等国际标准提案取得实质性进展。包含中国密码算法 SM3 的 ISO/IEC 10118-3 即将发布；包含中国密码算法 SM2 和 IBS 的 ISO/IEC 14888-3 补篇 1、包含中国三元对等实体鉴别机制的 ISO/IEC 9798-3 形成委员会草案；中国提出的《云服务可信接入架构》和《虚拟信任根》研究项目进展顺利。

【年会情况】2016 年 1 月 14 日，SAC/TC260 在北京举行换届大会暨第二届委员会第一次全体会议。中央网信办、工业和信息化部、公安部、国家保密局、国家密码管理局、国家认监委、国家标准委及 10 个相关国家标准化组织代表参加会议。

会上宣布 SAC/TC260 第二届委员会换届及委员组成方案。新一届委员会由王秀军担任主任委员，赵泽良等 7 名同志担任副主任委员，委员数量由 48 名增加到 81 名，并大幅增加企业委员的数量和比例。

会议审议通过《全国信息安全标准化技术委员会章程》（审议稿）、《全国信息安全标准化技术委员会标准制修订工作程序》（审议稿）和《全国信息安全标准化技术委员会 2016 年工作要点》（审议稿）。

供　稿：SAC/TC260 秘书处
撰稿人：蔡一鸣
审稿人：许玉娜

全国竹藤标准化技术委员会(SAC/TC263)

【概况】截至2016年底,全国竹藤标准化技术委员会归口管理国家标准23项、行业标准74项;在研国家标准13项、行业标准59项。

SAC/TC263对口国际标准化组织竹藤技术委员会(ISO/TC296)。

是年,SAC/TC263在浙江衢州组织《竹炭产品术语》行业标准宣贯会议,来自全国各地竹产业专家及著名竹炭企业董事长、总经理等60余人参加会议。

【标准制修订与复审工作】2016年,林业局批准立项SAC/TC263归口管理的行业标准项目17项。SAC/TC263审查1项国家标准和7项行业标准计划。完成2项国家标准和1项行业标准征求意见。完成1项国家标准和4项行业标准专家审查和报批工作。完成16项国家标准和11项国家标准项目复审。组织国际竹藤中心、中国林科院、南京林业大学、安徽农业大学、湖南省林科院等单位16位专家,分为培育和加工2个组,复审归口的20项国家标准和58项行业标准,给出继续有效、修订、整合和废止等建议。

【标准化工作调研与服务】2016年,SAC/TC263针对福建、浙江、江西、云南、四川、安徽等主要竹产区和竹材加工企业开展竹藤产业与标准制定的调研工作。了解中国竹产业面临的问题,调查与标准化相关工作的开展情况及需求,将竹藤标准化工作融入地方政府竹产业发展规划。发挥SAC/TC263专业优势,与10余家国内知名企业合作,协助制定《竹帘包装容器》等行业标准,为企业生产及销售提供指导,促进新技术转化。

【标准化科研】2016年,国际竹藤中心基本科研业务费专项资金项目"我国竹子标准国际化研究"通过验收。项目完成《竹地板》和《竹炭》中英文国际标准草案和编制说明;完成《竹地板》和《竹炭》国际标准提案建议(NP)、工作草案(WD);发表论文5篇;提出中国竹制品标准国际化建议,为成立ISO/TC296和中国承担秘书处工作提供技术支撑。

【国际标准化工作参与情况】2016年,SAC/TC263组织并申报3项国际标准化组织(ISO)标准项目提案,多次召开专家研讨会,并在ISO/TC296第一次年会上进行现场报告,与哥伦比亚、法国、埃及、印度尼西亚、尼泊尔、菲律宾、荷兰、马来西亚等各国专家讨论,获得支持申报。10月3日,3项标准获得国际标准化组织正式立项。协助召开ISO/TC296成立大会。

为"埃塞政策研究中心竹产业政策交流会""2016年加纳竹藤制品开发与加工技术培训班""2016年国际竹藤组织(INBAR)成员国竹藤绿色产业发展研修班"开展中国和世界竹产业概况、产业规划、政策、竹子标准和认证报告等方面培训和交流,60余位外国专家参加。

【年会情况】2016年2月25日,SAC/TC263年会在北京国际竹藤中心召开。SAC/TC263主任委员、全国政协人口资源环境委员会副主任江泽慧,林业局科技司副司长杜纪山出席会议并致辞。会议听取SAC/TC263秘书处所做的2015年工作总结及2016年工作计划。与会委员对4项已完成专家审查标准、3项拟提交国际标准化组织(ISO)标准计划和4项国家标准复审计划进行讨论和投票;讨论通过2016年工作计划,对竹藤标准化工作提出相关建议。

供　稿:SAC/TC263秘书处
撰稿人:刘贤淼
审稿人:王　戈

全国超导标准化技术委员会(SAC/TC265)

【概况】截至2016年底,全国超导标准化技术委员会归口管理国家标准16项,其中14项采用国际标准;在研国家标准7项,全部采用国际标准。

SAC/TC265对口国际电工委员会超导技术委员会(IEC/TC90)。

【标准制修订工作】2016年,SAC/TC265向国家标准委报批国家标准 1 项；向国家标准委新申报国家标准计划项目 3 项。

【国际标准化工作参与情况】2016 年，SAC/TC265 组织专家参与 5 项 IEC/TC90 国际标准制修订相关文件处理工作，文件投票反馈率 100%，反馈意见绝大多数被工作组接受。WG3（氧化物超导体临界电流的测试方法）关于 IEC 61788-24 内部征求意见，WG1（术语和定义）关于电工术语超导电性新条目内部征集，中国均反馈意见。

9 月 12—14 日，SAC/TC265 派员参加在美国 NIST 召开的 IEC/TC90 第十五次届大会，分别参加各个工作组讨论、小型研讨会以及最后一天的大会。上海微系统与信息技术研究所研究员尤立星做关于超导单光子探测器 SSPD 标准化建议报告，会后与相关人员继续沟通，基本确定要在 WG14（超导电子学器件　传感器和探测器的一般性技术参数）中做新工作项目提案。上海交通大学教授赵跃在 REBCO 二代长带临界电流均匀性检测小型研讨会上代表中国国家标准预研项目工作组做题为 Comparison on test methods of Ic and its uniformity for long-length 2G HTS wires 的报告。

SAC/TC265 鼓励和支持国内机构参加国际标准制修订过程中的循环比对实验，5 个机构参加 3 个国际循环比对实验。

【标准化科研】2016 年，SAC/TC265 的“第二代高温超导带材长带临界电流及其沿长度方向均匀性测试”标准预研工作组召开 3 次工作会议。5—10 月，组织循环比对试验提炼出标准的主要技术参数和规范要求。

供　稿：SAC/TC265 秘书处
撰稿人：李　洁
审稿人：刘宜平

全国低压成套开关设备和控制设备标准化技术委员会（SAC/TC266）

【概况】截至 2016 年底，全国低压成套开关设备和控制设备标准化技术委员会归口管理国家标准 30 项、行业标准 38 项，其中 17 项采用国际标准；在研国家标准 4 项、行业标准 8 项，其中 4 项采用国际标准。

SAC/TC266 对口国际电工委员会低压成套开关设备和控制设备分技术委员会（IEC/TC121/SC121B）。

是年，SAC/TC266 联合中国质量认证中心针对 GB 7251.1—2013 和 GB 7251.6—2015 召开 2 场宣贯会，100 余人参加培训。

【标准制修订与复审工作】2016 年，SAC/TC266 申报国家标准立项 2 项、行业标准立项 5 项。SAC/TC266 向国家标准委和工业和信息化部报批国家标准 3 项、行业标准 2 项，审查国家标准、行业标准送审稿 5 项。国家标准委和工业和信息化部批准发布 SAC/TC266 归口管理的国家标准 4 项、行业标准 2 项。

SAC/TC266 组织全体委员对归口的 8 项强制性国家标准和 1 项强制性国家标准计划开展整合清理评估，转化为推荐性国家标准 8 项，转化为推荐性国家标准计划 1 项。

SAC/TC266 对所归口的推荐性国家标准、行业标准以及相关计划项目开展集中复审工作。其中，推荐性国家标准废止 1 项、修订 8 项、继续有效 13 项，推荐性国家标准计划继续执行 5 项；推荐性行业标准继续有效 8 项、修订 21 项、直接废止 8 项，推荐性行业标准制修订计划继续有效 10 项。

【国际标准化工作参与情况】2016 年，SAC/TC266 安排专职人员跟踪翻译和研究 IEC/TC121/SC121B 标准文件。秘书处关注 IEC 标准的新工作项目提案阶段、委员会阶段、委员会投票阶段、最终标准草案阶段。SAC/TC266 完成 6 项 IEC 文件投票翻译等工作，投票率 100%。

SAC/TC266 申报 IEC 注册专家 1 名，并获批。截至年底，成功申报中国注册专家 9 名，其中 MT2 维护组 6 人，主要负责 IEC 61439-1、IEC 61439-2、IEC/TR 61439-0、IEC/TR 60890、IEC/TR 61641 的修订；MT3 维护组 2 人，主要负责 IEC 61439-6 的修订；PT 63107 工作组 1 人，主要负责成套设备内电弧故障抑制系统要求的新技术规范项目的制定。

年内，SAC/TC266 组织相关专家参加在德国法兰克福召开的第 80 届 IEC 大会、IEC/TC121 年会、SC121B 年会、IEC/TC121/SC121B MT2 工作组会。

【年会情况】2016 年 12 月 1 日,SAC/TC266 在四川成都举行全体会议,65 名委员及代表参会。会议审议通过标委会秘书处所做的 2016 年度工作报告和财务收支报告;审议通过标委会 2017 年标准制修订计划、立项、复审及其他相关工作;审查通过 5 项标准送审稿。

供　稿:SAC/TC266 秘书处
撰稿人:刘　洁
审稿人:王　阳

全国智能运输系统标准化技术委员会(SAC/TC268)

【概况】截至 2016 年底,全国智能运输系统标准化技术委员会归口管理国家标准 83 项、行业标准 6 项,其中 9 项采用国际标准;在研国家标准 32 项、行业标准 5 项。

SAC/TC268 对口国际标准化组织智能运输系统技术委员会(ISO/TC204)。

是年,SAC/TC268 以标准宣贯会、标委会简报、标委会年报形式组织国家标准和行业标准宣贯。开展标准化技术咨询服务 71 次,服务企业 63 家。

【标准制修订与复审工作】2016 年,国家标准委批准立项 SAC/TC268 归口管理的国家标准项目 1 项,交通运输部批准立项 SAC/TC268 归口管理的行业标准项目 2 项。SAC/TC268 向国家标准委、交通运输部科技司报批国家标准 7 项、行业标准 7 项。SAC/TC268 组织推荐性标准集中复审,国家标准(含计划)117 项,其中废止 4 项、修订 42 项、继续有效 71;行业标准(含计划)17 项,其中废止 1 项、修订 2 项,继续有效 14 项。

【国际标准化工作参与情况】2016 年,SAC/TC268 组织办理国际标准报批稿 1 项,国际标准网上电子投票和意见回复 83 项。主导承担 ISO 13111-1《智能运输系统(ITS)　支持 ITS 服务的便携终端应用　第 1 部分:通用信息与用例》国际标准的制定工作。

【标准化科研】2016 年,SAC/TC268 组织开展“电子不停车收费技术(ETC)标准在东南亚地区应用研究)”和《交通视频监控网络安全技术规范》标准化研究。

【年会情况】2016 年 12 月 20 日,SAC/TC268 在北京举办全体会议暨标准宣贯会,委员出席率 85%。标委会主任委员就如何做好智能运输系统标准化工作讲话。标委会秘书长代表标委会做 2016 年度标委会工作报告及 2017 年标委会工作思路和重点。4 位委员代表做智能运输领域技术方面的发言。标委会组织主编单位代表分别就国家标准《路面管理系统技术要求》和行业标准《交通运输物流信息交换》3 个部分的内容进行宣贯和答疑。

供　稿:SAC/TC268 秘书处

全国物流标准化技术委员会(SAC/TC269)

【概况】截至 2016 年底,全国物流标准化技术委员会归口管理发布的国家标准 58 项、行业标准 28 项,其中 9 项采用国际标准;在研国家标准 51 项、行业标准 19 项,其中 3 项采用国际标准。

SAC/TC269 没有对口的国际标准化组织。ISO/TC51 专门负责物流托盘有关标准的制修订工作,与 SAC/TC269 下设的托盘分技术委员会(SAC/TC269/SC2)工作内容相同,但 ISO/TC51 在中国的对口单位是铁道部标准计量研究所,SAC/TC269/SC2 目前只从事托盘国际标准的转换工作。

SAC/TC269 下设 6 个分技术委员会(SC):物流作业(SC1),托盘(SC2),第三方物流服务(SC3),物流管理（SC4），冷链物流（SC5），仓储技术与管理（SC6）；3个标准化工作组（WG）：化工物流（WG1），医药物流（WG2），钢铁物流（WG3）。

【标准制修订与复审工作】2016年，SAC/TC269向国家标准委申报立项国家标准2项，向发展改革委申报立项行业标准9项；向国家标准委和发展改革委报批国家标准16项、行业标准6项。国家标准委批准发布SAC/TC269归口管理的国家标准4项，发展改革委批准发布SAC/TC269归口管理的行业标准5项。

SAC/TC269复审已发布和在研的国家标准106项，其中继续有效和修订后继续有效58项，转化为行业标准36项，废止11项，协调标准1项；复审已发布和在研行业标准67项，其中继续有效和修订后继续有效47项，转化为团体标准9项，废止11项。

【标准宣贯与培训】2016年，SAC/TC269通过中国物流与采购联合会组织召开的“第十一次物流企业国家标准宣贯大会”，对GB/T 19680—2013《物流企业分类与评估指标》、GB/T 31086—2014《物流企业冷链服务要求与能力评估指标》、GB/T 31300—2014《担保存货第三方管理规范》等国家标准进行宣贯。来自各省市物流主管部门、物流协会、物流企业、物流服务平台企业的代表1000余人参加大会。

在北京、上海、广州、重庆召开GB/T 28842—2012《药品冷链物流运作规范》、GB/T 28843—2012《食品冷链物流追溯管理要求》、GB/T 31080—2014《水产品冷链物流服务规范》、WB/T 1054—2015《餐饮冷链物流服务规范》标准培训班10次，参加培训的企业100余家，企业的技术、管理骨干500余名。

在中国物流与采购联合会组织召开的行业年会、专业领域行业年会、专题会等会议同期组织召开标准宣贯会12次，培训人数2300余人次，开展标准化技术咨询服务32次。

【标准的实施与推广】2016年，SAC/TC269配合商务部开展“商贸物流标准化行动计划”活动，推广实施GB/T 2934—2007《联运通用平托盘　主要尺寸及公差》、GB/T 4995—2014《联运通用平托盘　性能要求和试验选择》、GB/T 4996—2014《联运通用平托盘　试验方法》等3项国家标准，共同推进标准化托盘的应用，以及与之相配套的物流设施、物流装备的标准化。

依据《物流企业分类与评估指标》国家标准，在行业内开展A级物流企业评估工作，2016年新评估A级企业700余家。依据《物流企业冷链服务要求与能力评估指标》开展冷链物流专业领域物流企业星级评估工作，在冷链物流领域树立多家5A级的专业化物流服务企业，为甲方选择专业化物流服务提供保障。

依据《药品冷链物流运作规范》《药品物流服务规范》《食品冷链物流追溯管理要求》《水产品冷链物流服务规范》《餐饮冷链物流服务规范》等国家和行业标准，重点开展冷链物流企业综合能力、物流服务管理、物流信息追溯管理、医药物流设施设备良好性验证的试点，参与试点企业达500余家，依据标准结合物流企业甲方、管理部门的具体要求制定达标细则，进入企业现场指导、综合考评，评选出食品冷链和医药冷链物流达标企业和10家物流信息追溯管理示范企业。

完成《物流标准目录手册（2016年）》的编制工作，并在中国物流与采购联合会官网发布，向企业、标准化工作者宣传物流标准。

【标准化科研】2016年，SAC/TC269完成科技部和质检总局下达的“支撑物流和电子商务发展的30项重要标准研究”质检公益性行业科研专项项目课题研究，完成《物流业重点领域关键技术标准研制研究报告》《电子商务标准化研究报告》等2个总研究报告，《电子商务标准体系研究报告》《物流运行管理标准化研究报告》《物流设施设备标准化研究报告》《托盘集装单元化标准化研究报告》《综合交通运输标准化研究报告》《商贸物流标准化研究报告》《仓储管理标准化研究报告》《邮政物流标准化研究报告》《物流服务质量测评技术应用研究——基于德邦物流的实践》《商贸物流和电子商务企业信用评价研究报告》等10个支撑报告，以及30项国家标准的研制、2个管理系统的设计与开发。

组成课题组开展物流模数及应用、绿色物流技术与应用、重要物流设备技术标准以及先进物流技术应用标准等物流领域基础性标准的前期调研与研讨。

供　稿：SAC/TC269秘书处
撰稿人：衣　薇
审稿人：李红梅

全国畜牧业标准化技术委员会(SAC/TC274)

【概况】截至2016年底,全国畜牧业标准化技术委员会归口管理现行国家标准147项、行业标准244项;在研国家标准51项、行业标准181项。

SAC/TC274下设5个工作组:奶业工作组、畜牧环境工作组、畜产品工作组、蜂业工作组和畜牧兽医器械工作组。

是年,SAC/TC274举办畜牧业标准化知识培训班,培训标准化工作导则(GB/T 1.1—2009),标准化工作指南(GB/T 20000.2—2009),培训90人次。

【标准制修订与复审工作】2016年,SAC/TC274组织召开4次标准审查会及2次标准项目论证会;国家标准委批准立项SAC/TC274归口管理的国家标准2项,农业部批准立项SAC/TC274归口管理的行业标准40项;SAC/TC274向国家标准委、农业部报批国家标准10项、行业标准20项。SAC/TC274审查国家标准14项、行业标准10项;国家标准委批准发布SAC/TC274归口管理的国家标准9项,农业部批准发布SAC/TC274归口管理的行业标准20项。

SAC/TC274整合精简评估归口管理的强制性国家标准54项,其中继续有效6项、转化为推荐性标准43项、废止标准5项,完成率100%;复审归口管理的推荐性国家标准137项、在研国家标准76项,其中修订标准38项、继续有效99项、继续执行计划69项、废止计划7项,完成率100%。

【标准化科研】2016年,SAC/TC274完成《禽品种标准编制导则　猪》和《畜禽品种标准编制导则　禽》等2项国家标准的研制工作;完成国家标准委下达的《生猪期货主要产品质量及配套检测技术》研究工作,形成《生猪期货主要产品质量及配套检测技术》研究报告一份,编制《生猪期货　商品猪》《生猪期货　商品猪质量检验抽样方法》《生猪期货　胴体》和《生猪期货　胴体质量检验抽样方法》4项标准草案;成功参与申报科技部国家重点专项“重要农林产品现代加工质量提升共性技术标准研究”中“大宗畜禽、水产品深加工共性技术标准研究”课题,主要是承担《猪肉质量分级》国家标准的研制任务。

供　稿:SAC/TC274秘书处
撰稿人:赵小丽
审稿人:王黎文

全国牵引电气设备与系统标准化技术委员会(SAC/TC278)

【概况】截至2016年底,全国牵引电气设备与系统标准化技术委员会归口管理国家标准76项,其中70项采用国际标准;在研国家标准53项,其中33项采用国际标准。

SAC/TC278对口国际电工委员会轨道交通牵引电气设备与系统技术委员会(IEC/TC9)。IEC/TC9负责的国际标准中已有74项转化为中国标准,其中已经发布49项,正在制修订25项。没有转化为中国标准的25项中,其中有5项不适合国内实际情况,1项已参照相关EN标准进行转标工作并报批,19项待转化为中国标准。

是年,SAC/TC278开展8次标准培训和标准化交流,培训100人次。

【标准制修订与复审工作】2016年,国家标准委批准立项SAC/TC278归口管理的国家标准项目3项,批准发布SAC/TC278归口管理的国家标准16项。SAC/TC278审查国家标准送审稿13项,报批国家标准10项。SAC/TC278复审已发布国家标准75项,复审正在制修订国家标准50项。

【国际标准化工作参与情况】2016年,SAC/TC278收到IEC/TC9的投票文件和非投票文件145项,其中投票文件36项,投票36次,提出修改意见131条。

在IEC/TC9第56届年会上,中国提出《轨道交通　司机控制器》《轨道交通　车载能量回馈装置》《轨道交通　机车车辆传感器》等3项新国际标准项目提议,其中《轨道交通　机车车辆传感器》将成立特别工作组开展前期调研工作。

中国主持制定的国际标准项目主要包括车载视频监视系统、机车车辆电连接器、机车车辆布线规则、避雷器和无轨电车电气设备与系统等领域。IEC 62580-2(车载视频监视系统)国际标准技术规范草案(DTS)于3月4日以100%赞成票完成最终投票，于6月7日正式颁布。IEC 62847（机车车辆电连接器）和IEC 62848-1（避雷器）最终国际标准草案（FDIS）分别于1月29日和5月20日通过投票成为国际标准。

IEC 62995（机车车辆布线规则）组织召开一次国内影子工作组会议和一次国际标准工作组会议，对IEC 62995委员会草案（CD）及其修改意见进行讨论，完成委员会投票草案（CDV）草稿。

IEC 61991（电气隐患防护的规定）于11月21日组织召开国内影子工作组会议，对IEC 61991工作组草案及其修改意见进行讨论，11月29日至12月1日，在德国召开第二次工作组会议，讨论IEC 61991工作组草案及其修改意见，并对标准正文逐条进行确认，完成委员会草案（CD）草稿。

IEC 63076（无轨电车电气设备与系统）于9月底成立项目组，正在起草工作组草案（WD）。

年内，SAC/TC278派出相关人员参加IEC 61375《轨道交通电子设备　列车通信网络》、IEC 62580《轨道交通　车载多媒体与远程控制系统》、IEC 62888《轨道交通　车载电能测量系统》、IEC 62924《直流牵引系统能量储存系统》和IEC 62973《辅助供电系统蓄电池》等26项国际标准的制修订工作。

10月18—21日，IEC/TC9第56届年会在中国成都召开。国家标准委、铁路局、中国铁路总公司、中国中车和中车株洲所等单位的领导出席会议，来自法国、德国、意大利、日本、捷克、俄罗斯、挪威、葡萄牙、瑞典、英国和中国等11个国家的71名代表参加会议。

派出人员参加IEC/TC9管理层会议和主席咨询工作组会议。参与IEC/TC9战略业务计划和IEC/TC9与UIC的合作协议等的制定，累计主持召开国际标准工作会议2次，参加工作组会议17次，承办工作组会议2次。

【标准化科研】2016年1月，国家标准委、工业和信息化部联合批准SAC/TC278组织申报的“轨道交通装备制造业标准化试点”项目，实施期为3年。年内，组织完成标准体系框架的构建，《人才库管理办法》《国际标准化管理办法》等5项管理办法的草案，完成12项国家标准、230项企业标准的制修订，在制定的国际标准8项。

2016年《国家标准委关于同意筹建国家技术标准创新基地（长株潭）的复函》正式下发，“国家技术标准创新基地（长株潭）”建设项目开始进入实施阶段，SAC/TC278秘书处所在单位中车株洲所拟被推荐为创新基地理事会副理事长单位。

SAC/TC278组织编写NQI重点专项《高速列车走出去适用技术研究》指南，并于10月正式发布，11月与清华大学、中国标准化研究院、中车四方股份共同完成项目预申报工作。

供　稿：SAC/TC278秘书处
撰稿人：刘　贵　唐　柳
审稿人：吴　强　张利芝　王秋华

全国海洋标准化技术委员会（SAC/TC283）

【概况】截至2016年底，全国海洋标准化技术委员会归口管理国家标准87项、行业标准263项，在研标准416项。

SAC/TC283对口的国际标准化组织包括：国际标准化组织船舶和海洋技术委员会海洋技术分技术委员（ISO/TC8/SC13），水质技术委员会物理、化学、生物方法分技术委员会（ISO/TC147/SC2），水质技术委员会微生物方法分技术委员会（ISO/TC147/SC4），生物技术委员会生物库和生物资源工作组（ISO/TC276/WG2），生物技术委员会分析方法工作组（ISO/TC276/WG3）；国际电工委员会海洋能转换设备技术委员会（IEC/TC114）等。

SAC/TC283下设7个分技术委员会（SC）：海洋环境保护（SC1），海洋观测及海洋能源开发利用（SC2），海域使用管理（SC3），海洋调查技术与方法（SC4），海洋工程勘察与测绘（SC5），海洋生物资源开发与保护（SC6），海水淡化与综合利用（SC7）。

2016年9月18日，《全国海洋标准化“十三五”发展规划》由海洋局和国家标准委联合印发实施。

【制度建设】2016年6月23日，海洋局印发修订的《海洋标准化管理办法》，内容包括总则、组织管理、海洋标准的范围和类别、海洋标准的制定、海洋标准的审批发布和复审、海洋标准的实施与监督检查、附则等7部分33条。明确各部门和单位的职责分工，组织建立新的管理机制;确定海洋标准的类别和范围,进一步明确海洋强制性国家标准、海洋推荐性国家标准、海洋推荐性行业标准、海洋标准化指导性技术文件的要求;重新梳理海洋标准制修订工作流程,进一步优化工作程序;强化海洋标准的实施和监督,增加建立海洋标准制定后评估制度。

【组织机构建设】2016 年 10 月 21 日,中国海洋学会海洋标准化分会在福建厦门召开成立大会暨第一次会员代表大会。会议表决通过《中国海洋学会海洋标准化分会工作细则》,选举产生第一届分会领导。海洋标准化分会挂靠单位是国家海洋标准计量中心,分会的常设机构是秘书处。海洋标准化分会有单位会员 37 个,个人会员 16 名。

12 月 19 日,SAC/TC283 在北京组织召开第三届全国海洋标准化技术委员会换届大会。会议宣读《国家标准委办公室关于全国海洋标准化技术委员会换届及组成方案的复函》,公布第三届全国海洋标准化技术委员会组成名单,向 37 名委员颁发聘书。会议审议第三届海标委章程和秘书处工作细则,参会36 名委员及代表全票通过。会议投票表决 4 项国家标准立项建议和 28 项国家标准报批材料。

【标准制修订工作】2016 年,SAC/TC283 组织制修订国家标准 75 项、行业标准 341 项,2 项海洋国家标准、25 项海洋行业标准批准发布。《海洋标准体系》编制工作进入修改完善阶段。

【国际标准化工作参与情况】2016 年 3 月 8—11 日,SAC/TC283 派员参加国际海洋数据和信息交换委员会(IODE)在比利时奥斯坦德召开的 OTGA 第二次指导组会议。会上汇报 2015 年工作开展情况,听取各候选 RTC 在 2015 年的培训情况汇报等,就 OTGA 工作平台、建设运行、培训需求调研情况和具体工作内容等议题参与讨论;确定 RTC 成员国未来两年工作计划、预算支持、相关应用设施及培训应形成的成果;会议期间,与 IODE/OTGA 项目组达成重要共识。

12 月 14—17 日,SAC/TC283 派员访问巴基斯坦海洋研究所。访问期间,双方就开展中国海洋标准使用、推荐巴海洋标准计量领域科学家申请中国政府海洋奖学金、人员交流培训等 6 个领域达成合作共识,中巴海洋标准计量合作深入拓展。

【标准化科研】2016 年,SAC/TC283 开展《极地科学考察标准体系》预研工作。组织完成《极地考察要素分类代码和图式图例》海洋行业标准的报批稿,并完成上报;编制《极地科学考察术语》国家标准送审稿。组织并参加《极地考察物流规程》《极地考察服装配置要求》《南极考察站建筑设计导则》《南极考察站建筑材料选择技术导则》《极地考察队员岗前心理选拔规范》《极地考察队员岗前体格检查要求》等 6 项极地领域行业标准编写。

7 月,由国家海洋标准计量中心联合国家海洋技术中心、哈尔滨工程大学等多家单位共同承担的海洋能专项资金项目“海洋能国际标准研究与基础标准制定”通过验收。项目研究发布海洋能开发利用标准体系,明确海洋能产业标准化范围、领域和重点,构建海洋能产业标准发展蓝图:完成《海洋能术语　第 1 部分:通用》《海洋能术语　第 2 部分:调查和评价》《海洋能术语　第 3 部分:电站》等 3 项国家标准,编纂、出版《海洋能词典》,建立海洋能开发利用技术术语数据库,统一海洋能开发利用领域中的概念和定义;研究和翻译 19 项海洋能国际标准和发达国家标准,掌握海洋能国际标准和发达国家标准制定情况与发展趋势。

供稿:SAC/TC283 秘书处
撰稿人:姜　秋　汤海荣　周　瑾
审稿人:姚　勇　叶盛林

全国光辐射安全和激光设备标准化技术委员会(SAC/TC284)

【概况】截至 2016 年底,全国光辐射安全和激光设备标准化技术委员会归口管理国家标准 21 项、行业标准 10 项,其中 6 项采用国际标准;在研国家标准 10 项,其中 5 项采用国际标准。

SAC/TC284 对口国际电工委员会光辐射安全和激光设备技术委员会(IEC/TC76)。

SAC/TC284 下设 3 个分技术委员会(SC):激光材料加工和激光设备(SC1),对口 IEC/TC76/WG10(工业原材料处理环境中激光和激光设备的安全性工作组);大功率激光器应用(SC2),对口 IEC/TC76/

WG7（强激光工作组）；非相干光辐射安全（SC4），对口 IEC/TC76/WG9（非相干源工作组）。

是年，SAC/TC284 秘书处戚燕荣获机械行业"十二五"先进标准化工作者称号。

【标准制修订工作】2016 年，SAC/TC284 报批国家标准项目 3 项。国家标准新立项 4 项。国家标准委批准发布 SAC/TC284 归口管理的国家标准 4 项，工业和信息化部批准发布 SAC/TC284 归口管理的行业标准 1 项。

【国际标准化工作参与情况】2016 年，SAC/TC284 参加 IEC/TC76 网络国际标准投票 2 次。10 月 23—28 日，SAC/TC284 承办 IEC/TC76 北京年会。来自奥地利、澳大利亚、比利时、德国、日本、韩国、意大利、瑞典、瑞士、美国、英国和中国的 12 个国家代表团的 73 位国际光辐射安全和激光专家参加会议。年会召开 2 次全会和 9 个工作组的 25 次标准制修订工作会议。会上对 IEC/TC76 归口的 13 项业务进行表决并一致通过，中国均投赞成票。

【标准化科研】2016 年，SAC/TC284 承担国家科技支撑计划"支撑国际突破与国际贸易的重要国际标准研究"子课题"LED 检测方法国际标准研究"，完成项目成果国际标准 IEC TR 62471-4《灯和灯系统的光生物安全　第 4 部分：测量方法》，3 月底通过结题和审计工作；国家科技支撑计划"信息显示界面工效学设计技术和标准研究"子课题"典型光学环境对人体视觉及生理的影响研究"，9 月 30 日完成课题执行报告和研究报告，12 月完成结题的准备工作；公益性行业专项研究"消费品中化学危害共性安全标准及 10 类重点产品关键技术标准研制（激光指示器）"，8 月 26 日完成中期评审，11 月完成标准比对分析，12 月起草《激光指示器产品的光辐射安全要求》标准草案。

【年会情况】2016 年 8 月 18—20 日，SAC/TC284/SC1 在湖南长沙召开 2016 年会，相关嘉宾和委员 32 人参会。8 月 19 日，SAC/TC284/SC2 在湖南长沙召开 2016 年会，委员及委员代表 27 人参会。10 月 21 日，SAC/TC284/SC4 在浙江德清召开 2016 年会，委员及委员代表 23 人参会。

【标准宣贯】2016 年 5 月 16—17 日，SAC/TC284 在江苏南京为德国独资企业博西家用电器投资（中国）有限公司举办激光辐射安全培训。参加培训的 41 人均来自博西家电 3 个工厂的激光安全员和质量安全岗位。培训后经过考试颁发 SAC/TC284 光辐射安全培训证书。

SAC/TC284 协助央视 13 频道《每周质量报告》栏目制作六一儿童节特别专题《儿童激光产品安全调查》，以 SAC/TC284 制定的激光辐射安全标准作为衡量儿童激光产品安全性的依据，SAC/TC284 委员在节目中解读标准内容。SAC/TC284 与央视 13 频道《每周质量报告》栏目联合制作《LED 灯具安全性能调查》专题节目，节目内容由 SAC/TC284 委员单位提供采访内容，SAC/TC284 提供 2015 年结题的公益性行业专项 LED 室内照明项目国家实验室循环比对的检测数据和 2 项国家标准的报批稿。节目于 12 月 4 日播放。

SAC/TC284 注册微信公众号（SAC_TC284）用于标准宣贯。

SAC/TC284/SC1 在上海光博会期间同激光加工专业委员会一起主办"工业用激光器及系统使用安全培训班"，在大族激光营销大会上为企业的经理级以上管理人员进行激光安全相关标准培训，培训 575 人。

SAC/TC284/SC2 组织 2 次培训，培训主题分别为"国家激光安全标准分析"和"激光产品的安全"，80 人参与培训，并为企业提供 2 次标准化技术咨询服务。

SAC/TC284/SC4 于 4 月 21 日主办"国际半导体照明最新技术、光辐射安全标准及认证检测研讨会"，10 月 21 日主办"国际光生物辐射安全标准论坛"，12 月 2 日协办"照明电器产品换版认证及检测标准交流会"，12 月 2 日受邀参加"照明产品质量分析会暨灯具强制性标准、能源效率标识实施规则培训会"。SAC/TC284/SC4 委员牟同升和俞安琪参加 2016 年 6 月中央电视台《每周质量播报》，就公众关心的 LED 蓝光问题，以《直击"蓝光"》为题接受专题采访。两位专家就照明市场蓝光危害现状、人眼损伤机理、灯具挑选与使用准则、照明产品光辐射危害成因、以及市场监管等问题在节目中给消费者做详细阐述。SAC/TC284/SC4 与由都市快报社和杭州市科学技术协会合办的国内求证、调查类新闻栏目《好奇实验室》开展合作，相继推出《别再相信什么"护眼灯"了》《手机放蓝光膜真的有用吗?》等多期节目，就公众关心的护眼灯、蓝光问题等热点、焦点问题进行答疑解惑，并通过现场实验的方式以测试数据揭示真相。

供　稿：SAC/TC284 秘书处
撰稿人：戚　燕
审稿人：张平雷

全国标准化原理与方法标准化技术委员会(SAC/TC286)

【概况】截至2016年底,全国标准化原理与方法标准化技术委员会归口管理国家标准21项,其中10项采用国际标准,1项与国际标准的一致性程度为非等效;在研国家标准13项,其中1项采用国际标准。

SAC/TC286对口ISO技术管理局导则维护组(DMT)和相关咨询组(TAG),负责参与ISO导则和相关指南制修订工作。

SAC/TC286下设1个分技术委员会(SC):标准化评价(SC1)。

是年,SAC/TC286围绕加强TC委员管理,根据秘书处承担单位中国标准化研究院印发的《中国标准化研究院承担全国专业标准化技术委员会工作管理办法》,对SAC/TC286及SAC/TC286/SC1中来自中国标准化研究院的委员及其任职职务等进行适时调整,涉及SAC/TC286主任委员、秘书长以及SAC/TC286/SC1秘书长等职务的调整。

【标准制修订与复审工作】2016年,国家标准委批准立项SAC/TC286归口管理的国家标准3项,批准发布SAC/TC286归口管理的国家标准3项。SAC/TC286向国家标准委报批国家标准3项。

SAC/TC286以通讯方式完成17项国家标准和10项国家标准制修订计划项目的集中复审工作。复审的17项国家标准中,8项继续有效、9项修订;复审的10项国家标准制修订计划项目,全部继续有效。复审完成率100%。

【标准化科研】2016年,SAC/TC286完成质检公益性行业专项"标准化方法体系架构及关键技术标准研制"验收工作。

【标准宣贯】2016年,SAC/TC286部分委员受国家标准委委托作为讲师,4次为国家标准委组织的标准化业务培训授课,包括国家标准委组织的国际标准化综合知识培训3次,培训人数1000余人次;全国团体标准信息平台组织的团体标准化培训2次,培训人数200余人次。SAC/TC286部分委员受其他机构邀请讲授相关课程,培训主题包括标准化基础知识、标准的编写、团体标准化等。SAC/TC286编写《产品标准的编写方法》一书,为GB/T 20001.10—2014《标准编写规则　第10部分:产品标准》的实施提供支撑。

供　稿:SAC/TC286秘书处
撰稿人:杜晓燕
审稿人:逄征虎

全国文物保护标准化技术委员会(SAC/TC289)

【概况】截至2016年底,全国文物保护标准化技术委员会归口管理国家标准48项、行业标准249项。其中,在研国家标准15项、行业标准177项。

SAC/TC289下设1个分技术委员会(SC):文物保护专用设施(SC1)。

是年,SAC/TC289组织召开标准编制培训班2次,培训人数200人;结合工作实际,编印4期工作通讯。

【标准制修订与复审工作】2016年,SAC/TC289向国家标准委申请立项9项推荐性国家标准项目;国家标准委批准发布SAC/TC289归口管理的18项国家标准。文物局批准立项SAC/TC289归口管理的行业标准项目118项。SAC/TC289审查国家标准1项、行业标准10项;复审国家标准47项、行业标准143项。

【《2017年—2020年标准制修订项目计划研究》项目】2016年,SAC/TC289梳理文物保护标准体系框架研究的已有成果,总结分析现行和在研标准的涵盖领域、标准类别、标准编制单位等情况,围绕文物保护工作的重点任务,完成了"2017—2020年文物保护行业标准制修订项目计划"的研究和编制。

【SAC/TC289换届情况】2016年,第二届SAC/TC289委员已任期5年,文物局开展委员换届推荐工作,将相关材料报送至国家标准委。国家标准委办公室复函同意SAC/TC289换届及组成方案。第三届SAC/TC289由来自科研院所、高等院校和行政管理部门等的50名委员组成，秘书处承担单位为中国文化遗产研究院。

供　稿：SAC/TC289秘书处
撰稿人：李春玲
审稿人：施晨艳

全国城市轨道交通标准化技术委员会（SAC/TC290）

【概况】截至2016年底，全国城市轨道交通标准化技术委员会归口管理标准63项，其中现行国家标准17项、在研国家标准7项；现行行业标准37项、在研行业标准2项。

是年，SAC/TC290为政府标准管理部门、企业、社会组织提供城市轨道交通标准化技术咨询服务8次，参加国家标准委和中国标准化研究院组织的标准制修订及管理综合培训6人次。

【标准制修订与复审工作】2016年，SAC/TC290申报6项国家标准制修订计划。新立项国家标准1项，完成网上公开征求意见1项，完成送审稿阶段预审查1项，完成送审稿阶段审查1项，报批国家标准2项，归口管理的2项行业标准获批发布。

SAC/TC290复审国家标准24项，其中强制性标准改为推荐性标准2项、继续有效14项、修订7项、视情况废止1项；复审行业标准35项，其中继续有效17项、修订9项、转化8项、即行废止1项。完成城市轨道交通强制性产品标准体系框架和标准体系表。

【国际标准化工作参与情况】2016年，SAC/TC290秘书处在全国选择典型单位进行调研，并形成调研报告报送主管部门。针对适合海外发展中或不发达、具有中低运量特征要求的国家，建议中国轻轨、有轨电车制式系列标准优先进行英文翻译供工程项目使用，推动“走出去”和标准国际社会接受和认可，带动中国轨道交通整体产业链的快速发展。对于中国特有的技术标准，如CJ/T 287—2008《跨座式单轨交通车辆通用技术条件》、CJ/T 375—2011《中低速磁浮交通车辆通用技术条件》等，探讨转化为国际标准的可能性和途径。

【标准化科研】2016年，SAC/TC290完成国家标准委委托项目“实施制造业标准化提升计划——城市轨道交通高端车辆通用标准制订”中，1项标准的编制工作，其他2项标准正在筹备标准送审稿专家审查。SAC/TC290秘书处在《中国标准化》期刊发表文章9篇，获奖2篇。

SAC/TC290试图开展系列标准化研究：标准体系研究；标准国际化研究——城市轨道交通“走出去”标准政策研究，标准合格评定制度研究。

【TC组织建设】截至2016年底，SAC/TC290有委员50人，技术委员会设主任委员1人，副主任委员8人；秘书处设秘书长1人，副秘书长2人，秘书3人。6月，SAC/TC290开始换届筹备工作，通过国家标准委网站公开征集委员，完成对上届委员会工作总结、拟定新的章程（草案）、秘书处工作细则（草案）以及新一届委员会工作计划，相关材料上报国家标准委等待批复，计划2017年召开委员换届大会。年内，标委会秘书处启动标准信息化管理，构建标准电子档案管理体系。学习标委会组织管理系统和标委会工作平台，逐步掌握系统和平台架构。

供　稿：SAC/TC290秘书处
撰稿人：徐素敏
审稿人：陈燕申

全国人力资源服务标准化技术委员会（SAC/TC292）

【概况】截至2016年底，全国人力资源服务标准化技术委员会归口管理6项国家标准；在研国家标准

13 项。

SAC/TC292 由来自人力资源服务机构、行业主管部门、行业协会、科研院所、高等院校等利益相关方的 57 名委员组成，负责全国公共就业、人力资源服务等领域的标准化技术归口管理工作。

【年会情况】2016 年 6 月 2—3 日，SAC/TC292 在北京召开换届大会暨第二届二次工作会议，人力资源社会保障部原副部长、标委会原主任委员信长星出席会议并讲话。会议总结年度工作，审议通过《人力资源服务术语》等 14 项国家标准送审稿。

【标准制修订与复审工作】2016 年，SAC/TC292 完成 13 项国家标准的审查上报工作。集中复审归口管理的23 项推荐性国家标准和计划项目，并提出复审结论，对人力资源服务领域现行标准体系进行优化。

【标准化科研】2016 年，SAC/TC292 秘书处委托中国人事科学研究院成立《人力资源服务标准体系》修订工作课题组，开展人力资源服务标准体系修订课题研究。课题组通过实地调研、专家访谈、组织专家研讨会等征求意见，对《人力资源服务标准体系(修订稿)》进行修改完善，完成课题研究报告。

【标准宣贯工作】2016 年，SAC/TC292 在北京、成都，分别举办 GB/T 30662—2014《现场招聘会服务规范》、GB/T 32623—2016《流动人员人事档案管理服务规范》和 GB/T 25124—2010《高级人才寻访服务规范》等 3 期国家标准宣贯培训班，来自全国 31 个省区市、79 个省部级人力资源服务机构的 210 余人参加培训，为标准化工作实施推广培训骨干。完成《人才测评服务规范》标准宣贯教材编写工作，启动《现场招聘会服务规范》国家标准宣贯教材的编写工作。

供　稿：SAC/TC292 秘书处

全国盐业标准化技术委员会(SAC/TC295)

【概况】截至 2016 年底，全国盐业标准化技术委员会归口管理国家标准 22 项、行业标准 38 项，其中 1 项采用国际标准；在研国家标准 1 项、行业标准 19 项。盐业标准体系框架由食用盐、工业用盐、农牧水产用盐、日化用盐、盐化工产品、盐业机械产品、盐田生物产品及其他类标准构成，包括基础公益类标准 1 项，产品标准 27 项，方法标准 19 项，管理标准 13 项。

SAC/TC295 下设 1 个分技术委员会(SC)：井矿盐(SC1)；5 个标准化专项工作组：井矿盐工作组(SWG1)、湖盐工作组(SWG2)、南方海盐工作组(SWG3)、北方海盐工作组(SWG4)、管理标准化工作组(SWG5)。

【标准制修订工作】2016 年，国家标准委批准发布 SAC/TC295 归口管理的国家标准 1 项；工业和信息化部批准发布 SAC/TC295 归口管理的行业标准 3 项。工业和信息化部批准立项 SAC/TC295 归口管理的行业标准 14 项。SAC/TC295 组织开展 3 次行业标准审查。

【标准复审工作】2016 年，SAC/TC295 组织复审推荐性国家标准 22 项，其中继续有效 13 项、修订 9 项，1 个计划项目继续有效；组织复审推荐性行业标准 18 项，其中继续有效 10 项、修订 8 项，继续有效计划项目 7 项。

【国际标准化工作参与情况】2016 年 9 月，SAC/TC295 派员赴日本了解掌握日本盐业改革过程中的标准体系建设情况、质量标准发展动态，参考《日本食盐安全卫生准则》管理经验，组织修订中国国家标准 GB/T 19828—2005《食盐定点生产企业质量管理技术规范》，完成标准草案。收集国际、日本、美国、印度等有关盐业标准信息，归纳 24 项标准信息数据，了解国外标准动态，指导盐业标准化工作。

【标准化科研】2016 年，SAC/TC295 结合消费者安全健康需求，组织行业企业开展海篷子食盐产品研发工作，开发减盐、代盐产品配方、生产工艺，制定 1 项企业标准；开展暂养型海水精的研究，运用课题成果制定 1 项行业标准；开展食盐安全信息追溯体系标准化研究，完成《食盐安全信息追溯体系规范》行业标准立项。受工业和信息化部委托组织开展盐业改革新形势下食盐质量安全管理标准化项目研究，解决食盐生产、批发企业标准体系存在的标准缺失或标龄过长问题，研究成果转化成标准的制修订工作任务。SAC/TC295 组织制定的 2 项国家标准《制盐工业通用试验方法　铅离子的测定》《制盐工业通用试验方法　砷离子的测定》，通过中国轻工业联合会“科技进步奖励”受理并公示。

【标准宣贯】2016 年，SAC/TC295 组织技术机构召开新发布国家标准 GB/T 5461—2016《食用盐》等 5 项标准宣贯培训会，培训 500 余人次。组织编制《全国盐业标准化技术委员会工作资料汇编》和《〈食用盐〉、〈工业盐〉等标准宣贯材料》等培训教材。

【TC 建设】2016 年，SAC/TC295 组织开展标准体系研究，构建和优化盐业"十三五"标准体系架构，制修订盐业标准体系表，完成制定《盐业"十三五"技术标准体系建设方案》（消费品）、《盐业"十三五"安全生产技术标准体系建设方案》、《盐业"十三五"节能与综合利用技术标准体系建设方案》。完成国家标准制修订系统、组织系统、标委会工作平台对接并运作；在秘书处挂靠单位支持下，建立 SAC/TC295 标准化网页窗口，建立全国盐业标准化委员会 QQ 群和微信群。

【年会情况】2016 年 5 月 25—27 日，SAC/TC295 在山东济南举行全体会议，委员出席率 85%，会议听取标委会主任关于全国盐业标准化技术委员会工作报告，解读《盐业体制改革方案》，审议《全国盐业"十三五"技术标准体系建设方案》、工业和信息化部委托 SAC/TC295《制修订食盐生产、批发企业急需标准任务分工计划》，介绍盐业食盐安全信息追溯体系建设试点工作情况和追溯体系标准制定进展情况，讨论国家标准 GB/T 19828—2005《食盐定点生产企业质量管理技术规范》、GB/T 18770—2008《食盐批发企业管理质量等级划分及技术要求》和GB/T 19420—2003《制盐工业术语》修订情况，研讨食盐保质期和执行标准的标注问题，确定 7 项国家标准、29 项行业标准列入立项申报项目。

供　稿：SAC/TC295 秘书处
撰稿人：李帮柱
审稿人：赵建国

全国电工电子产品与系统的环境标准化技术委员会（SAC/TC297）

【概况】截至 2016 年底，全国电工电子产品与系统的环境标准化技术委员会归口管理国家标准 74 项，其中 8 项采用国际标准；在研国家标准 31 项，其中2 项采用国际标准。

SAC/TC297 对口国际电工委员会电工电子产品与系统的环境标准化技术委员会（IEC/TC111）。IEC/TC111 有 1 个工作组（WG），1 个项目组（PT），1 个联合工作组（JWG），1 个标准维护组（MT），1 个任务工作组（TF）和 1 个审核组（VT）。SAC/TC297 派 30 余名专家参加 IEC/TC111 各个工作组工作，覆盖率达 100%。

SAC/TC297 秘书处设在中国质量认证中心。SAC/TC297 下设 5 个分技术委员会（SC）：材料声明（SC1），环境设计（SC2），有害物质检测（SC3），回收利用（SC4），环境评价（SC5）。

是年，SAC/TC297 组织有关分委会和国内标准起草专家对电子行业广泛关注的 GB/T 33352—2016《电子电气产品中限用物质筛选应用通则　X 射线荧光光谱法》等国家标准项目编写宣贯教材，并进行解读和宣贯，培训人数约 600 人。

【标准制修订与复审工作】2016 年，国家标准委批准立项 SAC/TC297 归口管理的国家标准制定项目 2 项。SAC/TC297 完成 5 项国家标准的送审和报批工作，并开展 23 项国家标准的制定工作。国家标准委批准发布 SAC/TC297 归口管理的 9 项有害物质检测、回收处理领域的国家标准。SAC/TC297 组织各有关技术委员会复审归口的国家标准 57 项，建议废止 6 项、修订 4 项、继续有效 47 项；在研国家标准计划 30 项，建议全部继续执行。

【国际标准化工作参与情况】2016 年，SAC/TC297 组织开展 40 份 IEC 文件转发工作，并对 14 份国际标准送审稿、草案稿等国际标准文件开展投票和意见征求工作。

作为召集人牵头完成的 IEC/TR 62824《在电子电气产品环境意识设计中考虑材料效率导则》于 2016 年 4 月正式发布。提出的《电子电气产品环境绩效标准整合可行性研究》国际标准提案获得立项，将由中国专家作为召集人开展标准的研制工作，开展对各国绿色产品标准的比对研究。

年内，组织专家参加 TF SBP、MT 62474、WG3、VT 62474、JWG 62959 等工作组会议和 IEC/TC111 全会，参会人员达 20 人次。

【标准化科研】2016 年，SAC/TC297 完成"十二五"国家科技支撑计划课题"循环经济技术、产品与模式推广机制研究”研究工作并进行验收,该课题完成制定《电子电气循环经济产品评价通则》国家标准并报批。开展质检公益专项“电子电气产品生态设计评价体系构建及关键技术研究”研究,完成《电子电气生态设计产品评价通则》标准制定和报批,并开展《电机产品声明周期评价技术规范(产品种类规则)》等标准的制定工作。开展国家科技支撑项目“支撑国际突破与国际贸易的重要国际标准研究”,完成IEC/TR 62824《在电子电气产品环境意识设计中考虑材料效率导则》国际标准的制定工作。

【年会情况】2016年,SAC/TC297下属各分委会先后召开全体会议,委员出席率75%以上。会议听取各分委会秘书长对2016年工作需求、国内外标准制修订执行情况、标准化科研、经费使用情况、存在问题、标准化工作计划等情况的汇报,并对深化标准化工作改革、绿色整合、回收利用、有害物质控制等领域的相关政策法规实施情况及国家标准进行宣贯。与会委员对各标准起草单位提交的5项国家标准进行审查,确定通过4项并报批国家标准委。开展对57项已发布国家标准和30项在研国家标准的复审工作。会议对在研的国家标准开展研讨并面向委员征集新国家标准项目的起草单位。

供　稿:SAC/TC297秘书处
撰稿人:骆明非
审稿人:于　洁

全国电工电子产品着火危险试验标准化技术委员会(SAC/TC300)

【概况】截至2016年底,全国电工电子产品着火危险试验标准化技术委员会归口管理推荐性国家标准及指导性技术文件37项,均为等同采用国际标准;在研国家标准9项、行业标准1项。

SAC/TC300对口国际电工委员会着火危险试验技术委员会(IEC/TC89)。

【标准制修订与复审工作】2016年,SAC/TC300提出1项国家标准制定计划建议,经征集委员意见,向上级主管部门提交申报材料,等待批复。开展9项国家标准的修订工作,其中6项完成报批,3项完成送审稿。

SAC/TC 300组织专家对归口的38项推荐性国家标准(其中含1项已公布废止,但仍在此次复审系统清单中)、9项推荐性国家标准计划进行集中复审。推荐性国家标准38项中,废止3项、修订17项、继续有效18项;推荐性国家标准计划9项中,继续执行9项。

【国际标准化工作参与情况】2016年,SAC/TC300收到IEC/TC89发出的54份工作文件,其中20份需要答复,秘书处均完成相关答复工作,答复率100%。

通过SAC/TC300推荐,中国有5名专家分别加入IEC/TC89的PT 60695-2-20“热丝起燃试验”(制定项目)、PT 60695-2-14“部件的灼热丝试验”(制定项目)、PT 60695-11-5“针焰试验”(修订项目)及PT 60695-2-15“成品的热线圈起燃试验”(制定项目)4个项目组,参与相关标准的制修订工作。

10月10—14日,IEC/TC89工作会议在德国法兰克福召开。受SAC/TC300秘书处委托,IEC/TC89国内技术归口单位中国电器科学研究院有限公司委派专家参加会议,听取和参与例行工作会议及其相关表决。中国与会专家就会前收集的关于IEC/TC89部分对口标准的问题与IEC/TC89专家讨论。

【年会、标准审查会及工作组会议情况】2016年9月,SAC/TC300于广州组织召开一次标准起草工作组会议,讨论5项国家标准的征求意见稿。

11月30日至12月2日,SAC/TC300第二届四次工作会议暨标准审查会在浙江温州召开。会议总结本年度工作,通报最新IEC国际标准进展,讨论下一年度的工作计划;对4项国家标准进行审查,讨论并得出审查结论。

供　稿:SAC/TC300秘书处

全国电气绝缘材料与绝缘系统评定标准化技术委员会（SAC/TC301）

【概况】截至2016年底，全国电气绝缘材料与绝缘系统评定标准化技术委员会归口管理标准70项，其中国家标准60项、能源行业标准6项、机械行业标准4项；在研标准计划项目15项，其中国家标准计划项目14项、能源行业标准计划项目1项。标委会有委员63名，顾问2名。

SAC/TC301对口国际电工委员会电气绝缘材料与系统的评估与鉴别委员会（IEC/TC112）。IEC/TC112发布62项国际标准及技术文件，其中国际标准46项、技术规范10项、技术报告6项。SAC/TC301归口的60项国家标准中有57项采用IEC/TC112标准或技术文件。

是年，SAC/TC301着重就标准制修订及复审、国际标准化工作、标准化科研、标委会自身建设和标准技术宣贯等方面开展工作。及时将发布的标准发送给委员；召开标准技术宣贯会议；跟踪和为主参与IEC/TC112标准化工作；随时回复企业关于相关标准实施情况的咨询。

【标准制修订与复审工作】2016年，国家标准委批准发布SAC/TC301归口管理的国家标准9项，能源局批准发布能源行业标准1项，工业和信息化部批准发布机械行业标准4项。国家标准委批准立项SAC/TC301归口管理的国家标准8项。SAC/TC301完成7项国家标准送审稿；集中复审64项推荐性标准、23项推荐性标准计划，建议撤销1项国家标准计划和1项能源行业标准计划，其余均建议继续有效。

【国际标准化工作参与情况】2016年，SAC/TC301完成对口国际标准化组织IEC/TC112标准投票及工作文件31份。按照IEC/TC112的有关要求，中国专家牵头组织国内外5家实验室，完成IEC/TR 62836平行对比试验工作。提出修订IEC/TR 62836上升为国际标准的建议；中国专家先后参加IEC 61857-31等5项国际标准的起草工作组。组织9名代表参加2016年IEC/TC112国际会议。

【标准化科研】2016年，SAC/TC301按照项目进度安排，推进标委会秘书处挂靠单位机械工业北京电工技术经济研究所牵头承担的质检公益专项“空间电荷等6项新能源及传统产业领域国际标准研制”的研究工作；参与国家质量基础的共性技术研究与应用专项课题子任务“电力装备和工程建筑领域国际标准研究”的研制工作。

【标委会自身建设】2016年，SAC/TC301调整主任委员和秘书长，增补委员2人，解聘委员2人。派员参加“标准编写与技术培训”2次。SAC/TC301被中国机械工业联合会评为“十二五机械工业标准化工作先进集体”。

【标准宣贯】2016年，SAC/TC301举办“大型电机绝缘技术-防晕技术专题研讨会”和“电气绝缘系统评定与牵引设备系统标准国内外现状专题研讨会”，来自绝缘材料厂、电机制造企业、牵引设备制造厂、检测机构及高校的近200人参加研讨会，就绝缘评定技术进行交流。

供　稿：SAC/TC301秘书处
撰稿人：刘亚丽　陈　昊
审稿人：郭振岩

全国发制品标准化技术委员会（SAC/TC304）

【概况】截至2016年底，全国发制品标准化技术委员会归口管理国家标准5项；在研国家标准2项。

SAC/TC304第二届委员会有委员36人，秘书处由河南瑞贝卡发制品股份有限公司和青岛即发集团控股有限公司联合承担。

SAC/TC304联合国家发制品及护发用品质量监督检验中心、发制品协会等对归口管理的5项标准进行宣贯培训，参加培训的大部分是发制品企业人员，平均每年培训一次。

【标准制修订工作】2016年，SAC/TC304立项申报标准 9 项,在研标准 2 项。

【国际标准化工作参与情况】SAC/TC304 归口管理的 5 项中国国家标准,是世界上唯一的发制品标准,在海关出口检测、国际间商品靠岸认证、国外客户质量纠纷裁定均以 5 项标准为依据。

供　稿:SAC/TC304 秘书处

全国制鞋标准化技术委员会(SAC/TC305)

【概况】截至 2016 年底,全国制鞋标准化技术委员会归口管理强制性国家标准 2 项、推荐性国家标准 72 项、推荐性行业标准 56 项,其中 61 项采用国际标准;在研国家标准 12 项、行业标准 10 项,其中 2 项采用国际标准。

SAC/TC305 对口国际标准化组织鞋类技术委员会(ISO/TC216)、鞋类标识与标记体系技术委员会(ISO/TC137)。

SAC/TC305 下设 1 个分技术委员会(SC):皮鞋(SC1);下设 5 个专业工作组(WG):鞋号、鞋楦标识和标记体系(WG1),物理机械性能(WG2),化学性能(WG3),鞋类和微生物(WG4),五金(WG5)。

【国际标准化工作参与情况】2016 年,SAC/TC305 参加 ISO 中央秘书处举办的关于新 ISO/IEC 导则 2 修改的网络视频会议;参加国家标准委组织的研究 ISO 未来发展战略会议;参加 ISO 中央秘书处举办的关于“eForm4 application”网络视频培训会议;参加 ISO/TC137 网络视频会议。

主导制定的 ISO/WD 20150 发出 DIS 投票;ISO/NP 20535 发出 CD 投票;ISO/PWI TS 20537 完成 PWI 草案 2 稿;ISO/NP TS 19577 通过 NP 投票;ISO/PWI 19574 通过 NP 投票;ISO/PWI 21061 完成 PWI 草案 2 稿;ISO/AWI 9407 完成 WD 草案稿 4 稿。

完成国际标准投票工作 30 项;完成 ISO/TC137 秘书处年度工作报告;完成 ISO/TC216/WG3 和 ISO/TC216/WG5 年度工作报告;完成 ISO/TC216 & CEN/TC309 年度工作报告;开展 ISO/TC137 下设 2 个工作组 ISO/TC137/WG2 和 ISO/TC137/WG3 召集人任期投票工作;编写 ISO/TC137 商业计划;筹建 ISO/TC137 及 ISO/TC216 国内技术对口专家工作组。

【标准化科研】2016 年,SAC/TC305 承担的国家标准委组织的“筑篱”行动中的“鞋类国内外标准对比研究及体系构建”项目结题;启动国家标准委“消费品安全及质量提升标准体系优化研究”项目研究并完成;“消费品安全标准化工程”项目申报;“鞋类和鞋类部件中多环芳烃及二甲基甲酰胺的检测研究”“老化方式对鞋类产品性能的影响研究”“鞋类防滑性能检测试验条件的优化研究”等 3 项 2015 年中国皮革和制鞋工业研究院院项目结题;“鞋类 TVOC 快速试验方法研究”“童鞋抗冲击性检测设备研制”“鞋类产品中有机锡化合物形态分析方法的研究”等 3 个 2016 年申报的中皮院院项目获得立项并启动项目研究;科技部 2014 年度政策引导类计划专项课题“儿童鞋舒适性与安全性监测体系建设”(又称:火炬项目)项目的研究工作继续推进并于 11 月结题;申报北京市朝阳区科技企业技术创新专项项目;与高铁合作的童鞋抗冲击性设备和整鞋切割机的设备开发工作完成,设备试用及试验方法探索。

【标准宣贯】2016 年,SAC/TC305 组织多场不同形式不同主题的标准宣贯培训活动,培训 160 余人次。

3 月 25 日,“鞋类质检中心负责人工作交流座谈会”在北京召开,全国 16 个省市的 47 家检测机构、5 家企业和 1 家院校近 80 位代表参加座谈会。

7 月 15 日,由 SAC/TC305 秘书处举办的“第二期鞋类国际标准化综合知识培训班(2016 年)”在中国皮革和制鞋工业研究院召开,来自广东、浙江、上海、四川等地的企业、科研院所、检测机构 11 名学员参加培训。

7 月 21—22 日,由国家鞋类质量监督检验中心(北京)、SAC/TC305 秘书处联合举办的“2016 鞋类标准宣贯与检测技术培训班”在中国皮革和制鞋工业研究院召开,来自全国 15 个省、自治区、直辖市质检机构和生产企业的 50 余位学员参加培训班。

【年会情况】2016 年 11 月 29 日至 12 月 1 日,SAC/TC305 第二届四次会议在海南海口召开,全国 10 个省市,140 余家制鞋企业、研究院所、检测机构、行业协会等单位 160 余名代表参加会议,委员出席率 91%。

会议通报 SAC/TC305 第二届三次主任委员扩大会议、成立 ISO/TC137 及 ISO/TC216 国内技术对口专家工作组、2016 年鞋类国际标准化综合知识培训班、SAC/TC305 验证试验实验室考核情况、增补观察员、《鞋类钢勾心》等标准获奖情况等；表彰2016年度优秀委员、优秀观察员；为新增的9家SAC/TC305验证试验实验室颁发牌匾和证书，为4位新增委员（含变更）以及20位新增观察员颁发证书。会议听取并通过SAC/TC305秘书长做《全国制鞋标准化技术委员会2016年度工作总结及2017年度工作计划》的报告；听取皮鞋分委会及5个工作组的负责人对各自工作情况汇报。全体与会委员对SAC/TC305的2016年度经费决算和2017年度经费预算、标委会委员变更、标委会会费缴纳管理办法、2017年标准项目立项申报计划等议题，以及童鞋、鞋底、传统鞋三个专业工作组的成立申请进行投票表决，并获得全体与会委员的投票支持。

会议审查通过10项标准（包括1项修改单）、1项标准由起草小组会后进行修改完善后再提交全体委员审查。来自不同领域的6位专家与各位代表进行技术交流，介绍儿童鞋与成人鞋的异同、鞋业信息化技术、标准物质研究、专业市场（店）标准、物品编码技术、侵权假冒现状及应对等内容。

供　稿：SAC/TC305秘书处
撰稿人：张　骁
审稿人：戚晓霞

全国减灾救灾标准化技术委员会（SAC/TC307）

【概况】 截至2016年底，全国减灾救灾标准化技术委员会归口管理国家标准16项、行业标准31项；在研国家标准5项、行业标准23项。

是年，SAC/TC307通过1月在《中国社会报》发表《我国综合防灾减灾标准化现状与发展思路》和9月为第39届ISO大会提供防灾减灾救灾标准化宣传展板开展减灾救灾标准化工作专题宣传；4月参加民政部标准化工作培训会，6月参加国家标准委国际标准化综合知识培训班，8月参加民政标准化高级研修班暨标准化工作推进会，10月参加国家标准委“社会管理和公共标准化工作培训班”。

【标准制修订与复审工作】 2016年，SAC/TC307归后管理的15项标准获批立项，其中国家标准制定项目3项、行业标准制定项目12项。归口管理的1项国家标准、2项行业标准获批发布。组织开展5项国家标准和18项行业标准的制修订工作。其中，1项国家标准和7项行业标准形成报批稿并正式报批；4项国家标准和11项行业标准正在起草。

SAC/TC307集中复审归口管理的15项推荐性国家标准、2项推荐性国家标准计划项目和31项推荐性行业标准、12项推荐性行业标准计划项目。

【标准化科研】 2016年，SAC/TC307继续实施质检公益行业专项“公共安全突发事件一线处置应对标准体系与32项关键技术标准研究”项目中“自然灾害应急处置关键技术标准研究”项目。其中，3项国家标准、6项民政行业标准获批立项，正在编写项目研究报告。

参与《国家标准化体系建设发展规划（2016—2020年）》工程4“基本公共服务标准化体系建设工程”项目建议书“减灾救灾领域”论证工作。

供　稿：SAC/TC307秘书处
撰稿人：陈　厦
审稿人：张　磊

全国空间科学及其应用标准化技术委员会（SAC/TC312）

【概况】 截至2016年底，全国空间科学及其应用标准化技术委员会归口管理国家标准54项，其中已发布32项，正在研制22项。已发布国家标准均纳入载人航天、探月及其他国家重大空间工程项目的标准体系中进行推广应用。

是年,SAC/TC312 面向空间科学与应用相关科研工作者、管理人员开展"标准化改革方案和标准立项评估及报批要求培训班",对改革方案和践行的具体要求进行解读,宣贯标准化改革和新形势下标准立项评估、报批等新要求。

是年,SAC/TC312 归口管理的《星敏感器通用规范》获得西安市"支持标准化和名牌"奖励,《空间材料科学实验装置　多功能高温炉设计规范》获得上海市长宁区"'标准化战略'资助专项资金"。

【标准制修订与复审工作】2016 年,SAC/TC312 提出的 5 项国家标准建议通过国家标准委组织的立项评估;向国家标准委报批国家标准 7 项;集中复审 22 项国家标准和 21 项计划项目。

【标准化科研】2016 年,SAC/TC312 承担的质检公益性标准化科研专项"遥感技术标准体系和空间站空间科学与应用重要标准研究"中的"空间站空间科学与应用标准体系和重要标准研究"通过质检总局验收。

供　稿:SAC/TC312 秘书处
撰稿人:廖胜蓝
审稿人:顾逸东

全国铁矿石与直接还原铁标准化技术委员会(SAC/TC317)

【概况】截至 2016 年底,全国铁矿石与直接还原铁标准化技术委员会归口管理标准 119 项,其中国家标准 104 项、行业标准 15 项;在研标准 54 项,其中国家标准 39 项、行业标准 15 项。

SAC/TC317 下设 1 个分技术委员会(SC):钒钛磁铁矿(SC1)。

SAC/TC317 对口国际标准化组织铁矿石与直接还原铁技术委员会(ISO/TC102)。ISO/TC102 下设 3 个分技术委员会:取制样分技术委员会(ISO/TC102/SC1)、化学分析分技术委员会(ISO/TC102/SC2)和物理试验分技术委员会(ISO/TC102/SC3)。ISO/TC102 制定国际标准 76 项,转化为中国标准 54 项,列入计划正在转化的有 12 项,将要转化的有 7 项,有 3 项暂不转化。

是年,SAC/TC317 组织召开标准宣贯培训班 1 次。8 月,举办"标准化从业人员及标准起草人标准化知识培训班",培训标准化基础知识、冶金标准制定程序及要求、全国专业标准化技术委员会管理规定、委员会考核评估办法、推荐性国家标准立项评估办法、委员会工作平台使用、标准编写规则、标准化工作指南等内容,就实际工作应用中的问题进行讨论,提高标准编制水平和质量。

【标准制修订与复审工作】2016 年,国家标准委批准立项 SAC/TC317 归口管理的国家标准项目 2 项,工业和信息化部批准立项 SAC/TC317 归口管理的行业标准项目 5 项。SAC/TC317 向国家标准委和工业和信息化部报批国家标准 24 项、行业标准 4 项。国家标准委批准发布 SAC/TC317 归口管理的国家标准 21 项。SAC/TC317 集中复审推荐性国家标准和行业标准 123 项,其中继续有效 73 项、修订 46 项、废止 4 项;集中复审在研推荐性国家标准和行业标准制修订计划 66 项,复审结论均为继续有效。

【国际标准化工作参与情况】2016 年,SAC/TC317 组织办理国际标准送审稿、国际标准新工作项目、国际标准复审件等网上电子投票和意见回复 17 项。在 ISO/TC102 的 2016 年瑞典会议上,由中国以中国国家标准为基础提出的《铁矿石　全铁含量的测定　EDTA 滴定法》和《铁矿石　硫含量的测定　硫酸钡重量法》等 2 个新项目成功立项,负责《铁矿石　铝含量的测定　第 1 部分:火焰原子吸收光谱法》和《直接还原铁　碳和/或硫含量的测定　高频燃烧红外测量法》等 2 个国际标准项目的修订工作。中国作为召集人的正在开展的项目有《铁矿石　全铁测定　电位滴定法》《铁矿石　多元素的测定　电感耦合等离子体质谱法》《铁矿石　钠含量的测定　X 荧光光谱分析方法》和《铁矿石　灼烧减量的测定　热重法》,中国参与 7 项在研项目的共同试验研究工作。

【年会情况】2016 年 3 月,SAC/TC317 在江苏盐城召开"2016 年全国铁矿石与直接还原铁标准化技术委员会年会",委员出席率 91.1%。会议听取标委会标准制修订计划执行情况、存在问题、标准化工作需求和国际标准化发展动态的情况汇报。会议主要事项包括:委员调整方案;讨论标委会工作总结及 2016 年工作要点;表彰标委会年度先进;进行标委会工作交流;讨论本领域标准计划项目草案;讨论并确定今后一年标准制修订工作重点。

供　稿:SAC/TC317 秘书处
撰稿人:陈自斌
审稿人:郑景须

全国生铁及铁合金标准化技术委员会(SAC/TC318)

【概况】截至 2016 年底,全国生铁及铁合金标准化技术委员会归口管理国家标准 199 项、行业标准 135 项。

SAC/TC318 对口国际标准化组织铁合金技术委员会(ISO/TC132)。ISO/TC132 有国际标准项目 71 项,其中 62 项转化为中国国家标准,转化率 87.32%。

【标准复审工作】2016 年,SAC/TC318 完成国家标准、行业标准集中复审工作。完成标准复审项目 292 项,其中国家标准 185 项、行业标准107 项。复审结论:66 项为修订,其余项目继续有效。集中复审完成率 100%。

【国际标准化工作参与情况】2016 年,SAC/TC318 组织开展 ISO 5446《锰铁》和 ISO 6467《钒铁　钒含量的测定　电位滴定法》等 2 项国际标准制定工作。其中,ISO 5446《锰铁》国际标准进入到 FDIS 阶段,ISO 6467《钒铁　钒含量的测定　电位滴定法》标准进行到 DIS 阶段。

【标准化科研】2016 年,SAC/TC318 完成课题项目“铁合金行业支撑化解产能过剩标准体系研究”,完成《铁合金行业支撑化解产能过剩标准体系研究》研究报告,提出《硅铁》《锰铁》《锰硅合金》等系列重点品种及配套方法的标准制修订方案,列出化解产能过剩标准制修订目录清单,完成任务书规定的考核指标。

【标准宣贯及服务】2016 年 10 月,SAC/TC318 在四川成都组织召开 1 次标准宣贯会,参加宣贯的人数 40 人;编写标准宣贯材料 1 册。为首钢技术研究院、马鞍山钢铁股份有限公司、鄂尔多斯市西金矿冶有限公司、中信锦州金属股份有限公司、交城义望铁合金股份有限公司等单位提供标准化技术咨询服务。

【年会情况】2016 年 3 月 24 日,SAC/TC318 在江苏盐城召开年会。会议总结 2015 年重点工作,下一步标委会将加强铁合金领域节能减排、综合利用标准制修订工作,重点加强降低能耗、电耗标准的制定,加强节能、节水,以及现有矿产资源综合利用方面标准的制修订。会议传达国务院深化标准化工作改革方案的精神,强调在化解钢铁行业产能过剩中,做好化解产能过剩重点领域标准化工作;配合国家“一带一路”的发展战略,推进中国标准“走出去”,主导国际标准的制定,培育中国企业国际竞争新优势;在推进钢铁行业的两化深度融合中,发挥标准化的促进作用,通过制定相应标准,引导行业健康发展。

供　稿:SAC/TC318 秘书处
撰稿人:卢春生
审稿人:陈自斌

全国电气化学标准化技术委员会(SAC/TC322)

【概况】截至 2016 年底,全国电气化学标准化技术委员会归口管理国家标准 19 项、行业标准 73 项,其中 18 项采用国际标准;在研行业标准 13 项,其中 2 项采用国际标准。

【标准制修订与复审工作】2016 年,能源局批准立项 SAC/TC322 归口管理的行业标准项目 7 项。SAC/

TC322 向国家标准委和能源局报批国家标准、行业标准 16 项,审查国家标准、行业标准送审稿 16 项。国家标准委批准发布 SAC/TC322 归口管理的国家标准 1 项,能源局批准发布 SAC/TC322 归口管理的行业标准 13 项。SAC/TC322 组织复审归口国家标准 19 项,结论均继续有效;复审行业标准 73 项,其中继续有效 71 项、废止 2 项。

【年会情况】 2016 年 5 月 18 日,SAC/TC322 在广州举行全体会议,委员出席率 70%。会议听取 SAC/TC322 秘书长对标委会电气化学标准制修订执行情况、存在问题、标准化工作需求和国际标准化发展动态的情况汇报。与会委员审查论证起草单位提交的 14 项行业标准申报书、草案稿,确定将其中的 8 项行业标准列为国家标准委和能源局申报项目。

供　稿:SAC/TC322 秘书处
撰稿人:肖秀媛
审稿人:李烨峰

全国遥感技术标准化技术委员会(SAC/TC327)

【概况】 截至 2016 年底,全国遥感技术标准化技术委员会归口管理国家标准 5 项,在研国家标准 18 项(含副归口 1 项)。

SAC/TC327 对口国际标准化组织地理信息标准化技术委员会(ISO/TC211)下设的影像工作组(WG6)。

是年,SAC/TC327 召开全体委员工作会议 1 次,组织召开遥感技术标准审查会 3 次,组织/协办技术交流会 2 次,参加标准化工作研讨会及相关讨论交流会 9 次,参加标准化工作相关培训 4 次,开展标准化技术咨询服务 12 次,服务企事业单位 21 家。

【标准制修订与复审工作】 2016 年,SAC/TC327 归口管理新立项国家标准制修订计划项目 8 项(含副归口 1 项),向国家标准委报批国家标准 2 项,审查国家标准送审稿 2 项,审查标准立项申请 49 项。国家标准委批准发布 SAC/TC327 归口管理的国家标准 1 项。SAC/TC327 集中复审归口国家标准 14 项,均继续有效。

【国际标准化工作参与情况】 2016 年,SAC/TC327 持续追踪国际标准化发展动向,争取参与国际标准制定工作。参加 ISO/TC211 第 43 次工作会议,就主导编制《地理信息　遥感影像传感器定标与验证　第 5 部分:微波辐射成像/探测仪》1 项国际标准进行沟通并得到支持,建议 2017 年正式启动项目提案。同美国国家标准学会地理信息技术委员会(INCITS-L1)开展标准化相关交流。

【标准化科研】 2016 年,SAC/TC327 牵头承研的质检公益性行业科研专项项目"遥感技术标准体系和空间站空间科学与应用重要标准研究"通过验收。项目研究成果以"我国首个国家级遥感技术标准体系建成"为题,入选由中国遥感应用协会主办的"2015 年中国遥感领域十大事件",排名第五;项目研制的 4 项遥感技术国家标准进入送审阶段。

SAC/TC327 参与国家重点研发计划"国家质量基础的共性技术研究与应用(NQI)"重点专项"战略性新兴产业关键国际标准研究(一期)"课题,承担并启动微波辐射成像/探测仪定标和真实性检验标准化研究工作,完成立项报告和实施方案研究,撰写《微波辐射传感器定标与验证研究报告》。SAC/TC327 秘书处承担"公安重要地区遥感监测应用标准规范——高分公安遥感监测应用标准体系"课题研究任务,参编形成高分公安遥感监测应用标准体系,申请发明专利、实用新型专利各 1 项;参与编制中国科学院空间应用布局规划中遥感技术标准化相关内容。

【年会情况】 2016 年 1 月 28 日,SAC/TC327 在北京举行全体会议,委员出席率 97.14%。会议听取秘书处对标委会国家标准制修订、标准化科研、标准研究与制定互动机制、国际标准化、能力建设、交流与培训、面临的主要问题及工作建议、下年度工作计划等的情况汇报,审议通过增补 2 名委员的提案;会议对 30 项标准的立项意见进行表决,确定将其中 9 项标准列为向国家标准委申报项目;会议审议并通过《城镇地物可见光-短波红外光谱反射率测量》《S/X/Ka 三频低轨遥感卫星地面接收系统技术要求》等 2 项标准送审稿。

【能力建设】 2016 年,SAC/TC327 与中国遥感应用协会合作成立的中国遥感应用协会标准化分会获授牌,正式投入运行,组织开展遥感应用团体标准论证工作;秘书处依托单位加入中国标准化创新战略联盟并成为联盟第一届理事单位;SAC/TC327 完成委员增补,目前委员人数为 37 人。

SAC/TC327 与科技部国家遥感中心合作建立的标准研究与制定互动机制初见成效,调动科研人员参与标准化工作积极性，提升遥感技术标准科技水平。SAC/TC327 归口管理国家标准/在研标准中有7项(2项发布实施、5项于2016年立项)来自国家“863”计划成果。

供　稿：SAC/TC327 秘书处
撰稿人：贾媛媛
审稿人：唐伶俐

全国建筑施工机械与设备标准化技术委员会(SAC/TC328)

【概况】截至2016年底，全国建筑施工机械与设备标准化技术委员会归口管理现行标准130项，其中国家标准67项、行业标准63项。

SAC/TC328 对口国际标准化组织建筑施工机械与设备技术委员会(ISO/TC195)。2016年起至2019年，北京建筑机械化研究院承担ISO/TC195秘书处工作，刘双担任ISO/TC195秘书一职。ISO/TC195现行标准27项，其中17项转化为中国标准，正在转化2项，计划再转化3项，另有5项标准不适宜转为中国标准。

SAC/TC328 秘书处承担单位为北京建筑机械化研究院。SAC/TC328 下设2个分技术委员会(SC)：混凝土机械(SC1)，基础施工设备(SC2)。SAC/TC328/SC1 秘书处承担单位为中联重科股份有限公司，SAC/TC328/SC2 秘书处承担单位为北京建筑机械化研究院。

【标准制修订与复审工作】2016年，SAC/TC328 归口管理的6项标准获批立项；归口管理的10项标准获批发布；审查标准11项；报批标准9项。

SAC/TC328 完成推荐性标准集中复审工作，建筑施工机械与设备领域推荐性标准117项(国家标准60项、行业标准57项)，在研推荐性标准制修订计划56项(国家标准计划29项、行业标准计划27项)。

【标准化科研】2016年，SAC/TC328 参加国家标准委“中国装备”标准体系建设研究(二期)——中国工程机械在“一带一路”沿线重点国家的标准需求研究。

【年会情况】2016年9月21—24日，SAC/TC328 在山西太原召开年会，标委会委员和有关专家79人参会，委员出席率86%。会议听取秘书处关于上一年度标委会工作总结和下一年度标委会工作计划。

【国际标准化工作参与情况】2016年10月10日，SAC/TC328 秘书处组织来自中联重科股份有限公司、德国机械设备制造业联合会和北京建筑机械化研究院等5位国内专家参加国际标准化组织在法国巴黎召开的ISO/TC195第25届年会及各分技术委员会会议及相关工作组会议。会议决定，2017年起，北京建筑机械化研究院李静担任ISO/TC195主席一职。

中联重科股份有限公司作为ISO 19720-1《混凝土搅拌站及砂浆搅拌站的术语及商业规格》国际标准工作组的召集人，在ISO/TC195年会上向各与会专家汇报ISO 19720-1标准自2015年9月CD(委员会草案)通过以来，DIS(国际标准草案)阶段的工作成果。该标准DIS阶段100%投票通过，进入FDIS(最终国际标准草案阶段)。

供　稿：SAC/TC328 秘书处
撰稿人：刘　双
审稿人：李　静

全国高压直流输电设备标准化技术委员会(SAC/TC333)

【概况】截至2016年底,全国高压直流输电设备标准化技术委员会归口管理国家标准5项;在研标准1项。

是年,SAC/TC333开展标准化技术咨询服务20余次,服务企业10家。

【标准制修订与复审工作】2016年,SAC/TC333继续开展《高压直流转换开关用电容器》标准制定工作,并完成报批。

调研GB/T 26217—2010《高压直流输电系统直流电压测量装置》、GB/T 26216.1—2010《高压直流输电系统直流电流测量装置　第1部分:电子式直流电流测量装置》和GB/T 26216.2—2010《高压直流输电系统直流电流测量装置　第2部分:电磁式直流电流测量装置》等3项国家标准的实施情况,决定开展3项标准的修订工作,相关申请材料报送至国家标准委。

根据国家标准委和中国电器工业协会要求,SAC/TC333对归口管理的标准进行研究,并组建集中复审专家工作组。召开推荐性国家标准集中复审专家工作组会议,对归口管理的5项国家标准和1项国家标准计划进行复审,得出复审结论:3项标准修订、2项标准继续有效、1项计划继续有效。秘书处根据复审结论编制复审报告进行上报。

【国际标准化工作参与情况】2016年,SAC/TC333委员参与IEC/TR 60919-1《高压直流系统的性能　第1部分:稳态》和IEC/TR 60919-3《高压直流系统的性能　第3部分:动态》的修订工作,其中IEC/TR 60919-3:2016《高压直流系统的性能　第3部分:动态》已发布。

【年会情况】2016年10月26—27日,SAC/TC333在陕西西安举行全体委员会议,委员出席率85.7%。会议听取2016年标委会工作总结、标委会财务收支情况、标准体系建设、下一步工作计划和本领域相关国际标准化发展动态等方面汇报。与会委员审议并通过报告,对标准化工作需求和该领域国际标准化进行讨论。会议确定要继续加强和相关标委会沟通协调,做好标准的立项工作。秘书处向大会宣读本年度国家标准委等上级单位下发的各项重要文件,参会委员进行学习和探讨。

供　稿:SAC/TC333秘书处
撰稿人:杨晓辉
审稿人:苟锐锋

全国升降工作平台标准化技术委员会(SAC/TC335)

【概况】截至2016年底,全国升降工作平台标准化技术委员会归口管理国家标准15项(强制性国家标准7项、推荐性国家标准8项)、行业标准10项(均为推荐性行业标准),其中采用国际标准7项。

SAC/TC335对口国际标准化组织升降工作平台技术委员会(ISO/TC214),中国是P成员。ISO/TC214现行国际标准8项,其中7项转化为中国国家标准,正在转化中的1项。

是年,SAC/TC335组织开展标准宣贯培训班3次,培训人数150人次。

【标准制修订与复审工作】2016年,SAC/TC335归口管理的1项国家标准获批立项,3项标准获批发布;组织制修订标准5项。SAC/TC335复审归口管理的标准16项,其中国家标准7项、行业标准9项。

【国际标准化工作参与情况】2016年,SAC/TC335组织ISO/TC214的2项投票,投票率100%。6月,SAC/TC335派中国代表团参加在美国西雅图召开的ISO/TC214全体会议及其工作组会议,并提出1项新项目建议《爆炸性环境下使用的升降工作平台特殊要求》。

【年会情况】2016年10月25—28日,SAC/TC335在江苏徐州召开年会,标委会委员和有关专家等66人参会，委员出席率 78%。会议听取秘书处关于上一年度标委会工作总结和下一年度标委会工作计划。

供　稿：SAC/TC335 秘书处
撰稿人：尹文静
审稿人：李　静

全国绿色制造技术标准化技术委员会（SAC/TC337）

【概况】 截至 2016 年底，全国绿色制造技术标准化技术委员会归口管理国家标准 23 项；在研国家标准 9 项、行业标准 1 项。

SAC/TC337 下设 1 个分技术委员会（SC）：再制造（SC1）。

【标准制修订工作】 2016 年，SAC/TC337 归口管理的 3 项国家标准计划获批立项，6 项归口管理的标准获批发布。

【标准化科研】 2016 年，SAC/TC 337 开展“航空装备等重要制造领域 49 项基础及关键共性技术标准研究”质检公益项目研究。

供　稿：SAC/TC337 秘书处
撰稿人：孙婷婷
审稿人：奚道云

全国茶叶标准化技术委员会（SAC/TC339）

【概况】 截至 2016 年底，全国茶叶标准化技术委员会归口管理国家标准 74 项、行业标准 17 项，其中 20 项国家标准采用国际标准；待发布的国家标准 13 项，在研国家标准 13 项、行业标准 6 项。

SAC/TC339 对口国际标准化组织食品技术委员会茶叶分技术委员会（ISO/TC34/SC8）。

SAC/TC339 下设 12 个标准工作组（WG）：龙井茶（WG1），乌龙茶（WG2），碧螺春茶（WG3），普洱茶（WG4），边销茶（WG5），特种茶国际标准国内工作组（WG6），白茶（WG7），红茶（WG8），黑茶（WG9），花茶（WG10），黄茶（WG11），茯茶（WG12）。其中茯茶工作组（SAC/TC339/WG12）是 2016 年 SAC/TC339 根据标准制修订工作需要批准成立的。

是年，SAC/TC339 参与培训评茶员及评茶师培训班 40 期，累计 1200 余人次参加标准编写培训和茶叶标准宣贯。全年对全国各地的 50 余家茶叶生产企业开展技术服务工作，考察、指导企业进行生产标准化和提高产品质量等工作。

是年，SAC/TC339 指导各标准工作组开展工作，先后参与白茶工作组、黄茶工作组、花茶工作组、边销茶工作组、乌龙茶工作组全体工作会议。指导各工作组编写工作计划，并在工作组会议上开展标准化政策动向和茶叶新发布国家标准、行业标准的宣贯。

【标准制修订与复审工作】 2016 年，国家标准委批准立项 SAC/TC339 归口管理的国家标准 1 项，中华全国供销合作总社批准立项 SAC/TC339 归口管理的行业标准 4 项。SAC/TC339 组织征求意见、审定、报批国家标准 12 项、行业标准 5 项。国家标准委批准发布 SAC/TC339 归口管理的国家标准 11 项、国家标准修改单 1 项，中华全国供销合作总社批准发布 SAC/TC339 归口管理的行业标准 5 项。

SAC/TC339 组织各相关单位复审归口国家标准 45 项，其中 5 项标准正在修订、2 标准建议进行合并修订、其余继续有效。

【国际标准化工作参与情况】 2016 年，SAC/TC339 组织办理国际标准复审件的网上电子投票和意见回复 11 项，主导承担 ISO 20715《茶叶分类》和 ISO 20716《乌龙茶》等 2 项国际标准的制定工作。

【标准化科研】 2016 年，SAC/TC339 承担中华全国供销合作总社标准化项目“茶叶重要标准制定及标准化服务平台建设”。重点围绕“十三五”茶叶国家标准和行业标准体系建设、标准化示范县建设、茶叶标准化服务平台建设等方面开展相关研究,提出相关制度、要求、体系表和报告。

【年会情况】2016 年 3 月 5—7 日,SAC/TC339 在安徽合肥组织召开二届四次会议,委员出席率 86.15%。会议通过标委会 2015 年工作总结及 2016 年工作计划,审议财务报告,SAC/TC339 下属 10 个标准工作组进行交流,并投票审定通过 12 项国家标准,对 3 项国家标准立项计划进行投票。

供　稿:SAC/TC339 秘书处
撰稿人:张亚丽
审稿人:翁　昆

全国熔断器标准化技术委员会(SAC/TC340)

【概况】截至 2016 年底,全国熔断器标准化技术委员会归口管理国家标准 23 项、行业标准 3 项,其中 21 项采用国际标准;在研国家标准 6 项,其中 4 项采用国际标准。

SAC/TC340 对口国际电工委员会熔断器技术委员会(IEC/TC32)。IEC/TC32 下设 3 个分技术委员会:高压熔断器(IEC/SC32A)、低压熔断器(IEC/SC32B)、小型熔断器(IEC/SC32C)。

SAC/TC340 下设 3 个分技术委员会(SC):高压熔断器(SC1),低压熔断器(SC2),小型熔断器(SC3)。

是年,SAC/TC340 及 SAC/TC340/SC2 在浙江宁波召开 GB/T 13539.1—2015 和 GB/T 13539.2—2015 标准宣贯会,培训 40 人次。SAC/TC340 开展标准化技术咨询服务 12 次,服务企业 9 家。

【标准制修订与复审工作】2016 年,国家标准委批准立项 SAC/TC340 归口管理的国家标准项目 1 项。SAC/TC340 向国家标准委报批国家标准 1 项,审查国家标准送审稿 1 项;完成征求意见稿并广泛征集意见的在研国家标准 4 项。国家标准委批准发布 SAC/TC340 归口管理的国家标准 1 项。SAC/TC340 组织各有关分技术委员会复审归口国家标准 15 项,其中继续有效 13 项、修订 2 项;复审国家标准计划 8 项,均继续执行;复审行业标准 3 项,其中继续有效 1 项、修订 2 项;复审行业标准计划 1 项,结论为废止。

【国际标准化工作参与情况】2016 年,SAC/TC340 组织各分标委处理国际标准草案文件 43 项,其中网上电子投票 11 项,投票率 100%。SAC/TC340/SC3 参与 2 项国际标准的制修订工作;国际电工委员会发布由 SAC/TC340/SC3 参与制定的标准 1 项。组团参加 IEC/TC32、IEC/SC32B、IEC/SC32C 等 3 个技术委员会年会,参与会议讨论和投票表决。SAC/TC340 推荐的参与国际标准化制修订工作组及维护组的注册专家 4 人。

【年会情况】2016 年 6 月 24 日,SAC/TC340 及 SAC/TC340/SC2 在浙江宁波召开年会,委员出席率分别为 77.8% 和 89.5%,会议总结分委会年度工作情况及标准化工作需求,汇报低压熔断器国际标准最新发展动态,审查标准送审稿 1 项。

10 月 26—28 日,SAC/TC340/SC1 在福建厦门召开年会,委员出席率 95%。会议听取上级部门领导对当前标准化工作的指示,以及秘书处财务状况、工作进展情况、IEC 标准制修订动态等 3 项报告。

供　稿:SAC/TC340 秘书处
撰稿人:张丽丽
审稿人:黄兢业

全国审计信息化标准化技术委员会（SAC/TC341）

【概况】截至2016年底，全国审计信息化标准化技术委员会归口管理国家标准10项；在研国家标准3项。

SAC/TC341对口国际标准化组织审计数据采集项目委员会（ISO/PC295）。

【标准制修订与复审工作】2016年，SAC/TC341成立的《财经信息技术　建设项目投管理软件数据标准》（以下简称：《数据标准》）起草工作组，按照国家标准制修订程序的要求，最终形成《数据标准》（报批稿）。

依据国家标准委关于《推荐性标准集中复审工作方案》及《国家标准委办公室关于请尽快报送推荐性标准集中复审工作结论的通知》要求，SAC/TC341组织对归口的10项已发布国家标准、3项国家标准制修订计划进行集中复审，并在规定的时间内，将经主管部门同意的复审结论报送给国家标准委。

【国际标准化工作参与情况】2016年，SAC/TC341根据ISO/PC295工作组安排开展工作，先后组织召开15次ISO/PC295工作组会议，以及若干次国内专家组会议。在审计署和国家标准委指导和帮助下，ISO/PC295项目支持团队与有关单位沟通，牵头制定工作计划，组织召开国际及国内会议，集中国内力量研究标准制定，推进中美双边沟通，协调各国立场，逐步消化标准制定过程中的矛盾，完成ISO/PC295工作组第一稿工作草案。

2016年7月，为推进审计数据标准国际化进程，国务院批准成立“审计数据采集”国际标准项目部际协调小组。部际协调小组由审计署牵头，成员单位包括外交部、工业和信息化部、财政部、商务部、证监会、国家标准委、中国航天科技集团。7月19日，部际协调小组成立大会召开。

【标准化国际合作】2016年，SAC/TC341完成世界审计组织（INTOSAI）IT工作组“会计核算软件数据接口国际标准”课题的年度工作任务，4月，参与制定的INTOSAI IT审计工作组“会计核算软件数据接口标准”国际项目顺利结题。

供　稿：SAC/TC341秘书处

全国燃料电池及液流电池标准化技术委员会（SAC/TC342）

【概况】截至2016年底，全国燃料电池及液流电池标准化技术委员会归口管理国家标准29项、国家标准化指导性技术文件4项，其中9项采用国际标准；在研国家标准15项，其中采用国际标准6项。燃料电池领域发布和在研的国家标准41项、国家指导性技术文件4项；液流电池领域发布和在研的国家标准3项。

SAC/TC342对口国际电工委员会燃料电池技术委员会（IEC/TC105）。

【标准制修订与复审工作】2016年，国家标准委批准发布SAC/TC342归口管理的液流电池国家标准1项。SAC/TC342完成燃料电池国家标准报批10项；开展4项燃料电池和1项液流电池国家标准制定工作。SAC/TC342集中复审29项国家标准、4项国家标准指导性技术文件，以及15项正在进行的标准项目。29项国家标准和4项国家标准指导性技术文件中，继续有效28项、修订3项、废止2项；15项正在进行的标准中，废止1项、继续执行14项。

【国际标准化工作参与情况】2016年，SAC/TC342完成IEC/TC105文件67份，其中投票文件11份、非投票文件56份，投票答复率100%。主导承担IEC 62282-1《燃料电池　术语》、《用于储能系统的可逆燃料电池模块-含可逆操作的质子交换膜燃料电池单电池与电堆性能》和IEC 62932-2-1《固定式领域用液流电池　第2-1部分：性能一般要求及试验方法》国际标准的制修订工作；组织专家参加WG10、WG13等工作组会议，并组团参加2016年10月13日在德国法兰克福召开的IEC/TC105年会。

【年会情况】2016年10月29日，SAC/TC342在广东云浮召开年会暨标准审查会，委员出席率75%。会议听取秘书长关于标委会日常管理、标准制修订、标准体系建设、国际标准化以及其他相关工作等情况的汇报；讨论燃料电池标准体系及2017年标准计划申报项目；确定2017年度委员调整情况；审查2项燃料电池国家标准送审稿,其中 1 项国家标准计划项目送审稿未通过审查,建议补充完善后再进行审查;讨论 2 项燃料电池国家标准项目草案稿。

供 稿:SAC/TC342 秘书处
撰稿人:陈 晨
审稿人:俞红梅

全国项目管理标准化技术委员会(SAC/TC343)

【概况】 截至 2016 年底,全国项目管理标准化技术委员会归口管理国家标准 4 项。

SAC/TC343 对口国际标准化组织项目、项目群及投资组合管理技术委员会(ISO/TC258)。

SAC/TC343 下设 1 个分技术委员会(SC):成熟度评估(SC1)。

是年,SAC/TC343 通过微信公众号等网络平台为委员提供学术交流平台和信息传递渠道,发布标委会工作动态、项目管理标准化信息和相关标准研制动态;与西北工业大学项目管理专家团队建立合作联系,参加由其举办的 2016 中国项目管理大会,宣贯标委会相关成果。

是年,SAC/TC343 开展标准化技术咨询服务 15 次,服务企业 6 家。

是年,SAC/TC343 秘书处参加标准化工程师培训、综合标准化知识培训、PMP 项目管理的培训。参加国家标准委组织的推荐性标准集中复审培训会、标准评估与标准制修订综合培训班。参加英语高级口译培训。

【标准制修订工作】 2016 年,SAC/TC343 完成 ISO 21500:2012《项目管理指南》和 ISO 21504:2015《项目、项目集、项目组合管理 项目组合管理指南》等 2 项国际标准的中文翻译工作,计划立项转化成中国国家标准(等同采用)。

【国际标准化工作参与情况】 2016 年,SAC/TC343 开展国际标准项目及关于 ISO/TC258 战略规划等 5 个项目征求意见及投票。SAC/TC343 跟踪项目管理领域国际标准化最新动态,并将动态向国内相关单位分发传递。

SAC/TC343 委派 1 位工作人员至国家标准委 ISO 大会筹备工作专项办公室参与大会筹备工作,全程参与 9 月在中国北京召开的主题为“标准促进世界互联互通”的第 39 届国际标准化组织(ISO)大会。

【年会情况】 2016 年 12 月,SAC/TC343 召开年会,各委员单位近 40 人参会。会议总结 2016 年工作,听取 2017 年工作计划及换届筹备和进展安排等。

供 稿:SAC/TC343 秘书处
撰稿人:吴 峰
审稿人:俞 彪

全国气象防灾减灾标准化技术委员会(SAC/TC345)

【概况】 截至 2016 年底,全国气象防灾减灾标准化技术委员会归口管理国家标准 37 项、行业标准 72 项;在研国家标准 12 项、行业标准 41 项。

SAC/TC345 下设 1 个分技术委员会(SC):气象影视(SC1)。

【标准制修订与复审工作】 2016 年,国家标准委批准立项 SAC/TC345 归口管理的国家标准项目 1 项,气象局批准立项 SAC/TC345 归口管理的行业标准项目 15 项、标准与研究项目 7 项。SAC/TC345 向国家标准委和气象局报批国家标准、行业标准 41 项,审查国家标准、行业标准送审稿 35 项。国家标准委批准发布 SAC/TC345 归口管理的国家标准 2 项。SAC/TC345 组织复审归口国家标准及国家标准计划 70 项,其中继续有效 54 项、修订 9 项、即行废止

7 项；复审行业标准及行业标准计划 95 项，其中继续有效 78 项、修订 5 项、即行废止 12 项。

【标准化科研】2016 年，SAC/TC345 组织完成气象局下达的"重大气象灾害现场调查标准研究""暴雨诱发的地质灾害气象风险预警等级标准研究""台风过程评估标准研究""城市热岛气象等级标准研究""气象顾问(咨询师)认证标准研究""预警信息发布效果评估标准研究""流动气象科普展品标准研究"等研究工作。

【年会情况】2016 年 12 月 9 日，SAC/TC345 在北京组织召开 2016 年年会，会议总结标委会 2016 年工作，审议标委会 2017 年度工作计划，谋划 2017 年气象防灾减灾标准化建设，学习国务院关于印发深化标准化工作改革方案的通知的基本内容，讨论如何加强气象法治化建设等内容。会议围绕气象防灾减灾发展新形势，针对现有气象防灾减灾标准体系做交流和讨论，并就标准编制、标准宣贯、标准执行和评估等方面工作提出意见。

供　稿：SAC/TC345 秘书处

全国气象基本信息标准化技术委员会（SAC/TC346）

【概况】截至 2016 年底，全国气象基本信息标准化技术委员会归口管理现行国家标准 1 项、行业标准 40 项。

【标准制修订与复审工作】2016 年，SAC/TC346 归口管理的 7 个标准项目(1 项国家标准、5 项行业标准和 1 项研究项目)获批立项。SAC/TC346 组织开展 7 项标准(3 项国家标准、4 项行业标准)征求意见工作。4 项行业标准预备审查，2 项国家标准和 2 项行业标准技术审查。完成 2 项国家标准和 2 项行业标准的报批。归口管理的 2 项行业标准获批发布，及时撰写标准解读文章，并提交《气象标准化》杂志编辑部。

SAC/TC346 集中复审 74 项推荐性国家标准、行业标准和在研的计划项目，并将复审结论上报国家标准委网站。

【国际标准化工作参与情况】2016 年 8 月，SAC/TC346 主任委员赵立成作为 TT-WMD 核心成员参与 WIGOS 元数据标准的模型建设工作，秘书处挂靠单位派员参加相关工作。

5 月 30 日至 6 月 3 日，SAC/TC346 派员参加在瑞士日内瓦召开的世界气象组织(WMO)基本系统委员会(CBS)数据表示维护和监视跨项目专家组(IPET-DRMM)第四次会议。与其他与会代表联合提交新增 GRIB 代码提案；代表中国提出中国 FY-3D 极轨卫星在公共表 C-5 中的标识码注册申请。以上提案均获讨论通过，将在 2017 年 11 月的 FT-2016-2 后正式生效。

【标准化科研】2016 年，SAC/TC346 完成《气象数据加工处理过程配置信息规范》标准研究项目，对气象信息业务处理各个环节的配置信息及实际业务应用进行调研、分析、梳理和归纳，完成气象数据加工处理过程配置信息规范的研究报告。

供　稿：SAC/TC346 秘书处

全国变性燃料乙醇和燃料乙醇标准化技术委员会（SAC/TC349）

【概况】截至 2016 年底，全国变性燃料乙醇和燃料乙醇标准化技术委员会归口管理国家标准 1 项；报批国家标准 1 项，在研国家标准 1 项。

是年，SAC/TC349 秘书处购买与行业相关的国内外标准最新版本(ASTM D 4806-2016 、ASTM D7795-2012、ASTM 1613 和 GB 50957—2013 等标准)，以及其他标准化研究资料，向成员单位发送。为中石化、河南天冠企业集团有限公司、京博石化提供技术咨询服务 3 次。

【标准制修订与复审工作】2016 年，SAC/TC349 审查国家标准1项。修改1项标准草稿,开展预实验,根据起草单位具体情况,编制验证实验方案。国家标准委批准发布SAC/TC349归口管理的1项国家标准修改单。SAC/TC349精简整合1项强制性国家标准和1项强制性标准计划;复审1项标准计划。

【标准化科研】2016年,SAC/TC349修改《变性燃料乙醇和燃料乙醇中总无机氯的测定方法(离子色谱法)》草稿,开展预实验,根据起草单位具体情况,编制验证实验方案。对变性燃料乙醇中生物基含量的测定方法、燃料乙醇工业用木薯干、三大素检测方法和秸秆原料质量进行标准预研工作。申报《燃料乙醇工业用木薯干》和《燃料乙醇工业用秸秆》等2项行业标准。测定变性燃料乙醇中生物基含量,鉴别乙醇来源于生物基或石化基。查阅国内外相关方法标准以及科研资料,调研变性燃料乙醇中生物基含量的测定方法。

【年会情况】2016年5月27日,SAC/TC349在河南郑州召开标委会年会。会议听取标委会2015年工作报告,总结标委会工作,安排2016年工作计划,讨论1项标准计划,组织评审并通过1项标准送审稿。

供　稿:SAC/TC349秘书处
撰稿人:杜　平
审稿人:杜风光

全国石油天然气标准化技术委员会(SAC/TC355)

【概况】截至2016年底,全国石油天然气标准化技术委员会归口管理国家标准137项,其中93项采用国际标准;在研国家标准23项,其中6项采用国际标准。

SAC/TC355对口国际标准化组织石油、石化和天然气工业用设备材料和海上结构技术委员会(ISO/TC67),与意大利并行承担ISO/TC67/SC2秘书处工作。

【标准制修订与复审工作】2016年,国家标准委批准立项SAC/TC355归口管理的国家标准10项。SAC/TC355向国家标准委报批国家标准8项。

SAC/TC355复审归口管理的推荐性国家标准项目117项、推荐性国家标准计划项目41项,其中建议确认继续有效111项、修订37项、废止7项、协调3项。

【国际标准化工作参与情况】2016年,SAC/TC355与ISO/TC67、天然气技术委员会(ISO/TC193)、国际油气生产商协会(IOGP)标准化委员会、美国石油学会(API)、美国防腐蚀工程师学会(NACE)、欧洲标准化委员会(CEN)等国际和国外标准化组织建立工作联系,并组织参加1月在美国奥斯汀市召开的ISO/TC67/SC5/WG1(套管、油管和钻杆工作组)、SC2/WG16(管线管工作组)会议,4月在意大利米兰召开的SC2年会,6月在美国华盛顿市召开的SC2/WG16工作组会议,12月在英国伦敦召开的ISO/TC67的2016年年会。

全年,组织专家开展ISO标准投票36项,收集专家意见58条,完成网上申报36项,完成率100%;成功向ISO提交制定项目《油气管道直流杂散电流防护技术标准》的提案;主导制定的《管道完整性管理规范》国际标准完成注册DIS稿准备的工作,《油气管道地质灾害风险管理技术》国际标准完成标准草案的编写工作;全过程参与《高抗挤套管的分级及检验》《酸性环境用钻杆》《基于应变设计地区使用的PSL2级钢管》《管线钢管拉伸试验伸长率》等国际标准的修订工作。

【标准化科研】2016年,SAC/TC355完成《石油天然气工业术语》系列国家标准的前期研究筹备工作,并成功将其中的“勘探开发”、“工程技术”和“油气地面工程”等3个部分申报为2016年国家标准计划项目。

SAC/TC355开展“石油天然气工业环保标准体系研究”工作,形成支撑油气田企业污染减排、环境风险防范、绿色油气田建设、生态环境保护等重点环境保护工作的标准系列。

【年会情况】2016年3月31日,SAC/TC355在北京举行全体会议,委员出席率92%。会议听取国家标准委、能源局关于“国家深化标准化工作改革形势”报告和“国家能源局标准化工作情况”报告;听取主任委员题为《深化标准化工作改革　建设新型标准体系　为石油工业提质增效升级做出新贡献》的报告和秘书长关于标委会2016年工作情况的汇报;审议通过标委会秘书处2016年年会工作报告、《石油天然气行业“十三五”标准发展规划》、《2016年石油天然气国家标准和行业标准制修订项目计划》、《2016年石油天然气国家标准和行业标准复审项目计划》、《石油天然气行业标准分类、命名与标准编号编制指南》、标委会2015年工作经费决算和2016年工作经费预算，以及委员调整的建议；表彰112项“十二五”期间石油工业优秀标准、5个“十二五”期间先进专业标准化技术委员会、92位“十二五”期间先进标准化工作者和87位从事石油工业标准化工作15年以上的资深标准化工作者。

供　稿：SAC/TC355秘书处
撰稿人：万晓苑
审稿人：欧阳坚

全国制药装备标准化技术委员会（SAC/TC356）

【概况】截至2016年底，全国制药装备标准化技术委员会归口管理国家标准9项、行业标准202项。

是年，SAC/TC356组织标准编写培训会1次，27个单位46人参加。

【标准制修订与复审工作】2016年，工业和信息化部发布SAC/TC356归口管理的行业标准16项；立项SAC/TC356归口管理的行业标准13项。SAC/TC356召开3项国家标准制定研讨会；组织2次标准审查会和1批标准函审，审查标准18项。SAC/TC356复审26项现行强制性标准，其中1项强制性国家标准继续有效、25项强制性行业产品标准转为推荐性标准；集中复审188项现行推荐性标准（国家标准6项、行业标准182项），其中继续有效111项、直接废止7项、视情况废止3项、转化2项、修订65项；复审已列制修订计划项目21项（国家标准5项、行业标准16项），均继续有效。

【国际标准化工作参与情况】2016年，SAC/TC356建议成立ISO药品制剂设备技术委员会，获得国家标准委支持，经ISO中央秘书处组织投票表决未能通过。年内，SAC/TC356同美国机械工程师协会ASME共同举办ASME-BPE标准讲座，并获授权翻译ASME-BPE相关标准。

【年会情况】2016年，SAC/TC356召开SAC/TC356第二届三次年会，会议结合国家“十三五”标准化要求，提出“标准要为制药装备由大转强起引领服务促动作用”工作目标，并总结上年度工作、安排下年度工作行动计划。

供　稿：SAC/TC356秘书处
撰稿人：董春亮
审稿人：高云维

全国森林工程标准化技术委员会（SAC/TC362）

【概况】截至2016年底，全国森林工程标准化技术委员会归口管理国家标准3项、行业标准22项（包含在研国家标准2项、行业标准1项）。

【标准复审工作】2016年，SAC/TC362对其归口管理的森林工程推荐性国家标准（包含计划在内）和推荐性林业行业标准（包含计划在内）26项进行集中复审。其中，在研推荐性国家标准制修订计划2项，推荐性行业标准20项，在研推荐性行业标准计划4项。复审结论：推荐性标准继续有效16项、废止4项；推荐性标准制修订计划继续有效4项、废止2项。

【年会情况】2016年8月5日，SAC/TC362在吉林延吉举行全体会议，委员出席率78%。会议审议并通过上一年度标委会工作总结报告以及经费使用情况报告；全体委员讨论并一致通过上报2017年的标准计划；结合拟上报的计划项目，对森林工程标准体系表进行修改和完善；通报森林工程推荐性行业标准集中复审的报告，听取委员和专家对标准“十三五”规划说明的意见和建议，通过该次标准审定会主任和副主任候选人决定；审定并通过2项国家标准和

1 项行业标准。

供　稿:SAC/TC362 秘书处
撰稿人:李应珍
审稿人:樊冬温

全国野生动物保护管理与经营利用标准化技术委员会(SAC/TC369)

【概况】截至 2016 底年,全国野生动物保护管理与经营利用标准化技术委员会归口管理国家标准 7 项(发布 2 项、正在制修订 5 项)、行业标准 107 项(发布 49 项、待发布 7 项、正在制修订 51 项)。

【标准化技术服务情况】2016 年,SAC/TC369 不定期组织标准起草人员进行标准编写格式培训以及标准相关知识的学习,利用网络、电视、报刊、户外等信息传播媒体对现行的标准进行宣传。不定期到基层养殖单位,进行现行野生动物养殖标准的宣传及解疑工作。有计划地组织新颁布标准的宣贯培训工作。

【标委会换届工作】2016 年,SAC/TC369 秘书处向国家标准委和林业局提交换届材料,开展委员征集工作。征集到 22 个省份 90 名野生动物领域的管理部门、行业组织、高等院校、科研院所、生产企业等方面的专业人员,并从中筛选出 49 名人员任第二届 SAC/TC369 委员。第二届 SAC/TC369 有委员49 名,其中主任委员 1 名、副主任委员 5 名、委员 43 名。秘书处设在黑龙江省野生动物研究所,秘书长1 名、副秘书长 2 名。

供　稿:SAC/TC369 秘书处
撰稿人:杨　阳　孙红瑜
审稿人:钟立成

全国乐器标准化技术委员会(SAC/TC371)

【概况】截至 2016 年底,全国乐器标准化技术委员会归口管理国家标准 18 项、行业标准 88 项。

第二届 SAC/TC371 有委员 52 名(含顾问 1 名),秘书处设置在北京乐器研究所。

SAC/TC371 下设有电鸣乐器、民族乐器、钢琴、手风琴等 4 个工作组。

是年,SAC/TC371 对年内发布的《乐器有害物质限量》《废弃乐器回收利用通用技术规范》《乐器声学品质方法》等标准向乐器行业所属单位进行宣贯。

是年,SAC/TC371 参加由标准化主管部门组织的 GB/T 1.1—2009、国际标准化、轻工标准制修订工作细则等标准化基础知识的培训。

【标准制修订与复审工作】2016 年,SAC/TC371 制修订 8 项标准,8 项标准均完成上报,处于待发布阶段。复审归口管理的标准 111 项。参加复审会议的委员对 19 项国家标准和 92 项行业标准的产业发展、技术内容、标准层级、适用性及市场需求、复审文件要求与划分原则等进行审查评估。复审结论:18 项国家标准继续有效,1 项国家标准修订为强制性标准; 67 项行业标准继续有效,23 项行业标准修订,2 项行业标准转化为国家标准;"继续有效"中 2 项行业标准协调。

【标准化科研】2016 年,SAC/TC371 秘书处承担"乐器生产中粉尘防治方法"标准化科研工作。

【年会情况】2016 年 12 月 12 日,SAC/TC371 在江苏徐州召开"全国乐器标准化技术委员会 2016 年年会暨标准审定会",42 名委员及 26 名专家技术人员出席会议。会议期间,中国轻工业联合会相关人员介绍轻工行业标准化工作的形势和要求,就"轻工行业标准制修订工作规范"进行培训。标委会主任总结

2016 年工作。标委会秘书长向委员通报《中国轻工业联合会团体标准管理办法（试行）》（征求意见稿），对“十三五”乐器标准化规划、体系编制及期间的工作安排进行说明。

供　稿：SAC/TC371 秘书处
撰稿人：郭　婷
审稿人：王　伟

全国制笔标准化技术委员会（SAC/TC378）

【概况】 截至 2016 年底，全国制笔标准化技术委员会归口管理国家标准 7 项、行业标准 33 项，其中3 项采用国际标准；在研行业标准 7 项。

SAC/TC378 对口国际标准化组织技术产品文件技术委员会下设的绘图和书写工具工作组（ISO/TC10/WG18）。SAC/TC378 通过全国技术产品文件标准化技术委员会（SAC/TC146）参与国际标准化的相关活动。

是年，SAC/TC378 组织召开《水性墨水圆珠笔和笔芯》国家标准和《记号笔》等 6 项行业标准宣贯培训会，培训人数 60 人次；开展标准化技术咨询服务 12 次，服务企业 11 家。

【标准制修订与复审工作】 2016 年，SAC/TC378 向轻工业联合会报批行业标准 1 项。SAC/TC378 组织复审归口推荐性国家标准 7 项，其中继续有效 1 项、修订 4 项、转化 2 项；复审推荐性国家标准制修订计划1 项，结论为废止；复审推荐性行业标准 33 项，其中继续有效 20 项、修订 12 项、转化 1 项；复审推荐性行业标准制修订计划 7 项，结论：1 项已报批、继续有效 6 项。

【国际标准化工作参与情况】 2016 年 8 月 3 日，SAC/TC378 参与 3 项国际标准草案（ISO FDIS 9177-1、ISO FDIS 14145-1 和 ISO FDIS 27668-1）投票，并按时回复意见。

【年会情况】 2016 年 7 月 26 日，SAC/TC378 在山西大同召开年会，委员出席率 91%。会议回顾开展标准制修订项目、标准复审、标准体系建设和标准宣贯培训等主要工作；听取推荐性标准集中复审工作总结报告，对提出的初步结论进行逐项审查，形成并通过标委会结论。

供　稿：SAC/TC378 秘书处
撰稿人：陈景强
审稿人：王淑琴

全国黄金标准化技术委员会（SAC/TC379）

【概况】 截至 2016 年底，全国黄金标准化技术委员会归口管理国家标准 37 项、行业标准 34 项；在研国家标准 3 项、行业标准 14 项。

【标准制修订与复审工作】 2016 年，国家标准委批准发布 SAC/TC379 归口管理的国家标准 5 项，工业和信息化部批准发布 SAC/TC379 归口管理的行业标准 7 项。SAC/TC379 审查国家标准、行业标准送审稿 9 项。通过征求主起草单位意见和会议审查等方式，对归口管理的 68 项推荐性标准以及在研的 17 项标准进行集中复审工作，建议继续有效标准 61 项，建议修订标准 21 项，建议废止标准 3 项，复审完成率 100%。

【标准化科研】 2016 年，SAC/TC379 开展《黄金矿业术语》前期研究，实现标准当年立项当年完成。以“山东黄金资源综合利用示范基地建设”关键技术成果为基础，与企业联合，开展《金矿原始岩温测定技术规范》和《黄金选冶金属平衡技术规范　氯化焙烧工艺》2 项行业标准的立项和研究制定。开展《“十三五”黄金行业技术标准体系》研究与建设。

【年会情况】 2016 年 11 月 16—18 日，SAC/TC379 在湖北武汉召开标委会年会，委员出席率 81%。主任委员传达国家标准化改革相关政策精神，提出推动实施黄金标准化战略。会议听取2016年度黄金标准制修订计划的执行情况、存在问题、标准化工作需求、制度建设、人才培养和国际标准化发展动态的工作汇报;审议10项国家标准和行业标准立项提案,审查通过9项国家标准、行业标准;对"十二五"全国黄金标准化先进集体与先进个人进行表彰。

供　稿:SAC/TC379秘书处
撰稿人:严　鹏
审稿人:薛丽贤

全国生物基材料及降解制品标准化技术委员会(SAC/TC380)

【概况】截至2016年底,全国生物基材料及降解制品标准化技术委员会归口管理国家标准22项(发布8项、报批6项、在研8项),其中4项采用国际标准。

SAC/TC380对口国际标准化组织塑料技术委员会方法分技术委员会生物降解工作组和生物基塑料工作组(ISO/TC61/SC5/WG22、WG23)。

是年,SAC/TC380组织召开标准宣贯培训班2次,培训人数300人次;开展标准化技术咨询服务5次,服务企业5家。

【标准制修订与复审工作】2016年,国家标准委批准立项SAC/TC380归口管理的国家标准项目1项;SAC/TC380向国家标准委报批国家标准6项;国家标准委批准发布SAC/TC380归口管理的国家标准1项。SAC/TC380组织复审归口管理的国家标准21项,全部继续有效。

【国际标准化工作参与情况】2016年,SAC/TC380参与ISO/DIS 16620-2、ISO 14855-2等国际标准的验证试验等工作。9月派员参加ISO/TC61在德国柏林召开的年会,参加ISO/TC61/SC5/WG22和WG23的工作会议,参加ISO/TC61拟新成立的分委员会ISO/TC61/AHG1的会议。

【标准化科研】SAC/TC380自2013年承担国家标准委公益项目"生物聚酯及制品关键技术标准研究",通过对行业调研和研究,前期在《现代化工》《塑料科技》《塑料工业》《中国塑料》等杂志发表论文7篇。2016年,发表科技期刊论文4篇,其中SCI收录论文1篇。

【年会情况】2016年12月20—21日,SAC/TC380在北京召开年会,委员到会率86.7%。会议听取秘书长对标委会标准制修订计划执行情况、存在问题、标准化工作需求和国际标准化发展动态的情况汇报。会议审议秘书处2016年工作总结和2017年工作计划,审定2项国家标准。讨论《全生物降解农用地面覆盖薄膜》等国家标准征求意见稿,以及2017年拟立项的国家标准《生物降解塑料购物袋》等。

供　稿:SAC/TC380秘书处
撰稿人:刁晓倩
审稿人:翁云宣

全国分离膜标准化技术委员会(SAC/TC382)

【概况】截至2016年底,全国分离膜标准化技术委员会归口管理国家标准15项、行业标准5项;在研国家标准21项、行业标准4项。

SAC/TC382秘书处所在单位为天津膜天膜工程技术有限公司。

是年,SAC/TC382通过国家标准委国家标准技术审评中心考核,考核评估等级为三级。根据委员单位的申请,经国家标准委批准更换委员1人。

【标准制修订与复审工作】2016年,SAC/TC382获批立项2项国家标准;制定2项化工行业标准,修订1项海洋行业标准,并上报报批稿。复审国家标准15项,均继续有效。

【标准化科研】2016年12月,SAC/TC382承担的质检总局质检公益性行业科研专项项目"海水淡化膜关键技术标准研究"通过验收。

【年会情况】2016年12月15日,SAC/TC382在天津

举行年会，委员出席率90%。会议听取标委会2016年度工作总结和2017年度工作计划报告；关于《膜与水处理工艺的变革》和《膜分离技术在现代环保产业中的应用》专题报告。

【标准宣贯】2016年9月26日，SAC/TC382在天津组织召开国家标准解读宣贯会，会议对2016年6月1日实施的GB/T 32360—2015《超滤膜测试方法》及GB/T 32373—2015《反渗透膜测试方法》国家标准进行宣贯解读。

供　稿：SAC/TC382秘书处
撰稿人：马岚云
审稿人：赵　莹

全国图书馆标准化技术委员会（SAC/TC389）

【概况】截至2016年底，全国图书馆标准化技术委员会归口管理国家标准26项（发布8项）、行业标准43项（发布30项）。

SAC/TC389与国际标准化组织信息及文献工作技术委员会（ISO/TC46）相关联。

SAC/TC389第二届委员会由41名专家组成，秘书处承担单位为国家图书馆。

【标准制修订与复审工作】2016年，SAC/TC389新立项推荐性国家标准项目2项、推荐性行业标准制订计划项目8项、行业标准化研究项目2项；审查报批2项国家标准和4项行业标准。归口管理的2项推荐性国家标准、3项推荐性行业标准获批发布。SAC/TC389集中复审58项推荐性标准（计划），其中49项继续有效、3项废止、6项修订。

【标准化科研】截至2016年底，SAC/TC389归口管理标准化研究项目16项，其中完成7项、在研9项，2016年度新立项2项。年内，完成“图书馆未成年人设施安全标准化研究”和“公共图书馆卓越绩效管理标准化研究”2项文化行业标准化研究项目的审查鉴定工作。

【国际标准化工作参与情况】2016年，根据文化行业标准制定项目《信息与文献　图书馆影响力评估的方法和过程》在征求意见中出现的较大分歧问题，SAC/TC389召开专家讨论会，对该项目采标情况与工作原则进行讨论，修改原有等同采用ISO 16439的编制思路，改为修改采用。由SAC/TC389归口管理的采标国际图书馆协会联合会（IFLA）对应标准《公共图书馆聋人服务指南》和《公共图书馆读写障碍人士服务规范》正式立项为推荐性国家标准。

【标准宣贯】2016年，SAC/TC389组织完成《图书馆业务工作相关标准规范概览》的初稿编写工作。该书拟通过对图书馆业务工作流程的梳理，对发布的、现行的国家标准和行业标准从内容概要、适用范围、主要技术几方面做简要介绍，收录国家标准138项、行业标准43项。图书被列为文化部“第二批全国基层文化队伍培训教材”之一。图书馆标准化工作被列为2016年度文化部全国基层图书馆员培训内容之一，SAC/TC389秘书长多次到培训现场为基层图书馆员讲解图书馆标准化工作，宣传图书馆标准成果。

【《全国图书馆标准化工作“十三五”规划纲要》发布】2016年，SAC/TC389秘书处在第二次征求全体委员对《全国图书馆标准化工作“十三五”规划纲要》（征求意见稿）意见的基础上，扩大征求意见范围，邀请国家标准委服务业标准部、文化部文化科技司和公共文化司、全体委员及相关单位对《全国图书馆标准化工作“十三五”规划纲要》（征求意见稿）提出意见和建议。秘书处在对意见进行汇总处理后，再次对规划纲要进行修改完善，7月经SAC/TC389主任委员批准，《全国图书馆标准化工作“十三五”规划纲要》正式公开发布。

供　稿：SAC/TC389秘书处
撰稿人：田　颖
审稿人：申晓娟

全国丝绸标准化技术委员会(SAC/TC401)

【概况】截至 2016 年底,全国丝绸标准化技术委员会归口管理国家标准 26 项、行业标准 59 项,全部为推荐性标准。

SAC/TC401 对口国际标准化组织纺织品标准化技术委员会纤维和纱线分技术委员会(ISO/TC38/SC23)。

【标准制修订与复审工作】2016 年,SAC/TC401 归口管理的 2 项国家标准和 6 项行业标准计划获批立项;2 项国家标准、8 项行业标准获批发布。SAC/TC401 审查通过 2 项国家标准和 9 项行业标准;审定或报批 2 项国家标准、9 项行业标准;1 项国家标准正在起草征求意见稿;2 项行业标准完成委员意见征求。集中复审 85 项国家标准、行业标准,其中继续有效 62 项、修订 21 项、直接废止 1 项、视情况废止 1 项。

【国际标准化工作参与情况】2016 年,SAC/TC401 向 ISO/TC38/SC23 提出由中国主导的国际标准新工作项目提案《蚕丝纤度试验方法》,经过第二轮投票,注册为委员会草案(CD),项目进入 CD 阶段。

3 月 30 日,SAC/TC401 在江苏苏州组织召开 ISO/TC38/SC23/WG05 国际工作组会议。

【标准化科研】2016 年,SAC/TC401 完成商务部茧丝绸产业公共服务体系项目"茧丝绸行业标准体系服务"和"生丝电子检测国际标准推广"、浙江省科学技术厅科技条件建设项目"丝绸行业标准化信息服务平台项目"等标准化研究项目。

【标准宣贯】2016 年,SAC/TC401 采用各种方式进行多种形式的标准宣贯,全年培训 200 人次左右。联合浙江省丝绸协会、杭州市丝绸协会,开展丝纺织标准体系、标准化基本知识和 GB 5296.4《消费品使用说明　第 4 部分:纺织品和服装使用说明》、GB/T 15551—2016《桑蚕丝织物》、FZ/T 41014—2008《丝绸围巾》、GB/T 24252—2009《蚕丝被》等丝绸行业重要产品标准宣贯工作,并进行现场答疑;受商务部市场运行司茧丝绸协调办公室邀请,给各省级茧丝办人员介绍茧丝绸行业标准体系的建设和运行情况;12 月召开小型标准宣贯会,组织相关标准起草企业学习 GB/T 1.1—2009《标准化工作导则　第 1 部分:标准的结构和编写》国家标准、标准制修订程序和编制说明的编写方法等内容;通过电话为企业和社会组织提供标准化技术咨询服务,并解答国家标准委转来的标准答疑。

供　稿:SAC/TC401 秘书处
撰稿人:伍冬平
审稿人:周　颖

全国辛香料标准化技术委员会(SAC/TC408)

【概况】截至 2016 年底,全国辛香料标准化技术委员会归口管理国家标准 64 项、行业标准 6 项,其中 60 项采用国际标准;在研国家标准 13 项,全部采用国际标准。

SAC/TC408 对口国际标准化组织农食产品技术委员会香辛料/香草分技术委员会(ISO/TC34/SC7)。

【标准制修订与复审工作】2016 年,SAC/TC408 申报标准项目 11 项,其中 10 项通过申报评估,正式下达 10 项;向国家标准委报批标准 10 项;国家标准委批准发布 SAC/TC408 归口的国家标准 11 项。SAC/TC408 完成 2016 年标准和计划集中复审工作,完成 66 项标准的复审,其中国家标准继续有效 54 项、修订 6 项,行业标准继续有效 6 项。

【国际标准化工作参与情况】2016 年,SAC/TC408 组织办理国际标准复审项目 4 项:ISO 6571:2008、ISO 6465:1995、ISO 11163:1995、ISO 7377:1984。

【标准化科研】2016 年,由 SAC/TC408 与挂靠单位合作完成的"花椒质量控制及高值化加工关键技术与产品开发"项目获得中轻联科技一等奖,该成果主要针对花椒资源深加工技术、质量控制技术及标准化产业化示范方面的现状,以提升花椒产业整体技术和标准化质量控制水平。

【年会情况】2016 年 11 月 25 日,SAC/TC408 在江苏南京举行全体会议,委员出席率 90%。会议听取秘书长对 SAC/TC408 年度制修订标准计划执行情况、委员职责和义务履行情况、秘书处工作情况、存在问题、今后工作计划和改进措施以及国际标准化动态等情况汇报。会议期间就如何发挥委员和标委会平台作用、更好服务于市场进行交流和探讨，并对标委会今后工作提出意见和建议。

供　稿：SAC/TC408 秘书处
撰稿人：陈仕荣
审稿人：张卫明

全国冶金设备标准化技术委员会（SAC/TC409）

【概况】 截至 2016 年底，全国冶金设备标准化技术委员会归口管理国家标准 5 项、行业标准 378 项；在研国家标准 7 项（含报批 1 项）、行业标准 109 项。

【标准制修订与复审工作】 2016 年，国家标准委批准立项 SAC/TC409 归口管理的国家标准 2 项，工业和信息化部批准立项 SAC/TC409 归口管理的行业标准 8 项；SAC/TC409 向国家标准委报批国家标准 1 项，向工业和信息化部报批行业标准 30 项；SAC/TC409 审查国家标准 4 项、行业标准 14 项。国家标准委批准发布 SAC/TC409 归口管理的国家标准 3 项，工业和信息化部批准发布 SAC/TC409 归口管理的行业标准 37 项。

SAC/TC409 对所归口的推荐性标准和计划项目开展集中复审工作。推荐性标准集中复审结论：继续有效 273 项，修订 61 项，直接废止 13 项，转化 17 项。推荐性标准制修订计划集中复审结论：继续有效 37 项，延期 85 项，直接废止 4 项。

【标准化科研】 2016 年，SAC/TC409 按照工业和信息化部、中国机械工业联合会的要求，组织行业内有关单位对标准体系现状进行分析，依据冶金行业产业发展的重点，编制完成《机械工业冶金设备专业领域“十三五”技术标准体系建设方案》。

SAC/TC409 在总结国家标准《板带精整与表面处理装备　安全技术条件》的制定工作经验基础上，开展《连铸机　安全技术条件》《轧制设备　安全技术条件》《炉外精炼设备　安全技术条件》《重型挤压机　安全技术条件》等 4 项冶金设备安全标准的预研。完善 16 项《重型机械　通用技术条件》系列国家标准（中英文）草案，并开展计划立项申报工作。

【年会情况】 2016 年 11 月 15—18 日，SAC/TC409 在广西南宁召开全体年会，委员出席率 79%。会议听取秘书长 2016 年标委会工作总结报告和对标委会标准制修订计划执行情况及 2017 年标准化工作主要思路的汇报；审查标准 18 项，初评 16 项标准（中英文）草案；审查论证拟申请的国家标准和行业标准立项建议，确定将其中的 37 项列为 2017 年度向国家标准委和工业和信息化部申报项目。

供　稿：SAC/TC409 秘书处
撰稿人：苏　静
审稿人：胡觉凡

全国输配电用电力电子器件标准化技术委员会（SAC/TC413）

【概况】 截至 2016 年底，全国输配电用电力电子器件标准化技术委员会归口管理国家标准 7 项、行业标准 68 项，其中 2 项采用国际标准；在研国家标准 1 项、行业标准 6 项，其中 1 项采用国际标准。

SAC/TC413 受全国半导体器件标准化技术委员会（SAC/TC78）委托，负责对其对口的国际电工委员会半导体分立器件分技术委员会（IEC/TC47/SC47E）有关功率半导体器件的新工作项目提案、委员会草案、委员会投票草案和最终国际标准草案提出意见并提交给 SAC/TC78。

是年，SAC/TC413 组织召开标准宣贯会 5 次，培训人数 260 人；开展标准化技术咨询服务 16 次，服务企业 42 家。

【标准制修订与复审工作】2016 年,SAC/TC413 组织制修订国家标准 1 项、行业标准 6 项,向国家标准委申报立项国家标准项目 3 项。集中复审推荐性国家标准和行业标准(包括制修订计划),其中国家标准 7 项,复审结论:全部修订;行业标准 68 项,复审结论:继续有效 13 项、修订 50 项、直接废止 5 项;行业标准制修订计划 6 项,复审结论:全部修订(延期)。

【国际标准化工作参与情况】2016 年,受 SAC/TC78 委托,SAC/TC413 对 IEC 60747-9《半导体器件 分立器件 第 9 部分:绝缘栅双极晶体管(IGBT)》第 3 版草案提出意见并提交。参与 3 项国际标准的制修订工作。SAC/TC413 的 1 位专家参加 IEC/TC47/SC47E 半导体分立器件分委员会年会,并作为其功率器件工作组(WG3)成员参加工作组会议讨论。

【标准化科研】2016 年,SAC/TC413 组织开展自主创新和以企业为主体的国家标准《电工术语 电力半导体器件》和《电力半导体器件用散热器》系列(3 项)以及行业标准《二极管模块》系列(6 项)、《晶闸管模块》系列(6 项)、《绝缘栅双极晶体管(IGBT)》系列(5 项)和《电力半导体器件用管壳》系列(3 项)的研究。组织参与自主创新的国家标准《柔性直流输电用电力电子器件技术规范》的研究。

按照工业和信息化部以及中国机械工业联合会的部署,在"十二五"标准体系建设方案的基础上,开展调整编制"十三五"技术标准体系建设方案工作,内容包括:《机械工业"十三五"技术标准体系建设方案——电力电子器件及附件专业领域》,以及相应的现行标准项目汇总表、在研标准制修订计划项目汇总表、拟制修订标准项目汇总表、国际标准项目转化情况汇总表、标准"走出去"情况汇总表、承担国际标准化组织领导职务及秘书处情况汇总表。

【年会情况】2016 年 11 月,SAC/TC413 在重庆召开年会,委员出席率 93%。会议听取和审议 SAC/TC413 年度工作报告,通报推荐性标准集中复审工作情况,通报参加 IEC/TC47/SC47E 分委员会情况,商议工业和信息化部部署的"十三五"电力电子器件及附件专业领域技术标准体系建设方案编制、标准制修订项目计划的完成和申报事项等。

供　稿:SAC/TC413 秘书处
撰稿人:蔚红旗

全国醇醚燃料标准化技术委员会(SAC/TC414)

【概况】截至 2016 年底,全国醇醚燃料标准化技术委员会归口管理国家标准 2 项,参与制定醇醚燃料相关国家标准 3 项、行业标准 2 项。指导全国各省市制定醇醚燃料相关地方标准 33 项。为配套工业和信息化部甲醇汽车试点工作,制定配套的甲醇燃料作业安全管理规范。

是年,SAC/TC414 组织召开全国性标准宣贯培训班 2 次,在各省开展相关标准宣贯培训课 26 次,培训人数 980 人次,开展标准化技术咨询服务 150 次,服务企业 84 家。完成标委会第二次委员会换届工作。

【标准制修订工作】2016 年,SAC/TC414 向国家标准委和能源局申报国家标准、行业标准 6 项。报批 1 项国家标准。指导编制 1 项山西省地方标准。指导协助全国醇醚燃料及清洁燃料汽车专业委员会编制 2 项团体标准,并对陕西、重庆、贵州、河北、江西、北京等地的 32 家企业的企业标准制修订提供服务和支持。

【国际标准化工作参与情况】2016 年,SAC/TC414 继续推进与国际醇燃料产业联盟在甲醇燃料标准化方面的交流和协作。并为以色列甲醇燃料的发展提供标准化技术服务。

【标准化科研】2016 年,SAC/TC414 组织行业内企业重点进行甲醇汽车配套标准技术方面的研究,由吉利集团甲醇汽车牵头进行 M100 车用甲醇燃料润滑油项目的研发,进行车用甲醇燃料润滑油各项技术要求验证试验和产品开发。由长安大学汽车学院牵头联合行业内有关企业进行 M100 车用高清洁甲醇燃料项目研究及应用试验,对 M100 车用高清洁甲醇燃料的各项技术指标进行系统测试,对车辆的适应性及排放性进行验证。组织中润新能源公司进行醇燃料作为民用和工业用的使用性能和技术研发,对配套设备进行技术开发。

【年会情况】SAC/TC414 2016 年年会在山西太原举行,委员出席率 96%。会议听取秘书长对标委会标准制修订计划执行情况、存在问题、标准化工作需求和国际标准化发展动态的情况汇报。2017 年重点从完善醇醚燃料标准体系、研究制定甲醇汽车相关配套标准、关注醇醚燃料行业发展的新动向,加强民用醇基燃料和工业用醇醚燃料标准计划项目申报等方面来开展工作。与会委员对各标准化承担单位提交的6项国家标准申报书、草案稿进行审查论证，确定将其中3项国家标准列为向国家标准委和公安部技术监督委员会申报项目。会议对醇醚燃料标准体系框架进行系统论证研究，针对醇醚燃料的发展需要对醇醚燃料标准体系进行修订，进一步完善标准体系，使其与醇醚燃料的发展协调配套，指导行业的规范发展。

供　稿：SAC/TC414秘书处
撰稿人：常永龙
审稿人：吴跃曲

全国林业生物质材料标准化技术委员会（SAC/TC416）

【概况】截至2016年底，全国林业生物质材料标准化技术委员会归口管理标准27项（国家标准6项、行业标准21项）；在研标准计划项目16项（国家标准计划项目15项、行业标准计划项目1项）。

4月，SAC/TC416向林业局科技司、国家标准委提交换届申请，并报送SAC/TC416第二届委员会换届材料。

【标准制修订与复审工作】2016年，SAC/TC416征集标准项目建议12项（国家标准2项、行业标准10项）；上报国家标准委和林业局标准提案12项（国家标准提案2项、行业标准提案10项）；国家标准委下达国家标准计划项目2项；SAC/TC416组织审查标准13项（国家标准12项、行业标准1项），全部通过审查；报批标准13项（国家标准12项、行业标准1项）。组织召开推荐性国家标准和行业标准集中复审工作会议，对SAC/TC416归口管理的24项推荐性标准和19项在研推荐性标准制修订计划项目进行集中复审，有关材料上报林业局和国家标准委。复审工作完成率100%。

【标准宣贯培训】2016年，SAC/TC416对LY/T 2373—2014《木材工业用豆基蛋白胶粘剂》和LY/T 2371—2014《木材工业用复合改性玉米淀粉基-异氰酸酯胶粘剂》等2项行业标准进行宣贯，70余人参与培训。

【标准化会议】2016年，SAC/TC416主办“全国木材工业环境保护与清洁生产研讨会”，来自全国高等院校、科研院所、企业的专家学者和代表70人参加会议；协办“第三届中国林产品质量与标准化研讨会暨木材工业供给侧改革柳州论坛”，来自全国高校、科研院所、知名企业以及广西、柳州市、县区政府以及林业部门的知名学者、嘉宾和代表240余人出席会议。

【年会情况】2016年，SAC/TC416召开第一届委员会第六次会议。会议总结2016年度工作，确定2017年主要工作计划，审查标准13项。

供　稿：SAC/TC416秘书处
撰稿人：周冠武
审稿人：段新芳

全国低压设备绝缘配合标准化技术委员会（SAC/TC417）

【概况】截至2016年底，全国低压设备绝缘配合标准化技术委员会归口管理国家标准6项，均为推荐性标准且均采用国际标准。

SAC/TC417对口国际电工委员会低压设备绝缘配合技术委员会（IEC/TC109）。

是年，SAC/TC417启动机械工业“十三五”技术标准体系建设方案编制工作，全面梳理标准体系现状和框架，在分析阶段形势及行业需求基础上，研究“十三五”新目标和新规划，并提出对新能源技术和智能输变电设备等重点领域的新思路。

是年,SAC/TC417 开展标准化技术咨询服务 20 次,服务企业 15 家。

【标准制修订工作】2016 年,工业和信息化部批准发布 SAC/TC417 归口管理的国家标准 2 项。

【国际标准化工作参与情况】2016 年,SAC/TC417 组织处理国际标准草案文件 25 项,其中网上电子投票 8 项,投票率 100%;对 4 项在研国际标准进行跟踪研究及意见反馈,其中 IEC/TC109 正式发布 2 项国际标准。5 月 24—27 日组团参加 IEC/TC109 大会,会议讨论正在制定的 2 项新标准。

【标准化科研】2016 年,SAC/TC417 秘书处跟踪 IEC 动向,结合 IEC/TR 63040 第 1 版要求,研究分析与微观环境无关且能将小间距理论延伸至具有类似印制电路板设计的产品上的电气间隙和爬电距离要求、避免跨接绝缘表面闪络的爬电距离、维持最小绝缘电阻所需的最小爬电距离的信息等。结合 IEC 正在开展的研究项目,在国内开展从低压(IEC 60664 规定的不高于交流 1000 V)平滑过渡到高压(IEC 60071-1 规定的大于 3600 V)绝缘配合的附加要求的研究。研究结果及时向行业企业通报,逐步提升行业企业对此类基础安全标准的关注度。

【年会情况】2016 年 10 月 21 日,SAC/TC417 在浙江杭州召开年会,委员出席率 88%。会议听取上级主管部门领导关于中国标准化工作发展现状和调整标准化管理机制的工作重点分析;标委会秘书汇报标委会 2016 年度工作报告以及下年度标委会的工作重点。

供　稿:SAC/TC417 秘书处
撰稿人:陈雪琴
审稿人:黄兢业

全国小型电力变压器、电抗器、电源装置及类似产品标准化技术委员会(SAC/TC418)

【概况】截至 2016 年底,全国小型电力变压器、电抗器、电源装置及类似产品标准化技术委员会归口管理国家标准 19 项,均采用 IEC 标准;在研国家标准 1 项。

SAC/TC418 对口国际电工委员会小型电力变压器、电抗器、电源装置及类似产品技术委员会(IEC/TC96)。

是年,SAC/TC418 完善本领域标准体系;参加上级标准化主管部门组织开展的标准化工作会议、标准化工作培训等;与其他相关标委会保持联系,并参加有关单位开展的标准制修订工作,了解相关信息;秘书处继续同委员、委员单位及有关的行业单位保持联系,提供相关服务。在 CTN 网站和《变压器行业通讯》上发布标准化信息;秘书处及时跟踪委员工作单位的变动情况,做好委员变动的登记备案工作。

【标准制修订与复审工作】2016 年,SAC/TC418 秘书处开展 2 项标准的修订工作,报批国家标准 2 项。4 项国家标准获批发布。集中复审推荐性国家标准 1 项、推荐性国家标准计划项目 4 项。

【国际标准化工作参与情况】2016 年,SAC/TC418 秘书处收到 IEC/TC96 文件 13 份,需表态文件 4 份,秘书处对需要投票及表态的文件均及时向 IEC/TC96 报送,文件处理 100%。

10 月 14 日,SAC/TC418 派员参加在德国法兰克福召开的 IEC/TC96 会议。

【年会情况】2016 年 11 月 14 日,SAC/TC418 在四川成都举行全体会议,委员出席率 84.8%。会议审议通过《全国小型电力变压器、电抗器、电源装置及类似产品标准化技术委员会 2015—2016 年席秘书处工作报告》及《全国小型电力变压器、电抗器、电源装置及类似产品标委会 2015—2016 年度财务报告》;介绍国家标准委即将启动的"技术委员会电子投票功能"的使用及具体操作;审查 GB/T 19212.13—201X《变压器、电抗器、电源装置及其组合的安全　第 13 部分:恒压变压器和电源装置的特殊要求和试验》和 GB/T 19212.17—201X《电源电压为 1100 kV 及以下的变压器、电抗器、电源装置和类似产品的安全　第 17 部分:开关型电源装置和开关型电源装置用变压器的特殊要求和试验》等 2 项国家标准送审稿。

供　稿:SAC/TC418 秘书处
撰稿人:林　然
审稿人:章忠国

全国裸电线标准化技术委员会(SAC/TC422)

【概况】截至2016年底,全国裸电线标准化技术委员会归口管理国家标准42项、行业标准20项,其中9项采用国际标准;在研国家标准8项、行业标准4项、团体标准1项。

SAC/TC422对口国际电工委员会架空电导体技术委员会(IEC/TC7)。

是年,SAC/TC422组织召开国家标准和行业标准宣贯及研讨会。举办标准宣贯会培训班2次,培训200人次。开展标准化技术咨询服务9次,服务企业50余家。

【标准制修订工作】2016年,能源局批准立项SAC/TC422归口管理的行业标准1项。SAC/TC422向国家标准委和能源局报批国家标准、行业标准3项,审查国家标准、行业标准送审稿5项。国家标准委批准发布SAC/TC422归口管理的国家标准1项;能源局批准发布SAC/TC422归口管理的行业标准1项。

【国际标准化工作参与情况】2016年,SAC/TC422组织办理国际标准文件投票和意见回复7项。主导承担2项国际标准制修订工作。参与1项国际标准制定工作。IEC/TC7秘书处策划、组织并组团参加PT 62818、PT 63089、PT 61597和IEC/TC7/MT1工作组会议,组织会议讨论;策划、组织并组团参加IEC/TC7年会,参与会议讨论和投票表决,提出技术意见;IEC/TC7秘书处协调与CLC/TC7X间的技术意见,组织开展相关技术问卷调查,推进在研国际标准项目的开展。

【标准化科研】2016年,SAC/TC422结合中国提出的IEC 63089和IEC 61597等2个国际标准新工作任务成功立项,完成“国家质量基础(NQI)的共性技术研究与应用——中国标准国际化项目IEC 63089和IEC 61597”项目申报工作,并通过答辩。在研多项试验方法标准、能效标准。

【年会情况】2017年4月13日,SAC/TC422在河南郑州举行全体会议,委员出席率90%。会议听取秘书长对标准制修订计划执行情况、存在问题、标准化工作需求的报告;听取IEC/TC7秘书对专业领域国际标准化发展动态的情况汇报。会议审议技术委员会2016年工作报告和《全国裸电线标准化技术委员会章程(修订草案)》;审查4项国家标准、1项行业标准送审稿;复审1项国家标准、1项行业标准;表决投票2017年SAC/TC422拟申报的3项国家标准计划、2项行业标准计划。

供　稿:SAC/TC422秘书处
撰稿人:郑　秋
审稿人:毛庆传　黄国飞

全国设备监理工程咨询标准化技术委员会(SAC/TC423)

【概况】截至2016年底,全国设备监理工程咨询标准化技术委员会归口管理国家标准4项;在研国家标准4项。

是年,SAC/TC423参加国家标准委全国专业标准化技术委员会考核评估,被评为三级。

是年,SAC/TC423采取多种形式,组织相关国家标准宣贯工作,在30个省开展国家标准培训宣讲工作。截至年底,培训12343人次。在总结前期工作基础上,继续开展《设备工程监理规范》公开承诺,203家设备监理单位签署公开承诺书,郑重声明遵守规范标准。10月,参加《团体标准化　第1部分:良好行为指南》培训。

【标准制修订与复审工作】2016年,SAC/TC423组织起草4项国家标准,经征求委员意见后,向国家标准委提交立项申请。审查国家标准、团体标准草案35项。组织复审归口的国家标准5项,均继续有效。

【标准化研制】2016年,SAC/TC423与电力、轨道交通、物流设备等行业标准起草意向单位讨论研究,明确电力行业标准体系框架、轨道交通行业标准体系框架、物流设备标准体系框架,以体系框架为指导方向,开展近期标准制定工作。

4月14日,第三届理事会第三次会议审议通过《中国设备监理协会团体标准管理办法》。印发《关于征集中国设备监理协会团体标准审查委员会委员的通知》,收到50份委员推荐表。11月2日,第三届常务理事会第七次会议批准成立第一届团体标准审查委员会,负责团体标准审批。多次召开专项讨论会议,研究设备监理团体标准推进措施。团体标准制定以18个设备监理专业为基础,鼓励石化、轨道交通、电力等重点领域企业组织承担团体标准制定工作。

供　稿:SAC/TC423 秘书处
撰稿人:张文燕
审稿人:王建庭

全国短路电流计算标准化技术委员会(SAC/TC424)

【概况】截至2016年底,全国短路电流计算标准化技术委员会归口管理国家标准1项、行业标准3项;在研国家标准6项。所有标准均采用IEC国际标准。

SAC/TC424对口国际电工委员会短路电流计算技术委员会(IEC/TC73),针对IEC/TC73编制的三相交流系统短路电流计算(IEC 60909)系列5项标准、变电站和发电厂直流辅助电源系统短路电流(IEC 61660)系列3项标准、短路电流效应计算(IEC 60865)系列2项标准,SAC/TC424均开展消化吸收及研究引进工作。

【标准制修订工作】2016年,SAC/TC424组织报批5项国家标准。

【国际标准化工作参与情况】2016年,IEC标准化管理中心拟令IEC/TC73暂停。针对IEC/TC73面临暂停的局面,SAC/TC424提出将IEC/TC73转到中国的建议,并提交工作方向初步建议。

【标准化科研】2016年,SAC/TC424开展远距离交流输电系统短路特征研究、直流系统提供短路电流机理研究、短路电流直流分量研究、柔性直流输电短路电流特征等基础研究工作。

【标准宣贯】2016年,SAC/TC424秘书处依托挂靠单位的技术优势,借助全国性仿真建模研讨会、区域性仿真分析软件培训会等各种学术场合多次召开标准宣贯会议,加深对标准的理解和执行,推广按照标准编制的计算程序。

【年会情况】2016年12月29日,SAC/TC424年会在北京召开,委员出席率93%。会议对《短路电流效应计算　第2部分:算例》初稿进行讨论,并结合电力系统中关于短路电流相关研究情况进行技术交流,如短路电流直流分量及其影响、柔性直流输电短路电流特征等。

供　稿:SAC/TC424 秘书处
撰稿人:张彦涛
审稿人:卜广全

全国宇航技术及其应用标准化技术委员会(SAC/TC425)

【概况】截至2016年底,全国宇航技术及其应用标准化技术委员会归口管理国家标准42项,其中9项采用国际标准;报批国家标准24项,其中4项采用国际标准;在研标准8项。

SAC/TC425对口国际标准化组织航空航天标准化技术委员会(ISO/TC20)下设的航天系统及其应用标准化分技术委员会(ISO/TC20/SC14)和空间数据与信息传输系统标准化分技术委员会(ISO/TC20/SC13)。

SAC/TC425秘书处承担单位为中国航天标准化研究所。SAC/TC425下设2个分技术委员会(SC):空间环境(SC1),宇航电子(SC2)。

是年,SAC/TC425组织召开标准宣贯培训班2次,培训60人次;开展标准化技术咨询服务8次,服务企业8家。

【标准制修订与复审工作】2016年,国家标准委批准立项SAC/TC425归口的国家标准外文版翻译出版计划2项，在研标准计划26项。SAC/TC425向国家标准委报批国家标准6项，审查国家标准外文版送审稿12项。SAC/TC425组织复审归口国家标准3项，均继续有效。

【国际标准化工作参与情况】2016年，SAC/TC425收到并处理回复国际标准化组织100余封邮件，组织对55项正在起草的、转阶段的和复审的国际标准开展研究，完成技术意见反馈、审查和复审等工作，完成国际标准投票55次。中国主导制定的1项国际标准《航天系统　半导体集成电路设计要求》于11月发布；《航天系统　技术状态管理》等7项国际标准正在研制，另有多项国际标准提案筹备立项。组团参加ISO/TC20/SC13、SC14等2个分技术委员会年会，参与会议讨论和投票表决。

【标准化科研】2016年，SAC/TC425参与国家重点研发计划“国家质量基础的公共性技术研究与应用”重点专项2016年度项目的“高端装备重要领域关键共性技术标准研究”和“我国五大领域装备与工程标准海外转化应用研究”的联合论证和立项申报工作。配合国家标准委完成《空间碎片减缓要求》等11项航天装备制造业关键技术标准研制及航天标准走出去研究（二期）等科研课题。

供　稿：SAC/TC425秘书处
撰写人：许冬彦　仝　欣
审稿人：陆　静

全国智能建筑及居住区数字化标准化技术委员会（SAC/TC426）

【概况】截至2016年底，全国智能建筑及居住区数字化标准化技术委员会归口管理国家标准29项，其中发布的国家标准11项，在研的国家标准18项。

SAC/TC426对口国际标准化组织建筑物环境设计标准化技术委员会建筑自动化和控制系统设计标准工作组（ISO/TC205/WG3）。

SAC/TC426下设2个工作组：“智能楼宇控制标准工作组”和“智能家居标准工作组”。

【标准制修订与复审工作】2016年，国家标准委批准立项SAC/TC426归口管理的国家标准项目1项，批准发布SAC/TC426归口管理的国家标准3项。SAC/TC426向国家标准委报批国家标准6项，审查国家标准送审稿5项。SAC/TC426完成29项推荐性国家标准复审工作，其中修订5项、继续有效24项。

【国际标准化工作参与情况】2016年，SAC/TC426参与国际标准草案投票1项。

9月，SAC/TC426参加在意大利召开的JTC1 WG11（智慧城市标准工作组）会议，参与讨论《智慧城市评价指标研究》标准提案，完善指标内容。

12月，SAC/TC426参加在北京召开的JTC1 WG11（智慧城市标准工作组）会议，讨论《智慧城市评价指标研究》和《智慧城市参考模型及知识管理框架》标准提案以及其他新工作项目。

年内，SAC/TC426推动《数字化城市管理信息系统　第1部分：单元网格》等8项国家标准上升为国际标准《城市治理与服务数字化》工作，并计划于2017年召开启动会。

【标准宣贯】2016年，SAC/TC426组织工作组召开GB/T 31778—2015《数字城市一卡通互联互通　通用技术要求》、GB/T 33242—2016《数字城市智能卡应用技术要求》等国家标准实体宣贯会。组织召开标准宣贯培训班5次，培训人数800人次；开展标准化技术咨询服务2次，服务企业500家。

【标准化科研】2016年，SAC/TC426参与国家标准委“智慧城市领域35项国家标准研制”课题研究，开展发展改革委的物联网专项“物联网基础共性标准研制”项目。重点参与《新型智慧城市评价指标》国家标准的编写，组织编写《数字城市一卡通互联互通　可穿戴设备应用技术要求》和《全国景区一卡通应用技术导则》标准。

【年会情况】2016年3月29日，SAC/TC426在北京举行全体会议，委员出席率70%。会议听取各委员对标准制修订计划执行情况、存在的问题、标准化工作需求和国际标准化发展动态的情况汇报。

供　稿：SAC/TC426秘书处
撰稿人：樊静静
审稿人：张永刚　尚治宇

全国带轮与带标准化技术委员会(SAC/TC428)

【概况】截至2016年底,全国带轮与带标准化技术委员会归口管理国家标准88项、行业标准38项。其中68项采用国际标准。

SAC/TC428对口国际标准化组织带轮与带(包括V带)技术委员会(ISO/TC41)及其下设的3个分技术委员会:摩擦型带传动分技术委员会(ISO/TC41/SC1)、输送带分技术委员会(ISO/TC41/SC3)、同步带传动分技术委员(ISO/TC41/SC4)。ISO/TC41/SC1有标准25项,ISO/TC41/SC3有标准44项,ISO/TC41/SC4有标准11项,标准均转化或正在转化为相应的中国国家标准或行业标准。

SAC/TC428下设3个分技术委员会(SC):输送带(SC1),现有委员25人;同步带传动(SC2),现有委员30人;摩擦型传动带(SC3),现有委员39人。SAC/TC428现有委员31人,顾问3人。

是年,SAC/TC428参加国家标准委全国专业标准化技术委员会考核评估,被评为一级。

【标准制修订与复审工作】2016年,SAC/TC428上报立项国家标准6项,其中2项标准采用ISO国际标准,4项为修订标准。6项国家标准获批发布,完成24项国家标准报批工作。

SAC/TC428整合精简强制性国家标准6项,均转化为推荐性标准;集中复审推荐性标准156项。

【国际标准化工作参与情况】2016年,SAC/TC428完成37项国际标准投票工作,投票表态率100%。主导制定的国际标准ISO 5288《同步带传动　术语》和ISO 7590《钢丝绳芯输送带　总厚度和覆盖层厚度的测定方法》,通过征求意见稿阶段,均处于询问草案阶段(DIS)。

【标准宣贯】2016年,SAC/TC428召开1次标准宣贯培训会议,培训人员30人;召开1次学术交流研讨会。通过电话、邮件和网站等形式,开展带轮与带标准化等方面技术咨询工作。

【年会情况】2016年11月,SAC/TC428、SAC/TC428/SC4和SAC/TC428/SC1在安徽合肥召开年会。会议听取SAC/TC428及各分技术委员会2016年工作总结及2017年工作计划报告,报告涵盖标准制修订工作、组织建设和人才培养、国际标准化、“十三五”规划、技术交流、项目研究等方面内容,并颁发相关委员单位获得的奖项及委员证书。会议审查通过2项国家标准报批稿。

8月,SAC/TC428/SC3在江西九江召开年会,会议听取输送带分技术委员会2016年工作总结及2017年工作计划报告,重点讨论国际标准化相关工作。会议审查通过1项国家标准。

供　稿:SAC/TC428秘书处
撰稿人:周玉杰　周　鹏
审稿人:秦书安

全国化工机械与设备标准化技术委员会(SAC/TC429)

【概况】截至2016年底,全国化工机械与设备标准化技术委员会归口管理标准178项,其中,国家标准20项(全部为推荐性标准)、行业标准158项(其中强制性标准7项)。

是年,SAC/TC429开展标准化技术咨询服务10次,服务企业8家。

【标准制修订与复审工作】2016年,SAC/TC429完成6项行业标准的报批并已发布,完成6项行业标准送审稿的审查并已经报批,完成2项国家标准外文版计划项目送审稿的审查;提出国家标准2017年第一批制修订计划和行业标准2016年第四批和2017年第一批等2个批次的制修订计划。

2016年4—8月,SAC/TC429对归口管理的标准进行集中复审。

推荐性标准复审结论:继续有效157项(其中国家标准18项),修订5项(其中国家标准2项),直接废止2项(为行业标准),转化3项(将行业标准转化为国家标准制修订计划)。

推荐性标准制修订计划复审结论:继续有效7项(全部为行业标准),修订(调整)-延期12项(全部为行业标准)。

强制性标准复审结论:7项强制性行业标准转化为推荐性标准。

【年会情况】9月18—20日,SAC/TC429五届二次年会暨标准审查会在上海召开,50余个单位的73名委员及标准起草人员出席会议,其中委员37人。会议听取并审议通过秘书处关于2016年度标委会工作总结(含2016年推荐性标准集中复审工作情况);审查并通过6项化工行业标准送审稿、2项国家标准外文版计划项目送审稿;预审7项行业标准计划项目标准草案稿,并将意见体现在行业标准征求意见稿中;听取申报2017年国家标准和化工行业标准项目立项单位对所申报项目的介绍,讨论通过2017年国家标准和化工行业标准立项计划;学习国家有关标准化政策和标准化业务;听取秘书处关于即将于2016年9月底开始的2016年工业和信息化部"十三五"技术标准体系建设方案编制的相关政策和前期向各有关单位征集的"十三五"标准计划项目的汇报,讨论并通过"十三五"期间申报的国家标准和行业标准计划项目(包括在2016年推荐性标准集中复审工作涉及推荐性行业标准转化为推荐性国家标准的项目)。

供　稿:SAC/TC429秘书处
撰稿人:侯一兵
审稿人:杭玉宏

全国光学功能薄膜材料标准化技术委员会(SAC/TC431)

【概况】截至2016年底,全国光学功能薄膜材料标准化技术委员会归口管理国家标准15项、行业标准18项;在研国家标准11项、行业标准8项。

是年,SAC/TC431完善标准体系框架,开展国家标准委、石化联合会组织的标准体系建设工作,编制完成光学膜领域"十三五"技术标准体系,拓展标准制修订领域,开展新材料标准研究和制定工作。

SAC/TC431有主任委员1人、副主任委员4人。秘书处依托单位为中国乐凯集团有限公司,秘书处设秘书长1人、副秘书长2人、秘书1人。年内,征集5名新委员拟加入标委会,撤销1名委员资格。

【标准培训及服务情况】2016年,SAC/TC431组织委员单位学习和领会《深化标准化改革方案》《团体标准管理办法》等标准政策和管理办法。多次将《中国制造2025》等政策信息通过网络发给各委员学习,并要求各委员单位根据各自情况全面梳理标准项目。根据最终汇总,标委会整理未来重点发展领域标准45项。最后形成新材料标准化工作"十三五"工作计划上报石化联合会。全年,组织召开标准宣贯培训班2次,培训人数80余人次;开展标准化技术咨询服务5次,服务企业5家。

【标准制修订与复审工作】2016年,SAC/TC431组织5项推荐性国家标准和行业标准的制定,形成报批稿上报主管部门。截至年底,8项标准处于起草中。SAC/TC431集中复审国家标准31项、行业标准26项,复审工作材料按要求上报主管部门。

【年会情况】2016年10月23日,SAC/TC431在安徽合肥举行标委会二届四次年会及标准审查会议,委员出席率90%。会议听取秘书长对2016年标准制修订计划执行情况、存在问题、标准化工作需求和标准化发展动态的情况汇报。制定2017年标委会工作计划,对国家标准委和石化联合会2016年的指示精神做传达,对年度标准化相关动态信息进行宣传和宣讲,对标准起草中常见问题进行培训和讨论学习;审核讨论并通过5项标准。

供　稿:SAC/TC431秘书处
撰稿人:白银亮
审稿人:张希堂

全国燃烧节能净化标准化技术委员会(SAC/TC441)

【概况】截至2016年底,全国燃烧节能净化标准化技术委员会归口管理国家标准6项;在研国家标准4项,待出版1项,出版1项。

SAC/TC441对口国际标准化组织燃油燃器燃烧器技术委员会(ISO/TC109)和节能量评估技术委员会(ISO/TC257)。

【标准制修订与复审工作】2016年,SAC/TC441向国家标准委申报国家标准项目提案9项,参加标准项目答辩工作3次,1项获批立项,1项待立项,7项修正再申报。3次组织1项标准(报批稿)的函审;举行1项国家标准编写审议会、2项国家标准编写启动会。完成1项推荐性国家标准、4项推荐性国家标准制修订项目的复审工作,并按要求将结论上报到国家标准委。

【标准宣贯】2016年,SAC/TC441对国家标准《环形套筒窑》进行多层次、多形式宣贯,起草单位购买近400本国家标准,免费发放给国内钢铁、电石化工等行业的单位。8月13日,组织河北唐山当地的多家钢铁企业,针对标准的实施运行、评价和检查考核等方面的具体要求做宣讲和培训。

7月18日,SAC/TC441邀请专家在二届四次会议上进行学术报告:中国工程热物理学会副理事长、燃烧学会前任会长、天津大学姚春德做题为“中国内燃机替代燃料发展及其展望”的报告;全国锅炉标委会副主任委员,上海工业锅炉研究所副所长王善武做题为“‘十三五’期间工业锅炉行(企)业与清洁能源锅炉发展”的报告。

【标准化科研】2016年,SAC/TC441将新型燃烧方式作为标准制修订范围,在高温空气燃烧、富氧燃烧、非经典燃烧方式在燃烧设备中的应用3个方面开展标准制修订工作,并系统构建标准体系框架。

SAC/TC441秘书长、副主任委员和副秘书长均承担过涉及富氧燃烧和高温空气燃烧技术方面内容的国家“973”项目、“863”项目,开展在洁净煤燃烧技术领域以及CO_2隔离储存(CCS)方面的“863”“973”项目以及欧盟FP-7项目的研究。

SAC/TC441安排委员单位开展蒸汽发生炉标准项目、高温空气燃烧标准项目的预研。

【年会情况】2016年7月18日,SAC/TC441在浙江舟山召开二届四次会议,委员、观察员、特邀嘉宾等79人出席会议,委员出席率92%。会议宣读国家标准委“关于调整全国燃烧节能净化标准化技术委员会委员的批复”。会议质询讨论并表决通过《秘书处工作报告》和《秘书处财务报告》,解读国家标准委发布的《推荐性国家标准立项评估办法(试行)》。SAC/TC441秘书长就相关内容做“TC441标准体系与国家标准立项评估”的报告。会议审议《水套加热炉通用技术要求》国家标准(报批稿),汇报《燃烧方式 术语和定义》《燃气燃烧器节能等级评价方法》《燃气燃烧器节能试验规则》等3项标准的准编写进度及相关情况。会议邀请2位专家做相关学术报告;新增议题“论文交流”,评审论文《马钢轧钢加热炉分段燃烧优化控制系统》《工业燃气燃烧器产业升级和节能技术创新发展的探索与思考》,并为优秀论文作者颁发证书。

供　稿:SAC/TC441秘书处
撰稿人:徐咏梅
审稿人:林其钊

全国工业玻璃和特种玻璃标准化技术委员会(SAC/TC447)

【概况】截至2016年底,全国工业玻璃和特种玻璃标准化技术委员会归口管理国家标准33项、行业标准65项;在研国家标准30项、行业标准10项。

SAC/TC447下设2个分技术委员会(SC):超薄玻璃(SC1),家居工业玻璃(SC2)。

【标准化科研】2016年,SAC/TC447承担“实施制造业标准化提升计划——电致液晶贴膜调光玻璃等5项重要标准研制”项目;完成中国建材行业工业玻璃和特种玻璃子行业标准“走出去”需求调研报告及高速机车玻璃国内外标准研究及对比分析报告。

【年会情况】2016 年 4 月 10 日，SAC/TC447 在上海组织召开年会。行业主管部门、标委会委员以及行业代表 60 余人参会。会上委员们一致通过《全国工业玻璃和特种玻璃标准化技术委员会年会工作报告》、2016 年 4 月至 2017 年 4 月标委会工作计划等。会议审查 2 项国家标准和 1 项行业标准，并对 2017 年拟申报标准进行内部征求意见。

【国际标准化工作参与情况】2016 年 6 月 28 日，SAC/TC447 派员赴马来西亚吉隆坡，与马来西亚标准部（Standard Malaysia）、马来西亚标准与工业研究院（SIRIM）等相关人员进行会谈，商讨玻璃等建筑材料标准的互认以及检测认证互认的可能性和步骤，对于分阶段分步骤实现标准检测认证互认初步达成共识。

【标委会自身建设】2016 年，SAC/TC447 组织标委会成员与标准起草人等 50 余人参加标准培训。SAC/TC447 秘书处加强对分委会秘书处工作的指导，并要求其定期汇报工作。SAC/TC447 在标准制修订过程中，加强标准"生产过程中"的质量监控和业务指导。全年，编辑出版《工业玻璃和特种玻璃标准化通讯》2 期，通过网站及时发布标准制修订计划、征求意见通知、标准发布公告、行业资讯等信息。开通微信公众平台并建立委员微信群，与成员分享行业信息。

【标准宣贯】2016 年，SAC/TC447 举办 JC/T 515—2015《单一玄武岩铸石制品》、JC/T 2305—2015《铸石耐磨球阀》、JC/T 2306—2015《铸石耐磨闸阀》及 GB/T 32062—2015《真空玻璃真空度衰减率现场检测方法　光弹法》标准宣贯会，参加人数达 200 余人次。

供　稿：SAC/TC447 秘书处
撰稿人：李　娜
审稿人：陈　璐

全国建筑幕墙门窗标准化技术委员会（SAC/TC448）

【概况】截至 2016 年底，全国建筑幕墙门窗标准化技术委员会归口管理国家标准 43 项，其中 11 项采用国际标准；在研国家标准 31 项（含修订 7 项），其中 1 项采用国际标准。

SAC/TC448 对口国际标准化组织门和窗技术委员会（ISO/TC162）。

【标准制修订与复审工作】2016 年，国家标准委批准立项 SAC/TC448 归口管理的国家标准项目 7 项。SAC/TC448 审查国家标准送审稿 2 项。SAC/TC448 对归口管理的推荐性国家标准和推荐性国家标准项目 67 项进行复审。

【国际标准化工作参与情况】2016 年 9 月，SAC/TC448 组织参加 ISO 国际标准《建筑幕墙术语》立项研讨会议，将中国 5 项建筑幕墙门窗国家标准拟申报为 ISO 标准的计划以及标准提案向 ISO/TC162 秘书处进行汇报。

【标准化科研】2016 年，为配合国家标准《建筑门窗耐火完整性试验方法》制定，主编单位中国建筑科学研究院申请院应用技术研究项目"耐火节能门窗结构设计研究"。为了配合国家标准《建筑门窗耐候性试验方法》立项申报，项目申请单位中国建筑科学研究院，将标准的基础性科研工作与"十三五"国家重点研发计划课题"门窗系统节能技术提升研究"结合，重点研究适合于中国典型气候分区的建筑门窗耐候性试验方法。为修订国家标准《建筑门窗保温性能分级及检测方法》，主编单位将标准的基础性科研工作与"十三五"国家重点研发计划课题"门窗系统节能技术提升研究"结合，重点研究更高测试精度的、适合于更低 K 值的外窗门窗保温性能试验方法，探索建筑门窗保温性能现场测试方法。年内，SAC/TC448 组织完成由中国建筑科学研究院负责的"住房和城乡建设标准定额司 2016 年工程建设标准实施指导监督重点研究计划"项目"建筑门窗系列标准应用实施指南编制研究"。

【标准宣贯】2016 年 11 月，SAC/TC448 联合中国建筑金属结构协会塑料门窗委员会，共同举办"塑料系统门窗技术交流会"，会议分享"系统窗在被动式低能耗建筑中的应用""系统门窗技术要点分析""高性能塑料门窗型材系统的研发与应用""门窗密封子系统的研发与应用""门窗五金子系统的研发与应用"以及"系统门窗技术集成路线和运营建议"。

【年会情况】2016 年 12 月 16 日，SAC/TC448 在四川成都举行全体会议，标委会顾问、委员和观察员等

140 余人参会。ISO/TC162 秘书长 TOM ITO 受邀参加会议并发言。会议听取标委会 2016 年度工作总结报告、2016 年度财务工作报告,通过标委会委员管理细则,介绍五金配件分技术委员会筹建计划。会议对新申请加入的观察员颁发证书,对 2016 年度标准化先进单位和委员进行表彰。会议开展建筑门窗和幕墙标准化论坛,7 位专家向与会代表分享建筑门窗和幕墙的国际标准化、中国幕墙门窗国家标准向国际标准的转化、硅酮结构胶的现状及国内外标准对比、日本门窗幕墙标准化体系、中欧幕墙技术对比研究、住宅工业化环境下系统化门窗的优势以及欧洲门窗标准发展动态。

供　稿:SAC/TC448 秘书处

全国建筑节水产品标准化技术委员会(SAC/TC453)

【概况】截至 2016 年底,全国建筑节水产品标准化技术委员会归口管理国家标准 1 项(报批阶段)。

是年,SAC/TC453 作为协办方,与上海市绿色建筑协会节水及水资源利用专业委员会共同举办 2 场研讨会。

是年、SAC/TC453 秘书处承担单位为东鹏、恒洁、泰陶等 3 家企业提供卫浴星级证明商标服务,与汉斯格雅、松下、和成、恒洁、益高等 5 家企业签订技术咨询服务合同,为企业提供卫生陶瓷、五金、水嘴等产品性能的检测和咨询服务。

【标准制修订与复审工作】2016 年,SAC/TC453 参与住房城乡建设部强制性产品标准体系建立及推荐性产品标准复审工作;归口 1 项强制性标准(申报阶段)。

【标准化科研】2016 年,SAC/TC453 参与国家重点研发计划"水资源高效开发利用"专项"城镇生活用水新型实用节水技术及集成应用"项目申报,承担课题"居住小区节水技术、产品研发与集成"。

【年会情况】2016 年 12 月 13 日,SAC/TC453 在北京举行换届大会暨第二届第一次工作会议,40 余名委员和观察员出席会议。会议完成换届工作;3 位专家分别以"循环冷却系统节水技术研究""二次供水发展与技术""建筑节水产品现状及趋势"为题做演讲;讨论新一届标委会章程、秘书处工作细则、工作计划,并就计划申报的 4 项推荐性国家标准开展交流。

供　稿:SAC/TC453 秘书处
撰稿人:邱　琴
审稿人:岳　鹏

全国建筑构配件标准化技术委员会(SAC/TC454)

【概况】截至 2016 年底,全国建筑构配件标准化技术委员会归口管理国家标准 26 项,其中 7 项采用国际标准;在研国家标准 3 项。

与 SAC/TC454 相关的国际标准化组织主要有:国际标准化组织技术产品文件技术委员会建筑文件分技术委员会(ISO/TC10/SC8)、国际标准化组织建筑和土木工程技术委员会(ISO/TC59)、国际标准化组织门窗技术委员会(ISO/TC162)。SAC/TC454 没有明确直接对口的 ISO 技术对口工作。

是年,SAC/TC454 筹备换届工作。

【标准制修订与复审工作】2016 年,国家标准委批准立项 SAC/TC454 归口管理的国家标准项目 2 项。SAC/TC454 向国家标准委报批国家标准 4 项,审查国家标准送审稿 1 项。国家标准委批准发布 SAC/TC454 归口管理的国家标准 1 项。SAC/TC454 组织复审归口国家标准 16 项,其中继续有效 11 项、修订 5 项。

【国际标准化工作参与情况】2016 年,SAC/TC454 组织办理相关 ISO 标准投票 41 项,其中 ISO/TC59 有 31 项、ISO/TC162 有 4 项、ISO/TC10/SC8 有 4 项、技术管理局 ISO/TMB 有 2 项。中国专家成功当选 ISO/TC59/WG3——模数协调编制工作组召集人,中方专家赴西班牙主持召开 ISO/TC59/WG3 模数协调标准(modular coordination)工作组会议,主导 ISO/TC59 领域重要国际标准编制。

10 月,模数协调编制组参加 ISO 相关工作会议。在会议周上,中国代表团参加 10 个会议,完成 ISO 所安排的 ISO/TC59/WG3 工作组会议,代表国家标准委参加一系列分委员会和 ISO/TC59 全体会议。

为落实中加双方在 2015 年达成的合作备忘录,加拿大标准协会集团(CSA)和中国工程建设标准化协会(CECS)邀请中国建筑标准设计研究院(CBS)加入三方合作,并于 4 月 6 日在北京签署三方战略合作计划。SAC/TC454 负责协调和筹备签约活动。

【标准化科研】2016 年,SAC/TC454 完成住房城乡建设部"建筑制品与构配件标准复审和体系优化"课题;承担"建筑遮阳系列标准应用实施指南编制研究"课题研究,撰写第 3 章和第 6 章;申报住房城乡建设部"建筑装修品牌建设指南编制研究""建筑装修关键技术指标提升"课题;参与住房城乡建设部强制性产品标准体系建立研究工作。

供　稿:SAC/TC454 秘书处

全国城镇供热标准化技术委员会(SAC/TC455)

【概况】截至 2016 年底,全国城镇供热标准化技术委员会研制国家标准 24 项,其中 8 项发布实施,在研 16 项。

SAC/TC455 同时承担住房和城乡建设部供热标准化技术委员会秘书处工作,管理行业标准 32 项,其中工程建设标准 19 项、产品标准 13 项。

是年,SAC/TC455 对国家标准《热量表》及 2 项行业工程建设标准组织宣贯培训 6 次。

【标准制修订工作】2016 年,SAC/TC455 提交供热标准计划 4 项。国家标准委下达供热标准 2 项,颁布供热标准 3 项。

【年会情况】2016 年 12 月 24 日,SAC/TC455 在四川成都召开年终工作会议,全体委员、供热行业其他专家 86 人参会。会议听取秘书处所做的工作总结,探讨供热行业技术的发展和标准化工作,对秘书处工作提出建议,并审查 2 项国家标准和 3 项行业标准。

【团体标准化组织建设】2016 年,SAC/TC455 依托中国城镇供热协会,组建全国供热团体标准化技术委员会,并完成注册工作。

供　稿:SAC/TC455 秘书处
撰稿人:罗　琤
审稿人:杨　健

全国体育标准化技术委员会(SAC/TC456)

【概况】截至 2016 年底,全国体育标准化技术委员会归口管理现行有效国家标准 43 项,其中强制性国家标准 28 项、推荐性国家标准 15 项;在研国家标准项目 59 项。

SAC/TC456 下设 1 个分技术委员会(SC):设施设备(SC1)。

【标准制修订与复审工作】2016 年,SAC/TC456 在研的 59 项国家标准项目中,拟废止 39 项,有 14 项完成报批工作。SAC/TC456 集中复审归口管理的强制性国家标准和推荐性国家标准,并将复审结果填报至国家标准制修订管理系统,并向国家标准委报送推荐性体育行业标准的复审结论。

【国际标准化工作参与情况】2016 年,SAC/TC456 参加在意大利佛罗伦萨召开的国际运动面层科学协会年会和技术会议,并考察意大利部分城市体育设施与体育公园建设情况。

参加 ISO/TC83 在福建省福州市举行的年会、武术工作组会议、太极服等 2 项国家标准起草会议,了解有关国际标准立项的材料要求等信息,酝酿适时开展有关工作。

【标准化科研】2016 年,SAC/TC456 对修改多次的《体育标准化管理办法》和《体育标准制修订工作实施细则》再次进行修改完善,并从制定必要性、中国标准化工作改革发展总体情况与行业标准化发展现状、体育标准化工作现状与主要问题、通过本办法制定解决问题的主要措施与重点内容、关于实施本办法的工作建议等 5 方面撰写关于《体育标准化管理办法(暂行)》(送审稿)的说明。上报《体育标准化管理办法》和《体育标准制修订工作实施细则》送审材料。

协助体育总局有关部门制定体育行业标准体系,开展体育标准体系研究。通过标准检索、标准查新、政策研究、问卷调查、专题访谈、国外经验借鉴等形式,研究梳理中国体育标准的现实需求,基本编写完成体育产业、体育社团等相关分体系的研究报告。

【标准宣贯】2016 年, SAC/TC456 多次开展 GB 19079《体育场所开放条件与技术要求》系列标准、GB/T 18266《体育场所等级的划分》系列标准、GB/T 22517《体育场地使用要求及检验方法》系列标准的宣贯活动,提高行业内标准的认知程度和普及程度,推进体育服务标准和设施设备标准的实施。

【标准化技术服务】2016 年,SAC/TC456 协助中国汽车运动联合会汽车露营分会研制营地评定服务方案和行业标准修订工作方案。探索协会标准化服务,为行业协会提供标准化技术信息服务和标准起草服务。协助体育总局手曲棒垒球运动管理中心、中国体育场馆协会和北京市汽车摩托车运动协会开展社团标准化工作,提高体育设施领域标准化管理水平。

【TC 建设】根据《全国专业标准化技术委员会管理规定》要求,SAC/TC456 及 SAC/TC456/SC1 拟开展换届工作。已完成换届方案,制定新一届委员结构比例计划,对委员结构进行调整、增补的计划方案。相关方案和计划已经上报至体育总局体育经济司。

供　稿:SAC/TC456 秘书处

全国邮政业标准化技术委员会(SAC/TC462)

【概况】截至 2016 年底,全国邮政业标准化技术委员会归口管理国家标准 10 项、行业标准 28 项。

是年,SAC/TC462 加大对国际标准、万国邮政联盟标准的跟踪、评估和转化力度,提高国内标准与国际标准水平一致性程度。推动邮政企业和快递企业参与国际、区域标准化组织和国际国外先进产业技术联盟的标准化活动。

【标准制修订与复审工作】2016 年,SAC/TC462 组织项目组完成 9 项行业标准的制定工作。SAC/TC462 集中复审现行推荐性国家标准和行业标准 71 项,复审已立项和正在研制的推荐性国家标准和行业标准 18 项。复审结论:现行标准中,产品类 36 项,废止 2 项、修订 23 项、继续有效 11 项;信息类 13 项,废止 2 项、修订 3 项、继续有效 8 项;服务和其他类标准 22 项,废止 3 项、转化 1 项、修订 11 项、继续有效 7 项。在研标准中,6 项产品类标准均继续有效,12 项信息和服务类标准 1 项废止、11 项继续有效。

【标准宣贯】2016 年 1 月 27—29 日,SAC/TC462 在广西南宁召开宣贯会,培训 YZ 0149—2015《快递安全生产操作规范》和 YZ/T 0148—2015《快递电子运单》。培训采取理论讲解与相关问题数据解答相结合的方式,讲解 2 项标准所规定的内容和数据,强调标准应用和实施的重点事项。

【标准化科研】2016 年,SAC/TC462 启动快递集装笼、化工产品寄递服务、快件铁路运输信息交换等标准前期研究工作,跟踪相关科技发展状况,分析业务操作流程,研讨标准制修订需求,起草标准草案。

【年会情况】2016 年 11 月 17—18 日,SAC/TC462 在四川成都举行全体会议,29 名委员和专家参会,委员出席率 91%。会议审查 4 项标准;听取秘书处 2016 年工作报告;结合深化标准化改革精神要求以及标准精简整合和推标复审工作,委员重点就今后开展标准立项、评估、修订等情况、存在问题、工作建议等进行讨论,建议加大同国家标准委的沟通,尽快推动快递同相关行业信息交换标准的制定;与会委员对 2017 年标准立项发表见解,并最终确定将在绿色包装国家标准制定,快递与铁路、民航信息交换服务规范及信息系统对接等方面加大研制力度。

【换届工作】2016 年 10 月,SAC/TC462 启动换届工作。根据《邮政业标准体系》总体框架,拟分别在基础、安全、设施设备与用品、服务与管理、信息化等 5 个专业领域增选外部专家作为委员。经过调整,新一届邮政业标准化技术委员会由32名委员组成，分别来自邮政系统外单位、邮政管理部门和邮政、快递企业。

供　稿：SAC/TC462秘书处
撰稿人：张　辛
审稿人：蒋　辰

全国煤化工标准化技术委员会(SAC/TC469)

【概况】截至2016年底，全国煤化工标准化技术委员会归口管理已发布国家标准12项；在研国家标准28项(含2016年报批国家标准委的标准7项)。

SAC/TC469对口国际标准化组织固体矿物燃料技术委员会(ISO/TC27)，国际标准化组织化学委员会(ISO/TC47)。

SAC/TC469下设4个分技术委员会(SC)：煤转化(SC1)，煤制化学品(SC2)，炼焦化学(SC3)，煤化工产品检测方法(SC4)。

是年，SAC/TC469为企业提供标准支持12人次。

【标准制修订工作】2016年，SAC/TC469向国家标准委报批国家标准7项。国家标准委批准立项SAC/TC469归口管理的国家标准3项；批准发布SAC/TC469归口管理的国家标准3项。

【年会情况】2016年8月，SAC/TC469/SC3在辽宁鞍山召开分技术委员会年会，委员出席率100%。会议审定冶金焦炭等标准项目，对现行标准、计划项目进行集中复审，对将要申请上报的计划项目进行表决投票。

供　稿：SAC/TC469秘书处
撰稿人：秦小艳
审稿人：刘全兰

全国中西医结合标准化技术委员会(SAC/TC476)

【概况】截至2016年底，全国中西医结合标准化技术委员会归口管理的国家标准、行业标准尚无发布，申报的4项国家标准建议书有待主管部门审核。

SAC/TC476对口国际标准化组织中医药标准化技术委员会(ISO/TC249)和世界中医药学会联合会标准化建设委员会。

SAC/TC476秘书处承担单位为中国中西医结合学会。秘书处利用中国中西医结合学会官网资源，在其官网的升级改造中增加“全国中西医结合标准化技术委员会”栏目，展示中西医结合标准化工作的内容和进展，广泛征求社会各界对中西医结合标准化工作的意见和建议。

是年，SAC/TC476分别于1月、4月、12月对标委会委员进行标准化知识培训，累计培训约80人次。组织标委会委员对国务院法制办、国家标准委、中医药局等部门的有关标准化法规文件草案进行意见征集和反馈。加强网站标准化信息的发布工作，在标准国际化、标准化科研及培训等方面完成相关工作。

【标准制修订工作】2016年8月，SAC/TC476秘书处在相关网站发出征集中西医结合归口的国家标准项目建议的通知，并组织和征集4项中西医结合方面的国家标准建议项目。9月，召开专家评审论证会议，进行现场咨询。通过标委会全体委员审议和投票，最终同意4个项目立项，上报中医药局审核，待通过后向国家标准委申报。

【国际标准化工作参与情况】2016年，SAC/TC476派员参加在北京召开的ISO/TC249中方工作总结会暨ISO中医药国际标准化战略研讨会。SAC/TC476有2位委员参加6月在意大利罗马召开的ISO/TC249第七次全体会议。

【标准化科研】2016年，SAC/TC476秘书处组织标委会部分委员协助中国中西医结合学会进行学会团体标准管理办法试行草案的研究制定工作,并向全体委员征集修改意见。在SAC/TC476的技术支持下,支持单位中国中西医结合学会所属的多个专业委员会(如眼科专业委员会、肾病专业委员会、心血管疾病专业委员会、营养专业委员会、活血化瘀专业委员会等)进行相关领域的中西医结合团体标准的预研工作。

【年会情况】2016年12月15日,SAC/TC476在上海召开2016年度标委会工作年会,43名委员出席会议。会议听取标委会2016年工作总结以及2017年工作规划;介绍国家标准的制修订程序和中西医结合国家标准制定范畴的思考。国家标准建议项目申报人汇报各项标准建议书的主要内容及标准草案预研过程等情况;有关人员汇报SAC/TC476协助中国中西医结合学会起草的《团体标准管理办法》试行草案的整体构思和主要内容,提请各位委员再次审议。经会议研究决定,2017年度SAC/TC476的重点工作是加强对全体委员的标准化培训和研讨,继续组织进行中西医结合归口的国家标准的预研和立项申报工作。

供　稿:SAC/TC476秘书处
撰稿人:梅　明
审稿人:孔令青

全国家具标准化技术委员会(SAC/TC480)

【概况】截至2016年底,全国家具标准化技术委员会归口管理的家具国家标准69项、行业标准75项,共计144项。

第二届全国家具标准化技术委员会有委员57人,秘书处由上海市质量监督检验技术研究院和广东产品质量监督检验研究院联合承担,其中上海市质量监督检验技术研究院为主要承担单位。

SAC/TC480对口国际标准化组织家具技术委员会(ISO/TC136),上海市质量监督检验技术研究院为ISO/TC136技术对口单位。

【标准制修订与复审工作】2016年,国家标准委批准发布SAC/TC480归口管理的国家标准5项。SAC/TC480对《家具五金 杯状暗铰链安装尺寸》等7项标准征求意见;组织召开《办公家具 木制柜、架》等6项标准审查会;审查完成《木家具通用技术条件》等5项标准的报批;组织编制"定制家具　通用名称术语"等20项国家标准、行业标准计划项目提案,经全体委员研讨同意并向国家标准化管理部门申报。SAC/TC480对归口管理的全部推荐性国家标准及其计划项目、行业标准及其计划项目进行集中复审,对归口管理的推荐性标准进行优化。

【国际标准化工作参与情况】2016年,由中国承担的ISO/TC136/WG4(床类测试方法工作组),完成ISO/CD 19833《家具　床　强度和耐久性测试方法》委员会草案(CD稿),因ISO/TC136/WG4在2015年9月8日在意大利乌迪内举办的工作组研讨会上,专家们提出应在标准中增加床类稳定性检测方法,经过ISO/TC136/WG4相关研究完善,2017年1月4日注册为ISO/DIS 19833《家具　床　强度、耐久性和稳定性测试方法》。有来自中国、美国、法国、德国、英国、丹麦、瑞典、意大利、尼日利亚、日本等国的专家30人,其中委员25人,观察员5人参与其中工作。

2016年7月11—13日,ISO/TC136第13届年会及其工作组会议在丹麦哥本哈根召开,来自中国、美国、英国、德国、法国、意大利、丹麦、挪威、瑞典等国的30余位专家代表出席会议。SAC/TC480组团出席本次会议并做关于ISO/TC136/WG4工作组的工作报告;讨论由SAC/TC480提交通过的"家具　童床和折叠小床　第1部分:安全要求"和"家具　童床和折叠小床　第2部分:试验方法"两提案新成立的儿童家具工作组(ISO/TC136/WG6)的工作范围;讨论确定ISO/TC136标准制定原则等内容。

【标准化科研】2016年,SAC/TC480开展家具领域国内外安全标准技术要求、检测方法及其机制的对比研究工作,对比的标准化组织包括:ISO、EN、ANSI、ASTM、BIFMA等。涉及欧盟、美国、日本、英国、德国等4个国家、1个地区。具体将SAC/TC480归口管理的18项家具安全标准的技术要求与检测方法与7项ISO安全标准,12项EN安全标准、2项ANSI/BIFMA安全标准、2项ASTM安全标准、1项英国(BS)安全标准进行比对。分析比对了家具物理结构安全、软体家具阻燃性能、可挥发性有害物质等要求及检测方法,涉及120项指标。找出我国家具安全监管机制、家具安全标准指标及检测方法、家具安全标准体系建设方面与国外先进组织、国家和地区的差异,提出完善我国家具安全标准体系的建议。

【标准宣贯】2016年9月9日，SAC/TC480主办第二届中国家具标准化国际论坛，来自德国、瑞典、美国、中国家具协会、全国各检测机构、高校科研院所、各家具企业的专家、技术人员等150余人参加论坛。论坛围绕“家具标准——质量、安全、监督机制”主题，开展全方位、多角度的沟通和探讨。

年内，SAC/TC480组织和参与中国家具协会和地方家具协会举办的家具产业发展等论坛、研讨会、标准宣贯会，宣贯家具相关标准，参加人数累计达800余人。

供　稿：SAC/TC480秘书处
撰稿人：许　俊
审稿人：罗菊芬

全国通信标准化技术委员会（SAC/TC485）

【概况】截至2016年底，全国通信标准化技术委员会归口管理国家标准367项、行业标准3101项，其中689项采用国际标准；在研国家标准194项、行业标准1003项，其中50项采用国际标准。

SAC/TC485对口的国际标准化组织包括：国际电信联盟（ITU）、第三代合作伙伴计划（3GPP）、oneM2M等。

截至2016年底，SAC/TC485委员单位的50余位专家在国际通信标准化组织中担任董事、主席/副主席职务，70余人担任组长/副组长职务，300余人担任编辑人和报告人等职务。

SAC/TC485秘书处承担单位为中国通信标准化协会。

【标准制修订与复审工作】2016年，SAC/TC485以支撑政府监管、服务产业发展和满足企业研发需求为工作主线，着力开展5G标准研制，加快推动5G发展，为后续展开5G候选技术工作奠定基础；组织开展工业互联网标准制定，促进两化深度融合，夯实未来工业互联网规模化发展的基础；落实“互联网+”行动计划，聚焦“移动互联网+”，通过跨界融合，从移动互联网提升信息服务能力的角度开展相关标准化工作；启动大数据标准化工作，推进国家实施大数据战略；制定窄带物联网标准，助力中国车联网应用发展；强化安全标准制定，重点开展互联网电子身份标识、物联网通信安全、移动智能终端安全保护、电信新业务信息安全管理系统、域名服务系统安全增强和公共云服务安全要求等标准研制工作，保障网络信息安全。

全年，SAC/TC485承担国家标准194项、行业标准1003项，其中2016年新下达国家标准项目计划48项、通信行业标准项目计划456项（制定397项、修订59项）。

年内，按照国家标准化改革工作部署，SAC/TC485配合国家标准委和工业和信息化部完成推荐性标准和在研推荐性标准制修订计划的集中复审工作，先后组织有关单位专家召开38次标准集中复审会和3批次的函审工作，对通信行业归口的367项推荐性国家标准和194项在研推荐性国家标准制修订计划逐一进行复审。复审结论为：390项标准继续有效，85项标准予以修订，86项标准应予废止。

【国际标准转化及提案情况】截至2016年底，SAC/TC485针对ITU-T和ITU-R的4846项国际标准进行分析，在4563项需转化的标准中，4484项实现转化，转化率98.27%。全年，向国际标准化组织提交文稿一万余篇，其中向ITU提交文稿940篇，向3GPP提交文稿9234篇，向IETF提交文稿376篇，向IEEE提交文稿326篇。在推动云计算、大数据、物联网、5G、下一代互联网过渡等国际标准制定方面取得重要进展和突破。

【国际标准化工作参与情况】截至2016年底，SAC/TC485委员单位主导203项国际标准项目（ITU、ISO、IEC），其中有69项于2016年由ITU发布，5项由ISO发布。2016年突出成果包括：ITU发布由中国企业主导的智慧城市评估系列标准；中国B-TrunC标准写入即将出版的M.2014-3标准修订稿中，成为ITU-R推荐集群空中接口国际标准。

在3GPP中，中国企业主导5G技术架构及主要技术标准方面获得重大进展：中国率先提出5G无线接口设计及新型网络架构，被5G国际标准采纳；中国成为5G无线新技术方向主导者之一，中国企业提出5G新波形被标准化组织接受；中国企业提出polar新编码成为增强移动场景5G信道编码标准；中国企业引导提出新多址技术方向，成为全球企业共识。

在 oneM2M(物联网国际标准伙伴组织)中,中国企业参与 oneM2M 规范制定,年内完成第二版本规范。参与 oneM2M 测试及认证工作的研究与讨论。

【国际标准化会议参与情况】2016 年 5 月,SAC/TC485 与 IEEE 联合举办"ICT 标准必要专利政策高层研讨会"。同月,与蓝牙 SIG 签署合作谅解备忘录,并于 12 月联合举办"蓝牙网络研讨会"。8 月,主办"第十五次中日韩信息通信标准信息交流会",推动 CJK 全会的改革,促进 CJK 组织领导人在国际重大事务中的协调。9 月,与 WIFI 联盟及国内 ICT 及家电行业组织和科研机构联合组织"跨界融合,聚汇分享"智慧家庭产业需求研讨会。10 月,派员跟随中国代表团,参加 2016 世界电信标准化全会(WTSA16)。会上,中国推荐的 11 名专家全部当选为 TSAG 及相关研究组的主席/副主席。

年内,SAC/TC485 组织参与 GSC-20、CJK 各工作组会议等,与 TIA、ETSI、OMA、微软、高通等标准组织和公司就标准体系改革、开源标准、IPR、5G 等进行交流探讨。

【标准化科研】2016 年,SAC/TC485 承担国家标准委"'互联网 +'标准提升及推广——标准化工作机制研究"的研究工作。承担工业和信息化部科技司《工业和通信业团体标准培育发展指导意见》的研制工作。完成《培育发展团体标准实施方案》的研究报告。承担《十三五通信业技术标准体系建设方案》的编制工作,完成编制工作的初步工作方案,并汇总工业和信息化部通信业务司局的重点工作领域。

【标准宣贯】2016 年,SAC/TC485 重点完成年内发布的 3 批 270 项通信行业标准的题录及 351 项行业标准全文数据库更新;完成截至 2014 年底发布 5 年以上的 632 项标准复审结果数据更新及相应标准状态的数据处理。新增 ITU、ETSI、3GPP、IETF 等 16 类标准题录 6500 余条,全文 3864 个 48 万页的信息。标准数据库中国内外标准题录达 23.9 万条,标准全文 11.7 万项。

根据企事业单位涉及标准化工作的技术、管理等人员的实际需求,就标准化形势、标准化基本知识、标准编写要求以及标准化工作流程等方面进行培训,上、下半年各举办 1 期。186 人参加培训,培训结束后全员参加考试。

供　稿:SAC/TC485 秘书处
撰稿人:郭　昕
审稿人:武冰梅

全国光电测量标准化技术委员会(SAC/TC487)

【概况】全国光电测量标准化技术委员会虽然没有国际技术对口标准化组织,但积极参与相关标准化组织如:国际标准化组织产品尺寸和几何技术规范及检验(ISO/TC213)和国际电工委员会光辐射安全和激光设备技术委员会(IEC/TC76)的标准化活动。

2016 年,SAC/TC487 参加标准化专业培训4 次,并通过会议、网站和微信等形式,宣传标准化相关政策,培训标准化相关知识。SAC/TC487 秘书处承担单位中国科学院光电研究院加入中国标准化创新战略联盟并成为联盟第一届理事单位。

【标准制修订与复审工作】2016 年,SAC/TC487 征集 24 项标准提案,经专家组多次讨论,5 项标准提案获得推荐并于 12 月 1 日完成标准项目的立项评估答辩,2 项标准立项项目通过专家评估并于 4 月 25 日网上公示。SAC/TC487 根据"国家标准委关于印发《推荐性标准集中复审工作方案》的通知"要求,按照推荐性标准制定范围,梳理光电测量技术范围内相关标准以及与其他标委会交叉情况。无需要废止、转化、修订和协调的标准。

【国际标准化工作参与情况】2016 年,SAC/TC487 委员分别参加 9 月在上海举行的 ISO/TC213 第 41 届全会及工作组会议和 10 月在北京举行的 2016 年 IEC/TC76 年会及工作组会议。针对光电测量领域,对 IEEE 和 EMVA 等国际先进团体的相关标准化工作进行跟踪以及比对分析。

【标准化科研】2016 年,SAC/TC487 组织专家组审议标准体系构架,修改以学科划分的原有标准体系,以应用领域划分,构建动态光电测量技术标准体系。在通用基础、光电基本量测量、光谱和光度测量、图像探测测量、光通信测量、生物光学测量、计量校准方法等方面引导光电测量技术转化为标准。SAC/TC487 加强标准预研工作,调研委员单位承担的光电测量领域的国家级重大科研项目情况,调研激光诱导等离子体光谱分析设备开发和应用、跨尺度三维光电振动测量仪的开发和应用、单光子计数器参数测量与验证、单光子探测器计数特性参数校准技术研究、新型飞秒激光跟踪仪研发、飞秒激光三维形貌测量仪的精度比对研究、可溯源至 SI 单位的磁共振影像设备质控方法及其标准化研究、前端-预放系统关键技术研究与方案验证、微米级高速视觉质量检测仪的开发和应用、激光雷达、光电摄像模组智能制造数字化车间运行管理综合标准化与试验验证、猪病高通量检测技术及设备研究、导模共振光学生物传感的光学基础研究等新型光电领域研究成果形成标准的可能性。

【年会情况】 SAC/TC487 在北京召开 2016 年年会，来自中国标准化研究院、SAC/TC240、SAC/TC284、SAC/TC327、标准建议起草单位、SAC/TC487 顾问、委员等 60 余名专家参加会议，SAC/TC487 委员出席率 84%。

会议通报上级标准化主管部门的方针政策；解读《关于在国家科技计划专项实施中加强技术标准研制工作的指导意见》；听取秘书处 2016 年工作情况汇报和 2017 年的工作计划；着重汇报 2016 年 12 月 1 日标委会《激光诱导击穿光谱法》等 5 项标准提案参加第六次推荐性国家标准立项评估会情况；通过委员增补和标准体系变更相关事宜。与会代表分析标委会取得的成绩与存在的问题，对下一步工作提出工作设想与建议。会上，标委会组织 7 项标准提案的汇报，全体委员审查拟立项国家标准提案，提出具体修改意见和建议，并同意将该 7 项国家标准制定立项建议上报国家标准委。

供　稿：SAC/TC487 秘书处
撰稿人：沈小雯
审稿人：卢永红

全国焙烤制品标准化技术委员会（SAC/TC488）

【概况】 截至 2016 年底，全国焙烤制品标准化技术委员会归口管理国家标准 14 项、行业标准 12 项。

SAC/TC488 下设 1 个分技术委员会（SC）：糕点（SC1）。

是年，SAC/TC488 完成换届工作。第二届 SAC/TC488 由 39 名委员组成，秘书处挂靠单位为广州质量监督检测研究院和青岛市产品质量监督检验研究院。

是年，SAC/TC488 和 SAC/TC488/SC1 组织有关人员参加国家标准委、相关标准化专业机构或行业部门组织的培训。SAC/TC488 多次举办标准宣贯培训班或在年会上进行有关标准的宣贯。SAC/TC488/SC1 在北京和西安组织 2 期标准培训班，对企业研发和标准化工作人员进行培训。

是年，SAC/TC488 通过国家标准委组织的全国专业标准化技术委员会考核评估，考评意见为二级。

是年，SAC/TC488 秘书处根据行业和企业需求，与政府有关部门沟通，解决标准执行中的问题，帮助企业解决生产经营中的实际问题。SAC/TC488/SC1 取得食品药品监管总局《关于月饼类产品许可分类问题的复函》和《关于食品生产许可证变更后有关包装标识问题的复函》、国家食品安全标准审评委员会《关于预包装粽子包装标签的回函》等。就新版《月饼》国家标准中引起高度关注的广式五仁月饼的标准问题，召开“广式五仁月饼专题会议”，结合标准规定，统一技术观点，较好解决社会上的争议和企业的标准规范解释问题。

【标准制修订工作】 2016 年，SAC/TC488/SC1 完成国家标准《粽子》和《植脂奶油》的修订工作，报批稿上报国家标准委和商务部；完成修订国家标准《糕点通则》函审工作；组织召开制定《糕点预拌粉》和《冷冻面团》行业标准起草工作组会议；组织召开修订《食品馅料》《果酱》国家标准暨制定《烘焙制品专用糖浆》团体标准起草工作组会议。

【标准复审工作】 2016 年，SAC/TC488 秘书处组织开展推荐性国家标准、推荐性行业标准及正在研制的标准计划项目的集中复审工作，通过征询各委员单位的审查意见和建议，完成 SAC/TC488 归口标准体系内 14 项国家标准和 12 项行业标准的集中复审，复审意见按时在国家标准委系统提交。

【国际标准化工作参与情况】 2016 年，SAC/TC488/SC1 起草《粽子》和《速冻饺子》等 2 项国际标准项目，并向卫生计生委食品安全标准与监测评估司提出申请，制定国际食品法典标准。

【年会情况】 2016 年 6 月 23 日，SAC/TC488 第二届标委会第一次工作会议在广州召开，委员出席率 85%。会议宣读《国家标准委办公室关于全国焙烤制品标准化技术委员会换届及组成方案的复函》，为委员颁发聘书。秘书处向大会做工作报告，主要包括工作总结和工作计划、标准体系变动情况和经费支出情况等,并就有关研讨内容广泛征询与会委员及其他参会人员的意见和建议,经会议讨论,形成统一意见,全票表决通过。

12 月 20 日,第二届 SAC/TC488/SC1 第三次工作会议在黑龙江哈尔滨举行,委员出席率 87.5%。会议指出,标准化工作要引进风险评估、风险管理机制,参照食品安全国家标准制修订工作程序,进一步提升技术委员会的工作水平。SAC/TC488/SC1 秘书处做 2016 年糕点分技术委员会工作和 2017 年工作计划的工作报告,与会委员审议并全票表决通过秘书处的工作报告。

供　稿:SAC/TC488 秘书处
撰稿人:冼燕萍
审稿人:吴玉銮

全国机械密封标准化技术委员会(SAC/TC491)

【概况】截至 2016 年底,全国机械密封标准化技术委员会归口管理国家标准 5 项、行业标准 32 项,在研国家标准 1 项、行业标准 5 项。

是年,SAC/TC491 通过与机械密封检测中心、机械产品审查部沟通,更新机械密封实施细则中相关标准,并通过机械密封生产许可证实施细则宣贯会,向企业解读标准中的重要条款,促进新版标准的实施;SAC/TC491 秘书处人员通过参加机械密封生产许可证现场审查机会,了解企业对新标准的实施情况,帮助企业更好使用标准;SAC/TC491 与机械密封协会合作,于 2016 年 12 月在山东滕州召开的全国机械密封行业年会(参会人数 300 人)上,对机械密封新标准进行介绍,重点解释 2016 年批准发布的新标准与老标准的差异,以及标准重点条款等;SAC/TC491 秘书处通过电话、邮件等方式解答企业在组织生产、质量检验等方面提出的有关标准或技术问题。

【标准制修订与复审工作】2016 年,SAC/TC491 对归口管理的 33 项推荐性行业标准、6 项推荐性国家标准及在研的推荐性标准制修订计划进行集中复审,提出标准复审结论:推荐性行业标准继续有效 21 项、修订 10 项、转化为推荐性国家标准 1 项、直接废止 1 项;推荐性国家标准继续有效 3 项、修订2 项、直接废止 1 项。

SAC/TC491 完成 5 项行业标准项目的制修订工作。国家标准委批准发布 SAC/TC491 归口管理的 2 项国家标准。工业和信息化部批准发布 SAC/TC491 归口管理的 1 项行业标准。

【标准化科研】2016 年,SAC/TC491 参与的国家大型先进压水堆核电站重大专项中国先进核电标准体系研究——核电机械密封标准体系研究,完成验收任务。

【年会情况】2016 年 7 月 15—17 日,SAC/TC491 二届一次会议在辽宁沈阳召开。标委会秘书处向大会做第一届全国机械密封标准化技术委员会工作总结,与会代表对标委会所做的工作给予肯定,讨论下一步工作计划,并对标委会归口的推荐性标准及在研标准计划进行集中复审,审定 2017 年拟计划立项的国家标准和行业标准项目。

供　稿:SAC/TC491 秘书处
撰稿人:李　香
审稿人:吴兆山

全国喷射设备标准化技术委员会(SAC/TC493)

【概况】截至 2016 年底,全国喷射设备标准化技术委员会归口管理国家标准 3 项、行业标准 15 项,在研国家标准 2 项、行业标准 4 项。

是年,SAC/TC493 推进标准的贯彻实施,通过与各行业厂家沟通,更新喷射设备标准体系中相关标准。标委会秘书处通过电话、邮件等方式解答企业在组织生产、质量检验等方面提出的有关标准或技术问题。

【标准制修订与复审工作】2016年，SAC/TC493完成4项行业标准报批工作；工业和信息化部批准发布SAC/TC493归口管理的行业标准1项。SAC/TC493完成归口的标准复审工作，截至2016年8月12日，确认14项行业标准、3项国家标准、5项行业标准计划、2项国家标准计划继续有效，2项行业标准作废（已上升为国家标准）。

【年会情况】2016年12月14—16日，SAC/TC493第二届二次会议在江苏无锡召开，80余人参会。标委会秘书处向大会做2015—2016年标委会工作总结。会议审查2项国家标准，讨论下一步工作计划，审定喷射设备专业"'十三五'标准体系建设方案"和2017年度标准立项和制修订工作的具体安排。

供　稿：SAC/TC493秘书处
撰稿人：曲玉栋
审稿人：陈正文

全国休闲标准化技术委员会（SAC/TC498）

【概况】截至2016年底，全国休闲标准化技术委员会归口管理国家标准19项，在研国家标准4项。

【标准培训与宣贯工作】2016年，SAC/TC498联合中国旅游车船协会等相关机构在北京、黄山、南京、苏州等18个城市组织召开GB/T 31710—2015系列休闲类国家标准宣贯会。组织召开标准宣贯培训班18次，培训人数2500人次；开展标准化技术咨询服务12次，服务企业60家。

【标准制修订与复审工作】2016年，国家标准委批准立项SAC/TC498归口管理的国家标准项目1项。SAC/TC498向国家标准委报批国家标准1项，审查国家标准1项，开展3项国家标准的预研和申报工作。国家标准委批准发布SAC/TC498归口管理的国家标准3项。SAC/TC498组织复审归口国家标准19项，全部继续有效。

供　稿：SAC/TC498秘书处
撰稿人：朱莉蓉
审稿人：付　磊

全国语言文字标准化技术委员会（SAC/TC500）

【《汉字应用水平等级及测试大纲（2016年修订）》发布】2016年1月7日，教育部、国家语委发布《汉字应用水平等级及测试大纲（2016年修订）》，自2016年5月1日起实施。《汉字应用水平等级及测试大纲》由教育部语言文字应用研究所研制，规定具有中等及以上受教育程度人群使用汉字应当达到的水平。该规范由教育部、国家语委于2006年颁布，2007年实施，先后有14个省市计16万人次参加测试。2014—2015年，根据国务院2013年发布的《通用规范汉字表》和测试数据统计分析结果，课题组对该规范进行修订完善。

【《普通话异读词审音表》修订工作】第三次普通话审音工作于2011年正式启动，目的是建立健全普通话语音规范标准体系，满足现代语言生活需要。研制工作遵循几项原则：一是审音表的修订要慎重，以不折腾为原则，注重保护我国几十年来推广普通话所取得的丰硕成果。二是注重文化传承，不以减少异读为出发点，重视汉字读音中所承载的历史文化内涵。三是考虑海峡两岸语言生活实际状况，尽量减少两岸语音差异。四是综合考虑播音主持、基础教育、科技术语、人名地名管理等相关领域一线人员对语音规范的需求。第三次普通话审音工作成果《普通话异读词审音表》（修订稿）经广泛征求意见，4月20日通过国家语委普通话审音委员会鉴定，12月28日经国家语委语言文字规范标准审定委员会审定并原则通过。

【中小学语文教材语言文字规范标准符合性调查研究完成】中小学是学习掌握国家语言文字规范标准最重要的阶段,是国家推行规范标准的重要阵地。国家语委"十二五"期间立项进行"中小学语文教材语言文字规范标准符合性调查研究"。8月22日,课题结项鉴定会在北京召开。课题组对我国当前有代表性的四套中小学语文教材落实国家语言文字规范标准的现状进行全面、系统、科学的调查,得到一批有价值的材料和数据,为基础教育语文教材贯彻实施语言文字规范标准现状的评估、改进、完善提供很有参考价值的资料和意见。

【公共服务领域外文译写规范工作】2016年9月24日,《公共服务领域俄文译写规范》《公共服务领域日文译写规范》《公共服务领域韩文译写规范》通过专家鉴定。鉴定专家组认为,三项标准的研制思路清晰、方法科学,提出的公示语翻译原则具有重要的学术价值,提供的公示语译文规范、准确,对提高我国公共服务领域外文译写规范水平具有很高的应用价值。12月28日,三项标准经国家语委语言文字规范标准审定委员会审定并原则通过。

【"《通用规范汉字表》楷体字字形标准研制"和"中国教科书专用字体研究与设计"完成研制】2016年10月26日,国家语委"十二五"科研项目"《通用规范汉字表》楷体字字形标准研制"和"中国教科书专用字体研究与设计"鉴定会在北京召开。两个项目分别由北京师范大学、北京北大方正电子有限公司承担,均通过专家鉴定。

鉴定专家组认为,"《通用规范汉字表》楷体字字形标准研制"项目组提交的楷体字字形标准,建立在先进的字形数据库基础上,具有充分理论依据,合乎字理和楷体字书写规则,符合社会应用及中小学教学的实际;制定的楷体字字形标准原则,为楷体字字形规范提出科学准则,对基础教育中楷体字的教学具有重要指导作用。"中国教科书专用字体研究与设计"的字库设计以现用楷体为基础,完整收录《通用规范汉字表》8105个汉字,与《通用规范汉字表楷体字字形标准》相衔接,提交的字体结构端正平稳,笔形设计和谐统一,是对我国基础教育教科书所用字体的积极探索。

【语言文字规范标准的宣传实施】2016年举办2期"国培计划"语言文字规范标准培训班,邀请国家语言文字工作主管部门领导和参加国家语言文字规范标准制修订的专家为学员做专题报告,内容包括《通用规范汉字表》《标点符号用法》《出版物上数字用法》等规范标准解读、国家语言文字政策宣讲等。推动将语言文字规范标准实施情况纳入地方语言文字工作督导评估,开展新闻出版等重点领域语言文字规范标准贯彻落实情况调研,编辑出版《常用语言文字规范手册》。

【中华思想文化术语传播工程进展】选译中华思想文化术语,出版《中华思想文化术语》第三、四辑。11月发布第二批319条术语选译成果,其中包括"乾""兼爱""道法自然"等哲学术语115条、"龙""社稷""居安思危"等历史术语103条、"诗""丹青""写意"等文艺术语101条。发布的两批400条中华思想文化术语中很多被广泛引用,如"民惟邦本""天人合一""天下兴亡,匹夫有责""治大国若烹小鲜"等,对它们的准确解释和翻译,将有利于传播好中国声音,讲好中国故事。建设中华思想文化术语网,开通微博、微信公众号。举办"2016中华思想文化术语大赛",面向全国多个省市的中学生开展系列培训及赛事活动,12月大赛全国总决赛在北京成功举办。11月5至6日,"中华思想文化术语的现代释译与运用"学术研讨会在武汉召开,与会人员围绕中华思想文化术语的现代阐释、现代运用、文化认同、外译与传播等议题进行研讨,一致认为中华思想文化术语的整理和传播,是弘扬优秀传统思想文化、建立当代中国人自己的话语体系的重要内容。分别与马来西亚、亚美尼亚、西班牙签订版权输出合同,努力推进面向"一带一路"沿线国家的版权推荐和输出工作。与施普林格·自然集团签署"中华思想文化术语研究丛书"(英文版)合作协议。

为做好中华思想文化术语的整理和传播工作,2014年经国务院批准设立中华思想文化术语传播工程,并调整成立由教育部、国家语委作为召集单位,中央编译局、中国外文局、外交部、民政部、文化部、新闻出版广电总局、国务院新闻办、新华社、中国科学院、中国社会科学院等11个部委(单位)为成员单位的"外语中文译写规范和中华思想文化术语传播部际联席会议",负责统筹协调。工程实施以来取得令人瞩目的成果,产生广泛影响。

供　稿:SAC/TC500秘书处
撰稿人:王　奇
审稿人:田立新

全国果品标准化技术委员会(SAC/TC501)

【概况】截至2016年底,全国果品标准化技术委员会归口管理国家标准112项、行业标准522项(包括农业、林业、商检、供销等各类行业标准,其中农业行业标准295项)。

【标准制修订工作】2016年,SAC/TC501组织6项国家标准立项工作,其中3项标准通过委员评估,相关立项材料上报主管部门。举办1次标准函审,审定2项国家标准。其中1项通过函审,相关报批材料上报主管部门;1项未通过函审,需要重审。国家标准委批准发布SAC/TC501归口管理的国家标准1项。

【强制性标准整合精简工作】2016年,SAC/TC501组织种植业领域相关单位和专家,对28项强制性标准(6项强制性国家标准、22项强制性农业行业标准)以及13项强制性国家标准计划项目进行整合精简,并就其他部委提出的异议及时做好反馈沟通。

【标准化科研】2016年,SAC/TC501结合种植业标准体系建设研究工作,对现行果品领域的农业行业标准进行搜集整理,并对标准体系建设情况进行梳理分析,理清标准现状,形成标准体系框架初步设计。完成《种植业标准体系研究》书稿编辑修改,并交付印刷。组织编写《2016年度种植业产品标准发展研究报告》。

【年会情况】2016年9月27日,SAC/TC501换届大会暨委员会二届一次全体会议在北京召开。会议产生第二届委员会,第二届标委会由农业、质检和供销系统37名委员组成。会议审议通过《全国果品标准化技术委员会章程》《全国果品标准化技术委员会工作计划》《果品标准体系框架》《全国果品标准化技术委员会秘书处工作细则》及《全国果品标准化技术委员会标准函审工作规范》。会议进行国家标准立项评估,宣布国家标准函审结果。

【标准宣贯】2016年,SAC/TC501加强标准推广应用,推进种植业标准宣传系列丛书编制工作,完成种植业标准宣传系列丛书植保植检分册和农产品等级规格分册编制工作,其中涉及果品标准。设计制作"种植业标准制修订技术网络培训课件"。组织中国农业科学院信息所等相关支持单位完成新发布国家标准入库工作,对数据库信息进行分类,完善全文和关键词搜索功能并进入运行调试阶段。定期对标准编制人员进行业务培训,培训后进行考核,发放培训证书。开展企业标准研制咨询。应部分农业产业化龙头企业要求,为其建立企业标准体系,提供技术咨询服务。

供　稿:SAC/TC501秘书处
撰稿人:路馨丹
审稿人:郝文革

全国安全泄压装置标准化技术委员会(SAC/TC503)

【概况】截至2016年底,全国安全泄压装置标准化技术委员会归口管理标准23项,其中现行有效标准13项,包括国家标准10项、行业标准3项;在研标准10项,包括国家标准7项、行业标准3项。

SAC/TC503对口国际标准化组织过压保护安全装置技术委员会(ISO/TC185),中国是ISO/TC185的"P"成员。ISO/TC185发布9项国际标准,已转化为中国标准2项,正在转化中2项。

是年,SAC/TC503完成换届工作。

是年,SAC/TC503组织起草单位进行"安全泄压装置产品标准编写"培训。通过阀门标准网,建立标准咨询平台。通过网络、邮件、QQ和电话,对行业企业长期开展技术咨询报务,开展标准化技术咨询服务约200次,服务企业400余家。

【标准制修订与复审工作】2016年,国家标准委批准发布SAC/TC503归口管理的国家标准1项。SAC/TC503对归口管理的23项标准进行集中复审,其中现行有效标准13项,包括国家标准10项、行业标准3项;在研标准10项,包括国家标准7项、行业标准3项。推荐性标准集中复审结论为:现行有效标准继续有效7项、修订6项;在研标准继续有效10项。

【国际标准化工作参与情况】2016年,SAC/TC503对ISO相关标准进行3次投票。9月12—14日,

SAC/TC503组织中国专家代表参加ISO/TC185下属的WG12(爆破片)和WG13(爆破片与安全阀的组合装置)两个工作组在德国法兰克福举行的会议,会议主要讨论修订的ISO/CD 4126-2《过压保护安全装置 第2部分:爆破片安全装置》征求意见稿以及ISO 4126-3:2006《过压保护安全装置 第3部分:爆破片和安全阀的组合装置》的复审意见,会前中国向工作组召集人提出10余条意见,会上各参会成员国代表对中国提出的意见进行讨论并基本全部采纳。

【年会情况】2017年4月27日,SAC/TC503第二届成立大会暨标准审查会议在江苏苏州召开。全国各地约60位专家参加会议,其中安全泄压装置标委会委员、委员代表45人,超过委员总数的四分之三。标委会主任委员做2016年度工作报告、第一届标委会工作总结、国际标准化工作以及"十三五"安全泄压装置标准工作规划。会议邀请安全泄压装置方面专家做"安全阀热态试验装置"专题讲座。会议审查通过2项行业标准。

供　稿:SAC/TC503秘书处
撰稿人:胡春艳　胡　军
审稿人:黄明亚

全国出版物发行标准化技术委员会(SAC/TC505)

【概况】截至2016年底,全国出版物发行标准化技术委员会归口管理国家标准2项,其中提出修订1项、计划立项1项;行业标准51项,其中新增6项;项目标准26项,其中新增5项;标准辅助文件2项;在研行业标准10项、项目标准5项。

【标准培训与宣贯工作】2016年6月21—22日,SAC/TC505在北京组织CNONIX国家标准应用示范工作标准培训班,来自各示范单位及相关单位50余人参加标准培训工作。

11月16—17日,SAC/TC505配合全国新闻出版标委会在北京举办2016年新闻出版标准化培训班(第二期)。培训内容包括《CNONIX标准动态维护规范》《基于CNONIX的图书产品信息采集规范》《图书产品信息加工规范》《THEMA(全球图书贸易主题词表)预研究报告》。培训对象包括全国各省新闻出版局、出版集团、出版社、期刊社、报社、出版类网站等相关单位管理、编辑、数字出版人员等。

【国际标准化工作参与情况】2016年3月,SAC/TC505经专家论证,向国际EDItEUR组织提出Thema标准中补充除已有代码外的中国地区代码的申请,国际组织按照中方要求在Thema标准中补全中国地区代码。

截至2016年底,国际ONIX标准更新至3.0.3版本,代码表更新至第35期。SAC/TC505进行版本更新工作(当前为CNONIX3.0.1版),完成对第1~29期代码表的补充和完善,并翻译其余版本。

年内,SAC/TC505同国际标准化组织探讨联合在国际以及国内举办ONIX标准和THEMA标准培训有关事宜。

【标准化科研】2016年,新闻出版广电总局启动首批新闻出版业科技与标准重点实验室申报及出版融合发展重点实验室申报工作。SAC/TC505归口的标准化工作相关3个实验室相继成立,分别是:北方工业大学牵头申报的"CNONIX国家标准应用与推广实验室"、北京印刷学院牵头申报的"新闻出版业关键技术研发及成果转化综合实验室"、中文天地出版传媒股份有限公司牵头申报的"物联网出版融合实验室"。

SAC/TC505参与北京市新闻出版局开展的数字编辑职称考试工作,对教材内容进行研讨,并提出新闻出版标准化及有关数字出版标准内容的增补建议,得到北京市新闻出版局及教材编写组的认可,将标准内容增加到新版教材中。关于教材内容增补标准章节和选编的工作,由SAC/TC505组织相关人员于8月完成。

供　稿:SAC/TC505秘书处
撰稿人:陈银莉
审稿人:唐贯军

全国大型铸锻件标准化技术委员会(SAC/TC506)

【概况】截至2016年底,全国大型铸锻件标准化技术委员会归口管理国家标准2项、行业标准80项,在研国家标准3项、行业标准20项。

是年,SAC/TC506参加各级标准化业务培训3人次;开展标准化技术咨询服务50次,服务企业30家。

是年,SAC/TC506举办标准宣贯等培训班3次,培训人数150人次。

【标准制修订与复审工作】2016年,国家标准委批准立项SAC/TC506归口管理的国家标准2项。SAC/TC506向国家标准委报批国家标准1项,向工业和信息化部报批行业标准6项;审查行业标准送审稿14项;组织征求意见行业标准14项;向国家标准委申报国家标准2项,向工业和信息化部申报行业标准5项。国家标准委批准发布SAC/TC506归口管理的国家标准2项。

SAC/TC506复审归口管理的现行推荐性行业标准80项,其中继续有效52项、修订21项、直接废止4项、转化3项;复审在研推荐性国家标准计划3项,均继续有效;复审行业标准制修订计划20项,其中继续有效18项、修订2项。

【国际标准化工作参与情况】2016年,SAC/TC506推进标准计划外文版同步翻译工作,向国家标准委申报2项国家标准计划英文版同步翻译项目。

【标准化科研】2016年,SAC/TC506承担工业和信息化部和中国机械工业联合会下达的“机械工业‘十三五’技术标准体系建设方案——大型铸锻件专业领域”研究和编制任务,研究该领域发展情况、标准体系现状和体系框架、产业发展重点、标准体系发展目标、标准制修订重点领域以及拟制修订标准项目等。

【年会情况】2016年11月30日,SAC/TC506在云南昆明举行全体会议,委员出席率94.1%。会议听取标委会年度标准体系建设、标准制修订计划执行情况和下一年度工作计划等报告;审议委员调整、推荐性标准集中复审、在《大型铸锻件》杂志开辟标准化栏目等事项。

供　稿:SAC/TC506秘书处
撰稿人:董　涛　徐文全
审稿人:蒋新亮

全国大型发电机标准化技术委员会(SAC/TC511)

【概况】截至2016年底,全国大型发电机标准化技术委员会归口管理国家标准15项、行业标准52项,其中1项采用国际标准;在研国际标准1项、国家标准3项、行业标准11项。

SAC/TC511对口国际电工委员会旋转电机技术委员会(IEC/TC2)。SAC/TC511秘书处承担单位哈尔滨大电机研究所是IEC/TC2的国内第二技术对口单位,负责协助国内第一技术对口单位(SAC/TC26秘书处的承担单位上海电器科学研究所有限公司)开展有关大型发电机方面的国际标准化工作。

是年,SAC/TC511完成换届工作,第二届标委会有委员61名,其中,主任委员1名,副主任委员3名,秘书长1名,副秘书长2名。

是年,SAC/TC511归口的国家标准化指导性技术文件GB/Z 29626—2013《汽轮发电机状态在线监测系统应用导则》荣获2016年“电工标准——正泰创新奖”二等奖;国家标准GB/T 26680—2011《永磁同步发电机技术条件》荣获2016年“电工标准——正泰创新奖”三等奖。由SAC/TC511推荐的上海电气电站设备有限公司上海发电机厂荣获“2015年电器工业标准化良好行为示范企业”荣誉。

【标准制修订与复审工作】2016年,工业和信息化部批准立项SAC/TC511归口管理的行业标准项目7项。SAC/TC511组织审查6项行业标准,并向工业和信息化部报批。国家标准委批准发布SAC/TC511归口管理的国家标准5项;工业和信息化部批准发布SAC/TC511归口管理的行业标准1项。

SAC/TC511对归口的推荐性国家标准、行业标准进行集中复审。复审结论:2项国家标准和5项行业标准修订,2项国家标准计划废止,其余标准及计划继续有效。

【国际标准化工作参与情况】2016年,SAC/TC511

组织行业单位对 IEC/TC2 各阶段的标准文件征集意见,并将意见及时反馈至上海电器科学研究所有限公司。1 位委员作为工作组成员,参加 IEC 60034-3《旋转电机 第 3 部分:由汽轮机或燃气轮机拖动的发电机技术要求》)的修订工作。SAC/TC511 秘书长作为中国代表团成员参加 5 月在美国召开的 IEC/TC2的 2016 年全体会议。3 月,向 IEC/TC2 提交的牵头制定“水轮发电机基本技术条件”的国际标准提案通过 IEC 的评审程序,并成功立项。11 月 9—10 日,IEC/TC2/WG33 第一次会议在瑞士日内瓦 IEC 中央办公室召开。SAC/TC511 秘书长孙玉田作为该项国际标准(IEC 60034-33)的召集人,代表中国电机行业主持标准起草会议。工作组成员对标准的内容达成一致,对标准初稿需要做进一步修改和研究的内容进行布置。

【标准化科研】哈尔滨电机厂有限责任公司和东方电机有限公司启动单机容量 1000 MW 级水电机组的前期研究工作。SAC/TC511 配合研究,组织 3 项 1000 MW 水轮发电机相关的国家标准化指导性技术文件的制定工作。2016 年, GB/Z 32519. 1—2016《1000 MW 级水轮发电机 第 1 部分:技术导则》、GB/Z 32519. 2—2016《1000 MW 级水轮发电机 第 2 部分:试验、检验导则》、GB/Z 32519. 3—2016《1000 MW 级水轮发电机 第 3 部分:安装质量检测导则》等 3 项指导性技术文件发布实施。

【标准化技术服务与培训情况】2016 年,SAC/TC511 定期向委员单位提供《大电机技术》(双月刊)、《国外大电机》(季刊)杂志,以及新出版的标准单行本,提供标准订购、信息咨询等服务;组织相关委员进行试验评估、故障分析、产品鉴定等工作。SAC/TC511 秘书处多次组织标准起草人员及秘书处工作人员参加上级部门组织的标准化业务培训。

【年会情况】2016 年 12 月 8—9 日,SAC/TC511 换届暨 2016 年年会在安徽合肥召开。来自全国 53 个单位的 72 位委员、委员代表、观察员、顾问专家、标准起草人等出席会议。会议宣读标委会换届批文,并向全体与会委员颁发证书;听取电工行业标准化概况、国家深化标准化改革方案、社团标准试点任务等方面报告,提出配合社团标准试点、做好国际标准化工作等建议。会议听取标委会第一届工作总结及第二届工作计划、标委会章程、秘书处工作细则、2016 年度工作总结、2016 年度经费使用情况等报告;传达参加 2016 年国际大电网双年会的情况;介绍 2016 年国际大电网会议所反映的行业技术和产品动态;通报 IEC/TC2/WG33“水轮发电机基本技术条件”国际标准第一次工作组会议的情况,向与会专家介绍会议针对标准初稿提出的讨论意见及新议题,以及下一步的工作计划;审查通过 6 项行业标准送审稿;讨论标委会 2017 年标准制修订工作计划,确定拟修订 4 项标准、制定 2 项标准。

供　稿:SAC/TC511 秘书处
撰稿人:周　谧
审稿人:孙玉田

全国螺杆膨胀机标准化技术委员会(SAC/TC512)

【概况】截至 2016 年底,全国螺杆膨胀机标准化技术委员会归口管理国家标准 4 项、行业标准 6 项;报批国家标准 1 项、行业标准 1 项;在研行业标准 2 项。

是年,SAC/TC512 召开换届大会,成立第二届标委会。编制机械工业“十三五”螺杆膨胀机标准体系建设方案。

是年,SAC/TC512 组织召开螺杆膨胀机专业领域标准研讨会(含标准征求意见)2 次;开展标准化技术咨询服务 1 次,服务企业 2 家。

【标准制修订与复审工作】2016 年,国家标准委批准发布 SAC/TC512 归口管理的国家标准 1 项,能源局批准发布 SAC/TC512 归口管理的行业标准3 项。SAC/TC512 向国家标准委报批国家标准1 项、向能源局报批行业标准 1 项。SAC/TC512 复审归口管理的 3 项国家标准,复审完成率 100%。

【标准化科研】2016 年,SAC/TC512 对螺杆膨胀机领域“十三五”标准化发展规划中部分标准分项目组进行预研,结合国家“863”项目的最后试验,以及螺杆膨胀机在各现场运行情况,搜集有关运行数据,利用螺杆膨胀机试验台的对机组的测试,掌握相关数据,为后续标准编制打下基础。

【年会情况】2016 年 12 月 16 日,SAC/TC512 换届大会暨第二届一次全体委员会议在北京召开,委员出席率 86.7%。西藏自治区原人大副主任、中国工程院院士、本届标委会主任委员多吉出席会议,国家标准委、中国机械工业联合会、中国电器工业协会、江西省质量技术监督局领导到会讲话并指导工作。会议宣读国家标准委关于标委会换届的批复文件；听取第一届标委会的工作总结；审议通过本届标委会工作计划，以及《全国螺杆膨胀机标准化技术委员会章程（草案）》和《全国螺杆膨胀机标准化技术委员会秘书处工作细则（草案）》；审查通过1项国家标准和1项行业标准送审稿。

供　稿：SAC/TC512 秘书处
撰稿人：杨晓琴
审稿人：刘凤钢

全国变频调速设备标准化技术委员会（SAC/TC518）

【概况】 2016年，SAC/TC518参加电器工业协会组织的“电工行业标准化技术委员会秘书处人员培训会”，参加国家标准委审评中心举办的“标准制修订全过程质量提升研修班”（第1期）。

【强制性标准整合精简工作】 2015年11月起，SAC/TC518秘书处对归口管理的2项强制性国家标准、2项强制性国家标准计划进行评估，并得出均转化为推荐性标准的评估结论。2016年7月13日，国家标准委在官方网站公示的整合精简结论为：2项强制性国家标准转化为推荐性国家标准；2项强制性国家标准计划项目转化为推荐性国家标准计划项目。

【推荐性标准集中复审工作】 2016年，SAC/TC518对归口管理的推荐性国家标准和行业标准（包括制修订计划）进行集中复审。14项国家标准中，继续有效11项、修订3项；3项国家标准计划项目中，继续有效1项、延期2项；1项能源行业计划项目继续有效。

【标准制修订工作】 2016年，SAC/TC518完成1项标准的报批工作；完成2项等同采标IEC的推荐性国家标准送审稿；归口管理的2项推荐性国家标准获批发布；参加2016年3月国家标准委组织的国家标准立项答辩会，1项标准通过答辩，3项等同采标的推荐性国家标准未能立项成功；启动能源局下达的1项能源标准计划项目。

【国际标准化工作参与情况】 2016年，SAC/TC518秘书处跟踪IEC标准的新工作项目提案阶段、委员会阶段、委员会投票阶段、最终标准草案阶段，掌握IEC标准起草制定的全过程。

SAC/TC518对22项IEC 22G文件翻译，组织技术专家对其中的关键技术问题进行讨论，并完成投票表决工作，投票率100%。IEC 22G有工作组、维护组、咨询组等10个，中国专家参加其中4个。

【标委会换届工作】 2016年5月，SAC/TC518发文征集新一届委员，初步筛选后，由来自生产企业、科研院所、高校、检测认证系统和质量监督系统的专家46人，组成第二届标委会。截至年底，完成换届材料的上报、修改工作，等待国家标准委的最终批复。

供　稿：SAC/TC518 秘书处
撰稿人：柴　青
审稿人：韩东明

全国白蚁防治标准化技术委员会（SAC/TC519）

【概况】 截至2016年底，全国白蚁防治标准化技术委员会归口管理国家标准2项（1项在研）、行业标准2项、地方标准15项、在研团体标准1项，获省级科研成果奖1项。

是年，SAC/TC519启动换届工作，完成第二届标委会委员网上征集工作、第一届标委会工作总结和第二届标委会工作计划、章程、工作细则草案等前期工作。通过国家标准委全国专业标准化技术委员会专项考核评估。

【标准制修订与复审工作】 2016年，SAC/TC519向国家标准委报批国家标准1项；筹备1项团体标准编制工作；完成2项国家标准（1项在研）、2项行业标准复审工作。住房城乡建设部发布SAC/TC519归口管理的行业标准1项。

【国际标准化工作参与情况】2016年,SAC/TC519组团赴新加坡等国考察标准化建设情况;组织委员参加在美国佛罗里达州奥兰多市举办的第25届国际昆虫学大会国际会议,与来自97个国家的6500余名昆虫学者交流学习;开展“中美白蚁防治技术与管理的比较研究”项目等。

【标准化科研】2016年,SAC/TC519承担的《房屋白蚁监测控制技术规程》(草案)项目成果荣获2016年浙江省建设科学技术二等奖;部项目《白蚁防治行业标准化建设研究》《我国白蚁防治行业标准化建设现状的分析研究报告》《白蚁防治行业标准化优胜单位考核办法》等相继完成;部专项课题“我国白蚁危害地区的确定和危害等级的评定研究”结题。

【业务培训】2016年,SAC/TC519参加国家标准委在京举办的第一期全国专业标准化技术委员会业务知识培训;参加由中国质检出版社举办的GB/T 20004.1—2016《团体标准化 第1部分:良好行为指南》团体标准编制培训。

【标准宣贯】2016年,SAC/TC519设立标委会网站,建立标准化建设宣传阵地;开展全国性标准化培训班8期,900余人参加培训。

【标准化服务】2016年,SAC/TC519推行1个标准单行本发行工作;推动现行标准宣贯实施工作;赴江西、湖北等5省25个地市开展工程质量与行业标准化建设调研;建立行业标准科研平台——南宁综合示范基地;推广实施白蚁防治监测控制新技术项目。

【年会情况】2016年3月25日,SAC/TC519在浙江杭州召开全体委员会议,委员出席率90%以上。会议审议通过《年度工作报告》《标委会2015年度财务报告》《标委会委员变更情况》等;讨论通过《白蚁防治行业标准化建设优胜单位考评暂行办法》和《白蚁防治行业标准化建设优胜单位考核指标》,形成“关于开展白蚁防治行业标准化建设优胜单位考核”的决定;会议邀请有关专家做《标准的内涵、作用及改革》《文物保护工作中白蚁防治的特点和要求》等专题知识讲座。

供　稿:SAC/TC519秘书处

撰稿人:金萍萍

审稿人:阮冠华

全国林业有害生物防治标准化技术委员会(SAC/TC522)

【概况】截至2016年底,全国林业有害生物防治标准化技术委员会归口管理国家标准、行业标准69项,其中,发布的国家标准、行业标准46项,国家标准计划1项、行业标准计划22项。

4月28—29日,SAC/TC522参加林业局科技司在福建厦门举办的2016年林业标准化培训班及林业标准化研讨会。

【标准制修订与复审工作】2016年,林业局发布林业有害生物防治方面的林业行业标准7项。SAC/TC522组织相关专家对现有推荐性标准进行复审,结论为:继续有效53项、修订3项、转化和协调13项。继续有效标准中,包括防治类标准40项、药剂药械类8项、监测类5项;修订标准中,综合类1项、药剂药械类2项;转化和协调11项标准中,综合类2项、防治类6项、监测类2项、药剂药械类1项。

【林业标准化发展规划研讨】2016年3月10日,SAC/TC522参加林业局科技司在北京召开的“中国林业标准化发展规划(生态部分)研讨会”。参与研讨林业标准化体系框架,提出调整和修改建议,汇报2016年初对现有标准的整合情况和下一步工作计划。

【年会情况】2016年11月2—4日,SAC/TC522在新疆乌鲁木齐召开年会暨标准审定会,会议总结2016年标委会工作;提出下年度计划;研究讨论《林业推荐性标准集中复审总结报告》和《推荐性标准集中复审结论汇总表》;审定11项行业标准,其中9项标准通过审定,2项标准未通过审定。

供　稿:SAC/TC522秘书处

撰稿人:邱立新

审稿人:曲　涛

全国新闻出版标准化技术委员会（SAC/TC527）

【概况】截至2016年底，全国新闻出版标准化技术委员会归口管理国家标准2项、行业标准48项；在研国家标准4项、行业标准56项。

【标准制修订与复审工作】2016年，SAC/TC527提出10项国家标准提案，申报并立项行业标准12项，5项行业标准通过专家审查。《中国标准关联标识符》国家标准正式发布；新闻出版重大科技工程项目“数字版权技术研发工程”通过终验，“国家数字复合出版系统工程”38项标准送审稿全部通过审查。复审标准111项。

【标准宣贯】2016年，SAC/TC527举办6期标准培训，对重点标准进行针对性培训，学员总数超过700人。其中，第一期“知识服务标准与实务宣贯培训会”于4月26—30日在北京举办，培训主要内容为知识服务标准，学员人数117人；第二期“学术出版规范标准培训班”于5月27—30日在合肥举办，培训主要内容为学术出版规范相关标准，学员人数114人；第三期“2016年第一期新闻出版标准化培训班”于7月28—29日在北京举办，此次培训是面向标委会秘书处人员的标准化工作培训，学员人数103人；第四期“学术出版规范标准培训班：第2期”于8月23—26日在银川举办，学员人数115人；第五期“数字出版系列标准培训——编辑综合标准培训班”于10月25—28日在厦门举办，培训主要内容为数字出版系列标准，学员人数195人；第六期“2016年新闻出版标准化培训班（第二期）”于11月16—17日在北京举办，学员人数107人。

5月，SAC/TC527与中国音像与数字出版协会、深圳市天朗时代科技有限公司、中国MPR注册中心等在广东深圳共同主办ISLI/MPR标准与全媒体融合出版技术系统应用者大会。《MPR出版物》系列国家标准产业推广获得良好效果，ISLI/MPR出版业务平台注册MPR出版单位332家，登记MPR出版物4400余种（含在产），累计发放MPR编码200余万个。

【年会情况】2016年11月11日，SAC/TC527年会在京举行。委员、行业专家和嘉宾80余人参会。会上宣读由SAC/TC527秘书处评选出的标准起草单位、起草人、新闻出版标准化先进单位、第一批新闻出版标准化基地以及知识服务企业标准化示范单位的表彰名单，并为获表彰的单位代表和个人颁发证书；为第一批新闻出版标准化基地授牌。

【国际标准化工作参与情况】2016年，新闻出版广电总局组织有关标准化技术委员会及专家参加相关国际标准的制修订，包括参加ISO/TC46/WG7期刊编排格式等工作组。

【标准化科研】2016年，SAC/TC527组织了“新闻出版标准化注册管理机构建设研究”“新闻出版行业标准化发展策略研究”“AR技术在出版业中应用标准研究”等课题研究。完成新闻出版标准化发展状况研究，组织编写《新闻出版标准化蓝皮书——新闻出版标准化研究发展报告（2016）》。

【标准信息化工作】2016年，SAC/TC527继续优化和完善新闻出版标准化协同工作平台，开发新闻出版标准数据库，包括标准库、术语库、代码库以及手机APP应用，采购数据元标准化管理及应用服务工具和PDF一致性测试工具。

供　稿：SAC/TC527秘书处
撰稿人：香江波
审稿人：刘颖丽

全国劳动管理与保护标准化技术委员会（SAC/TC535）

【概况】截至2016年底，全国劳动管理与保护标准化技术委员会归口管理行业标准1项。

是年，SAC/TC535研究制定标准化规划。按照国家标准化规划和人力资源社会保障事业发展“十三五”规划要求，对“十三五”期间重点工作进行梳理，形成“十三五”时期劳动管理与保护标准化建设规划，确定六大任务，重点规划确立行业标准建设十大领域。

是年，SAC/TC535修订完善《劳动管理与保护标准体系框架》。根据国家标准化规划和“十三五”时期劳动管理与保护标准化建设规划要求，结合劳动管理与保护标准化建设实际工作需要，经征求有关单位意见，进一步修订完善《劳动管理与保护标准体系框架》，进一步划清与人力资源社会保障领域其他标准体系边界，明确本标准体系重点，并细化标准体系分系统、子系统。

【标准制修订工作】2016年，SAC/TC535完成行业标准《风力发电劳动防护用品配备规范》，并由人力资源社会保障部发布。

【标准化科研】2016年，SAC/TC535开展《企业岗位设置和编制定员指南》研究。以科学岗位分析为基础，进行岗位设置，明确岗位的职责权限及适格要求，进而进行科学定员。开展《企业工作标准编写方法》研究。以企业战略和价值创造流程为引导，在流程梳理、工作岗位调查与分析基础上，根据工作岗位的工作目标、性质、劳动特点、工作职责大小以及岗位所需人员资格条件等因素，进行不同工作岗位工作标准的制定。

【年会情况】2016年1月26日，SAC/TC535在北京召开2015年年度工作会议，委员和代表40余人参会。SAC/TC535主任委员、人力资源社会保障部原副部长杨志明出席会议并做“创新劳动管理与保护标准化建设”讲话。标委会秘书长总结标委会6方面工作、4方面内部管理建设情况，提出2016年工作重点。参会代表就如何更好开展标委会工作进行研讨。标委会副主任委员做会议总结。

供　稿：SAC/TC535秘书处
撰稿人：李淑玉
审稿人：杨晓燕　苏海南

全国气候与气候变化标准化技术委员会（SAC/TC540）

【概况】截至2016年底，全国气候与气候变化标准化技术委员会归口管理国家标准10项、行业标准42项；在研国家标准10项、行业标准28项。

SAC/TC540下设2个分技术委员会（SC）：大气成分观测预报预警服务（SC1），风能太阳能气候资源（SC2）。

SAC/TC540秘书处挂靠单位为国家气候中心。

【标准制修订工作】2016年，SAC/TC540申报2017年标准项目10项，获批立项3项。全年，征求意见13项；预审查标准项目6项；报批国家标准10项、行业标准1项。

【标准集中复审工作】2016年，SAC/TC540完成46项推荐性标准项目集中复审工作，最终确定复审结果，并上报气象局和国家标准委。

【标准化科研】2016年，SAC/TC540组织开展气候可行性论证技术体系和建筑局地小气候风热光评价预研究。

【年会情况】2016年12月5日，SAC/TC540/SC1秘书处在北京组织召开2016年度工作会议及“十三五”规划研讨会，来自中科院、北京大学、气象局、国家气象中心、国家卫星气象中心、国家气象信息中心、中国气象科学研究院、中国气象局气象干部培训学院、北京气象局、中国大气本底基准站等单位的标委会委员与长期从事大气成分观测研究工作的专家参加会议。SAC/TC540/SC1秘书长从标准制修订、积压国家标准项目清理、气象推荐性标准集中复审等九个方面重点报告本年度标委会所开展的各项工作和所取得的成果。会议还根据国家标准委统一部署和气象局政策法规司的有关要求，对“十三五”气象标准制修订计划项目中大气成分相关标准项目进行研讨。会议期间，各位委员和专家从大气成分标准体系架构、完整性、编制难易程度、实用性、标准名称规范等方面，对大气成分相关标准制修订项目发表意见和建议，并最终达成共识。

供　稿：SAC/TC540秘书处
撰稿人：宋亚芳
审稿人：张培群

全国海洋能转换设备标准化技术委员会(SAC/TC546)

【概况】 截至2016年底,全国海洋能转换设备标准化技术委员会归口管理国家标准1项,在研国家标准1项。SAC/TC546秘书处设在哈尔滨大电机研究所。

SAC/TC546对口国际电工委员会海洋能——波浪能、潮流能和其他水流能转换设备技术委员会(IEC/TC114)。

【标准复审工作】 2016年,SAC/TC546复审归口管理的1项推荐性国家标准计划,结论:继续有效。

【国际标准化工作参与情况】 2016年,SAC/TC546完成国际标准投票6项,投票率100%。其中对3项国际标准,组织国内专家提出修改意见,并提交到IEC/TC114。组织2名国内专家加入IEC/TC114的1个工作组。承办并组团参加在中国广州召开的IEC/TC114全体会议,参与会议讨论和投票表决。

【年会情况】 2016年10月14—16日,SAC/TC546在四川成都举行全体会议及工作组会议,18个单位的委员、工作组成员及特邀代表24人参会,委员出席率96.6%。会议听取并通过SAC/TC546工作总结和财务总结的报告;听取我国南海波浪能利用研究报告、IEC/TC114 2016年广州全体会议情况介绍和IEC/TC114国际标准情况介绍、2017年拟立项标准介绍和《海洋能　波浪能、潮流能和其他水流能转换装置术语》标准制修订情况介绍;与会代表审查通过《海洋能　波浪能、潮流能和其他水流能转换装置术语》国家标准送审稿。

供　稿:SAC/TC546秘书处
撰稿人:刘　佳
审稿人:覃大清

全国食品加工机械标准化技术委员会(SAC/TC551)

【概况】 截至2016年底,全国食品加工机械标准化技术委员会归口管理国家标准5项、行业标准57项。在研国家标准1项、行业标准6项。

是年,SAC/TC551开展标准化技术咨询服务15次,服务企业6家。标委会内部多次开展标准编写人员培训研讨会。多次为行业进行标准相关工作咨询答疑。

【标准制修订与复审工作】 2016年,SAC/TC551向国家标准委申报国家标准立项3项,向工业和信息化部申报行业标准立项3项。获批立项国家标准1项、行业标准3项。向工业和信息化部报批行业标准4项。工业和信息化部批准公示SAC/TC101归口的行业标准4项。审查国家标准1项、行业标准1项。复审归口国家标准2项,均继续有效;复审行业标准57项,其中继续有效55项、修订2项;复审行业标准计划7项,均继续有效。

【标准化科研】 2016年,SAC/TC551调研食品加工机械行业状况,研究现行标准体系构架的合理性、实用性、充分性。对标准体系进行调整和完善,编制完成"十三五"标准化发展规划。牵头开展国家标准委下达的"食品机械安全卫生"国家标准制修订项目的研究。

【年会情况】 2016年12月7—9日,SAC/TC551在浙江杭州召开全体会议,委员出席率90%。会议通报国家标准化形势与行业发展状况,秘书长做年度工作总结报告,标委会汇报标准体系建设情况、标准制修订等方面工作情况、标准复审情况、下一年度标准计划等工作汇报。与会委员讨论今后工作方向和内容,审查通过1项国家标准送审稿。与会委员对归口的国家标准复审结果进行讨论,结论为2项标准继续有效。

供　稿:SAC/TC551秘书处
撰稿人:贝　澄
审稿人:张卫民

全国新闻出版信息标准化技术委员会(SAC/TC553)

【概况】截至2016年底,全国新闻出版信息标准化技术委员会归口管理发布实施的行业标准54项、项目标准27项;在研行业标准39项。SAC/TC553秘书处工作由新闻出版广电总局信息中心承担。

【标准复审工作】2016年,SAC/TC553完成行业标准复审工作,其中54项继续有效、14项废止。

【标准培训与宣贯工作】2016年4月,SAC/TC553在浙江杭州举办新闻出版行业内容资源管理与加工标准培训班,116人参加培训;11月,SAC/TC553在北京举办数字期刊系列行业标准培训班,57人参加培训。

【标准化科研】SAC/TC553承担国家科技支撑计划项目——动态数字出版关键支撑技术研发与应用示范项目课题:面向科技教育领域的动态数字出版标准规范研究(2012—2016年)。项目产出《面向科教领域的DTD数据标准》《面向科教领域的DTD知识单元关联规范》《面向科教领域的XML文档验证标准》《面向科教领域的数字对象标识规范》《面向科教领域的动态数字出版术语表》《动态数字出版业务流程标准》《动态数字出版服务系统质量和等级评价规范》《内容资源数字加工规范》《动态数字出版应用服务接口规范》等9项标准。经专家审查,在北京市西城区质量技术监督管理部门完成备案。

【年会情况】2016年9月,SAC/TC553在北京召开年会,委员出席率85%。会议审议通过年度工作报告和财务报告,对10项国家标准立项进行投票,对6项行业标准征求意见。

供　稿:SAC/TC553秘书处
撰稿人:刘成勇　刘　勇　张　沫
审稿人:康宝中

全国知识管理标准化技术委员会(SAC/TC554)

【概况】截至2016年底,全国知识管理标准化技术委员会归口管理国家标准14项、国家标准计划4项。

SAC/TC554对口国际标准化组织创新管理技术委员会(ISO/TC279)。

【标准制修订工作】2016年,SAC/TC554归口管理国家标准立项2项,通过审核并报批4项。

【国际标准化工作参与情况】2016年4月,SAC/TC554派员参加在意大利贝加莫市召开的ISO/TC279创新管理2016年工作组会议。中国代表参加ISO/TC279/WG3工作组会议。会上,各国专家讨论WG3下的《创新合作伙伴》(名称已变更为《创新管理——协作式创新:指南》)国际标准草案,并提出该标准的术语、参考引用的术语以及推荐的定义等;与会相关专家交流知识产权/知识资产管理国际标准提案的内容框架。

9月,ISO/TC279第四次年会在北京召开。会议由知识产权局、国家标准委主办,SAC/TC554承办。国家标准委、知识产权局、中国标准化研究院、中国科学院等机构的相关负责人和60余名国内外注册专家、部分企业及科研机构代表参加年会。会议期间,中国专家参与4个工作组讨论,与外国专家共同研讨完善ISO/TC279国际系列标准,传播中国理念,强化创新管理领域知识产权标准化活动的影响力和支撑力,推动中国知识产权管理标准化工作水平向国际中高端水平看齐。

11月,SAC/TC554向ISO/TC279提交国际标准提案《创新管理　知识产权管理指南》。

供　稿:SAC/TC554秘书处
撰稿人:马　励　张育润
审稿人:雷筱云

全国经济林产品标准化技术委员会(SAC/TC557)

【概况】截至2016年底，全国经济林产品标准化技术委员会归口管理国家标准18项、行业标准122项，在研国家标准3项、行业标准23项。

SAC/TC557第一届委员会由51名委员组成，秘书处承担单位为中国林科院亚热带林业研究所。

【年会情况】2016年10月27—28日，SAC/TC557年会在云南昆明召开，委员出席率82%。会议审议通过标委会2016年工作报告及2017年工作计划；审查通过1项推荐性国家标准、2项推荐性行业标准；开展《推荐性国家标准立项评估办法》等3个政策制度培训；听取《我国经济林产业发展现状及标准化需求》专题报告和云南省林科院、陕西大统生态农业产业发展公司标准化工作报告。会议围绕2017年归口领域国家标准候选项目进行讨论。

【标准制修订与复审工作】2016年，SAC/TC557集中复审标委会归口的128项标准，提出归口标准清理整合意见，并据此优化归口标准体系表。SAC/TC557组织申报推荐性国家标准5项，新增归口管理推荐性行业标准7项。审查通过推荐性国家标准1项、行业标准2项；报批推荐性国家标准1项；审核发布推荐性行业标准3项。

【标准化科研】2016年，SAC/TC557参与中国标准研究院牵头的农产品标准化工程项目申报，提出经济林产品标准化工程研究内容。

【标准宣贯】2016年，SAC/TC557利用林业局山核桃工程中心、油茶工程中心等平台开展标准宣贯与培训活动，先后组织培训3次，培训人员200余人次；赴安徽大别山科技开发公司、浙江杭州长林园艺有限公司、安徽全椒林业局等单位开展标准化应用调研和指导。标委会委员结合工作开展标准宣贯与培训活动，在浙江、江西、安徽、广西、河南等10余省份开展油茶、薄壳山核桃标准化栽培技术培训与技术指导，受训人员2000余人次；将标准融入培训教材，编写木本油料树种实用技术丛书三册，制作时长50分钟乌桕栽培技术科教视频1部；组织山核桃相关培训30余次，发放标准资料1500余份，培训农民1800余人次。

【TC建设】2016年，SAC/TC557组织全体委员学习《全国专业标准化技术委员会考核评估办法》等制度培训；邀请3位专家围绕归口领域标准化需求、标准应用经验等进行委员培训；秘书处参加林业局标准化管理综合培训、国家标准委标准国际化综合知识等培训；起草《全国经济林产品标准化技术委员会委员管理办法》《全国经济林产品标准化技术委员会标准审查办法》，规范委员管理和标准审查。

供　稿：SAC/TC557秘书处
撰稿人：林长春
审稿人：王剑波

全国林化产品标准化技术委员会(SAC/TC558)

【概况】截至2016年底，全国林化产品标准化技术委员会归口管理国家标准76项、行业标准83项，在研国家标准6项、行业标准29项。第一届SAC/TC558由42名委员组成，秘书处承担单位为中国林业科学研究院林产化学工业研究所。

【标准制修订与复审工作】2016年，林业局批准立项SAC/TC558归口管理的行业标准4项。SAC/TC558组织申报国家标准3项(制定2项、修订1项)；申报行业标准3项(制定2项、修订1项)。审定国家标准2项、行业标准9项(立项的国家标准全部通过审定，审定完成率100%)。国家标准委、林业局批准发布SAC/TC558归口管理的国家标准4项、行业标准10项。

SAC/TC558复审推荐性标准及标准计划192项，其中推荐性标准151项(国家标准71项、行业标准80项)，在研推荐性标准计划41项(国家标准计划10项、行业标准计划31项)。推荐性标准复审结论为：继续有效60项、修订73项、废止1项、转化9项、协调8项；推荐性标准制修订计划复审结论为：继续有效24项、修订13项、废止1项、转化3项。

【年会情况】2016 年 11 月 3—4 日,SAC/TC558 在福建福州召开年会,应到委员 42 人,实到委员 35 人。会议听取标委会 2016 年度工作总结、2017 年度工作计划;学习全国专业标准化技术委员会考核评估办法;讨论标准体系框架,确定 2017 年度拟推荐的标准;审查 2016 年度审定的 2 项国家标准、9 项行业标准。

【标准化科研】2016 年,SAC/TC558 结合国家重点研发计划专项项目"人工林非木质林产资源高质化利用技术创新",重点开展植物活性成分提取物、工业木本油脂、植物多糖、松香产品、植物多酚等非木质林化产品技术标准研究,预期研制标准 10 ~ 12 项。

【标准宣贯】2016 年,SAC/TC558 通过组织参加林业局组织的标准培训会、为地方社团进行标准讲座以及在协会大会上培训等多种形式开展标准宣贯工作。

4 月 27—29 日,组织 2016 年度立项的行业标准负责人参加在福建厦门举办的 2016 年全国林业标准化培训班。培训内容包括标准编写要求、标准项目管理要求等。

5 月 27 日,受肇梧松脂产业标准联盟邀请,在广东肇庆举行松脂产业标准宣贯培训班,60 余人参会。培训内容主要包括国家标准化发展形势、林产化工产业标准化工作、松脂产业标准化情况与"十二五"期间制定的标准以及企业产品和服务标准自我声明公开和监督制度等内容。

8 月 20 日,结合中国林产工业协会活性炭分会在云南昆明举办的 2016 年中国(国际)活性炭学术研讨会,标委会秘书长做"活性炭产业标准化现状与趋势"专题宣贯报告,286 人参会。

10 月 12—15 日,结合中国林学会林化分会松香松节油专业委员会在广西南宁主办的"2016 全国松香松节油化学与利用学术研讨会",SAC/TC558 委员做"我国松香松节油标准化现状"的报告,并就"十二五"期间发布的相关标准进行专题宣贯和培训。培训人数 123 人。

11 月 22 日,SAC/TC558 委员在广州番禺举行"我国松香松节油标准化现状与'十二五'标准宣贯培训"讲座,来自全国松香行业的企业及科研院所与高校的 166 位企业家、专家、学者及企业技术人员代表参加培训。

供　稿:SAC/TC558 秘书处
撰稿人:许　乐　刘玉鹏
审稿人:刘军利

全国物业服务标准化技术委员会(SAC/TC560)

【概况】截至 2016 年底,全国物业服务标准化技术委员会报批国家标准 1 项,在研国家标准 1 项,预研标准 4 项。

是年,SAC/TC560 组织行业内多家企业,开展《物业管理指南》丛书编撰工作,以各业态物业特点出发,编制行业内标准化作业工具书。

【标准培训与宣贯工作】2016 年,SAC/TC560 在山东、上海、广州等多地举办物业管理行业标准化发展论坛等活动,培训标准化理念和工作方法。

【标准化科研】2016 年,SAC/TC560 完成中国物业管理协会 2016 年重点研究课题"物业管理行业标准体系设计及发展规划研究",荣获 2016 年物业管理行业课题一等奖。

【年会情况】2016 年 11 月 30 日,SAC/TC560 在首届物业管理博览会期间举办全国物业服务标委会第二届年会,对 2016 年工作进行总结回顾,并对 2017 年的工作任务进行审议和讨论。

供　稿:SAC/TC560 秘书处
撰稿人:赵霁飞
审稿人:高文田

全国警用装备标准化技术委员会(SAC/TC561)

【概况】截至2016底,全国警用装备标准化技术委员会归口管理现行有效的行业标准211项,其中强制性标准190项、推荐性标准21项。

是年,SAC/TC561配合警用装备建设规范化工作,加强标准宣贯,加大标准实施力度,着力推动标准宣贯和实施工作,参与业务主管部门安排的2016年单警装备质量抽检及多项警用装备的立项、验收评审会议,以及警服生产企业目录资格招标所需材料标样及相关资料的制作工作。

是年,SAC/TC561秘书处派员参加国家标准委举办的"《国家标准涉及专利的管理规定(暂行)》及其配套标准宣贯培训会"和公安部科信局举办的"信息化标准化资源管理与标准编写培训班";做好网站信息发布工作。

【标准制修订工作】2016年,SAC/TC561以完善装备技术标准体系、"公安单警装备改进"、"警用武器重点系列标准"、"99式警服改进系列标准制定"为重点,围绕实战急需、有力推进工作,完成警用武器警械、警用防护、警用被装、警用车辆、警航和警用装具等6类警用装备技术标准制修订项目22项,起草、征求意见和送审标准48项,报批标准8项。完成并经公安部科技信息化局批准发布的标准14项。

【推荐性标准集中复审工作】2016年,SAC/TC561组织业内专家和相关委员召开专题复审会议,对归口的26项行业标准及计划项目(推荐性行业技术标准项目11项,推荐性行业标准制修订计划项目15项)集中复审。其中,继续有效的行业标准10项,修订的行业标准1项;继续有效的行业标准制修计划项目10项,废止的行业标准制修计划项目5项。

【年会情况】2015年12月,经国家标准委和公安部科技信息化局批复,全国警用装备标准化技术委员会正式成立。2016年4月21日,SAC/TC561在北京召开成立大会暨第一次委员会全体会议,与会代表围绕"面向和服务于警用装备业务需求,面向和服务于警用装备行业技术领域,面向和服务于警用装备生产企业",以全力支撑警用装备实战应用及推动行业发展为目标,以加强标准编制能力建设为核心,发挥委员和委员单位主力军作用等进行研究和讨论。

【标准化科研】2016年,SAC/TC561推进公安单警装备改进所需技术标准制修订工作建设。按照公安部单警装备改进工作需要,配合开展技术标准系列制修订工作,研发伸缩警棍、多功能腰带、金属手铐等新的单警装备试验设备和试验方案。

供　稿:SAC/TC561秘书处

全国电子商务质量管理标准化技术委员会(SAC/TC563)

【概况】2016年3月24日,国家标准委下达《关于成立全国电子商务质量管理标准化技术委员会的批复》文件,批准全国电子商务质量管理标准化技术委员会成立。SAC/TC563主要负责电子商务质量管理的基础通用、质量管理、质量诚信、质量监管、质量风险防控等领域的国家标准制修订工作,由国家标准委负责业务管理。

第一届SAC/TC563由83名委员组成,秘书处由(杭州)国家电子商务产品质量监测处置中心承担。

【标准制修订工作】2016年,SAC/TC563向国家标准委申请立项6项推荐性国家标准和1项强制性国家标准,12月国家标准委下达立项通知,批准立项。截至年底,SAC/TC563负责6项推荐性国家标准和1项强制性国家标准的编制工作。

【国际标准化工作参与情况】2016年,SAC/TC563、杭州市质量技术监督局组织阿里巴巴等单位,主动对接国际及国外先进标准化组织。在第39届ISO全球大会上,作为中方代表之一参加"金砖五国"标准化协商工作会议,与新加坡召开电子商务标准化交流座谈会。5月赴美国,与美国标准化学会(American National Standards Institute)进行电子商务国际标准化工作的交流对接,洽谈标准化合作意向。

【年会情况】2016年4月6日,SAC/TC563在浙江杭州召开全国电子商务质量管理标准化技术委员会成立大会暨一届一次委员会会议,会议审议通过《全国电子商务质量管理标准化技术委员会章程》《全国电子商务质量管理标准化技术委员会秘书处工作细则》《全国电子商务质量管理标准化技术委员会2016年工作计划》等,并对2016年第一批国家标准的拟立项申报进行投票表决。

【标准化科研】2016年,SAC/TC563参与“国家科技部重点NQI项目研究”,与中国标准化研究院联合进行“国家质量基础的共性技术研究与应用”专项“跨境电子商务便利化共性技术标准研究”。计划申报国家标准《跨境电子商务多语种产品分类与命名　鞋》。

【标准化技术服务】2016年8月,SAC/TC563在浙江杭州举办“国家标准申报和编写知识培训班”;8月和11月,分别举办“电子商务国家标准制定座谈会”。

供　稿:SAC/TC563秘书处
撰稿人:许燕君
审稿人:邵新华　张　俐

索　　引

索引使用说明

一、本索引是《中国标准化年鉴(2017)》的内容分析索引。正文中凡具有独立检索意义的完整资料,都可以通过本索引进行检索。

二、索引原则上按汉语拼音顺序排列,具体排列规律如下:以数字开头的款目,排在最前面;以英文字母打头的款目,列于其次;汉字款目则按首字的音序、音调依次排列;首字相同时,则以第二个字排序,并依次类推。

三、索引款目后的数字表示内容所在的页码,数字后的拉丁字母(a、b)表示栏别(即版面的左、右栏)。

C

D

F

G

M

N

P

Q

R

S

T

W

X

图文风采展示

广东出入境检验检疫局

广东出入境检验检疫局按照国务院深化标准化改革统一部署，落实质检总局和广东省政府工作要求，联合广东省质监局，以广州机场口岸为试点，成功创建全国首个检验检疫公共服务标准化示范基地，不断提升公共服务公开化、标准化、信息化、便捷化和规范化水平，成为引领该地区产业转型升级、经济提质增效、外贸持续发展的强劲引擎。

一、建立一整套工作体系，公共服务各领域全面覆盖。结合广东省、广州市和白云国际机场等重大发展战略，广州机场出入境检验检疫局将群众和企业普遍关心的国境口岸公共卫生安全、生态环境安全、货物质量安全及公共技术等作为重点，整理和采用国际标准7份、国家标准和行业标准208份，自编标准124份，标准覆盖率达100%，实现了公共服务事事有标准可依、岗岗有标准规范，人人按标准履职。

二、突出体现法制观念，公共服务水平螺旋式上升。强化“服务始于心、标准践于行”的核心理念，将其作为广大干部职工开展工作的准则；通过媒体、微信、公告栏等全面公开标准内容，接受企业和群众监督；积极走访地方政府、联检单位，着力解决公共服务“堵点”“痛点”“难点”问题；多次邀请广东省质监局、广东省标准化研究院专家对公共服务标准化工作进行评估、调整和纠偏。使检验检疫部门工作进入到一个“开展标准化—推动工作创新—完善标准内容—提升工作效能”的良性循环之中。

三、整合集聚信息资源，大合作大服务格局优势凸显。打造跨境生鲜电商暨检验检疫便利一体化平台，实现进境货物在同一地点一次性完成查验、抽样、检测、放行全流程，检验合格后10~20分钟即可完成放行。联合边检、民航中南局等部门研发《空港口岸疫情防控信息化平台》，运用大数据云计算方法采集全球疫情疫病等信息，并国内首创集检疫查验专用通道、流行病学调查和快速检测、病人转运为一体的梯式负压检疫排查室，努力实现疫情防控的“零输入、零感染”。推动无纸化报检、电子通关单、移动查验、电子证书等一系列全流程无纸化改革措施，每年节省企业成本近4000万元。

四、科研能力积厚成势，公共服务供给水平进一步提升。打造集技术发展、科技创新、人才汇聚于一体的重点示范基地，持续开展科研工作，筹建广东省空港口岸检验检疫公共服务标准化委员会，完成国家级、省级科技课题共10项。积极参与国际间交流合作，派员参加在韩国水原召开的第17届亚太区域植物检疫措施标准草案研讨会；主持并完成《国境口岸烈性接触性传染病卫生检疫技术规范》行业标准的编制；顺利通过中国合格评定国家认可委员会（CNAS）的现场评审、英国FAPAS现场评审，目前广州机场口岸在食品安全检测与监测、疫情监测技术等相关领域的应用研究已达到国际标准要求。

★ 国家标准委主任田世宏听取广州机场出入境检验检疫局公共服务标准化创建工作汇报

★ 广东出入境检验检疫局局长施宗伟调研电子平台应用情况

深圳出入境检验检疫局

——打造标准创新示范工程助推质量提升

深圳出入境检验检疫局（以下简称：深圳局）率先提出打造深圳标准创新示范工程，构建业务管理、党建和公共服务三位一体的示范工程框架体系，部署开展标准“引领”“破壁”“筑篱”“示范”“提升”五个专项行动，创建国际生态安全港、区港一体化、跨境电商、电动平衡车质量安全和口岸设施设备建设五个标准化示范点。创建以来，累计制定标准90余项，国家标准、国际标准、行业标准取得多项突破，8项标准实现国内首创，地标立项年均增长60%，连续三年位居深圳第一，荣获深圳市标准奖3项。

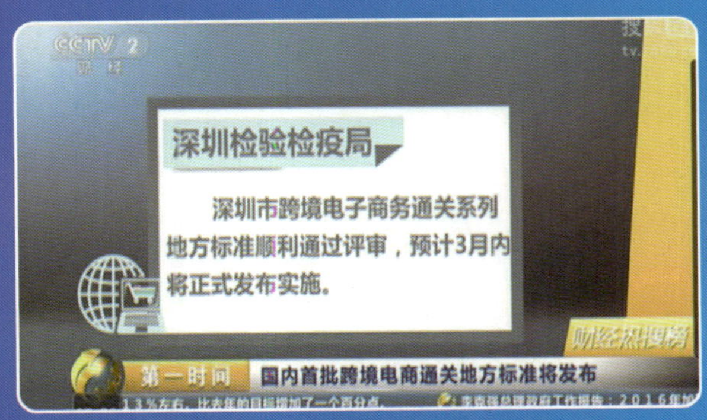

深圳局形成“3+2+11”的跨境电商监管标准体系

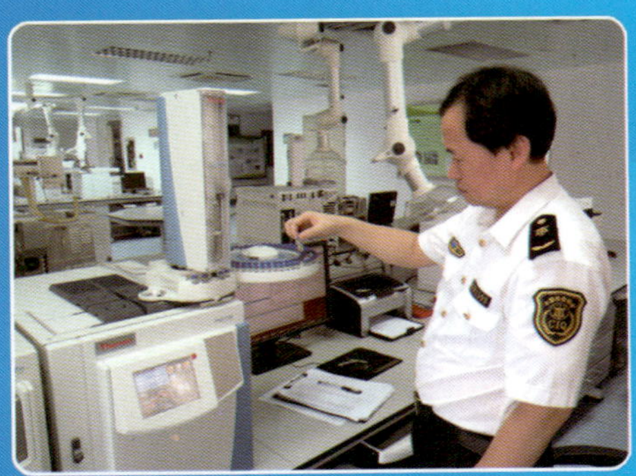

深圳局制定发布国内首套国家供港食品实验室检测联盟标准

2017年2月，成功召开“标准创新示范工程暨盐田国际生态安全示范港”创建工作推进会，国家标准委主任田世宏、深圳市委常委刘庆生等领导出席会议，深圳局标准化工作成效得到质检总局局长支树平、国家标准委田世宏主任、广东省副省长何忠友等领导的批示肯定。中央电视台、新华社、深圳卫视等省市主流媒体对深圳局标准化成果进行了报道。

深圳局成功召开“标准创新示范工程暨盐田国际生态安全示范港”创建工作推进会

国家标准委主任田世宏一行参观盐田国际生态安全示范港

深圳市检验检疫科学研究院是由深圳出入境检验检疫局和深圳市科技创新委员会（原深圳市科信局）于2006年共同发起组建的、经市政府批准成立，挂靠在深圳局归口管理的公益性科研事业单位。深圳市检科院主要从事检验检疫相关科研开发、成果转化等工作，下设五个部门及六个技术研究所，已建成“质检总局成果推广转化基地”“深圳市生化分析与检测公共技术创新服务平台”等7个创新载体。

网址：http://www.szaiq.org.cn/　　联系人：吴绍精
联系电话：0755-25985636　　传　真：0755-25936530

广州市质量技术监督局

标准之花 绽放羊城

——广州市标准化工作纪实

广州市委、市政府高度重视标准化工作，“十二五”以来，市财政共投入6700多万元标准化战略专项资金，带动了8个区相继制定、设立实施标准化战略的专项财政资金6400多万元。通过不断深入实施标准化战略，广州企事业单位参与研制各级标准近1700项，落户广州的各级标准化技术委员会（TC、SC）秘书处总数达104个，全市有效期内采用国际标准产品认可数累计达4000多个，推动创建“标准化良好行为企业”234家，承担建设各级示范试点155个（国家级40个，省级59个），全市企事业单位获“中国标准创新贡献奖”累计27次。广州通过深入实施标准化战略为城市转型升级提供支撑，标准之花已绽放羊城。

营造良好标准化工作氛围。广州市从2009年开始，陆续发布了《广州市标准化战略实施纲要》（2009-2012年、2013—2020年）、《广州标准体系框架及标准制修订路线图规划（2013—2020年）》、《广州市服务业标准化发展规划（2013—2020年）》等一系列顶层文件，并于2010年开始设立了标准化战略专项资金，为全市标准化工作营造了良好的政策环境。编纂出版《标准引领发展——广州市实施标准化战略案例分析》书册，为标准化工作提供了借鉴参考。

标准化改革激发企业和市场活力。广州在南沙自贸区企业产品和服务标准自我声明公开和监督制度建设工作基础上，在全市范围内推进该项工作，截至2016年底，已有484家企业、1851项标准在国家企业标准信息公共服务平台上线，涵盖4386种产品。国家技术标准创新基地（广州）建设稳步推进，市财政拨付3000万元财政性资金保障了基地建设的顺利进行；鼓励企事业单位积极参与国际标准化活动，通过标准“走出去”带动产品“走出去”，2016年，富达、白云化工、蓝月亮、吉必盛等4家企业共5个国际标准项目获得标准化战略资金重点资助，创历年新高。

产业标准化提升创新发展能力。在先进制造业和生产性服务业领域，广州现有各类各级示范试点30多个。如广州开发区高新技术产业国家级标准化示范区2016年高分通过验收，园区有45家重点企业已实现科研标准同步化，完成了100多项专利等科技成果向技术标准的转换，企业主导或参与制定国家、行业标准近500项，其中4家企业正在主导研制国际标准，成立了TFT-LCD产业和技术创新联盟、给热供暖产业标准联盟等多个联盟，企业自主创新意识和能力显著加强；又如广州作为全国首批物流标准化试点城市，通过深入贯彻实施“托盘标准化”和“仓库标准化”，企业装卸作业效率提升350%，车辆周转率提升120%，城市综合物流效率提升了3.8%。

服务标准化提升城市幸福指数。广州现有35个国家级、省级服务业标准化试点，超全省试点总数的1/3；创建了广东省首个服务业标准化良好行为企业，33个服务业企业通过标准化良好行为企业AAAA确认，批准发布了广州市地方技术规范300多项。如广州市地方技术规范《人行天桥、立交桥绿化种植养护技术规范》为人行天桥、立交桥绿化作业的规范化、规模化提供了强有力的技术支撑，经过近10年的贯彻实施，形成了城市蔚为壮观的“空中花廊”，七彩簕杜鹃在繁忙城市道路之间蜿蜒穿行已成为羊城一大美景，现该项目已获国家标准立项，“广州标准”有望成为国家标准；广州的城市名片——白云山风景区常年人流量巨大，通过标准化试点建设，景区首创“十五分钟保洁法”标准，被全国景区借鉴和效仿。

都市农业标准化促产业提质增效。广州现有农业标准化试点89个，累计发布农业地方技术规范170多项。广州市是国家农业综合标准化示范市，国家农业综合标准化示范市项目（从化）先后以94.5分、95.86分高分通过国家标准委抽查、省质监局考核，示范效应从常规的第一产业延伸至第二、第三产业，推动了一、二、三产业的有机融合和发展； 2016年，广州发布了全国首个《“三规合一”技术规程》地方技术规范，并在全国新型城镇化标准化培训会上作专题经验介绍，同年底，《新型城镇化建设多规合一实施编制规范》获国家标准立项。

重庆市九龙坡区质量技术监督局

重庆市九龙坡区质量技术监督局全面落实全国标准化工作会议、重庆市质监工作会议安排部署，围绕“创新提质增效年”，积极推动实施“标准化+”行动，充分发挥标准提升引领作用，全面助推九龙坡区经济发展，效果明显。

加强标准化改革的协调部署，紧紧结合质量强市“全国质量示范区”的优势，多方联动，推动召开了区政府标准化协调推进部门联席会议，出台《九龙坡区产业发展扶持办法》加大对标准化工作投入力度，共同研究解决标准化改革等有关重大问题。

加强“标准化+现代农业”“标准化+现代服务业”“标准化+公共服务”示范试点项目的建设，高分通过２个国家级、５个市级的标准化示范试点项目的验收，完成金凤镇梨花乡村旅游服务业标准化试点示范建设的立项申报工作。标准引领质量，提升产品品牌效应，通过AAAA标准化良好行为１家，AA标准化良好行为１家，获得重庆市名牌产品24个。

围绕龙头企业和团体的标准化技术优势，以点带面，引导鼓励企业参与国家标准、行业标准、地方标准制修订工作，2016年新牵头制修订标准的企业获得政府250万奖励，制修定国家标准8个、行业标准1个，立项国家标准11个、行业标准10个、地方标准2个。

全面推行企业标准自我声明公开，落实企业标准化主体责任。共完成建材生产、食品饮料生产、医药制造、汽车制造等240家企业的产品标准登记工作，涉及83个产品52类标准，备案373个。

加强标准化培训宣传工作，以 “世界标准化日”为契机，对辖区内260家企业，1500人进行了宣传培训。采取标准进园区、专家讲座、调研交流等形式，分批次分行业进行宣传动员，形成了人人关注标准、人人使用标准的良好氛围。

贵阳高新政务

GUIYANG HI-TECH ZONE
GOVERNMENT AFFAIRS SERVICE

贵阳国家高新技术产业开发区是1992年经国务院批准设立，是贵州省的国家级高新区和人才特区。高新区政务服务中心于2011年6月成立，同年8月1日，高新区政务服务大厅启用。全区具有行政审批和行政服务职能的11个单位先后在大厅设立服务窗口，目前集中办理行政审批服务事项165项。一直以来，中心以“全心全意为人民服务”为宗旨，以“推行服务标准化，推动管理现代化”为基本方针，积极探索“标准化+”“互联网+”政务服务新模式，实现了政务服务体制机制的创新，先后获得了贵州省民营经济优质服务奖、贵阳市优秀大厅等称号。

一、积极探索“标准化+政务服务”模式，助力高新区政务服务实现“品牌化”

一是建立了含服务通用基础、服务保障、服务提供、信息技术标准体系在内的4大体系313项标准。编制的《政务服务术语和定义》成为贵州省第一个政务服务地方标准，填补了贵州省政务服务地方标准的“空白”。

二是以“标准”和“服务”为核心，设计“贵阳高新政务”品牌Logo，开展ISO9001管理体系认证，从形象、内涵上全方位塑造以标准化为特色的品牌体系。

三是搭建标准化管理系统，对标准化管理活动的建设、受控、执行等进行全过程数据化、流程化，实现标准化管理的数字化、网络化、自流程化。

二、着力构建“三个服务机制”，努力打造政务服务环境最好、办事最快

一是紧紧围绕构建以公众为中心的服务机制、以窗口为重心的审批机制和以满意度为核心的考核机制，在服务效率、服务质量上下苦功夫，努力做好优化服务大文章。进厅事项由法定的4930个工作日压缩至993个工作日，压缩率达80%。平均审批环节由4.6个精简至2.2个，精简率达50.2%。在电子监察系统内构建了各事项的标准流程，对事项办理时限进行严格控制，并在部门考核中实行一票否决，让“时限”成为审批工作中的“最敏感神经”。目前大厅事项全部按时办结，真正实现了审批“零超时”。

二是在政务大厅全面推行星级服务评定，根据窗口工作人员的服务态度、服务能力以“星级”形式进行“量化”，进行动态管理，推动窗口服务形象“标准化”。

三是建立了由短信评价、评价器评价、网上评价及第三方机构测评组成的“3+1”评价体系。根据各年度评价结果显示，政务服务工作群众满意率均达到了99.95%以上。

三、大力推进相对集中行政许可权试点，力求实现高新区事在高新区办

一是突破改革固有模式，创造性构建了市级以上相关行政许可事项“垂直集中”和对所属行政区相关行政许可事项及区本级所有行政许可事项“平行集中”相结合的“立体集中”模式，将市区两级相关部门的39大项行政许可事项集中行使。

二是探索批管联动，力求审管分离不脱节。草拟了《审管分离制度》《联合踏勘制度》等相关运行管理机制，力求实现事前审批和事中、事后监管工作的“无缝”衔接。并充分运用全省电子政务云平台，加快批管联动系统建设，打破“信息孤岛”和数据壁垒，实现数据信息互联互通和充分共享。

四、大力推进“互联网+政务服务”，力求让数据多跑路

一是将进驻事项开通网上申报、办理，实现服务对象最多跑一趟事项98项，占比为59%，零跑动事项5项，占比为3%。

二是在全省率先开通微信服务大厅、掌上服务大厅、网上大厅等互联网移动终端取号办事，优化了实体大厅取号方式，增加了热门事项取号及半小时内过号激活等人性化功能，提高了服务对象办事体验感和获得感。

五、搭建大数据精准政务服务平台，努力实现“智慧政务”“精准服务”“数据铁笼”

一是以标准化构建为先导，建设以“大平台为载体、微应用为特征、微服务为架构、全流程为导向”的大数据精准政务服务云平台，实现各职能部门资源高度整合，让政务服务更加“聪明”。

二是通过对平台用户数据与业务数据的搜集、整合、萃取，助推政务服务由粗放式供给向精准化供给转变。

三是依托云平台建设，全面覆盖行政审批服务权力运行的各环节，构建权力运行“数据铁笼”，最大限度地压缩行政审批过程中的权力空间。

2013.04 **获省级政务服务标准化体系建设试点立项**

2013.12 **获国家级标准化体系建设试点立项**

2014.01 **全省首家通过省级政务服务标准化试点验收**

2016.01 **编制并发布首个政务服务地方标准——《政务服务术语和定义》**

2016.07 **全省首家通过国家级政务服务标准化试点评估**

2016.12 **“贵阳高新政务”斩获贵州省服务业名牌**

内蒙古自治区标准化院

内蒙古自治区标准化院于1993年筹建，前身为内蒙古自治区情报研究所，隶属内蒙古自治区质量技术监督局，正处级事业单位，同时加挂内蒙古自治区质量技术监督信息中心、内蒙古自治区组织机构代码管理中心牌子。国家标准馆内蒙古分馆、中国物品编码中心内蒙古分中心、蒙古国标准化（内蒙古）研究中心、中俄标准化（内蒙古）研究中心设于该院并承担相应职责。该院主要承担对国际标准、国家标准、行业标准和地方标准进行收集、收藏、研究，并提供文本和咨询服务；承担制修订标准项目和标准化研究工作；承担标准文献馆、标准信息数据库等服务系统的维护工作；承担全区法人单位统一社会信用代码数据库建设和维护工作；承担全区质量技术监督舆情监测、分析和预判；承担全区物品编码管理、WTO/通报咨询和研究工作等。拥有法人单位统一社会信用代码数据库、标准文献数据库、产品质量追溯信息大数据库、企业质量信用档案数据库、中蒙、中俄双语标准信息数据库等6个数据库。是集标准化和信息化科研、咨询、服务和法人单位统一社会信用代码数据及商品条码赋码管理应用于一体的自治区级社会公益性事业单位。

左起：于大力、袁宏志、张立忠、常军政、哈维尔·穆尼奥斯（西班牙标准化与认证协会）贾双文、杨铁龙

标准化研究工作稳步发展。近几年该院从以组织机构代码和商品条码为主要业务向标准化研究转型，在标准化研究领域取得了新突破。截至2017年5月，共承担国家级项目13项，包括“国家重点研发计划质量基础（NQI）的共性技术研究与应用项目”2项——“典型产业链资源循环利用关键技术标准研究”和“中国标准走出去适用性技术研究（一期）”、国家标准委标准化改革实施项目3项“农业生产资料供应服务重要标准前期研究”“中蒙畜牧产业关键标准量值比对合作研究”“马铃薯种薯（GB1 8133—2012）实施效果评价试点”等。承担自治区级2项、区质监局14项、调研课题9项，正在申报“内蒙古国家技术标准创新基地”。主导研制地方标准439项，涉及民族文化、环境保护、产品质量追溯、公共安全等关键领域。制定的《蒙古族服饰》地方标准，为推动民族文化标准化事业的发展起到了积极作用。研制了163项蒙餐地方标准及蒙餐标准体系，并出版了《蒙餐—中国第九大菜系》一书。先后为区内外20余家农业、服务业标准化试点示范单位及10余家标准化良好行为企业提供技术服务，涉及旅游、商贸、政务服务、环境保护等多领域。

标准信息资源更加丰富。2015年建立了国家标准馆内蒙古分馆，使标准信息服务资源的覆盖范围扩展到国内所掌握的国际、国外先进标准及全世界绝大部分地区标准。目前，标准馆馆内藏有60多个国家、70多个国际和区域性标准化组织、450多个专业协（学）会的成套标准以及全部中国国家标准和行业标准，收集了国内外标准化期刊、标准化专著和标准计量图书。同时拥有标准文本数字打印系统，实现了与中国标准出版社的正版标准文本同步打印发行。

区域标准化工作亮点频出。与蒙古国标准化计量局共同开展《蒙古族服饰》国际标准申报及研制工作；由该院翻译的GB/T 18356—2007《地理标志产品贵州茅台酒》指标被蒙古国《进口酒精饮料技术法规》采用并已实施；与西班牙国家标准化机构UNE、瑞中经济协会及意大利国家标准化协会三家机构在乳制品、羊绒产品、清洁能源等优势产业签署了区域标准化交流合作备忘录；与满洲里科协等单位联合承办了“一带一路”国际科技交流（满洲里）论坛，中蒙俄三方就满洲里旅游及木业标准化研究等方面达成了合作意向；新建中蒙和中俄双语标准信息服务平台，对于推动中蒙俄三国商贸、文化、旅游、标准等信息资源共享和中蒙、中俄进出口企业互通互融、标准互认将发挥有效作用。

内蒙古自治区标准化院自成立以来，为自治区经济和信息化建设做出了很大贡献，先后获得近百项荣誉。连续多年被自治区质监局授予“工作先进单位”；被国家质量监督检验检疫总局、共青团中央授予“青年文明号”称号、制定的《氮氧化物耐火材料抗氧化性试验方法研究及国家标准研制》荣获2016年度中国商业联合会科学技术奖一等奖等。该院作为自治区标准化技术支撑力量，将不断创新履职，充分整合内蒙古区位、地缘、技术优势，强化资源利用，把握内蒙古发展面临的机遇和挑战，持续发挥标准化在经济建设中的助推作用。

厦门市标准化研究院

“两岸食品冷链物流标准化工作组”简介

“全国物流标准化技术委员会冷链物流分技术委员会两岸食品冷链物流标准化工作组”（以下简称：“工作组”）于2014年7月5日经全国物流标准化技术委员会批准成立，编号SAC/TC269/SC5/WG1，主要负责两岸食品冷链物流领域的标准化工作，秘书处设在厦门市标准化研究院。

工作组成立三年来，在全国物流标准化技术委员会冷链物流分技术委员会的领导下，在厦门市质量技术监督局的指导下，围绕着“立足厦门、面向全国、服务两岸”的工作定位，在食品冷链物流标准信息化建设、标准化项目研究、标准制修订、标准宣贯培训等方面开展了一系列卓有成效的工作，得到各方关注和认可。

A02 厦门日报 968820

两岸物流产业 迎来新“鲜”时代

助力厦门创建两岸冷链物流合作试点城市，标准化工作组正式落户我市

两岸食品物流产业合作试点

食品冷链物流

提升两岸食品冷链物流产业竞争力

为破解两岸标准瓶颈 搭建技术平台

工作组筹备一年最终花落厦门

推动两岸冷链物流标准互认互通

一、助力试点城市建设

配合厦门市相关行业主管部门，开展“两岸冷链物流产业合作试点城市”“国内贸易流通体制改革发展综合试点城市”“现代物流创新发展试点城市”“物流标准化试点城市”的申报和建设工作，协助制定和实施行业发展规划、产业政策，充分发挥了工作组的标准化技术支撑和保障作用。

二、引领产业规范发展

先后承担国家、行业等各类标准制修订项目27项、科研项目11项，发表核心期刊论文3篇。其中，与“台湾工研院”及厦门市相关企业、行业协会研制的DB3502/Z 030《食品冷链物流》系列标准，是厦门市内贸流通领域出台的首批标准化指导性技术文件，有力推动了厦门市冷链物流产业的健康快速发展。同时，该系列标准还被“城市标准化创新联盟”推选为首批联盟标准，在上海、南京、广州、成都、郑州、黄石、义乌、青岛和厦门九个城市共同实施，使得厦门市的食品冷链物流标准化工作走在了全国前列。2016年9月，商务部在对厦门市内贸流通体制改革发展综合试点工作进行终期评估期间，对工作组在对接两岸冷链物流产业融合、促进两岸冷链物流产业合作升级方面所发挥的积极作用给予了充分肯定。2017年7月，商务部、发展改革委、工业和信息化部等九部门联合发文（商流通函〔2017〕514号），将厦门市“以标准为核心的食品冷链市场管理机制”的创新经验在全国复制推广。

三、促进企业标准提升

收集食品冷链物流标准（含台湾地区）300余项，编制《冷链物流标准目录手册》免费供企业使用，且每年进行更新和完善；建成“食品冷链物流标准信息公共服务平台”，可查询行业标准，及时发布行业最新标准化信息，全面满足企业对食品冷链物流标准信息服务的需求；开展多场标准宣贯和培训会，受训人数近千人，进一步提升了企业的标准化管理水平和从业人员的标准化意识；开展相关国家标准的试点工作，重点引导和鼓励一批企业实践标准，积极培育壮大龙头企业；指导企业建立科学合理的企业标准体系，促进品牌培育、降低物流成本、提高流通效率、形成核心竞争力。

四、培育公众冷链意识

每年持续开展 “冷链物流校园行”“冷链知识进社区”“世界标准日”专题宣传等活动，广泛传播冷链理念，强化大众冷链意识，实现消费者的市场监管，从终端推动冷链产业的发展和进步，守护好消费者“舌尖上的安全”。这些举措使市民初步了解到冷链物流标准化对食品质量安全的重要性，在冷链理念传播上起到了正面意义，收到了很好的效果。

五、构建交流合作平台

在上述各项工作开展的过程中，工作组积极构建“官、产、学、研”共同参与、协同推进的标准化工作格局，形成了“政府推动、市场驱动、部门联动、企业主动、社会互动”的良好氛围，推动厦门市食品冷链物流产业走向规模化和规范化发展的道路。

安徽省白酒标准化技术委员会

安徽省白酒标准化技术委员会（以下简称：标委会）成立于2008年10月（前身是安徽省浓香型白酒标准化技术委员会）。标委会围绕白酒产业健康发展总体目标，加强标准基础研究力度，开展白酒生产酿造控制研究，提升白酒生产过程质量控制水平；解决制约传统白酒跨越式发展的技术难题，提高食品安全管理水平；加强白酒清洁生产技术标准研究，促进白酒生产生态化、环保化转变；加强白酒技术标准信息化服务建设。最终达到规范生产过程，保证产品质量，保护本土产业，促进行业健康发展，提高市场竞争力的目的。截至2016年底，标委会主持和参与制定《浓香型白酒》《白酒感官品评术语》等国家、行业及地方标准39项。

安徽古井贡酒股份有限公司作为秘书处承担单位，公司坐落于历史名人曹操与华佗故里——安徽省亳州市。2016年在“华樽杯”中国酒类品牌价值评议活动中，“古井贡”以492.59亿元的品牌价值位列安徽省酒企第一名，中国白酒第五名。古井贡酒是公司的主导产品，其渊源始于公元196年曹操将家乡亳州产的“九酝春酒”和酿造方法进献给汉献帝刘协，自此一直作为皇室贡品。古井贡酒以“色清如水晶，香纯似幽兰，入口甘美醇和，回味经久不息”的独特风格，四次蝉联全国白酒评比金奖，被世人誉为“酒中牡丹”“中华第一贡”。

安徽古井贡酒股份有限公司立足“质量为天”战略，构建以质量、食品安全等八大管理体系为基础的质量管控体系，致力于为消费者提供高品质的产品和服务。自1985年公司成立标准化技术委员会，按照企业标准体系系列标准的要求，对公司的标准进行分类管理修订补充完善，建立较为系统的企业标准体系，并且注重监督执行跟进。2016年公司进一步完善管理标准、技术标准和工作标准，修订完成企业技术标准188项，管理标准174项，工作标准519项，涵盖从原料进厂到产品出厂的整个过程，系统保障产品质量和食品安全，2016年12月，复审通过AAAA级标准化良好行为企业。

做真人 釀美酒 善其身 濟天下

圆通速递有限公司

【企业概况】

圆通速递有限公司（以下简称："圆通速递"）成立于2000年5月28日，经过17年的发展，已成长为一家集速递、航空、电子商务、金融、国际关务、印务为一体的大型企业集团。圆通速递在整体规模、网络覆盖、业务件量、客户满意度、品牌影响力等方面已成为中国快递行业的领先企业。2016年10月，圆通登陆上海证券交易所（股票代码：600233.SH），成为中国快递行业"第一股"。

圆通创始人——喻渭蛟董事长十分重视圆通标准体系的建设，将标准化作为企业发展的核心战略之一。2007年，提出"操作讲标准""服务标准统一""企业形象统一"的规范化管理总纲。2011年，成立标准化管理委员会加强标准化工作统一领导和组织管理。2014年，圆通成为我国快递行业内首个总部承担国家级服务业标准化试点项目的快递企业。2016年，圆通在安徽黄山组织召开了标准化全面推广实施大会，推动全网标准化建设的落地。2017年，圆通以96.5的高分通过国家标准化试点验收，并向标准化示范企业迈进。

【圆通标准化建设理念】

圆通速递以"领先"为核心价值观，以"服务社会、强企为国"为责任，定位于"互联网信息技术的快递平台，最有性价比的快递公司"，坚持"客户要求、圆通实名"的服务宗旨，以"做中国人的快递"和"世界因我们触手可得"为愿景，以标准化建设为为抓手提升服务水平，引领行业发展，服务国家战略。

圆通标准化建设紧紧围绕"建立并实施一个标准体系"的目标有序推进，旨在通过标准化建设建立一套完善的快递服务标准体系；培养一支快递服务标准化人才队伍；打造一个标准化的快递服务公司。根据"有组织、有体系、有实施、有成效"的要求进行标准化建设。以"符合圆通发展实际，适度超前"为基本原则，充分考虑圆通的发展特点，按照"易看、易懂、易操作"的宗旨，制定管理与经营全覆盖、可操作的标准体系。坚持持续优化，通过不断的实施标准优化的方式对标准本身进行完善。

【圆通标准化管理机构建设】

圆通于2011年成立标准化管理委员会，建立领导工作机构，明确工作职责。吸纳了上海市邮政管理局、部分标准化专家等多领域专业化人员，负责制定、审定、修订、印刷、发布各项企业标准，加强标准化工作统一领导和组织管理。

2014年3月5日，圆通速递召开国家级服务业标准化试点项目（快递服务）启动会。正式成立了由董事长为组长的快递服务标准化试点领导小组，制定《标准化管理委员会章程》，全面领导圆通标准化试点的建设工作。2015年重新修订和完善了《标准化管理委员会章程》，进一步规范了标准化工作的管理，明确了各部门标准化专项工作负责人，每周召开标准化工作周例会。同时通过标准化培训，与中国标准化研究院、国家邮政局发展研究中心等机构合作，寻求外部智力支持，提升标委会管理水平。

【圆通特色标准体系建设】

圆通速递在《服务业组织标准化工作指南》（GB/T 24421）、《邮政业标准体系》和《邮政业从业企业标准化工作指南》（YZ/T 0138—2015）的基础上，优化完善符合快递行业特点和圆通速递企业经营实际的标准体系。包括基础通用标准、运营标准、管理标准、服务标准和安全标准五个子体系，涵盖了圆通主要管理活动和经营活动的各个环节。

圆通速递以GB 24421为基础，从快递行业和企业自身的实践出发，对服务保障的内容进行扩充（运营）和拆分（安全），便于标准体系的平衡。更加侧重核心营运（快递操作）标准、以及安全管理标准，既符合服务业标准体系建设的总体要求，又紧密贴近企业生产和经营的实践，实现了普遍性与特殊性的有机结合。

★ 圆通速递总部大楼

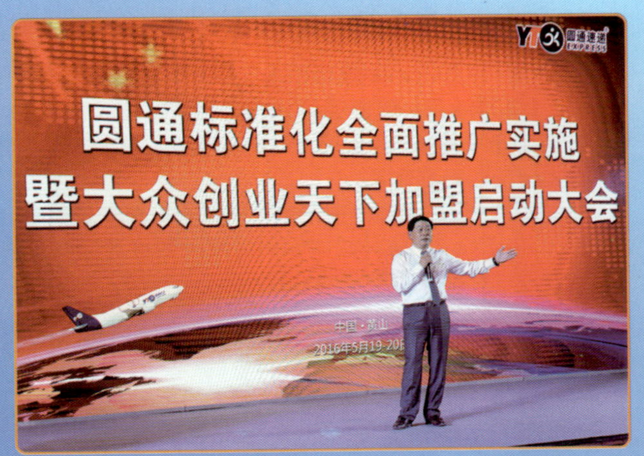

★ 喻渭蛟董事长进行标准化推广实施宣讲

【标准化推广宣贯】

圆通速递依据企业标准体系，通过制标、贯标、实施与检查、修订完善等环节，形成标准化工作的闭环管理，在标准宣贯、推广、实施过程中，采取集中培训、在线学习、视频教学、实地操作等多样化方式，确保标准化工作落到实处。

圆通已开展多元化培训系列项目，并进行标准化培训创新的实践。圆通培训体系中的经理人培训、星火培训计划、在线培训（网络学院）等各类、各项培训课程中，将标准制度融入培训课程，并对培训结果进行考核。在基层员工中实行“师带徒”方式，通过熟练员工对新进员工的传、帮、带，提高员工操作的标准化和规范化。同时，圆通速递每年定期组织“业务大练兵”，通过比赛来提高员工的业务熟练程度，以及操作的规范化、标准化程度。

此外，圆通速递拍摄了一系列培训视频，使各个岗位的工作人员都能够易于接受和理解，避免了因快递操作人员知识文化水平不一致而影响标准学习，切实提高了标准化学习和普及的效果。

【行业标准制定与研讨】

圆通速递作为行业内第一家国家级标准化试点单位，积极响应国家邮政局、公安部以及各相关政府部门的号召，先后参加14项行业标准的研讨和审查工作，并在标准的征求意见过程中对标准的内容提出优化建议。

圆通速递作为第一起草单位，参与国家邮政局《快递营业场所设计基本要求》行业标准的编制工作。该标准是中国快递业内第一个由快递企业作为第一起草单位、牵头制定的行业标准，已于2015年2月6日发布，2015年5月1日起正式实施。

圆通速递作为起草单位之一，参与国家邮政局《邮政业安全生产设施设备配置规范》行业标准的编制工作。该标准是我国邮政行业内的强制性标准。参与商务部《电子商务物流服务规范》行业标准的制定工作。

【标准化的成效】

标准化建设带动企业管理理念向现代化企业管理转变，“事事有标准，人人有标准”的理念深入人心，全网的标准化意识不断增强，以标准化助推转型升级，迈向现代化的企业管理。打造互联网信息技术的快递平台，总部向全网输出“文化与理念、标准与制度、资源与能力、服务与管控”，四位一体，通过标准化提升圆通的经济和社会效益。

2016年，圆通速递在中国快递行业的市场占有率继续保持领先，业务量超过44亿件，业务收入超过560亿元。国家邮政局用户满意度测评快递服务时限准时率位居行业前列，处于领先地位。用户申诉量均值在6次/每百万（件）左右，远低于13.5/每百万（件）的行业平均量，达到A型五星级快递企业要求，经济效益不断显现。

圆通速递荣登“2016中国民营企业500强”；2016年被认定上海“贸易型总部”企业之一；荣获“全国模范职工之家”称号；

2015年荣获上海现代服务业“2015年度突出贡献奖”称号；并连续五届荣获上海市“青浦区纳税百强企业”，经过全体圆通人的不断努力和各级政府部门的支持，圆通速递获得社会的广泛认可，取得了一系列荣誉

【标准化建设大事记】

2007年，圆通速递提出“操作讲标准”“服务标准统一”“企业形象统一”的管理总纲，开始标准化建设探索。

2014年，圆通速递成为我国快递行业内首个国家级服务业标准化试点项目的快递企业。

2015年，作为全国邮政业标准化技术委员会委员单位，受邀参与公安部、商务部、国家邮政局等部门行业标准的制定工作，受邀成为《中国标准化》杂志社理事单位。

2015年8月，董事长亲自主持召开《关于在全网络全面开展标准化建设》的专题会议，明确了建立和完善全网一体的标准化体系建设，并要求各部门一把手亲自落实，并明确了推进时间表。

2016年5月，圆通速递在安徽黄山组织召开了标准化全面推广实施大会，推动全网标准化建设的落地。

2016年10月，圆通速递通过上海市质监局组织的标准化试点中期评估。

2017年5月，圆通速递承担的物流领域国家工程实验室“物流信息互通共享技术及应用国家工程实验室”揭牌成立，将研究推广物流信息交互、通用接口、数据传输的标准体系。

2017年5月，圆通速递通过国家标准化管理委员会组织的标准化试点评估验收，并以96.5的优异成绩获得专家一致好评，主管部门勉励圆通应继续发挥优势，建设标准化示范企业。

【结语】

标准化工作只有起点，没有终点。圆通将在标准建设的道路上不断前行，发挥圆通标准化试点的示范作用，提升企业经营管理水平，服务社会，强企为国。从标准化试点企业向标准化示范企业继续前行，引领带动行业标准化发展。

中车青岛四方机车车辆股份有限公司

CRRC QINGDAO SIFANG CO., LTD.

中车青岛四方机车车辆股份有限公司（以下简称：“中车四方股份公司”）是中国中车的核心企业，中国高速列车产业化基地，铁路高档客车的主导设计制造企业，国内地铁、轻轨车辆定点生产厂家和国家轨道交通装备产品重要出口基地。

中车四方股份公司具有轨道交通装备自主开发、规模制造、优质服务的完整体系。公司是国家高新技术企业，拥有国家高速动车组总成工程技术研究中心、高速列车系统集成国家工程实验室、国家级技术中心和博士后科研工作站等 4 个国家级研发试验机构，形成了强大的创新能力。拥有高速动车组、城际动车组、地铁车辆、现代有轨电车、高档铁路客车、内燃动车组、单轨车辆等 7 大产品制造平台，制造水平位居世界前列。

中车四方股份公司诞生了中国时速 200 千米高速动车组、时速 300 千米高速动车组、时速 380 千米高速动车组和城际动车组、中国标准动车组。自主研制的 CRH380A 型高速动车组担当中国高铁的运营主力，并创造了每小时 486.1 千米世界铁路运营试验速度。

中车四方股份公司参与的青藏铁路工程项目、京沪高铁工程项目获国家科学技术进步特等奖。公司的轨道交通装备产品在满足国内市场需求的同时，已出口世界 20 多个国家和地区。

中车四方股份公司充分发挥标准化的桥梁和纽带作用，围绕公司原始创新、集成创新和引进消化吸收再创新成果，系统开展技术标准的对比分析、研究、转化、提升工作，在动车组研发、制造方面开展了大量卓有成效的工作。

中车四方股份公司及时跟进科研项目，总结产品研发与制造过程中积累的丰富经验，推动企业标准向国际标准、国家标准、行业标准的转化。近年来完成了企业标准 900 余项的制定，主持或参与了国际标准 17 项、国家标准 95 项、行业标准 182 项的制修订工作。自 2010 年以来公司获得了“国家 AAAA 级标准化良好行为企业”“山东省标准创新型企业”称号，并连续获得“山东省标准化先进单位”称号。为推动先进的轨道交通装备走向世界奠定基础。

蒙娜丽莎集团股份有限公司

蒙娜丽莎集团股份有限公司是一家集研发、生产、营销为一体的民营股份制企业，成立于1992年，员工1894人，年产陶瓷薄板、陶瓷砖、瓷板艺术3500多万平方米。

公司先后通过ISO9001、ISO14001、ISO50001、OHSAS18001、3C产品等体系认证，并获得国家首批建筑卫生陶瓷三星级绿色建材评价，标良体系连续3次被评定为AAAA级单位。公司营造“把每一片瓷砖打造成艺术精品，让蒙娜丽莎的微笑进入千家万户”的质量文化，秉承跨界、融合理念，创建了“基于‘美第奇效应’，陶瓷与艺术、绿色、智能融合的蒙娜丽莎微笑模式”，研制大规格陶瓷薄板是建陶行业30年来革命性的一款创新产品，资源节约率达64.62%，开创了行业绿色制造的先河，是“资源节约型、环境友好型”试点创建企业。

公司主导品牌“蒙娜丽莎”，拥有国内3000多个专卖店、海外400多个营销网点。2016年品牌价值90.71亿元，居行业前列。陶瓷薄板产量、销量均居全球第一，国内市场占有率达65%，产业化水平全球领先。主营收入、利税近4年分别增长0.8倍和2.5倍，增幅居行业前列，2016年实现主营收入22.3亿、利税4.3亿，连续五年纳税居全国建陶行业前三甲。

公司是国家SAC/TC249建陶行业副主任单位、ISO/TC189/WG4工作组专家之一，代表中国主导起草《陶瓷薄板》国际标准，为中国陶瓷行业在国际市场争得话语权。公司先后获得国家建筑材料行业科技进步一等奖、国家重点新产品奖、国家专利优秀奖、全国质量诚信标杆典型企业、中国标准化创新贡献奖等称号。2015年获得广东省政府质量奖。董事长萧华获得中国建陶行业“终身成就奖”。

珠海格力电器股份有限公司

董事长兼总裁　董明珠

珠海格力电器股份有限公司董事长兼总裁董明珠连任第十届、第十一届和第十二届全国人大代表，担任民建中央常委、全国妇联第十届执委会委员、国家发展和改革委员会“十三五”规划专家委员会委员以及联合国“城市可持续发展项目宣传大使”等，被西北大学、中山大学等高校聘为兼职教授或MBA导师、被北京师范大学-香港浸会大学联合国际学院（简称UIC）授予荣誉院士等称号。

她曾提出“让天空更蓝，让大地更绿”“让世界爱上中国造”“以先进的标准引领行业发展，践行社会责任”“坚持以消费者需求和市场需求为导向”“国家、国际标准都是门槛，满足消费者需求的标准才是最合适的标准”等主张。提出并组织创建了格力独有的“T9管理体系”“D-CTFP质量创新驱动环”“PQAM完美质量保证模式”，她作为第一负责人的项目还获得了中国质量协会质量技术奖一等奖，全国质量创新大赛一等奖等荣誉。

在董明珠董事长的领导下，2007年3月，公司专门成立了标准管理部，专职负责企业技术标准化管理工作，该部门由董事长直接管理，主要围绕技术标准提高，产品质量把控，参与国际标准制定等方向开展工作，致力从标准化层面引领技术升级和行业发展。

格力标准化

格力电器以顾客需求和社会责任为导向，制定覆盖生产全过程的，严于国际标准和国家标准的企业标准。格力标准化七大特色：

★ 特色一　以标委会为核心，实施全员标准化模式

★ 特色二　以技术标准体系为主体，实现标准全面覆盖

★ 特色三　以顾客需求为导向，确保标准的先进性

★ 特色四　以质量管控系统为基础，开展“全过程”标准研究

★ 特色五　以模块化设计为理念，提升设计质量水平

★ 特色六　以科技成果标准化为手段，推动行业及供应链质量水平升级

★ 特色七　以信息化为载体，促进标准有效应用

AAAA级标准化良好行为企业

格力坚持以消费者需求和市场需求为导向，针对不同类型的产品和零部件，制定了远比国际标准、国家标准更为严格的企业标准和可靠性质量控制手段。以家用空调产品检验标准为例，截至目前，格力制定了1582项严于国际标准、国家标准的试验项目，其中零部件试验1402项、整机试验180项。目前企业先进产品标准占企业产品标准总数的96%以上，企业产品标准采标率达到100%。同时，格力主导和参与国际、国内标准285项。未来格力将继续以先进的标准引领行业发展，践行社会责任，致力为消费者提供更多高标准的优质产品，让世界爱上“中国造”。

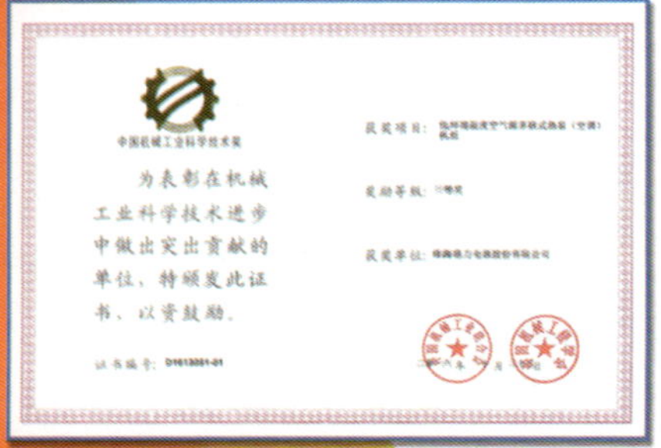

机械工业学会科技进步奖

采用国际标准产品标志证书

珠海市标准创新奖金奖

中国标准创新贡献奖

上海计算机软件技术开发中心

上海信息软件测评服务标准化试点项目

上海计算机软件技术开发中心（以下简称：上海软件中心）是上海市科学技术委员会的直属事业单位，作为独立的第三方专业性软件质量测评机构，开展软件标准研制、软件测评技术研究、软件与系统的测试、网络安全测试、信息系统的风险评估、信息系统的健康评价和后评估等工作，为中国软件产业的发展做出贡献。

在国家标准化管理委员会2013年下达的国家级服务标准化试点项目中，上海软件中心承担了“上海信息软件测评服务标准化试点项目”，作为上海市信息软件测评类的服务标准化项目，上海软件中心以服务标准化为抓手，在已有质量体系基础上，全面引入服务标准化理念，结合GB/T 24421《服务业组织标准化工作指南》的要求，在软件测评领域进行了有益的探索，建立了满足信息软件测评服务的标准体系，覆盖了服务通用基础标准、服务保障标准和服务提供标准。

国内经济的发展和互联网、计算机的快速普及极大地推动了中国软件产业的发展。各行各业的信息化建设为软件和信息服务业带来更好的发展机遇，是推动软件市场发展的主要动力之一。信息软件技术作为高技术产业，技术更新快、可推广范围广，因此信息软件测评服务在发展过程中，面临各方面的挑战。就服务质量而言，如何保证测试结果的正确性、一致性、完整性与有效性；就过程规范而言，如何保证测试过程、测试用例、测试方法、测试文档的规范性；就技术能力而言，如何不断地有效提升个人技术能力和团队协作能力；就信息安全而言，如何保证客户信息资料的安全性、测试机构信息的安全性。上海软件中心从以上四个角度出发，在服务标准化项目推进过程中，探索建立了一套完整的服务体系，根据自身的业务特色，结合规范的测试流程定制开发了“SSTL测评业务管理系统（SSTM）”，提供信息软件测试全生命周期的管理及监控，使测评业务的服务、技术和管理都得到了持续提升。

上海软件中心作为全国软件测评行业的排头兵，培养了一支结构合理、能力优秀的专业软件度量和测试评价服务团队，并依据GB/T 25000、GB/T 16260等标准完成了近万个项目的测评及相关工作，促进了软件质量水平的改进提升。并且在信息安全等保测评领域，测评机构人数和完成项目数量均进入全国前十，连续2年获得信息安全等级保护测评先进单位称号。

上海软件中心作为开展软件测评服务的权威机构，充分运用标准化手段，规范软件测评服务行为，在不断追求提高满意度的同时，服务品质也持续提升，服务品牌建设取得了明显成效，申请了商标“SSCTL”。试点期间，上海软件中心以软件企业创新发展急需的技术支撑需求为引导，充分发挥自身在软件工程国家标准研制方面的优势，结合当前产业发展的新趋势和新需求，进一步夯实标准制定的基石，主持或参与了多项国际、国家和行业标准的制定，实现了由参与国内标准制定向参与国际标准跨越，由等同采用为主向自主研发标准转型，由传统软件工程标准向新一代信息技术拓展三个方面的转变，有效发挥了标准化试点的引领作用。在标准研制基础上，上海软件中心通过服务标准化项目的建设和试行，以实施标准带动软件测评服务品牌建设，提升了上海软件中心整体的服务水平和综合竞争力，并已成为信息软件测评行业中的标杆组织。

统一编码助力标准化事业发展

中国物品编码中心作为统一组织、协调、管理我国商品条码、物品编码与自动识别技术的专门机构，隶属于国家质量监督检验检疫总局，代表我国加入国际物品编码协会（GS1）并负责推广国际通用的、开放的、跨行业的全球统一编码标识系统和供应链管理标准，向社会提供公共服务平台和标准化解决方案。

多年来，中国物品编码中心领导全国 47 个分支机构形成了覆盖全国的集编码管理、技术研发、标准制定、应用推广以及技术服务为一体的工作体系，致力于组织、协调、管理全国商品条码、物品编码、产品电子代码（EPC）与自动识别技术工作，贯彻执行我国物品编码与自动识别技术发展的方针、政策，落实《商品条码管理办法》；对口国际物品编码协会（GS1），推广全球统一标识系统和我国统一的物品编码标准；提出并建立了国家物品编码体系，研究制定了物联网编码标识标准体系，制修订 70 多项物品编码与自动识别技术相关国家标准，取得了一批具有自主知识产权的科技成果，推动汉信码成为 ISO 标准，参加起草《商品二维码》等国家标准，有力地促进了国民经济信息化的建设和发展。

目前，物品编码与自动识别技术已经广泛应用于我国的零售、食品安全追溯、医疗卫生、物流、建材、服装、特种设备、商品信息服务、电子商务、移动商务等领域。商品条码、物品编码与自动识别技术为我国的产品质量安全、标准化事业发展提供了可靠产品信息和技术保障。

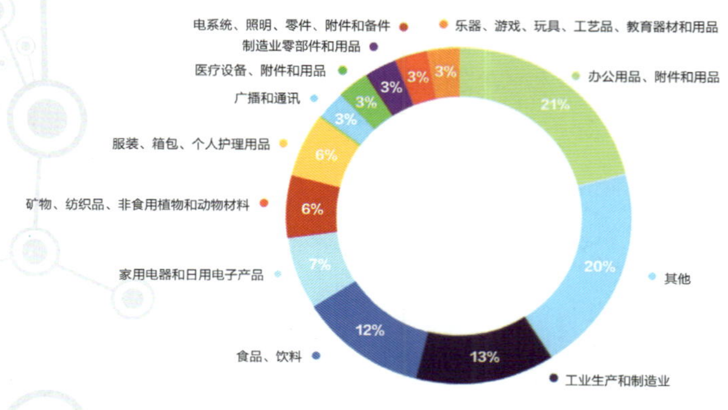

商品信息数据行业分布示意图

国家海洋标准计量中心

持续推进海洋标准化工作改革　不断提升海洋事业支撑保障能力

国家海洋标准计量中心是全国海洋标准化技术委员会（SAC/TC283）、中国标准化协会海洋标准化分会和中国海洋学会海洋标准化分会秘书处挂靠单位，负责海洋领域标准化归口管理工作，下设 7 个分技术委员会，拥有完善的标准化工作组织体系。

2016 年，海洋标准化改革与发展持续深入，中心各项工作任务得到有力推动和落实。完成《全国海洋标准化“十三五”发展规划》研究编制任务，为领域发展确立了方向和目标；修订完成并由国家海洋局印发实施《海洋标准化管理办法》及配套管理细则，海洋标准化管理制度日益完善；完成第三届海洋标委会换届工作，审议通过了《全国海洋标准化技术委员会章程》和《全国海洋标准化技术委员会秘书处工作细则》等，海洋标准化工作的组织机构得到充实完善；中国标准化协会海洋分会工作稳步推进，成立了中国海洋学会海洋标准化分会，海洋团体标准化工作有了新的突破，海洋标准化工作得到了新拓展；与相关国际组织和沿“一带一路”国家交流合作持续加强，取得了丰硕成果。

目前，中心正在大力开展海洋标准体系的研究制定工作；加强归口管理的国家标准和行业标准制修订任务的推进落实，开展标准进度跟踪管理，强化标准制修订进度的监督管理；开展强制性标准精简整合；加强改进标准宣贯与实施情况调查方式；努力实现海洋标准数量、质量“双提升”。

深圳市标准技术研究院

深圳市标准技术研究院（以下简称：“深圳标准院”）直属于深圳市市场和质量监督管理委员会，业务接受深圳市市场监督管理局和深圳市食品药品监督管理局指导，是深圳市专业从事标准化研究、服务和应用工作的准公益类科研事业单位。同时，也是国家标准委批复的国家欧洲标准研究中心、国际标准化组织发展中国家事务委员会（ISO/DEVCO）国内技术对口单位，是全球第 99 家 WTO 信息查询服务中心，并于 2017 年获批加挂“深圳市知识产权保护中心”牌子。作为身处特区、毗邻港澳的技术机构，深圳标准院在“以标准为引领，以信息化为支撑，以专业化人才为保障，以全方位服务政府职能的履行和经济社会发展为目标，通过整合政府和市场信息资源，努力打造成为国际一流的标准化特色智库”发展战略的引领下，已一跃发展成为计量、标准、认证、政府专业实验室为一体的综合性标准化科研机构，目前内设部室 20 个，发展和培养了一支近 800 人的科研服务队伍。近 5 年，深圳标准院累计承担各类科研课题 1200 项，参与各类标准研制近 600 项，公开发表科研论文近 500 篇，为打造“深圳标准”提供了重要技术支撑力量。

中国国际贸易促进委员会商业行业分会

中国国际贸易促进委员会商业行业分会（以下简称：“中国贸促会商业行业分会”）成立于 1988 年 8 月 3 日，是中国国际贸易促进委员会批准成立的全国性行业贸促机构，同时使用“中国国际商会商业行业商会”的名称。

标准化服务是中国贸促会商业行业分会服务体系的重要组成部分。目前，中国贸促会商业行业分会承担中国标准化协会服务贸易分会秘书处，担任国际标准化组织管理咨询项目委员会（ISO/PC 280）、全国电子业务标准化技术委员会（SAC/TC 83）、全国项目管理标准化技术委员会（SAC/TC 343）、全国品牌评价标准化技术委员会（SAC/TC 532）和全国电子商务质量管理标准化技术委员会（SAC/TC 563）委员单位。同时具备立项、发布全国性团体标准的资质，团体标准代号为 T/CCPITCSC。

近年来，中国贸促会商业行业分会主导、主持或参与起草国际标准、国家标准、行业标准和团体标准共计 20 余项，并承接中国贸促会、国家认监委等部门委托的多项标准化研究课题。

中国贸促会商业行业分会为企业和机构提供参与制定国际标准、国家标准、行业标准和团体标准的服务，同时开展相关标准的宣贯、推广、培训、应用实施与第三方评价服务。

全国喷射设备标准化技术委员会喷嘴分技术委员会

任重道远的喷嘴标准化之路

全国喷射设备标准化技术委员会喷嘴分技术委员会（以下简称："喷嘴分会"）成立于2010年7月31日，以工业喷嘴领域内科研、教学、生产、销售、监督检验、认证认可等方面的科技人员为主体，由工业喷嘴领域内具有稳定科技人员队伍、先进的管理水平、较强的专业技术力量和综合经济实力、在其所属地市县区域内处于领先地位、标准化工作较突出的企事业单位组成。主要负责工业喷嘴等领域的标准化工作，标委会的成立为我国工业喷嘴的标准化起到了积极作用，为解决各生产和使用中的问题提供了技术支持，也为喷嘴领域的专家委员提供了一个国内、国际信息相互交流的平台。

喷嘴分会编号为SAC/TC347/SC1，英文名称为Subcommittee 1 on Spray Nozzle of National Technical Committee 347 on Jet Equipment of Standardization Administration of China。第一届喷嘴分会由21名委员组成，中国工程院院士李根生任主任委员，刘庭成、王永强任副主任委员，管鹏委员兼秘书长，秘书处承担单位为江苏博际喷雾系统有限公司，任期为2010年至2015年。第二届喷嘴分会由21名成员组成，黄中伟任主任委员，王永强、石安涛任副主任委员，管鹏委员兼秘书长，秘书处承担单位为江苏博际喷雾系统股份有限公司，任期为2015年至2020年。

自喷嘴分会成立以来，在江苏省质量技术监督局的直接领导下，在总标委的支持下，中国工业机械联合会的指导下，严格按照《全国专业标准化技术委员会管理规定》及国家有关规定加强管理，积极做好喷嘴标准化的各项工作，在促进行业整体标准水平的提升、加大各企业参与标准方面努力工作。喷嘴分会的主要工作有：

1. 按照有关标准化工作的法律、法规及相关规定，提出并制定喷嘴专业领域标准化发展规划和年度计划，内容包括：（1）推进国际标准和国外先进标准的采用；（2）促进科技成果和相关规范的转化；（3）行业标准的制修订项目；（4）推动标准的贯彻实施等。
2. 推进企业将核心技术或拥有的自主知识产权的技术及时转化为标准；依托技术标准促进科技进步，实现技术标准与研发的互动。
3. 面向社会开展专业企业标准技术性服务工作，并承担专业标准化工作的其他事宜。
4. 负责组织专业国家标准、行业标准和地方标准的宣贯和对负责起草的地方标准的技术性解释工作。承担专业领域产品质量监督检验、认证、评审等工作中标准水平的评价工作或引进项目、新产品的标准化审查工作。

泰州市质量技术监督局

用泰州标准推动"品质泰州"建设

泰州市质量技术监叔局秉持"以质取胜，标准先行"的理念，大力推进标准化战略，不断完善企业标准体系建设，积极引导企业参与各级标准化活动，用泰州标准助推"品质泰州"建设。

一、打好"标准"争夺战，抢占行业话语制高点

"泰州标准"影响与日俱增，积极帮助企业畅通标准申报渠道，国际、国家和行业标准制定工作取得新突破。一是泰州标准走向国际舞台。主导和参与制（修）定的《防晒霜用纳米二氧化钛》《造船—舷梯》等9项国际标准，其中5项已经发布实施，泰州标准登上了国际舞台。二是帮助企业赢得更大话语权。积极帮助企业完善标准体系，在生产、质量、营销、环保、安全等运行过程全面实施标准化管理，产品标准覆盖率100%。截至目前，由我市企业主导或参与制（修）订的国家标准176项、行业标准205项，影响力进一步扩大。三是培育发展团体标准。团体标准是标准化工作深化改革的突破口，泰州市质监局已经引导相关团体制定《壁纸》《LED道路照明工程施工及验收规范》和《编织吊索 高分子聚乙烯纤维圆形吊装带》等团体标准。开展了兴化戴南钢丝绳企业协会、泰兴市叉车行业协会、泰兴市乐器协会3项团体标准化试点。四是推进企业标准与国际接轨。泰州市质监局在全市积极推进企业采标工作，鼓励和引导企业积极采用国际标准和国外先进标准，已有544个产品采用国际标准和国外先进标准。

二、实施标准化战略，助推泰州经济转型升级

紧贴地方政府工作重点和有关产业发展规划，深入推进实施技术标准战略，助推经济转型升级。一是聚焦高新技术产业，深入推进工业领域标准化工作。全市建设有高新技术自主创新标准化试点10个，循环经济标准化试点3个，战略性新兴产业标准化试点8个，通过建立标准化体系，促进标准化与科技创新，加快技术标准的研制，提升高端装备制造业水平。二是促进农业科技成果转化，深入推进农业标准化工作。全市建有国家级农业标准化试点示范项目18个，省级示范项目21个，市级示范项目3个，累计制定省级农业地方标准71个，市级农业地方标准138个。其中，《银杏盆栽技术规程》《海陵白籽香丝瓜大棚生产技术规程》等标准填补了关键技术空白，将农业科技成果转化为地方标准，加快农业产业化、现代化进程。三是突出保障改善民生，深入推进服务业标准化工作。全市建有国家级、省级服务标准化试点13个，市级试点8个，累计制定省级服务业地方标准5个，市级服务业地方标准8个。通过制定地方标准《乡镇（街道）便民服务中心服务管理规范》和《村便民服务中心（站、室）服务管理规范》，进一步转变政府职能，提升行政效能，创造了良好的政务环境，起到了良好的社会效益。四是加大"标准化良好行为企业"创建工作力度。泰州市质监局把组织开展"标准化良好行为企业"创建活动作为服务企业的一项基础性工作，全力指导、帮扶企业在标准化生产、管理和经营方面上档次、上水平。全市累计共有204家次企业获"标准化良好行为企业"的证书。

三、探索标准化新思路，用心服务取得新突破

近年来进一步深化标准化工作改革，积极探索标准化工作新思路，服务能力进一步提升。一是企业标准备案有新举措。2015年，泰州市率先改革企业产品标准备案方式，大力推行企业产品标准网上自我声明公开。二是部门联动机制有新制度。泰州市标准化工作近年来取得了一些成绩，与发改委、农委、政法委、卫计委、国土局、旅游局等部门建立联络机制。为此，泰州市质监局积极提请市政府建立泰州市标准化协调推进联席会议制度，得到市领导的大力支持。三是项目管理有新办法。泰州市质监局在全省率先出台地级市标准化试点示范项目管理办法，加强对各试点示范项目的事中、事后管控，保障各项试点示范工作扎实、稳步推进，提高试点示范项目的质量和效益。

当前，泰州"三大主题"工作、"四个名城"建设正火热开展，"品质泰州"蓝图已徐徐展开，标准化处将继续用标准助推泰州经济发展，用标准提升城市品质意识，为更美更好的泰州贡献力量！

茂名市正绿菜业有限公司

茂名市正绿菜业有限公司始建于2005年，是茂名市水东芥菜生产企业。公司现有员工112人，其中技术人员10人。2016年，公司蔬菜生产量4000吨，收购蔬菜量8000吨，年销售收入4429.65万元，年利润294.21万元，年末总资产达3578.53万元，固定资产2426.68万元。

公司现有基地面积1500亩，其中蔬菜大棚面积500多亩，全部建成水肥一体化喷淋设施，以种植水东芥菜为主，现有高级农艺师1人、农艺师1人、工程师1人、经济师1人、助理农艺师2人、技术员4人。公司主参与的“水东芥菜的推广”项目获广东省农业技术推广奖，公司不断改革和创新栽培管理技术，夏秋高温多雨季节采用大棚遮阳网避雨降温抗风栽培，既保证生产面积和产品质量，又大大提高单产水平；冬春季节创新了水东芥菜延迟抽薹增产技术，大幅度提高商品产量。这两项技术的实施，不仅确保该公司生产的水东芥菜夏秋季上市无苦味，品质周年如一，而且在市场叶菜奇缺时段保证了水东芥菜能以大量优质安全产品上市。公司的生产基地是广东省地方标准《地理标志产品　水东芥菜》和茂名市地方标准《无公害水东芥菜生产技术规程》的“预演”和验证基地，是“国家芥菜种植综合标准化示范区”、省级、市级水东芥菜标准化示范区、茂名市农产品标识管理示范区、广东省菜篮子基地、茂名市菜篮子基地、广东省星火计划产业链推广项目基地、省农科院科技综合示范基地、全国农业技术推广示范县水东芥菜示范基地，也是华南农业大学、深圳大学、广东海洋大学的产学研基地。2012年被茂名市农业标准化领导小组批准为茂名市地方标准《绿色食品　水东芥菜生产技术规程》标准起草单位。

公司的生产基地全面实行标准化生产，主要产品“水东正绿”牌水东芥菜通过了绿色食品认证，产品全部附加食用农产品标识销售，确保产品质量安全和产品质量可追溯，2012年该公司的“水东正绿”牌水东芥菜被评为“广东省名牌产品”。

公司谨慎经营，凭借多年经营经验，紧紧把握市场脉搏，严把产品上市适期关，上述两项创新技术的实施，确保公司在市场叶菜奇缺时段能以大量优质安全蔬菜产品上市，加上先进设备设施的应用，大幅度降低了经营成本。公司积极发挥基地的示范展示、培训带动作用和参与扶贫工程，带动农户2200多户（其中贫困户1300多户）农户发展蔬菜7000多亩，收购订单蔬菜8000多吨，通过“公司+农户”的运作模式，公司与农户签订绿色食品种植收购合同，以保护价格（普通产品价格+0.40元/kg）收购农户产品，获得政府和社会的肯定，被评为广东省重点农业龙头企业、茂名市重点农业龙头企业、广东省扶贫农业龙头企业。

大足石刻景区

大足石刻是重庆市大足区境内所有石刻造像的总称，代表着公元9至13世纪世界石窟艺术水平，于1999年被联合国教科文组织列入世界文化遗产名录，是国家AAAAA级旅游景区。

长期以来，大足石刻景区高度重视旅游服务标准化建设工作，特别是从2014年成功创建全国旅游标准化示范项目以来，在国家标准委、重庆市质监局的精心指导下，圆满完成了创建任务，并按要求持续开展工作，进一步提升了大足石刻景区旅游服务品质，促进了以世界文化遗产大足石刻为龙头的旅游产业的带动作用，取得了良好成效。

在经济效益方面：2014至2016年，大足区共接待游客3732.1万人次，同比增长56.68%，旅游总收入122.5亿元，同比增长57.66%。

在社会效益方面：游客满意度得到显著提升，旅游投诉下降40%，标准覆盖率达85%，标准实施率达98%，在规定时限内对游客投诉办结率达100%，投诉处理满意度达到98%。

在品牌效应方面：强力推出了“博览园”的总体形象宣传概念，承办了大足石刻国际旅游文化节暨宝顶香会节活动、2015年中国文化遗产日主场城市活动，打出了“大足石刻世界文化遗产博览园”这一响亮的名片。

在标准化精品展示方面，按照李克强总理关于“公开产品和服务标准，确立中国质量对市场的硬承诺”和国务院关于“建立企业产品和服务标准自我声明公开和监管制度”的要求，面向社会公开大足石刻景区的服务标准和服务流程，主动接受游客监督。2016年承办了第三期全国服务业标准化试点工作培训班，接待了各地同行的现场观摩和经验交流。

在标准化实践验证方面，积极参与国家和行业内相关标准化活动，持续改进现有景区的标准化管理体系，对景区逐步实施标准化工作全覆盖。同时根据游客意见，梳理工作，改进工作流程，提升工作效率。

在标准化创新研究方面，完成了《石质文物修复操作规程》地方标准的制定；于2017年6月1日起正式施行《重庆市大足石刻保护条例》，使大足石刻保护标准上升到地方法的高度。

在标准化宣传培训方面，通过网站、微信、微博等多种形式宣传旅游标准化工作的进展。同时组织和参加标准化工作的培训班，培训了一批标准化工作骨干人员，使景区的各项服务质量得到了进一步提升。

YCG 远成集团

远成集团是一家在物流行业拼搏近三十年，集物流、商流、资金流、信息流服务为一体的大型现代综合物流服务企业集团，现已形成多层次、广覆盖、独具特色的综合物流体系，旗下拥有五大业务板块：远成物流、远成快运、远成供应链、远成物流园、远成冷链。公司一直秉承“以心传递 畅达天下”的物流星级服务理念，2016至2020年总体战略目标为：整合协同、创新发展，立足综合物流，创新供应链管理，构建千亿级综合服务平台，打造中国卓越的现代综合物流服务品牌。

远成集团是国家级物流服务标准化试点单位，远成集团严格按现代物流操作流程进行标准化运作。已通过ISO 9001质量管理体系和ISO 14001环境管理体系以及OHSAS 18001职业健康安全管理体系认证。在向客户提供专业高效的物流星级服务同时，还斥巨资积极引进和开发先进的物流供应链管理系统。包括电子商务系统、订单管理系统（OMS）、运输管理系统（TMS）、仓储管理系统（WMS）、业务协同工作管理系统、车辆全球定位系统（GPS/GIS）、财务系统。远成物流供应链管理系统的应用，有效地满足了客户的查询、监控、跟踪、结算、配送等需求，让客户选择远成时，更无后顾之忧。在网点覆盖上，远成集团在全国各省市自治区均拥有全资直属一级分公司、二级分公司，营业网点覆盖所有的省会城市及绝大多数地级市，现在正快速向县级及乡镇发展。在服务模式上，目前已构建起多层次、广覆盖的独具特色的综合物流服务模式，为客户提供全程一体化供应链服务：包括物流（标准化服务、定制化服务）、商流（分销供应链服务）、资金流（供应链金融服务），已形成具有远成特色的综合服务模式。

远成集团是5A级“综合服务型物流企业”，近年来连续荣获“物流百强企业”“中国物流杰出企业”“诚信创建企业”“中国物流创新奖”“中国物流示范基地”“中国物流学会产学研基地”“服装纺织品物流最佳企业奖”“中国物流业年度影响力企业”“低碳物流企业”“中国物流改革开放30年旗帜企业”“中国物流十大成长力企业奖”“最佳服务质量物流企业奖”“全国就业与社会保障先进民营企业”等荣誉。

天天洗衣
——用标准化铸造百年品牌

“天天洗衣”于1991年，由卢志基先生与外商徐湛滔先生共同投资创立，是家喻户晓的知名洗衣品牌。2017年，天天洗衣投资逾3亿元打造了世界上规模最大的智能化洗衣中央工厂，再次开创洗衣行业的新纪元。

作为广东省洗染行业协会创会单位和广州市洗衣洗涤行业协会会长单位，天天洗衣是国内洗衣行业的领导者，也是行业标准的参与者和制定者，为行业逐步走向规范化做出了巨大贡献。

★ 牵头成立全国洗标委、全国洗染服务SC

为了更好地提高专业技能，提升行业发展水平，为消费者提供优质的洗衣服务，天天洗衣自成立之初，就积极实施标准化战略。2000年，天天洗衣通过ISO 9000质量管理体系认证。

2012年5月，天天洗衣牵头成立了全国洗染标准委员会（以下简称：“洗标委”），时任商务部流通业发展司副司长王德生在洗标委成立大会上，充分肯定和感谢天天洗衣为洗标委成立做出的贡献和支撑作用。

在天天洗衣牵头组织下，广东省标准化协会、广东省洗染行业协会联合向国家标准委申请成立全国洗染标准化技术委员会。经协调，国家标准委批复同意成立洗染服务SC。2013年4月，洗染服务SC在广州成立，天天洗衣为第一届主任单位，董事长卢志基为主任委员。

2013年，天天洗衣被评为国家级服务业标准化试点单位。

通过大力推进标准化工作，天天洗衣的洗衣服务质量和效率有了明显的提升，形成了更具行业优势的服务品牌。出品合格率由≥96%上升到≥99.5%，场外返工率由≤4%下降到≤0.5%，厂内衣物的返工率由≤4%下降到≤1%。

★ 用企业标准带动行业规范化发展

在不断建立和完善企业自身标准体系的同时，天天洗衣结合洗染行业发展实际需求，用企业标准来推动地方及国家洗染行业标准的制修订工作。

2005年3月，天天洗衣参与制定了《商业洗衣洗涤服务质量规范》《洗衣洗涤企业分等定级要求》广东省地方标准。

2013年到2015年，天天洗衣参与了全国的行业标准制定，比如《洗染店达标条件》《光面革皮衣护理规范》《衣物织补规范》等。

2016年底，天天洗衣联合广东省洗染行业协会、广州市洗衣洗涤行业协会，制定了《商业布草洗涤资质要求》团体标准，对商业布草洗涤企业的厂房结构与环境等都做出了具体要求，将企业标准上升为行业标准。

天天洗衣还牵头出台了国内洗染服务标准体系，包括洗衣作业规范、洗衣质量、消费争议解决等，制定了完整的标准指引。

天天洗衣为行业标准的制定，提供了非常具有参考价值的资料，为促进洗染行业标准的发展，服务于市场做了大量的工作。

安徽省中智科标准化研究院
Anhui Province Zhong Zhi Ke Institute Of Standardization